MySQL 8 查询性能优化

[澳] 杰斯帕・威斯堡・克罗(Jesper Wisborg Krogh) 著
史跃东 杨 欣 殷海英 译

清华大学出版社
北 京

北京市版权局著作权合同登记号　图字：01-2020-5561
MySQL 8 Query Performance Tuning: A Systematic Method for Improving Execution Speeds
By Jesper Wisborg Krogh

图书在版编目(CIP)数据

MySQL 8查询性能优化 / (澳) 杰斯帕・威斯堡・克罗 (Jesper Wisborg Krogh) 著；史跃东，杨欣，殷海英译. —北京：清华大学出版社，2021.6（2024. 8重印）

书名原文：MySQL 8 Query Performance Tuning：A Systematic Method for Improving Execution Speeds
ISBN 978-7-302-58391-2

I. ①M…　II. ①杰… ②史… ③杨… ④殷…　III. ①SQL语言—程序设计　IV. ①TP311.132.3

中国版本图书馆CIP数据核字(2021)第117382号

责任编辑： 王　军
装帧设计： 孔祥峰
责任校对： 成凤进
责任印制： 杨　艳

出版发行： 清华大学出版社
网　　址： https://www.tup.com.cn, https://www.wqxuetang.com
地　　址： 北京清华大学学研大厦 A 座　　**邮　　编：** 100084
社 总 机： 010-010-83470000　　**邮　　购：** 010-62786544
投稿与读者服务： 010-62776969，c-service@tup.tsinghua.edu.cn
质 量 反 馈： 010-62772015，zhiliang@tup.tsinghua.edu.cn
印 装 者： 涿州市般润文化传播有限公司
经　　销： 全国新华书店
开　　本： 170mm×240mm　　**印　　张：** 36.25　　**字　　数：** 999 千字
版　　次： 2021 年 8 月第 1 版　　**印　　次：** 2024 年 8 月第 3 次印刷
定　　价： 158.00 元

产品编号：088758-01

译者序

历经数月，与好友兼同事 cindy、henry 通力合作，终于将《MySQL 8 查询性能优化》一书翻译完成。三人熟识已久，此次合作是愉悦的。

MySQL 在开源数据库领域的重要性毋庸置疑，在互联网行业，更是无处不在。作为一个从毕业至今一直与 Oracle 打交道的 IT 从业者，MySQL 的开放与灵活，以及在国内开源社区内的活跃度，令我颇感兴趣；我也曾阅读过多本 MySQL 相关书籍。此番有机会与好友们一起翻译这本基于 MySQL 8.0 的查询优化书籍，与业内诸位同仁一道，共同推动 MySQL 技术的应用与普及，也算是与有荣焉。

MySQL 从 5.7 到 8.0 版本，是一次极为重要的版本更新，尤其是在性能优化方面。本书从查询性能优化的入门知识谈起，层层深入，全面铺开，为广大读者详尽展示了 MySQL 8.0 中与 SQL 查询性能优化相关的方方面面。在注重实践的同时，兼顾内容的广度与深度，使得无论是初学者还是从业多年的老手，均可在查阅本书的过程中有所收益。

非常感谢清华出版社给予的这次机会，使得我们三人能参与到 MySQL 技术领域，为国内读者提供一本质量上乘的技术书籍。市面上的 MySQL 相关书籍已然众多，但能如此全面地阐述 SQL 查询优化相关知识的书籍，却少之又少。因此我们深信，本书具有独特价值，值得翻译出版。

也感谢 cindy 和 henry 二位的奉献和付出；正是二位的辛勤翻译，笔耕不辍，才使得本书能快速交稿并付梓出版。本书共 27 章，英文原版近千页，称得上是一项大翻译工程了。翻译期间，我们不断沟通，不断校对；cindy 和 henry 在百忙的工作之余，还要抽出晚间和周末的休息时间赶稿，也是不易。故在此一并谢过。他日再聚，定当把酒言欢，不醉不归。

史跃东

2021 年 6 月 21 日作于北京

作者简介

自 2006 年以来，Jesper Wisborg Krogh 先后以 SQL 开发人员和数据库管理员的身份参与到 MySQL 数据库工作中，并且作为 MySQL 技术支持团队的一员，工作了 8 年之久。他曾在 MySQL Connect 和 Oracle OpenWorld 上多次发表演讲。除了出版相关书籍外，他也会定期撰写一些以 MySQL 为主题的博客文章，并为 Oracle 知识库撰写了约 800 份文档。此外，Jesper Wisborg Krogh 也为 MySQL 中的 sys 库，以及 MySQL 5.6 等相关的 OCP 认证考试做出了许多贡献。

在 2006 年转向 MySQL 及软件开发之前，Jesper Wisborg Krogh 获得计算化学的博士学位。他现在居住在澳大利亚的悉尼，平时喜欢在户外散步、旅行以及阅读等。其研究领域涉及 MySQL 集群、MySQL Enterprise Backup(MEB)、性能优化，以及 performance 库和 sys 库等。

技术编辑简介

Charles Bell 喜欢专研新兴技术。他是 MySQL 开发团队的一员，也是 MySQL Enterprise Backup 团队的高级软件开发人员。目前，他携爱妻居住于弗吉尼亚州的一个小镇上。Charles Bell 于 2005 年从弗吉尼亚联邦大学获得了工程学博士学位。

Charles 是数据库领域的专家，在软件开发和系统工程方面有着丰富的知识和经验。同时他的研究兴趣还涉及 3D 打印、微型控制器、数据库系统、软件工程、高可用系统、云以及传感器网络等。在其有限的业余时间中，他经常专注于微型控制器项目，以及 3D 打印机的制作和改进。

致　谢

我要感谢所有让本书的出版成为可能的人们。Apress 团队再次为我提供了极大帮助，尤其需要感谢与我合作的三位编辑：Jonathan Gennick、Jill Balzano 和 Laura Berendson。正是他们让本书的出版变成了现实。

在本书的撰写过程中，有几个人是我最宝贵的伙伴。感谢 Charles Bell 提供的相关探讨，他的意见一向都是那么有价值；Jakub Lopuszanski 关于 InnoDB 锁的反馈也让我受益良多。同时，我与 MySQL 技术支持团队的合作，团队内部无数次的讨论，以及同事们的那些伟大的工作，都为本书提供了极有价值的启发和思路来源。另外，我还要感谢 Edwin Desouza 所提供的大力支持。

最后，当然也很重要的一点是，我要特别感谢我的妻子 Ann-Margrete，在我撰写本书期间，她表现出了极大的耐心和支持。

前　言

MySQL 性能优化是一个非常大的主题，人们通常需要花费数年时间才能掌握。本书的篇幅就证明了这一点，即使只专注与查询相关的优化主题，篇幅显然就不小了。一般而言，没有什么简单方法可以轻松地提升性能，恰恰相反，要找到相关的解决方法，你不仅需要了解 MySQL 内部各部分之间的关系，还需要了解相关技术栈其他部分的内容。如果你觉得单单在性能优化方面就很难入门，那么第一步你就跨不过去。但是，请不要对性能优化感到失望，与其他技巧一样，也可以通过实践逐步成为性能优化高手。

撰写本书的目的在于，使你能在 MySQL 性能优化方面登堂入室，从而熟练掌握如何提升在 MySQL实例上运行的那些查询的性能。如前所述，这没有什么简单秘方，最佳办法就是学习并了解性能优化过程中涉及的各个组件。这也是本书的主要内容，当然，我们也提供了如何找到相关信息，以及如何执行一些常见任务的示例。另外，本书的内容仅限于对 MySQL 本身的探讨，因此关于操作系统、文件系统以及硬件级别的内容，就相对有限了。

众所周知，MySQL以对各种存储引擎的支持而闻名。但除了对内部临时表相关的探讨外，本书只介绍 InnoDB 存储引擎。而对于 MySQL 的版本，则只考虑 MySQL 8。也就是说，本书中的大部分讨论内容虽然也适用于旧版本的 MySQL，但通常也只是为了说明 MySQL 8 中的新特性与旧版本的不同之处罢了。

本书面向的读者

本书是为那些具有丰富的MySQL数据库使用经验，并希望将知识扩展到查询性能优化领域的开发人员和数据库管理员而编写的。当然，在阅读本书之前，你不需要具备性能优化的相关经验。

在撰写本书的过程中，作者尝试添加了尽可能多的示例代码及其输出结果。当然，有些示例很短，有些则很长。但无论哪种情况，作者都希望读者能够跟上并重现这些示例的结果。同时请记住，由于实际环境的差异(当然，这种差异和索引统计信息一样明确)，示例结果可能会取决于在示例之前，相关的表和数据的获取方式。换句话说，即使读者完成了所有工作，得到的结果仍然可能与本书中的结果不同。尤其是涉及索引统计信息以及与计时等相关的数字时。

读者可扫封底的二维码，下载本书的示例代码。

本书结构

本书分为 6 部分，共计 27 章。在撰写本书时，作者试图让每章的内容都保持相对独立，以便读者将本书用作参考书。当然，这样做的缺点之一是有时会重复出现某些内容。例如第 18 章介绍了锁的理论方面的一些知识，以及如何对锁进行监控；而第 22 章则提供锁争用的一些示例。因此，第 22 章很自然会借鉴第 18 章中的部分信息，因此出现了一些内容上的重复。这是一个有意识的行为，作者希望各位读者在阅读本书的过程中可以减少翻页的次数，尽快找到所需内容。

在阅读过程中，本书的 6 部分将引导你逐步完成性能优化主题的相关探讨。我们先从一些基本的背景知识开始，然后给出面向问题的解决方案。第 I 部分将探讨相关的方法论、基准以及测试数据。第Ⅱ部分重点介绍各种信息来源，如 performance 库等。第Ⅲ部分介绍本书将用到的各种工具，如 MySQL shell。第Ⅳ部分则提供后面两部分将用到的理论知识。第Ⅴ部分侧重分析查询、事务以及锁。第Ⅵ部分则探讨如何通过配置、查询优化、复制以及缓存等技术来提升性能。某些情况下，有些内容的编排可能较特殊，例如，所有关于复制的内容都包含在单独一章中(即第 26 章)。

第Ⅰ部分 入门

第 I 部分介绍 MySQL 查询性能优化的相关概念，包括一些高级注意事项等。其中一些并非 MySQL 所独有(不过也是在 MySQL 上下文中进行探讨的)。第 I 部分包含 4 章。

第 1 章“MySQL 性能优化”—— 该章涵盖 MySQL 性能优化的一些高级概念，例如考虑整个堆栈和查询生命周期的重要性等。

第 2 章“查询优化方法论”—— 以有效方式解决性能问题至关重要。该章介绍有效工作的方法论，并强调积极工作的重要性。

第 3 章“使用 Sysbench 进行基准测试”—— 通常，我们需要使用基准测试来检验更改效果。该章将简要介绍基准测试，并专门探讨 Sysbench 工具，也包括如何创建自定义基准测试等内容。

第 4 章“测试数据”—— 列出本书主要使用的一些标准测试数据库。

第Ⅱ部分 信息来源

MySQL 会通过一些信息来源提供有关性能的信息。在该部分，将介绍 performance 库、sys

库、information 库以及 SHOW 语句。虽然在该部分中使用这些信息来源的例子相对较少，但在本书其他部分，则广泛使用了这四个信息来源。如果你对这些信息来源还不太熟悉，我们强烈建议你详细阅读该部分中的各个章节。此外，该部分还包含慢查询日志的相关内容。第Ⅱ部分共包含 5 章。

第 5 章“performance 库”—— 顾名思义，MySQL 中与性能相关的信息的主要来源是 performance 库。该章介绍相关的术语、基本概念、组织方式以及配置信息。

第 6 章“sys 库”——通过存储过程和函数中的预定义视图和工具，sys 库提供了各种报告信息。该章对 sys 库各种可用的特性进行了概述。

第 7 章“information 库”—— 如果想获得关于 MySQL 和数据库的元数据信息，就需要查看 information 库。该库还包含用于性能优化的重要信息，例如关于索引、索引统计以及直方图等信息。该章将概述 sys 库中可用的视图。

第 8 章“SHOW 语句”—— 这是获取信息的最古老方法，可通过它获得从执行查询到库的各级别信息。该章将 SHOW 语句与 information 库和 performance 库相关联，并在某种程度上更详细地介绍 SHOW 语句。而 SHOW 语句的某些内容，在 information 库和 performance 库中是没有对应内容的。

第 9 章“慢查询日志”—— 查找慢查询的传统方法，就是将其记录到慢查询日志中。该章将介绍如何配置慢查询日志，如何读取日志事件，以及如何使用 mysqldump 这一实用工具对事件进行聚合等。

第Ⅲ部分　工具

MySQL 提供一些在执行日常任务以及特定任务时非常有用的工具。该部分涵盖与监控和简单查询执行相关的三种工具。本书将 Oracle 专用的 MySQL 监控解决方案作为监控示例。即使你当前正在使用其他监控解决方案，也建议你研究一下这个示例。因为这些不同的解决方案之间往往有一些重叠之处。此外，本书其余部分也广泛使用了这三种工具。该部分包含 3 章。

第 10 章“MySQL Enterprise Monitor”—— 监控是保证数据库稳定运行且性能良好的最重要内容之一。该章将介绍 MySQL Enterprise Monitor(MEM)，并说明如何安装试用版本，以及如何进行导航和使用图形化用户界面等。

第 11 章“MySQL Workbench”—— MySQL 通过 MySQL Workbench 为用户提供图形化界面。该章将介绍如何安装和使用这一工具。在本书中，MySQL Workbench 对创建查询执行计划的可视化图形(称为 Visual Explain，可视化解释)至关重要。

第 12 章“MySQL shell”—— Oracle 为 MySQL 推出的最新工具之一就是 MySQL shell。它是第二代的命令行客户端，支持在 SQL、Python 以及 JavaScript 模式下执行代码。该章将使你快速了解这一工具，并介绍该工具对外部代码模块的支持，分析该工具的报告基础结构，以及如何创建自定义模块、报告和插件等。

第Ⅳ部分　方案考量与查询优化器

在该部分中，介绍内容的节奏稍有改变。重点从与方案、查询优化器和锁相关的主题，逐步转移到性能优化的主题上。该部分包含 6 章。

第 13 章“数据类型”—— 在关系数据库中，每列都有各自的数据类型。数据类型定义了各列能够存储的值，两个值进行比较时所遵循的规则，以及数据的存储方式等。该章介绍 MySQL 中可用的各种数据类型，并提供应该使用何种数据类型的指导信息。

第 14 章“索引”—— 索引用于查找数据。而良好的索引可以极大地提升查询的性能。该章介绍索引的概念、关于索引的注意事项、索引类型以及索引的特性等。此外，介绍了 InnoDB 如何使用索引，以及应该使用何种索引策略等。

第 15 章“索引统计信息”—— 当优化器需要确定索引的有用程度以及与索引值上的条件相匹配的行数时，就需要关于索引中的数据的相关信息，即索引统计信息。该章介绍索引统计信息在 MySQL 中的工作方式，以及如何对其进行配置、监控和更新。

第 16 章“直方图”—— 如果希望优化器知道给定列中值出现的频率，则需要创建直方图。这是 MySQL 8 中新添加的特性。该章将介绍如何使用直方图，其内部结构如何，以及如何查询直方图的元数据和统计信息等。

第 17 章“查询优化器”——在执行查询时，优化器会决定查询的执行方式。该章将介绍优化器要完成的任务、使用的联接算法、联接优化、优化器相关配置以及资源组等内容。

第 18 章“锁原理与监控”—— 最容易给人带来挫败感的问题之一就是锁争用。该章首先说明数据库为何需要锁、锁的访问级别以及锁的类型(粒度)；然后介绍在无法获得锁时，如何减少锁争用，以及可在何处找到锁相关的信息。

第Ⅴ部分　查询分析

有了第Ⅳ部分的信息，现在就可对查询进行分析了。这包括如何查找查询，从而进行下一步的分析，然后使用 EXPLAIN 或 performance 库分析等。当你有两个或者两个以上的查询来争用相同的锁时，还需要考虑事务是如何工作的，并对锁争用问题进行调查。该部分包含 4 章。

第 19 章“查找待优化的查询”—— 无论是将其作为日常运维的一部分，还是在紧急状况下，你都需要查找那些需要分析和优化的查询。该章将介绍如何使用 performance 库、sys 库、MySQL Workbench、监控解决方案以及慢查询日志等工具来查找那些值得研究的查询。

第 20 章“分析查询”—— 有了候选查询后，就需要分析为何执行速度慢或给系统造成如此大的影响。这里用到的主要工具是 EXPLAIN，该命令可提供有关优化器选择的查询计划的相关信息。如何使用 EXPLAIN 生成和理解查询(包括示例)计划是该章的重点。也可使用优化器跟踪程序来获取有关优化器如何选择某一查询的更多信息。分析查询的另一种方法是使用 performance 库和 sys 库将查询分解为较小的部分。

第 21 章“事务 ”—— InnoDB 将所有执行操作视作事务，并且事务是一个极为重要的概念。正确使用事务可以确保原子性、一致性和隔离性。但是，事务也可能导致严重的性能和锁争用问题。该章探讨事务为何成为问题，以及如何分析事务。

第 22 章“诊断锁争用”—— 该章介绍了四种锁争用的场景(刷新锁、元数据锁、记录锁以及死锁)，并探讨这四种锁的症状、形成原因、重建场景的方式、调查、解决方案以及预防方式等。

第Ⅵ部分　提升查询性能

现在，你已经找到有问题的查询，并对其进行分析，包括事务情况，以了解表现不佳的原因。但是，你应该如何改善查询呢？该部分介绍其他章节未涵盖的重要配置选项，以及如何改变查询计划、改变方案等，同时包含批量加载、复制以及缓存等相关知识。该部分包含 5 章。

第 23 章“配置”——MySQL 在执行查询时需要系统资源。该章将介绍配置这些资源的最佳实践，以及其他讨论中未曾介绍的一些重要配置选项。同时对 InnoDB 中的数据生命周期做了概述，将其作为探讨 InnoDB 配置的背景知识。

第 24 章“改变查询计划”——尽管优化器通常在找到最佳查询执行计划方面表现不错，但你依然需要不时为其提供帮助。例如，可能是因为没有索引，或现有索引无法使用等，导致全表扫描的出现。你可能还想提高索引的使用率，或者可能需要重写某个复杂条件甚至整个查询等。该章将仔细介绍这些内容，同时说明了如何使用 SKIP LOCKED 子句来实现队列系统。

第 25 章“DDL 与批量数据加载”——在执行方案更改，或将大数据集加载到系统中时，MySQL 需要完成大量工作。该章将探讨如何提升这类任务的性能，包括使用 MySQL shell 的并行数据加载特性等。该章也包含关于数据加载注意事项的内容，这通常也适用于数据修改操作。此外，我们也显示了顺序插入和随机插入之间的不同之处。在完成此探讨后，我们就知道选择主键对性能来说意味着什么。

第 26 章“复制”——在实例之间进行数据复制是 MySQL 的一项颇为流行的特性。从性能的角度看，复制包含两方面的内容：首先，你需要确保复制操作性能良好，此外，可通过复制来提升系统性能。该章探讨这两方面的内容，介绍用于监控复制的 performance 库表。

第 27 章“缓存”——提升查询性能的终极方法是根本不执行查询，或至少避免执行某部分查询。该章将探讨如何使用缓存表来降低查询的复杂性，以及如何使用 Memcached、MySQL InnoDB Memcached 插件和 ProxySQL 来避免查询的完全执行。

下载示例代码和彩色图片

本书正文中，有些地方会提到图中标记、箭头或区域的颜色。本书是黑白印刷，无法显示彩色。读者可在实际界面中查看确切的颜色。另外，可扫描封底二维码，下载示例代码和彩色图片。

目　录

第Ⅲ部分 工 具

第Ⅳ部分 方案考量与查询优化器

第V部分 查询分析

第Ⅵ部分 提升查询性能

第 I 部分

入　门

第 1 章 MySQL 性能优化

欢迎来到 MySQL 性能优化的世界！这个世界，有时看起来似乎是被黑魔法或运气所支配。但本书期望能帮助你以结构化方式进行工作，而且最终你能有条理地完成任务，从而获得更好的性能表现。

本章通过探讨与 MySQL 相关的方方面面，以及基于数据执行某些操作的重要性，来介绍 MySQL 性能优化。由于本书的内容主要是关于查询的，因此应先回顾一下查询的生命周期。

提示 如果你需要一个测试实例，以便在阅读本书或解决工作中遇到的问题时使用，那么云端环境可能是一个很好的选择。例如，如果你只需要一个很小的实例来处理本书中提到的示例，你甚至可使用网上的免费实例，例如，通过 Oracle Cloud 申请一个(当然，你仍然需要注册并使用信用卡信息，只是它不会真正扣钱罢了)：https://mysql.wisborg.dk/oracle_cloude_ free_tier。

1.1 通盘考虑

在处理性能问题时，重要的是需要考虑系统涉及的所有部分，例如从最终用户到应用，再到 MySQL。当有人向你报告说应用运行缓慢，而你又知道 MySQL 是应用的核心部分时，就很容易得到“MySQL 运行缓慢”这样的结论。但是，这有可能将那些真正造成性能不佳的潜在因素排除在外。

当应用程序需要查询结果，或需要在 MySQL 中存储数据时，将通过网络把请求发送给 MySQL；为完成这一请求，MySQL 将与操作系统进行交互，并使用主机资源(如内存和磁盘)。待请求的结果准备就绪后，再通过网络将其传输给应用程序，如图 1-1 所示。

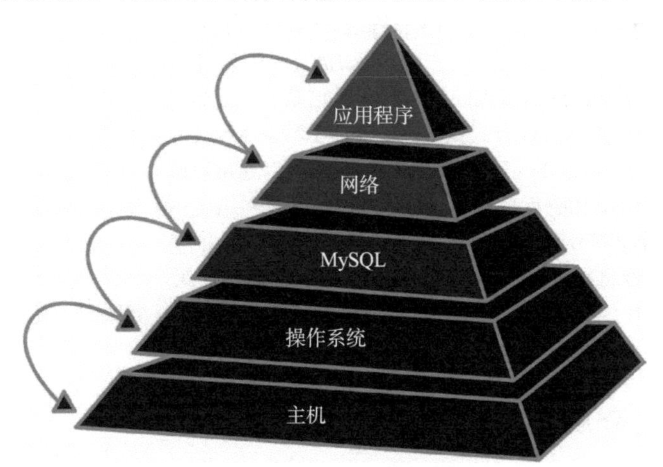

图 1-1　围绕 MySQL 的技术栈

当然，这里的金字塔图片其实已经非常简化了，它将应用程序之上的各种内容都省略了。应用程序将与用户通信，并使用自己的资源。而在通过网络进行通信时，则又涉及主机和操作系统。

为说明上述各层之间是如何相互作用的，请考虑一个实例。一位 MySQL 用户报告，MySQL 遇到了临时停顿的问题。在 Linux 上使用 perf 工具进行检查发现，发生停顿的原因是内存变得非常零散，这主要是由 I/O 缓存引起的。当你通过网络提交数据时，Linux 会请求一块连续内存(使用 kmalloc)。但由于内存碎片化过重，Linux 需要先对内存进行碎片整理(压缩)。虽然进行了压缩处理，但此时包括 MySQL 在内的所有程序都停滞了。在最糟糕的情况下，系统可能需要花费 1 分钟(服务器具有大量可用于 I/O 缓存的内存)的时间完成压缩，因此造成严重影响。这种情况下，可更改 MySQL 的配置，从而使用直接 I/O 来解决问题。虽然这是一个比较极端的情况，但值得注意的是，各层之间的交互可能带来令人意外的阻塞和瓶颈问题。

另一个更直接的案例，则是使用框架来生成查询语句的应用程序。该框架存在一个 bug，即对大表进行查询时，会自动省略 WHERE 子句。这很容易导致一系列问题，例如应用程序的查询重试。系统在数秒钟内就完成 50 次查询操作(由于数据最终已被读入缓冲池，因此最后一次查询的速度要比第一次快得多)，从而最终导致问题出现：MySQL 将大量数据发回给应用程序，导致网络超载，并且应用程序的内存也出现不足。

本书侧重于 MySQL，以及影响查询的各个方面，但依然不要忘记系统的其他部分。当然，这其中就包括对系统的监控。

1.2　监控

监控对于保持系统的正常运行至关重要。你所做的一切事情，都应该围绕监控进行。在某些情况下，通过专门的监控解决方案，可为你提供解决问题需要的全部数据。而在其他情况下，则可能还需要一些临时观察。

你的监控应该使用多个信息来源。包括但不限于：

- **performance 库**。包含从低级的互斥量(mutex)到查询和事务度量的各种信息。这是用于查询性能优化的最重要的信息来源。sys 库则提供一个方便的界面，尤其是用于即席查询时。
- **information 库**。包含 schema 信息、InnoDB 存储引擎统计信息等。
- **SHOW 语句**。包含诸如 InnoDB 详细统计信息的内容。
- **慢查询日志**。用于记录满足某些条件(如执行时间超过预定义阈值)的查询。
- **EXPLAIN 语句**。返回查询的执行计划。这是一个无价之宝，可用于调查为什么由于缺少索引，查询只能以次优方式执行；或者用于确认 MySQL 选择次优方式是导致查询性能不佳的原因。EXPLAIN 语句在处理特定查询时，通常以临时方式使用。
- **操作系统指标**。如磁盘使用率、内存使用率以及网络使用率等。不要忘记那些简单指标(如可用存储空间等)，因为存储空间不足也会导致中断。

上述信息来源都将在本书中进行探讨及使用。

在整个性能优化的过程中，使用监控，可以验证问题所在，找到原因，或证明你已解决问题。当然，在研究解决方案时，了解一下查询的生命周期也很有价值。

1.3 查询的生命周期

当执行查询时，往往经过几个处理步骤，然后查询结果才能返回给应用程序或客户端。其中的每个步骤都需要时间进行处理，并且有些步骤本身就可能包含一个或多个复杂的子处理过程。

查询的生命周期的简化图如图 1-2 所示。当然在实际中，则涉及更多步骤。如果你安装了诸如查询重写器(query rewriter)的插件，则可能添加自己的处理步骤。不过，本图确实已经包含基本处理步骤，稍后将更详细地介绍其中的几个步骤。

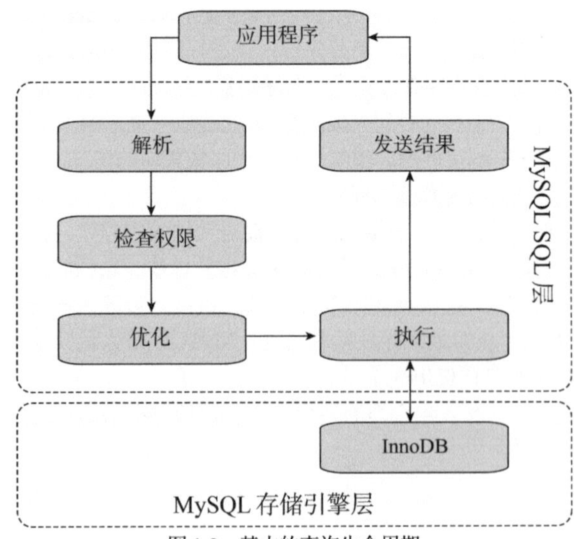

图 1-2 基本的查询生命周期

MySQL Server 可以分为两层。上面是 SQL 层，用于处理诸如用户连接，以及准备要执行的语句等操作。实际数据则由下面的存储引擎层负责存储。存储引擎以插件形式予以实现，这就使得在选择不同的存储引擎或数据处理方式时相对容易一些。InnoDB 是主要的存储引擎(当然也是本书唯一考虑的存储引擎)，它是完全事务性的，对高并发的工作负载也具有很好的支持效果。其他存储引擎还有 NDB Cluster，也是事务性的，可作为 MySQL NDB Cluster 的一部分。

当应用程序需要执行查询时，第一件事是创建一个连接(图 1-2 中并未包括连接部分，因为连接可能会被重用，以执行多次查询)。查询到达时，MySQL 将对其进行解析。其中包括将查询拆分为令牌(token)，因此查询类型就是已知的，并且存在查询所需的表和列的列表信息。在下一步中，将需要此列表信息；这里将检查用户是否具有执行查询所需的权限。

此时，查询已经到达确定如何执行查询的重要步骤。这就是优化器的工作了，其工作内容涉及查询重写、确定表的访问顺序以及要使用哪些索引等。

实际执行过程还涉及从存储引擎层请求数据。存储引擎本身可能会很复杂。对于 InnoDB 来说，它包括缓冲池(用于缓存数据和索引)、重做日志及回滚日志，还包括其他缓冲区以及表空间文件。如果查询返回行，则这些行将从存储引擎通过 SQL 层发给应用程序。

在查询优化过程中，最重要的就是优化器、执行步骤以及存储引擎。本书大部分内容都将直接或间接地涉及这三部分。

1.4　本章小结

本章从头开始介绍性能优化相关内容，从而为你完成本书的其余内容做好准备。关键是你要通盘考虑从最终用户到主机和操作系统等低级层面的各个因素。而监控又是性能优化中的绝对必要条件。执行查询包含多个步骤，其中的优化器、执行步骤是你最需要关注的内容。

第 2 章将详细介绍对解决性能问题非常有用的一些方法。

第2章 查询优化方法论

解决问题的方法通常不止一种。在某些极端情况下，你可能会比较冒失地尝试一些更改，尽管这似乎能节约时间，但往往会带来挫败感。所做的更改似乎奏效了，但依然无法确定是真正解决了问题，还是情况只是暂时好了一点。

相反，我们推荐你进行分析，并使用监控来确认更改效果。也就是说，你应该更合理地开展工作。本章将介绍这样一种方法，该方法在解决 MySQL 问题时通常非常有用，尤其是在性能优化方面。首先，我们将介绍该方法中涉及的步骤，然后详细探讨每个步骤，分析为何要花费尽可能多的时间来主动工作(也是一件很重要的事情)。

注意 这里描述的其实是 Oracle 支持服务中用于解决客户报告的问题的方法。

2.1 综述

MySQL性能优化可被视为一个永无止境的过程。在此过程中，我们使用迭代方法来逐步改善性能。显然，有时可能出现一些特定问题，例如查询需要消耗半小时才能完成等。但请记住，性能并不是二进制状态，这一点很重要，因此你有必要知晓何为足够好的性能。否则，哪怕是一个简单的优化任务，你也可能永远无法完成。

图 2-1 显示了一个示例，用于描述性能优化的生命周期。该循环从左上角开始，一共包含四个阶段。其中第一个是核实问题。

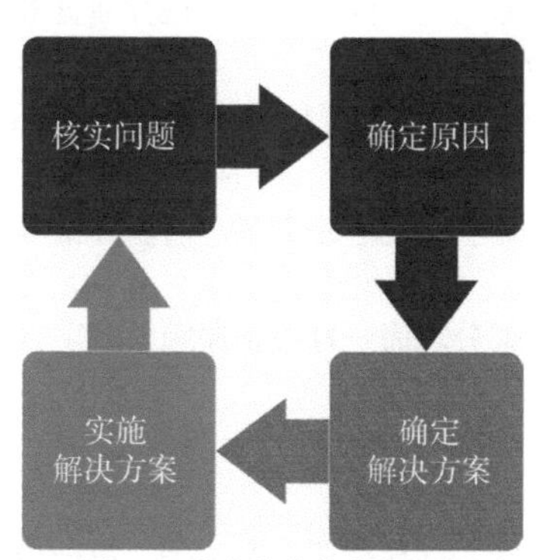

图 2-1　性能优化的生命周期

在遇到性能问题时，首先需要核实问题之所在，这包括收集问题相关的证据，并确定在考虑解决问题时有何需求。

第二阶段涉及确定造成性能问题的原因，第三阶段则确定解决方案。最后，第四阶段实施解决方案，其中应该包含检验更改操作的效果。

提示　无论是在出现问题时解决问题，还是在主动工作期间，该循环均有效。

然后，可以从头开始，或者进行第二次迭代，以进一步改善刚遇到的性能问题，或者你可能需要处理下一个性能问题。当然，两次循环之间也可能间隔很长时间。

2.2　核实问题

在尝试确定导致问题的原因和解决方案之前，重要的是，你要弄清楚应该解决的问题。只是说“MySQL 慢”是远远不够的。这是什么意思？一个准确的问题描述可以是“该网页中第二部分使用的查询需要 5 秒才能完成”，或者“MySQL 每秒只能处理 5000 个事务”。问题描述越具体，解决问题的机会就越大。

最初看起来是什么问题，可能与真正的问题之间有所差别。核实问题可能很简单，例如执行查询，然后观察该查询是否真的花了那么长时间。也可能需要去查看监控。

本阶段的准备工作还应该包含从监控中收集基准数据，或收集能够说明问题的数据。没有基准数据，你就无法在故障排除之后，证明自己真正解决了问题。

最后，你需要确定性能优化的目标是什么。在这里，我们可以引用 Stephen R. Covey 所著的 *The 7 Habits of Highly Effective People* 中的一句话作为参考：

以始为终。

例如，慢查询语句所能接受的最低目标是什么？系统所需的最小事务吞吐量是多少？这样，就可以确保在更改之后是否已完成优化目标。

在明确定义并核实问题后，就可以开始分析问题并确定原因了。

2.3 确定原因

第二阶段是确定性能低下的原因。在此，你需要进行通盘考虑。这样就不会因为只盯着某个毫无关系的因素，而忽视了其他重要因素。

当你认为自己已经知道原因后，依然需要探讨一下为何会是这个原因。你可能会在 EXPLAIN 语句的输出结果中清楚地看到，查询使用了全表扫描，因此这可能就是问题发生的原因。或者有一张图显示 InnoDB 重做日志使用率已经超过 75%，所以你推测可能进行了异步刷新，从而导致临时的性能问题。

查找问题原因往往是最难的部分。而一旦找到原因，就可以确定解决方案了。

2.4 确定解决方案

确定要处理的问题的解决方案，往往需要两个步骤。第一步是寻找可能的解决方案；第二步需要选择实施哪个方案。

在寻找可能的解决方案时，进行头脑风暴，然后写下能想到的所有想法，这可能会很有用。重要的是，不要将自己局限在与问题产生的根本原因相关的思考范围之内。实际上，你经常可以在其他很多地方找到解决方案。其中一个例子是上一章提到的内存碎片导致的系统停顿问题，解决方案是更改 MySQL 的配置，使用直接 I/O，进而减少操作系统对 I/O 缓存的使用。此外，还需要考虑临时解决方案和长期解决方案，例如可能需要重启 MySQL 实例，或者需要执行升级、更换硬件等操作，这可能就不是能够立即实施的解决方案了。

提示 有时，一些不会被重视的解决方案，可能是需要升级 MySQL 或操作系统，以便使用新特性来解决问题。不过在这种情况下，就需要进行非常仔细、全面的测试，从而确保应用程序可与这些新特性很好地兼容。尤其是要注意优化器是否进行了调整，这也可能导致查询性能出现下降。

确定解决方案的第二部分内容是选择效果最佳的候选解决方案。为做到这一点，你需要探讨每个解决方案为何能起作用，以及它们的优缺点各是什么。在这一步中，你需要对自己足够诚实，因为必须仔细考虑解决方案可能带来的副作用。

一旦你对所有可能的解决方案都有了很好的了解，就可选择其中一种来解决问题了。在使用更可靠的解决方案时，也可选择另一种作为临时缓解措施。当然，无论是哪一种情况，下一步都是要实施解决方案了。

2.5 实施解决方案

可通过一系列步骤来实施解决方案。这其中包含定义行动计划、测试行动计划以及完善行动计划等，直到最终将解决方案应用到生产系统为止。重要的不是急于执行，因为这里可能是发现解决方案是否存在问题的最后机会。某些情况下，测试可能表明你需要放弃已经选定的解决方案，然后返回上一阶段并选择其他解决方案。图 2-2 说明了实施解决方案的流程。

你需要使用选定的解决方案，然后为其创建一个行动计划。在这里，非常重要的一点是，该行动计划一定要非常具体。这样就能确保在测试系统上执行的行动计划，也就是在接下来在生产系统上要执行的行动计划。写下你将要使用的确切命令和语句将很有用，这样就可以直接复制粘贴，或者将其整理到脚本中以便自动执行。

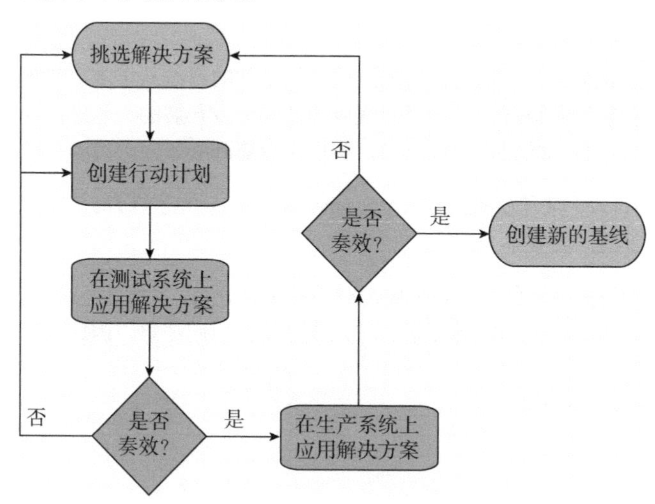

图 2-2　实施解决方案的工作流程

然后，你需要在测试系统上测试执行计划。重要的是，此时要尽可能反映在实际生产系统上执行的情况。因此，你在测试系统上使用的数据，必须能代表生产数据。可以复制生产数据，并在此过程中对敏感数据(如个人详细信息以及信用卡信息等)进行屏蔽处理。

提示　可以订阅(付费订阅)MySQL 企业版，其中包含数据屏蔽功能：www.mysql.com/products/enterprise/masking.html。

应该进行测试，以确保解决方案已经解决问题，并且没有带来意外的副作用。要执行什么样的测试，取决于你要解决的问题以及建议的解决方案。如果查询速度慢，则需要在实施解决方案之后测试查询的性能。如果修改了一个或者多个表上的索引，则还需要验证是否影响其他查询。在实施解决方案后，可能还需要对系统进行基准测试。当然，在所有情况下，你都需要将其与核实问题期间收集的基准数据进行比较。

当然，有时第一次尝试可能无法按照预想的方式进行。一般情况下，你需要对行动计划进行一些微调。有时可能要放弃所选的解决方案，然后返回上一阶段并选择其他解决方案。如果提出的解决方案解决了部分问题，也可将其应用到生产系统上，然后重新进行评估，并继续改善性能。

如果你对测试结果感到满意，就可将该解决方案实施到登台(stage)系统上。如果一切还很不错，则可将其应用到生产系统上。完成此操作后，你需要再次验证其是否有效。当然，无论你是多么谨慎地设置测试系统，以便让其尽可能接近生产系统，但由于种种原因，解决方案也依然可能无法按照设想的方式运行。本书作者遇到的一种可能情形是索引的统计信息不同。因此在将解决方案应用到生产系统上时，需要使用 ANALYZE TABLE 语句来更新索引的统计信息。

如果该解决方案有效，则应该收集新的基线，以便用于将来的监控和优化。如果该解决方案不起作用，则需要通过回滚并寻找新的解决方案，或者是进行新一轮的故障排除，确定该解决方案为何不起作用，并应用其他解决方案来确定如何继续。

2.6 主动工作

我们知道，性能优化是一个永无止境的过程。如果你的系统从根本上来说是健康的，那么大部分工作其实是在预防紧急情况，是在紧急程度较低的地方开展的。当然，这不会为你的工作带来太多关注，但这会减轻你的日常工作压力，客户也会更开心。

注意 这里的讨论，某种程度上是基于 Stephen R. Covey 所著的 *The 7 Habits of Highly Effective People* 中的第三个习惯：要事第一。

图 2-3 显示了如何按照紧急程度和重要性对任务进行分类。紧急任务通常会引起他人的注意，而其他任务可能也很重要，但通常是在未及时完成时才会引起注意，因此会忽然变得很紧急。

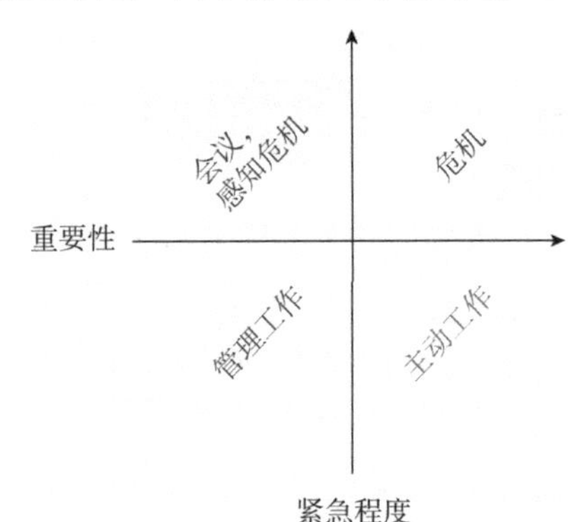

图 2-3 按照紧急程度和重要性对任务进行分类

最容易分类的任务通常是与危机相关的任务。例如生产系统故障或公司收入受损，因为客户无法使用产品或无法购买产品。这些任务既紧急又重要。在这些任务上花费大量时间可能会让你感到自己非常重要，但这也是一种紧张的工作方式。

解决性能问题的最有效方法是处理重要但不紧急的任务。这是预防危机发生的主动性工作，包括监控，以及在问题变得严重之前就进行改进等。此类别中的另一项重要任务就是“准备”。因此你也就会为危机做好准备。例如，这可能是需要建立一个备用系统，从而在发生危机时进行故障转移，或者快速启动替换实例等。这可帮助减少危机的持续时间，并使危机重新回到重要但不紧急的分类中。一般情况下，你在此类任务上耗费的时间越多，往往就越成功。

最后两类包括不太重要的任务。紧急但不重要的任务可能包括无法重新安排的会议、其他人推动的任务，以及可感知的(但不是真实的)危机。不紧急也不重要的任务则包括管理任务及检查电子邮件等。当然，其中的一些任务可能对于保持你的工作来说必不可少，但是对于保持 MySQL 的良好性能则并不重要。尽管你总是需要耗费时间来处理这些类别中的任务，但重要的是，尽量减少耗费在这些任务上的时间。

通过定义什么样的性能才是足够好的性能，就能避免对查询或者吞吐量进行过度优化。在实践中，如果不重要的任务引起了组织中其他人员的注意，就很难撤回这些任务了(因为这些任务通常是紧急任务)。但重要的是，你应该尽可能尝试将工作重心转移到处理那些重要而不紧急的任务上，以免日后处理那些危机。

2.7　本章小结

本章探讨了可用于解决 MySQL 性能问题的方法论，以及主动工作的重要性。

在报告问题后，就可以核实问题并确定已解决的问题。对于那些天生具有开放性的问题，重要的是要知道什么程度是足够好的，否则你将冒着永无休止地执行危机管理且无法回到主动工作的风险。

一旦有了清晰的问题描述，就可以确定问题发生的原因。待原因明确之后，就可以确定要解决的问题。最后一个阶段是实施解决方案，如果事实证明此前选择的解决方案不起作用，或会带来无法接受的副作用，就需要考虑替代方案。在这方面，重要的是，你需要尽可能紧贴实际来测试解决方案。

本章最后探讨要花费尽可能多的时间来主动工作的重要性，这些工作可以尽量防止危机的发生，并在危机真正发生时帮助你做好准备。这将帮助你减轻工作压力，并以更好的状态管理数据库。

如本章所述，在将解决方案部署到生产环境之前，测试其影响非常重要。因此第 3 章将介绍基准测试，尤其是 Sysbench 基准测试。

第3章

使用 Sysbench 进行基准测试

在将更改应用到生产系统之前，验证更改的影响至关重要。这适用于修改查询等小型更改，也适用于应用程序重构以及 MySQL 升级等大型更改操作。你可能认为，最佳性能测试是基于生产模式和数据的，使用的查询与应用程序使用的查询相同。但重新创建合适的工作负载不像听起来那么简单，因此我们有必要使用一些标准的基准测试套件。

本章从执行基准测试的一些最佳实践开始，简要描述可应用在 MySQL 上的一些最常见基准测试和工具。然后将更详细地探讨最常用的 Sysbench 基准测试。

3.1 最佳实践

安装基准测试工具并执行其实很容易。难处在于如何正确地使用它。执行 MySQL 基准测试也会涉及一些性能优化的概念。而第一个也是最重要的一点是，你需要以“知情的方式”进行工作。这意味着你需要充分了解要用的工具，并明确定义测试的目标和成功的标准。对于要使用的工具，你要了解如何正确地使用它们，因为若使用默认参数设置来执行，可能不会产生所需的测试结果。

这些都与基准测试目标紧密相关。你需要确定什么？例如，你可能想验证更改某些配置变量带来的效果。这种情况下，你需要确保已经建立了测试环境，并只对相关内容进行测试。例如，你需要考虑诸如 innodb_io_capacity 的选项，因为它们会影响 InnoDB 的写入速度。如果你只是想对只读进行测试，则更改 innodb_io_capacity 不会有任何区别。这种情况下，还需要确保一次只能更改一项设置，并且只能进行较小更改——就像对生产系统进行更改时所做的那样。否则，如果你同时更改了多个设置，那么某些设置可能对测试结果产生积极影响，而其他设置则会产生不利影响，这样就无法确定哪些更改应该保留，哪些则应该回滚。如果你做了较大更改，测试结果也可能会超出最佳值，这样即便有改进的余地，你也只能放弃。

在测试结束，读取结果时，你需要了解基准测试的内容。否则，结果就是一个毫无意义的数字。这也包括定义的在测试期间需要调整的变量。并且，对于一般性能优化而言，重要的是要限制变量的数量，从而轻松识别出每个变量的作用。另外，为使结果有效，还需要确保测试是可重复的。也就是说，如果进行两次测试，则两次测试结果应该相同。确保测试可重复的要求之一，就是要明确定义系统的启动状态。

提示　不要假设一个客户端就能产生你想要的工作负载。需要的客户端数量取决于并发查询的数量，以及你正在执行的基准测试。

这就引出了下一个重点。基准测试应该如实反映应用程序的工作负载。如果应用程序工作负载类型为 OLAP(联机分析处理)，或者应用写入负载大且只读性能很好，就无法使用 OLTP 基准测试来证明你所做的某些更改是有效的。

你可能认为，设计基准测试的最佳方法是捕获生产系统中执行的所有查询，并进行重放。这样做当然有好处，但也带来了挑战。收集所有查询并进行重放的代价是很昂贵的。当然，如果你已经启用 MySQL 企业级 audit 日志进行审计，也可以使用它。另外，将生产数据复制到测试系统可能也存在数据隐私问题。最后，你也很难对测试进行扩展，以便更改数据集的大小(无论是缩小它从而更容易管理，还是扩大它)。与当前的生产负载相比，你同样很难增加测试的工作负载。基于上述原因，通常都推荐使用人工基准测试。

提示　可使用 MySQL 企业级 audit 日志(需要订阅)或常规的查询日志(开销极高)来捕获一段时间内的所有查询。并且其中包含执行查询时的时间戳。因此可以使用日志，并以相同的顺序和并发性来重放这些查询。但这样做，确实需要自行创建一个脚本来提取所有查询并执行它们。

下一个知识点是关于基准测试的结果，该结果也与此前探讨的内容相关。在获得基准测试结果时，重要的是需要了解结果的含义，并且不能因为结果看起来错误就直接放弃。如果结果确实出乎意料，就有必要去了解为何会得到这样的结果。也许你没有使用预期的参数设置，也许使用了与预期不同大小的表，也许是其他因素干扰了基准测试。如果确实是其他因素的干扰，那么，在生产系统中，是否存在这些干扰因素？如果答案是确定的，基准测试就极为重要，你需要确定在生产系统中如何处理这些干扰因素。

要了解基准测试期间发生的情况，对 MySQL 和主机的监控也就很重要。一种选择是使用与生产系统相同的监控解决方案。但测试系统或者开发系统上的基准测试，往往与生产系统有所不同，因为通常使用高频采样；并且基准测试持续时间往往较短，因此使用基准测试专用的监控解决方案可能就很有用。选择之一是使用 Dimitri Kravtchuk 开发的 dim_STAT(http://dimitrik.free.fr/)。Dimitri 是 MySQL 的性能架构师，也是许多 MySQL Server 基准测试的幕后贡献者。

通常，了解基准测试的结果并非易事。还要注意如果在基准测试期间出现临时停顿，将发生什么事情。基准测试会阻止后续查询的执行，还是会继续提交查询？如果回退，那么后继查询实际上可能会执行得更快，因为用户不会仅因为积压而停止提交请求。

最后，基准测试通常会产生多个指标。因此你需要对基准测试的结果进行分析，因为它们通常都与系统相关。例如，延迟还是吞吐量最重要？还是对这两者都有要求？或你对其他指标更感兴趣？

3.2 标准TPC基准测试

有各种各样的基准测试，但最常用的基准测试往往是很少量的。当然，这并不意味着你不应该考虑其他基准测试。最后也是最重要的是，基准测试需要满足你的需求。

TPC(www.tpc.org)定义了最常用的标准基准测试，并且随着软、硬件的发展，新的基准测试也在被不断设计出来。TPC的官网上有关于各种基准测试的详细说明。表3-1列出了当前的企业级TPC基准测试。

表3-1 常用的TPC基准测试

名称	类型	描述
TPC-C	OLTP	也许是TPC基准测试中最经典的基准测试了，其历史可追溯到1992年。它用于模拟批发供应商的查询操作，使用了9张表
TPC-DI	数据集成(Data Integration)	测试ETL工作负载
TPC-DS	决策支持(Decision Support)	该基准测试包含数据仓库使用的复杂查询(星状模型)
TPC-E	OLTP	用更复杂的方案和查询来替代TPC-C，因此对于现今的数据库而言更真实一些，它使用了33张表
TPC-H	决策支持(Decision Support)	这是另一个经典的基准测试，通常用于评估优化器的功能。它由22个复杂查询组成，旨在模拟OLTP数据库中的报表查询
TPC-VMS	虚拟化(Virtualization)	使用TPC-C、TPC-DS、TPC-E以及TPC-H基准测试，来确定虚拟化数据库的性能指标

这些标准基准测试的优点在于使你更容易找到实现工具，并可与其他人获得的结果进行对比。

提示 如果你想了解有关TPC基准测试，以及如何以最佳方式执行数据库基准测试相关的更多信息，可以参考Bert Scalzo撰写的《数据库基准测试和压力测试》；链接为www.apress.com/gp/book/9781484240076。

与标准基准测试一样，市面上也有不少通用的基准测试工具。

3.3 通用的基准测试工具

实施基准测试并非易事，因此在大多数情况下，你最好使用一些现有的基准测试工具。有些工具是跨平台的，可用在不同的数据库系统上，有些则是专用的。你应该选择一种能在你的生产系统平台上运行的基准测试工具。

表3-2列出一些最常用的基准测试工具，可用它们评测MySQL的性能。

表 3-2　常用的 MySQL 基准测试工具

基准测试工具	描述
Sysbench	这是最常用的基准测试工具，也是本章介绍的重点。它具有针对 OLTP 工作负载的内置测试、非数据库测试(如纯 I/O、CPU 以及内存测试)等。此外，其最新版本也支持自定义工作负载。它是开源的，主要在 Linux 平台上使用。可从 https://github.com/akopytov/sysbench 下载
DBT2	使用订单系统(TPC-C)模拟 OLTP 工作负载。也可用于自动化 Sysbench。可从 https://dev.mysql.com/downloads/benchmarks.html 下载
DBT3	DBT3 实现了 TPC-H 基准测试，用于测试复杂查询的性能。它是 MySQL 优化器开发人员在实施新的优化器功能后，用来验证性能时最喜欢的测试工具之一。可从 https://sourceforge.net/projects/osdldbt/获得其副本
HammerDB	一个免费的跨数据库版本工具，同时支持 Windows 和 Linux；支持 TPC-C 和 TPC-H 基准测试。可从 https://hammerdb.com/下载
Database Factory	适用于微软 Windows 的强大基准测试工具，支持多种数据库和基准测试，如 TPC-H、TPC-C、TPC-D 及 TPC-E 等。它是一种商业产品(可免费试用)。可从 www.quest.com/products/benchmark-factory/下载
iiBench	用于测试数据插入数据库的速度。因此，如果你需要定期抽取大量数据，iiBench 就很有用。可从 https://github.com/tmcallaghan/iibench-mysql 下载
DVD Store Version 3	将样本 DVD 存储的数据与基准测试进行合并，从而生成任意给定大小的数据，标准大小分别为 10MB、1GB 和 100GB。还可用作常规测试数据，可以从 https://github.com/dvdstore/ds3 下载。它是基于旧的 Dell DVD Store 数据库测试套件开发的
mysqlslap	该工具较特殊，是与 MySQL 软件一起提供的。它可基于你选择的表来生成并发工作负载。该工具比较简单，因此无法用于太多目的，但易于使用。可在 https://dev.mysql.com/doc/refman/en/mysqlslap.html 找到其使用手册页面

MySQL 最常用的基准测试工具是 Sysbench，本章剩余内容将介绍其安装和使用案例。

3.4　安装 Sysbench

由于 Sysbench 是一个开源工具，因此有多个派生版本。MySQL 维护了其中一个分支。但是，如果要使用具有最新功能的版本，则建议使用 Alexey Kopytov 维护的分支(这也是 MySQL 的性能架构师 Dimitri Kravtchuk 推荐的分支)。本章中的示例均使用了这一分支，其版本为 1.0.17(需要注意，输出结果中显示的版本为 1.1.0)。不过这些示例也可使用 Sysbench 的其他分支，只要该分支包含了实例中演示的功能即可。

安装 Sysbench 支持你使用原生的 Linux 包，然后在 macOS 上使用 Homebrew 进行安装，或者自行编译。虽然使用原生软件包安装比较简单，但我们建议你自己编译。因为这样可以确保 Sysbench 是专门针对 MySQL 8 的开发库进行编译的。当然也可在其他更多平台上编译 Sysbench。

提示　关于安装的详细信息，包括所需的依赖包和原生软件包，可以参考 https://github.com/akopytov/sysbench。Sysbench 1.0 已经不再支持微软 Windows，目前尚不清楚未来是否会重新支持。如果使用的是 Windows，建议使用 WSL(Windows Subsystem for Linux，面向 Linux 的 Windows 子系统)进行安装(https://msdn.microsoft.com/en-us/commandline/wsl/about)。当然在这种情况下，本章中的一些说明可能需要稍作调整(这取决于你选择的 Linux 发行版本)。另一种方法是使用 VirtualBox。

编译软件这种事情可能已不再常见，但幸运的是，编译 Sysbench 其实很简单。你只需要下载源代码，然后配置构建、编译、安装即可。

在编译 Sysbench 之前，你需要先安装一些工具。当然，所需要的工具取决于你使用的操作系统。有关详细信息，可参考该项目在 GitHub 上的安装说明。例如，可在 Oracle Linux 7 上执行以下命令：

```
shell$ sudo yum install make automake libtool \
                        pkgconfig libaio-devel \
                        openssl-devel
```

此外，还需要安装 MySQL 8 的开发库。在 Linux 系统执行此操作的最简单方法，就是从 https://dev.mysql.com/downloads/为 Linux 发行版安装 MySQL repository。代码清单 3-1 显示了在 Oracle Linux 7 上安装 MySQL 8 开发库的示例。

代码清单 3-1 安装 MySQL 8 开发库

```
shell$ wget https://dev.mysql.com/get/mysql80-community-release-el7-3.
noarch.rpm
...
Saving to: 'mysql80-community-release-el7-3.noarch.rpm'
100%[=================>] 26,024    --.-K/s in 0.006s
2019-10-12 14:21:18 (4.37 MB/s) - 'mysql80-community-release-el7-3.noarch.
rpm' saved [26024/26024]
shell$ sudo yum install mysql80-community-release-el7-3.noarch.rpm
Loaded plugins: langpacks, ulninfo
Examining mysql80-community-release-el7-3.noarch.rpm: mysql80-community-release-
el7-3.noarch
Marking mysql80-community-release-el7-3.noarch.rpm to be installed
Resolving Dependencies
--> Running transaction check
---> Package mysql80-community-release.noarch 0:el7-3 will be installed
--> Finished Dependency Resolution
Dependencies Resolved

============================================================
Package
   Arch    Version
           Repository                                   Size
============================================================
Installing:
mysql80-community-release
noarch el7-3
         /mysql80-community-release-el7-3.noarch 31 k
Transaction Summary
============================================================
Install 1 Package

Total size: 31 k
Installed size: 31 k
Is this ok [y/d/N]: y
```

```
Downloading packages:
Running transaction check
Running transaction test
Transaction test succeeded
Running transaction
  Installing : mysql80-community-release-el7-3.noarc 1/1
  Verifying : mysql80-community-release-el7-3.noarc 1/1

Installed:
mysql80-community-release.noarch 0:el7-3
Complete!
shell$ sudo yum install mysql-devel
...
Dependencies Resolved

============================================================
Package       Arch        Version      Repository       Size
============================================================
Installing:
mysql-community-client
        x86_64 8.0.17-1.el7 mysql80-community 32 M
    replacing mariadb.x86_64 1:5.5.64-1.el7
mysql-community-devel
        x86_64 8.0.17-1.el7 mysql80-community 5.5 M
mysql-community-libs
        x86_64 8.0.17-1.el7 mysql80-community 3.0 M
    replacing mariadb-libs.x86_64 1:5.5.64-1.el7
mysql-community-libs-compat
        x86_64 8.0.17-1.el7 mysql80-community 2.1 M
    replacing mariadb-libs.x86_64 1:5.5.64-1.el7
mysql-community-server
        x86_64 8.0.17-1.el7 mysql80-community 415 M
    replacing mariadb-server.x86_64 1:5.5.64-1.el7
Installing for dependencies:
mysql-community-common
        x86_64 8.0.17-1.el7 mysql80-community 589 k

Transaction Summary
============================================================
Install 5 Packages (+1 Dependent package)
Total download size: 459 M
...
Complete!
```

输出内容取决于你已经安装的工具。注意，这里将其他几个 MySQL 软件包(包括 mysql-community-server)作为依赖项引入。这是因为在这种情况下，mysql-community-server 软件包替换了另一个已存在的软件包，然后触发了一系列依赖关系更新。

注意　如果已经安装了旧版本的 MySQL 或分支，则所有相关的软件包都将升级。因此，最好在可自由替换软件包或已安装正确 MySQL 8 开发库的主机上编译 Sysbench。

现在，可考虑使用 Sysbench 了。可选择复制 GitHub 存储库，或下载 ZIP 文件。要选择复制方式，需要先安装 git，然后使用 git clone 命令：

```
shell$ git clone https://github.com/akopytov/sysbench.git
Cloning into 'sysbench'...
```

```
remote: Enumerating objects: 14, done.
remote: Counting objects: 100% (14/14), done.
remote: Compressing objects: 100% (12/12), done.
remote: Total 9740 (delta 4), reused 5 (delta 2), pack-reused 9726
Receiving objects: 100% (9740/9740), 4.12 MiB | 2.12 MiB/s, done.
Resolving deltas: 100% (6958/6958), done.
```

或者从 GitHub 下载带有源代码的 ZIP 文件，例如使用 wget：

```
shell$ wget https://github.com/akopytov/sysbench/archive/master.zip
...
Connecting to codeload.github.com (codeload.github.
com)|52.63.100.255|:443... connected.
HTTP request sent, awaiting response... 200 OK
Length: unspecified [application/zip]
Saving to: 'master.zip'
   [    <=>              ] 2,282,636    3.48MB/s    in 0.6s
2019-10-12 16:01:33 (3.48 MB/s) - 'master.zip' saved [2282636]
```

当然，还可通过浏览器下载 ZIP 文件，如图 3-1 所示。

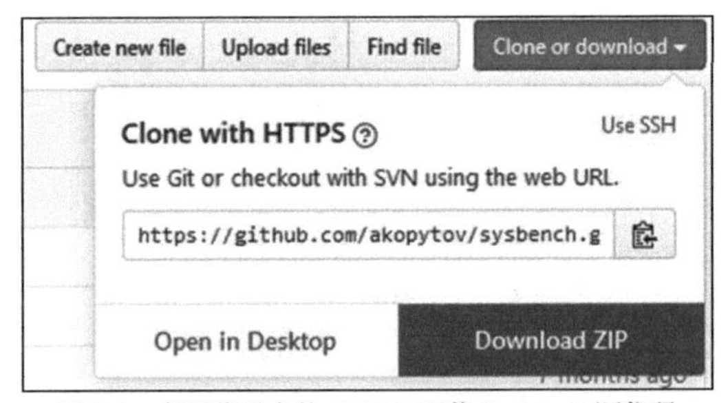

图 3-1　在浏览器中从 GitHub 下载 Sysbench 源代码

一旦源代码下载完毕，就可以解压它。

现在可以配置编译了。进入源代码所在位置目录，该目录下的内容如下：

```
shell$ ls
autogen.sh    COPYING       Makefile.am      rpm        tests
ChangeLog     debian        missing          scripts    third_party
config        install-sh    mkinstalldirs    snap
configure.ac  m4            README.md        src
```

使用 autogen.sh 脚本和 configure 命令完成配置，如代码清单 3-2 所示。

代码清单 3-2　配置 Sysbench 以便编译和安装

```
shell$ ./autogen.sh
autoreconf: Entering directory `.'
...
parallel-tests: installing 'config/test-driver'
autoreconf: Leaving directory `.'
shell$ ./configure
checking build system type... x86_64-unknown-linux-gnu
checking host system type... x86_64-unknown-linux-gnu
...
===========================================================================
sysbench version     : 1.1.0-74f3b6b
```

```
CC                         : gcc -std=gnu99
CFLAGS                     : -O3 -funroll-loops -ggdb3 -march=core2 -Wall -Wextra
                             -Wpointer-arith -Wbad-function-cast -Wstrictprototypes
                             -Wnested-externs -Wno-format-zero-length
-Wundef -Wstrict-prototypes -Wmissing-prototypes
-Wmissing-declarations -Wredundant-decls -Wcast-align
-Wvla -pthread
CPPFLAGS                   : -D_GNU_SOURCE -I$(top_srcdir)/src -I$(abs_top_
                             builddir)/third_party/luajit/inc -I$(abs_top_
                             builddir)/third_party/concurrency_kit/include
LDFLAGS                    : -L/usr/local/lib
LIBS                       : -laio -lm
prefix                     : /usr/local
bindir                     : ${prefix}/bin
libexecdir                 : ${prefix}/libexec
mandir                     : ${prefix}/share/man
datadir                    : ${prefix}/share

MySQL support              : yes
PostgreSQL support         : no
LuaJIT : bundled
LUAJIT_CFLAGS              : -I$(abs_top_builddir)/third_party/luajit/inc
LUAJIT_LIBS                : $(abs_top_builddir)/third_party/luajit/lib/libluajit-
5.1.a -ldl
LUAJIT_LDFLAGS             : -rdynamic
Concurrency Kit            : bundled
CK_CFLAGS                  : -I$(abs_top_builddir)/third_party/concurrency_kit/
include
CK_LIBS                    : $(abs_top_builddir)/third_party/concurrency_kit/lib/
libck.a
configure flags :
===========================================================================
```

配置的最后显示了将用于编译的选项。在这里，你需要确保 MySQL support 的结果为 YES。其默认安装位置为/usr/local。也可用--prefix 选项对其进行修改。例如：

```
./configure --prefix=/home/myuser/sysbench
```

下一步是编译使用 make 命令完成的代码：

```
shell$ make -j
Making all in third_party/luajit
...
make[1]: Nothing to be done for `all-am'.
make[1]: Leaving directory `/home/myuser/git/sysbench'
```

选项-j 用于告诉 make 并行编译代码，这可减少编译时间。但 Sysbench 在任何情况下都可快速编译，因此在这里是否并行并不是很重要。

最后一步是安装 Sysbench 的编译版本：

```
shell$ sudo make install
Making install in third_party/luajit
...
make[2]: Leaving directory `/home/myuser/git/sysbench'
make[1]: Leaving directory `/home/myuser/git/sysbench'
```

这样就可以了，现在可使用 Sysbench 进行基准测试。

3.5 执行基准测试

Sysbench 包含多个可用的基准测试。其范围涵盖从非数据库内置测试到各种数据库测试等。由于非数据库测试是在 Sysbench 源代码中进行定义的，因此被认为是内置测试。其他测试则在 Lua 脚本中定义，并安装在/usr/local/share/sysbench/目录下(如果是安装在默认位置)。

注意 本节和下一节的相关内容中，我们假定在安装了 Sysbench 的主机上同样有一个 MySQL 实例可用于测试。如果不是这种情况，可能需要调整主机名。

可使用--help 参数获取使用 Sysbench 的一般帮助信息：

```
shell$ sysbench -help
...
Compiled-in tests:
  fileio - File I/O test
  cpu - CPU performance test
  memory - Memory functions speed test
  threads - Threads subsystem performance test
  mutex - Mutex performance test

See 'sysbench <testname> help' for a list of options for each test.
```

输出的下半部分内容列出 Sysbench 内置测试，以及有关如何获取给定测试更多信息的提示。也可通过列出 share 目录中的文件来获取其他测试：

```
shell$ ls /usr/local/share/sysbench/
bulk_insert.lua        oltp_update_index.lua
oltp_common.lua        oltp_update_non_index.lua
oltp_delete.lua        oltp_write_only.lua
oltp_insert.lua        select_random_points.lua
oltp_point_select.lua  select_random_ranges.lua
oltp_read_only.lua     tests
oltp_read_write.lua
```

可使用除了 oltp_common.lua(OLTP 测试的共享代码)外的扩展名为.lua 的文件。Lua 语言(可参考 www.lua.org/[1])是一种轻量级编程语言，通常用于将代码嵌入其他程序中。使用 Lua 程序与使用其他脚本语言(如 Python)颇为相似。不同之处在于，你的代码是在另一个程序(这里为 Sysbench)中执行的。

如前所述，可通过提供测试名称和 help 命令来获取有关测试的更多信息。例如，要获取有关 oltp_read_only.lua 中定义的测试信息，可使用代码清单 3-3 所示的 help 命令。

代码清单 3-3 获取 oltp_read_only 测试的帮助信息

```
shell$ sysbench oltp_read_only help
sysbench 1.1.0-74f3b6b (using bundled LuaJIT 2.1.0-beta3)

oltp_read_only options:
  --auto_inc[=on|off]           Use AUTO_INCREMENT column as Primary Key
                                (for MySQL), or its alternatives in other
                                DBMS. When disabled, use client-generated
                                IDs [on]
```

1 https://en.wikipedia.org/wiki/Lua_(programming_language)。

```
  --create_secondary[=on|off]   Create a secondary index in addition to the
                                PRIMARY KEY [on]
  --create_table_options=STRING Extra CREATE TABLE options []
  --delete_inserts=N            Number of DELETE/INSERT combinations per
                                transaction [1]
  --distinct_ranges=N           Number of SELECT DISTINCT queries per
                                transaction [1]
  --index_updates=N             Number of UPDATE index queries per
                                transaction [1]
  --mysql_storage_engine=STRING Storage engine, if MySQL is used [innodb]
  --non_index_updates=N          Number of UPDATE non-index queries per
                                transaction [1]
  --order_ranges=N              Number of SELECT ORDER BY queries per
                                transaction [1]
  --pgsql_variant=STRING        Use this PostgreSQL variant when running
                                with the PostgreSQL driver. The only
                                currently supported variant is 'redshift'.
                                When enabled, create_secondary is
                                automatically disabled, and delete_inserts
                                is set to 0
  --point_selects=N             Number of point SELECT queries per
                                transaction [10]
  --range_selects[=on|off]      Enable/disable all range SELECT queries [on]
  --range_size=N                Range size for range SELECT queries [100]
  --reconnect=N                 Reconnect after every N events. The default
                                (0) is to not reconnect [0]
  --secondary[=on|off]          Use a secondary index in place of the
  PRIMARY KEY [off]
  --simple_ranges=N             Number of simple range SELECT queries per
  transaction [1]
  --skip_trx[=on|off]           Don't start explicit transactions and execute
                                all queries in the AUTOCOMMIT mode [off]
  --sum_ranges=N                Number of SELECT SUM() queries per
  transaction [1]
  --table_size=N                Number of rows per table [10000]
  --tables=N                    Number of tables [1]
```

其中，出现在方括号内的值为默认值。

help 命令只是可用的几个命令之一(某些测试可能无法使用所有命令)。其他命令则涵盖了基准测试的各个阶段。

- **prepare**：执行设置测试所需的步骤，如创建和填充测试所需的表。
- **warmup**：确保缓冲区和缓存处于预热状态，例如，表和索引已经加载到 InnoDB 缓冲池中，这是 OLTP 基准测试的特殊功能。
- **run**：执行测试。所有测试均提供此命令。
- **cleanup**：删除测试所使用的全部表。

例如，请考虑之前你已经检索过其帮助信息的只读 OLTP 测试。首先创建一个可执行所需查询的 MySQL 用户。默认情况下，是将 sbtest 方案用于基准测试。因此一个简单的解决方案是创建一个对该方案具有所有权限的用户：

```
mysql> CREATE USER sbtest@localhost IDENTIFIED BY 'password';
Query OK, 0 rows affected (0.02 sec)

mysql> GRANT ALL ON sbtest.* TO sbtest@localhost;
```

```
Query OK, 0 rows affected (0.01 sec)

mysql> CREATE SCHEMA sbtest;
Query OK, 1 row affected (0.01 sec)
```

在这里，用户是从本地主机上进行连接的。当然，通常情况可能并非如此，因此你需要修改账户的主机名部分，以反映 Sysbench 用户是从何处进行连接的。这里使用的用户名为 sbtest，因为它是 Sysbench 使用的默认名称。也需要创建 sbtest 方案，因为 Sysbench 测试要求在首次连接时需要存在该方案。

注意 强烈建议你为该账户选择一个复杂度较高的密码。

如果要执行一个包含了 4 个表(每个表 20 000 行数据)的基准测试，则可像代码清单 3-4 那样准备该测试。

代码清单 3-4 准备测试

```
shell$ sysbench oltp_read_only \
         --mysql-host=127.0.0.1 \
         --mysql-port=3306 \
         --mysql-user=sbtest \
         --mysql-password=password \
         --mysql-ssl=REQUIRED \
         --mysql-db=sbtest \
         --table_size=20000 \
         --tables=4 \
         --threads=4 \
         prepare
sysbench 1.1.0-74f3b6b (using bundled LuaJIT 2.1.0-beta3)

Initializing worker threads...

Creating table 'sbtest1'...
Creating table 'sbtest3'...
Creating table 'sbtest4'...
Creating table 'sbtest2'...
Inserting 20000 records into 'sbtest2'
Inserting 20000 records into 'sbtest3'
Inserting 20000 records into 'sbtest1'
Inserting 20000 records into 'sbtest4'
Creating a secondary index on 'sbtest3'...
Creating a secondary index on 'sbtest2'...
Creating a secondary index on 'sbtest4'...
Creating a secondary index on 'sbtest1'...
```

这里将使用 4 个线程来创建 sbtest1、sbtest2、sbtest3 和 sbtest4 这 4 个表。此时，准备工作将很快完成，因为表很小。但是，如果使用大表进行基准测试，则可能要花费大量时间来完成准备工作。由于基准测试通常需要执行一系列测试，因此可以通过创建二进制备份(方法是关闭 MySQL 实例，或使用 MySQL Enterprise Backup 之类的工具)或者文件系统快照来加快测试速度。这样对于后续测试来说，就可以还原备份，而不是每次都需要重新创建表。

然后，下一步就可以进行预热操作(该步骤可选)，如代码清单 3-5 所示。

代码清单 3-5 为测试预热 MySQL

```
shell$ sysbench oltp_read_only \
```

```
          --mysql-host=127.0.0.1 \
          --mysql-port=3306 \
          --mysql-user=sbtest \
          --mysql-password=password \
          --mysql-ssl=REQUIRED \
          --mysql-db=sbtest \
          --table_size=20000 \
          --tables=4 \
          --threads=4 \
          warmup
sysbench 1.1.0-74f3b6b (using bundled LuaJIT 2.1.0-beta3)

Initializing worker threads...

Preloading table sbtest3
Preloading table sbtest1
Preloading table sbtest2
Preloading table sbtest4
```

在这里，重要的是需要使用--tables 和--table-size 选项，否则将只预加载 sbtest1 的默认行数(10 000 行)。预加载内容包括 id 列的平均值、一个简单的 SELECT COUNT(*)查询以及在如下子查询中获取的列(该查询已被格式化处理)：

```
SELECT AVG(id)
  FROM (SELECT *
          FROM sbtest1 FORCE KEY (PRIMARY)
        LIMIT 20000
      ) t

SELECT COUNT(*)
  FROM (SELECT *
          FROM sbtest1
         WHERE k LIKE '%0%'
         LIMIT 20000
      ) t
```

因此这里的预热并非暂时运行实际的基准测试。

提示　也可在执行基准测试时，使用--warmup-time = N 选项，从而在前 N 秒内禁用统计信息。

基准测试本身是使用 run 命令执行的。在设置测试的持续时间时，有两个选项可用。

- **--events = N**：要执行的最大事件数量，默认值为 0。
- **--time = N**：以秒为单位的最大持续时间，预设值为 10。

如果上述选项的某一个值为 0，则表示无穷大。因此，如果将上述两个选项都设置为 0，则测试将永远运行下去。例如，如果你自己对基准统计信息本身并不感兴趣，又想收集监控指标，或者是想在执行其他任务时创建工作负载，这里提到的设置就很有用。

提示　本书作者曾尝试将事件数量和时间限制都设置为0，以便在进行创建备份的测试时，生成并发工作负载。

例如，如果你想执行 1 分钟(60 秒)的测试，就可使用代码清单 3-6 中的命令。

代码清单 3-6　执行 1 分钟 Sysbench 测试

```
shell$ sysbench oltp_read_only \
```

```
        --mysql-host=127.0.0.1 \
        --mysql-port=3306 \
        --mysql-user=sbtest \
        --mysql-password=password \
        --mysql-ssl=REQUIRED \
        --mysql-db=sbtest \
        --table_size=20000 \
        --tables=4 \
        --time=60 \
        --threads=8 \
        run
sysbench 1.1.0-74f3b6b (using bundled LuaJIT 2.1.0-beta3)

Running the test with following options:
Number of threads: 8
Initializing random number generator from current time

Initializing worker threads...

Threads started!

SQL statistics:
   queries performed:
       read:              766682
       write:             0
       other:             109526
       total:             876208
    transactions:         54763  (912.52 per sec.)
    queries:              876208 (14600.36 per sec.)
    ignored errors:       0      (0.00 per sec.)
    reconnects:           0      (0.00 per sec.)

Throughput:
    events/s (eps):       912.5224
    time elapsed:         60.0128s
    total number of events: 54763

Latency (ms):
        min:                        3.26
        avg:                        8.76
        max:                      122.43
        95th percentile:           11.24
        sum:                   479591.29

Threads fairness:
    events (avg/stddev):      6845.3750/70.14
    execution time (avg/stddev): 59.9489/0.00
```

注意，与准备和预热阶段不同，运行命令使用了 8 个线程。线程数量通常是一系列测试中需要确定的事情之一，以确定系统可承受的工作负载并发程度。你需要设置 run 命令应该使用的表和行数，否则将使用默认值(在 Sysbench 中，命令之间不会共享设置)。

测试完成后，就可以使用代码清单 3-7 所示的 cleanup 命令让 Sysbench 自行清理。

代码清单 3-7 测试完成后进行清理

```
shell$ sysbench oltp_read_only \
        --mysql-host=127.0.0.1 \
        --mysql-port=3306 \
```

```
        --mysql-user=sbtest \
        --mysql-password=password \
        --mysql-ssl=REQUIRED \
        --mysql-db=sbtest \
        --tables=4 \
        cleanup
sysbench 1.1.0-74f3b6b (using bundled LuaJIT 2.1.0-beta3)

Dropping table 'sbtest1'...
Dropping table 'sbtest2'...
Dropping table 'sbtest3'...
Dropping table 'sbtest4'...
```

注意，在此依然需要设置表的数量，否则默认只删除第一个表。

Sysbench 提供的内置测试很好，但让其真正强大的原因在于，也可定义自己的基准测试。

3.6　创建自定义基准测试

如上一节所述，Sysbench 附带的数据库测试功能是在 Lua 脚本中定义的。这就意味着，如果你想定义自己的基准测试，所需要做的就是创建一个带有测试定义的 Lua 脚本，并将其保存在 Sysbench 的 share 目录内。这样做的好处之一是，如果你需要根据应用的特定需求来创建基准测试(例如测试索引的效果、重构应用或执行其他处理)，就可使用自定义的基准测试。

本节将为你整理一个较小的测试脚本示例，据此就可了解创建定制测试的原理。也可在本书的 GitHub 存储库中的 sequence.lua 中找到这一测试示例。

提示　学习如何编写自己的 Sysbench Lua 脚本的好方法之一就是研究现有脚本。除了本章中的示例内容外，也可以查看 Sysbench 附带的脚本；https://gist.github.com/utdrmac/92d00a34149565bc155cdef80b6cba12 中提供另一个简单示例。

3.6.1　自定义脚本概述

这里用到的示例基准测试将测试表中的序列数据，此时表中的每一行都是一个序列。这种构造方式有时会用于在应用中实现自定义的序列。代码清单 3-8 展示了该表的定义以及使用示例。

代码清单 3-8　使用自定义的序列表

```
mysql> SHOW CREATE TABLE sbtest.sbtest1\G
*************************** 1. row ***************************
       Table: sbtest1
Create Table: CREATE TABLE 'sbtest1' (
  'id' varchar(10) NOT NULL,
  'val' bigint(20) unsigned NOT NULL DEFAULT '0',
  PRIMARY KEY ('id')
) ENGINE=InnoDB DEFAULT CHARSET=utf8mb4 COLLATE=utf8mb4_0900_ai_ci
1 row in set (0.00 sec)

mysql> SELECT * FROM sbtest.sbtest1;
+--------+-----+
| id     | val |
+--------+-----+
| sbkey1 |   0 |
+--------+-----+
```

```
1 row in set (0.00 sec)
mysql> UPDATE sbtest1
          SET val = LAST_INSERT_ID(val+1)
      WHERE id = 'sbkey1';
Query OK, 1 row affected (0.01 sec)
Rows matched: 1 Changed: 1 Warnings: 0

mysql> SELECT LAST_INSERT_ID();
+-------------------+
| LAST_INSERT_ID() |
+-------------------+
|                 1 |
+-------------------+
1 row in set (0.00 sec)

mysql> SELECT * FROM sbtest.sbtest1;
+--------+-----+
|     id | val |
+--------+-----+
| sbkey1 | 1 |
+--------+-----+
1 row in set (0.00 sec)
```

LAST_INSERT_ID()函数在 UPDATE 语句中使用时，可用于为最后插入的 ID 分配会话值，因而可在后面的 SELECT 语句中获取它。

该示例测试将具有如下功能：

- 支持 prepare、run、cleanup 以及 help 命令。
- prepare 和 run 命令可并行执行。
- 支持设置表的数量、表的大小以及是否使用显式事务。
- 验证表的行数是否在 1～99 999 范围内。表的 id 列创建为 varchar(10)，键的前缀为 sbkey，因此最多可包含 5 位数字。

该函数的功能总结如图 3-2 所示。

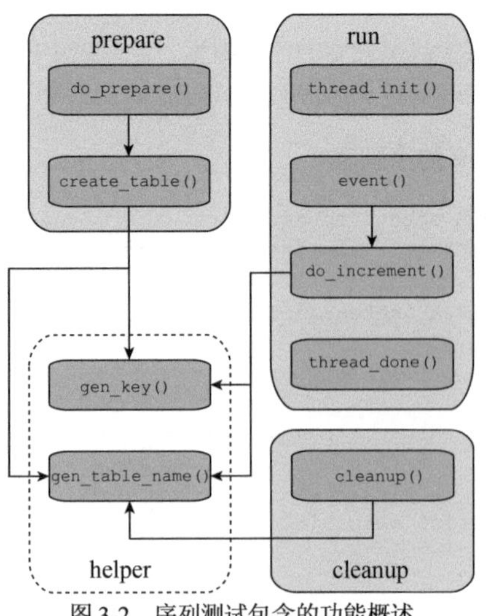

图 3-2　序列测试包含的功能概述

图 3-2 中 prepare、run 及 cleanup 三个框内的内容代表可执行的命令，helper 框内是可包含在

其他命令中的两个帮助程序。由于 run 和 help 命令始终存在，因此它们比较特殊。另外，帮助是根据脚本设置的选项自动生成的，故不必特殊考虑。不仅如此，该函数外还有一些代码，其中最前面的是用于完整性检测以及脚本支持的选项。

3.6.2 定义选项

该脚本所支持的选项是通过向 sysbench.cmdline.options hash 添加元素来进行配置的。这是可以在自定义脚本中使用的 Sysbench 内置功能之一。另外一个是 sysbench.cmdline.command，它用来提供要执行的命令名称。

代码清单 3-9 显示了如何验证已设置的命令，然后添加脚本支持的 3 个选项。

代码清单 3-9　验证设置的命令并添加选项

```
-- 确认提供的是一条命令
if sysbench.cmdline.command == nil then
  error("Command is required. Supported commands: " ..
        "prepare, run, cleanup, help")
end

-- 指定该测试支持的选项
sysbench.cmdline.options = {
  skip_trx = {"Don't start explicit transactions and " ..
              "execute all queries in the AUTOCOMMIT mode",false},
  table_size = {"The number of rows per table. Supported " ..
                "values: 1-99999", 1},
   tables = {"The number of tables", 1}
}
```

如果没有设置要执行的命令，则内置的 error()函数将发出包含支持命令列表的错误信息。你不必验证该命令是否被支持，因为 Sysbench 会自动验证。

这些选项添加了一个由帮助文本和默认值组成的数组。通过该脚本中的定义，这里生成的帮助文本如下。

```
shell$ sysbench sequence help
sysbench 1.1.0-74f3b6b (using bundled LuaJIT 2.1.0-beta3)

sequence options
  -- skip_trx[=on|off] Don't start explicit transactions and execute all
     queries in the AUTOCOMMIT mode [off]
  --table_size=N   The number of rows per table. Supported values:
                   1-99999 [1]
  --tables=N       The number of tables [1]
```

选项的值在 sysbench.opt hash 中可用。例如，要获取测试中表的数量，可使用 sysbench.opt.tables。hash 是全局可用的，因此你不必执行任何操作即可使用它。

现在，你已经准备好实现脚本支持的 3 条命令了。由于 run 命令是必需的，因此我们先讨论它。

3.6.3 run 命令

run 命令比较特殊，因为它是强制性的，并且始终支持并行执行。与在单个函数中实现的其他命令(可选择是否调用其他函数)不同，Sysbench 对 run 命令赋予 3 个函数。run 命令必须具备的 3 个函数如下。

- **thread_init()**：在 Sysbench 初始化脚本时使用。
- **thread_done()**：在 Sysbench 执行完脚本后使用。
- **event()**：实现实际测试功能的位置，每次迭代调用一次。

对于本例而言，thread_init()函数就可以很简单：

```
-- 初始化脚本
-- 初始化该脚本中使用的全局变量
function thread_init()
  --初始化数据库驱动程序和连接
  db = sysbench.sql.driver()
  cnx = db:connect()
end
```

对于本示例而言，所需的初始化操作其实是创建与 MySQL 的连接。这包括初始化数据库驱动程序，以及使用该驱动程序创建连接。可从 sysbench 对象获得驱动程序。通过在 thread_init()函数中创建连接，Sysbench 还可重用该连接，而不必为每次迭代创建新连接。如果你想模拟为每组查询都创建一个新的连接，也可以选择通过在 event()函数中添加代码来达到此目的。然后，还可采用同样的方式将该连接对象本地化，从而将其用于稍后的 prepare 和 cleanup 命令。

同样，thread_done()函数在测试执行完毕后完成清理工作：

```
-- 测试完毕后进行清理
function thread_done()
  -- 关闭到数据库的连接
  cnx:disconnect()
end
```

此时，所需要做的就是关闭连接，即调用连接的 disconnect()方法。

这 3 个必需的函数中，event()函数是最有趣的，该函数定义了执行测试时需要执行的操作。代码清单 3-10 显示了该示例脚本的代码。

代码清单 3-10　event()函数

```
-- 每次迭代都调用
function event()
    -- 检查--skip_trx 选项，用于确定是否需要显式事务。
    if not sysbench.opt.skip_trx then
        cnx:query("BEGIN")
    end

    -- 执行自定义测试
    do_increment()

    -- 如有必要，提交事务
    if not sysbench.opt.skip_trx then
        cnx:query("COMMIT")
    end
end
```

这段代码使用了--skip_trx 选项。如果将其设置为禁用，则测试结果就依赖于自动提交特性；否则，将使用显式的 BEGIN 和 COMMIT。

注意　*在 Sysbench Lua 脚本中，你无法使用 START TRANSACTION 来启动一个事务。*

这种情况下，event()函数本身实际上并不执行任何工作，而是推迟到 do_increment()函数中完成。通过这种方式，就可展示如何像在其他程序中一样，通过添加其他函数对工作进行分解。代码清单 3-11 显示了 do_increment()函数和其他几个帮助函数。

代码清单 3-11　do_increment()函数和帮助函数

```
-- 从表的编号生成表名
function gen_table_name(table_num)
   return string.format("sbtest%d", table_num)
end

-- 从 id 生成 key 值
function gen_key(id)
   return string.format("sbkey%d", id)
end

--增加计数器并获取新值
function do_increment()
   --在可用表和行数中，随机选择表和 id
   table_num = math.random(sysbench.opt.tables)
   table_name = gen_table_name(table_num)
   id = math.random(sysbench.opt.table_size)
   key = gen_key(id)
   query = string.format([[
UPDATE %s
   SET val = LAST_INSERT_ID(val+1)
WHERE id = '%s']], table_name, key)
   cnx:query(query)
   cnx:query("SELECT LAST_INSERT_ID()")
end
```

gen_table_name()函数基于一个整数来生成表名，gen_key()函数类似，也是基于整数 id 来生成 key 值。由于表名和 key 值在脚本的其他位置也会被用到，因此，应将其实现逻辑拆分为多个帮助函数，从而确保能在整个脚本中以相同的方式生成。

do_increment()函数本身首先基于随机值来生成表名和 key 值，而该随机值则基于测试中用到的表的数量和每个表中的记录数量而生成。在真实应用中，你可能无法实现对序列的统一访问，因此可能需要修改脚本中的实现逻辑。最后执行 UPDATE 和 SELECT 语句。也可对脚本进行扩展，例如在其他查询中使用生成的序列等。但请注意，脚本中不要包含与基准测试无关的工作。

上述就是 run 命令的全部内容。注意，这里并没有包含并行执行的内容。除非你不希望所有线程都一样，否则 Sysbench 将自动处理并行执行问题。每个线程有时确实不应该执行相同的工作，例如 prepare 命令，此时每个线程都在处理各自的表。

3.6.4　prepare 命令

prepare 命令是支持自定义并行执行的命令示例。该命令的顶级代码在 do_prepare()函数中实现。该函数依次使用 create_table()函数，根据传递给它的表编号来创建特定的表。代码清单 3-12 中列出了这两个函数。

代码清单 3-12　do_prepare()和 create_table()函数

```
-- 准备表
-- 并行度最高可达表的数量
function do_prepare()
```

```
        --该脚本最高只支持 99 999 行数据
        -- id 列类型为 varchar(10)，其中包含 5 位字符，即'sbkey'
        assert(sysbench.opt.table_size > 0 and
              sysbench.opt.table_size < 100000,
              "Only 1-99999 rows per table is supported.")

        --初始化数据库驱动程序和连接
        local db = sysbench.sql.driver()
        local cnx = db:connect()

        --基于线程 id 创建表
        for i = sysbench.tid % sysbench.opt.threads + 1,
                sysbench.opt.tables,
                sysbench.opt.threads do
           create_table(cnx, i)
        end
        -- 断开连接
        cnx:disconnect()
    end

    -- 创建第 N 张表
    function create_table(cnx, table_num)
        table_name = gen_table_name(table_num)
        print(string.format(
            "Creating table '%s'...", table_name))

        --如果已存在该表，先删除
        query = string.format(
            "DROP TABLE IF EXISTS %s", table_name)
        cnx:query(query)

        -- 创建新表
        query = string.format([[
    CREATE TABLE %s (
      id varchar(10) NOT NULL,
      val bigint unsigned NOT NULL DEFAULT 0,
      PRIMARY KEY (id)
    )]], table_name)
        cnx:query(query)

        --在事务中插入行
        cnx:query("BEGIN")
        for i = 1, sysbench.opt.table_size, 1 do
             query = string.format([[
    INSERT INTO %s (id)
    VALUES ('%s')]], table_name, gen_key(i))
             cnx:query(query)
        end
        cnx:query("COMMIT")
    end
```

do_prepare()函数要完成的第一件事，就是验证表的行数在 1～99 999 范围内。这是使用 assert()函数完成的，其中第一个参数必须为 true；否则将显示作为第二个输出的错误消息。

每个线程都会调用一次 do_prepare()函数，由此进行并行处理(该示例的尾部会有更多信息)，但你需要确保每个表只会创建一次。这是通过 for 循环完成的，其中带有线程数量的 sysbench.tid(也就是 Sysbench 的线程 id)用于确定每个线程要处理的表的编号。

实际的表创建操作是在 create_table()函数中完成的，这是为将任务分离，使脚本更容易维护。

如果该表已经存在，则先删除再创建，然后用请求的行数填充表，并且所有的行插入操作都是在单个事务中完成的，这样可提高性能。如果你需要填充较大的表，则每隔几千行就应该提交一次。不过这里每个表中包含的最大行数为 99 999，因此可简单一点，每个表使用一个事务就行了。

3.6.5　cleanup 命令

最后一条必须执行的命令是 cleanup 命令。这是一个单线程命令，该命令的工作在 cleanup()函数中完成，如代码清单 3-13 所示。

代码清单 3-13　cleanup()函数

```
--测试结束后进行清理
function cleanup()
  -- 初始化数据库驱动程序及连接
  local db = sysbench.sql.driver()
  local cnx = db:connect()

  --删除每个表
  for i = 1, sysbench.opt.tables, 1 do
    table_name = gen_table_name(i)
    print(string.format(
            "Dropping table '%s' ...", table_name))
    query = string.format(
      "DROP TABLE IF EXISTS %s", table_name)
    cnx:query(query)
  end

  -- 断开连接
  cnx:disconnect()
end
```

cleanup()函数只支持串行处理，因此需要循环遍历表并将其一一删除。

这就留下一个问题：Sysbench 是如何知晓 prepare 命令可并行处理，而 cleanup 命令却不可以呢？

3.6.6　注册命令

默认情况下，除了 run 命令外，其他所有命令都以串行方式执行，并且实现该命令的函数名与命令相同。因此，对于 prepare 命令而言，你需要在脚本中将 prepare 对象设置为指向 do_prepare()函数，并带有附加参数，使得每个线程都应该调用一次 do_prepare()函数。

```
-- 指定除了 run 命令可以并行处理外，其他也可并行处理的动作。
-- 根据函数名来找到其他支持并行处理的操作，内置的'help'除外。
sysbench.cmdline.commands = {
   prepare = {do_prepare, sysbench.cmdline.PARALLEL_COMMAND}
}
```

这里用到的 sysbench.cmdline.PARALLEL_COMMAND 常量是一个内置参数，指定了命令应该并行执行。重要的是，该代码应该出现在 do_prepare()函数定义之后，否则将为其赋值 nil。而事实上，在脚本末尾添加代码其实很容易。

示例脚本的内容到此就结束了。现在，你只需要将其复制到 Sysbench 的 share 目录(如果你自行编译 Sysbench 时使用的是默认安装目录，则该目录为/usr/local/share/sysbench/)，就可以按照与

Sysbench附带的测试相同的方式来使用自定义测试了。假设你已将该脚本另存为sequence.lua，代码清单3-14展示了使用该脚本的示例——不包含输出结果。

代码清单3-14 使用sequence测试的命令示例

```
shell$ sysbench sequence \
         --mysql-host=127.0.0.1 \
         --mysql-port=3306 \
         --mysql-user=sbtest \
         --mysql-password=password \
         --mysql-ssl=REQUIRED \
         --mysql-db=sbtest \
         --table_size=10 \
         --tables=4 \
         --threads=4 \
         prepare

shell$ sysbench sequence \
         --mysql-host=127.0.0.1 \
         --mysql-port=3306 \
         --mysql-user=sbtest \
         --mysql-password=password \
         --mysql-ssl=REQUIRED \
         --mysql-db=sbtest \
         --table_size=10 \
         --tables=4 \
         --time=60 \
         --threads=8 \
         run

shell$ sysbench sequence \
         --mysql-host=127.0.0.1 \
         --mysql-port=3306 \
         --mysql-user=sbtest \
         --mysql-password=password \
         --mysql-ssl=REQUIRED \
         --mysql-db=sbtest \
         --tables=4 \
         cleanup
```

请注意，对于oltp_read_only测试，在执行prepare命令前需要确定sbtest方案已经存在。各位读者可尝试通过不同的--threads、--tables、--table-size及--skip-trx选项来使用该脚本。

3.7 本章小结

本章探讨了如何在MySQL上使用基准测试。首先讨论了一些使用基准测试的最佳实践。这里最重要的事情是，你需要确定要测试什么，以及成功的标准是什么。通常，这与性能优化并没什么不同之处。此外，有必要了解基准测试的内容以及结果的含义。通常你需要通过常规的监控方案或专用脚本来收集指标，从而确认基准测试是否成功。

接下来，介绍了标准的TPC基准测试。TPC-C和TPC-E基准测试非常适合OLTP类型的工作负载。其中TPC-C是最古老的，也是使用最广泛的。但是TPC-E对现代的应用更为适合。TPC-H和TPC-DS则使用复杂查询进行基准测试，这些查询可能很有价值。例如，可用这些查询来探索哪些因素可能会改变执行计划。

当然，可选择从头开始进行基准测试，但建议你考虑使用一些已经存在的基准测试工具。MySQL 中最常用的就是 Sysbench，我们对其进行了详细介绍。首先，你需要通过编译对其进行安装，然后，我们也介绍了如何执行标准的 Sysbench 基准测试。但 Sysbench 真正的优势在于可用它定义自己的基准测试。上一节就演示了一个简单示例。

就像并非总是可以使用真实世界的基准测试一样，我们也无法将 read-world 的数据用于常规测试。第 4 章将探讨 MySQL 的一些通用数据集。本书中也会用到这些数据集。

第4章

测试数据

测试是性能优化工作中非常重要的一部分，因为将更改应用到生产系统前，你必须确保所做的更改已得到确认。用于验证更改的最佳数据集最好与生产数据密切相关。但为了探索 MySQL 的工作方式，最好选择一些通用的测试数据集。本章将介绍 4 个带有安装说明的标准数据集，当然也会提到其他一些数据集。

提示 在本书接下来的内容中，将使用 world、world_x 和 sakila 数据库作为测试数据集。

首先，需要知道如何下载示例数据库。

4.1 下载示例数据库

对于本章将详细探讨的示例数据库，你都可从 https://dev.mysql.com/doc/index-other.html 页面下载，或使用链接进行下载。对于其中一些示例数据库，该页面也提供了相关在线文档和 PDF 文件的链接。该页面的相关内容如图 4-1 所示。

Example Databases

Title	Download DB	HTML Setup Guide	PDF Setup Guide
employee data (large dataset, includes data and test/verification suite)	GitHub	View	US Ltr | A4
world database	Gzip | Zip	View	US Ltr
world_x database	TGZ | Zip		
sakila database	TGZ | Zip	View	US Ltr | A4
menagerie database	TGZ | Zip		

图 4-1　该表中包含示例数据库的相关链接

雇员数据(employees 数据库)从 Giuseppe Maxia(MySQL 领域的知名博主，被称为数据魔术师)的 GitHub 存储库下载，其他示例数据库则从 Oracle 的 MySQL 网站下载。包含雇员数据的下载内容也包含 sakila 数据库的副本。而对于雇员数据库、world 数据库和 sakila 数据库，网站上也有可供参考的相关文档。

注意　如果你没有使用最新版本的示例数据，则在安装这些数据库时，可能会看到有关已过时功能的警告。你当然可忽略这些警告，但我们还是建议你使用最新版本的示例数据库。

此外，menagerie 数据库是一个只有 2 个表的微型数据库，且记录总数少于 20 行。该数据库只是为 MySQL 官方手册中的 tutorials 部分服务的，因此这里不再赘述。

4.2　world 数据库

world 示例数据库是用于简单测试的最常用数据库之一。它包含 3 个表，每个表中的记录数从几百到几千不等。这就使其成为一个较小数据集，意味着即使在小型测试实例上也可使用它。

4.2.1　方案

该数据库包含 city、country 和 countrylanguage 这 3 个表。各表之间的关系如图 4-2 所示。

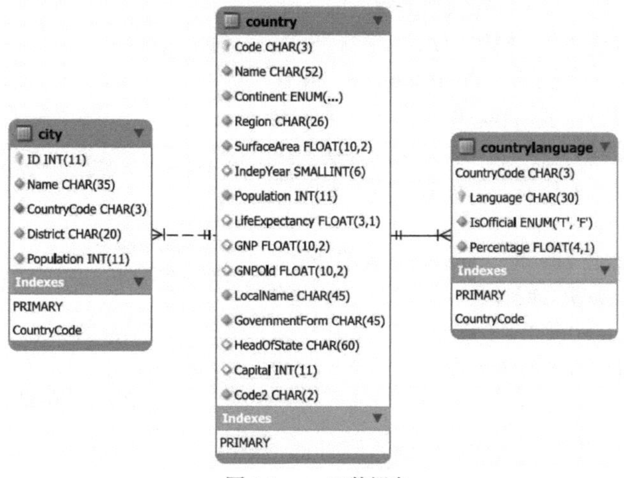

图 4-2　world 数据库

country 表中包含全球各个国家和地区的信息，是 city 表和 countrylanguage 表的外键所指向的父表。该数据库中共有 4079 座城市，有 984 个国家和语言的组合(注意，本书中的国家和地区很多是虚构的，实际并不存在)。

4.2.2 安装

下载的文件包含一个名为 world.sql.gz 或 world.sql.zip 的文件，这取决于你选择的是 Gzip 还是 Zip 链接。无论哪种情况，下载的归档文件中都包含一个名为 world.sql 的文件。该示例数据库的安装也非常简单，你只需要执行脚本即可。

如果你是在 2020 年 1 月之前将 MySQL shell 和 world 数据库一起使用的话，则需要使用传统协议。因为 X Protocol(默认协议)使用的是 UTF-8，而 world 数据库使用的是 Latin 1。可在 MySQL shell 中使用\source 命令加载数据：

```
MySQL [localhost ssl] SQL> \source world.sql
```

如果使用的是旧版的 MySQL 命令行客户端，则可以使用 SOURCE 命令：

```
mysql> SOURCE world.sql
```

无论上述哪种情况，如果 world.sql 文件不在你启动 MySQL shell 或 mysql 的目录中，就需要将路径添加到 world.sql 文件中。

另一个相关的数据库是 world_x，它包含与 world 数据库相同的数据，但组织方式不同。

4.3 world_x 数据库

MySQL 8 增加了对 MySQL 文档存储格式的支持，该文档存储支持以 JSON 文档的形式来存储和检索数据。world_x 数据库将一些数据存储在 JSON 文档中，为你提供一个可用来处理包含 JSON 数据的测试数据库。

4.3.1 方案

world_x 数据库包含与 world 数据库相同的 3 个表，不过表中的列略有不同。例如，city 中包含 JSON 类型的列 info，而不是之前的 Population 列。并且 country表还省略了几列。取而代之的是多了一个名为 countryinfo 的表，它是一个纯文档存储类型的表。该表中存储了从 country 表中省略的内容。该方案的架构图如图 4-3 所示。

尽管这里没有来自 city 和 countryinfo 表的外键，但可使用 CountryCode 列，或者是 doc-->'$.Code'值的形式将其连接到 county 表上。countryinfo 表中的_id 列是从 doc 列的 JSON 文档中提取的。

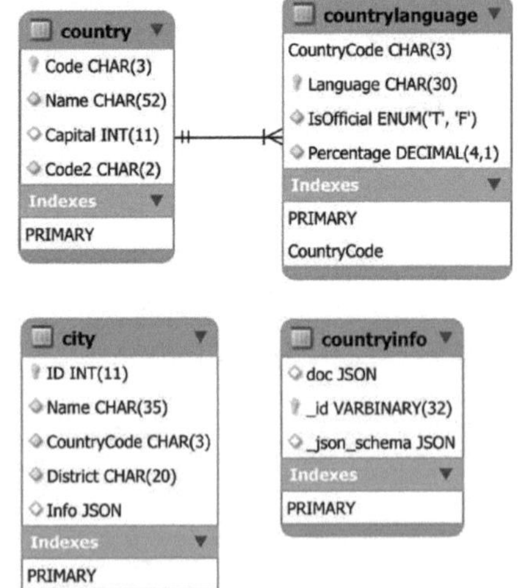

图 4-3 world_x 数据库

4.3.2 安装

world_x 数据库的安装与 world 数据库非常相似。可以下载 world_x-db.tar.gz 或 world_x-db.zip 文件，然后将其解压。提取出的内容包含一个名为 world_x.sql 的文件，以及一个 README 文件。

其中的 world_x.sql 文件包含创建方案所需的全部语句。

由于 world_x 方案使用的是 UTF-8，因此可以使用任意一种 MySQL 协议进行安装。例如，使用 MySQL shell：

```
MySQL [localhost+ ssl] SQL> \source world_x.sql
```

如果文件不在当前路径下，则将其添加到 world_x.sql 文件中。

world 和 world_x 数据库都比较简单，因此易于使用；但有时你可能需要一些较复杂的东西，那就可以考虑一下 sakila 数据库了。

4.4　sakila 数据库

sakila 数据库是一个包含真实数据的示例数据库。其中包含电影租赁业务的全部架构，如电影、库存、商店、员工以及客户的相关信息等。它也添加了全文索引、空间索引、视图以及存储过程等，从而可作为使用 MySQL 数据库诸多特性的更完整示例数据集。其数据量大小依然非常适中，因此也适合较小的实例。

4.4.1　方案

sakila 数据库包含 16 个表、7 个视图、3 个存储过程、3 个存储函数以及 6 个触发器。其中，表可分为 3 类：客户数据、业务数据以及库存数据。为简便起见，图 4-4 中并未包含表中所有的列，大部分索引也未显示。图中展示了该示例数据库中的架构。

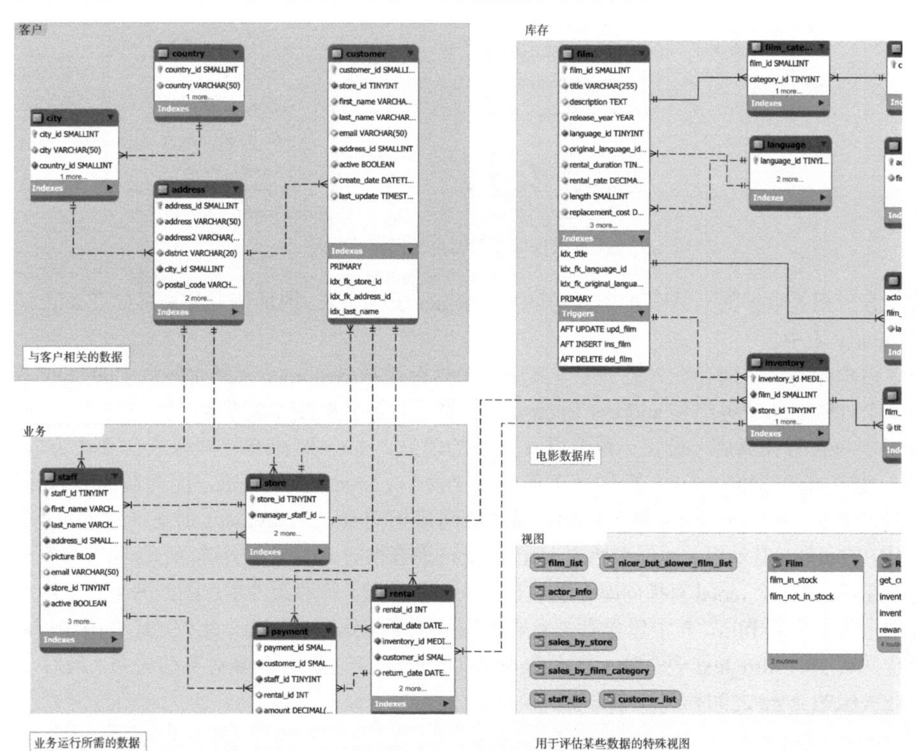

图 4-4　sakila 数据库概览

包含客户相关数据的表(以及工作人员和商店地址信息)在左上角的区域中，左下方的区域内包含与业务相关的数据，右上方的区域内包含有关电影和库存的信息，右下角则包含视图和存储过程。

提示 也可通过打开 MySQL Workbench 安装时附带的 sakila.mwb 文件来查看整张图(格式会有所不同)。当然这也是一个很好的示例，它展示了如何在 MySQL Workbench 中使用增强的实体关系图来描述架构。

由于 sakila 数据库中存在大量对象，因此在探讨其架构时，我们将其分为 5 个组(不同的表组、视图以及存储过程组)。第一组是与客户相关的数据。如图 4-5 所示。

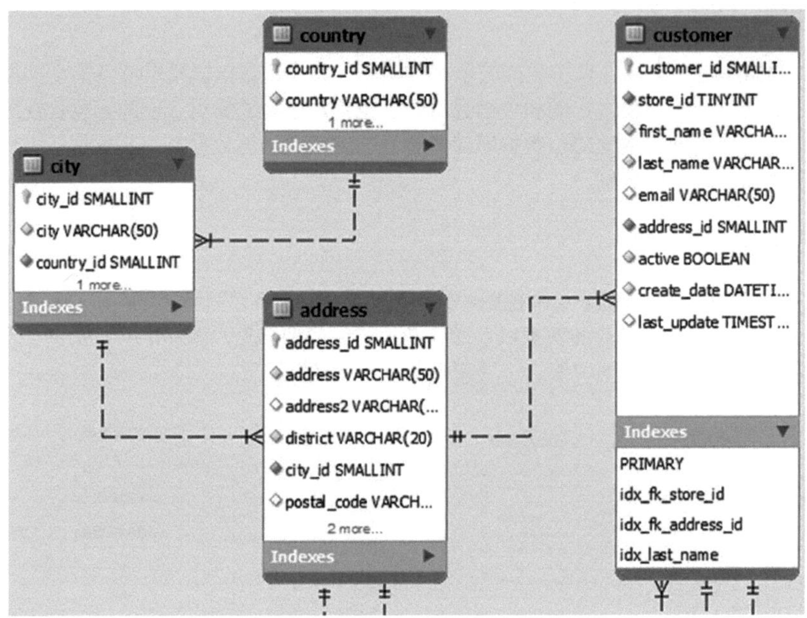

图 4-5 sakila 数据库中与客户数据相关的表

包含与客户相关数据的一共有 4 个表。其中 customer 表为主表，地址信息分别存储在 address、city 以及 country 表中。

客户数据和业务组之间存在外键关系。其中一个外键是从 customer 表到业务组中的 store 表，另外还有 4 个外键是从业务组到 address 和 customer 表。业务组如图 4-6 所示。

业务组中包含有关商店、员工、租金以及支付的信息。store 和 staff 这两张表在 2 个方向上都有外键。其中 staff 指向 store，因为员工属于某个商店。store 指向 staff，因为商店具有作为员工的经理。rental 和 payment 由员工处理，因此会间接指向 store，payment 则是针对 rental 的。

业务组中的表是与其他组关系最密切的，staff 和 store 表有指向 address 的外键，而 rental 和 payment 则会引用 staff 表。最后，rental 有指向库存组中 inventory 的外键。库存组的示意图如图 4-7。

库存组中的主表是 film，其中包含有关商店提供的电影的元数据信息。此外，还有附带标题、描述以及全文索引的 film_text 表。film 与 category 以及 actor 表之间存在多对多的关系。最后，从库存组到业务组的 store 之间存在一个外键。

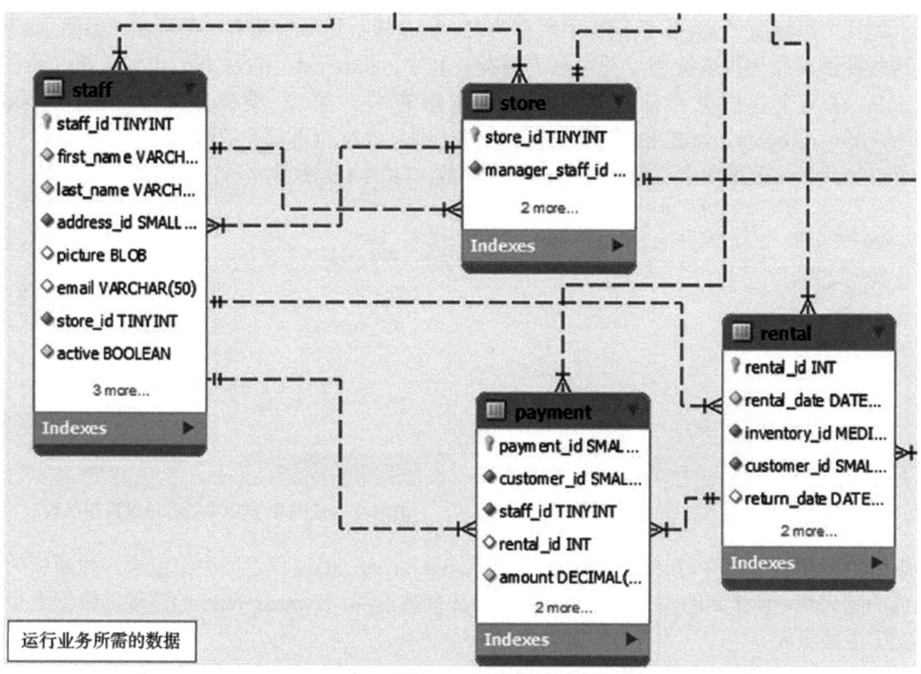

图 4-6　sakila 数据库中与业务数据相关的表

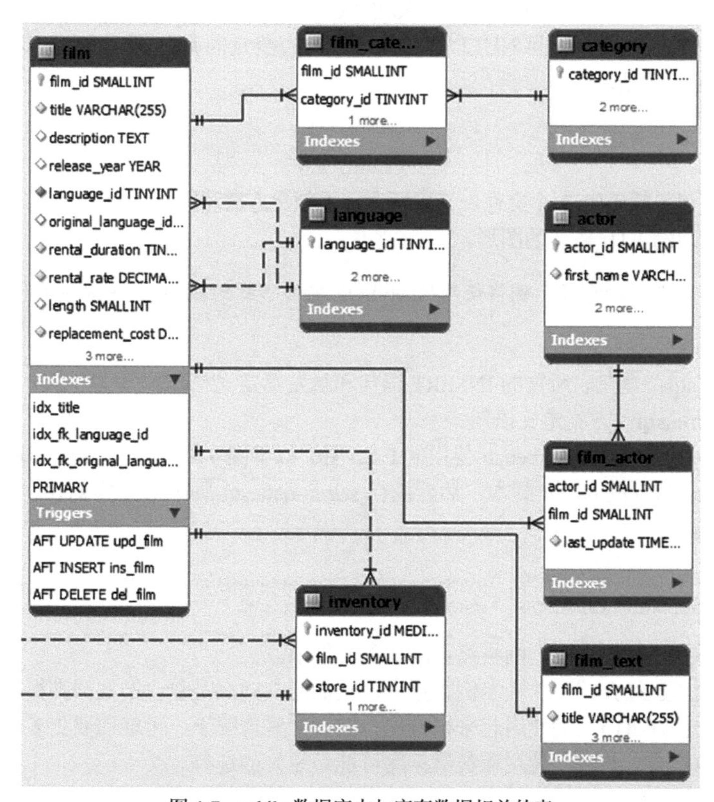

图 4-7　sakila 数据库中与库存数据相关的表

上述几个组涵盖了 sakila 数据库中所有的表，但是该数据库中还有一些视图，如图 4-8 所示。

这些视图可作为报表使用。并可分为两类。其中，film_list、nicer_but_slower_film_list 以及 actor_info 这几个视图与存储在数据库中的电影有关。第 2 类视图，即 sales_by_store、sales_by_film_category、staff_list 以及 customer_list 则包含与商店有关的信息。

不仅如此，该数据库中还包含存储过程和函数，如图 4-9 所示。

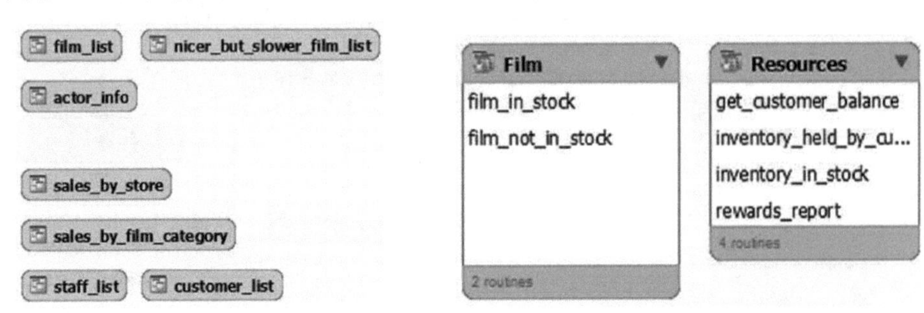

图 4-8 sakila 数据库中的视图

图 4-9 sakila 数据库中的存储过程和函数

根据电影是否有库存，film_in_stock()和 film_not_in_stock()过程返回由给定影片和商店的库存 id 组成的结果集，且找到的库存条目总数作为 out 参数返回。rewards_report()过程则根据上个月的最低支出生成报表。

get_customer_balance()函数用于返回给定用户在给定数据上的余额信息。剩下的两个函数则使用 inventory_held_by_customer()检查库存 id 的状态，该函数返回当前正在租赁该产品的客户的 id(如果没有客户在租赁，则返回 NULL)。如果你想检查给定的库存 id 是否有库存，则可以使用 inventory_in_stock()函数。

4.4.2 安装

下载的文件包将解压出 3 个文件，其中两个用于创建方案和数据，最后一个文件包含 MySQL Workbench 可使用的 ETL 格式的图形。

注意 本节以及后续章节示例将使用从 MySQL 主页下载的 sakila 数据库副本作为示例数据集。

这些文件如下。

sakila-data.sql： 填充表所需的 INSERT 语句和触发器定义语句。

sakila-schema.sql： 方案定义语句。

sakila.mwb： MySQL Workbench 使用的 ETL 图类似于图 4-4。图 4-5～图 4-9 为详细说明。

可先执行 sakila-schema.sql 脚本，然后执行 sakila-data.sql 脚本来安装 sakila 数据库。例如，可使用 MySQL shell：

```
MySQL [localhost+ ssl] SQL> \source sakila-schema.sql
MySQL [localhost+ ssl] SQL> \source sakila-data.sql
```

如果文件不在当前目录下，则将路径添加到文件中。

到目前为止，已经介绍了 3 个示例数据库。它们的共同点是包含的数据都很少。尽管在很多情况下这都是一件好事，因为使用起来很方便。但在某些情况下，可能需要更多数据来对比查询执行计划之间的差异。此时，使用雇员数据库可能是更好的选择。

4.5　employees 数据库

employees 数据库(在 MySQL 文档的下载页面中被称为雇员数据，在 GitHub 存储库上的名称为 test_db)最初是由 Fusheng Wang 和 Carlo Zaniolo 创建的，它也是 MySQL 主页列出的最大的测试数据集。未分区版本的大小约为 180MB，分区版本则为 440MB。

4.5.1　方案

employees 数据库由 6 张表和两个视图组成。也可以选择安装另外两个视图、5 个存储函数以及两个存储过程。这些表如图 4-10 所示。

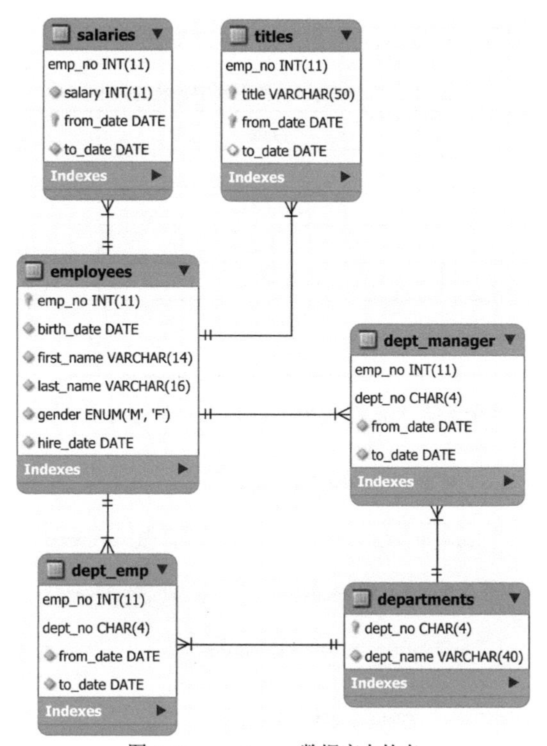

图 4-10　employees 数据库中的表

当然，也可按 from_date 列中的年份对 salaries 和 titles 表中的数据进行分区，如代码清单 4-1 所示。

代码清单 4-1　salaries 和 titles 表的可选分区

```
PARTITION BY RANGE COLUMNS(from_date)
(PARTITION p01 VALUES LESS THAN ('1985-12-31') ENGINE = InnoDB,
PARTITION p02 VALUES LESS THAN ('1986-12-31') ENGINE = InnoDB,
PARTITION p03 VALUES LESS THAN ('1987-12-31') ENGINE = InnoDB,
PARTITION p04 VALUES LESS THAN ('1988-12-31') ENGINE = InnoDB,
PARTITION p05 VALUES LESS THAN ('1989-12-31') ENGINE = InnoDB,
PARTITION p06 VALUES LESS THAN ('1990-12-31') ENGINE = InnoDB,
PARTITION p07 VALUES LESS THAN ('1991-12-31') ENGINE = InnoDB,
```

```
PARTITION p08 VALUES LESS THAN ('1992-12-31') ENGINE = InnoDB,
PARTITION p09 VALUES LESS THAN ('1993-12-31') ENGINE = InnoDB,
PARTITION p10 VALUES LESS THAN ('1994-12-31') ENGINE = InnoDB,
PARTITION p11 VALUES LESS THAN ('1995-12-31') ENGINE = InnoDB,
PARTITION p12 VALUES LESS THAN ('1996-12-31') ENGINE = InnoDB,
PARTITION p13 VALUES LESS THAN ('1997-12-31') ENGINE = InnoDB,
PARTITION p14 VALUES LESS THAN ('1998-12-31') ENGINE = InnoDB,
PARTITION p15 VALUES LESS THAN ('1999-12-31') ENGINE = InnoDB,
PARTITION p16 VALUES LESS THAN ('2000-12-31') ENGINE = InnoDB,
PARTITION p17 VALUES LESS THAN ('2001-12-31') ENGINE = InnoDB,
PARTITION p18 VALUES LESS THAN ('2002-12-31') ENGINE = InnoDB,
PARTITION p19 VALUES LESS THAN (MAXVALUE) ENGINE = InnoDB)
```

表 4-1 中显示了 employees 数据库中表的行数，以及表空间文件的大小(请注意，加载数据时大小可能有所不同)。这里的大小假定你未使用分区。如果使用了分区，则数字会变大。

表 4-1 employees 数据库中各表的大小

表名	行数	占用的表空间大小
departments	9	128KB
dept_emp	331 603	25 600KB
dept_manager	24	128KB
employees	300 024	22 528KB
salaries	2 844 047	106 496KB
titles	443 308	27 648KB

按照今天的标准看，这个数据集依然较小。但如果只是想看到不同查询计划的一些差异，这个数据量已经足够了。

图 4-11 展示了 employees 数据库中的视图和程序。

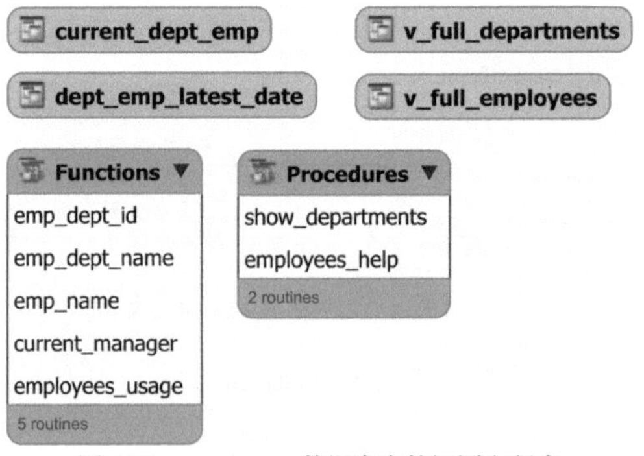

图 4-11 employees 数据库中的视图和程序

dept_emp_latest_date 和 current_dept_emp 视图与表一起安装，而其余对象则分别包含在 objects.sql 文件中。这里的存储过程和函数均有内置的帮助文档，可使用 employees_usage()函数或 employees_help()过程来获取这些内容。代码清单 4-2 显示了该过程的内容。

代码清单 4-2 employees 数据库中内置的帮助信息

```
mysql> CALL employees_help()\G
*************************** 1. row ***************************
```

```
info:
  == USAGE ==
  ====================

  PROCEDURE show_departments()

      shows the departments with the manager and
      number of employees per department

FUNCTION current_manager (dept_id)

     Shows who is the manager of a given departmennt

 FUNCTION emp_name (emp_id)

        Shows name and surname of a given employee

 FUNCTION emp_dept_id (emp_id)

        Shows the current department of given employee

1 row in set (0.00 sec)

Query OK, 0 rows affected (0.02 sec)
```

4.5.2 安装

可下载安装包含所需文件的 Zip 包，也可通过 https://github.com/datacharmer/test_db 克隆 GitHub 存储库。在撰写本书时，它还只有一个名为 master 的分支。如果已经下载了 Zip 文件，在解压缩时，将把文件提取到名为 test_db-master 的目录中。

解压后将有多个文件。与在 MySQL 8 中安装 employees 数据库相关的文件是 employees.sql 和 employees_partitioned.sql。二者的区别在于 salaries 和 titles 表是否进行了分区处理(还有一个 employees_partitioned_5.1.sql 文件，它适用于 MySQL 5.1，不支持 employees_partitioned.sql 所使用的分区方法)。

可使用 SOURCE 命令获取.dump 文件来加载数据。在撰写本书时，MySQL shell 还不支持 SOURCE 命令，因此你需要使用旧版的 mysql 命令行客户端来导入数据。转到包含源文件的目录，然后根据是否需要分区来选择 employees.sql 或 employees_partitioned.sql 文件，例如：

```
mysql> SOURCE employees.sql
```

导入过程可能需要花费一点时间，这里会显示出所消耗的时间：

```
+---------------------+
| data_load_time_diff |
+---------------------+
| 00:01:51            |
+---------------------+
1 row in set (0.44 sec)
```

也可使用 objects.sql 来加载其他一些视图或程序：

```
mysql> SOURCE objects.sql
```

当然，除了这里讨论的一些数据集外，还有其他一些可供选择的示例数据。

4.6 其他数据库

可能会出现情况时，你需要执行一些测试，但测试所需的数据有某些特定要求，而这又是前面探讨的那些标准的示例数据库无法满足的。幸好，我们还有其他选择。

提示 不要低估创建自定义示例数据库的可能性。例如，可对生产数据进行数据屏蔽。

如果你正在找一个非常大的真实数据集，可从 https://en.wikipedia.org/wiki/Wikipedia:Database_download 下载 Wikipedia 数据库。从 2019 年 9 月 20 日开始 ，英文的 Wikipedia 以压缩 XML 格式转储为 bzip2 后，大小为 16.3GB。

如果需要 JSON 数据，可选择美国地质调查局(USGS)的地震信息(以 GeoJSON 格式提供)，可选择下载过去 1 小时、1 天、1 周或 1 个月的地震信息，并使用地震强度进行过滤。相关的格式说明和概要信息，均可在 https://earthquake.usgs.gov/earthquakes/feed/v1.0/geojson.php 中找到。由于数据包含 GeoJSON 格式的地理信息，因此对于需要空间索引的测试会很有用。

此外，上一章中探讨的基准测试工具也包含基准测试数据，或支持创建测试数据。这些数据也可能对你的测试有帮助。

如果搜索互联网，还可找到其他一些示例数据库。最后需要考虑的重要事项是，这些数据是否适合你的测试，是否使用了你需要的相关功能。

4.7 本章小结

本章介绍了 4 个标准的示例数据库和其他一些测试数据示例。讨论的 4 个标准示例数据库分别为 world、world_x、sakila 以及 employees。这些都可通过 MySQL 参考手册(https://dev.mysql.com/doc/index-other.html)找到。除了 employees 数据库外，除非另有说明，否则这些数据库都适用于本书中的示例。

world 和 world_x 示例数据库最简单，区别在于 world_x 使用 JSON 来存储一些信息，而 world 则是纯粹的关系数据库。这些数据库包含的数据不多，但由于它们的大小和简单性，使得使用它们来进行简单测试会很有用。特别在本书中，world 数据库会被广泛使用。

sakila 数据库则具有更复杂的架构，其中也包含不同类型的索引、视图以及程序。这就使得它更贴合实际，并能进行较复杂的测试。但它的数据量依然较小，甚至可用在小型 MySQL 实例上。本书也在广泛使用这一示例数据库。

employees 数据库的方案则介于 world 数据库和 sakila 数据库之间，不过它非常复杂，也包含大量数据，因此更适合测试各种查询计划之间的差异。如果你想在实例上生成一些负载，例如使用表扫描，它就很有用。employees 数据库在本书中并没有被直接使用。但如果需要重现一些需要一定负载的示例，它将是这 4 个示例数据库中最合适的。

在考虑标准的测试数据库时，你不应该限制自己的思维。可创建自己的示例数据库；可使用基准测试工具来创建，或在互联网上查找可用的数据。维基百科的数据，以及来自美国地质调查局(USGS)的地震数据，就是可下载的示例数据。

到此为止，我们就介绍完了 MySQL 查询性能优化。本书第 II 部分将从 performance 库入手，介绍与诊断性能问题相关的各种信息来源。

第 II 部分

信息来源

第5章 performance库

performance(性能)库是与 MySQL 性能相关的诊断信息的主要来源。最初在 MySQL 5.5 版本中引入该库，在 5.6 版本中对其结构进行了重大修改，此后在 5.7 和 8 版本中逐步加以改进。

本章将对性能库进行一个大致描述，这样在本书余下的内容中，当你看到性能库时，就会很清楚它是如何工作的。性能库的近亲是将在下一章中探讨的 sys 库，以及第 7 章中探讨的信息(information)库。

本章将探讨性能库特有的一些概念，重点介绍线程、instrument、消费者(consumer)、事件、摘要以及动态配置等。但首先我们需要熟悉性能库中使用的术语。

5.1 术语

在学习新的技术领域时，可能遇到的困难之一是各种术语。性能库也是如此。由于术语之间通常存在一些循环关系，因此没有明确顺序对其进行描述。但在本节中，我们将简要介绍本章中使用的最重要术语，以便你能了解这些术语的含义。学习本章后，相信你能更好地理解这些术语的含义，以及它们之间的关系。

表 5-1 总结了性能库中最重要的一些术语。

表 5-1　MySQL 性能库中涉及的术语

术语	描述
Actor	用户名和主机名的组合(账户)
消费者(consumer)	收集 instrument 生成的数据的进程
摘要(digest)	标准化查询的校验和。用于汇总类似查询的统计信息
动态配置	性能库可在运行时配置。这是通过 setup 表而不是更改系统变量来实现的
事件	事件是消费者从 instrument 收集的数据的结果。因此，一个事件包含度量信息，以及有关何时何地收集该度量的信息
instrument	指向测量完成位置的代码
对象	表、事件、函数、过程或触发器
setup 表	性能库中有数张表可用于动态配置。这些表被称为 setup 表，表名以 setup_开头
summary 表	包含汇总数据的表。表名中包含单词 summary，名称的其余部分指明数据类型，以及分组的依据
线程	线程对应于连接或后台线程。性能库线程和操作系统线程之间存在一一对应的关系

在阅读本章节时，如果遇到不确定其含义的术语，就可参考该表。

5.2　线程

线程是性能库中的基本概念。在 MySQL 中完成任何操作，无论是处理连接还是执行后台任务，均由线程完成。MySQL 在任何给定时间都有多个线程，这样就能让 MySQL 并行执行工作。而对于一个连接而言，则只有一个线程。

注意　由于 InnoDB 引入了对簇聚索引(clustered index)和分区执行并行读取的支持，这就在某种程度上使得一个连接对应一个线程的概念变得模糊起来。但由于执行并行扫描的线程被视为后台线程，因此这里可考虑将连接视为单线程。

每个线程都有一个 id，该 id 可唯一地标识该线程。在性能库中，存储该 id 的列为 THREAD_ID。线程的主表是 threads 表。代码清单 5-1 显示了 MySQL 8 中存在的线程类型的典型示例。可用线程数量和确切线程类型则取决于在查询该表时，实例中具体的配置和使用情况。

代码清单 5-1　MySQL 8 中的线程

```
mysql> SELECT THREAD_ID AS TID,
              SUBSTRING_INDEX(NAME, '/', -2) AS THREAD_NAME,
              IF(TYPE = 'BACKGROUND', '*', '') AS B,
              IFNULL(PROCESSLIST_ID, '') AS PID
         FROM performance_schema.threads;
+-----+----------------------------------------+---+-----+
| TID | THREAD_NAME                            | B | PID |
+-----+----------------------------------------+---+-----+
|   1 | sql/main                               | * |     |
|   2 | mysys/thread_timer_notifier            | * |     |
|   4 | innodb/io_ibuf_thread                  | * |     |
|   5 | innodb/io_log_thread                   | * |     |
```

```
|   6 | innodb/io_read_thread                  | * |     |
|   7 | innodb/io_read_thread                  | * |     |
|   8 | innodb/io_read_thread                  | * |     |
|   9 | innodb/io_read_thread                  | * |     |
|  10 | innodb/io_write_thread                 | * |     |
|  11 | innodb/io_write_thread                 | * |     |
|  12 | innodb/io_write_thread                 | * |     |
|  13 | innodb/io_write_thread                 | * |     |
|  14 | innodb/page_flush_coordinator_thread   | * |     |
|  15 | innodb/log_checkpointer_thread         | * |     |
|  16 | innodb/log_closer_thread               | * |     |
|  17 | innodb/log_flush_notifier_thread       | * |     |
|  18 | innodb/log_flusher_thread              | * |     |
|  19 | innodb/log_write_notifier_thread       | * |     |
|  20 | innodb/log_writer_thread               | * |     |
|  21 | innodb/srv_lock_timeout_thread         | * |     |
|  22 | innodb/srv_error_monitor_thread        | * |     |
|  23 | innodb/srv_monitor_thread              | * |     |
|  24 | innodb/buf_resize_thread               | * |     |
|  25 | innodb/srv_master_thread               | * |     |
|  26 | innodb/dict_stats_thread               | * |     |
|  27 | innodb/fts_optimize_thread             | * |     |
|  28 | mysqlx/worker                          |   | 9   |
|  29 | mysqlx/acceptor_network                | * |     |
|  30 | mysqlx/acceptor_network                | * |     |
|  31 | mysqlx/worker                          | * |     |
|  34 | innodb/buf_dump_thread                 | * |     |
|  35 | innodb/clone_gtid_thread               | * |     |
|  36 | innodb/srv_purge_thread                | * |     |
|  37 | innodb/srv_purge_thread                | * |     |
|  38 | innodb/srv_worker_thread               | * |     |
|  39 | innodb/srv_worker_thread               | * |     |
|  40 | innodb/srv_worker_thread               | * |     |
|  41 | innodb/srv_worker_thread               | * |     |
|  42 | innodb/srv_worker_thread               | * |     |
|  43 | innodb/srv_worker_thread               | * |     |
|  44 | sql/event_scheduler                    |   | 4   |
|  45 | sql/compress_gtid_table                |   | 6   |
|  46 | sql/con_sockets                        | * |     |
|  47 | sql/one_connection                     |   | 7   |
|  48 | mysqlx/acceptor_network                | * |     |
|  49 | innodb/parallel_read_thread            | * |     |
|  50 | innodb/parallel_read_thread            | * |     |
|  51 | innodb/parallel_read_thread            | * |     |
|  52 | innodb/parallel_read_thread            | * |     |
+-----+----------------------------------------+---+-----+
49 rows in set (0.0615 sec)
```

TID 列就是每个线程的 id；THREAD_NAME 列中包含线程名称中的最后两部分(第一部分是总线程)；在 B 列中，如果是后台进程，则标记为星号；PID 列则标记前台进程的进程列表 id。

注意 令人遗憾的是，“线程”这一词语在 MySQL 中具有多重含义。在某些地方，它被作为连接的同义词。在本书中，连接指的是用户连接，而线程则是性能库中的线程。也就是说，它可以是前台(连接)或者后台线程。当然，遇到例外的时候会进行说明。

上述线程列表中，涉及关于线程的几个重要概念。进程列表 id 和线程 id 并不相关。实际上，id 为 28 的线程比 id 为 44(4)的线程具有更高的进程列表 id(9)。因此，你无法保证其顺序是一致的(当然，可能非 MySQL 线程通常是一致的)。

对于 mysqlx/worker 线程，一个是前台线程，另一个是后台线程。这反映了 MySQL 是如何使用 X protocol 来处理连接的，这与经典的连接处理方式大为不同。

也有一些“混合”线程，既不完全是后台线程，也不完全是前台线程，例如 sql/compress_gtid_table 线程。该线程负责压缩 mysql.gtid_executed 表。它是一个前台线程，但是如果你执行 SHOW PROCESSLIST 命令，会发现结果中并没有它。

提示 performance_schema.threads 表非常有用，也包含 SHOW PROCESSLIST 命令显示的所有信息。与执行 SHOW PROCESSLIST 命令或查询 information_schema.PROCESSLIST 表相比，查询 threads 表的开销更小。因此建议你使用 threads 表、sys.processlist 或 sys.session 视图来获取连接列表。

有时，获取连接的线程 id 可能很有用。因此，这里有两个函数十分有用。

- **PS_THREAD_ID()** 获取作为参数提供的该连接在性能库中的线程 id。
- **PS_CURRENT_THREAD_ID()** 获取当前连接在性能库中的线程 id。

在 MySQL 8.0.15 和更早版本中，请使用 PS_THREAD_ID()，并提供 NULL 参数来获取当前连接的线程 id。使用该函数的例子是：

```
mysql> SELECT CONNECTION_ID(),
              PS_THREAD_ID(13),
              PS_CURRENT_THREAD_ID()\G
*************************** 1. row ***************************
      CONNECTION_ID():  13
     PS_THREAD_ID(13):  54
PS_CURRENT_THREAD_ID(): 54
1 row in set (0.0003 sec)
```

使用这些函数，实际上相当于查询 performance_schema.threads 表中的 PROCESSLIST_ID 和 THREAD_ID 列，从而将连接 id 和线程 id 关联起来。代码清单 5-2 显示了使用 PS_CURRENT_THREAD_ID()函数查询 threads 表中当前连接的一个例子。

代码清单 5-2 查询当前连接的 threads 表

```
mysql> SELECT *
         FROM performance_schema.threads
        WHERE THREAD_ID = PS_CURRENT_THREAD_ID()\G
*************************** 1. row ***************************
          THREAD_ID: 54
               NAME: thread/mysqlx/worker
               TYPE: FOREGROUND
     PROCESSLIST_ID: 13
   PROCESSLIST_USER: root
   PROCESSLIST_HOST: localhost
     PROCESSLIST_DB: performance_schema
PROCESSLIST_COMMAND: Query
   PROCESSLIST_TIME: 0
  PROCESSLIST_STATE: statistics
   PROCESSLIST_INFO: SELECT *
         FROM threads
```

```
        WHERE THREAD_ID = PS_CURRENT_THREAD_ID()
    PARENT_THREAD_ID: 1
                ROLE: NULL
        INSTRUMENTED: YES
             HISTORY: YES
     CONNECTION_TYPE: SSL/TLS
        THREAD_OS_ID: 31516
      RESOURCE_GROUP: SYS_default
1 row in set (0.0005 sec)
```

这里有几列在性能优化上下文中提供了有价值的信息也会在后续章节中用到。这些列以PROCESSLIST_开头。它们等效于执行 SHOW PROCESSLIST 命令返回的信息，但查询 threads 表的开销对连接的影响更小。INSTRUMENTED 和 HISTORY 列指定了是否要为该线程收集检测数据，以及是否为该线程保留事件的历史记录。当然，也可更新这两列，以便更改线程的行为。还可根据 setup_threads 表中的线程类型，或使用 setup_actors 表的账户来定义线程的默认行为。这样就引出一个问题，即什么是 instrument 和事件。接下来将讨论这些内容，分析 instrument 是如何被消费的。

5.3 instrument

instrument 是完成测量的代码点。MySQL 有两类 instrument：一种可以计时，另一种则不可以。计时的 instrument 就是事件，而空闲 instrument(用于测量线程何时空闲)则会计算错误和内存使用量。

instrument 按照其名称进行分组，形成一个层次结构，各部分之间以/分开。一个名称包含多少个部分并没有规则进行定义，有的只有 1 个组成部分，有的则多达 5 个。

instrument 的一个示例是 statement/sql/select，它表示直接执行的 SELECT 语句(即不是从存储过程中执行的)。另一个例子是 statement/sp/stmt，即在存储过程中执行的语句。

随着新特性的不断添加，instrument 的数量不断增加，也有更多 instrument 点被插入现有代码中。在 MySQL 8.0.18 中，在没有安装额外的插件时，大约有 1229 个 instrument(确切数量也与平台相关)。这些 instrument 在表 5-2 中列出。该表的内容是按照最顶端的分类来组织的。“是否计时”列显示了该 instrument 能否计时。“计数”列则显示当前分类中包含的 instrument 总数，以及在 MySQL 8.0.18 中启用的个数。

表 5-2 MySQL 8.0.18 中包含的 instrument 顶级分类组件

组件	是否计时	计数	描述
错误(error)	否	总数：1 启用：1	是否收集遇到的错误和警告信息 没有子组件
空闲(idle)	是	总数：1 启用：1	用于检测线程何时空闲 没有子组件
内存(memory)	否	总数：511 启用：511	收集内存分配和释放的数量及大小 名称由 3 个部分组成：存储器、代码区以及 instrument 名称
阶段(stage)	是	总数：119 启用：16	收集查询阶段的事件信息 名称包括 3 个部分：阶段、代码区以及阶段名称

(续表)

组件	是否计时	计数	描述
语句(statement)	是	总数：212 启用：212	收集语句事件的信息 有 1 到 2 个子组件
事务(transaction)	是	总数：1 启用：1	收集事务事件的信息 没有子组件
等待(wait)	是	总数：384 启用：52	收集等待事件信息。这些事件往往是最低级的事件。例如获取锁、互斥量，以及执行 I/O 操作 最多包含 3 个子组件

MySQL 采用的命名方案使确定 instrument 要测量的内容相对容易一些。可在 setup_instruments 表中找到所有可用的 instrument。该表还允许你配置是否启用 instrument 以及是否计时。对于某些 instrument，该表还记录了其收集的数据的简要信息。

如果想在启动 MySQL 时启用或者禁用 instrument。则可以使用 performance-schema-instrument 选项。与大多数选项的工作方式不同，可对其进行多次设置，从而更改不同的 instrument。还可用%进行模式匹配。如下是一个如何使用该选项的例子：

```
[mysqld]
performance-schema-instrument = "stage/sql/altering table=ON"
performance-schema-instrument = "memory/%=COUNTED"
```

第一个选项同时启用 stage/sql/altering table instrument 的计数和计时功能，第二个选项则启用所有内存 instrument 的计数功能(默认设置)。

警告　*启用所有 instrument(以及接下来要讨论的消费者)似乎很诱人。但检查项越多，消费越多，系统开销就越大。启用所有选项容易造成系统中断(本书的作者已经遇到过)。尤其是 wait/synch/% instrument 以及 events_waits_%消费者，它们都能增大开销。根据经验，监控的粒度越细，增加的系统开销就越大。大多数情况下，MySQL 8 的默认设置就能够很好地兼顾可观测性和系统开销。*

需要消费 instrument 生成的数据，才能让这些数据在性能库的表中可用。这是由消费者完成的。

5.4　消费者

消费者负责处理由 instrument 生成的数据，并使其在“性能库”的表中可用。消费者在 setup_consumers 表中定义，该表除了消费者名称外还有一列，用于设置是否启用消费者。

所有消费者形成一个层次结构。如图 5-1 所示。该图分为两个部分，高级消费者位于虚线上方，事件消费者位于虚线下方。默认情况下，浅色消费者被启用，而深色消费者被禁用。

消费者的层次结构意味着，对于某一层级的消费者，只有在自身和其更高层次的所有消费者都被启用的情况下，该消费者才可以消费事件。因此，一旦禁用 global_instrumentation，则所有消费者都将被禁用。可使用 sys 库中的函数 ps_is_consumer_enabled()来确定某一消费者及其依赖的消费者是否被启用。例如：

```
mysql> SELECT sys.ps_is_consumer_enabled(
                'events_statements_history'
```

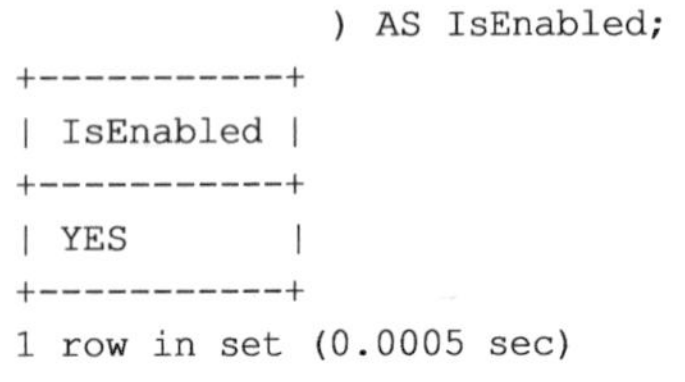

```
              ) AS IsEnabled;
+-----------+
| IsEnabled |
+-----------+
| YES       |
+-----------+
1 row in set (0.0005 sec)
```

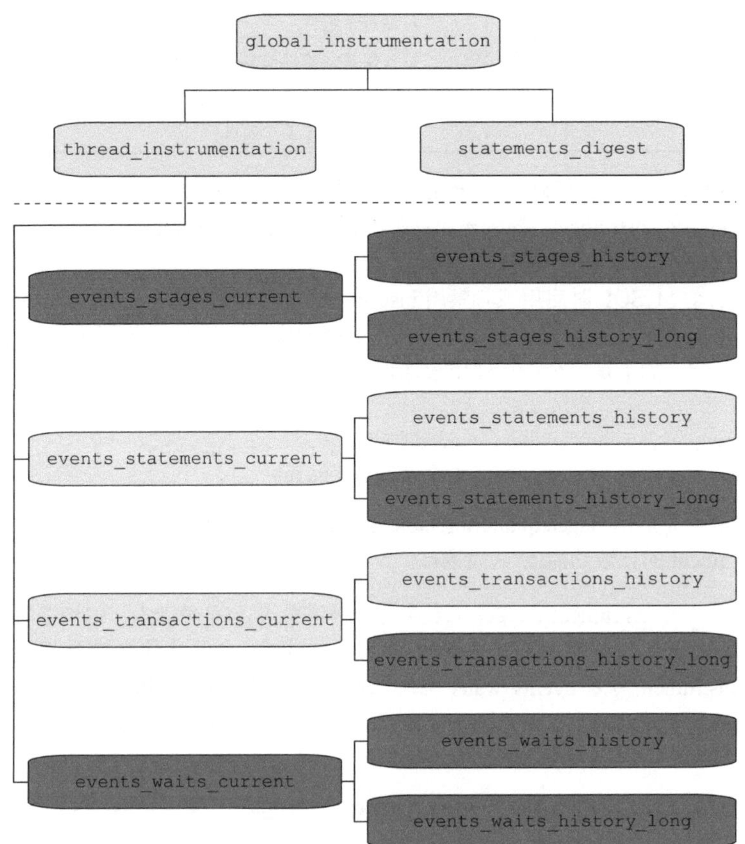

图 5-1 消费者的层次结构

statements_digest 消费者是负责收集按语句 digest 进行分组的数据的用户，例如，可通过 events_statements_summary_by_digest 表来使用语句 digest。对于查询性能优化而言，这可能是最重要的消费者。它是否启用，只依赖于全局消费者是否启用。thread_instrumentation 消费者会确定线程是否正在收集特定于某线程的检测数据，此外，它还控制是否有其他事件消费者在收集数据。

对于消费者而言，每个消费者都有一个配置项，该选项名称由 performance-schema-consumer-前缀和消费者名称组成，下面是一个例子。

```
[mysqld]
performance-schema-consumer-events-statements-history-long = ON
```

这将启用 events_statements_history_long 消费者。

对于最高级的 3 个消费者而言，你几乎不必考虑是否要禁用它们。另外，与事件相关的消费者通常需要专门配置，我们将其与事件概念一起讨论。

5.5 事件

事件是消费者通过 instrument 收集的数据结果，可用它们来观察 MySQL 中正在发生的事情。MySQL 中有多种事件类型，它们互相链接在一起的。这样一来，一个事件通常就有一个父类事件，以及一个或多个子类事件。本节将探讨事件是如何工作的。

5.5.1 事件类型

MySQL 共有 4 种事件类型，涵盖了从事务到等待的各种细节。事件类型也将相似类型的事件进行分组，为事件收集的信息取决于该事件的类型。例如，与语句执行相关的事件会收集执行的查询以及处理了多少行数据等信息。而事务类型的事件会包含所请求事务的隔离级别等信息。事件类型如图 5-2 所示。

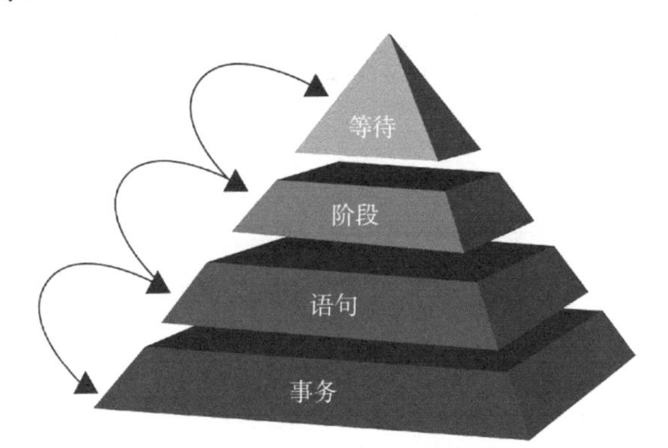

图 5-2 MySQL 中的 4 种事件类型

不同事件对应于不同级别信息的详细程度，其中，事务是最高级别的事件(详细程度最低)，而等待事件级别最低(详细程度最高)。

- **事务**：这些类型的事件描述了事务相关的信息，例如请求的事务的隔离级别(虽然不一定被使用)、事务的状态等详细信息。默认情况下，MySQL 将收集每个线程的当前事务，以及之前 10 个事务的信息。
- **语句**：最常用的事件类型。除了包含已执行的查询信息外，还包括在存储过程中执行的语句信息，如已经处理的行数、返回的行、是否使用了索引以及执行时间等。默认情况下，将收集每个线程当前执行的语句，以及之前 10 条语句的相关信息。
- **阶段**：该事件类型大致对应于 SHOW PROCESSLIST 报告的内容。默认情况下不启用(InnoDB 进度信息部分是一个例外)。
- **等待**：这些都是低级事件，包括 I/O 以及对互斥量的等待等。这些事件都是特定的，对于底层的性能优化非常有用，当然代价也最昂贵。默认情况下，不会启用任何等待事件的消费者。

此外还有一个问题，记录的事件信息应该保留多久。

5.5.2 事件范围

对于每种类型的事件而言，都有 3 个消费者，它们指定了被消费事件的生命周期。其范围如下。

- **current**：当前正在进行的事件。对于空闲线程而言，则为最后完成的事件。某些情况下，可能存在多个同级别的事件。例子之一是执行存储过程时，该过程本身的语句事件，以及该过程中当前正在执行的语句。
- **history**：每个线程最近的 10 个默认事件。当线程关闭时，事件信息将被抛弃。
- **history_long**：最近的 10 000 个默认事件，与生成该事件的线程无关。也就是说，即便线程关闭了，事件信息也会继续保留。

事件类型和范围组合形成了 12 个事件消费者。MySQL 中有一个与每个事件消费者对应的 performance 库表，该表与消费者同名。如代码清单 5-3 所示。

代码清单 5-3　消费者与表名之间的对应关系列表

```
mysql> SELECT TABLE_NAME
          FROM performance_schema.setup_consumers c
               INNER JOIN information_schema.TABLES t
                  ON t.TABLE_NAME = c.NAME
          WHERE t.TABLE_SCHEMA = 'performance_schema'
               AND c.NAME LIKE 'events%'
          ORDER BY c.NAME;
+----------------------------------+
| TABLE_NAME                       |
+----------------------------------+
| events_stages_current            |
| events_stages_history            |
| events_stages_history_long       |
| events_statements_current        |
| events_statements_history        |
| events_statements_history_long   |
| events_transactions_current      |
| events_transactions_history      |
| events_transactions_history_long |
| events_waits_current             |
| events_waits_history             |
| events_waits_history_long        |
+----------------------------------+
12 rows in set (0.0323 sec)
```

如图 5-2 所示，事件类型之间的箭头表示这些类型之间存在某种关系，这种关系不表示其信息详细程度，也不是层次结构，而表明事件之间的嵌套关系。

5.5.3　事件嵌套

通常，事件是由其他事件生成的。因此，这些事件形成一个树状结构，每个事件往往有一个父类事件，然后有多个子类事件。尽管事件类型看起来是层次结构，例如事务是语句的父类，但实际上，事件之间的关系比这复杂得多，而且是双向的。以启动事务的 START TRANSACTION 语句为例，该语句是事务的父类，而事务又是其他语句的父类。另一个示例是调用存储过程的 CALL 语句，该过程会成为其过程中执行的语句的父类。

当然，事件之间的嵌套关系可以非常复杂。图 5-3 显示了一个包含所有事件类型的示例。

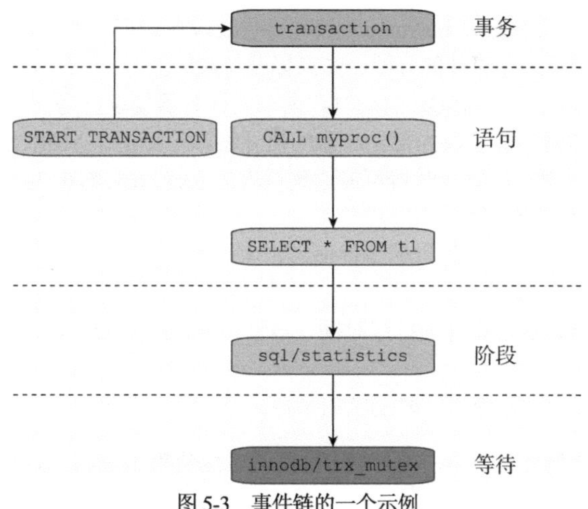

图 5-3　事件链的一个示例

对于语句类型的事件，将显示实际执行的查询，而对于其他类型的事件，则会显示事件名称或名称的一部分。对于上述事件链而言，从 START TRANSACTION 开始，该语句启动一个事务。在事务内部调用 myproc()过程，该过程使其成为 SELECT 语句的父类事件。SELECT 语句又经过多个阶段，包括 stage/sql/statistics，阶段又包括在 InnoDB 中请求 trx_mutex。

事件表中用两列数据来跟踪事件之间的关系。

- **NESTING_EVENT_ID**：父类事件的 ID。
- **NESTING_EVENT_TYPE**：父类事件的类型(如事务、语句、阶段等待)。

语句事件表中，则还包含其他一些与嵌套语句事件相关的列。

- **OBJECT_TYPE**：父类语句事件的对象类型。
- **OBJECT_SCHEMA**：父类语句对象所属的方案。
- **OBJECT_NAME**：父类语句对象名称。
- **NESTING_EVENT_LEVEL**：语句嵌套的深度。最顶层的语句级别为 0，每次创建子类级别时，NESTING_EVENT_LEVEL 都会加 1。

这里，sys.ps_trace_thread()过程就是一个好例子，可用来说明事件树状结构是如何自动生成的。第 20 章就有一个相关的例子。

5.5.4　事件属性

无论事件的类型如何，事件的某些属性在所有事件之间都是共享的。这些属性包括主键、事件 ID 以及事件的计时方式。

事件的当前和历史记录(并非 history_long)表的主键由 THREAD_ID 和 EVENT_ID 组成。EVENT_ID 列随着线程创建更多事件而逐步增加。因此，如果想按顺序获取事件，则需要按照 EVENT_ID 列排序。此外，每个线程都有自己的事件 ID 序列。在每个事件表中，都有两个事件 ID 列。

- **EVENT_ID**：事件的主要 ID，在事件开始时设置。
- **END_EVENT_ID**：事件结束时设置此 ID。这意味着可通过检查该列是否为 NULL 来判断事件是否正在进行。

此外，EVENT_NAME 列具有负责该事件的 instrument 的名称，而语句、阶段以及等待等事件类型的 SOURCE 列则具有触发 instrument 的文件名及源代码行号信息。

与事件相关的 3 列记录了事件的开始、结束以及持续时间。

- **TIMER_START**：当 MySQL 启动时，内部的计时器被设置为 0。并且每皮秒(微微秒)增加 1。事件开始时，会获取内部计时器的值并将其分配给 TIMER_START。
  但由于单位是皮秒，因此计时器可能达到最大的支持值(大约在 30.5 周之后发生)。这种情况下，计时器将再次从 0 开始。
- **TIMER_END**：对于正在进行的事件而言，这是当前时间。而对于已完成的事件，则为完成时间。
- **TIMER_WAIT**：这是事件的持续时间。对于仍在进行中的事件，则为其事件开始以来的时间。

当然也有例外情况，即不包含计时功能的事务。

注意 不同事件类型将使用不同的计时器，因此不能使用 TIMER_START 列对不同类型的事件进行排序。

在 MySQL 中，时间是以皮秒(10^{-12}秒)为单位。选择该单位，是出于性能方面的考虑，因为这样就能让 MySQL 尽量多使用乘法(和加法一样，都是成本最低的数学运算)。时序列是一个 64 位的无符号整数，这意味着它将在 30.5 周后溢出，然后重新从 0 开始。

从计算的角度看，使用皮秒是一件好事，但是对人类来讲就没那么实用了。因此，可使用 FORMAT_PICO_TIME()函数将皮秒转换为可读格式，例如：

```
SELECT FORMAT_PICO_TIME(111577500000);
+--------------------------------+
| FORMAT_PICO_TIME(111577500000) |
+--------------------------------+
| 111.58 ms                      |
+--------------------------------+
1 row in set (0.0004 sec)
```

该函数自 MySQL 8.0.16 版本引入，在此前的版本中，可改用 sys.format_time()函数。

5.6 Actor 与对象

通过 performance 库，还可配置默认情况下应该使用 instrument 对哪些用户账户和方案进行检测。可通过 setup_actors 表来配置账户，然后使用 setup_objects 表来配置对象。默认情况下，将使用 instrument 对所有账户，以及除 mysql、information_schema 以及 performance_schema 外的其他所有方案中的对象进行检测。

5.7 摘要

performance 库为基于语句 digest 执行的语句生成统计信息。这是由基于规范化查询的 SHA-256 哈希函数来处理的。具有相同 digest 的语句被视为同一查询。

所谓规范化查询，指的是删除注释(不包括优化器提示)、将空格改为单个空格字符、将 WHERE 子句中的值替换为问号等处理后的查询。可用 STATEMENT_DIGEST_TEXT()函数获取规范化查询，例如：

```
mysql> SELECT STATEMENT_DIGEST_TEXT(
                'SELECT *
                   FROM city
                  WHERE ID = 130'
              ) AS DigestText\G
*************************** 1. row ***************************
DigestText: SELECT * FROM `city` WHERE `ID` = ?
1 row in set (0.0004 sec)
```

同样，也可使用 STATEMENT_DIGEST()函数来获取该查询的 SHA-256 哈希值：

```
mysql> SELECT STATEMENT_DIGEST(
                'SELECT *
                   FROM city
                  WHERE ID = 130'
              ) AS Digest\G
*************************** 1. row ***************************
Digest: 26b06a0b2f651e04e61751c55f84d0d721d31041ea57cef5998bc475ab9ef773
1 row in set (0.0004 sec)
```

例如，当你想查询语句事件表、events_statements_histogram_by_digest 或 events_statements_summary_by_digest 表，以便查找具有相同摘要(digest)的信息时，STATEMET_DIGEST()函数可能就很有用了。

注意 一旦升级 MySQL，就无法保证给定查询的 digest 信息也保持不变。因此不应该比较不同 MySQL 版本中的 digest 信息。

当 MySQL 计算 digest 信息时，查询将被标记化，并且为避免使用过多内存，在此过程中每个连接允许使用的内存量也受到限制。这就意味着，如果你有一些大型查询(就查询文本而言)，则所得到的规范化查询(称为 digest 文本)可能被截断。可使用 max_digest_length 变量(默认值为 1024，且需要重启 MySQL)来配置规范期间允许连接使用的内存量。如果遇到大型查询，则很可能需要增加这一变量的设置，以免查询的长度超过该变量的设置。不仅如此，一旦调整了该变量的设置，则可能还需要增加 performance_schema_max_digest_length 的值，该选项设置了存储在 performance 库中的 digest 文本的最大长度。但是，这里你需要特别小心，因为这会增加所有存储在 performance 库中的 digest 文本的大小。并且，由于 performance 库中的表存储在内存中，因此可能导致内存使用量的显著增加。作者已经看过到不少相关例子，digest 长度设置得太大导致 MySQL 无法启动，因为内存不足了。

警告 不要盲目增加 digest 长度相关的选项，否则可能导致内存不足。

5.8 表类型

到目前为止，你已见识了不少 performance 库中的表。可根据表中包括的信息类型对这些表进行分组。本章前面介绍的 setup 表和事件表就是其中的 2 个分组。表 5-3 总结了 MySQL 8.0.18 以来的表类型。

表 5-3 performance 库中的表类型

表类型	描述
配置(setup)	包含动态配置信息的表，包括 setup_consumers 和 setup_instruments，所有配置表的名称均以 setup_开头
事件	存储当前正在进行的事件或者事件历史记录信息的表。其中包括 events_statements_current。所有表的名称与事件消费者之一的名称相同。表名以 events_开头，但有时也不包括 digest 或直方图信息
实例	实例表包含了有关实例的信息，覆盖从互斥量到已准备好的语句等各种信息。最常用的实例表是 prepare_statements_instances，其中包含服务器端准备好的语句的统计信息。除了 table_handles 外，其他实例表均以_instances 结尾
汇总(summary)	可将汇总表视为报表。它们汇总了事件表中的事件，因此可获得时间范围跨度更大的概要信息。最常用的汇总表是 events_statements_summary_by_digest，该表按照默认方案和语句的 digest 信息对语句事件的相关数据进行分组。另一个例子是 file_summary_by_instance，它按照文件实例将与文件相关的统计信息进行分组。 所有表名都包含_summary_或以 status_开头。表名往往还包含_by_，后跟数据分组信息。截至 8.0.18，MySQL 中共有 45 个汇总表，这也是最大的表分组
直方图(histogram)	直方图是类似于汇总表的报表，不过它提供了语句等待时间的直方图统计信息。目前有两张直方图表： events_statements_histogram_by_digest 和 events_statements_histogram_global
连接与线程	包含连接和线程信息的数个表。包括 threads、session_account_connect_attrs、session_connect_attrs、accounts、host_cache、hosts 和 users 表
复制	有关传统异步复制和组复制的复制配置及状态信息表。除了 log_status 外，其他表均以 replication_开头
锁	包含 3 个表，记录有关数据和元数据锁相关的信息：data_locks、data_lock_waits 以及 metadata_locks
变量	包含有关系统和状态变量(全局以及会话级别)以及用户变量的信息。所有表名都包含变量的名称或状态信息
克隆	有关克隆插件的状态和进度信息，包括 clone_progress 以及 clone_status 表
杂项(miscellaneous)	keyring_keys 和 performance_timers 表

其中最常用的是汇总表，因为它们提供了对数据的轻松访问，这些数据本身就可作为报表，类似于你将在下一章的 sys 库中看到的内容。

5.9 动态配置

除了可使用 SET PERSIST_ONLY 或在配置文件中设置传统的 MySQL 配置选项外，performance 库还通过 setup 表的方式，提供自己独特的动态配置功能。本节将介绍这种动态配置的工作方式。

表 5-4 列出 MySQL 中所有可用的 setup(配置)表，对于允许执行插入和删除操作的表而言，可更改所有的列，表中的“可配置列”列出的是一些非关键列。

表 5-4　performance 库中的配置表

setup 表	关键列	可配置列	描述
setup_actors	HOST USER ROLE	ENABLED HISTORY	该表用于确定是否对前台线程进行了检测，并且在默认情况下，会根据用户账户收集历史记录。ROLE 列当前尚未启用。 可在该表中执行插入行或删除行操作
setup_consumers	NAME	ENABLED	该表定义启用了哪些消费者
setup_instruments	NAME	ENABLED TIMED	该表定义启用了哪些 instrument 以及计时功能
setup_objects	OBJECT_TYPE OBJECT_SCHEMA OBJECT_NAME	ENABLED TIMED	该表定义了哪些方案对象被启用，并使用计时功能 可在该表中执行插入行或删除行操作
setup_threads	NAME	ENABLED HISTORY	该表定义了哪些类型的线程会被检测，默认收集历史记录

对于那些带有历史记录的表，只有在同时启用了检测功能的前提下，这些历史记录才会被记录。这与 TIMED 列的处理方式相同，即只有在启用 instrument 或对象时才有意义。对于 setup_instruments 表，需要注意，并非所有 instrument 都支持计时功能，此时，TIMED 列始终为 NULL。

setup_actors 和 setup_objects 表在 setup 表中比较特殊，因为可对它们执行插入或删除操作。这包括使用 TRUNCATE TABLE 语句来截断所有行。此外，表的最大行数则由 performance_schema_setup_actors_size 以及 performance_schema_setup_objects_size 选项进行定义。这两个选项默认都自动调整大小。但如果你手工更改了这两个选项，则需要重启 MySQL。

可以使用通常的 UPDATE 语句来修改配置。对于 setup_actors 和 setup_objects 表，还可以使用 INSERT、DELETE 以及 TRUNCATE TABLE 语句。一个启用 events_statements_history_long 的消费者的例子是：

```
mysql> UPDATE performance_schema.setup_consumers
          SET ENABLED = 'YES'
        WHERE NAME = 'events_statements_history_long';
Query OK, 1 row affected (0.2674 sec)

Rows matched: 1 Changed: 1 Warnings: 0
```

需要注意，在重启 MySQL 后，这样的设置不是永久生效的。因此，如果在没有使用配置选项的情况下想要更改这些表的设置，则需要将所需的 SQL 语句添加到 init 文件中，然后通过 init_file 选项来执行。

以上就是对performance 库的介绍。当然，在本书其余部分中，你仍然将看到很多使用相关对象的示例。

5.10　本章小结

本章介绍了与 performance 库相关的最重要概念。MySQL 是一个多线程进程，而 performance 库中包含有关前台线程(连接)和后台线程的信息。

这些工具与源代码中的检测代码点对应，因而能确定要收集哪些数据。在启用 instrument 后，除了收集内存和检测信息外，还可进行计时。

消费者使用 instrument 收集的数据并对其进行处理，然后通过 performance 库的表使其可用。这里共有 12 个消费者，它们代表 4 种事件类型，每种类型则有 3 种范围。

4 种事件类型是事务、语句、阶段以及等待，它们涵盖了不同的信息详细程度。3 种事件范围则表明当前或上一个完成的事件的当前作用域。线程可记录最近的 10 个事件，以及最后 10 000 个历史事件。事件还可触发其他事件，因而形成一个树状结构。

另一个重要概念是 digest。它允许 MySQL 通过规范化查询对语句进行分组。当你要查找哪些查询需要进行调整或优化时，这一功能特别有用。

最后总结了 performance 库中各种类型的表。最常用的是汇总表，它们本质上是报表，这样就可从 performance 库中轻松地访问汇总数据。基于 performance 库的报表的另一个示例是 sys 库提供的信息，我们将在下一章介绍。

第6章 sys库

sys库其实是Mark Leith的一个创意。Mark Leith长期以来都是MySQL Enterprise Monitor开发团队的一员。他还启动了ps_helper项目，以尝试监控方面的一些想法，并展示performance库能够做些什么，同时让其使用起来更简单。该项目后来被重新命名为sys库，并加入MySQL。不仅如此，包括本书作者在内的很多人也都为之做出了贡献。

sys库在MySQL 5.6或更高版本中可用。在MySQL 5.7中，它已成为标准安装包的一部分，因此你不必执行任何操作即可安装sys库或对其进行升级。从MySQL 8.0.18开始，sys库的源代码已成为MySQL Server的一部分。

整本书中都将使用sys库进行查询分析、锁处理等。本章将简要介绍sys库(包括如何进行配置、如何格式化函数、视图如何工作)，还介绍各种辅助程序。

提示 sys库的源代码(网址为 https://github.com/mysql/mysql-server/tree/8.0/scripts/sys_schema，旧版本则为 https://github.com/mysql/mysql-sys/)本身也是一个极有用的学习资源，可帮助你学习如何通过performance库编写查询语句。

6.1 sys库配置

sys库使用自己的配置系统，因为它最初是独立于MySQL Server的。这里有两种更改配置的方法，具体则取决于你打算永久更改配置，还是只更改会话级别的配置。

永久化配置存储在sys_config表中，该表也包含变量的名称、当前值、上次设置该值的时间以及用户的相关设置。代码清单 6-1显示了默认内容(set_time则取决于sys库上次安装或升级的时间)。

代码清单6-1 sys库中的持久化配置信息

```
mysql> SELECT * FROM sys.sys_config\G
*************************** 1. row ***************************
variable: diagnostics.allow_i_s_tables
   value: OFF
set_time: 2019-07-13 19:19:29
  set_by: NULL
*************************** 2. row ***************************
variable: diagnostics.include_raw
   value: OFF
set_time: 2019-07-13 19:19:29
  set_by: NULL
*************************** 3. row ***************************
variable: ps_thread_trx_info.max_length
   value: 65535
set_time: 2019-07-13 19:19:29
  set_by: NULL
*************************** 4. row ***************************
variable: statement_performance_analyzer.limit
   value: 100
set_time: 2019-07-13 19:19:29
  set_by: NULL
*************************** 5. row ***************************
variable: statement_performance_analyzer.view
   value: NULL
set_time: 2019-07-13 19:19:29
  set_by: NULL
*************************** 6. row ***************************
variable: statement_truncate_len
   value: 64
set_time: 2019-07-13 19:19:29
  set_by: NULL
6 rows in set (0.0005 sec)
```

目前，除非将@sys.ignore_sys_config_triggers这一用户变量设置为等价于False且不为NULL的值，否则set_by这一列永远为NULL。

你最可能更改的选项为statement_truncate_len，它指定了sys库用于格式化视图中的语句的最大长度(稍后将详细介绍)。选择默认值为64是为了增加查询视图适应于控制台宽度的可能性。但有时也会因为这一设置太小，而导致获取到的语句的有用信息太少。

可通过更新sys_config中的值来更新设置，这样更改就会被保留，并立即应用于所有连接，除非这些连接设置了自己的会话级别选项(这会在sys库中使用格式化语句时隐式发生)。由于sys_config其实是普通的InnoDB表，因此更改内容在MySQL重启之后也会保留。

或者，也可只更改会话级别的设置。这可通过使用配置变量的名称，并在其前面加上 sys 来完成。这就将其转换成用户变量。代码清单 6-2 显示了使用 sys_config 表和用户变量来更改 statement_truncate_len 选项的示例。结果使用 format_statement()函数进行测试，该函数是 sys 库中用来截断语句的函数。

代码清单 6-2 更改 sys 库配置

```
mysql> SET @query = 'SELECT * FROM world.city INNER JOIN world.city ON
country.Code = city.CountryCode';
Query OK, 0 rows affected (0.0003 sec)

mysql> SELECT sys.sys_get_config(

                    'statement_truncate_len',
                    NULL
                ) AS TruncateLen\G
*************************** 1. row ***************************
TruncateLen: 64
1 row in set (0.0007 sec)

mysql> SELECT sys.format_statement(@query) AS Statement\G
*************************** 1. row ***************************
Statement: SELECT * FROM world.city INNER ... ountry.Code = city.CountryCode
1 row in set (0.0019 sec)

mysql> UPDATE sys.sys_config SET value = 48 WHERE variable = 'statement_
truncate_len';
Query OK, 1 row affected (0.4966 sec)
mysql> SET @sys.statement_truncate_len = NULL;
Query OK, 0 rows affected (0.0004 sec)

mysql> SELECT sys.format_statement(@query) AS Statement\G
*************************** 1. row ***************************
Statement: SELECT * FROM world.ci ... ode = city.CountryCode
1 row in set (0.0009 sec)

mysql> SET @sys.statement_truncate_len = 96;
Query OK, 0 rows affected (0.0003 sec)

mysql> SELECT sys.format_statement(@query) AS Statement\G
*************************** 1. row ***************************
Statement: SELECT * FROM world.city INNER JOIN world.city ON country.Code =
           city.CountryCode
1 row in set (0.0266 sec)
```

首先，我们在@query 用户变量中设置一个查询，这样做纯粹是为了方便起见，因而可以很容易地引用同一个查询。sys_get_config()函数用于获取 statement_truncate_len 选项的当前设置。这考虑到是否设置了@sys.statement_truncate_len 用户变量。因此，如果提供的选项不存在，则第二个参数会提供返回值。

format_statement()函数用于演示@query 中的语句的格式，首先使用 statement_truncate_len 的默认值 64，然后将 sys_config 更新为 48，最后将会话级别设置为 96。注意，在更新 sys_config 表以使 MySQL 将更新后的设置应用会话级别后，我们是如何将@sys. statement_truncate_len 这一用户变量设置为 NULL 的。

注意 某些 sys 库功能支持的一些配置选项默认情况下并未包含在 sys_config 表中，例如

debug选项。sys库中对象的文档(可以参考https://dev.mysql.com/doc/refman/en/sys-schema-reference.html)包含了其所支持的配置选项的相关信息。

format_statement()函数并不是sys库中唯一的格式化函数，因此，我们来看一下其他函数吧。

6.2 格式化函数

sys库中包含了4个相关函数，可以帮助格式化对performance库的查询的输出，使结果更易理解，或占用更少空间。其中两个函数在MySQL 8.0.16中已被抛弃，因为performance库中添加了相应的原生函数。

表6-1总结了这4个格式化函数，以及用于代替format_time()和format_bytes()函数的原生函数。

表6-1 sys库中的格式化函数

sys库函数	原生函数	描述
format_bytes()	FORMAT_BYTES()	将以字节为单位的值转换为带单位的字符串(基于1024)
format_path()		获取文件路径，并用表示相应全局变量的字符串来代替数据目录、临时目录等
format_statement()		通过用省略号(...)替换语句中间的部分，将一条语句截断成选项所配置的字符数
format_time()	FORMAT_PICO_TIME()	将以皮秒为单位的时间，转换为可读的字符串

代码清单6-3显示了一个使用格式化函数的示例，对于format_bytes()和format_time()，将把其结果与performance库原生函数进行对比。

代码清单6-3 格式化函数样示例

```
mysql> SELECT sys.format_bytes(5000) AS SysBytes,
              FORMAT_BYTES(5000) AS P_SBytes\G
*************************** 1. row ***************************
SysBytes: 4.88 KiB
P_SBytes: 4.88 KiB
1 row in set, 1 warning (0.0015 sec)
Note (code 1585): This function 'format_bytes' has the same name as a
                  native function

mysql> SELECT @@global.datadir AS DataDir,
              sys.format_path(
                 'D:\\MySQL\\Data_8.0.18\\ib_logfile0'
              ) AS LogFile0\G
*************************** 1. row ***************************
DataDir: D:\MySQL\Data_8.0.18\
LogFile0: @@datadir\ib_logfile0
1 row in set (0.0027 sec)

mysql> SELECT sys.format_statement(
                 'SELECT * FROM world.city INNER JOIN world.city ON
                 country.Code = city.CountryCode'
              ) AS Statement\G
*************************** 1. row ***************************
```

```
Statement: SELECT * FROM world.city INNER ... ountry.Code = city.CountryCode
1 row in set (0.0016 sec)

mysql> SELECT sys.format_time(123456789012) AS SysTime,
              FORMAT_PICO_TIME(123456789012) AS P_STime\G
*************************** 1. row ***************************
SysTime: 123.46 ms
P_STime: 123.46 ms
1 row in set (0.0006 sec)
```

请注意，使用 sys.format_bytes()会触发警告(但仅限于在连接首次使用时)，因为 sys 库函数名称与原生函数名称相同。format_path()函数在微软 Windows 上需要使用反斜杠，其他平台则是正斜杠。这里，format_statement()函数假定 statement_truncate_len 选项的值已经被重置为默认值，即 64。

提示　尽管 format_time()和 format_bytes()函数的 sys 库实现依然存在，但是我们推荐你使用原生函数，因为前者可能在将来被抛弃，而且原生函数也要快很多。

这些函数很有用，并且 sys 库也会使用它们来返回格式化的数据视图。由于在某些情况下有必要使用未经格式化处理的数据，因此大多数 sys 库中的视图都存在两种实现方式。你将在下一节看到相关内容。

6.3　视图

sys 库提供了众多可用作预定义报表的视图。这些视图主要使用 performance 库中的表，不过也有一部分使用 information 库中的表。视图既可以简化从 performance 库中获取信息的过程，也可用作查询 performance 库中表的示例。

由于视图是现成的报表，因此可供数据库管理员或开发人员使用，并且是以默认顺序定义的。这就意味着使用视图的典型方法，其实就是执行 SELECT * FROM <视图名称>语句，例如：

```
mysql> SELECT *
         FROM sys.schema_tables_with_full_table_scans\G
*************************** 1. row ***************************
    object_schema: world
       bject_name: city
rows_full_scanned: 4079
          latency: 269.13 ms
*************************** 2. row ***************************
    object_schema: sys
      object_name: sys_config
rows_full_scanned: 18
          latency: 328.80 ms
2 rows in set (0.0021 sec)
```

当然，返回结果取决于哪些表使用了全表扫描。注意，这里的延迟时间是被格式化处理了的，就像使用了 FORMAT_PICO_TIME()或 sys.format_time()函数。

sys 库中的视图大部分都以两种形式存在，一种具有声明、路径、字节值以及格式化的计时信息；另一种则包含原始数据。如果你想在控制台上查看视图，并使用自己的查询语句，则格式化视图就极其有用。而如果需要在程序中处理数据，或更改其默认的排序方式，则使用原始视图就更合适。MySQL Workbench 中的性能报告使用的是原始数据，因此可在用户界面中更改其顺序。

也可从名称来区分其是否为格式化视图。如果视图已被格式化，则还将有一个同名的视图，但名称前带有 x$。例如，对于上面示例中使用的 schema_tables_with_full_table_scans 视图，未格式化的视图名称则为 x$schema_tables_with_full_table_scans：

```
mysql> SELECT *
         FROM sys.x$schema_tables_with_full_table_scans\G
*************************** 1. row ***************************
    object_schema: world
      object_name: city
rows_full_scanned: 4079
          latency: 269131954854
*************************** 2. row ***************************
    object_schema: sys
      object_name: sys_config
rows_full_scanned: 18
          latency: 328804286013
2 rows in set (0.0017 sec)sys
```

库中最后一个需要探讨的主题就是辅助函数与过程。

6.4 辅助函数与过程

sys 库提供了几个实用程序，可在使用 MySQL 时提供帮助。其功能包括执行动态创建的查询、操作列表等。表 6-2 总结了一些最重要的辅助函数和过程。

表 6-2 sys 库中的辅助函数和过程

程序名称	程序类型	描述
extract_schema_from_file_name	函数	从每个表的 InnoDB 表空间文件的路径中提取库的名称
extract_table_from_file_name	函数	从每个表的 InnoDB 表空间文件的路径中提取表的名称
list_add	函数	除非列表中已经包含元素，否则将其添加到列表中。例如，这在需要更改 SQL 模式时非常有用
list_drop	函数	从列表中移除一个元素
quote_identifier	函数	使用反引号(`)引用标识符(如表名)
version_major	函数	返回要查询实例的主版本号。例如，对于 8.0.18，返回 8
version_minor	函数	返回要查询实例的次要版本号。例如，对于 8.0.18，返回 0
version_patch	函数	返回要查询实例的补丁版本号。例如，对于 8.0.18，返回 18
execute_prepared_stmt	过程	执行以字符串形式给出的查询。使用准备好的语句执行查询，执行完毕后，将取消分配该语句
table_exists	过程	检查一张表是否存在。若存在，则返回它是基表、临时表还是视图

sys 库内部同样使用了这些实用程序。这些程序最常见的用法是在存储过程中使用它们，尤其是当你需要动态处理数据和查询的时候。

提示 sys 库中的函数和过程都带有常规注释形式的内置帮助信息。可以通过查询 information_schema.ROUTINES 视图的 ROUTINE_COMMENT 列来获取这些帮助信息。

6.5　本章小结

本章对 sys 库进行了简要介绍，这样在后续章节中用到它时，你就知道它是什么，以及如何使用。sys 库是一个有益的补充，它提供了不少现成的报表和实用程序，从而能够简化你的日常任务和检测过程。sys 库是在 MySQL 5.7 和更高版本中出现的系统方案，你不必采取任何措施就可以直接使用它。

首先，我们探讨了 sys 库的配置。如果你想使用与安装 MySQL 时不同的设置，可以使用存储在 sys.config 表中的全局配置信息，该表是可以更新的。也可通过使用 sys 来设置用户变量，从而更改会话级别的设置。此时需要在配置选项前面加上 sys 作为前缀。

然后，我们介绍了 sys 库中的格式化函数，也提到了用于替代此前函数的 performance 库原生函数。不仅如此，格式化功能也被用到多个视图中，从而帮助我们更好地读取数据。对于使用了格式化功能的视图，还存在一个同名的未格式化视图，不过在其名称之前加了 x$。

最后，我们还讨论了一些辅助函数和过程，当你尝试完成动态工作时(如执行存储过程中生成的查询等)，这些程序就能为你提供帮助。

第 7 章将探讨 information 库。

第7章

information 库

当你需要优化查询时，通常需要有关方案、索引等之类的信息。这种情况下，information 库就是一个很好的数据资源库。本章将介绍 information 库及其所包含的视图信息。在本书的其余部分，information 库也将被经常用到。

7.1 何为 information 库

information 库是包括 MySQL 在内的多个关系数据库共有的方案。MySQL 5.0 中开始添加 information 库。MySQL 主要遵循 F021 基本信息方案的 SQL:2003 标准，当然也会进行一些必要的更改，以便反映 MySQL 的一些独特功能，而附加的一些视图就不属于该 SQL 标准了。

注意 information 库中没有存储任何数据，因此是虚拟的。这里，即便 SHOW CREATE TABLE 将其显示为常规的表，本章也将把所有视图和表当成视图处理。这也与将所有对象的表类型都设置为 SYSTEM VIEW 的 information_schema.TABLES 视图保持一致。

在 MySQL 5.5 中引入 performance 库后，就可实现这样一个目的：那些相对静态的数据，如方案信息，可通过 information 库来获得；而易失性数据，则可通过 performance 库获得。当然，还有一些数据很难明确它究竟应该属于哪个库，例如索引统计数据，它相对易变，但属于 information 库。另外一些信息，例如 InnoDB 度量，则由于历史原因，依然停留在 information 库中。

这样，可将 information 库视为描述 MySQL 实例的数据集合。在包含关系型数据字典的 MySQL 8 中，一些视图只是基础数据字典表上的简单视图。这就意味着 MySQL 8 中许多基于 information 库的查询将大大优于旧版本中的性能。在查询那些不必存储引擎数据的方案数据时，这种情况尤其突出。

警告 如果你仍在使用 MySQL 5.7 或更早版本，请在查询 information 库中的 TABLES 和 COLUMNS 视图时千万小心。如果包含相关数据的表尚未存在于表定义缓存中，或者缓存的大小不足以容纳所有表，则查询可能需要执行较长时间。MySQL Server 团队在 MySQL 5.7 和 8 之间，就 information 库有哪些性能差异在博客上进行了相关的探讨和演示：https://mysqlserverteam.com/mysql-8-0-scaling-and-performance-of-information_schema/。

7.2 权限

information 库是一个虚拟的数据库，因此对其视图的访问与其他表略有不同。所有用户都可看到 information 库的存在，也可看到该库中的所有视图。但对这些视图的查询结果，则依赖于分配给这些用户的权限。例如，如果某一用户只有全局 USAGE 权限，则在查询 information_schema.TABLES 视图时，就只能看到 information 库视图。

查询某些视图时还需要其他一些权限，否则将返回 ER_SPECIFIC_ACCESS_DENIED_ERROR(错误编号 1227)错误，并说明缺少了哪些权限。例如，查询 INNODB_METRICS 视图需要 PROCESS 权限，因此，如果缺少该权限的用户查询这一视图，将遇到如下错误：

```
mysql> SELECT *
         FROM information_schema.INNODB_METRICS;
ERROR: 1227: Access denied; you need (at least one of) the PROCESS
privilege(s) for this operation
```

现在，可以看看在 information 库的视图中能找到什么样的信息。

7.3 视图

information 库中可用的数据涵盖了从有关系统级别的高级信息到 InnoDB 度量的低级信息。本节将简要介绍这些视图。和性能优化相关的那些最重要的视图将在后续各章中详细探讨，这里不做详细介绍。

注意 一些插件也会将自己的视图添加到 information 库中。这里暂不考虑与这些插件相关的视图。

7.3.1 系统信息

information 库中可用的最高级别的信息涉及整个 MySQL 实例。这包括诸如哪些字符集可用，以及安装了哪些插件之类的信息。

表 7-1 汇总了包含系统信息的相关视图。

表 7-1　information 库中包含系统信息的相关视图

视图名称	描述
CHARACTER_SETS	可用的字符集
COLLATIONS	每个字符集可用的排序规则。这包含了排序规则的 id，某些情况下(例如二进制日志)，该 id 用于指定唯一的排序规则和字符集
COLLATION_CHARACTER_SET_APPLICABILITY	归类到字符集的映射(与 COLLATIONS 的前两列相同)
ENGINES	已知的存储引擎，以及是否已经加载
INNODB_FT_DEFAULT_STOPWORD	在 InnoDB 表上创建全文索引时使用的默认停用词列表
KEYWORDS	MySQL 中的关键字列表，以及该关键字是否为保留字
PLUGINS	MySQL 已知的插件及其状态
RESOURCE_GROUPS	供线程使用的资源组。资源组指定了线程的优先级以及可以使用的 CPU
ST_SPATIAL_REFERENCE_SYSTEMS	空间参考系统列表，包括 SRS_ID 列，该列包含了用于指定空间列参考系统的 id

与系统相关的视图主要用作参考视图，而 RESOURCE_GROUPS 表则有所不同，因为可添加资源组，这将在第 17 章讨论。

KEYWORDS 视图在升级测试时就非常有用，因为可以使用它来验证方案、表、列、程序，或者参数名称否与新版本中的关键字相匹配。如果真有匹配的，还需要更新应用程序，以便引用标识符。假设要查找与关键字匹配的所有列的名称：

```
SELECT TABLE_SCHEMA, TABLE_NAME,
       COLUMN_NAME, RESERVED
FROM information_schema.COLUMNS
       INNER JOIN information_schema.KEYWORDS
          ON KEYWORDS.WORD = COLUMNS.COLUMN_NAME
WHERE TABLE_SCHEMA NOT IN ('mysql',
                           'information_schema',
                           'performance_schema',
                           'sys'
)
ORDER BY TABLE_SCHEMA, TABLE_NAME, COLUMN_NAME;
```

该查询使用 COLUMNS 视图查找除了系统库以外的所有列名(如果你在应用程序或脚本中使用了它们，则可以选择包含这些列名)。COLUMNS 视图是描述方案对象的几个视图之一。

7.3.2　方案信息

包含方案对象信息的视图是 information 库中最有用的视图之一，也是一些 SHOW 语句的信息来源。可使用这些视图查找各种信息，从存储过程的参数到数据库的名称等。表 7-2 汇总了包含方案信息的视图。

表 7-2　information 库中包含方案信息的视图

视图名称	描述
CHECK_CONSTRAINTS	该视图包含 CHECK 约束的信息，在 MySQL 8.0.16 和更高版本中可用
COLUMN_STATISTICS	包含了统计信息的直方图定义。对于查询性能优化而言，这是一个非常重要的视图
COLUMNS	列定义信息
EVENTS	存储事件的定义信息
FILES	与 InnoDB 表空间文件相关的信息
INNODB_COLUMNS	InnoDB 表中列的元数据信息
INNODB_DATAFILES	该视图将 InnoDB 表空间的 id 与文件系统路径链接起来
INNODB_FIELDS	InnoDB 索引中的列的元数据信息
INNODB_FOREIGN	InnoDB 外键的元数据信息
INNODB_FOREIGN_COLS	InnoDB 中外键的子列和父列的列表
INNODB_FT_BEING_DELETED	为 innodb_ft_aux_table 选项指定的表运行 OPTIMIZER TABLE 语句时，INNODB_FT_DELETED 视图的快照
INNDOB_FT_CONFIG	innodb_ft_aux_table 选项指定的表上的全文索引的配置信息
INNODB_FT_DELETED	从 innodb_ft_aux_table 选项指定的表的全文索引中删除的行。InnoDB 出于性能的考虑使用该额外列表，以免必须为每个 DML 语句更新索引本身
INNODB_FT_INDEX_CACHE	从 innodb_ft_aux_table 选项指定的表的全文索引中插入的行。InnoDB 出于性能的考虑使用该额外列表，以免必须为每个 DML 语句更新索引本身
INNODB_FT_INDEX_TABLE	innodb_ft_aux_table 选项指定的表的反向全文索引
INNODB_INDEXES	有关 InnoDB 表上的索引信息，包括内部信息，例如根页的页面，以及合并的阈值等
INNODB_TABLES	InnoDB 表的元数据信息
INNODB_TABLESPACES	InnoDB 表空间的元数据信息
INNODB_TABLESPACES_BRIEF	该视图将 INNODB_TABLESAPCES 中的 SPACE、NAME、FLAG 和 SPACE_TYPE 与 INNODB_DATAFILES 中的 PATH 列组合在一起，以提供 InnoDB 表空间的摘要信息
INNODB_TABLESTATS	InnoDB 表的统计信息。其中一些统计信息与索引统计信息同时更新，其他则保持不变
INNODB_TEMP_TABLE_INFO	InnoDB 临时表(内部和显式)的元数据信息
INNODB_VIRTUAL	有关 InnoDB 表上虚拟列的内部元数据信息
KEY_COLUMN_USAGE	有关主键、唯一键以及外键的信息
PARAMETERS	有关存储函数和过程的参数信息
PARTITIONS	表分区的相关信息
REFERENTIAL_CONSTRAINTS	外键的相关信息
ROUTINES	存储函数和过程的定义信息
SCHEMATA	有关方案(库)的信息
ST_GEOMETRY_COLUMNS	有关空间数据类型的列的信息

(续表)

视图名称	描述
STATISTICS	索引的定义和统计信息。涉及查询性能优化时，这是最有用的视图之一
TABLE_CONSTRAINTS	主键、唯一键和外键，以及 CHECK 约束的摘要信息
TABLES	有关表和视图及其属性的信息
TABLESPACES	该视图仅适用于 NDB 集群表空间
TRIGGERS	触发器定义信息
VIEW_ROUTINE_USAGE	列出视图中使用的存储函数。该视图在 8.0.13 版本中引入
VIEW_TABLE_USAGE	列出视图引用的表。该视图在 8.0.13 版本中引入
VIEWS	视图的定义信息

这里，有些视图密切相关，如表中有列，库中有表，而约束又与表及列具有关系。这意味着有些列会在多个视图中出现。其中最常用的列如下。

- **TABLE_NAME**：在非特定于 InnoDB 的视图中使用的表名。
- **TABLE_SCHEMA**：在非特定于 InnoDB 的视图中使用的方案名称。
- **COLUMN_NAME**：在非特定于 InnoDB 的视图中使用的列名。
- **SPACE**：在特定于 InnoDB 的视图中使用的表空间 ID。
- **TABLE_ID**：在特定于 InnoDB 的视图中用于唯一标识表，也在 InnoDB 内部使用。
- **NAME**：特定于 InnoDB 的视图使用名为 NAME 的列来提供对象名称，与对象类型无关。

除了使用这里列出的一些名称外，还有一些示例，其中对这些列名进行了一些修改。例如在视图 KEY_COLUMN_USAGE 中，可在其中找到 REFERENCED_TABLE_SCHEMA、REFERENCED_TABLE_NAME 列，以及在外键描述中使用的 REFERENCED_COLUMN_NAME。例如，如果要使用 KEY_COLUMN_USAGE 视图查找引用了 sakila.film 表外键的表，则可以使用如下查询：

```
mysql> SELECT TABLE_SCHEMA, TABLE_NAME
     FROM information_schema.KEY_COLUMN_USAGE
     WHERE REFERENCED_TABLE_SCHEMA = 'sakila'
        AND REFERENCED_TABLE_NAME = 'film';
+--------------+---------------+
| TABLE_SCHEMA | TABLE_NAME    |
+--------------+---------------+
| sakila       | film_actor    |
| sakila       | film_category |
| sakila       | inventory     |
+--------------+---------------+
3 rows in set (0.0078 sec)
```

这表明 film_actor、film_category 以及库存表都具有外键，其中 film 是父表。例如，film_actor 表的定义如下：

```
mysql> SHOW CREATE TABLE sakila.film_actor\G
*************************** 1. row ***************************
       Table: film_actor
Create Table: CREATE TABLE `film_actor` (
  `actor_id` smallint(5) unsigned NOT NULL,
  `film_id` smallint(5) unsigned NOT NULL,
  `last_update` timestamp NOT NULL DEFAULT CURRENT_TIMESTAMP ON UPDATE
  CURRENT_TIMESTAMP,
```

```
  PRIMARY KEY (`actor_id`,`film_id`),
  KEY `idx_fk_film_id` (`film_id`),
  CONSTRAINT `fk_film_actor_actor` FOREIGN KEY (`actor_id`) REFERENCES
  `actor` (`actor_id`) ON DELETE RESTRICT ON UPDATE CASCADE,
  CONSTRAINT `fk_film_actor_film` FOREIGN KEY (`film_id`) REFERENCES `film`
   (`film_id`) ON DELETE RESTRICT ON UPDATE CASCADE
) ENGINE=InnoDB DEFAULT CHARSET=utf8
1 row in set (0.0097 sec)
```

fk_film_actor_film 约束引用了 film 表中的 film_id 列。可针对 KEY_COLUMN_USAGE 视图对查询中返回的每个表执行手动查询，或通过创建递归公共表表达式(Common Table Expression，CTE)，将其用作查找完整外键链的起点。这还请各位读者自行练习。

提示 *有关在递归公共表表达式中使用 KEY_COLUMN_USAGE 视图查找外键依赖关系链的示例，可以参考 https://mysql.wisborg.dk/tracking-foreign-keys。*

为完整起见，可在图 7-1 中找到通过外键依赖 film 表的直观表示。

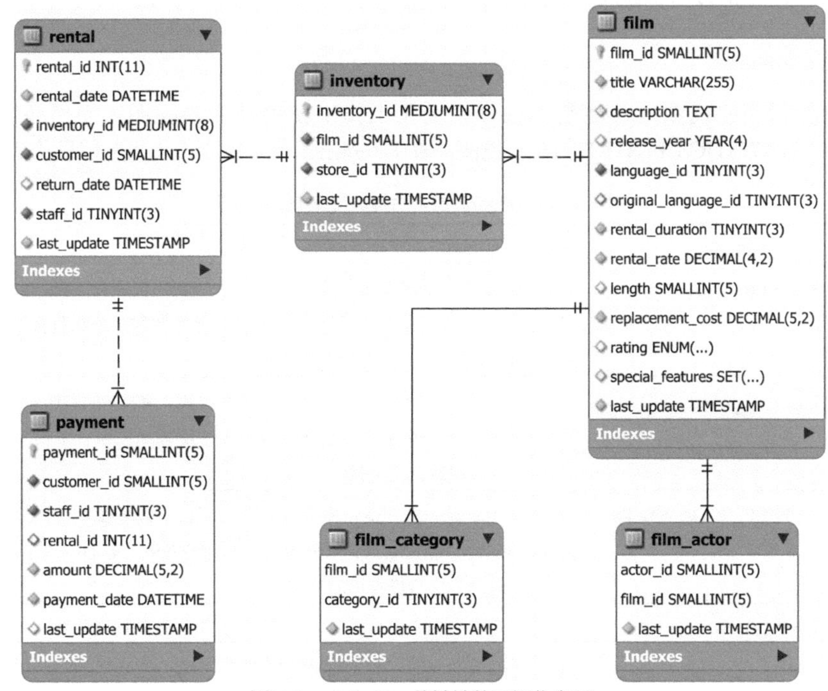

图 7-1 sakila.film 外键链的可视化表示

图 7-1 是使用 MySQL Workbench 的逆向工程功能创建的。

具有 InnoDB 特定信息的视图使用 SPACE 和 TABLE_ID 来标识表空间和表。每个表空间都有一个唯一的 id，其 id 保留用于不同的表空间类型。例如，数据字典表空间文件(<data 目录>/mysql.ibd)的 SPACE id 为 4294967294，临时表空间 id 为 4294967293，undo 日志表空间则以 4294967279 开头并递减，而用户表空间则从 1 开始。

包含 InnoDB 全文索引信息的视图则非常特殊，因为它们要求你使用要获取其信息的表名来设置 innodb_ft_aux_table 这一全局变量。例如，可通过以下方式获取 sakila.film_text 表的全文索引配置：

```
mysql> SET GLOBAL innodb_ft_aux_table = 'sakila.film_text';
Query OK, 0 rows affected (0.0685 sec)

mysql> SELECT *
         FROM information_schema.INNODB_FT_CONFIG;
+---------------------------+-------+
| KEY                       | VALUE |
+---------------------------+-------+
| optimize_checkpoint_limit | 180   |
| synced_doc_id             | 1002  |
| stopword_table_name       |       |
| use_stopword              | 1     |
+---------------------------+-------+
4 rows in set (0.0009 sec)
```

这里，INNODB_FT_CONFIG 视图的值可能与你的查询结果有所不同。

InnoDB 还包括与性能有关的信息的视图。这些将与其他一些和性能相关的表一并讨论。

7.3.3 性能信息

与性能相关的视图，可能是你在性能优化工作中使用最多的视图，当然还有前面的 COLUMN_STATISTICS 和 STATISTICS 视图。表 7-3 列出了包含性能优化相关信息的视图。

表 7-3 information 库中与性能优化相关的视图

视图名称	描述
INNODB_BUFFER_PAGE	InnoDB 缓冲池中的页面列表，可用于确定当前缓存了哪些表和索引。警告：查询该表的开销很大，尤其是对于大型缓冲池和包含了很多表及索引时。最好在测试系统使用
INNODB_BUFFER_PAGE_LRU	关于 InnoDB 缓存池中的页面，以及在 LRU 列表中的顺序信息。警告：查询该表的开销很大，尤其是对于大型缓冲池和包含了很多表及索引时。最好在测试系统使用
INNODB_BUFFER_POOL_STATS	有关 InnoDB 缓冲池使用情况的统计信息。该信息类似于在 BUFFER POOL AND MEMORY 部分的 SHOW ENGINE INNODB STATUS 中显示的内容。这是最有用的视图之一
INNODB_CACHED_INDEXES	每个索引的 InnoDB 缓冲池中缓存的索引页数的摘要信息
INNODB_CMP INNODB_CMP_RESET	与压缩的 InnoDB 表相关的操作的统计信息
INNODB_CMP_PER_INDEX INNDOB_CMP_PER_INDEX_RESET	与 INNODB_CMP 相同，但按索引分组
INNODB_CMPMEM INNODB_CMPMEM_RESET	有关 InnoDB 缓冲池中压缩页面的统计信息
INNODB_METRICS	与全局状态变量相似，但特定于 InnoDB

(续表)

视图名称	描述
INNODB_SESSION_TEMP_TABLESPACES	元数据，包含 InnoDB 临时表空间文件的链接 id、文件路径以及大小(每个会话在 MySQL 8.0.13 及更高版本中都有自己的文件)。它可用于将会话链接到表空间文件，如果你注意到一个文件在变大，这些信息将非常有用。该视图在 8.0.13 中引入
INNODB_TRX	与 InnoDB 事务相关的信息
OPTIMIZER_TRACE	启用优化器跟踪后，可在该视图中查看跟踪信息
PROCESSLIST	与 SHOW PROCESSLIST 相同
PROFILING	启用 profiling 后，就可从该视图中查看 profiling 统计信息。不建议使用此方式，应该使用 performance 库

对于包含 InnoDB 压缩表信息的视图，自上次查询以来，带有_RESET 后缀的表将以增量形式返回操作和计时的统计信息。

INNODB_METRICS 视图包含类似于全局状态变量，但又特定于 InnoDB 的度量信息。这些度量标准被划分为多个子系统(SUBSYSTEM 列)，并且对于每个度量标准，在 COMMENT 列中都有相关的描述。可以使用全局系统变量来启用、禁用以及重置这些度量。

- **innodb_monitor_disable**：禁用一个或多个度量。
- **innodb_monitor_enable**：启用一个或多个度量。
- **innodb_monitor_reset**：重置一个或多个度量的计数器。
- **innodb_monitor_reset_all**：重置所有统计信息，包括一个或多个指标的计数器、最小值以及最大值。

可根据需要使用 STATUS 列中的当前状态来打开或关闭度量。可将度量标准的名称指定为 innodb_monitor_enable 或 innodb_monitor_disable 变量的值。并可使用%作为通配符。这样就可设置一个影响所有度量的特殊值。代码清单 7-1 显示了这样一个示例，它启用了所有与%cup%匹配的指标(恰好也是 CPU 子系统中的度量指标)。计数器的值则取决于查询时的工作量。

代码清单 7-1　使用 INNODB_METRICS 视图

```
mysql> SET GLOBAL innodb_monitor_enable = '%cpu%';
Query OK, 0 rows affected (0.0005 sec)

mysql> SELECT NAME, COUNT, MIN_COUNT,
              MAX_COUNT, AVG_COUNT,
              STATUS, COMMENT
         FROM information_schema.INNODB_METRICS
        WHERE NAME LIKE '%cpu%'\G
*************************** 1. row ***************************
     NAME: module_cpu
    COUNT: 0
MIN_COUNT: NULL
MAX_COUNT: NULL
AVG_COUNT: 0
   STATUS: enabled
  COMMENT: CPU counters reflecting current usage of CPU
*************************** 2. row ***************************
     NAME: cpu_utime_abs
    COUNT: 51
```

```
MIN_COUNT: 0
MAX_COUNT: 51
AVG_COUNT: 0.4358974358974359
   STATUS: enabled
  COMMENT: Total CPU user time spent
*************************** 3. row ***************************
     NAME: cpu_stime_abs
    COUNT: 7
MIN_COUNT: 0
MAX_COUNT: 7
AVG_COUNT: 0.05982905982905983
   STATUS: enabled
  COMMENT: Total CPU system time spent
*************************** 4. row ***************************
     NAME: cpu_utime_pct
    COUNT: 6
MIN_COUNT: 0
MAX_COUNT: 6
AVG_COUNT: 0.05128205128205128
   STATUS: enabled
  COMMENT: Relative CPU user time spent
*************************** 5. row ***************************
     NAME: cpu_stime_pct
    COUNT: 0
MIN_COUNT: 0
MAX_COUNT: 0
AVG_COUNT: 0
   STATUS: enabled
  COMMENT: Relative CPU system time spent
*************************** 6. row ***************************
     NAME: cpu_n
    COUNT: 8
MIN_COUNT: 8
MAX_COUNT: 8
AVG_COUNT: 0.06837606837606838
   STATUS: enabled
  COMMENT: Number of cpus
6 rows in set (0.0011 sec)

mysql> SET GLOBAL innodb_monitor_disable = '%cpu%';
Query OK, 0 rows affected (0.0004 sec)
```

首先，使用 innodb_monitor_enable 变量来启用度量；然后查询值。除了显示的值外，还有一组后缀为_reset 的列。当你设置了 innodb_monitor_reset(只有计数器)或 innodb_monitor_reset_all 系统变量时，这些列将被重置。最后，度量被再次禁用。

警告 这些度量的开销各不相同，因此建议你在生产环境中启用这些度量之前，先对工作负载进行一些测试。

InnoDB 度量标准、全局状态变量和其他一些度量标准，以及何时获取这些度量等信息，一并包含在 sys.metrics 视图中。

其余 information 库视图则包含与权限有关的信息。

7.3.4　权限信息

MySQL 使用分配给账户的权限来确定哪些账户可以访问哪些方案、表或者列。要确定给账户分配了哪些权限，常见方法是使用 SHOW GRANTS 语句，不过 information 库中也提供了可以查询权限相关信息的视图。

表 7-4 总结了 information 库中与权限相关的视图，涉及从全局级别到列级别的各种权限信息，并进行了排序。

表 7-4　information 库中包含权限信息的视图

表名	描述
USER_PRIVILEGES	全局权限信息
SCHEMA_PRIVILEGES	访问方案的相关权限信息
TABLE_PRIVILEGES	访问表的相关权限信息
COLUMN_PRIVILEGES	访问列的相关权限信息

在所有视图中，账户都被称为 GRANTEE，其格式为'用户名'@'主机名'，并且引号始终要带上。代码清单 7-2 演示了这样的一个示例，它检查了 mysql.sys@localhost 账户的权限，并将其与 SHOW GRANTS 语句的输出进行比较。

代码清单 7-2　使用 information 库中的权限视图

```
mysql> SHOW GRANTS FOR 'mysql.sys'@'localhost'\G
*************************** 1. row ***************************
Grants for mysql.sys@localhost: GRANT USAGE ON *.* TO `mysql.
sys`@`localhost`
*************************** 2. row ***************************
Grants for mysql.sys@localhost: GRANT TRIGGER ON `sys`.* TO `mysql.
sys`@`localhost`
*************************** 3. row ***************************
Grants for mysql.sys@localhost: GRANT SELECT ON `sys`.`sys_config` TO
`mysql.sys`@`localhost`
3 rows in set (0.2837 sec)

mysql> SELECT *
        FROM information_schema.USER_PRIVILEGES
       WHERE GRANTEE = '''mysql.sys''@''localhost'''\G
*************************** 1. row ***************************
       GRANTEE: 'mysql.sys'@'localhost'
 TABLE_CATALOG: def
PRIVILEGE_TYPE: USAGE
  IS_GRANTABLE: NO
1 row in set (0.0006 sec)

mysql> SELECT *
        FROM information_schema.SCHEMA_PRIVILEGES
       WHERE GRANTEE = '''mysql.sys''@''localhost'''\G
*************************** 1. row ***************************
       GRANTEE: 'mysql.sys'@'localhost'
 TABLE_CATALOG: def
  TABLE_SCHEMA: sys
PRIVILEGE_TYPE: TRIGGER
  IS_GRANTABLE: NO
```

```
1 row in set (0.0005 sec)

mysql> SELECT *
         FROM information_schema.TABLE_PRIVILEGES
        WHERE GRANTEE = '''mysql.sys''@''localhost'''\G
*************************** 1. row ***************************
       GRANTEE: 'mysql.sys'@'localhost'
 TABLE_CATALOG: def
  TABLE_SCHEMA: sys
    TABLE_NAME: sys_config
PRIVILEGE_TYPE: SELECT
  IS_GRANTABLE: NO
1 row in set (0.0005 sec)

mysql> SELECT *
         FROM information_schema.COLUMN_PRIVILEGES
        WHERE GRANTEE = '''mysql.sys''@''localhost'''\G
Empty set (0.0005 sec)
```

注意，这里通过将引号加倍，来对用户名和主机名周围的单引号进行转义处理。

虽然包含权限信息的视图不能直接用于性能优化，但它们对于维护系统的稳定性非常有用，因为可使用这些视图轻松地识别哪些账户具有一些不需要的权限。

提示 最佳实践是限制账户拥有的权限，而不是为其分配更多权限。这是确保系统安全的步骤之一。

关于 information 库，要考虑的最后一个主题，就是如何缓存与索引统计信息有关的数据。

7.4 索引统计数据缓存

我们需要了解的一件事情是：与索引统计相关的视图(以及等效的 SHOW 语句)的信息从何而来？大多数数据都来源于 MySQL 数据字典。在 MySQL 8 中，数据字典存储在 InnoDB 表中，因此视图只是数据字典上的普通 SQL 视图(例如，可尝试执行 SHOW CREATE VIEW information_schema.STATISTICS 语句，来获取 STATISTICS 视图的定义)。

但索引统计信息本身仍然源自存储引擎层。查询这些统计信息成本会比较高，因此为了提高性能，MySQL 将统计信息缓存在数据字典中。可在 MySQL 刷新之前，控制缓存可以保留多老的统计信息。这是通过 information_schema_stats_expiry 变量实现的，该变量默认值为 86 400 秒(一天)。如果将其设置为 0，则始终会从存储引擎获取最新信息。这就是 MySQL 5.7 的行为了。该变量可在全局范围和会话级进行设置，因此，如果你要解决的问题是查看当前的统计信息，并且这一点很重要(如优化器没有按照你的期望来使用索引等)，就可将该变量在会话级别设置为 0。

提示 可使用 information_schema_stats_expiry 变量来控制索引统计信息在数据字典中缓存的时长。这其实只用于显示目的——因为优化器始终只使用最新统计信息。例如，在检查优化器为何使用了错误的索引时，将 information_schema_stats_expiry 设置为 0 来禁用缓存。可根据需要在全局或会话级别修改此设置。

缓存会影响到的列在表 7-5 中列出。同时，显示相同内容的 SHOW 语句自然会受到影响。

表 7-5　受 information_schema_stats_expiry 影响的列

视图名称	列名	描述
STATISTICS	CARDINALITY	索引到同一行列中的那部分唯一值的估计数量
TABLES	AUTO_INCREMENT	表的自动递增器的下一个值
	AVG_ROW_LENGTH	估计的数据长度除以估计的行数
	CHECKSUM	表的校验和。InnoDB 不使用此指标，因此为 NULL
	CHECK_TIME	上次检查表的时间(CHECK TABLE)。对于分区表而言，InnoDB 始终返回 NULL
	CREATE_TIME	表的创建时间
	DATA_FREE	该表所属表空间中的可用空间量的估计值。对于 InnoDB，就是全部的空闲 extent 大小之和，再减去安全余量的大小
	DATA_LENGTH	行数据的估计大小。对于 InnoDB 而言，就是簇聚索引的大小，即簇聚索引中的页面总数乘以页面大小
	INDEX_LENGTH	二级索引的估计大小。对于 InnoDB 而言，就是非簇聚索引中的页面总数乘以页面大小
	MAX_DATA_LENGTH	数据长度的最大允许大小。InnoDB 不使用此指标，因此为 NULL
	TABLE_ROWS	估计的行数。对于 InnoDB 表，来自于主键或簇聚索引的基数
	UPDATE_TIME	表空间文件的最新更新时间。对于 InnoDB 系统表空间中的表，该值为 NULL。由于数据是异步写入表空间的，因此该时间通常无法反映出最后一条语句更改数据的时间

可通过对表执行 ANALYZE TABLE 来强制更新表的统计信息。

此外，有时查询数据并不会更新缓存的数据：

- 当缓存的数据尚未过期时，即刷新时间间隔少于 information_schema_stats_expiry。
- 当 information_schema_stats_expiry 设置为 0 时。
- 当 MySQL 或 InnoDB 以只读模式运行时，即启用了 read_only、super_read_only、transaction_read_only 或 innodb_read_only 模式之一时。
- 查询中还包含来自 performance 库的数据时。

7.5　本章小结

本章首先探讨什么是 information 库，以及用户权限的工作方式。其余内容则介绍标准视图以及缓存的工作方式。information 库的视图可按它们包含的信息类型进行分类：系统、方案、性能以及权限信息。

系统信息包含字符集和排序规则、资源组、关键字，还包括与空间数据有关的信息。这是可用来替代参考手册的有用方法。

方案信息是数量最大的视图分类，包含了从方案数据到列、索引以及约束的所有可用的信息。这些视图，以及包含度量指标和 InnoDB 缓冲池统计信息的视图，都是性能优化中经常用到的内容。与权限相关的视图则并不经常用于性能优化，但它们对于维护稳定的系统非常有用。

从 information 库视图中获取信息的常用快捷方式是使用 SHOW 语句，我们将在下一章中对此进行介绍。

第8章

SHOW 语句

在 MySQL 中，SHOW 语句是数据库管理人员获得有关库对象以及系统中正在发生的情况的一种很好的但比较古老的工具。今天，尽管大部分信息都可在 information 库或 performance 库中找到，但由于语法简单，SHOW 命令在交互式情境中依然非常流行。

提示 推荐你查询底层的 information 库和 performance 库中的视图。这种方式尤其适用于非交互式数据访问。此外，查询这些底层信息来源也有其强大之处，因为能连接到其他表和视图上。

本章首先将概述 SHOW 语句是如何与 information 库和 performance 库中的表进行匹配的。然后介绍在 information 库和 performance 库中没有对应视图或表的 SHOW 语句，这包括获取存储引擎的状态信息，SHOW ENGINE INNODB STATUS 语句提供的关于 InnoDB 监视器输出的更详细视图信息，以及获取复制以及二进制日志的相关信息。

8.1　与 information 库的关系

对于返回库对象或权限信息的 SHOW 语句，可在 information 库中找到相同的信息。表 8-1 列出部分 SHOW 语句，这些语句从 information 库中的视图获取信息，我们也列出可在哪些视图中找到这些信息。

表 8-1　SHOW 语句与 information 库之间的关系

SHOW 语句	information 库中的视图	备注
CHARACTER SET	CHARACTER_SETS	
COLLATION	COLLATIONS	
COLUMNS	COLUMNS	
CREATE DATABASE	SCHEMATA	
CREATE EVENT	EVENTS	
CREATE FUNCTION	ROUTINES	ROUTINE_TYPE='FUNCTION'
CREATE PROCEDURE	ROUTINES	ROUTINE_TYPE='PROCEDURE'
CREATE TABLE	TABLES	
CRATE TRIGGER	TRIGGERS	
CREATE VIEW	VIEWS	
DATABASES	SCHEMATA	
ENGINES	ENGINES	
EVENTS	EVENTS	
FUNCTION STATUS	ROUTINES	ROUTINE_TYPE='FUNCTION'
GRANTS	COLUMN_PRIVILEGES SCHEMA_PRIVILEGES TABLE_PRIVILEGES USER_PRIVILEGES	
INDEX	STATISTICS	SHOW INDEXES 是 SHOW INDEX 的同义词
PLUGINS	PLUGINS	
PROCEDURE STATUS	ROUTINES	ROUTINE_TYPE='PROCEDURE'
PROCESSLIST	PROCESSLIST	建议改用 performance_schema.threads
PROFILE	PROFILING	已抛弃——建议改用 performance 库
PROFILES	PROFILING	已抛弃——建议改用 performance 库
TABLE STATUS	TABLES	
TABLES	TABLES	
TRIGGERS	TRIGGERS	

当然，在 SHOW 语句和对应的 information 库视图之间，信息并不总是完全相同的。某些情况下，可使用视图来获得更多信息。并且通常情况下，视图都更灵活一些。

还有一些 SHOW 语句，可用于在 performance 库中找到其基础数据。

8.2 与 performance 库的关系

引入 performance 库后，原来放置在 information 库中的一些信息，被移到逻辑上所属的 performance 库中。这自然也反映在与 SHOW 语句的关系上。如表 8-2 所示，现在就有一些表，是从 performance 库中获取数据的。

表 8-2 SHOW 语句与 performance 库的对应关系

SHOW 语句	performance 库中的表
MASTER STATUS	log_status
SLAVE STATUS	log_status replication_applier_configuration replication_applier_filters replication_applier_global_filters replication_applier_status replication_applier_status_by_coordinator replication_applier_status_by_worker replication_connection_configuration replication_connection_status
STATUS	global_status session_status events_statements_summary_global_by_event_name events_statements_summary_by_thread_by_event_name
VARIABLES	global_variables session_variables

SHOW MASTER STATUS 显示将有关事件写入二进制日志时启用了哪些过滤。该信息在 information 库中不可用。因此，如果你使用了 binlog-do-db 或 binlog-ignore-db 选项(不建议使用这些选项，因为它们会阻止进行基于时间点的恢复)，那么你仍然需要使用 SHOW MASTER STATUS 语句。

SHOW SLAVE STATUS 语句的输出中有几列在 performance 库的视图中找不到。其他一些则可在 mysql 库的 slave_master_info 和 slave_relay_log_info 表中找到(前提是已将 master_info_repository 和 relay_log_info_repository 设置为 TABLE，当然这也是默认设置)。

对于 SHOW STATUS 和 SHOW VARIABLES 语句，其中一个区别是，如果没有在会话级别进行设置，则返回会话作用域值的 SHOW 语句也将包含全局值。当你查询 session_status 和 session_variables 时，将只返回属于请求范围的值。此外，SHOW STATUS 语句包含 Com_%计数器，如果你直接查询 performance 库，则这些计数器就对应于 events_statements_summary_global_by_event_name 和 events_statements_summary_by_thread_by_event_name 表中的事件(当然，这取决于查询范围是全局还是会话)。

还有一些 SHOW 语句没有任何对应的表。这里首先探讨引擎状态。

8.3　引擎状态

SHOW ENGINE 语句可用于获取特定于存储引擎的信息。它当前主要用于 InnoDB、performance 库以及 NDB 集群引擎。对于所有这三种引擎，你都可请求其状态信息；而对于 InnoDB 引擎，还可以获取其互斥量信息。

对于获取有关 performance 库的某些状态信息(包括表的大小及内存使用情况等)，SHOW ENGINE PERFORMANCE SCHEMA STATUS 语句就很有用(也可从内存 instrument 获取内存使用情况信息)。

到目前为止，最常用的引擎状态语句就是 SHOW ENGINE INNODB STATUS，它提供了一个称为 InnoDB 监视器报告的复杂报表，其中包含一些无法从其他来源获取的信息。本节其余部分将介绍这一报告。

提示　还可启用 innodb_status_output 系统变量，使 InnoDB 可以定期将监控报告输出到错误日志中。在设置 innodb_status_output_locks 选项时，InnoDB 监视器(无论是由于innodb_status_ output=ON 生成，还是使用 SHOW ENGINE INNODB STATUS 生成)也会包含额外的锁信息。

InnoDB 监视器报告以标题和注释开头，也说明了该报告所覆盖的时间范围：

```
mysql> SHOW ENGINE INNODB STATUS\G
************************* 1. row ***************************
  Type: InnoDB
  Name:
Status:
=====================================
2019-09-14 19:52:40 0x6480 INNODB MONITOR OUTPUT
=====================================
Per second averages calculated from the last 59 seconds
```

该报告本身分为如下多个部分。

- **BACKGROUND THREAD(后台线程)**：由主后台进程完成的工作。
- **SEMAPHORES(信号量)**：与信号量相关的统计信息。在出现争用从而导致长时间的信号量等待情况时，这一部分最重要。这时，该部分可用来获取有关锁及其持有者的相关信息。
- **LATEST FOREIGN KEY ERROR(最新的外键错误)**：如果遇到外键错误，这一部分将包含错误的详细信息。否则，这一部分将被省略。
- **LATEST DETECTED DEADLOK(最新监测到的死锁)**：如果发生了死锁，则这一部分将包含发生死锁现象的两个事务的信息，以及导致死锁的锁信息。否则，这一部分将被省略。
- **TRANSACTIONS(事务)**：关于 InnoDB 事务的信息。只包含已修改 InnoDB 表的事务信息。如果启用了 innodb_status_output_locks 选项，则该部分也将列出每个事务所持有的锁；否则，将只列出锁等待中的锁。通常情况下，最好使用 information 库。INNODB_TRX 视图可查询事务的信息，也可使用 performance_schema.DATA_LOCKS 和 performance_schema.DATA_LOCK_WAITS 表来获取锁的信息。
- **FILE I/O(文件 I/O)**：有关 InnoDB 使用的 I/O 线程信息，包含插入缓冲池线程、日志线程、读线程以及写线程。
- **INSERT BUFFER AND ADAPTIVE HASH INDEX(插入缓冲池和自适应哈希索引)**：有关更改缓冲池(之前称为插入缓冲池)和自适应哈希索引的信息。

- **LOG(日志)**：有关重做日志的信息。
- **BUFFER POOL AND MEMORY(缓冲池与内存)**：有关 InnoDB 缓冲池的信息。可以从 information_schema.INNODB_BUFFER_POOL_STATUS 视图更好地获取此信息。
- **INDIVIDUAL BUFFER POOL INFO(单个缓冲池信息)**：如果 innodb_buffer_pool_instances 的值大于 1，则该部分将包含有关各个缓冲池实例的相关信息，其信息与上一节中的全局摘要信息相同。否则，将省略该部分。也可以从 information_schema.INNODB_BUFFER_POOL_STATS 视图更好地获取此信息。
- **ROW OPERATIONS(行操作)**：该部分显示了有关 InnoDB 的各种信息，包括当前活动、主线程在做什么，以及涉及插入、更新、删除和读取操作的行活动信息。

当需要信息来分析性能或锁相关的问题时，可使用这里提到的几个部分。

8.4 复制与二进制日志

使用复制时，SHOW 语句就很重要了。虽然现在 performance 库中的复制表已经在很大程度上替代了 SHOW SLAVE STATUS 和 SHOW MASTER STATUS 语句，但如果你想查看已经连接了哪些副本，或从 MySQL 内部来检查二进制日志和中继日志(relay log)中的事件，则仍然需要使用 SHOW 语句。

8.4.1 列出二进制日志

SHOW BINARY LOGS 语句可用来检查存在哪些二进制日志。如果你想了解二进制日志占用多少空间、是否已经加密，了解对于基于位置的复制，副本所需的日志是否存在等，SHOW 语句就很有用。

该语句的输出类似如下内容：

```
mysql> SHOW BINARY LOGS;
+---------------+-----------+-----------+
| Log_name      | File_size | Encrypted |
+---------------+-----------+-----------+
| binlog.000044 | 2616      | No        |
| binlog.000045 | 886       | No        |
| binlog.000046 | 218       | No        |
| binlog.000047 | 218       | No        |
| binlog.000048 | 218       | No        |
| binlog.000049 | 575       | No        |
+---------------+-----------+-----------+
6 rows in set (0.0018 sec)
```

MySQL 8.0.14 中引入了 Encrypted 列，因此也支持对二进制日志进行加密。通常，文件大小将比示例中的大，因为在写入事务后，当大小超过 max_binlog_size(默认值为 1GB)时，二进制日志文件会自动进行处理。由于事务不能在文件之间进行拆分，因此，如果你有大事务的话，则文件可能比 max_binlog_size 大一些。

8.4.2 查看日志事件

SHOW BINLOG EVENTS 和 SHOW RELAYLOG EVENTS 语句分别读取二进制日志和中继日志，并返回与参数相匹配的事件。这里涉及 4 个参数，其中只有 1 个适用于中继日志事件。

- **IN**：要从中读取事件的二进制日志或中继日志文件的名称。
- **FROM**：开始读取的字节位置。
- **LIMIT**：包含的事件数量，并带有可选的偏移量。其语法与 SELECT 语句相同：[偏移量], 行数。
- **FOR CHANNEL**：适用于中继日志，是读取事件的复制通道。

这里的所有参数都是可选的。如果未提供 IN 参数，则返回第一个日志中的事件。代码清单 8-1 列举使用 SHOW BINLOG EVENTS 的一个示例。如果想使用该示例，需要替换二进制日志的文件名、位置以及 limit。

代码清单 8-1　使用 SHOW BINLOG EVENTS

```
mysql> SHOW BINLOG EVENTS IN 'binlog.000049' FROM 195 LIMIT 5\G
*************************** 1. row ***************************
   Log_name: binlog.000049
        Pos: 195
 Event_type: Gtid
  Server_id: 1
End_log_pos: 274
       Info: SET @@SESSION.GTID_NEXT= '4d22b3e5-a54f-11e9-8bdb-ace2d35785be:603'
*************************** 2. row ***************************
   Log_name: binlog.000049
        Pos: 274
 Event_type: Query
  Server_id: 1
End_log_pos: 372
       Info: BEGIN
*************************** 3. row ***************************
   Log_name: binlog.000049
        Pos: 372
 Event_type: Table_map
  Server_id: 1
End_log_pos: 436
       Info: table_id: 89 (world.city)
*************************** 4. row ***************************
   Log_name: binlog.000049
        Pos: 436
 Event_type: Update_rows
  Server_id: 1
End_log_pos: 544
       Info: table_id: 89 flags: STMT_END_F
*************************** 5. row ***************************
   Log_name: binlog.000049
        Pos: 544
 Event_type: Xid
  Server_id: 1
End_log_pos: 575
       Info: COMMIT /* xid=44 */
5 rows in set (0.0632 sec)
```

这一示例说明了使用 SHOW 语句检查二进制日志和中继日志的一些限制，其结果来自于查询，并且由于日志文件的大小通常为 1GB 左右，这意味着返回的结果也可以同样大。可以只选择那些特定的事件，如示例所示。但是，有时很难知道感兴趣的事件是从哪里开始的，并且你也没有办法按照事件类型或它们所影响的表进行筛选。最后，默认事件格式

(binlog_format 选项)为行格式，并且从查询结果的第三行和第四行可以看到，SHOW BINLOG EVENTS 显示出事务更新的是 world.city 表，但你看不到更新了哪些行，以及对应的值是什么。

实际上，如果可以直接访问文件系统的话，则大多数情况下，我们推荐你使用 MySQL 附带的 mysqlbinlog 程序；当然，SHOW BINLOG EVENTS 和 SHOW RELAYLOG EVENTS 语句在受控测试中(或者是复制停止时)依然有用，尤其是你想很快检查出导致错误的事件时。mysqlbinlog 程序与先前的 SHOW BINLOG EVENTS 语句等效，如代码清单 8-2 所示。该示例还使用 verbose 标志来显示更新 world.city 表的基于行的事件的前后映像。

代码清单 8-2 使用 mysqlbinlog 程序检查二进制日志

```
shell> mysqlbinlog -v --base64-output=decode-rows --start-position=195
--stop-position=575 binlog.000049
/*!50530 SET @@SESSION.PSEUDO_SLAVE_MODE=1*/;
/*!50003 SET @OLD_COMPLETION_TYPE=@@COMPLETION_TYPE,COMPLETION_TYPE=0*/;
DELIMITER /*!*/;
# at 124
#190914 20:38:43 server id 1 end_log_pos 124 CRC32 0x751322a6 Start:
binlog v 4, server v 8.0.18 created 190914 20:38:43 at startup
# Warning: this binlog is either in use or was not closed properly.
ROLLBACK/*!*/;
# at 195
#190915 10:18:45 server id 1 end_log_pos 274 CRC32
0xe1b8b9a1  GTID   last_committed=0      sequence_number=1
rbr_only=yes original_committed_timestamp=1568506725779031
immediate_commit_timestamp=1568506725779031     transaction_length=380
/*!50718 SET TRANSACTION ISOLATION LEVEL READ COMMITTED*//*!*/;
# original_commit_timestamp=1568506725779031 (2019-09-15 10:18:45.779031
AUS Eastern Standard Time)
# immediate_commit_timestamp=1568506725779031 (2019-09-15 10:18:45.779031
AUS Eastern Standard Time)
/*!80001 SET @@session.original_commit_timestamp=1568506725779031*//*!*/;
/*!80014 SET @@session.original_server_version=80018*//*!*/;
/*!80014 SET @@session.immediate_server_version=80018*//*!*/;
SET @@SESSION.GTID_NEXT= '4d22b3e5-a54f-11e9-8bdb-ace2d35785be:603'/*!*/;
# at 274
#190915 10:18:45 server id 1 end_log_pos 372 CRC32 0x2d716bd5 Query
thread_id=8     exec_time=0     error_code=0
SET TIMESTAMP=1568506725/*!*/;
SET @@session.pseudo_thread_id=8/*!*/;
SET @@session.foreign_key_checks=1, @@session.sql_auto_is_null=0,
@@session.unique_checks=1, @@session.autocommit=1/*!*/;
SET @@session.sql_mode=1168113696/*!*/;
SET @@session.auto_increment_increment=1, @@session.auto_increment_
offset=1/*!*/;
/*!\C utf8mb4 *//*!*/;
SET @@session.character_set_client=45,@@session.collation_connection=45,
@@session.collation_server=255/*!*/;
SET @@session.lc_time_names=0/*!*/;
SET @@session.collation_database=DEFAULT/*!*/;
/*!80011 SET @@session.default_collation_for_utf8mb4=255*//*!*/;
BEGIN
/*!*/;
# at 372
#190915 10:18:45 server id 1 end_log_pos 436 CRC32 0xb62c64d7 Table_map:
```

```
`world`.`city` mapped to number 89
# at 436
#190915 10:18:45 server id 1 end_log_pos 544 CRC32 0x62687b0b
Update_rows: table id 89 flags: STMT_END_F
### UPDATE `world`.`city`
### WHERE
###   @1=130
###   @2='Sydney'
###   @3='AUS'
###   @4='New South Wales'
###   @5=3276207
### SET
###   @1=130
###   @2='Sydney'
###   @3='AUS'
###   @4='New South Wales'
###   @5=3276208
# at 544
#190915 10:18:45 server id 1 end_log_pos 575 CRC32 0x149e2b5c Xid = 44
COMMIT/*!*/;
SET @@SESSION.GTID_NEXT= 'AUTOMATIC' /* added by mysqlbinlog */ /*!*/;
DELIMITER ;
# End of log file
/*!50003 SET COMPLETION_TYPE=@OLD_COMPLETION_TYPE*/;
/*!50530 SET @@SESSION.PSEUDO_SLAVE_MODE=0*/;
```

-v 参数用于请求详细信息模型，最多可以使用两次，从而增加所获得的信息量。单个-v 是从位置 436 开始的事件中，使用伪查询生成注释的函数。--base64-output=decode-rows 参数则告诉 mysqlbinlog 不要以行格式来处理事件的 base64 编码版本。--start-position 和--stop-position 参数则以字节为单位指定开始和结束的偏移量。

该事务中最有趣的事件从注释#at 436 开始，这意味着该事件始于偏移量 436(以字节为单位)。表示成伪更新语句，其中 WHERE 部分显示更改前的值，SET 部分显示更新后的值。这也称为前后映像。

注意　如果使用了加密的二进制日志，就无法使用 mysqlbinlog 来直接读取。选择之一是让 mysqlbinlog 连接到服务器并读取它们，这样将返回未加密的日志。如果使用了 keyring_file 插件来存储加密密钥，则另一个选择是使用 Python 或标准的 Linux 工具来解密文件。这些方法在 https://mysql.wisborg.dk/decrypt-binary-logs 和 https://mysqlhighavailability.com/how-to-manually-decrypt-an-encrypted-binary-log-file/中进行描述。

8.4.3　显示连接的副本

另一个有用的命令是要求复制源列出与其连接的所有副本。这可用于在监视工具中自动发现复制的拓扑结构。

列出连接的副本的命令是 SHOW SLAVE HOSTS，例如：

```
mysql> SHOW SLAVE HOSTS\G
*************************** 1. row ***************************
 Server_id: 2
      Host: replica.example.com
      Port: 3308
 Master_id: 1
```

```
Slave_UUID: 0b072c80-d759-11e9-8423-ace2d35785be
1 row in set (0.0003 sec)
```

如果在执行该语句时没有连接任何副本，则结果将为空。Server_id 和 Master_id 分别是副本服务器和源服务器上的 Server_id 系统变量的值。主机是由 report_host 选项指定的副本的主机名。同样，Port 列就是副本的 report_port 值。最后，Slave_UUID 列是副本服务器上@@global.server_uuid 的值。

8.5 其他语句

此外，还有一些很有用的 SHOW 语句，但是它们不属于到目前为止讨论过的任何分组。它们可用来列出可用的权限、返回账户的 CREATE USER 语句、列出打开的表，以及在执行语句后列出警告或错误信息。表 8-3 对这些语句做了一个简要的汇总。

表 8-3 其他 SHOW 语句

SHOW 语句	描述
PRIVILEGES	列出可用的权限、适用的上下文以及某些权限的控制说明
CREATE USER	返回账户的 CREATE USER 语句
GRANTS	列出已分配给当前账户或其他账户的权限
OPEN TABLES	列出表缓存中的表、表锁或请求锁的数量(在 DROP TABLE 或 RENAME TABLE 期间发生)
WARNINGS	列出警告和错误，以及是否为最后执行的语句启用了 sql_notes(默认)注释
ERRORS	列出最后执行的语句的错误

在这些 SHOW 语句中，最常用的三个是 SHOW CREATE USER、SHOW GRANTS 以及 SHOW WARNINGS。

SHOW CREATE USER 语句可用于检查账户的 CREATE USER 语句。这对于检查账户的元数据而不直接查询基础的 mysql.user 表就很有用。所有用户都可为当前用户执行该语句，例如：

```
mysql> SET print_identified_with_as_hex = ON;
Query OK, 0 rows affected (0.0200 sec)
mysql> SHOW CREATE USER CURRENT_USER()\G
*************************** 1. row ***************************
CREATE USER for root@localhost: CREATE USER 'root'@'localhost' IDENTIFIED
WITH 'caching_sha2_password' AS 0x24412430303524377B743F5E176E1A77494F574
D216C41563934064E58364E385372734B77314E43587745314F506F59502E747079664957
776F4948346B526B59467A642F30 REQUIRE NONE PASSWORD EXPIRE DEFAULT ACCOUNT
UNLOCK PASSWORD HISTORY DEFAULT PASSWORD REUSE INTERVAL DEFAULT PASSWORD
REQUIRE CURRENT DEFAULT
1 row in set (0.0003 sec)
```

启用 print_identified_with_as_hex 变量(自 8.0.17 引入)就能以十六进制的表示形式来返回密码摘要信息。将值返回到控制台时，这是首选方法，因为原始摘要可能包含无法打印的字符。SHOW CREATE USER 输出结果与创建用户的方式相同，可用于创建具有相同设置(包括密码)的新用户。

注意 在 MySQL 8.0.17 或更高版本中，可在创建用户时以十六进制表示法来设置身份验证的摘要信息。

SHOW GRANTS 语句通过返回分配给当前账户的权限对 SHOW CREATE USER 的结果进行

补充。默认返回当前用户的权限信息，但如果你具有对 mysql 库的 SELECT 权限，就可查看分配给其他账户的权限。例如，列出 root@localhost 账户的权限：

```
mysql> SHOW GRANTS FOR root@localhost\G
*************************** 1. row ***************************
Grants for root@localhost: GRANT SELECT, INSERT, UPDATE, DELETE, CREATE,
DROP, RELOAD, SHUTDOWN, PROCESS, FILE, REFERENCES, INDEX, ALTER, SHOW
DATABASES, SUPER, CREATE TEMPORARY TABLES, LOCK TABLES, EXECUTE,
REPLICATION SLAVE, REPLICATION CLIENT, CREATE VIEW, SHOW VIEW, CREATE
ROUTINE, ALTER ROUTINE, CREATE USER, EVENT, TRIGGER, CREATE TABLESPACE,
CREATE ROLE, DROP ROLE ON *.* TO `root`@`localhost` WITH GRANT OPTION
*************************** 2. row ***************************
Grants for root@localhost: GRANT APPLICATION_PASSWORD_ADMIN,AUDIT_
ADMIN,BACKUP_ADMIN,BINLOG_ADMIN,BINLOG_ENCRYPTION_ADMIN,CLONE_
ADMIN,CONNECTION_ADMIN,ENCRYPTION_KEY_ADMIN,GROUP_REPLICATION_
ADMIN,INNODB_REDO_LOG_ARCHIVE,PERSIST_RO_VARIABLES_ADMIN,REPLICATION_
APPLIER,REPLICATION_SLAVE_ADMIN,RESOURCE_GROUP_ADMIN,RESOURCE_GROUP_
USER,ROLE_ADMIN,SERVICE_CONNECTION_ADMIN,SESSION_VARIABLES_ADMIN,SET_USER_
ID,SYSTEM_USER,SYSTEM_VARIABLES_ADMIN,TABLE_ENCRYPTION_ADMIN,XA_RECOVER_
ADMIN ON *.* TO `root`@`localhost` WITH GRANT OPTION
*************************** 3. row ***************************
Grants for root@localhost: GRANT PROXY ON “@” TO 'root'@'localhost' WITH
GRANT OPTION
3 rows in set (0.0129 sec)
```

SHOW WARNINGS 语句是 MySQL 中使用最多的语句之一。如果 MySQL 遇到问题但可以继续，就会生成警告信息，但会以其他方式完成该语句的执行。虽然语句被正确无误地执行完毕，但警告可能是一个更大问题的前兆。因此，最佳实践是始终检查警告信息，并以在应用程序中执行查询时永远不会出现警告作为目标。

注意　MySQL shell 不支持 SHOW WARNINGS 语句，因为如果启用了\W 模式(默认)，它将自动获取警告信息，否则将不会提供警告。但该语句在旧版的 MySQL 命令行客户端，以及某些连接器(例如 MySQL Connector/Python)中仍然有效。

代码清单 8-3 显示了一个示例，这里 SHOW WARNINGS 与旧版 mysqsl 命令行客户端一起使用，从而识别库的定义以及数据不匹配情况。

代码清单 8-3　使用 SHOW WARNINGS 确定问题

```
mysql> SELECT @@sql_mode\G
*************************** 1. row ***************************
@@sql_mode: ONLY_FULL_GROUP_BY,STRICT_TRANS_TABLES,NO_ZERO_IN_DATE,
NO_ZERO_DATE,ERROR_FOR_DIVISION_BY_ZERO,NO_ENGINE_SUBSTITUTION
1 row in set (0.0004 sec)
mysql> SET sql_mode = sys.list_drop(
                          @@sql_mode,
                          'STRICT_TRANS_TABLES'
                       );
Query OK, 0 rows affected, 1 warning (0.00 sec)
mysql> SHOW WARNINGS\G
*************************** 1. row ***************************
  Level: Warning
   Code: 3135
Message: 'NO_ZERO_DATE', 'NO_ZERO_IN_DATE' and 'ERROR_FOR_DIVISION_BY_ZERO'
```

```
sql modes should be used with strict mode. They will be merged with strict
mode in a future release.
1 row in set (0.00 sec)

mysql> UPDATE world.city
          SET Population = Population/0
        WHERE ID = 130;
Query OK, 0 rows affected, 2 warnings (0.00 sec)
Rows matched: 1 Changed: 0 Warnings: 2

mysql> SHOW WARNINGS\G
*************************** 1. row ***************************
  Level: Warning
   Code: 1365
Message: Division by 0
*************************** 2. row ***************************
  Level: Warning
   Code: 1048
Message: Column 'Population' cannot be null
2 rows in set (0.00 sec)

mysql> SELECT *
         FROM world.city
        WHERE ID = 130\G
*************************** 1. row ***************************
         ID: 130
       Name: Sydney
CountryCode: AUS
   District: New South Wales
 Population: 0
1 row in set (0.03 sec)
```

该示例首先将 SQL 模式设置为 MySQL 8 中的默认模式。使用 sys.list_drop()函数更改 SQL 模式，从而删除 STRICT_TRANS_TABLES 模式，该模式会触发警告，因为严格模式应该与其他模式一起禁用，这些模式将在后面被合并到一起。然后更新了 world.city 表中一个城市的人口数量，但计算时除以 0，从而触发了两个警告。一个警告是除数为 0(未定义)，因此 MySQL 使用 NULL 值就导致了第二个警告，因为这里的人口列有 NOT NULL 约束。结果就是将该城市的人口数量设置为 0，这可能不是应用程序所期望的。这也说明了启用严格 SQL 模式的重要性，因为这将阻止除以 0 之类错误的发生，并阻止数据更新。

警告 不要禁用 STRICT_TRANS_TABLES 这一 SQL 模式，因为那样可能让你得到无效数据。

8.6 本章小结

本章介绍了 SHOW 语句，该语句可追溯到实施 information 库和 performance 库之前。如今，通常最好在 information 库或 performance 库中使用基础的数据源。本章的前两节给出了 SHOW 语句与这些数据源之间的映射关系。

此外，也有一些 SHOW 语句能返回其他数据源无法提供的数据，如通过 SHOW ENGINE INNODB STATUS 语句从 InnoDB 获得 InnoDB 监视器报告。该报告分为数个部分，其中一些在遇到性能问题(或锁问题)时会被用到。

还有一些 SHOW 语句对复制和二进制日志非常有用，其中最常用的语句是 SHOW BINARY LOGS，它列出了 MySQL 所知道的该示例的二进制日志。该信息包含日志文件的大小，以及日志是否加密等。也可在二进制日志或中继日志中列出事件，但实际上 mysqlbinlog 工具可能是更好的选择。

最后探讨了其他一些有用的 SHOW 语句。其中最常用的有三个。SHOW CREATE USER 用于显示可用来重建用户的语句；SHOW GRANTS 用于返回分配给用户的权限；SHOW WARNINGS 用于列出最后一次执行查询时出现的错误、警告以及默认情况下使用的注释信息。对警告的检查是执行查询时经常被忽视的方面，因为警告可能表明查询结果并非是你想要的结果。因此建议始终检查警告信息，并启用 STRICT_TRANS_TABLES 这一 SQL 模式。

第 9 章是关于信息来源的最后一章，将介绍有关慢查询日志的信息。

第 9 章

慢查询日志

在可从 performance 库中获取统计信息的时代，慢查询日志是用于查找需要优化的 SQL 语句的主要信息来源。即便是在今天，慢查询日志依然具有重要价值。

与 performance 库中的语句 digest 信息相比，慢查询日志有三个主要优点：①其记录的查询是永久性的，因此可在 MySQL 重启后继续查看其内容；②查询记录带有时间戳；③实际查询会被记录下来。基于上述这些原因，慢查询日志通常与 performance 库一起使用。

提示 像 MySQL Enterprise Monitor(https://dev.mysql.com/doc/mysql-monitor/en/mem-qanal-using.html)这样的监控解决方案可克服使用 performance 库的诸多限制，因此如果你具有类似的监控解决方案(包含查询的详细信息)，你可能就不太需要慢查询日志了。

慢查询日志也有自己的一些缺点。由于查询被写入纯文本文件，并且在写入事件时没有并发支持，因此其开销比查询 performance 库高。并且对日志的查看也只有有限的支持(也可将慢查询日志存储在表中，但这样又有其他一些缺点)，这就使得在解决问题时使用慢查询日志其实并不是太方便。

本章将研究如何配置慢查询日志，原始日志事件看起来是怎样的，以及如何使用 mysqldumpslow(在微软的 Windows 平台上是 mysqldumpslow.pl)这一脚本来聚合日志。

9.1　配置

可使用多个选项来配置慢查询日志，并控制其将记录哪些查询。由于启用慢查询日志的开销随着记录的查询数量而增加，因此对慢查询日志进行良好的配置显得格外重要。此外，记录“适量”的查询，还有助于更轻松地识别你感兴趣的查询。

默认情况下，MySQL 并没有启用慢查询日志。一旦启用，默认情况也只记录直接在本地实例上执行的非管理类查询，并且这些查询的执行时间在 10 秒以上。表 9-1 总结了可用于微调慢查询日志设置的相关配置选项。具体内容包括选项的默认值，以及选项可作用于全局级别、会话级别或二者均可。这些选项按字母顺序列出。

表 9-1　慢查询日志配置选项

选项/默认值/作用域	描述
min_examined_row_limit 默认值：0 作用域：全局(global)、会话(session)	只有检查的行数超过该选项，查询才会被记录。在启用慢查询日志，以便记录全扫描类型的查询时，这个选项特别有用
log_output 默认值：FILE 作用域：全局	控制慢查询日志和通用查询日志(general query log)是记录到文件、表，还是两者都记录
log_queries_not_using_indexes 默认值：OFF 作用域：全局	一旦启用此选项，将记录所有执行全表扫描和索引扫描的查询，而不考虑执行时间
log_short_format 默认值：OFF 作用域：全局	启用此选项后，将记录较少的内容。该选项只能在配置文件中设置
log_slow_admin_statements 默认值：OFF 作用域：全局	启用此选项后，诸如 ALTER TABLE 和 OPTIMIZE TABLE 的管理语句都会被记录到慢查询日志中
log_slow_extra 默认值：OFF 作用域：全局	启用此选项后，将记录更多内容，如查询的 Handler_%状态变量的值等。该选项只能在 MySQL 8.0.14 及更高版本中启用，并且只能记录到文件中。如果你的脚本需要使用旧格式，则不启用该选项
log_slow_slave_statements 默认值：OFF 作用域 ：全局	启用后，复制语句也将被记录到慢查询日志中。这只适用于语句格式的二进制日志事件
log_throttle_queries_not_using_indexes 默认值：0 作用域：全局	当你对所有执行全扫描的查询启用此选项后，就可限制每分钟记录到慢查询日志中的最大查询次数
log_timestamps 默认值：UTC 作用域：全局	该选项控制着是将 UTC 还是系统时区用作时间戳。此选项也适用于错误日志和常规查询日志。但只有在将日志记录到文件中才适用
log_query_time 默认值：10 作用域：全局、会话	将查询进行记录前，最小的查询等待时间，单位为秒(除非该查询当前正在执行，并且你已启用记录这些查询)。支持低于 1 秒的值。如果设置为 0，则记录所有查询

(续表)

选项/默认值/作用域	描述
slow_query_log 默认值：OFF 作用域：全局	是否启用慢查询日志
slow_query_log_file 默认值：<主机名>-slow.log 作用域：全局	慢查询日志的文件路径及名称。默认位置在数据目录下，并使用系统的主机名来命名

建议将 log_output 保留为默认设置，并将事件记录到 slow_query_log_file 设置的文件中。另外，将慢查询日志作为表进行处理似乎很有吸引力；但这时，数据将以逗号作为分隔符(CSV)，并且对该表的查询不能使用索引。不仅如此，log_output=TABLE 也不支持某些功能，如 log_slow_extra。

这些选项意味着，可细粒度地控制慢查询日志会记录哪些查询。log_short_format 之外的所有选项都可动态更改。因此，可根据自己的实际需要对这些选项进行设置。如果你很难确定这些选项之间是如何相互影响的，可参考图 9-1。该图显示了是否应该记录查询，是一个决策流程示意图(当然，本流程图只用于说明情况——实际的代码执行路径可能有所不同) 。

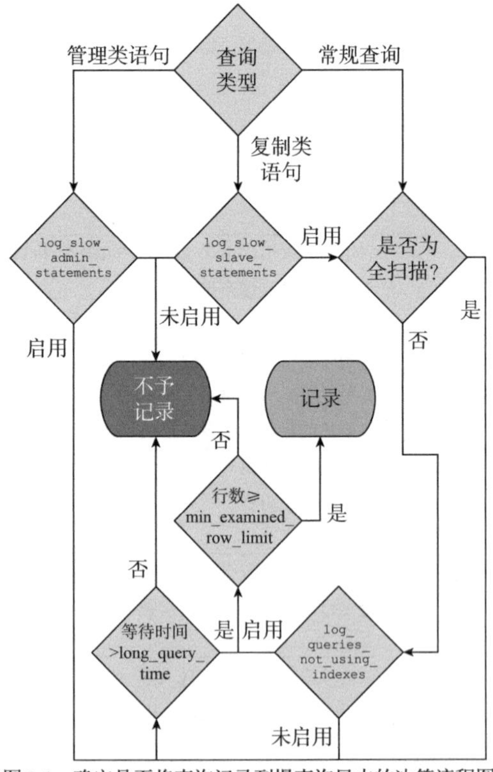

图 9-1　确定是否将查询记录到慢查询日志的决策流程图

这一决策流程从查询类型开始。对于管理类语句和复制类语句，只有在启用相应选项时，该决策流程才会继续进行。而对于常规查询，则首先检查其是否符合不使用索引的条件，然后退回检查其执行时间(等待时间)。如果满足任意条件，则检查其是否检查了足够的行。当然，图中并未包含进一步的信息，如不使用索引的语句限制等。

一旦配置了所需的查询选项，就可查看日志中的事件，以便确定是否需要关注某些查询。

9.2　日志事件

慢查询日志由纯文本的事件构成。这就意味着可以使用任意的文本查看工具。在 Linux 和 UNIX 上，less 命令是一个不错的选择，因为它对处理大文件有着很好的支持。在微软的 Windows 上，Notepad++是一个很常见的选择。但这两个工具对大文件的支持却并不一样。在 Windows 上的另一种选择是安装 Windows Subsystem for Linux(WSL)，这样就可安装各种版本的 Linux，从而实现对 less 等命令的访问。

事件的格式取决于你的设置。代码清单 9-1 显示了一个默认的事件示例。其中 long_query_time=0，从而可记录所有查询。注意这里由于宽度受限，某些行会出现换行现象。

代码清单 9-1　默认格式的慢查询日志事件

```
# Time: 2019-09-17T09:37:53.269881Z
# User@Host: root[root] @ localhost [::1] Id: 22
# Query_time: 0.032531 Lock_time: 0.000221 Rows_sent: 10 Rows_examined: 4089
SET timestamp=1568713073;
SELECT CountryCode, COUNT(*) FROM world.city GROUP BY CountryCode ORDER BY
COUNT(*) DESC LIMIT 10;
```

上述代码清单中的第一行显示了执行查询的时间。在此时间戳中，可通过 log_timestamps 选项来控制使用 UTC 还是系统时间。第二行显示执行该查询时的账户和连接 id。第三行包含查询的一些基本统计信息：查询执行的时间、等待锁消耗的时间、返回给客户端的行数，以及检查的行数。

SET timestamp 记录了查询的时间戳。该时间戳为自 1970 年 1 月 1 日 00:00:00(UTC)以来的秒数。最后一行就是记录的慢查询。

在统计信息中，查询执行的时间，以及检查的行数与已发送的行数之间的比率特别重要。与返回的行数相比，检查的行越多，通常说明索引的有效性越低。当然，你始终都应该在查询上下文中查看这些信息。在这个案例中，查询将查找包含城市最多的 10 个国家/地区的代码。如果不执行全表扫描或索引扫描，则无法完成这一查询。因此，这种情况下，被检查的行数与发送的行数之比很低，其实是正常现象。

如果在 8.0.14 或更高版本中启用了 log_slow_extra，则还将获得该查询的其他信息，如代码清单 9-2 所示。

代码清单 9-2　启用 log_slow_extra 选项的慢查询日志示例

```
# Time: 2019-09-17T10:09:50.054970Z
# User@Host: root[root] @ localhost [::1] Id: 22
# Query_time: 0.166589 Lock_time: 0.099952 Rows_sent: 10 Rows_examined:
  4089 Thread_id: 22 Errno: 2336802955 Killed: 0 Bytes_received: 0 Bytes_
  sent: 0 Read_first: 1 Read_last: 0 Read_key: 1 Read_next: 4079 Read_
  prev: 0 Read_rnd: 0 Read_rnd_next: 0 Sort_merge_passes: 0 Sort_range_
  count: 0 Sort_rows: 10 Sort_scan_count: 1 Created_tmp_disk_tables:
  0 Created_tmp_tables: 0 Start: 2019-09-17T10:09:49.888381Z End:
  2019-09-17T10:09:50.054970Z
```

```
SET timestamp=1568714989;
SELECT CountryCode, COUNT(*) FROM world.city GROUP BY CountryCode ORDER BY
COUNT(*) DESC LIMIT 10;
```

从性能角度看，我们主要关注的统计信息是从 Bytes_received 开始到 Created_tmp_tables 的内容。这些统计信息中的几个等同于查询的 Handler_%状态变量。在这个示例中，可以看到，正是 Read_next 导致了大量需要检查的行。一般在扫描索引来查找行时使用 Read_next，因此可以得到结论：该查询执行了索引扫描。

如果你还想知道在给定时间执行了什么，那么查看原始事件就可能非常重要。如果你更想知道通常情况下，哪些查询对系统的负载影响最大，则需要对数据进行汇总处理。

9.3　汇总

可使用 MySQL 安装介质中包含的 mysqldumpslow(Windows 上为 mysqldumpslow.pl)脚本来汇总慢查询日志中的数据。它是一个 Perl 脚本。默认情况下，会将数值替换成 N，将字符串替换成'S'，来规范慢查询中的查询。这就使得该脚本能以与 performance 库中的 events_statements_summary_by_digest 表类似的方式汇总查询。

注意　要运行该脚本，需要在系统上安装 Perl。在 Linux 和 UNIX 上，Perl 始终都存在，因此这不是问题。但在 Windows 上，你需要自己动手安装 Perl。选择之一是从 http://strawberryperl.com/ 安装 Strawberry Perl。

可使用一些选项控制 mysqldumpslow 的行为。表 9-2 对此进行了总结。此外，慢查询日志文件也可作为参数提供，且不需要选项名称。

表 9-2　mysqldumpslow 的命令行参数

选项	默认值	描述
-a		不将数值和字符串替换为 N 和'S'
--debug		以调试模式执行
-g		对查询执行模式匹配(使用与 grep 相同的语法)，只包含匹配的查询
-h	*	默认情况下，mysqldumpslow 会在 MySQL 配置文件中设置的 datadir 目录下搜索文件。如果使用了默认的慢查询日志文件名，则该选项用于指定文件应匹配的主机名。可使用通配符
--help		显示帮助文本
-i		MySQL 启动脚本中的实例名称，在自动算法中使用，以查找慢查询日志文件
-l		不提取查询的锁定时间
-n	0	将数值抽象为 N 之前，必须为数值的最小位数
-r		翻转查询返回的顺序
-s	at	对查询进行排序。默认为根据平均查询时间进行排序。排序的完整列表将在稍后单独介绍
-t	(All)	返回结果的最大查询数量
--verbose		在脚本执行期间也打印其他信息

-s、-t 和-r 选项是最常用的。尽管 mysqldumpslow 也可以使用 MySQL 的配置文件在默认的路

径和主机名中搜索慢查询日志，但更常见的做法是在命令行上将慢查询日志文件的路径指定为参数。

-s 选项用于设置如何对结果中包含的查询进行排序。对于某些排序选项，可在使用总数和平均值之间进行选择。排序选项在表 9-3 中列出，也可以从 mysqldumpslow --help 的输出中获得。总数(Total)列指定按照总数进行排序，平均值(Average)列则按平均值进行排序。

表 9-3　mysqldumpslow 的排序选项

总数(Total)	平均值(Average)	描述
c		按照查询执行的次数(计数)排序
l	al	按照锁定时间排序
r	ar	按照发送的行数排序
t	at	按照查询时间排序

有时，使用不同的排序选项来生成多个报告可能会很有用，因为这样你就能更好地了解实例上正在执行的查询。

作为案例研究，你考虑一个以空的慢查询日志开始的实例；然后执行代码清单 9-3 所示的查询。这些查询执行时，long_query_time 被设置为 0。这样就记录下所有查询，从而避免了你需要花费很长时间来执行查询这样的事情。

代码清单 9-3　用于为案例创建慢查询日志事件而执行的查询

```
SET GLOBAL slow_query_log = ON;
SET long_query_time = 0;
SELECT * FROM world.city WHERE ID = 130;
SELECT * FROM world.city WHERE ID = 131;
SELECT * FROM world.city WHERE ID = 201;
SELECT * FROM world.city WHERE ID = 2010;
SELECT * FROM world.city WHERE ID = 1;
SELECT * FROM world.city WHERE ID = 828;
SELECT * FROM world.city WHERE ID = 131;
SELECT * FROM world.city WHERE CountryCode = 'AUS';
SELECT * FROM world.city WHERE CountryCode = 'CHN';
SELECT * FROM world.city WHERE CountryCode = 'IND';
SELECT * FROM world.city WHERE CountryCode = 'GBR';
SELECT * FROM world.city WHERE CountryCode = 'USA';
SELECT * FROM world.city WHERE CountryCode = 'NZL';
SELECT * FROM world.city WHERE CountryCode = 'BRA';
SELECT * FROM world.city WHERE CountryCode = 'AUS';
SELECT * FROM world.city WHERE CountryCode = 'DNK';
SELECT * FROM world.city ORDER BY Population DESC LIMIT 10;
SELECT * FROM world.city ORDER BY Population DESC LIMIT 4;
SELECT * FROM world.city ORDER BY Population DESC LIMIT 9;
```

对于 WHERE 子句或 LIMIT 子句，都存在 3 个具有不同值的基本查询。首先，通过主键找到城市，该主键将搜索一行从而返回一行。其次，通过作为二级索引的 CountryCode 来查找城市，因此找到了多条记录，但仍然检查了返回的行数。最后检查所有城市，以便返回人口最多的城市。

假设这里的慢查询日志文件的名称为 mysql-slow.log，并且你正在从该文件所在的目录下执行 mysqldumpslow，就可以对查询进行分组，并按查询执行的次数进行排序。如代码清单 9-4 所示。-t 选项用于将结果限制为只包含 3 个规范化查询。

代码清单 9-4 使用 mysqldumpslow 按照计数对查询进行排序

```
shell$ mysqldumpslow -s c -t 3 mysql-slow.log

Reading mysql slow query log from mysql-slow.log
Count: 9 Time=0.00s (0s) Lock=0.00s (0s) Rows=150.1 (1351), root[root]
@localhost
  SELECT * FROM world.city WHERE CountryCode = 'S'

Count: 7 Time=0.02s (0s) Lock=0.00s (0s) Rows=1.0 (7), root[root]
@localhost
  SELECT * FROM world.city WHERE ID = N

Count: 3 Time=0.00s (0s) Lock=0.00s (0s) Rows=7.7 (23), root[root]
@localhost
  SELECT * FROM world.city ORDER BY Population DESC LIMIT N
```

注意，这里是如何将 WHERE 和 LIMIT 子句转换为使用 N 和'S'形式的。查询时间以 Time=0.00s(0s)的方式列出。包含了平均查询时间以及总时间(括号内)。锁定时间和行统计信息也按类似方式予以显示。

由于 mysqldumpslow 是用 Perl 语言编写的。因此，如果要包含对新排序选项的支持，或者更改输出格式，则对该脚本进行修改也比较容易。例如，如果希望在平均执行时间中包含更多小数位，则可修改 usage 子程序之前的 printf 语句(MySQL 8.0.18 包含的脚本中的第 168～169 行)，如下：

```
printf "Count: %d Time=%.6fs (%ds) Lock=%.2fs (%ds) Rows=%.1f (%d),
$user\@$host\n%s\n\n",
$c, $at,$t, $al,$l, $ar,$r, $_;
```

更改如上，这将以微秒为单位打印平均时间。

9.4 本章小结

本章说明了如何使用慢查询日志来收集有关在 MySQL 实例上执行的查询信息。慢查询日志专注于根据执行时间以及是否使用索引(实质上是执行全表扫描还是索引扫描)来捕获查询。与 performance 库相比，慢查询日志的主要优点在于，该日志包含查询执行的确切语句，并可持久保存。缺点是开销大，并且很难返回你感兴趣的查询报告。

首先，我们探讨了用于配置慢查询日志的各种选项。有些选项可控制记录的查询的最短执行时间，是否应记录不使用索引的查询而不考虑其执行时间，以及要记录的查询类型等。

在 MySQL 8.0.14 和更高版本中，还可使用 log_slow_extra 来记录慢查询的详细信息。

然后，讨论了慢查询日志相关的两个示例。一个示例使用了默认信息，另一个则启用了 log_slow_extra。如果想要查询在给定时间点执行的查询信息，则原始事件可能很有用。对于更一般的查询，使用 mysqldumpslow 汇总数据则更有用。

本书的第Ⅲ部分将介绍一些很有用的性能优化工具。首先将探讨使用 MySQL Enterprise Monitor 进行监控的相关内容。

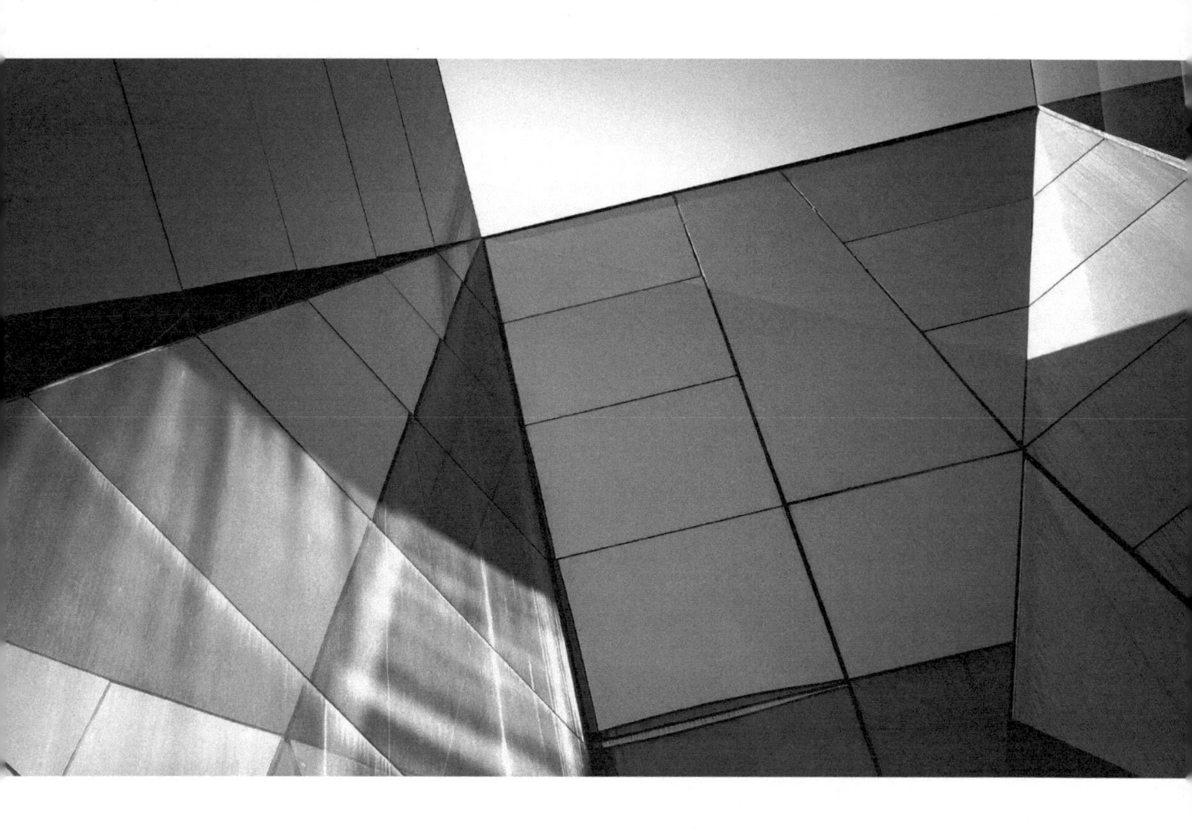

第Ⅲ部分

工　具

第 10 章

MySQL Enterprise Monitor

无论你想在系统层面还是查询层面进行性能优化，监控都是性能优化的关键因素之一。本章将研究 MySQL 的监控解决方案 MySQL Enterprise Monitor (MySQL 企业监视器)，也被称为 MEM。

本章将首先介绍 MySQL Enterprise Monitor 的架构和原理。然后，如果你想尝试使用 MySQL Enterprise Monitor，后面将有一个安装说明。然后将讨论启动和停止 Service Manager，以及如何将 MySQL 实例添加到受监视的实例列表中。最后介绍用户界面。

本书的其余部分所使用的图形和报告是以 MySQL Enterprise Monitor 作为监控工具来取得的。当然，也可使用其他监控解决方案。如果你对 MySQL Enterprise Monitor 不感兴趣，可以跳过本章。

10.1 概述

MySQL Enterprise Monitor 是 Oracle 专门为 MySQL 开发的监控解决方案。它是由 MySQL 开发团队开发的，并作为 MySQL 服务器伴随组件提供给客户。

注意 如果想在 30 天试用版到期后继续使用 MySQL Enterprise Monitor，则需要订购 MySQL

企业版或 MySQL 集群 CGE(Carrier Grade Edition)。可在 www.mysql.com/products/enterprise/上查看 MySQL 的商业特性。

MySQL Enterprise Monitor 由多个组件组成，每个组件在整个监视解决方案中都发挥各自的作用。在版本 8 中，有两个主要组件。

- Service Manager：该组件存储收集到的度量值，并向前端界面提供数据查看及管理配置功能。Service Manager 由两部分组成，一个是 Tomcat 服务器，它是 Service Manager 的应用程序端，另一个是资料库，用来存储数据的 MySQL 数据库。
- Agent：MySQL Enterprise Monitor 使用代理连接到被监视的 MySQL 实例。Service Manager 包含一个内置代理，该代理默认情况下监控资料库。Agent 可监控本地操作系统，同时也可监控本地和远程 MySQL 实例。

注意　本书遵循 MySQL Enterprise Monitor 手册(https://dev.mysql.com/doc/mysql-monitor/en/)中的约定，在文中使用 Service Manager 和 Agent。

由于 Agent 只能监控它所运行的操作系统的指标(如 CPU 和内存使用量、磁盘容量等)，所以最好在每个被监控的 MySQL 实例所在的主机上各安装一个 Agent(代理)。这将允许你将主机指标与 MySQL 活动关联起来。如果无法在本地安装 Agent(例如，你使用的云解决方案不允许你访问操作系统)，那么可以使用安装在另一台主机上的 Agent 来监视 MySQL 指标。这种情况下，一种选择是在 Service Manager 中使用内置代理(Built-in Agent)。图 10-1 显示了一个包含三个主机的配置示例，其中一个用于 Service Manager，另两个主机安装了受监控的 MySQL 实例。

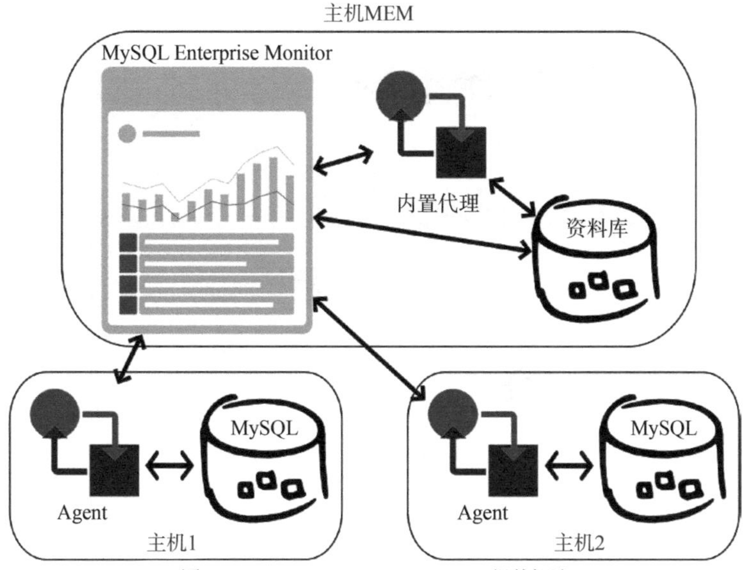

图 10-1　MySQL Enterprise Monitor 组件概述

最上方的主机安装了 MySQL Enterprise Monitor 的主机。它由前端(这里用带有图形的 Web 页面描述)、内置代理和资料库组成。内置代理用来监控资料库，也可以用来监控其他 MySQL 实例(图中没有显示)。在一些云产品中，当你没有权限访问主机，或者你正在测试并希望监控一个与 Service Manager 位于同一个主机上的 MySQL 实例，这将变得十分有帮助。

主机 1 和主机 2 是安装了 MySQL 服务器的两台主机。每个主机上都安装了一个 MySQL

Enterprise Monitor Agent。Agent 查询 MySQL 实例以获取指标值，将指标值发送到 Service Manager 并将它们存储在资料库中。Service Manager 还可向 Agent 发送请求，例如，运行即席报告或更改 Agent 收集指标的频率。

使用客户安装程序来安装 Service Manager 和 Agent 的安装过程类似。下一节将介绍如何安装 Service Manager。如果你想尝试安装 Agent，则可自行尝试。

10.2 安装

MySQL Enterprise Monitor 的安装非常简单，尽管与其他 MySQL 产品不同。如果你使用的是社区版本的 MySQL，那么下载软件与你惯用的方式是不同的，需要通过专用的安装程序完成安装。本节将指导你完成 MySQL Enterprise Monitor 的下载、安装及设置操作。

10.2.1 下载

安装的第一步是下载 MySQL Enterprise Monitor。可以从两个地方下载 MySQL Enterprise Monitor。现有的 MySQL 客户可从 My Oracle Support (MOS)中的 Patch & Updates 选项卡下载它；这是建议客户下载的位置，因为补丁和更新程序的变更越来越频繁，这里包括 2011 年以来的所有版本。另一个地点是 Oracle 软件交付云(https://edelivery.oracle.com/)，允许注册用户下载 30 天试用版。

注意 新账户或者一段时间没有用过的账户将被要求进行验证，这个过程可能需要几天的时间。

你将从主页开始，如图 10-2 所示。

图 10-2 主页

如果尚未登录，你需要单击“New User? Register Here”链接来创建一个新用户。登录后，就会进入搜索页面。图 10-3 显示了搜索页面的一部分。

图 10-3　搜索页面

在文本栏左侧的下拉框中选择 Release。如果你对其他产品也感兴趣，可保留默认值，即所有(All)类别，其中包括软件包。在文本框中输入 MySQL Enterprise Monitor，然后在显示的搜索列表中单击 MySQL Enterprise Monitor，或者单击文本框右侧的搜索按钮(图中既没有显示列表也没有显示按钮)。此后单击 MySQL Enterprise Monitor 结果旁边的 Add to Cart 按钮。当产品被添加到购物车后，可单击页面右上角附近的 Checkout 链接(图中未显示)。接下来的界面如图 10-4 所示，可以选择要下载的平台。

Back　Remove All　Continue

Selected Software	Terms and Restrictions	Platforms / Languages	Size	Published Date
MySQL Enterprise Monitor 8.0.17	Oracle Standard Terms a...	Linux x86-64; Micros		Oct 01, 2018

All
Apple Mac OS X (Intel) (64-bit)
FreeBSD - x86
Linux x86
Linux x86-64
Microsoft Windows (32-bit)
Microsoft Windows x64 (64-bit)
Oracle Solaris on SPARC (64-bit)
Oracle Solaris on x86-64 (64-bit)

Back　All　Continue

图 10-4　选择下载软件对应的平台

选择你感兴趣的平台。如果计划在一个平台上使用 Service Manager，同时监控 Agent 安装在另一个平台上的实例，则需要同时选择两个平台。当你确定了要为哪个平台下载时，单击 Continue。

下一步是接受许可协议。请仔细阅读后再接受。Oracle 试用许可协议在文档的末尾。一旦你接受了条款和条件，单击 Continue 按钮。

注意 作为下载的步骤之一，你可能会被要求完成一项关于 Oracle 软件交付云(Oracle Software Deliver Cloud)的可用性调查。

最后一步是选择你要下载 MySQL Enterprise Monitor 的哪些部分。如图 10-5 所示。

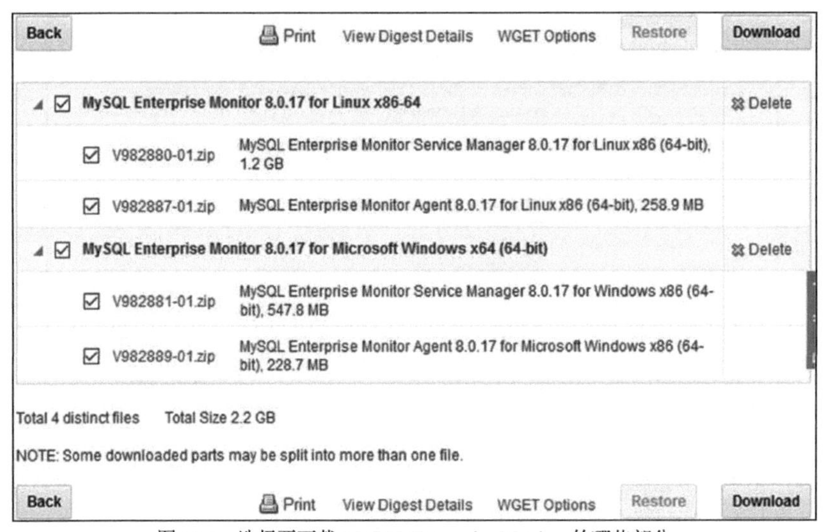

图 10-5 选择要下载 MySQL Enterprise Monitor 的哪些部分

每个平台都有两个安装包，其中一个包是 Service Manager，一个包是 Agent。可单击截图底部中间的 View Digest Details 链接，显示每个文件的 SHA-1 和 SHA-256 校验和。可以用它们来验证文件是否成功下载。

可通过两种方式下载这些文件。如果单击文件名，则逐个下载文件。或者，通过复选框选择你想要的文件，然后单击 Download 按钮，使用下载管理器启动下载。如果没有安装下载管理器，将在下载开始前指导你安装它。

提示 Oracle 软件交付云使用通用的文件名，如 V982880-01.zip，将文件重命名为包含产品、平台和下载的版本信息的名称是非常有用的。

下载完成后，就可以开始安装了。

10.2.2 安装

MySQL Enterprise Monitor 使用自己的安装程序，在所有平台上都是一样的。支持使用向导模式进行安装，可通过图形用户界面或文本模式进行安装，也可在命令行中提供所有参数并使用无人值守模式安装。

下载的文件名称取决于你下载的平台和 MySQL Enterprise Monitor 的版本。例如对于 Microsoft Windows 平台上的 Enterprise Monitor 8.0.17 版本，文件名为 V982881-01.zip。其他文件的名称也类似。如果你将压缩包解压，将看到若干文件。

```
PS> ls | select Length,Name

  Length Name
```

```
  ------ ----
  6367299 monitor.a4.pdf
  6375459 monitor.pdf
  5275639 mysql-monitor-html.tar.gz
  5300438 mysql-monitor-html.zip
281846252 mysqlmonitor-8.0.17.1195-windows64-installer.exe
281866739 mysqlmonitor-8.0.17.1195-windows64-update-installer.exe
      975 README_en.txt
      975 READ_ME_ja.txt
```

具体的文件名和大小取决于平台和 MySQL Enterprise Monitor 版本。需要注意，有两个可执行文件，在本例中，即为 mysqlmonitor-8.0.17.1195-windows64-installer.exe 和 mysqlmonitor-8.0.17.1195-windows64-update-installer.exe。前者用于从头开始安装 MySQL Enterprise Monitor，而后者(有时也称为更新安装程序)则用于对已经安装好的 MySQL Enterprise Monitor 进行升级。在压缩包中，PDF 和 HTML 文件是操作手册，但通常情况下，你最好使用在线手册，网址是 https://dev.mysql.com/doc/mysqlmonitor/en/，因为在线手册会定期更新。

提示 *如果你想使用基于文本的向导模式安装或无人值守模式安装，请使用--help 参数以获得支持的参数列表。*

在接下来的讨论中，将继续使用图形化的用户界面进行安装。可在不提供任何参数的情况下执行安装程序开始安装。首先选择语言(英语、日语或简体中文)。然后，请牢记你在安装过程中输入的用户名和密码。

在通过欢迎界面后，首先需要指定安装位置。在 Microsoft Windows 上，默认位置是 C:\Program Files\MySQL\Enterprise\Monitor。在 Linux 上，当以 root 用户身份安装时，安装位置为/opt/mysql/enterprise/monitor，当以非 root 用户身份安装时，安装位置为该用户 home 目录下的 mysql/enterprise/monitor。

下一个屏幕如图 10-6 所示，要求你选择所监控系统的大小。

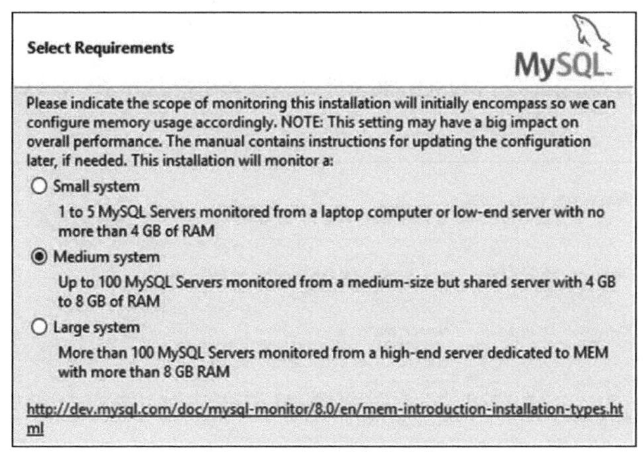

图 10-6 选择系统的大小

系统大小决定了像 Service Manager 内存配置等参数的默认设置。虽然可在安装完成后手动调整内存设置大小，但选择正确的系统大小意味着你一开始不必担心这些设置的问题。除非你只想尝试让 MySQL Enterprise Monitor 监控几个实例，否则请选择中型系统或大型系统。

接下来，你需要指定要使用的端口号。MySQL Enterprise Monitor 的前端使用 Tomcat 服务器，默认的未加密端口为 18080，默认的 SSL 端口为 18443。推荐你始终使用 SSL 端口。非 SSL 端口的存在是因为遗留的原因，但不能用于前端访问。

这时，如果你在 Linux 上使用 root 账户安装，你将会被问到想以哪个用户的身份运行 Tomcat 进程(MySQL 服务器的资料库进程将使用 mysql 用户)。默认是 mysqlmem。如果你使用非 root 账户在 Linux 上安装，会提示不能使用安装程序来设置自动启动。

Service Manager 使用 MySQL 实例来存储收集的指标数据。可选择安装程序的 MySQL 实例，也可使用现有的 MySQL 实例(见图 10-7)。

Database Installation
MySQL
Please select which database configuration you wish to use
I wish to use the bundled MySQL database
I wish to use an existing MySQL database *
* We will validate the version of your existing MySQL database server during the installation. See documentation for minimum version requirements.
* Important: If your existing MySQL database server already has another MySQL Enterprise Monitor repository in it that you want to keep active, be sure to specify a unique name in the "MySQL Database Name" field on the next screen.
http://dev.mysql.com/doc/mysql-monitor/8.0/en/mem-install-server.html

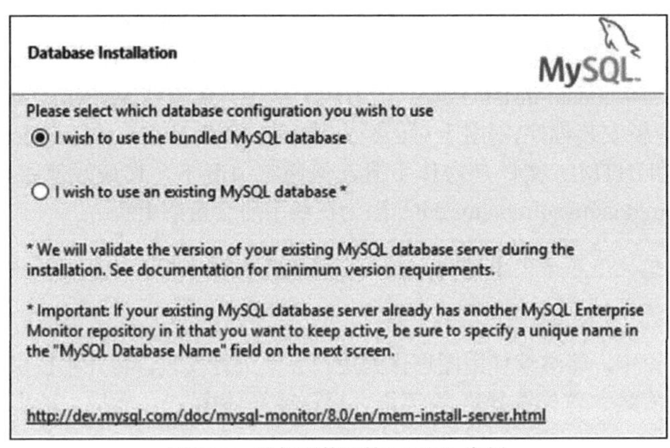

图 10-7　选择所使用的 MySQL 实例

除非你有很好的理由，否则请选择自带的 MySQL 数据库实例，如图 10-7 所示。这不仅允许安装程序使用已知的与 Service Manager 良好合作的基本配置，而且简化了升级操作。

注意　不要试图使用受监控的 MySQL 实例作为 Service Manager 的资料库。如果你使用生产数据库作为 Service Manager 的资料库，那么 MySQL Enterprise Monitor 确实会引发大量数据库活动。如果你关闭了用于存储监控数据的数据库，那么监控动作将停止。

现在可为 Service Manager 与 MySQL 实例的连接选择用户名和密码，以及端口号和库名。如图 10-8 所示。

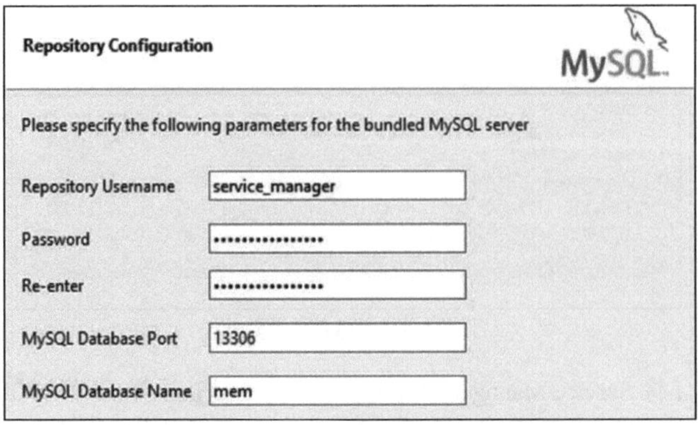

Repository Configuration
MySQL
Please specify the following parameters for the bundled MySQL server
Repository Username
service_manager
Password
Re-enter
MySQL Database Port
13306
MySQL Database Name
mem

图 10-8　选择并设置绑定的 MySQL 服务器

不要使用过于简单的密码。因为监控会包括很多系统细节，比如主机名和查询等。

这意味着选择一个复杂的密码是很重要的。

配置就到这里，接下来将执行具体的安装了。安装过程需要一点时间，因为它包括安装 MySQL Server 实例和 Tomcat 服务器前端。安装完成后，会出现一个确认界面，然后出现如图 10-9 所示的警告。

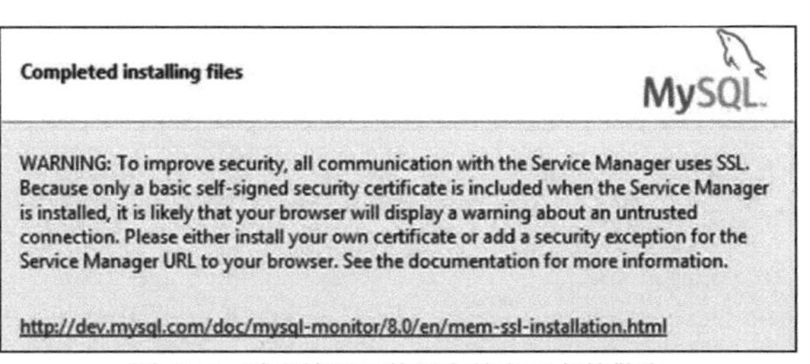

图 10-9　默认情况下使用自签名证书的警告

安装程序会为 SSL 连接创建一个自签名证书。该证书用于加密通信，但不会验证你是否连接到正确的服务器。可以选择购买一个由受信任的提供商所签署的证书，并让 MySQL Enterprise Monitor 使用该证书。如果你继续使用默认的自签名证书(这里假设是这样)，那么在你第一次连接到 Service Manage 时，浏览器会提示这是一个不可信的连接(这种情况下是无害的)。

这样就完成了安装。最后一个屏幕显示安装已成功完成，可选择打开 readme 文件并启动浏览器。安装程序在后台启动 Service Manager，因此你只需要在浏览器中打开指向 Service Manager 的 URL 即可。如果你的浏览器位于安装 Service Manager 的主机上，并且你选择了默认的 SSL 端口(18443)，那么 URL 将是 https://localhost:18443/。

注意　因为 Tomcat 可能需要一段时间才能为连接做出响应，所以第一次连接可能需要等待一段时间才能完成。

如前所述，如果你使用默认的自签名证书，浏览器将警告你存在潜在的安全风险。图 10-10 显示了来自 Firefox 的一个示例。

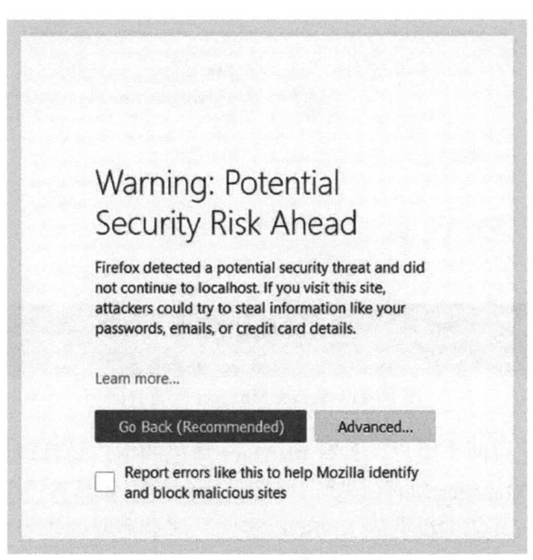

图 10-10　Firefox 浏览器的警告：网站无法验证

你需要接受这个风险。具体情况取决于你的浏览器和版本。对于Firefox 68，可转到Advanced选项，选择接受风险并继续。

连接到Service Manager的第一步是进行更多配置。大部分内容都集中在一个屏幕中，如图10-11所示。

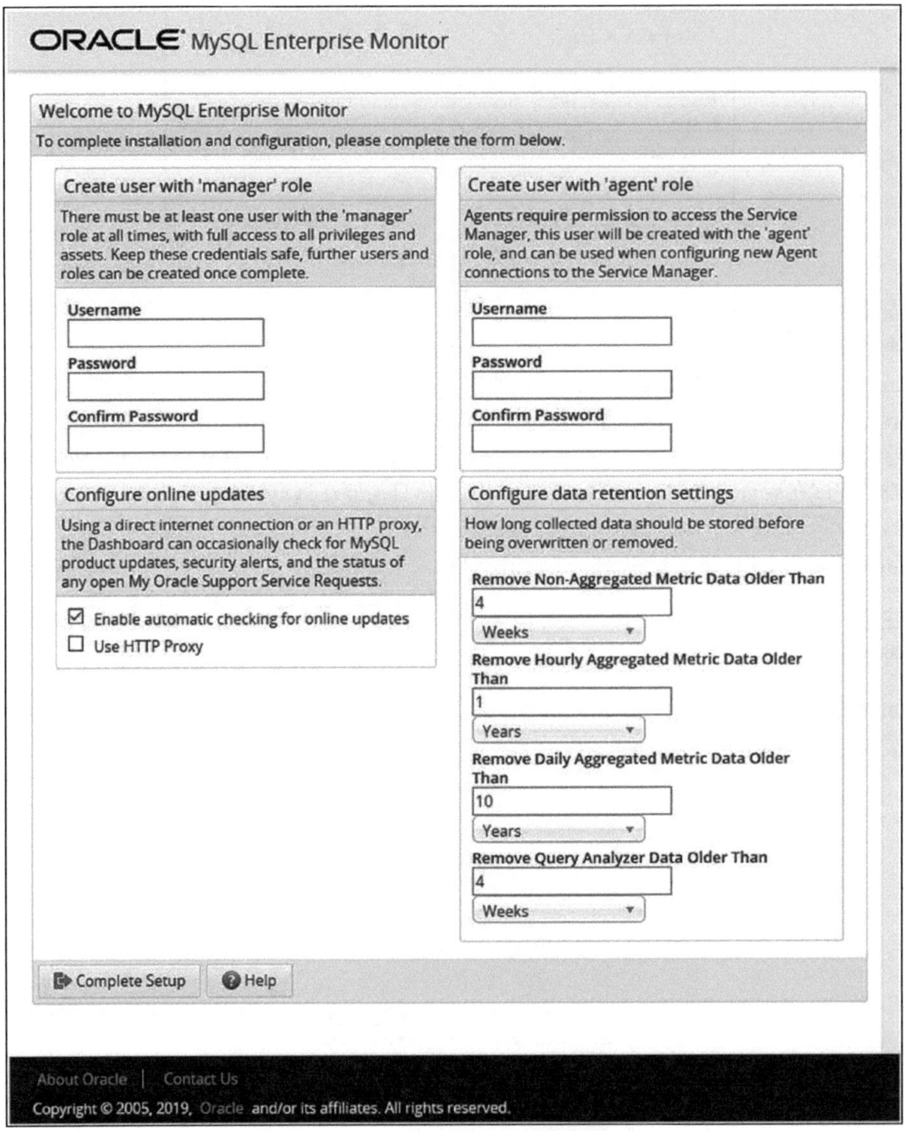

图10-11 Server Manager配置界面

上面的部分要求你配置两个用户。具有manager角色的用户是管理员用户，可使用该用户通过浏览器登录到Service Manager(如有必要，可在稍后创建更多具有较少权限的用户)。如果你想使用Agent来监控安装在其他主机上的MySQL实例，那么需要创建带有Agent角色的用户。在创建用户时，请确保为两个用户选择复杂度高的密码。

在左下角位置，可配置MySQL Enterprise Monitor是否允许自动检查更新，以及是否需要设置代理。在右下角，可以配置数据保存时间。保存数据的时间越长，就可以追溯到越早的时间来诊断问题，并保存越多细节(但这会使用更多数据库存储空间)。

完成设置后，将跳转到“What's New”页面，你在这里可为新创建的管理用户设定时区与地区信息。

提示 如果你想卸载 Service Manager，那么可以使用卸载程序来完成。在 Microsoft Windows 上，可以通过控制面板中的程序管理来完成此操作。在其他平台上，使用安装目录中的 uninstall 命令来卸载。

由于你可能需要测试启动和停止 Service Manager，因此下一节将介绍如何执行此操作。

10.3 启动和停止 Service Manager

Service Manager 被设计成一个服务来启动和停止。可在 Microsoft Windows 上安装 Service Manager，也可在 Linux 上使用 root 用户安装 Service Manager。如果你在 Linux 上使用非 root 用户进行安装，那么可通过手动执行服务脚本来启动和停止 Service Manager。

提示 如果通过手动方式启动这些进程，那么在启动时，要先启动 MySQL 资料库，然后启动 Tomcat。当停止服务时，正好相反，先关闭 Tomcat，然后关闭 MySQL 资料库。

10.3.1 在 Microsoft Windows 中启动和停止 Service Manager

在 Microsoft Windows 上，安装程序通常需要管理员权限才能运行，这意味着安装程序还可将 Service Manager 进程作为服务进行安装。默认情况下，这些服务被设置为在启动和关闭计算机时自动启动和停止。

可通过打开服务应用程序来编辑服务的设置。在 Windows 10 上，最简单的方法是使用键盘上的 Windows 键(或者单击左下角的 Windows 图标打开“开始”菜单)并输入 Services，如图 10-12 所示。

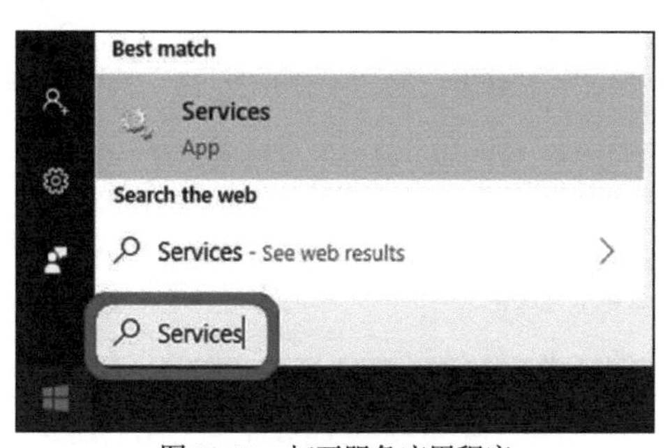

图 10-12 打开服务应用程序

与截图相比，搜索结果可能在某种程度上有所不同。单击 Best match 下的 Services App。这将打开控制服务的应用程序。在服务应用程序中，可通过启动、停止、暂停或重新启动服务来控制服务。资料库服务命名为 MySQL Enterprise MySQL, Tomcat 服务命名为 MySQL Enterprise Tomcat，如图 10-13 所示。

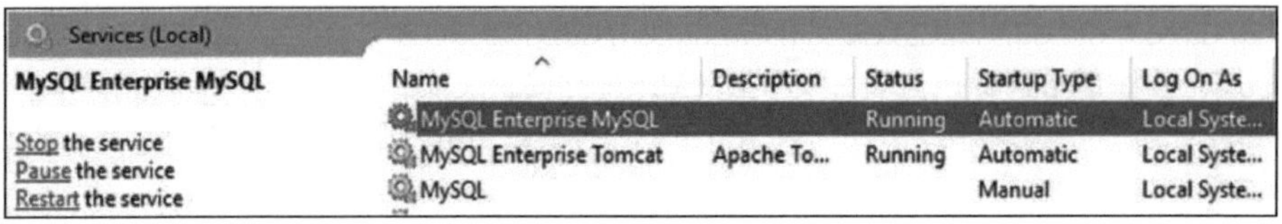

Services (Local)

MySQL Enterprise MySQL

Stop the service
Pause the service
Restart the service

Name	Description	Status	Startup Type	Log On As
MySQL Enterprise MySQL		Running	Automatic	Local Syste...
MySQL Enterprise Tomcat	Apache To...	Running	Automatic	Local Syste...
MySQL			Manual	Local Syste...

图 10-13 控制服务

当你单击一个服务时，你将在服务列表左侧的窗格中看到基本控制操作。还可右键单击服务来获取操作以及编辑服务属性。这些属性包括是否自动启动和停止服务。

10.3.2 在 Linux 中启动和停止 Service Manager

如何在 Linux 中启动和停止 MySQL Enterprise Monitor 取决于是否使用 root 用户执行安装操作。如果使用 root 用户，则使用 mysql-monitor-server service 命令启动和停止进程(对 systemd 没有本机支持)；否则，你将使用位于安装目录中的 mysqlmonitorctl.sh 脚本执行启动和停止操作。不管采用哪种方法，都可添加 tomcat 或 mysql 参数来更改相关进程的状态。

代码清单 10-1 中显示了如何使用 service 命令来启动、重启和停止 MySQL Enterprise Monitor。

代码清单 10-1 使用 service 命令改变服务的状态

```
shell$ sudo service mysql-monitor-server start
Starting mysql service [ OK ]
2019-08-24T06:45:43.062790Z mysqld_safe Logging to '/opt/mysql/enterprise/
monitor/mysql/data/ol7.err'.
2019-08-24T06:45:43.168359Z mysqld_safe Starting mysqld daemon with
databases from /opt/mysql/enterprise/monitor/mysql/data
Starting tomcat service [ OK ]

shell$ sudo service mysql-monitor-server restart
Stopping tomcat service . [ OK ]
Stopping mysql service 2019-08-24T06:47:57.907854Z mysqld_safe mysqld from
pid file /opt/mysql/enterprise/monitor/mysql/runtime/mysqld.pid ended
. [ OK ]
Starting mysql service [ OK ]
2019-08-24T06:48:04.441201Z mysqld_safe Logging to '/opt/mysql/enterprise/
monitor/mysql/data/ol7.err'.
2019-08-24T06:48:04.544643Z mysqld_safe Starting mysqld daemon with
databases from /opt/mysql/enterprise/monitor/mysql/data
Starting tomcat service [ OK ]
shell$ sudo service mysql-monitor-server stop tomcat
Stopping tomcat service . [ OK ]

shell$ sudo service mysql-monitor-server stop mysql
Stopping mysql service 2019-08-24T06:48:54.707288Z mysqld_safe mysqld from
pid file /opt/mysql/enterprise/monitor/mysql/runtime/mysqld.pid ended
. [ OK ]
```

首先，两个服务都被启动，然后重启，最后逐个停止服务。并非一定要逐个停止服务，但如果需要对资料库进行维护，那么这样做是很有效的。

代码清单 10-2 中显示了使用 mysqlmonitorctl.sh 脚本来改变服务状态的例子。

代码清单 10-2　使用 mysqlmonitorctl.sh 改变服务状态

```
shell $ ./mysqlmonitorctl.sh start
Starting mysql service [ OK ]
2019-08-24T06:52:34.245379Z mysqld_safe Logging to '/home/myuser/mysql/
enterprise/monitor/mysql/data/ol7.err'.
2019-08-24T06:52:34.326811Z mysqld_safe Starting mysqld daemon with
databases from /home/myuser/mysql/enterprise/monitor/mysql/data
Starting tomcat service [ OK ]

shell$ ./mysqlmonitorctl.sh restart
Stopping tomcat service . [ OK ]
Stopping mysql service 2019-08-24T06:53:08.292547Z mysqld_safe mysqld from
pid file /home/myuser/mysql/enterprise/monitor/mysql/runtime/mysqld.pid
ended
. [ OK ]
Starting mysql service [ OK ]
2019-08-24T06:53:15.310640Z mysqld_safe Logging to '/home/myuser/mysql/
enterprise/monitor/mysql/data/ol7.err'.
2019-08-24T06:53:15.397898Z mysqld_safe Starting mysqld daemon with
databases from /home/myuser/mysql/enterprise/monitor/mysql/data
Starting tomcat service [ OK ]

shell$ ./mysqlmonitorctl.sh stop tomcat
Stopping tomcat service . [ OK ]

shell$ ./mysqlmonitorctl.sh stop mysql
Stopping mysql service 2019-08-24T06:54:39.592847Z mysqld_safe mysqld from
pid file /home/myuser/mysql/enterprise/monitor/mysql/runtime/mysqld.pid
ended
. [ OK ]
```

上面这些操作与前面使用 service 命令的示例非常相似。实际上，service 命令调用的脚本与 mysqlmonitorctl 相同。只是 sh 脚本中的用户名和路径取决于安装 Service Manager 的用户和安装路径。

10.4　添加 MySQL 实例

如果你只想尝试使用 MySQL Enterprise Monitor，那么你不需要做更多工作。Service Manager 的内置代理将自动监控资料库实例，因此当你第一次登录到用户界面时，就已经有了可用的监视数据。如果你安装了 Agent，Agent 还将自动注册它所监控的实例。本节将讨论如何使用用户界面添加一个实例。

如果你想添加的 MySQL 实例与 Server Manager 位于相同的主机上，或者已在该主机上安装了 Agent，那么这个 MySQL 实例将自动被检测到；如图 10-14 中的箭头所指，一个带有问号的海豚将出现在页面的右上角位置。

图 10-14　一个被显示为“没有被监控”的实例

注意带有黄色问号的海豚旁边的数字 1，这是已经被找到但仍未被监控的 MySQL 实例的数量。

当你将鼠标悬停在这个图标上时，将显示一个包含未被监控实例数量的提示。如果单击海豚或数字，将打开 MySQL 实例配置界面。当然，也可通过左侧面板中的菜单访问该界面。

注意 通过用户界面添加的实例将由现有 Agent(如果你自己没有安装任何 Agent，则为内置代理)进行监控。另外，只有安装了 Agent，操作系统才会被监控。

在实例配置界面中，包括了添加新的实例选项、被 MySQL Enterprise Monitor 发现但没有被监控的实例，以及已被监控的实例。如图 10-15 所示，这是实例配置页面的一部分，显示了添加新的监控实例以及没有被监控的实例。

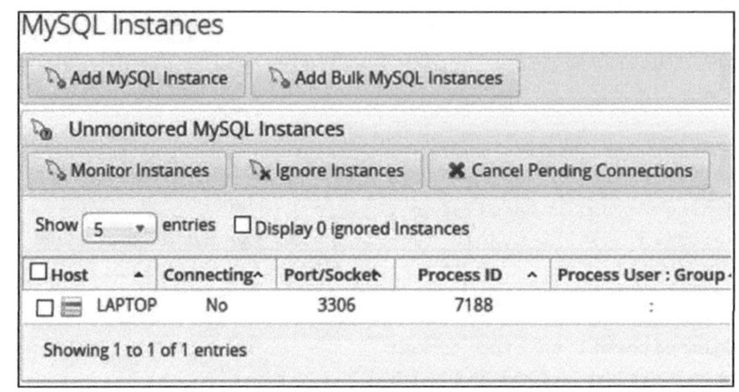

图 10-15 实例配置页面

可通过使用页面顶部的 Add MySQL Instance 或 Add Bulk MySQL Instances 按钮来添加对任何 MySQL 实例的监控。如果要监控的实例出现在未被监控的 MySQL 实例列表中，也可在那里选择它并单击 Monitor Instances 按钮，该按钮将把你带到与添加 MySQL 实例相同的表单，不同的是，它会预先填充已知的连接设置。表单中有几个选项卡，其中 Connection Settings 选项卡如图 10-16 所示。

图 10-16 Connection Settings 选项卡

关于连接设置需要着重注意的一点是，可选择让 MySQL Enterprise Monitor 自动创建用户，这些用户比管理用户的权限低。

如果你有加密需求，可在 Encryption Settings 选项卡中进行设定。很少会用到 Advanced Settings 选项卡。如果要设置多个实例的监控，可能需要在 Group Settings 选项卡中为这些实例指定一个组。对于以上这些设定，也可在添加实例后进行修改。

添加实例需要一点时间。当它准备好时，可开始探索用户界面的其余部分。

10.5 图形管理界面

你在 MySQL Enterprise Monitor 中的大部分操作是使用运行在 Tomcat 服务器上的 Service Manager 的用户管理界面完成的。正如你已经看到的，它可用来添加新实例。本节将进一步深入了解用户管理界面中的功能，并讨论通用导航、建议器、时序图和查询分析器。

10.5.1 通用导航

MySQL Enterprise Monitor 用户管理界面将管理功能分为逻辑组，支持按组、主机、Agent 或实例进行过滤。本节将对管理界面进行简单介绍，目的是当后面提到图形或报表时，你知道可从哪里找到它们。

在图 10-17 显示了用户界面的左上部分，在这里可选择要访问哪些功能，选择想显示哪些对象的数据。

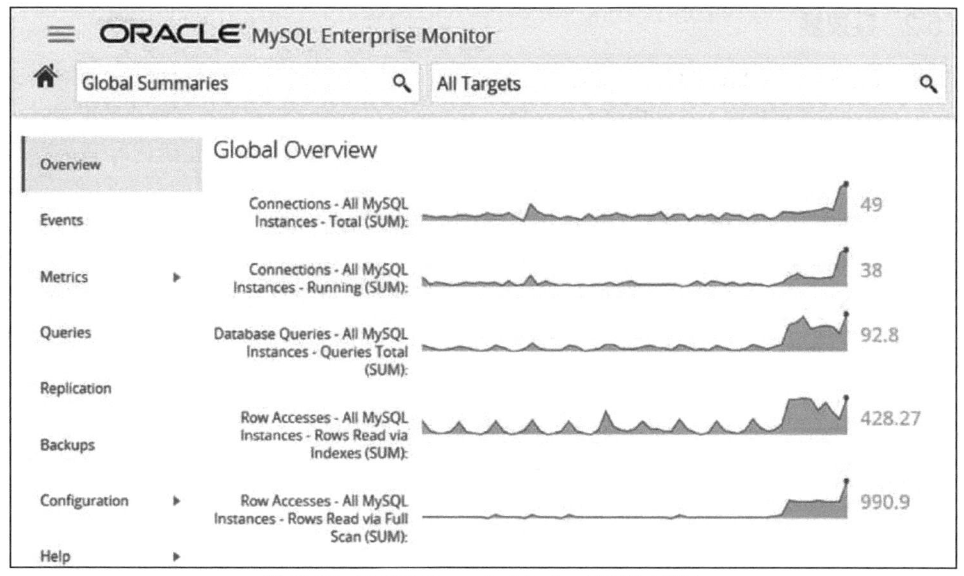

图 10-17 MySQL Enterprise Monitor 界面的上部分

功能导航位于左侧窗格的中心位置，并带有过滤器，过滤器应用于页面顶部的两个搜索字段。带有 Global Summaries 标记的搜索框允许你选择一个 Group。Group 可通过手工方式来创建，对于相互复制的实例来说，Group 是自动创建的。Global Summaries 是一个包含所有实例的特殊 Group。右侧的搜索框允许你对 Group 中的实例、Agent 或主机进行过滤。

管理图形界面的功能包括仪表盘、图表、报告等。可用的功能列表取决于你应用了哪些过滤器。菜单中的条目如下。

- Overview(概要)：这是一个总述性仪表盘。
- Topology(拓扑结构)：这个选项只有在当一个复制组被选中的情况下有效。它将显示一个带有每个实例复制状态的拓扑结构。
- Events(事件)：返回实例的监控事件的报告。这些事件是在满足建议器设定的某些条件(稍后将详细介绍)的情况下发生的。这些事件有从通知到紧急事件的不同告警级别。
- Metrics(指标)：这里将显示通过 Agent 收集的各种指标所组成的报告。无论使用哪些过滤器，时序图总是可用的(但具体是哪些图则取决于过滤器)。对于单个实例，还有关于表统计、用户统计、内存使用、数据库文件 I/O、InnoDB 缓冲池、进程和锁等待的报告。其中一些报告将在后续章节中用到。
- Queries(查询)：这是 MySQL 查询分析器，可以了解实例上执行了哪些查询。时序图与查询分析器相连，所以可从图表了解到在哪些时间执行了哪些查询。
- Replication(复制)：这是复制仪表盘以及与复制相关的一些报告。
- Backups(备份)：由 MySQL Enterprise Backup (MEB)创建的备份信息。
- Configuration(配置)：MySQL Enterprise Monitor 的各项配置，其中包括实例和建议器。
- Help(帮助)：这些文档包括你已经看到的 What's New 以及下载诊断报告，该报告可用于故障诊断。诊断报告主要用于购买了 MySQL 支持服务的用户，且需要在支持服务工单中诊断所需的信息。

还有一个名词需要为大家进行深入解释，那就是建议器。

10.5.2 建议器

建议器(advisor)在 MySQL Enterprise Monitor 中用于定义数据收集频率、触发事件的条件，还用于定义事件的严重程度。这些内容十分重要，需要你多花时间来理解并执行相应的配置。

要获得一个有用的监控解决方案，最重要的步骤之一就是确保你在正确的时间获得正确的事件(告警)，且避免不必要的事件。这包括确保将每个告警设置为适当的严重程度。起初，你可能认为事件设置得越多越好，这样可了解所发生的一切。但这不是使用监控系统的最佳实践。如果当你检查事件时发现有许多误报，或在凌晨 3 点因为某个可等到第二天早上再解决的事件而被叫醒，那么你可能降低对事件的重视程度，这迟早会导致你错过一个重要事件。简而言之，你应该循序渐进地调整建议器，不断改进，以在“恰当的”时间触发“恰当的”事件。

提示 监控工作的一个重要之处在于确保监控系统触发告警事件的严重性与问题的紧急程度相匹配。我们的目标是永远不要忽略任何一个告警事件，并让这些告警事件根据紧急程度，在恰当的时间，通过恰当的途径提供给监控者。

可在左侧面板中的配置选项中对建议器进行配置。建议器是按照功能组进行排列的，如图 10-18 所示。

每个组包括功能相关的建议器，例如，在包含了 22 个建议器的 Performance 组中，可能包含过多的锁进程以及索引没有得到有效使用等情况。默认情况下，所有建议器都被启用，并且事件严重性级别的阈值都被设定为满足一般工作需求的值。但由于没有两个系统是完全相同的，因此需要对这些值进行微调，调整方法是展开组并单击建议器名称左侧的菜单图标，如图 10-19 所示。

图 10-18　建议器按照功能组进行排列

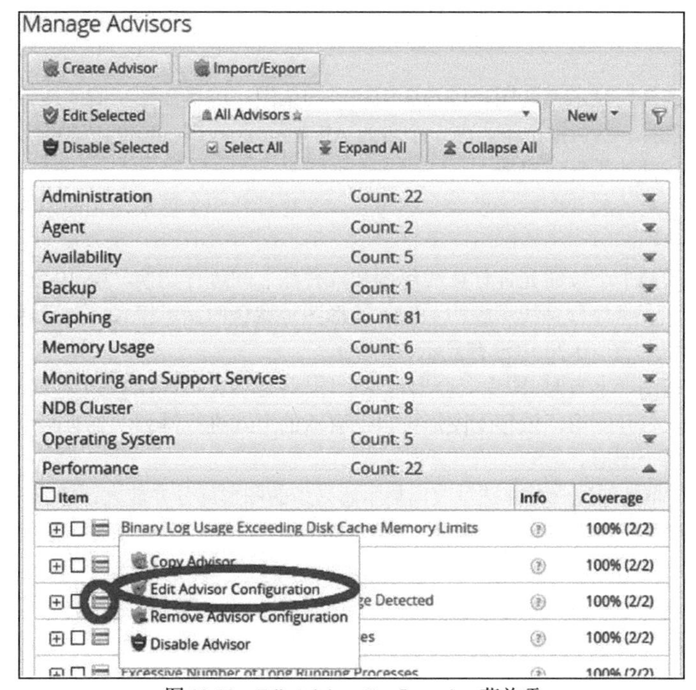

图 10-19　Edit Advisor Configuration 菜单项

还可以使用建议器左侧的“+”图标展开建议器，该图标允许你为一组特定的实例或单个实例编辑建议器。Info 列中的?图标提供附加信息，如计算的表达式或建议器的数据源。

10.5.3 时序图

时序图是显示度量值随时间变化的图。这是所有监控解决方案的标准功能。可过滤要显示的图形，并更改时间范围和图形样式。

图 10-20 显示了时序图页面的一部分，主要关注访问过滤和绘图样式。

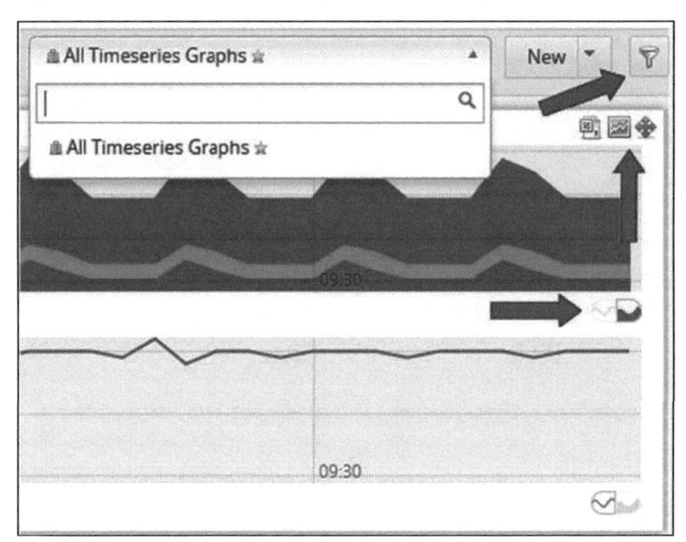

图 10-20 时序图

上面的图是选择要显示哪些图表以及所用的时间范围。屏幕截图左侧的搜索框允许你在保存的时序组中进行选择。默认情况下，有一个名为 All Timeseries Graphs 的单独组，顾名思义，它包括满足实例过滤条件的所有时序图。

可用上图右上角的漏斗图标来设定显示内容。这将打开一个框架，允许你选择要显示的图形和要覆盖的时间范围。

每个图形下的两个小按钮允许你在线形图和堆叠图之间进行切换。图 10-20 上半部分的图表是堆叠图的示例，下半部分是线形图的示例。线形图是默认的显示模式。还可通过图形左侧的滑块来修改图形的高度(图 10-20 中没有显示该滑块)。

将鼠标悬停在图形上方时，图片上会出现 3 个图标，这将允许你以 CSV 格式导出图形的数据，以 PNG 图像格式打开图形，或移动图形按自己喜欢的方式进行排列。当有两个图形组合在一起时，控件适用于两个图形。

更改图的时间框架的另一种方法是突出显示感兴趣的图形部分并放大该部分。这还允许你转到查询分析器，以检查在此期间执行的查询。图 10-21 显示了在一个图中突出显示的时间框架例子。

注意，在突出显示的区域的右上角，有三个图标用来控制如何处理该选区。框中的 X 表示放弃该选区，数据库图标将打开查询分析器并显示该段时间内的查询情况，放大镜图标将进一步放大当前选区，以便你查看更详细的内容。

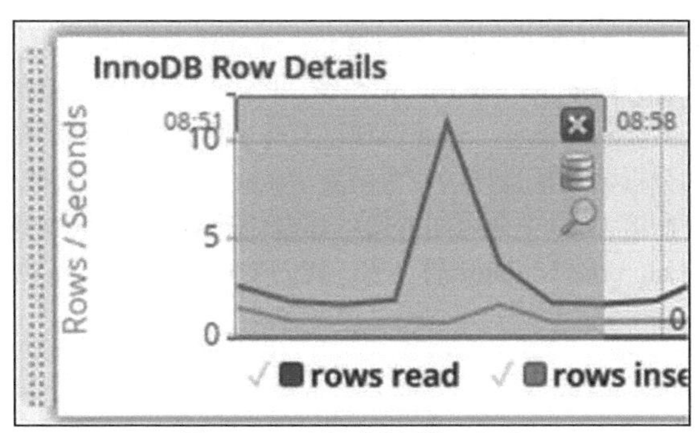

图 10-21　选择时序图的一部分

10.5.4　查询分析器

查询分析器是一项使 MySQL Enterprise Monitor 脱颖而出的功能。

通过查询分析器，可以查询给定实例特定时间段内执行的查询，这项功能在分析性能问题时十分有帮助。查询分析器的界面由三部分组成。

它允许你查看在给定时间段内对实例执行的查询，这在研究性能问题时非常有用。

查询分析器页面分为三个区域。顶部是访问过滤器，中部是一个或多个图表，页面的其余部分是语句列表。图 10-22 显示了查询分析器的一个示例。

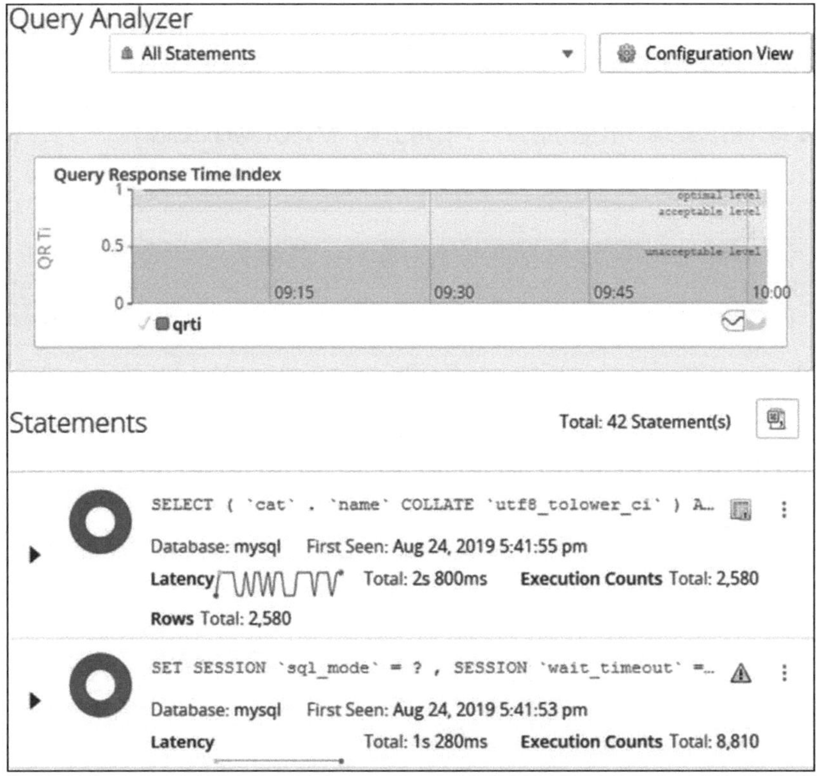

图 10-22　查询分析器

在上图中，顶部显示的 All Statements 下拉框允许你选择要显示的语句类型。默认情况下显示所有语句。通过单击右边的 Configuration View 按钮，将打开查询分析器的配置页面；可在其中配置要分析的时间范围、要显示的图形、过滤选项以及每个语句包含的信息等。

默认情况下，查询分析器包括查询响应时间索引(QRTi)的图形。关于查询响应时间索引的定义以及如何使用它，将在第 19 章中介绍如何使用查询分析器查找优化候选对象时讨论。

以上就是 MySQL Enterprise Monitor 的介绍。我们鼓励你自己进一步探索用户管理界面。

10.6 本章小结

本章简要介绍 MySQL Enterprise Monitor，目的是让你安装并使用它来监控 MySQL 实例。首先概述体系结构和原理。MySQL Enterprise Monitor 由聚合了数据并可通过图形界面访问的 Service Manager 组成。主机和实例的监控由 Agent 完成。Service Manager 中有一个内置的代理，也可在安装了 MySQL 实例的主机上安装 Agent 来对它进行监控。

此后介绍如何进行下载和安装。MySQL Enterprise Monitor 是一个商业产品，可从 Oracle 软件交付云或 Oracle 支持网站下载，用安装程序完成安装。本章介绍了如何通过图形界面来安装 Service Manager。

启动和停止 Service Manager 的基础是将其作为一个系统服务进行安装。在 Linux 和 UNIX 上，还可使用非 root 用户进行安装。这种情况下，可直接从安装目录调用脚本来启停 Service Manager。

添加被监控的实例主要有两种方法。如果你安装了 Agent，那么 Agent 将自动注册该实例。也可通过 Service Manager 的图形界面来添加实例。

最后，我们快速浏览了 Service Manager 的图形管理用户界面。着重介绍了如何使用过滤器选择实例，还介绍了时序图和查询分析器。其中几个功能将在本书的余下部分用于演示监控功能。

下一章将介绍后续章节中使用的另一个有用工具：MySQL Workbench。

第11章

MySQL Workbench

MySQL Workbench 是 Oracle 用于查询和管理 MySQL 的图形用户界面服务器。使用 MySQL 有两大利器；一个是 MySQL Workbench，另一个是下一章要讨论的 MySQL shell。

MySQL Workbench 的主要特性是可以在其中执行的查询模式。同时有其他一些特性，如性能报告、Visual Explain(图形化解释)以及管理配置和检查方案的能力。

如果你对 MySQL Workbench 和 MySQL Enterprise Monitor 进行比较，会发现 MySQL Enterprise Monitor 专门用于监视，是一种服务器解决方案，而 MySQL Workbench 是一个桌面解决方案，主要是一个使用 MySQL 的客户端服务器。与此类似，MySQL Workbench 中包含的监视都是特定的监视，而 MySQL Enterprise Monitor 作为服务器解决方案包括对存储历史数据的支持。

本章将介绍 MySQL Workbench，包括安装、基本用法以及如何创建 EER 图。性能报告和 Visual Explain 将在后续章节中讨论。

注意 如果你已经熟悉 MySQL Workbench，可以快速浏览本章，或者直接跳过。

11.1 安装

安装 MySQL Workbench 的方式与安装其他 MySQL 程序相同。只支持使用包管理器进行安装(因此不支持独立安装)。MySQL Workbench 版本号沿用 MySQL Server 版本号，因此 MySQL Workbench 8.0.18 与 MySQL Server 8.0.18 同时发布。MySQL Workbench 支持仍在维护的 MySQL Server 版本。所以 MySQL Workbench 8.0.18 支持连接到 MySQL Server 5.6、5.7 和 8 等多个版本。

注意 建议使用最新版的 MySQL Workbench。可在 https://dev.mysql.com/doc/mysqlcompat-matrix/en/查看和了解 MySQL 工具的兼容性。

本节将展示如何在 Microsoft Windows、Enterprise Linux 7(Oracle Linux、Red Hat Enterprise Linux 和 CentOS)以及 Ubuntu 19.10 上安装 MySQL Workbench。其他 Linux 平台上的安装与在 Enterprise Linux 和 Ubuntu 上的安装类似。

注意 如果你是 MySQL 的付费用户，建议从 My Oracle Support(MOS)上的补丁与更新专栏下载 MySQL Workbench。你在这里将下载到商业版的 MySQL Workbench；与其他版本相比，会带有审计日志检查器和 MySQL Enterprise Backup(MEB)图形界面等额外功能。

11.1.1 Microsoft Windows

在 Microsoft Windows 上，安装 MySQL Workbench 的首选方法是使用 Windows 版的 MySQL Installer。如果已经安装了其他 MySQL 产品，那么可能已经安装了 MySQL Installer；在这种情况下，可跳过这些说明的第一步，直接在主屏幕上单击 Add，这样就可以跳转到图 11-5 所示的位置。

可从 https://dev.mysql.com/downloads/installer/下载 MySQL Installer。图 11-1 显示了下载部分。

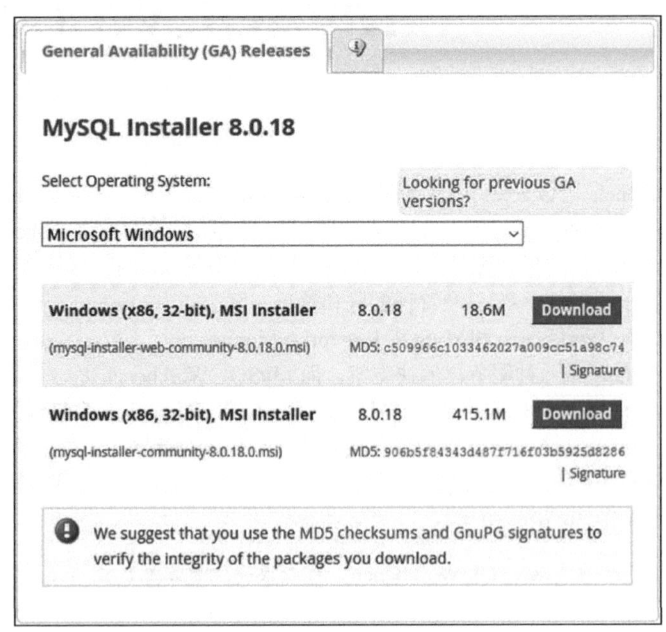

图 11-1 MySQL Workbench 下载页面

安装程序有两种选择。第一个称为 Web Installer (mysql-installer-web-community-8.0.18.0.msi)，只是 MySQL Installer，而第二个(mysql-installer-community-8.0.18.0.msi)还包括 MySQL Server。如果你打算同时安装 MySQL Server，请选择同时包含 MySQL Installer 和 MySQL Server 的安装程序。本示例假设你选择了 Web Installer。

单击 Download 按钮进行下载。如果你没有登录，它将带你进入下载页面，可以选择登录或直接开始下载。如图 11-2 所示。

图 11-2　下载 MySQL Workbench 的第二步

如果你已经有一个账户，那么可以进行登录。否则，可以选择注册一个 Oracle 账户。也可选择不登录直接下载安装程序，单击 No thanks, just start my download，直接进行下载。

下载完毕后，启动下载的文件。除了确认你将允许安装器和 MySQL Installer 修改已安装的程序外，不必执行其他任何操作。一旦安装完成，MySQL Installer 将自动检测并显示已经安装的 MySQL 程序，如图 11-3 所示。

图 11-3　MySQL Installer 会检测之前安装好的 MySQL 程序

如果你没有安装任何 MySQL 程序，将带你来到软件许可确认页面。在进行确认前，请认真阅读软件许可条款。如果你想接受软件许可条款，请单击 I accept the license terms 前面的选择框，并单击 Next 按钮执行下一步设置。

下一步是选择要安装的类型。如图 11-4 所示。

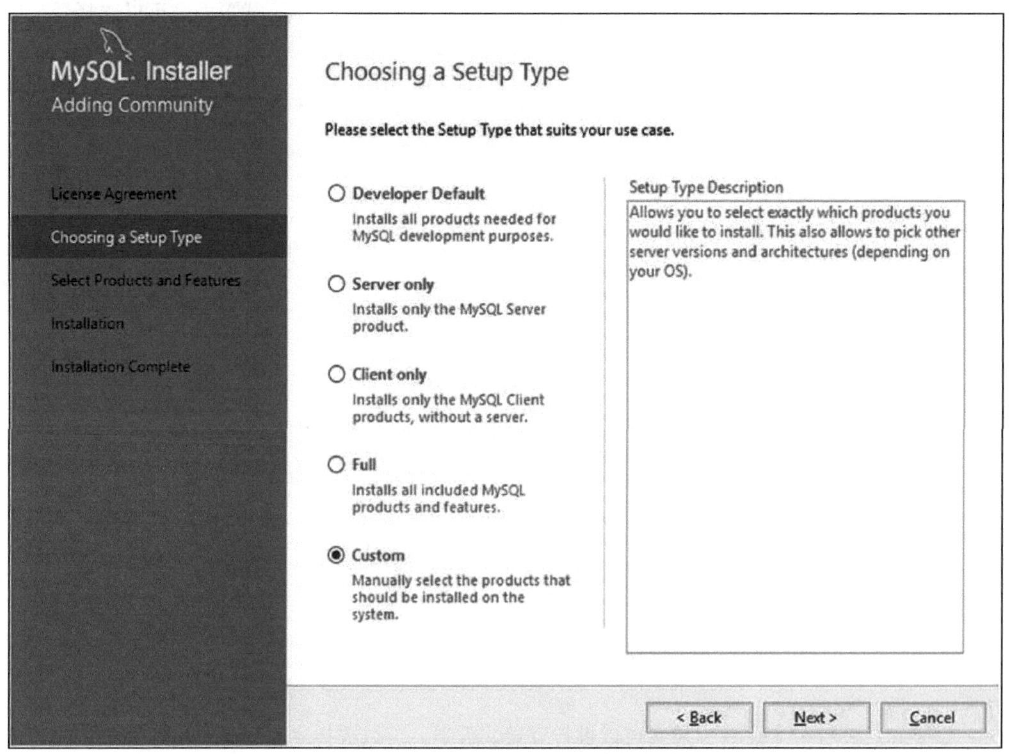

图 11-4 选择 MySQL Installer 安装类型

可在几个包中进行选择，如 Developer Default，它安装通常在开发环境中使用的产品。选择安装类型时，屏幕右侧会显示将要安装的产品列表。对于本例，将使用自定义安装类型。

接下来是选择要安装的产品。它使用如图 11-5 所示的选择窗口。

可在 Applications 下的可用产品列表中找到 MySQL Workbench。单击向右的箭头，将 MySQL Workbench 添加到要安装的产品和特性列表中。当然在这里也可以自由选择其他产品。对于本书内容而言，建议将 MySQL shell 也加入进来。当你添加了所有需要的产品，按 Next 继续安装。

下面的屏幕提供了将要安装的产品的摘要。单击 Execute 开始安装。如果 MySQL Installer 没有本地副本，将在安装过程中下载该产品。安装可能需要一些时间来完成。当完成时，单击 Next 继续安装。最后一个屏幕列出已安装的程序，并提供了启动 MySQL Workbench 和 MySQL shell 的选项。单击 Finish 按钮关闭 MySQL Installer。

如果你稍后想安装更多产品执行升级或删除产品，可再次启动 MySQL Installer，它将带你进入 MySQL Installer 主界面，如图 11-6 所示。

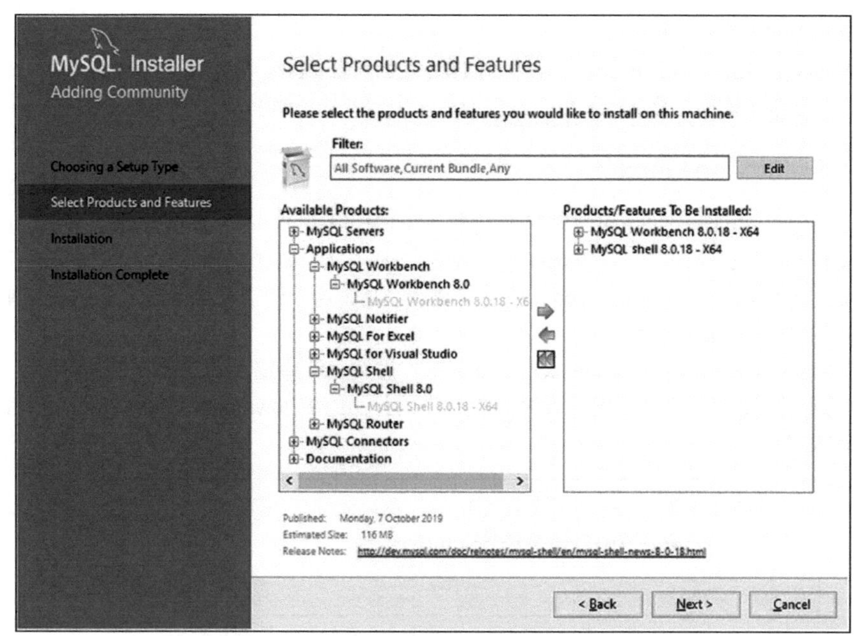

图 11-5　选择安装的内容

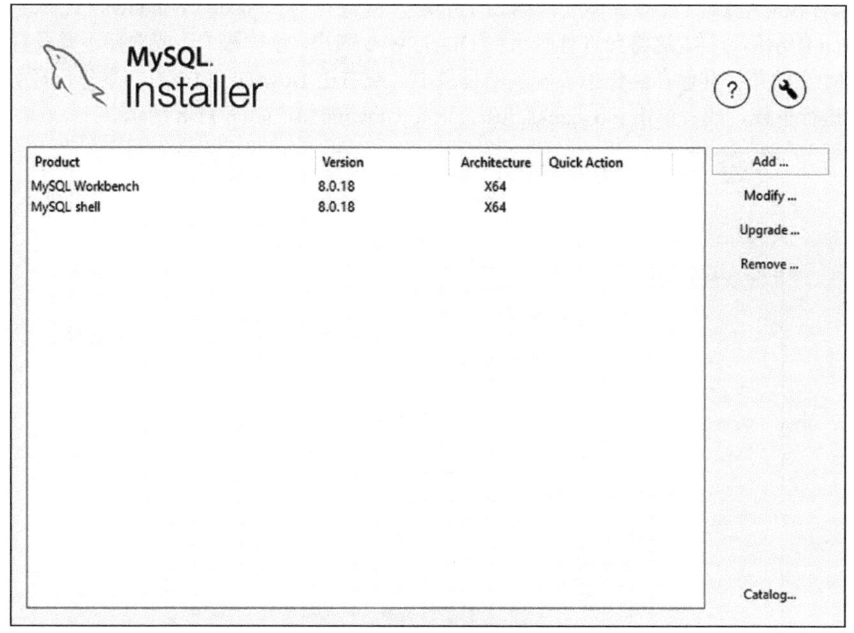

图 11-6　MySQL Installer 主界面

可在屏幕最右边选择要执行的动作。这些操作如下。

- Add：安装产品和特性。
- Modify：修改已经安装的产品，这主要用于 MySQL Server。
- Upgrade：升级一个已经安装的产品。

- Remove：删除一个产品。
- Catalog：更新 MySQL Installer 可用的 MySQL 产品列表。

这五个操作允许你执行 MySQL 产品生命周期中需要的所有步骤。

11.1.2 Enterprise Linux 7

如果你使用 Linux，则使用包管理器安装 MySQL Workbench。在 Oracle Linux、Red Hat Enterprise Linux 和 CentOS 7 上，首选的包管理器是 yum，因为它将帮助解决你安装或升级的包的依赖关系。MySQL 有一个 yum 存储库用于其社区产品。这个例子将展示如何安装它并使用它来安装 MySQL Workbench。

可在 https://dev.mysql.com/downloads/repo/yum/找到存储库定义的 URL。还有用于 APT 和 SUSE 的存储库。选择与 Linux 发行版对应的文件，然后单击 Download。图 11-7 显示了 Enterprise Linux 7 的文件。

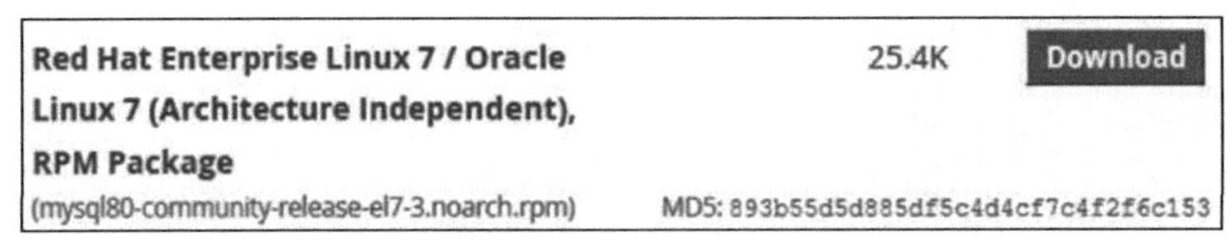

图 11-7 下载 Enterprise Linux 7 存储库定义文件

如果你没有登录，它将带你进入第二个屏幕，就像在 Microsoft Windows 上安装 MySQL Workbench 的示例一样。这将允许你登录到 Oracle Web 账户，创建账户，或选择不登录直接下载。下载 RPM 文件并将其保存到你想要安装的目录中，或右击 Download 按钮(如果你已经登录)并复制 URL 进行下载，或者单击 No thanks, just start my download，如图 11-8 所示。

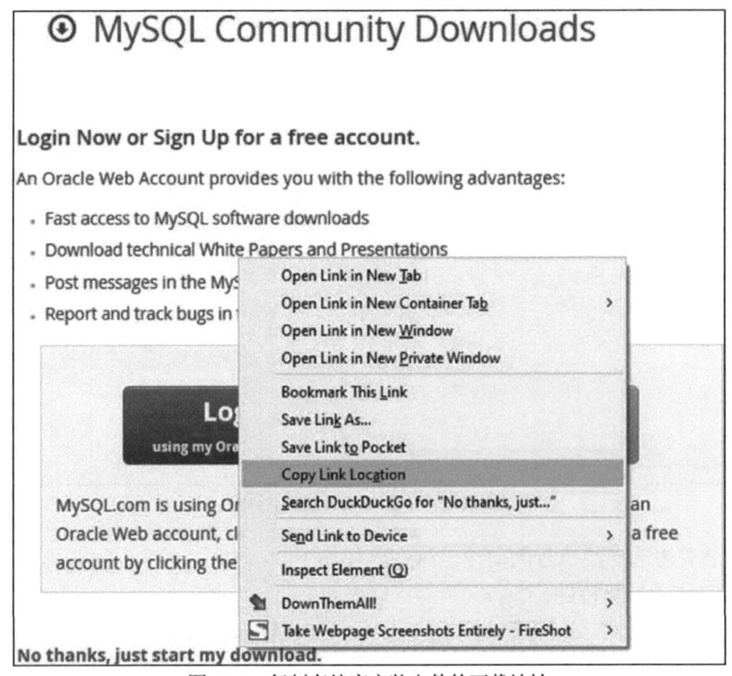

图 11-8 复制存储库安装文件的下载地址

现在可安装如代码清单 11-1 所示的存储库定义。

代码清单 11-1 安装 MySQL Community 存储库

```
shell$ wget https://dev.mysql.com/get/mysql80-community-release-el7-3.
noarch.rpm
...
HTTP request sent, awaiting response... 200 OK
Length: 26024 (25K) [application/x-redhat-package-manager]
Saving to: 'mysql80-community-release-el7-3.noarch.rpm'

100%[========================>] 26,024 --.-K/s in 0.001s

2019-08-18 12:13:47 (20.6 MB/s) - 'mysql80-community-release-el7-3.noarch.rpm'
saved [26024/26024]
shell$ sudo yum install mysql80-community-release-el7-3.noarch.rpm
Loaded plugins: langpacks, ulninfo
Examining mysql80-community-release-el7-3.noarch.rpm: mysql80-community-release-
el7-3.noarch
Marking mysql80-community-release-el7-3.noarch.rpm to be installed
Resolving Dependencies
--> Running transaction check
---> Package mysql80-community-release.noarch 0:el7-3 will be installed
--> Finished Dependency Resolution

Dependencies Resolved

=================================================================
Package
      Arch Version
                 Repository                                  Size
=================================================================
Installing:
mysql80-community-release
      noarch el7-3 /mysql80-community-release-el7-3.noarch 31 k

Transaction Summary
=================================================================
Install 1 Package

Total size: 31 k
Installed size: 31 k
Is this ok [y/d/N]: y
Downloading packages:
Running transaction check
Running transaction test
Transaction test succeeded
Running transaction
  Installing : mysql80-community-release-el7-3.noarch       1/1
  Verifying  : mysql80-community-release-el7-3.noarch       1/1
Installed:
  mysql80-community-release.noarch 0:el7-3

Complete!
```

MySQL Workbench 需要 EPEL 库中的某些软件包。在 Oracle Linux 7 上，可采取如下的启用方式：

```
sudo yum install oracle-epel-release-el7
```

在 Red Hat 企业版 Linux 和 CentOS 上，你需要从 Fedora 下载资料库定义：

```
wget https://dl.fedoraproject.org/pub/epel/epel-release-latest-7.noarch.rpm
sudo yum install epel-release-latest-7.noarch.rpm
```

现在可以安装 MySQL Workbench 了，如代码清单 11-2 所示。

代码清单 11-2 在 Enterprise Linux 7 上安装 MySQL Workbench

```
shell$ sudo yum install mysql-workbench
...
Dependencies Resolved

=================================================================
Package       Arch    Version     Repository               Size
=================================================================
Installing:
mysql-workbench-community
               x86_64 8.0.18-1.el7 mysql-tools-community   26 M

Transaction Summary
=================================================================
Install 1 Package

Total download size: 26 M
Installed size: 116 M
Is this ok [y/d/N]: y
Downloading packages:
warning: /var/cache/yum/x86_64/7Server/mysql-tools-community/packages/
mysql-workbench-community-8.0.18-1.el7.x86_64.rpm: Header V3 DSA/SHA1
Signature, key ID 5072e1f5: NOKEY
Public key for mysql-workbench-community-8.0.18-1.el7.x86_64.rpm is not
installed
mysql-workbench-community-8.0.18-1.         |  31 MB   00:14
Retrieving key from file:///etc/pki/rpm-gpg/RPM-GPG-KEY-mysql
Importing GPG key 0x5072E1F5:
 Userid     : "MySQL Release Engineering <mysql-build@oss.oracle.com>"
 Fingerprint: a4a9 4068 76fc bd3c 4567 70c8 8c71 8d3b 5072 e1f5
 Package    : mysql80-community-release-el7-3.noarch (@/mysql80-community-release-
el7-3.noarch)
 From       : /etc/pki/rpm-gpg/RPM-GPG-KEY-mysql
Is this ok [y/N]: y
Running transaction check
Running transaction test
Transaction test succeeded
Running transaction
 Installing : mysql-workbench-community-8.0.18-1.el7.x86 1/1
 Verifying  : mysql-workbench-community-8.0.18-1.el7.x86 1/1

Installed:
mysql-workbench-community.x86_64 0:8.0.17-1.el7

Complete!
```

你的输出看起来可能会有所不同，例如，根据你已经安装的包，可能引入依赖项。第一次从 MySQL 存储库安装包时，系统会要求你接受用于验证下载包的 GPG 密钥。如果你从 Fedora 安装了 EPEL 存储库，那么还需要接受来自该存储库的 GPG 密钥。

11.1.3　Debian 和 Ubuntu

在 Debian 和 Ubuntu 上安装 MySQL Workbench 遵循与上一个示例相同的原则。这里演示的步骤将使用 Ubuntu 19.10。

注意　可访问 https://dev.mysql.com/doc/mysql-apt-repo-quick-guide/en/来查阅 MySQL APT 存储库的完整文档。

对于 Debian 和 Ubuntu，你需要安装 MySQL APT 存储库，可通过 https://dev.mysql.com/downloads/repo/apt/下载定义文件。在撰写本书时，只有一个文件可用，见图 11-9。这是一个单独的架构，适用于所有支持的 Debian 和 Ubuntu 版本。

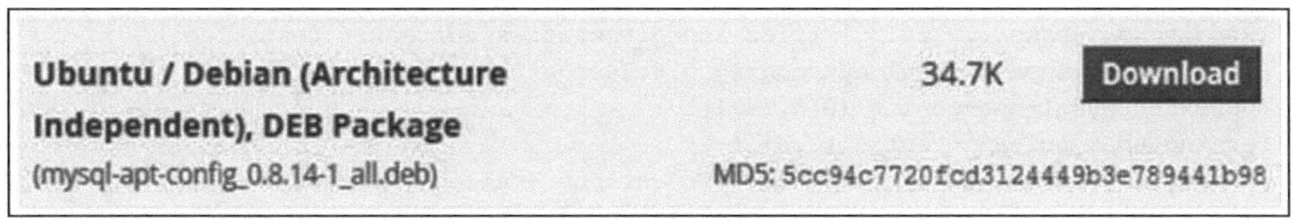

图 11-9　ATP 存储库配置文件

如果你尚未登录，将转到下一个界面，可在登录和立即开始下载之间进行选择。可单击 Download 进行下载，或者右击 Download 按钮，复制下载链接进行下载，如图 11-10 所示。

图 11-10　复制存储库安装文件的下载链接

可以如代码清单 11-3 所示，开始安装 MySQL 存储库。

代码清单 11-3 安装 DEB 包定义

```
shell$ wget https://dev.mysql.com/get/mysql-apt-config_0.8.14-1_all.deb
...
Connecting to repo.mysql.com (repo.mysql.com)|23.202.169.138|:443... connected.
HTTP request sent, awaiting response... 200 OK
Length: 35564 (35K) [application/x-debian-package]
Saving to: 'mysql-apt-config_0.8.14-1_all.deb'

mysql-apt-config_0. 100%[==================>]  34.73K  --.-KB/s   in 0.02s

2019-10-26 17:16:46 (1.39 MB/s) - 'mysql-apt-config_0.8.14-1_all.deb' saved
[35564/35564]
shell$ sudo dpkg -i mysql-apt-config_0.8.14-1_all.deb
Selecting previously unselected package mysql-apt-config.
(Reading database ... 161301 files and directories currently installed.)
Preparing to unpack mysql-apt-config_0.8.14-1_all.deb ...
Unpacking mysql-apt-config (0.8.14-1) ...
Setting up mysql-apt-config (0.8.14-1) ...
Warning: apt-key should not be used in scripts (called from postinst
maintainerscript of the package mysql-apt-config)
OK
```

在第二步(dpkg -i 命令)中，可选择应该通过存储库提供哪些 MySQL 产品。设置屏幕如图 11-11 所示。

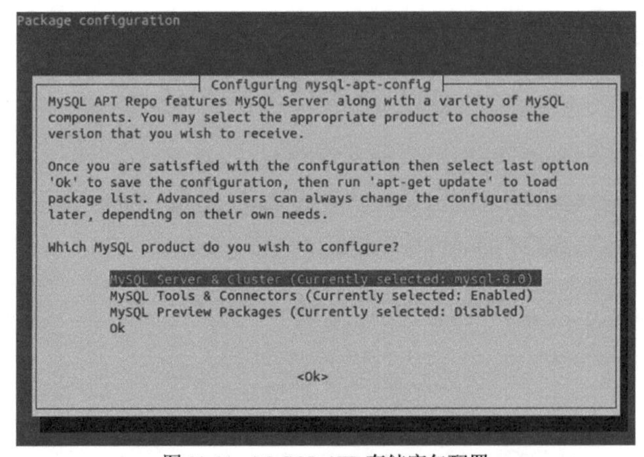

图 11-11 MySQL ATP 存储库包配置

默认情况下启用 MySQL Server&Cluster 以及工具和连接器。对于 MySQL Server&Cluster，也可选择你想使用的版本，默认为 8。为安装 MySQL shell，你需要确保 MySQL 工具和连接器被设置为启用。完成更改后，选择 Ok。

在开始使用存储库前，你需要执行 apt-get 的更新命令：

```
shell$ sudo apt-get update
Hit:1 http://repo.mysql.com/apt/ubuntu eoan InRelease
Hit:2 http://au.archive.ubuntu.com/ubuntu eoan InRelease
Hit:3 http://au.archive.ubuntu.com/ubuntu eoan-updates InRelease
Hit:4 http://au.archive.ubuntu.com/ubuntu eoan-backports InRelease
Hit:5 http://security.ubuntu.com/ubuntu eoan-security InRelease
Reading package lists... Done
```

现在可使用 apt-get 的 install 命令安装 MySQL 产品。代码清单 11-4 显示了一个安装 MySQL Workbench 的示例(注意包名是 mysql-workbench-community，最后的-community 不可省略)。

代码清单 11-4 从 APT 存储库安装 MySQL Workbench

```
shell$ sudo apt-get install mysql-workbench-community
Reading package lists... Done
Building dependency tree
Reading state information... Done
...
Setting up mysql-workbench-community (8.0.18-1ubuntu19.10) ...
Setting up libgail-common:amd64 (2.24.32-4ubuntu1) ...
Processing triggers for libc-bin (2.30-0ubuntu2) ...
Processing triggers for man-db (2.8.7-3) ...
Processing triggers for shared-mime-info (1.10-1) ...
Processing triggers for desktop-file-utils (0.24-1ubuntu1) ...
Processing triggers for mime-support (3.63ubuntu1) ...
Processing triggers for hicolor-icon-theme (0.17-2) ...
Processing triggers for gnome-menus (3.32.0-1ubuntu1) ...
```

输出相当冗长，包括安装 MySQL Workbench 所需的其他包的更改列表。包的列表取决于你已经安装了什么。

现在可以开始使用 MySQL Workbench 了。

11.2 创建连接

第一次启动 MySQL Workbench 时，需要定义到 MySQL 服务器实例的连接。如果你安装了 MySQL Notifier(www.mysql.com/why-mysql/windows/notifier/)，MySQL Workbench 将自动使用 MySQL Notifier 为 root 用户创建到每个监控实例的连接。

还可根据需要创建连接。可在 MySQL Workbench 连接界面上完成此操作，如图 11-12 所示。

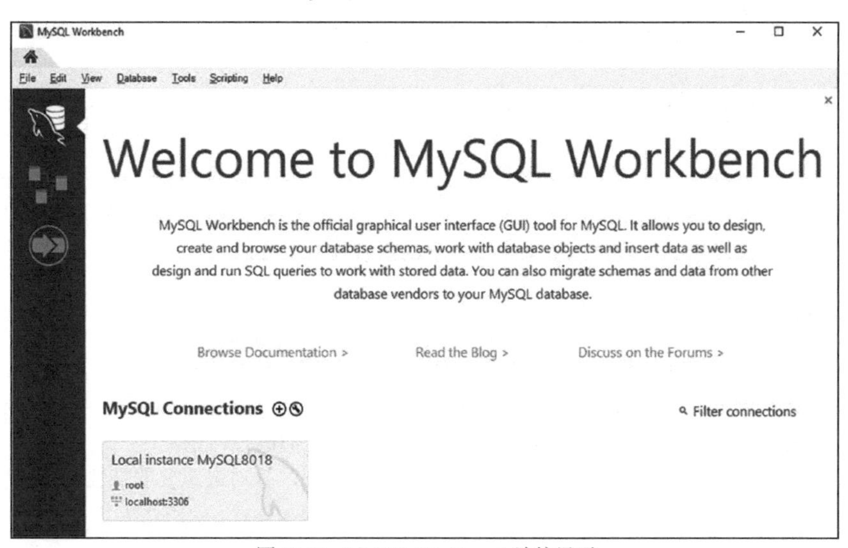

图 11-12 MySQL Workbench 连接界面

通过单击左上角显示的海豚图标来访问连接界面。

屏幕截图显示了连接界面，其中包含欢迎消息和一个已经存在的连接。可以右击连接来访问连接选项——包括打开连接(创建到 MySQL 实例的连接)、编辑连接、将其添加到组等。

可单击 MySQL 连接右侧的+来添加一个新连接。配置连接的对话框，如图 11-13 所示。用于创建新连接和编辑现有连接的对话框十分相似。

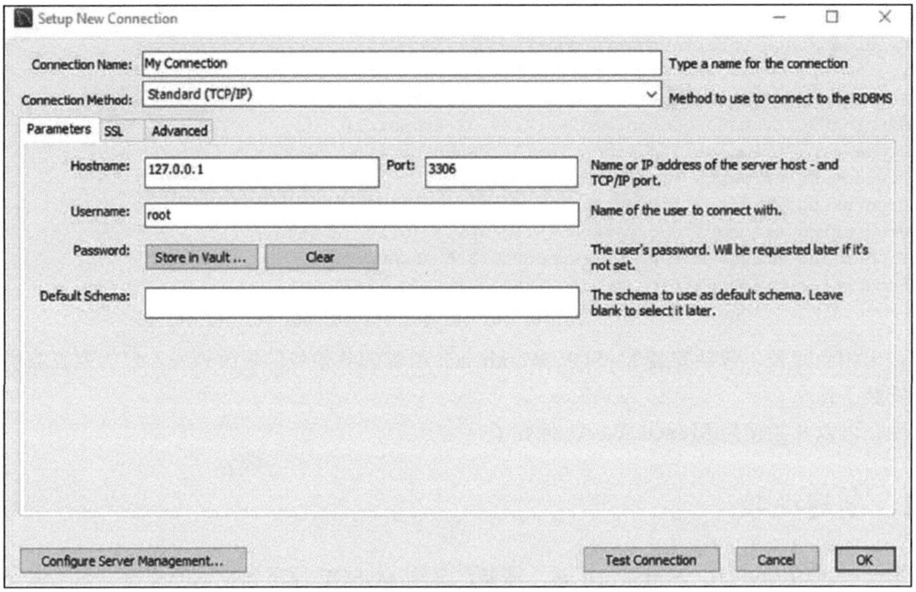

图 11-13　创建新连接的对话框

可使用自己选择的名称来命名该连接。它是一个自由格式的字符串，只是用来更容易地识别连接。其余选项是通常的连接选项。

有了连接后，可在连接界面上双击来连接数据库实例了。

11.3　使用 MySQL Workbench

MySQL Workbench 中最常用的特性是执行查询的能力。这是通过 Query 选项卡完成的，除了执行查询的能力外，Query 还包括几个特性。这些特性包括显示结果集、获得称为 Visual Explain 的查询计划的可视化表示、获得上下文帮助、重新格式化查询等。

11.3.1　概要

Query 选项卡包含两个区域，一个是编辑器，用于编写查询，另一个是查询结果。还支持显示上下文帮助和查询统计信息。从技术角度看，这两个额外区域不是 Query 选项卡的一部分，但由于它们主要与 Query 选项卡一起使用，所以这里也将对它们进行讨论。

图 11-14 显示了带有 Query 选项卡的 MySQL Workbench，并对最重要的特性进行了编号。

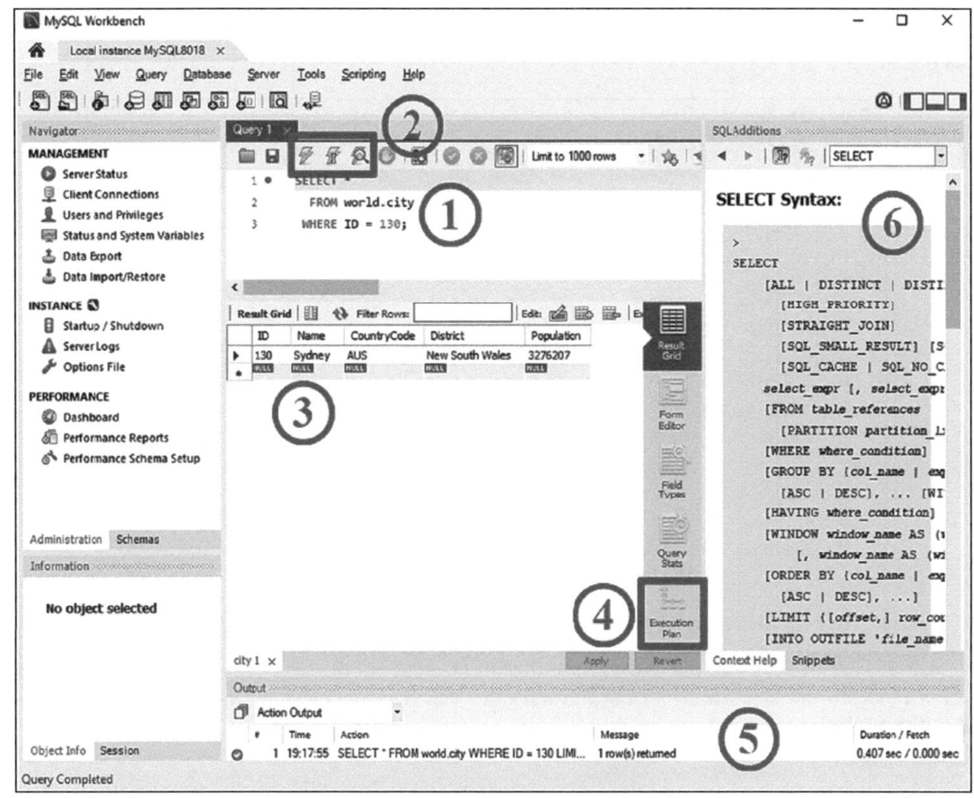

图 11-14　MySQL Workbench 及查询选项卡

在标记①的区域编写查询语句。可在这里保留几个查询，MySQL Workbench 将保存它们，以便在再次打开连接时恢复它们。这使得它可以作为一个便笺簿来存储最常用的查询语句。

你执行查询及查询使用的三个闪电图标标记为②。左边的图标是一个普通的闪电符号，执行查询编辑器里选中的查询语句；这与使用快捷键 Ctrl+Shift+Enter 带来的效果是一样的。带有闪电符号和光标的图标用于执行光标所在位置的查询；使用此图标与在编辑器中使用快捷键 Ctrl+Enter 效果相同。第三个图标在闪电符号前面有一个放大镜，将为当前光标所在的查询创建查询计划。显示查询计划的默认方式是可视化的解释图。还可使用键盘快捷键 Ctrl+Alt+X 来获得查询计划。

查询结果将显示在查询编辑下方标记为③的区域，可在查询结果的右侧来设定多种显示格式。其中最后一个是执行计划，如④所示。这与在查询编辑器中直接执行查询计划得到的结果是一样的。

查询选项卡的下方是输出区域，如⑤所示，默认情况下显示最后一个查询执行的统计信息。其中包括执行查询的开始时间、查询语句、找到的行数以及执行查询花费的时间。在右边的窗格中，如⑥所示，默认情况下显示上下文帮助文档。可启用自动上下文帮助，也可使用帮助文本上的图标手动调用它。

11.3.2　配置

对于 MySQL Workbench，有几个设置可以更改，从颜色到 MySQL Workbench 所依赖的程序(如 mysqldump)的行为和路径等。

有两种方法可以获得设置，如图 11-15 所示。该图显示了 MySQL Workbench 窗口的左上和右上部分。

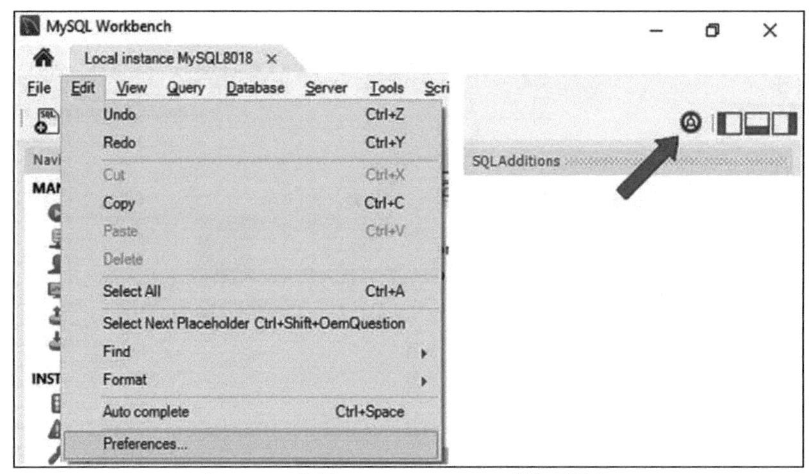

图 11-15 访问 MySQL Workbench 首选项设定

在左侧，可在菜单中选择 Edit，然后转到底部的首选项。或者，可以单击窗口右侧的齿轮图标。无论哪种方式，你都会看到如图 11-16 所示的首选项弹出框。

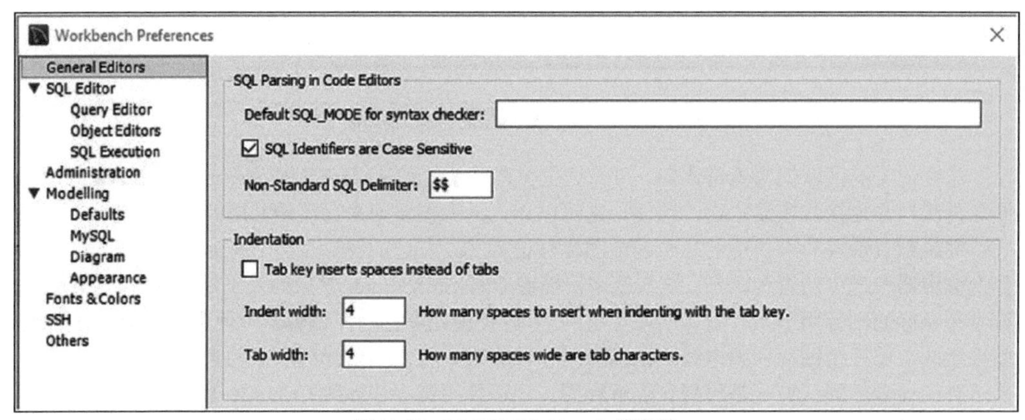

图 11-16 MySQL Workbench 首选项

General Editor(常规编辑器)设置包括语法检查器要考虑的 SQL 模式，以及缩进是使用空格还是制表符等设置。SQL Editor(SQL 编辑器)设置包括是否使用安全设置、是否保存编辑器以及编辑器和 Query 选项卡的一般行为。如果不想使用绑定的二进制文件，Administration(管理)设置可设定 mysqldump 要使用的路径。Modelling(建模)设置用于数据库建模特性。Fonts＆Colors(字体和颜色)设置允许你改变 MySQL Workbench 的视觉外观。当你使用需要 SSH 连接到远程主机的特性时，将使用 SSH 设置。最后，Others(其他)设置包括一些其他类别的设置，如是否在连接的开始界面上显示欢迎消息。

这些设置中也包括安全设置。这又是什么?

11.3.3　安全设置

MySQL Workbench 有两个默认启用的安全设置，以帮助防止更改或删除表中的所有行，同时避免获取太多行记录。一个安全设置是：如果 UPDATE 和 DELETE 语句没有 WHERE 子句，那么它们将被阻塞；另一个安全设置是：SELECT 语句添加的行数限制为 1000(可配置的最大行数)。UPDATE 和 DELETE 语句的 WHERE 子句不能是一个简单的子句。

注意　不要以为启用了安全设置就万事大吉。使用 WHERE 子句，UPDATE 和 DELETE 语句仍然会产生不好的结果，限制为 1000 的 SELECT 查询仍然需要 MySQL 检索更多的行。

通常最好启用这些设置，但对于某些查询，你将需要更改设置，以使它们按预期工作。可以在刚才描述的设置中更改选择限制。这个限制是在 SQL Editor 下的 SQL 执行子菜单下设置的。另外，一种更简单的方法是使用编辑器上方的下拉框，如图 11-17 所示。

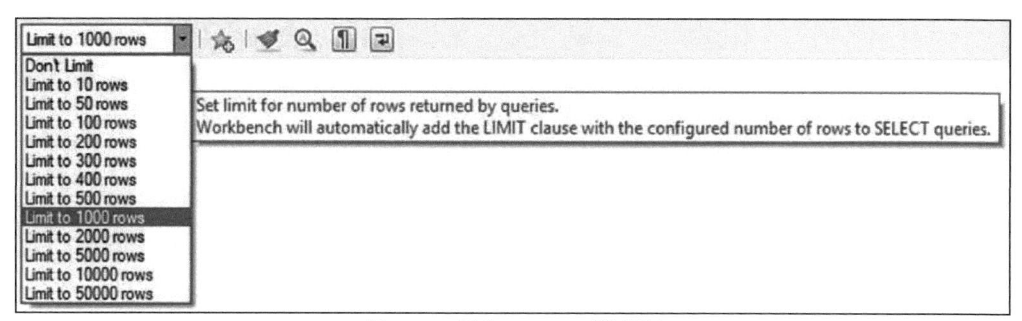

图 11-17　更改 SELECT 查询限制

通过这种方式更改限制与通过首选项进行设置效果相同。

可以在 SQL 编辑器设置中更新和删除安全设置。除非你确实需要更新或删除表中的所有行，否则建议保持开启状态。请注意，禁用该设置需要重新连接。

11.3.4　重新格式化查询

MySQL Workbench 的一个优良特性是查询美化工具，但通常不太受关注。这对于查询调优也有帮助，因为格式良好的查询有助于理解查询在做什么。

查询美化器接收一个查询，将选择列表、表和过滤器拆分成单独的行，并添加缩进。图 11-18 显示了一个示例。

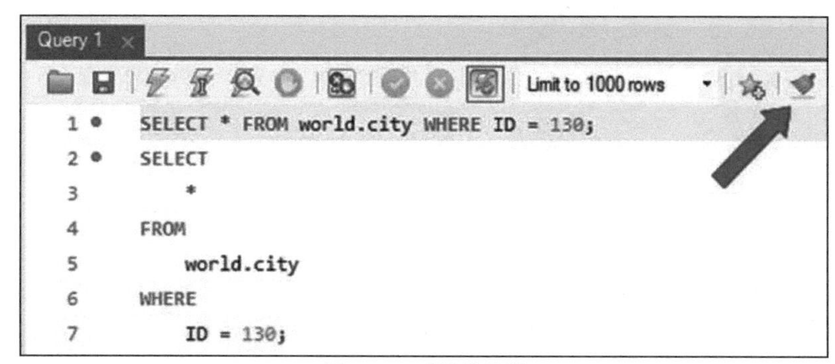

图 11-18　查询美化器

第一个查询是原始查询，整个查询在一行中。第二个查询是重新格式化的查询。对于像本例这样的简单查询，美化没有什么价值，但对于更复杂的查询，它可使查询更容易阅读。

默认情况下，美化包括将 SQL 关键字更改为大写。可在首选项的 SQL Editor 设置的 Query Editor 子菜单中确认是否应该这样做并执行修改。

11.4 EER 图

最后一个要探讨的特性是支持对方案进行逆向工程并创建一个增强的实体-关系(EER)图。这是一种很有用的方法，可让你大致了解正在使用的方案。如果定义了外键，MySQL Workbench 将使用定义将表链接在一起。

可从 Database 菜单选项启动逆向工程向导，然后选择逆向工程。另外，Ctrl+R 键盘组合也可将你带到那里。如图 11-19 所示。

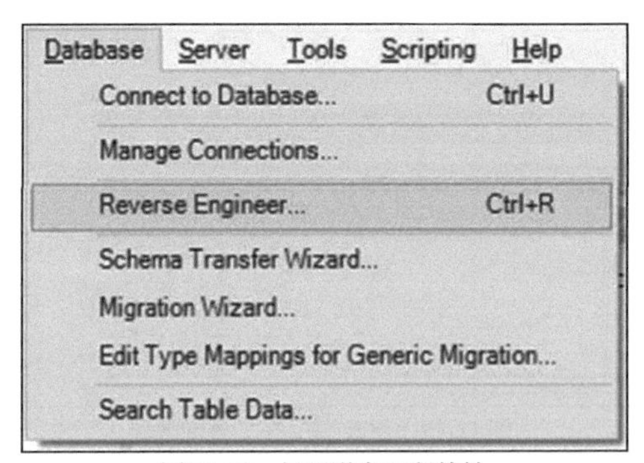

图 11-19 打开逆向工程特性

向导将引导你完成导入方案的步骤，首先选择要使用哪个已经存在的连接，或者手动配置连接。下一步连接并导入可用方案的列表。这里选择一个或多个方案进行逆向工程，如图 11-20 所示。

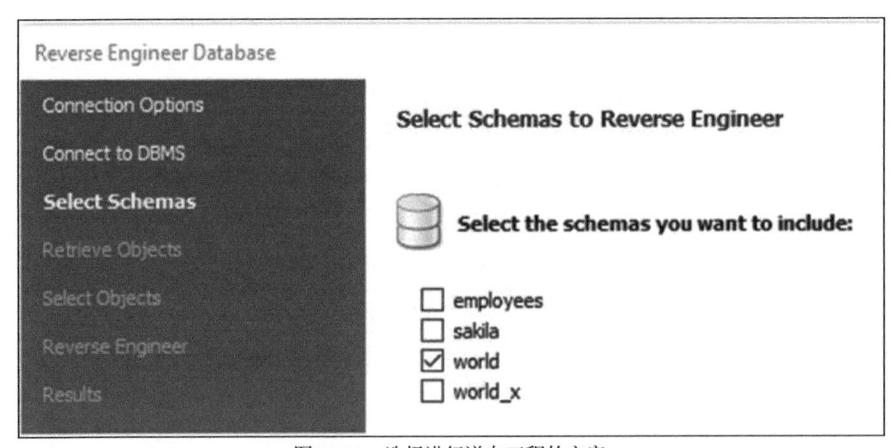

图 11-20 选择进行逆向工程的方案

在本例中，选择了 world 方案。接下来的步骤将获取方案对象并允许你过滤要包含的对象。最后，对象被导入并放置在图中，并显示确认消息。最终的 EER 图如图 11-21 所示。

注意 如果 MySQL Workbench 在创建图表时崩溃，尝试在菜单中选择“Edit(编辑)” | “Configuration(配置)” | “Modelling(建模)”，并选中 force use of software based rendering for EER diagrams 选项。

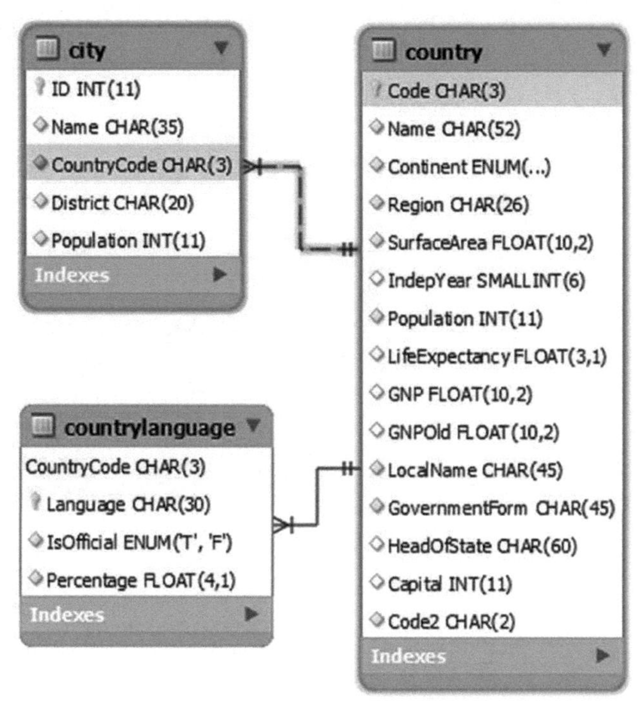

图 11-21 world 数据库的 EER 图

该图显示了 world 数据库中的三个表。当你将鼠标悬停在一个表上时，与其他表的关系将在子表中用绿色突出显示，在父表中用蓝色突出显示。这使你能快速探索表之间的关系，从而获得在需要调优查询时至关重要的信息。

11.5 本章小结

本章介绍了 MySQL 的图形用户界面解决方案 MySQL Workbench。演示了如何安装 MySQL Workbench 和创建连接。然后给出主查询视图的概述，并展示如何配置 MySQL Workbench。默认情况下，如果没有 WHERE 子句，就不能执行 UDPATE 和 DELETE 语句，并且 SELECT 查询被限制为 1000 行。

讨论了查询美化和 EER 图两个特征。这些不是仅有的特性，后续章节将展示性能报告的例子和 Visual Explain 查询计划图。

下一章将讨论 MySQL shell，它是 MySQL 提供的两种利器中的第二种。

第 12 章 MySQL shell

MySQL shell 是第二代命令行客户端，与传统的 MySQL 命令行客户端相比，它支持 X 协议以及 Python 和 JavaScript 语言。它还附带了几个实用程序，并且具有高度的可扩展性。这使得它不仅可用于日常任务，而且可用于检查性能问题。

本章首先概述 MySQL shell 提供的功能(包括内置的帮助和丰富的提示)，然后介绍如何通过使用外部代码模块、报表基础架构和插件来扩展 MySQL shell 的功能。

12.1 概要

MySQL shell 于 2017 年正式发布，所以它在 MySQL 工具箱中仍然是一个非常新的工具。然而，它已经有了大量的特性，远远超过了传统的 mysql 命令行客户端所具有的特性。这些特性并不局限于那些需要使用 MySQL shell 作为 MySQL InnoDB 集群解决方案一部分的用户；还有几个特性对于日常数据库管理任务和性能优化也非常有用。

MySQL shell 相对于 MySQL 命令行客户端的一个优势是，MySQL shell 编辑器在 Linux 和 Microsoft Windows 上的行为是相同的，因此如果你在两个平台上工作，你将获得一致的使用体验。

这意味着，按 Ctrl+D 键可在 Linux、macOS 和 Microsoft Windows 中退出当前 shell，按 Ctrl+W 键可删除前面的单词；以此类推。

提示 Charles Bell(本书的技术评论员和 MySQL 开发人员)写了一本介绍 MySQL shell (Apress)的书，对 MySQL shell 进行了全面介绍：www.apress.com/gp/book/9781484250822。此外，本书作者已发表了几个关于 MySQL shell 的博客，见 https://mysql.wisborg.dk/mysql- shell-blogs/。

本节将介绍如何安装 MySQL shell、如何调用它以及其他一些基本特性。但是，我们不可能详细介绍 MySQL shell 的所有特性。当你使用 MySQL shell 时，我们鼓励你在 https://dev.mysql.com/doc/mysqlshell/en 查阅在线手册以获得更多信息。

12.1.1 安装 MySQL shell

MySQL shell 的安装方式与其他 MySQL 产品相同(MySQL Enterprise Monitor 除外)。可从 https://dev.mysql.com/downloads/shell/下载它。它可用于 Microsoft Windows、Linux 和 macOS，也可作为源代码使用。对于 Microsoft Windows，也可通过 MySQL 安装程序安装它。

如果你使用本地包格式安装 MySQL shell，并为 Microsoft Windows 安装 MySQL 安装程序，除了名称外，安装说明与 MySQL Workbench 相同。详见上一章。

还可在 Microsoft Windows 上使用 ZIP 归档文件安装 MySQL shell，或在 Linux 和 macOS 上使用 TAR 归档文件安装 MySQL shell。如果选择该选项，只需要解压缩下载的文件即可。

12.1.2 调用 MySQL shell

使用安装目录下 bin 目录中的 mysqlsh(或 Microsoft Windows 中的 mysqlsh.exe)二进制文件调用 MySQL shell。当你使用本地包安装 MySQL shell 时，二进制文件将位于 PATH 环境变量中，因此操作系统可在不显式提供路径的情况下找到它。

这意味着最简单的启动 MySQL shell 的方式是执行 mysqlsh:

```
shell> mysqlsh
MySQL shell 8.0.18

Copyright (c) 2016, 2019, Oracle and/or its affiliates. All rights
reserved.
Oracle is a registered trademark of Oracle Corporation and/or its
affiliates.
Other names may be trademarks of their respective owners.

Type '\help' or '\?' for help; '\quit' to exit.
MySQL JS>
```

提示符与此输出中的提示符看起来不同，因为默认提示符不能完全用纯文本表示。与 mysql 命令行不同，MySQl shell 不需要连接，并且默认情况下也不创建连接。

12.1.3 创建连接

有几种方法可为 MySQL shell 创建连接，包括从命令行和从 MySQL shell 内部创建。

如果在调用 mysqlsh 时添加任何与连接相关的参数，那么 MySQL shell 将创建连接作为启动的一部分。未指定的任何连接选项将它们用作默认值。例如，为以 root MySQL 用户身份使用默认端口(以及 Linux 和 macOS 套接字)连接到本地主机上的 MySQL 实例，只需要指定--user 参数：

```
shell> mysqlsh --user=root
Please provide the password for 'root@localhost': ********
Save password for 'root@localhost'? [Y]es/[N]o/Ne[v]er (default No): yes
MySQL shell 8.0.18

Copyright (c) 2016, 2019, Oracle and/or its affiliates. All rights
reserved.
Oracle is a registered trademark of Oracle Corporation and/or its
affiliates.
Other names may be trademarks of their respective owners.

Type '\help' or '\?' for help; '\quit' to exit.
Creating a session to 'root@localhost'
Fetching schema names for autocompletion... Press ^C to stop.
Your MySQL connection id is 39581 (X protocol)
Server version: 8.0.18 MySQL Community Server - GPL
No default schema selected; type \use <schema> to set one.
MySQL localhost:33060+ ssl JS >
```

第一次连接时，系统会要求你输入账户密码。如果 MySQL shell 在路径中发现 mysql_config_editor 命令，或者你在 Microsoft Windows 上，MySQL shell 可以使用 Windows keyring 服务，MySQL shell 将为你保存密码，所以将来你就不需要再输入它了。

或者，可以使用一个 URI 来指定连接选项，例如：

```
shell> mysqlsh root@localhost:3306?schema=world
```

MySQL shell 启动后，注意提示符是如何变化的。MySQL shell 提供了一个自适应提示，可以根据连接的状态进行修改。默认提示包括连接到的端口号。如果你连接到 MySQL Server 8，那么默认使用的端口是 33060 而非 3306，因为 MySQL shell 默认使用 X 协议，而不是传统的 MySQL 协议。这就是端口号不符合你预期的原因。

还可在 MySQL shell 中创建或更改连接。你甚至可有多个连接，因此可并发地处理两个或多个实例。有几种创建会话的方法，包括表 12-1 中列出的方法。该表还包括如何设置和检索全局会话。“语言命令”列根据所使用的语言模式显示要调用的命令或方法。

表 12-1 各种创建和使用连接的方法

方法	语言命令	描述
Global session	**所有模式：** \connect (or \c for short)	创建一个全局会话(默认会话)。这相当于 mysql 命令行客户端的连接
General session	**JavaScript:** mysqlx.getSession() **Python:** mysqlx.get_session()	返回会话，以便将其分配给变量。可以用于使用 X 协议和经典协议的连接
Classic session	**JavaScript:** mysql.getClassicSession() **Python:** mysql.get_classic_session()	与一般会话类似，但总是返回经典会话

(续表)

方法	语言命令	描述
Set global session	**JavaScript:** shell.setSession() **Python:** shell.set_session()	从包含会话的变量设置全局会话
Get global session	**JavaScript:** shell.getSession() **Python:** shell.get_session()	返回全局会话，因此可以将其分配给变量
Reconnect	**所有模式:** \reconnect	使用与现有全局连接相同的参数重新连接

创建会话的所有命令和方法都支持格式[scheme://][user[:password]@][/schema][?option=value&option=value...]。这些方法还支持在字典中提供选项。如果未包含密码，而且 MySQL shell 没有为账户存储密码，将提示你交互地输入密码(与传统的命令行客户端不同，MySQL shell 可以在执行命令期间提示信息)。例如，作为 myuser 用户连接到 localhost。

```
MySQL JS> \connect myuser@localhost
Creating a session to 'myuser@localhost'
Please provide the password for 'myuser@localhost': *******
```

语言模式已经提到过几次了。下一节将介绍如何使用它。

12.1.4　语言模式

MySQL shell 的最大特性之一是你不仅能够执行 SQL 语句。可使用 JavaScript 和 Python 的全部功能——当然还有 SQL 语句。这使得 MySQL shell 具有强大的自动执行任务的功能。

虽然可同时使用 JavaScript 和 Python 的 API 执行查询，但一次只能使用一种语言模式。表 12-2 总结了如何从命令行和 MySQL shell 中选择要使用的语言模式。

表 12-2　选择 MySQL shell 的语言模式

模式	命令行	MySQL shell
JavaScript	--js	\js
Python	--py	\py
SQL	--sql	\sql

默认模式是 JavaScript。提示反映了你所处的语言模式，因此你始终知道自己使用的是哪种模式。

提示　在 MySQL shell 8.0.16 和更新的版本中，可在 Python 和 JavaScript 模式中使用\sql 作为命令的前缀，使 MySQL shell 以 SQL 语句的形式执行命令。

在列出如何创建连接时需要注意，MySQL shell(如 X DevAPI)试图保持该语言通常使用的命名约定。这意味着，在 JavaScript 模式下，函数和方法使用驼峰式(如 getSession())，而在 Python 模式下使用蛇式(get_session())。如果使用内置帮助，则帮助将反映所使用的语言模式的名称。

12.1.5 内建帮助

一般来讲，掌握 MySQL shell 的所有特性以及如何使用它们是有些难度的。幸运的是，这里有一个内置的帮助特性，让你不必每次返回阅读在线手册就可获得有关特性的信息。

如果使用--help 参数执行 mysqlsh，你将获得所有受支持的命令行参数的信息。启动 shell 后，还可以获得有关命令、对象和方法的帮助。最高层次的帮助是使用\h、\?或\help 命令，可从所有语言模式获得。这将列出命令和全局对象以及如何获得进一步帮助的信息。

第二层次的帮助则提供了命令和全局对象的相关信息。可使用其中一个帮助命令指定全局对象的命令名称，以获取有关命令或对象的更多信息。例如：

```
mysql-js> \h \connect
NAME
      \connect - Connects the shell to a MySQL server and assigns the global
      session.

SYNTAX
      \connect [<TYPE>] <URI>

      \c [<TYPE>] <URI>

DESCRIPTION
...
```

最后一层帮助是针对全局对象的特性。全局对象和全局对象的模块都有一个 help()方法，该方法为对象或模块提供帮助信息。help()方法还可将模块或对象的方法名作为字符串，该字符串将为该方法返回帮助。下面是一个例子(输出内容做了省略处理，因为它相当冗长，建议尝试自己的命令，同时观察帮助文本的返回信息)：

```
MySQL JS> \h shell

MySQL JS> shell.help()

MySQL JS> shell.help('reconnect')

MySQL JS> shell.reports.help()

MySQL JS> shell.reports.help('query')
```

前两条命令返回相同的帮助文本。你有必要熟悉一下 help 特性，因为它可以极大地提高你使用 MySQL shell 的效率。

帮助的上下文感知功能不仅是检测全局对象是否存在以及方法名称是否遵循 JavaScript 或 Python 约定。例如一个关于 select 的请求有几种可能的含义；它可以是 X DevAPI 中的 select()方法之一，也可以是 SELECT SQL 语句。如果以 SQL 模式请求帮助，MySQL shell 假定你指的是 SQL 语句。然而，在 Python 和 JavaScript 模式下，你会被问到指的是哪一个含义：

```
MySQL Py> \h select
Found several entries matching select

The following topics were found at the SQL Syntax category:

- SQL Syntax/SELECT

The following topics were found at the X DevAPI category:
- mysqlx.Table.select
```

```
- mysqlx.TableSelect.select

For help on a specific topic use: \? <topic>

e.g.: \? SQL Syntax/SELECT
```

MySQL shell 可在 SQL 模式下为 SELECT 语句提供帮助而不考虑 X DevAPI 的原因是：X DevAPI 方法只能在 Python 和 JavaScript 模式下访问。另一方面，select 的几种含义在 Python 和 JavaScript 模式中都有意义。

如前所述，还存在几个全局对象。这些又是什么?

12.1.6　内建全局对象

MySQL shell 使用全局对象对特性进行分组。MySQL shell 的功能可在全局对象中找到。正如你将在“插件”一节中看到的，也可以添加自己的全局对象。

下面列出内建全局对象。

- **db**：设置了默认库后，db 保存默认库的 X DevAPI 对象。可以找到 X DevAPI 表对象作为 db 对象的属性(除非表或视图名称与现有属性相同)。会话对象也可从 db 对象中获得。
- **dba**：用于管理 MySQL InnoDB 集群。
- **mysql**：用于使用经典 MySQL 协议连接到 MySQL。
- **mysqlx**：用于处理 MySQL X 协议会话。
- **session**：用于处理当前全局会话(连接到 MySQL 实例)。
- **shell**：各种通用的方法和属性。
- **util**：各种工具，如升级检查器、导入 JSON 数据、将 CSV 文件中的数据导入关系表。

以上就是对 MySQL shell 的概述。接下来将讲述提示符以及如何定制它。

12.2　提示符

MySQL shell 区别于传统命令行客户端的一个特点就是丰富的提示符；提示符不仅便于你查看正在使用的主机和库，还可添加信息，如连接到生产实例、使用 SSL 以及自定义字段。

12.2.1　内置提示符

MySQL shell 带有几个预定义的提示模板，可以从中选择。默认情况下使用提示符提供有关连接的信息并支持 256 种颜色，但也有更简单的提示符。

提示定义模板的位置取决于你如何安装 MySQL shell。位置的例子如下。

- **ZIP and TAR archives**：存档的 share/mysqlsh/prompt 目录。
- **RPM on Oracle Linux 7**：/usr/share/mysqlsh/prompt/。
- **MySQL Installer on Microsoft Windows**：C:\Program Files\MySQL\MySQL shell 8.0\share\mysqlsh\prompt。

提示定义是 JSON 文件，其中包含 MySQL shell 8.0.18 的定义。

- **prompt_16.json**：一个彩色提示符，限制使用 16/8 的 ANSI 颜色和属性。
- **prompt_256.json**：提示符使用 256 种索引颜色。这是默认值。
- **prompt_256inv.json**：与 prompt_256.json 类似，但使用“不可见的”背景色(使用与终端相同的颜色)和不同的前景色。

- **prompt_256pl.json**：与 prompt_256.json 相同，但有额外的符号。这需要一个 Powerline 补丁字体，例如与 Powerline 项目一起安装的字体。当你使用 SSL 连接到 MySQL 并使用“箭头”分隔符时，这将添加一个带有提示符的挂锁。稍后将列举安装 Powerline 字体的示例。
- **prompt_256pl+aw.json**：与 prompt_256pl.json 相似，但带有“awesome 符号”，这需要 awesome 符号包括在 Powerline 字体中。稍后将列举安装这些 awesom 符号的示例。
- **prompt_classic.json**：这是一个非常基本的提示符，仅根据使用的模式显示 mysql-js>、mysql-py>或 mysql-sql>。
- **prompt_dbl_256.json:** 与 prompt_256.json 提示符相同，只不过是两行显示。
- **prompt_dbl_256pl.json**：与 prompt_256pl.json 提示符相同，只不过是两行显示。
- **prompt_dbl_256pl+aw.json**：与 prompt_256pl+aw.json 提示符相同，只不过是两行显示。
- **prompt_nocolor.json**：提供完整的提示信息，但完全没有颜色。例如 MySQL [localhost+ssl/world] JS>。

如果你的 shell 窗口宽度有限，那么两行模板特别有用，因为它们将把信息放在一行上，并允许你在下一行键入命令，而不必在前面加上完整的提示符。

有两种方法可以指定要使用的提示符。MySQL shell 首先在用户的 MySQL shell 目录中查找 prompt.json 文件。默认位置取决于你的操作系统。

- **Linux 和 macOS**：~/.mysqlsh/prompt.json。在用户主路径下的.mysqlsh 目录中。
- **Microsoft Windows**：%AppData%\MySQL\mysqlsh\prompt.json，在用户主目录下的 AppData\Roaming\MySQL\mysqlsh 文件夹中。

可通过设置 MYSQLSH_HOME 环境变量来更改目录。如果希望使用与默认提示符不同的提示符，可将该定义复制到目录中，并将文件命名为 prompt.json。

指定提示符定义位置的另一种方法是设置 MYSQLSH_PROMPT_THEME 环境变量，例如，在 Microsoft Windows 上使用命令提示符：

```
C:\> set MYSQLSH_PROMPT_THEME=C:\Program Files\MySQL\MySQL shell 8.0\share\
mysqlsh\prompt\prompt_256inv.json
```

PowerShell 中的语法略有不同：

```
PS> $env:MYSQLSH_PROMPT_THEME = "C:\Program Files\MySQL\MySQL shell 8.0\
share\mysqlsh\prompt\prompt_256inv.json";
```

在 Linux 和 UNIX 中：

```
shell$ export MYSQLSH_PROMPT_THEME=/usr/share/mysqlsh/prompt/prompt_256inv.
json
```

如果你想临时使用与通常提示符不同的提示符，这将非常有用。

正如前面提示的，大多数提示定义有几个部分。最简单的方法是查看一个提示示例，如默认提示符(prompt_256.json)，如图 12-1 所示。

```
PRODUCTION  MySQL  localhost:33060+ ssl  world  SQL >
```

图 12-1 MySQL shell 默认提示符

提示符由几个部分组成。首先，红色背景部分表示这是生产环境，这是为了警告你已连接到生产实例。一个实例是否被视为生产实例取决于你所连接的主机名是否包含在 PRODUCTION_SERVERS 环境变量中。第二个元素是 MySQL 字符串，它没有任何特殊含义。

第三是你所连接的主机和端口、是否使用 X 协议以及是否使用 SSL。在本例中，端口号后面有一个+，表示正在使用 X 协议。第四个元素是默认方案。

第五个也是最后一个元素(不包括末尾的>)是语言模式。它将分别显示 SQL、Py 或 JS，这取决于你启用了 SQL、Python 还是 JavaScript 模式。这个元素的背景颜色也会随着语言的变化而变化。SQL 使用橙色，Python 使用蓝色，而 JavaScript 使用黄色。

通常，你不会看到提示符的所有元素，因为 MySQL shell 只包含相关的元素。例如，只有在设置了默认方案时才包含默认方案，而只有在连接到实例时才显示连接信息。

在使用 MySQL shell 时，你可能意识到需要对提示定义进行一些更改。让我们看看如何做到这一点。

12.2.2 自定义提示符

提示定义是 JSON 文件，可根据自己的喜好进行修改。最好的方法是复制最接近你想要的提示符的模板，然后进行更改。

提示 创建自己的提示定义的最佳帮助源是与模板文件位于同一目录中的 README.prompt 文件。

不需要详细查看规范，只需要查看 prompt_256.json 模板，然后修改其中的内容。代码清单 12-1 显示了这个文件的结尾部分，这里是与提示符相关的元素定义。

代码清单 12-1 提示符的元素定义

```
"segments": [
  {
    "classes": ["disconnected%host%", "%is_production%"]
  },
  {
    "text": " My",
    "bg": 254,
    "fg": 23
  },
  {
    "separator": "",
    "text": "SQL ",
    "bg": 254,
    "fg": 166
  },
  {
    "classes": ["disconnected%host%", "%ssl%host%session%"],
    "shrink": "truncate_on_dot",
    "bg": 237,
    "fg": 15,
    "weight": 10,
    "padding" : 1
  },
  {
    "classes": ["noschema%schema%", "schema"],
    "bg": 242,
    "fg": 15,
    "shrink": "ellipsize",
    "weight": -1,
    "padding" : 1
  },
```

```
  {
   "classes": ["%Mode%"],
   "text": "%Mode%",
   "padding" : 1
  }
]
```

这里有一些有趣的事情需要注意。首先，注意有一个对象具有 disconnected%host%和%is_production%两个类。百分号中的名称是在同一个文件中定义的变量或来自 MySQL shell 本身的变量(它有诸如主机和端口的变量)。例如，is_production 被定义为:

```
"variables" : {
  "is_production": {
     "match" : {
        "pattern": "*;%host%;*",
        "value": ";%env:PRODUCTION_SERVERS%;"
     },
     "if_true" : "production",
     "if_false" : ""
},
```

因此，如果一个主机包含在环境变量 PRODUCTION_SERVERS 中，它就被认为是一个生产实例。

关于元素列表要注意的第二件事是，有一些特殊字段，如 shrink，可用来定义如何保持文本相对简短。例如，host 元素使用 truncate_on_dot，因此如果完整主机名太长，则只显示主机名中第一个点之前的部分。或者，将主机名截断之后，在后面使用…表示。

第三处要注意的是，分别使用 bg 和 fg 元素定义背景色和前景色。这样你就可以根据自己的喜好定制提示符的颜色。可通过如下几种方式中的一种来设定颜色。

- **按照名称**：有一些颜色是已知的名称，如 black、red、green、yellow、blue、magenta、cyan, 和 white。
- **按照索引**：一个介于 0 和 255 之间的值(包括两者)，其中 0 为黑色，63 为浅蓝色，127 为品红，193 为黄色，255 为白色。
- **按照 RGB**：使用#rrggbb 格式的值。这要求终端支持真彩色。

有必要解释一下在某种程度上取决于环境或所连接的 MySQL 实例的变量。

- **%env:varname%**：使用了一个环境变量。如确定是否连接到生产服务器。
- **%sysvar:varname%**：使用 MySQL 的全局系统变量的值，即 SELECT @@global.varname 的返回值。
- **%sessvar:varname%**：与上一个类似，但使用一个会话系统变量。
- **%status:varname%**：使用 MySQL 的全局状态变量的值，也就是 SELECT VARIABLE_VALUE FROM performance_schema.global_status WHERE VARIABLE_NAME = 'varname' 语句的返回值。
- **%status:varname%**：与上一个类似，但使用一个会话状态变量。

例如，如果你想在提示符中包含连接到的实例的 MySQL 版本，可添加如下元素:

```
{
  "separator": "",
  "text": "%sysvar:version%",
  "bg": 250,
  "fg": 166
},
```

在你得到一个最适合的配色方案和元素前，我们鼓励你尝试下面的定义。在 Linux 上改进提示符的另一种方法是安装 Powerline 和 Awesome 字体。

12.2.3　Powerline 和 Awesome 字体

如果你觉得普通的 MySQL shell 提示符太老套，而你在 Linux 上使用 MySQL shell，可以考虑使用一个依赖于 Powerline 和 Awesome 字体的模板。默认情况下不会安装这些字体。

这个示例将展示如何对 Powerline 字体(https://powerline.readthedocs.io/en/latest/index.html)进行最小安装，并使用 GitHub 上 gabrielelana 的 awesome-terminal-fonts 项目的补丁策略安装 Awesome 字体。

提示　另一个选择是 Fantasque Awesome Powerline 字体(https://github.com/ztomer/fantasque_awesome_powerline)，其中包括 Powerline 和 Awesome 字体。这些字体看起来与本例中安装的字体略有不同。请选择那些你喜欢的。

可通过克隆 GitHub 存储库并更改到补丁策略来安装 Awesome 字体。然后将所需的文件复制到主目录下的.local/share/fonts/并重新构建字体信息缓存文件。步骤如代码清单 12-2 所示。具体代码也可从本书 GitHub 存储库的 listing_12_2.txt 获得，以便复制命令。

代码清单 12-2　安装 Awesome 字体

```
shell$ git clone https://github.com/gabrielelana/awesome-terminal-fonts.git
Cloning into 'awesome-terminal-fonts'...
remote: Enumerating objects: 329, done.
remote: Total 329 (delta 0), reused 0 (delta 0), pack-reused 329
Receiving objects: 100% (329/329), 2.77 MiB | 941.00 KiB/s, done.
Resolving deltas: 100% (186/186), done.
shell$ cd awesome-terminal-fonts
shell$ git checkout patching-strategy
Branch patching-strategy set up to track remote branch patching-strategy
from origin.
Switched to a new branch 'patching-strategy'
shell$ mkdir -p ~/.local/share/fonts/
shell$ cp patched/SourceCodePro+Powerline+Awesome+Regular.* ~/.local/share/
fonts/
shell$ fc-cache -fv ~/.local/share/fonts/
/home/myuser/.local/share/fonts: caching, new cache contents: 1 fonts,
0 dirs
/usr/lib/fontconfig/cache: not cleaning unwritable cache directory
/home/myuser/.cache/fontconfig: cleaning cache directory
/home/myuser/.fontconfig: not cleaning non-existent cache directory
/usr/bin/fc-cache-64: succeeded
```

这需要安装 git。接着安装如代码清单 12-3 所示的 Powerline 字体。具体代码也可从本书 GitHub 存储库的 listing_12_3.txt 获得，以便复制命令。

代码清单 12-3　安装 Powerline 字体

```
shell$ wget --directory-prefix="${HOME}/.local/share/fonts" https://github.
com/powerline/powerline/raw/develop/font/PowerlineSymbols.otf
...
2019-08-25 14:38:41 (5.48 MB/s) - '/home/myuser/.local/share/fonts/
PowerlineSymbols.otf' saved [2264/2264]
shell$ fc-cache -vf ~/.local/share/fonts/
```

```
/home/myuser/.local/share/fonts: caching, new cache contents: 2 fonts,
0 dirs
/usr/lib/fontconfig/cache: not cleaning unwritable cache directory
/home/myuser/.cache/fontconfig: cleaning cache directory
/home/myuser/.fontconfig: not cleaning non-existent cache directory
/usr/bin/fc-cache-64: succeeded
shell$ wget --directory-prefix="${HOME}/.config/fontconfig/conf.d" https://
github.com/powerline/powerline/raw/develop/font/10-powerline-symbols.conf
...
2019-08-25 14:39:11 (3.61 MB/s) - '/home/myuser/.config/fontconfig/
conf.d/10-powerline-symbols.conf' saved [2713/2713]
```

这并没有完成对 Powerline 字体的安装，但如果你只想使用带有 MySQL shell 的 Powerline 字体，那么这就是所需的全部内容。wget 命令将下载字体和配置文件，fc-cache 命令重新构建字体信息缓存文件。你需要重新启动 Linux，使更改生效。

重新启动完成后，可复制其中一个 pl+aw 模板作为新的提示符：

```
shell$ cp /usr/share/mysqlsh/prompt/prompt_dbl_256pl+aw.json ~/.mysqlsh/
prompt.json
```

可在图 12-2 中看到结果。

```
MySQL  127.0.0.1:33060+  JS
 > \py
Switching to Python mode...
MySQL  127.0.0.1:33060+  Py
 > \sql
Switching to SQL mode... Commands end with ;
MySQL  127.0.0.1:33060+  SQL
 > \use world
Default schema set to `world`.
Fetching table and column names from `world` for auto-completion...
Press ^C to stop.
MySQL  127.0.0.1:33060+  world  SQL
 > SELECT *
 ->   FROM city
 -> WHERE ID = 130;
+-----+--------+-------------+-----------------+------------+
| ID  | Name   | CountryCode | District        | Population |
+-----+--------+-------------+-----------------+------------+
| 130 | Sydney | AUS         | New South Wales |    3276207 |
+-----+--------+-------------+-----------------+------------+
1 row in set (0.0070 sec)
MySQL  127.0.0.1:33060+  world  SQL
 >
```

图 12-2 双行 Powerline + Awesome 字体提示符

这个示例还展示了当你更改语言模式和设置默认方案时，提示符会如何随之更改。此外，它也能支持多个模块，这就是为什么 MySQL shell 被认为是功能强大的工具，所以下一节将介绍如何在 MySQL shell 中使用外部模块。

12.3 使用外部模块

对 JavaScript 和 Python 的支持使得在 MySQL shell 中执行任务变得很容易。你不仅可导入核心功能，还可导入标准模块和你自己的定制模块。本节将从使用外部模块(相对于内置的 MySQL shell 模块)的基础知识开始。下一节将介绍报表基础结构，之后介绍插件。

注意　本书的讨论集中在 Python 上。如果你喜欢 JavaScript，其用法也非常类似。一个主要区别是 Python 使用 snake 大小写(如 import_table())，而 JavaScript 使用驼峰大小写(importTable())。还可参见 https://dev.mysql.com/doc/mysql-shell/en/mysql-shell-codeexecution.html 了解关于 MySQL shell 中代码执行的一般信息。

在 MySQL shell 中使用 Python 模块的方式与使用交互式 Python 解释器的方式相同，例如：

```
mysql-py> import sys
mysql-py> print(sys.version)
3.7.4 (default, Sep 13 2019, 06:53:53) [MSC v.1900 64 bit (AMD64)]

mysql-py> import uuid
mysql-py> print(uuid.uuid1())
fd37319e-c70d-11e9-a265-b0359feab2bb
```

确切的输出取决于 MySQL shell 的版本和使用它的平台。

注意　MySQL shell 8.0.17 和更早版本支持 Python 2.7，而 MySQL shell 8.0.18 和更新版本则支持 Python 3.7。

MySQL shell 解释器允许你导入 Python 中包含的所有常用模块。如果你想导入自己的模块，则需要调整搜索路径。可直接在交互式会话中完成此操作，例如：

```
mysql-py> sys.path.append('C:\MySQL\shell\Python')
```

对于模块的一次性使用，用这种方式修改路径是可以的。但是，如果你已经创建了一个将经常使用的模块，那么就不方便了。

当 MySQL shell 启动时，它读取两个配置文件，一个用于 Python，一个用于 JavaScript。对于 Python，这个文件是 mysqlshrc.py；对于 JavaScript，这个文件是 mysqlshrc.js。MySQL shell 在四个位置搜索文件。在 Microsoft Windows 上，路径是按照搜索顺序排列的：

```
1. %PROGRAMDATA%\MySQL\mysqlsh\

2. %MYSQLSH_HOME%\shared\mysqlsh\

3. <mysqlsh binary path>\

4. %APPDATA%\MySQL\mysqlsh\
```

在 Linux 和 UNIX 上：

```
1. /etc/mysql/mysqlsh/

2. $MYSQLSH_HOME/shared/mysqlsh/

3. <mysqlsh binary path>/

4. $HOME/.mysqlsh/
```

MySQL 始终搜索所有的四个路径，如果在多个位置都找到了文件，则执行每个文件。这意味着如果文件影响相同的变量，那么最后找到的文件优先。如果你做的改变是针对你个人的，最好的改变处于第四个位置。可以用 MYSQLSH_USER_CONFIG_HOME 环境变量覆盖步骤 4 中的路径。

如果你添加了希望经常使用的模块，那么可修改 mysqlshrc.py 文件中的搜索路径。这样，就可像导入其他任何 Python 模块一样导入该模块。

提示 对外部模块的强大支持的一个很好的例子是 Innotop 的 MySQL shell 端口(https://github.com/lefred/mysql-shellinnotop)。它还揭示了两个局限性。因为 Innotop 的报表部分是使用 curses 库实现的，所以它不能在 Microsoft Windows 上工作。而且因为使用 Python 实现，所以它要求你在 Python 语言模式下执行 Innotop。本章后面讨论的报表基础结构和插件规避了这些限制。

作为一个简单例子，我们分析一个简单模块，它有一个函数来掷一个虚拟骰子并返回一个介于 1 和 6 之间的值：

```
import random

def dice():
return random.randint(1, 6)
```

这个示例也可从本书 GitHub 存储库中的 example.py 文件中获得。如果将文件保存到目录 C:\MySQL\shell\Python 中，在 mysqlshrc.py 文件中添加以下代码(根据保存文件的位置调整 sys.path.append()行中的路径)：

```
import sys
sys.path.append('C:\MySQL\shell\Python')
```

这样，当你下一次启动 MySQL shell 时，就可以使用该模块了。例如，由于 dice()函数能返回随机值，那么你的输出结果就可以有很多：

```
mysql-py> import example
mysql-py> example.dice()
5
mysql-py> example.dice()
3
```

这是扩展 MySQL shell 的最简单方法。另一种方法是向报表基础结构添加报表。

12.4 报表基础架构

从 MySQL shell 8.0.16 开始，有一个报表基础架构，可使用内置报表和你自己的自定义报表。这是一种非常强大的方法，可使用 MySQL shell 监视 MySQL 实例，并在遇到性能问题时收集信息。

提示 由于报表基础结构仍然很新，所以建议检查每个新版本中新的内置报表。

本节将首先展示如何获得有关可用报表的帮助，然后讨论如何执行报表，最后讨论如何添加自己的报表。

12.4.1 报表信息和帮助

MySQL shell 的内置帮助也扩展到报表，因此可以轻松获得如何使用报表的帮助。可以使用不带任何参数的\show命令开始获取可用报表列表。如果将报表名称作为参数添加到--help 选项中，则会获得该报表的详细帮助。代码清单 12-4 显示了这两种用法的示例。

代码清单 12-4　获取报表列表和查询报表的帮助

```
mysql-py> \show
Available reports: query, thread, threads.

mysql-py> \show query --help
NAME
     query - Executes the SQL statement given as arguments.

SYNTAX
     \show query [OPTIONS] [ARGS]
     \watch query [OPTIONS] [ARGS]

DESCRIPTION
     Options:

     --help, -h Display this help and exit.

     --vertical, -E
                   Display records vertically.
     Arguments:

     This report accepts 1-* arguments.
```

\show 命令的输出显示有三个报表可用。这些是 8.0.18 版本的内置报表。第二个命令返回查询报表的帮助，显示它接收一个或多个参数并有两个选项：--help(用于返回帮助文本)和--vertical 或-E(用于以垂直格式返回查询结果)。

内建的报表如下。

- **query**：执行作为参数提供的查询。
- **thread**：返回当前连接的信息。
- **threads**：返回当前用户、前台线程或后台线程的所有连接信息。

在帮助输出中应该注意到的另一件事是，它列出了执行报表的两种方法。可使用生成帮助的\show 命令，也可使用\watch 命令。可使用通常内置的帮助获得关于每个命令的更多帮助:

```
mysql-py> \h \show

mysql-py> \h \watch
```

帮助输出相当冗长，因此这里省略了它。下一节将讨论如何使用这两个命令。

12.4.2　执行报表

执行报表有两种不同的方法。可请求一次执行报表，也可请求以固定间隔重复执行报表。

以下两个命令可用于执行报表。

- **\show**：单次执行报表。
- **\watch**：按照 Linux 上的 watch 命令提供的间隔执行报表。

这两个命令都可从任何一种语言模式中使用。\show 命令本身没有任何参数(但报表可以添加特定于它的参数)。\watch 命令有如下两个选项，指定何时以及如何输出报表。

- **--interval=float, -i float**：每次执行报表之间等待的秒数。该值必须在 0.1～86 400 秒之间。默认值是 2 秒。

- **--nocls**：输出报表结果时不要清除屏幕。这将新结果追加到以前的结果之下，并允许你查看报表结果的历史，直到最早的内容滚动离开屏幕为止。

当使用\watch 命令执行报表时，可使用 Ctrl+C 停止执行。

作为执行报表的示例，我们想得到被执行的查询语句报表。如果希望以垂直格式返回结果，可以使用--vertical 参数。代码清单 12-5 显示了第一次执行报表从 sys 获取活动查询的结果示例。会话视图使用\show 命令，然后使用\watch 命令每 5 秒刷新一次，且不清除屏幕内容。为确保有数据返回，可在第二个连接中执行查询 SELECT SLEEP(60)。

代码清单 12-5 使用查询报表

```
mysql-sql> \show query --vertical SELECT conn_id, current_statement AS
stmt, statement_latency AS latency FROM sys.session WHERE command = 'Query'
AND conn_id <> CONNECTION_ID()
*************************** 1. row ***************************
conn_id: 34979
   stmt: SELECT SLEEP(60)
latency: 32.62 s

mysql-sql> \watch query --interval=5 --nocls --vertical SELECT conn_id,
current_statement AS stmt, statement_latency AS latency FROM sys.session
WHERE command = 'Query' AND conn_id <> CONNECTION_ID()
*************************** 1. row ***************************
conn_id: 34979
   stmt: SELECT SLEEP(60)
latency: 43.02 s
*************************** 1. row ***************************
conn_id: 34979
   stmt: SELECT SLEEP(60)
latency: 48.09 s
*************************** 1. row ***************************
conn_id: 34979
   stmt: SELECT SLEEP(60)
latency: 53.15 s
*************************** 1. row ***************************
conn_id: 34979
   stmt: SELECT SLEEP(60)
latency: 58.22 s
Report returned no data.
```

如果执行相同的命令，则输出将取决于在运行报表时其他线程中正在执行哪些语句。用于报表的查询添加了一个条件，即连接 id 必须与生成报表的连接 id 不同。带有查询报表的\show 命令本身没有什么价值，与其他报表联合使用时才能发挥更大价值，并可在使用\watch 命令之前检查查询。

\watch 命令更有趣，因为它允许你不断更新结果。在本例中，报表在停止之前运行 5 次。第 4 次，有另一个连接执行查询，第 5 次报表没有生成数据。注意，在连续执行之间，查询的语句延迟时间增加了超过 5 秒。这是因为 5 秒是 MySQL shell 从显示一次迭代的结果到再次开始执行查询的等待时间。所以两个输出之间的总时间是间隔加上查询执行时间，再加上处理结果所需的时间。

报表基础结构不仅允许你使用内置报表，还允许你添加自己的报表。

12.4.3 添加自己的报表

报表基础架构的真正强大之处在于它可以轻松扩展，因此 MySQL 开发团队和你都可以添加更多报表。虽然可使用对外部模块的支持来添加报表，就像 Innotop 所做的那样，但这种方法要求你自己实现报表基础结构，并且你必须使用模块的语言模式来执行报表。当你使用报表基础结构时，将自动解决这些问题，并且报表可用于所有语言模式。

注意 本节中的报表代码并不打算在 MySQL shell 会话中执行(如果复制并粘贴它，将导致错误，因为 MySQL shell 在交互模式下使用块中的空行来退出块)。相反，代码必须保存到调用 MySQL shell 时加载的文件中。关于如何安装代码的相关说明，则放置在示例的最后。

了解如何创建自己的报表的一个好方法是创建一个简单报表，并了解组成它的各个部分。代码清单 12-6 显示了创建查询 sys.session 视图的报表所需的代码。代码也可从本书 GitHub 存储库中的 listing_12_6.py 文件获得。在哪里保存代码，以便在 MySQL shell 中作为报表使用，将在稍后进行讨论。

代码清单 12-6 查询 sys.session 视图报表

```
'''Defines the report "sessions" that queries the sys.x$session view
for active queries. There is support for specifying what to order by
and in which direction, and the maximum number of rows to include in
the result.'''

SORT_ALLOWED = {
     'thread': 'thd_id',
     'connection': 'conn_id',
     'user': 'user',
     'db': 'db',
     'latency': 'statement_latency',
     'memory': 'current_memory',
}

def sessions(session, args, options):
     '''Defines the report itself. The session argument is the MySQL
     shell session object, args are unnamed arguments, and options
     are the named options.'''
     sys = session.get_schema('sys')
     session_view = sys.get_table('x$session')
     query = session_view.select(
     'thd_id', 'conn_id', 'user', 'db',
     'sys.format_statement(current_statement) AS statement',
     'sys.format_time(statement_latency) AS latency',
     'format_bytes(current_memory) AS memory')

# Set what to sort the rows by (--sort)
try:
     order_by = options['sort']
except KeyError:
     order_by = 'latency'
if order_by in ('latency', 'memory'):
     direction = 'DESC'
else:
     direction = 'ASC'
query.order_by('{0} {1}'.format(SORT_ALLOWED[order_by], direction))
```

```
    # If ordering by latency, ignore those statements with a NULL latency
    # (they are not active)
    if order_by == 'latency':
        query.where('statement_latency IS NOT NULL')

    # Set the maximum number of rows to retrieve is --limit is set.
    try:
        limit = options['limit']
    except KeyError:
        limit = 0
    if limit > 0:
        query.limit(limit)

    result = query.execute()
    report = [result.get_column_names()]
    for row in result.fetch_all():
        report.append(list(row))

    return {'report': report}
```

在上述代码中，首先定义了一个字典，其中包含支持的值，用于对结果进行排序。这将在后面的代码中在 sessions()函数内和注册报表时使用。sessions()函数是创建报表的地方。该函数包含以下三个参数。

- **session**：这是一个 MySQL shell 会话对象(用来定义到 MySQL 实例的连接)。
- **args**：带有传递给报表的未命名参数的列表。这是用于查询报表的内容，你只需要指定查询，而不必在查询前添加参数名。
- **options**：报表当中，带有命名参数的字典。

sessions 报表使用命名选项，因此不使用 args 参数。

接下来的 8 行使用 X DevAPI 定义基本查询。首先从会话中获取 sys 方案的对象。然后从对象获得 session 视图(使用 get_table()来获取视图和表)。最后创建一个 select 查询，其中的参数指定应该检索哪些列以及为这些列使用哪些别名。

接下来处理--sort 参数，它可作为选项字典中的排序键。如果该键不存在，则报表将退回到按延迟排序。如果根据延迟时间或内存使用情况对输出进行排序，则将排序顺序定义为降序；否则，排序顺序为升序。order_by()方法用于向查询添加排序信息。此外，在按延迟排序时，只包括延迟不为空的会话。

采用类似方式处理--limit 参数，取值 0 表示匹配所有会话。最后，执行查询。报表是作为列表生成的，第一项是列标题，其余是结果中的行。报表返回一个字典，其中包含 report 项中的报表列表。

该报表返回格式化为列表的结果。总的来说，支持以下结果格式。

- **List Type**：结果以列表形式返回，其中第一项为标题，其余行按应显示的顺序返回。标题和行本身就是列表。
- **Report Type**：结果是一个包含单个条目的列表。MySQL shell 使用 YAML 来显示结果。
- **Print Type**：结果直接打印到屏幕上。

剩下的工作就是注册报表。这是使用 shell 对象的 register_report()方法完成的，如代码清单 12-7 所示(它也包含在 listing_12-6.py 文件中)。

代码清单 12-7　注册 sessions 报表

```
# Make the report available in MySQL shell.
```

```
shell.register_report(
    'sessions',
    'list',
    sessions,
    {
        'brief': 'Shows which sessions exist.',
        'details': ['You need the SELECT privilege on sys.session view and ' +
                    'the underlying tables and functions used by it.'],
        'options': [
          {
              'name': 'limit',
              'brief': 'The maximum number of rows to return.',
              'shortcut': 'l',
              'type': 'integer'
          },
          {
              'name': 'sort',
              'brief': 'The field to sort by.',
              'shortcut': 's',
              'type': 'string',
              'values': list(SORT_ALLOWED.keys())
          }
       ],
       'argc': '0'
    }
)
```

register_report()方法接收定义报表的四个参数，并提供由 MySQL shell 的内置帮助特性返回的帮助信息。这些参数如下。

- **name**：报表的名称。可以相对自由地选择名称，只要它是单个单词并且对所有报表都是唯一的。
- **type**：结果格式为'list'、'report' 或 'print'。
- **report**：生成报表的函数的对象，在本例中为 sessions。
- **description**：描述报表的可选参数。如果你提供描述，请使用字典形式，稍后将对此进行描述。

description 是最复杂的参数。它由一个字典和以下键组成(所有项都是可选的)。

- **brief**：报表的简短描述。
- **details**：以字符串列表形式提供的报表的详细描述。
- **options**：由命名参数字典所组成的列表。
- **argc**：未命名参数的数量。可将其指定为精确数字(如本例所示)、星号(表示任意数目的参数)、具有精确数字的范围(如'1-3')或具有最小数目参数的范围('3-*')。

options 元素用于定义报表的命名参数。列表的每个 dictionary 对象必须包含参数的名称，并且支持多个可选参数，以提供关于参数的更多信息。表 12-3 列出了字典键及其默认值和描述。name 键是必需的；其余的都是可选的。

表 12-3　用于定义报表参数的字典键

键	默认值	描述
name		调用报表时使用的带有双横线的参数名称，如--sort
brief		参数的简要描述

(续表)

键	默认值	描述
details		以字符串列表提供的参数的详细描述
shortcut		可用于访问参数的单个字符
type	string	参数类型。支持的值是 string、bool、integer 和 float。当选择一个布尔值时，参数作为开关(默认值为 false)使用
required	false	参数是否为必须提供的
values		字符串参数允许的值。如果不提供值，则支持所有值。用来限制允许的排序选项

导入报表的典型方式是将报表的定义和注册代码保存在用户配置路径下的 init.d 目录中，在 Microsoft Windows 中，默认位置是%AppData%\MySQL\mysqlsh\，在 Linux 和 UNIX 中默认位置是$HOME/.mysqlsh/(与搜索配置文件的第四个路径相同)。所有以.py为文件扩展名的脚本，都将在 MySQL shell 启动时被当作 Python 脚本执行(.js 文件当作 JavaScript 执行)。

提示 如果脚本中出现错误，有关问题的信息将被记录到 MySQL shell 日志中，该日志存储在用户配置路径的 mysqlsh.log 文件中。

如果将 listing_12_6.py 文件复制到这个目录并重新启动 MySQL shell(确保使用 MySQL X 端口连接，默认端口为 33060)，就可使用如代码清单 12-8 所示的会话报表。报表的结果各不相同，因此在执行报表时将看不到相同的结果。

代码清单 12-8 使用 sessions 报表

```
mysql-py> \show
Available reports: query, sessions, thread, threads.
mysql-py> \show sessions --help
NAME
    sessions - Shows which sessions exist.

SYNTAX
    \show sessions [OPTIONS]
    \watch sessions [OPTIONS]

DESCRIPTION
    You need the SELECT privilege on sys.session view and the underlying
    tables and functions used by it.

    Options:

    --help, -h Display this help and exit.

    --vertical, -E
                  Display records vertically.

    --limit=integer, -l
                  The maximum number of rows to return.

    --sort=string, -s
                  The field to sort by. Allowed values: thread, connection,
                  user, db, latency, memory.

mysql-py> \show sessions --vertical
*************************** 1. row ***************************
```

```
   thd_id: 81
  conn_id: 36
     user: mysqlx/worker
       db: NULL
statement: SELECT `thd_id`,`conn_id`,`use ... ER BY `statement_latency` DESC
  latency: 40.81 ms
   memory: 1.02 MiB
mysql-py> \js
Switching to JavaScript mode...

mysql-js> \show sessions --vertical
*************************** 1. row ***************************
   thd_id: 81
  conn_id: 36
     user: mysqlx/worker
       db: NULL
statement: SELECT `thd_id`,`conn_id`,`use ... ER BY `statement_latency` DESC
  latency: 71.40 ms
   memory: 1.02 MiB
mysql-js> \sql
Switching to SQL mode... Commands end with ;

mysql-sql> \show sessions --vertical
*************************** 1. row ***************************
   thd_id: 81
  conn_id: 36
     user: mysqlx/worker
       db: NULL
statement: SELECT `thd_id`,`conn_id`,`use ... ER BY `statement_latency` DESC
  latency: 44.80 ms
   memory: 1.02 MiB
```

新的 sessions 报表以与内置报表相同的方式显示，且具有与内置报表相同的特性，例如，支持在垂直输出中显示结果。支持垂直输出的原因是以列表形式返回结果，因此 MySQL shell 会对它进行格式化。还要注意报表如何在所有三种语言模式中使用，尽管它是用 Python 编写的。

有一种导入报表的替代方法。不必将文件保存到 init.d 路径下，而将报表作为插件的一部分。

12.5 插件

MySQL shell 在 8.0.17 版本中增加了对插件的支持。插件由一个或多个代码模块组成，这些代码模块可包括报表、实用程序或任何其他可能对你有用且可作为 Python 或 JavaScript 代码执行的内容。这是扩展 MySQL shell 的最强大方法。它的代价是相对复杂，但好处是更容易共享和导入一个功能包。插件的另一个好处是，不仅可从任何语言模式执行报表；代码的其余部分还可在 Python 和 JavaScript 中使用。

提示 关于添加插件的所有细节，包括用于创建插件对象和注册它们的方法的参数描述，请参见 https://dev.mysql.com/doc/mysql-shell/en/mysql-shell-plugins.html。在 Mike Zinner(MySQL 开发经理，其团队包括 MySQL shell 开发人员)的 Github 中也有一个值得研究的示例插件，可参见 https://github.com/mzinner/mysqlshell-ex。

创建插件的方法是将带有插件名称的目录添加到用户配置路径下的插件目录中，该路径在 Microsoft Windows 上的默认值为%AppData%\MySQL\mysqlsh\; Linux 和 UNIX 上为$HOME/.mysqlsh/

(与搜索配置文件的第四个路径相同)。插件可以由任意数量的文件和目录组成，但所有文件必须使用相同的编程语言。

提示 插件中的所有代码必须使用相同的编程语言。如果你需要同时使用 Python 和 JavaScript，必须将代码分成两个不同的插件。

一个名为 myext 的示例插件包含在本书 GitHub 库中的 Chapter_12/myext 目录中。它包括图 12-3 所示的目录和文件。带有圆角的浅色(黄色)矩形表示目录，较深(红色)的文档形状是目录中的文件列表。

注意 示例插件非常简单，目的是演示插件基础结构如何工作。如果你在生产环境中使用插件，请确保在代码中添加适当的验证和错误处理。

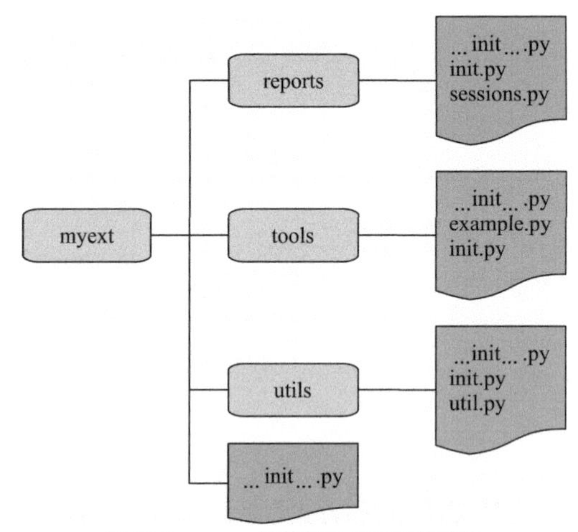

图 12-3 myext 插件的目录和文件结构

可查看插件的结构，如 Python 包和模块。需要注意的两件重要事情是，每个目录中必须有一个...init....py 文件，当导入插件时，只有 init.py 文件(用于 JavaScript 模块的是 init.js)被执行。这意味着你必须在 init.py 文件中包含注册插件的公共部分所需的代码。在这个例子中，所有...init....py 文件都是空的。

提示 插件并不意味着是以交互方式创建的。请确保将代码保存到文件中，并重新启动 MySQL shell 以导入插件。更多细节将在本节其余部分给出。

reports 目录中的 session.py 文件与代码清单 12-6 中生成的 sessions 报表相同，不同之处在于报表在 reports/init.py 中注册，并且报表被重命名为 sessions_myext，以避免两个报表具有相同的名称。

utils 目录包含一个带有 get_columns()函数的模块，tools/example.py 中的 describe()函数使用该模块。get_columns()函数也在 utils/init.py 中注册为 util.get_columns()。代码清单 12-9 显示了 utils/util.py 中的 get_columns()函数。

代码清单 12-9 utils/util.py 中的 get_columns()函数

```
'''Define utility functions for the plugin.'''
```

```
def get_columns(table):
    '''Create query against information_schema.COLUMNS to obtain
    meta data for the columns.'''
    session = table.get_session()
    i_s = session.get_schema("information_schema")
    i_s_columns = i_s.get_table("COLUMNS")

    query = i_s_columns.select(
        "COLUMN_NAME AS Field",
        "COLUMN_TYPE AS Type",
        "IS_NULLABLE AS `Null`",
        "COLUMN_KEY AS Key",
        "COLUMN_DEFAULT AS Default",
        "EXTRA AS Extra"
    )
    query = query.where("TABLE_SCHEMA = :schema AND TABLE_NAME = :table")
    query = query.order_by("ORDINAL_POSITION")

    query = query.bind("schema", table.schema.name)
    query = query.bind("table", table.name)

    result = query.execute()
    return result
```

该函数接收一个表对象，并使用 X DevAPI 构造针对 information_schema.COLUMNS 视图的查询。注意函数是如何通过表对象获得会话和方案的。最后，返回执行查询的结果对象。

代码清单 12-10 展示了如何注册 get_columns()函数，以便在 myext 插件中作为 util.get_columns()使用。注册是在 utils/init.py 中完成的。

代码清单 12-10　将 get_columns()函数注册为 util.get_columns()

```
'''Import the utilities into the plugin.'''
import mysqlsh
from myext.utils import util

shell = mysqlsh.globals.shell
# Get the global object (the myext plugin)
try:
    # See if myext has already been registered
    global_obj = mysqlsh.globals.myext
except AttributeError:
    # Register myext
    global_obj = shell.create_extension_object()
    description = {
        'brief': 'Various MySQL shell extensions.',
        'details': [
            'More detailed help. To be added later.'
        ]
    }
    shell.register_global('myext', global_obj, description)

# Get the utils extension
try:
    plugin_obj = global_obj.utils
except IndexError:
    # The utils extension does not exist yet, so register it
    plugin_obj = shell.create_extension_object()
```

```
    description = {
        'brief': 'Utilities.',
        'details': ['Various utilities.']
    }
    shell.add_extension_object_member(global_obj, "util", plugin_obj,description)
definition = {
    'brief': 'Describe a table.',
    'details': ['Show information about the columns of a table.'],
    'parameters': [
        {
            'name': 'table',
            'type': 'object',
            'class': 'Table',
            'required': True,
            'brief': 'The table to get the columns for.',
            'details': ['A table object for the table.']
        }
    ]
}

try:
    shell.add_extension_object_member(plugin_obj, 'get_columns', util.get_columns,
                                      definition)
except SystemError as e:
    shell.log("ERROR", "Failed to register myext util.get_columns ({0})."
              .format(str(e).rstrip()))
```

在上述代码中，首先导入 mysqlsh 模块。shell 和会话对象都可通过 mysqlsh 模块获得，因此在处理 MySQL shell 中的扩展时，这是一个重要模块。还要注意 util 模块是如何导入的。总是需要使用从插件名开始的完整路径来导入插件模块。

为注册这个函数，首先检查 myext 插件是否已经存在于 mysqlsh.globals 中。如果没有，则使用 shell.create_extension_object()创建，并使用 shell.register_global()方法注册。这种操作是必要的，因为有多个 init.py 文件，你不应该依赖它们的执行顺序。

接下来，使用 shell.create_extension_object()和 shell.add_extension_object_member()方法以类似方式注册 utils 模块。如果你有一个大型插件，可能会有重复代码并执行很多类似的步骤，这时可考虑创建实用函数来避免重复。

最后，使用 shell.add_extension_object_member()方法注册函数本身。由于表参数接收对象，因此可指定所需对象的类型。

对于模块和函数的注册，不要求代码中的名称和注册名相同。在 reports/init.py 中注册报表包括一个更改名称的示例(如果你感兴趣的话)。但大多数情况下，保持名称相同是首选方法，这样更容易识别。

tools/example.py 文件添加了两个已注册的函数。有来自前面的 dice()函数以及使用 get_columns()获取列信息的 describe()函数。与 describe()函数相关的代码如代码清单 12-11 所示。

代码清单 12-11 tools/example.py 中的 describe()函数

```
import mysqlsh
from myext.utils import util

def describe(schema_name, table_name):
    shell = mysqlsh.globals.shell
    session = shell.get_session()
```

```
    schema = session.get_schema(schema_name)
    table = schema.get_table(table_name)
    columns = util.get_columns(table)
    shell.dump_rows(columns)
```

需要注意的最重要事情是，获取的 shell 对象是 mysqlsh.globals.shell，可从中获得会话、方案和表对象。dump_rows()方法用于生成结果的输出。该方法接收一个结果对象和可选的格式(默认为表格式)。在输出结果的过程中，会使用 result 对象。

现在可尝试使用这个插件了。你需要将整个 myext 目录复制到插件目录中，并重新启动 MySQL shell。代码清单 12-12 显示了帮助内容中的全局对象。

提示 如果 MySQL shell 在导入插件时遇到错误，会看到一行警告，即 WARNING: Found errors loading plugins, for more details look at the log at: C:\Users\myuser\AppData\Roaming\MySQL\mysqlsh\mysqlsh.log。

代码清单 12-12 帮助内容中的全局对象

```
mysql-py> \h
...
GLOBAL OBJECTS

The following modules and objects are ready for use when the shell starts:

- dba       Used for InnoDB cluster administration.
- myext     Various MySQL shell extensions.
- mysql     Support for connecting to MySQL servers using the classic MySQL protocol.
- mysqlx    Used to work with X Protocol sessions using the MySQL X DevAPI.
- session   Represents the currently open MySQL session.
- shell     Gives access to general purpose functions and properties.
- util      Global object that groups miscellaneous tools like upgrade checker
            and JSON import.
```

注意 myext 插件如何显示为一个全局对象。可像使用任何内置的全局对象一样使用 myext 插件。这包括获得插件子部分的帮助信息，如代码清单 12-13 所示的 myext.tools。

代码清单 12-13 获取 myext.tools 的帮助信息

```
mysql-py> myext.tools.help()
NAME
     tools - Tools.

SYNTAX
     myext.tools

DESCRIPTION
     Various tools including describe() and dice().

FUNCTIONS
     describe(schema_name, table_name)
          Describe a table.

     dice()
          Roll a dice

     help([member])
          Provides help about this object and it's members
```

作为最后一个示例，我们看看如何使用 describe()和 get_columns()方法。代码清单 12-14 中，通过 Python 语言模式为 world.city 表使用了这两个方法。

代码清单 12-14 在 Python 中使用 describe()和 get_columns()方法

```
mysql-py> myext.tools.describe('world', 'city')
+-------------+----------+------+-----+---------+----------------+
| Field       | Type     | Null | Key | Default | Extra          |
+-------------+----------+------+-----+---------+----------------+
| ID          | int(11)  | NO   | PRI | NULL    | auto_increment |
| Name        | char(35) | NO   |     |         |                |
| CountryCode | char(3)  | NO   | MUL |         |                |
| District    | char(20) | NO   |     |         |                |
| Population  | int(11)  | NO   |     | 0       |                |
+-------------+----------+------+-----+---------+----------------+
mysql-py> \use world
Default schema `world` accessible through db.

mysql-py> result = myext.util.get_columns(db.city)

mysql-py> shell.dump_rows(result, 'json/pretty')
{
    "Field": "ID",
    "Type": "int(11)",
    "Null": "NO",
    "Key": "PRI",
    "Default": null,
    "Extra": "auto_increment"
}
{
    "Field": "Name",
    "Type": "char(35)",
    "Null": "NO",
    "Key": "",
    "Default": "",
    "Extra": ""
}
{
    "Field": "CountryCode",
    "Type": "char(3)",
    "Null": "NO",
    "Key": "MUL",
    "Default": "",
    "Extra": ""
}
{
    "Field": "District",
    "Type": "char(20)",
    "Null": "NO",
    "Key": "",
    "Default": "",
    "Extra": ""
}
{
    "Field": "Population",
    "Type": "int(11)",
    "Null": "NO",
```

```
        "Key": "",
        "Default": "0",
        "Extra": ""
    }
    5
```

首先，这里使用了 describe()方法。方案和表使用名称以字符串方式提供，将结果打印为表格。然后，将当前方案设置为 world，它允许将表作为 db 对象的属性来访问。然后使用 shell.dump_rows()方法将结果打印为美化后的 JSON 形式。

提示　因为 MySQL shell 检测你是否使用交互式方法，如果没有将 get_columns()的结果分配给变量，MySQL shell 将结果直接输出到控制台。

关于 MySQL shell 的讨论到此结束。如果你还没有利用它提供的特性，建议你开始使用它。

12.6　本章小结

本章介绍了 MySQL shell。首先概述了如何安装和使用 MySQL shell，包括如何使用连接；探讨了 SQL、Python 和 JavaScript 语言模式，还介绍内置的帮助以及全局对象。本章其余部分介绍了定制 MySQLshell、报表和扩展 MySQL。

MySQL shell 提示符不仅是一个静态标签。它会根据连接和默认方案进行调整，可对其进行自定义，使其包含你所连接的 MySQL 版本等信息，还可更改所用的主题。

MySQL shell 的强大功能来自于内置的复杂特性和对创建复杂方法的支持。扩展特性的最简单方法是为 JavaScript 或 Python 使用外部模块。还可使用报表基础架构，包括创建自定义报表。最后，MySQL shell 8.0.17 及更新版本支持插件，可使用这些插件在全局对象中添加特性。报表基础架构和插件的优势在于，你添加的特性可独立于语言。

除非另有说明，本书其余部分中使用命令行界面的所有示例都是使用 MySQL shell 创建的。为尽量减少使用的空间，提示符被替换为 mysql>，除非语言模式很重要(那时将包含语言模式，如用于 Python 模式的 mysql-py>)。

以上就是对性能优化工具的讨论。第Ⅳ部分介绍了方案注意事项和查询优化器，下一章将讨论数据类型。

第Ⅳ部分

方案考量与查询优化器

第13章 数据类型

在 MySQL(或其他关系数据库)中创建表时，需要为每列指定数据类型。那么，为何不将所有内容都存储为字符串呢？毕竟，在本书中使用数字 42 时，是使用字符串表示的。那么为何不对所有内容都使用字符串，而对每一列都单独设置数据类型呢？统一用字符串的做法有优点。这在某种程度上是 NoSQL 数据库的工作方式(当然，其功能也不止如此)；而且，本书的作者也见过所有列都被定义为 varchar(255)字符串类型的表。为什么要使用整数、十进制、浮点数、日期、字符串等各种数据类型？造成这种情况的原因有很多，而这也正是本章要探讨的内容。

首先，我们将探讨对不同类型的值使用不同数据类型带来的好处。然后将概述 MySQL 所支持的数据类型。最后，再讨论一下数据类型如何影响查询性能，以及如何为列选择合适的数据类型。

13.1 为何是数据类型

列的数据类型定义了可存储何种类型的值，以及如何存储。另外，也可能存在与数据类型关联的一些元属性，如大小(例如用于数字的字节数，字符串中包含的最大字符数量等)，以及用于字符串的字符集和排序规则等。尽管数据类型属性似乎不是什么必要的限制，但它们也自有好处。

其中包括：

- 数据验证
- 文档
- 优化存储
- 性能
- 正确排序

接下来将探讨这些好处。

13.1.1　数据验证

数据类型概念的核心，就是定义所允许的值类型。定义为整数类型的列，只能存储整数值。这样也是一种保障措施。如果你输入有误，并尝试将值存储到数据类型与定义的数据类型不同的列中，则可以拒绝该值，或者对值进行转换。

提示　将错误的数据类型的值分配给列，是会导致错误还是对数据类型进行转换，取决于是否启用了 STRICT_TRANS_TABLES(对于事务性存储引擎)和 STRICT_ALL_TABLES(所有存储引擎)SQL 模式，也取决于转换数据类型是否安全。当然有些数据类型的转换会始终被认为是安全的，如将'42'转换为 42，反之亦然。建议始终启用严格模式，该模式会在尝试进行不安全的转换或数据截断时，让 DML 操作失败。

当你确定存储在表中的数据始终具有预期的数据类型时，这将让你的工作变得轻松起来。如果用整数查询一列，就知道对返回值进行算术运算是安全的。同样，如果你知道该值为字符串，则可安全地进行字符串操作。当然，这需要预先进行一些规划，但一旦完成，你将学会如何去理解自己数据的数据类型。

关于数据类型和数据验证还有其他更多需要考虑的因素。通常，存在一些与数据类型相关联的属性。在最简单的情况下，你需要考虑某种数据类型的最大容量。例如，整数的容量可以是 1、2、3、4 或 8 个字节。这显然会影响可存储的值的范围。此外，整数还可以是有符号或无符号的。更复杂的例子是字符串，它不仅会限制能存储多少位的文本，还需要字符集来定义数据的编码方式，需要排序规则来定义数据的排序方式。

代码清单 13-1 列举一个 MySQL 根据数据类型对数据进行验证的示例。

代码清单 13-1　基于数据类型的数据验证示例

```
mysql> SELECT @@sql_mode\G
*************************** 1. row ***************************
@@sql_mode: ONLY_FULL_GROUP_BY,STRICT_TRANS_TABLES,NO_ZERO_IN_DATE,
NO_ZERO_DATE,ERROR_FOR_DIVISION_BY_ZERO,NO_ENGINE_SUBSTITUTION
1 row in set (0.0003 sec)

mysql> SHOW CREATE TABLE t1\G
*************************** 1. row ***************************
       Table: t1
Create Table: CREATE TABLE `t1` (
  `id` int(10) unsigned NOT NULL AUTO_INCREMENT,
  `val1` int(10) unsigned DEFAULT NULL,
  `val2` varchar(5) DEFAULT NULL,
  PRIMARY KEY (`id`)
) ENGINE=InnoDB DEFAULT CHARSET=utf8mb4 COLLATE=utf8mb4_0900_ai_ci
1 row in set (0.0011 sec)
```

```
mysql> INSERT INTO t1 (val1) VALUES ('abc');
ERROR: 1366: Incorrect integer value: 'abc' for column 'val1' at row 1

mysql> INSERT INTO t1 (val1) VALUES (-5);
ERROR: 1264: Out of range value for column 'val1' at row 1

mysql> INSERT INTO t1 (val2) VALUES ('abcdef');
ERROR: 1406: Data too long for column 'val2' at row 1

mysql> INSERT INTO t1 (val1, val2) VALUES ('42', 42);
Query OK, 1 row affected (0.0825 sec)
```

这里的 SQL 模式设置为默认值，其中包括 STRICT_TRANS_TABLES。上例中的表除了主键外还有两列。其中一列是无符号整数，另一列则是 varchar(5)，这意味着它最多可以存储 5 个字符。无论什么时候尝试在 val1 列中插入字符串或负整数，该值都将被拒绝。因为它们都无法安全地被转换为无符号整数。同样，尝试将包含 6 个字符的字符串存储到 val2 列中也会失败。但将字符串'42'存储到 val1 列中，将整数 42 存储到 val2 中则被认为是安全的，因而也是允许的。

数据验证的副作用是，你还描述了所期望的数据——也就是列的隐式文档。

13.1.2 文档

在设计表时，你往往知道该表的预期用途是什么。但当你或其他人以后使用这张表时，未必就那么清楚了。因此，MySQL 提供了数种用来记录列的方法：使用可描述值的列名、COMMENT 列子句、CHECK 约束以及数据类型。

这并不是记录列信息的最详细方法，但是数据类型确实有助于描述你所期望的数据类型。如果选择 date 列而不是 datetime 列，那么显然你打算只存储日期部分。同样，使用 tinyint 而非 int，则表明你更期望使用较小的值。这些都有助于你或者他人了解预期的数据类型，从而更好地理解数据，在需要优化查询时进行更好的调整。因此，从某种意义上，这可以间接地帮助优化查询。

提示 *在表中提供文档的最好方法是使用 COMMENT 子句和 CHECK 约束。但这些通常是在表上不可见的。因而，纯粹就表而言，数据类型确实有助于更好地了解预期的数据类型。*

与性能相关，明确选择数据类型也是有好处的。其中之一与值的存储方式有关。

13.1.3 优化存储

MySQL 当然不会以相同的方式来存储所有数据。选择给定数据类型的存储格式，应该使其尽可能紧凑，以便减少存储空间。例如，考虑一下值 123 456。如果将其存储为字符串，则将至少需要 6 个字节，然后加上 1 个字节来存储字符串的长度。如果改为整型，则只需要 3 个字节(对于整数而言，所有的值都使用相同长度的字节数，具体取决于列所允许的最大存储长度)。此外，从存储中读取整数时，不必对值做任何解释(严格来说，这种说法是不正确的。但解释也是基于较低的级别，例如使用的字节序；而对于字符串，则需要使用字符集对其进行解码。

选择正确的列最大容量，可减少所需的存储空间。如果你需要存储整数，且知道永远不需要多于 4 个字节的存储空间，则可使用 int 数据类型，而非使用 8 个字节的 bigint。这样存储空间就可以减少一半。更甚者，如果在大数据环境下，则这样的存储(和内存)节省量可能就更可观了。但注意不要过度优化。很多情况下，更改数据类型或列的大小需要重建整张表。如果表很大，这就是一项代价昂贵的操作。如果是这样，最好现在就使用更多空间，以便减少以后的工作。

提示　对于某些类型的优化，注意不要过度优化。另外，当前较小的存储设置，可能会在以后带来一些麻烦。

数据的存储方式也会影响到性能。

13.1.4　性能

并非所有数据类型在创建时成本都相同。整数类型的值在计算和比较操作中成本很低，而需要使用字符集对存储的字节进行解码的字符串则相对昂贵一些。通过选择正确的数据类型，就可显著提升查询性能。尤其是，如果要比较两列中的值(可能在不同的表中)，需要确保它们具有相同的数据类型，包括字符集和字符串排序规则。否则，需要先对其中一列进行数据类型转换，然后进行比较。

虽然很容易理解为什么整数比字符串表现更好，但一种数据类型比另一种更好或更差的确切原因则相对复杂。这取决于数据类型的实现方式(存储在磁盘上)。因此，对性能的进一步探讨将推迟到 13.3 节。

这里要讨论的最后一个好处是排序。

13.1.5　正确排序

日期类型对值的排序方式具有重大影响。虽然人脑可以很直观地理解数据，但计算机则需要一些帮助才能理两个值之间是如何进行比较的。因此，数据类型和如何对比字符串将是用于确保数据能正确排序的关键属性。

为什么排序很重要？原因有二：

- 正确的排序要求知道两个值是否相等，或者一个值是否在给定范围内。这对于使 WHERE 子句和连接条件能按预期进行工作至关重要。
- 创建索引时，排序能确保 MySQL 快速找到你想要的值(MySQL 中有数种不同的索引，其实现方式也有很大的不同。此外，并非所有索引都使用排序操作。最著名的哈希索引，会计算出值的哈希)。下一章将详细介绍索引。

考虑一下，8 和 10 如何排序？如果将其视为整数，则 8 在 10 前面。而若将其视作字符串，则'10' (ASCII 码：0x3130)在'8' (ASCII 码：0x38)之前。如何选择两者之一，取决于你的应用。但是，除非还包含带有非数字部分的值，否则你可能需要整数类型的操作，从而要求数据为整数类型。

现在已经探讨了显式数据类型的好处是什么，该看看 MySQL 支持哪些数据类型了。

13.2　MySQL 的数据类型

MySQL 中支持 30 多种不同的数据类型。其中的几种可在大小、精度以及是否接受带符号值等方面进行微调。乍一看，这似乎有点让人不知所措。但如果将数据类型进行分组，就可逐步为数据选择正确的数据类型。

MySQL 中的数据类型可分为如下几类。

- **数值类型(Numeric)**：这包括整数、固定精度的十进制类型、近似精度的浮点类型，以及位(bit)类型。
- **日期和时间类型(Temporal)**：这包括年、日期、时间、日期和时间以及时间戳。
- **字符串类型(Strings)**：包括二进制对象和带有字符集的字符串。

- **JSON 类型(JSON)**：用于存储 JSON 文档。
- **空间数据类型(Spatial)**：用于存储描述坐标系统中的一个或多个点的值。
- **混合数据类型(Hybrid)**：MySQL 中有两种数据类型，既可作为整数类型，也可作为字符串类型。

提示 MySQL 参考手册 https://dev.mysql.com/doc/refman/8.0/en/data-types.html 中的数据类型及其参考部分对这些内容进行了全面探讨，以供参考。

下面将介绍 MySQL 中的数据类型及其详细信息。

13.2.1 数值类型

数值类型是 MySQL 支持的最简单的数据类型。可在整数、固定精度的十进制以及近似浮点型之间进行选择。

表 13-1 总结了 MySQL 中的数值类型。包括它们的存储需求(以字节为单位)以及支持的值的范围。对于整数而言，可以选择值是有符号还是无符号的，这会影响支持的值的范围。对于支持的值，其起始值和结束值都包含在所允许的值范围内。

表 13-1 数值类型(整型、定点和浮点)

数据类型	存储字节	范围
tinyint	1	有符号：-128～127 无符号：0～255
smallint	2	有符号：-32 768～32 767 无符号：0～65 535
mediumint	3	有符号：-8 388 608～8 388 607 无符号：0～16 777 215
int	4	有符号：-2 147 483 648～2 147 483 647 无符号：0～4 294 967 295
bigint	8	有符号：-2^{63}～$2^{63}-1$ 无符号：0～$2^{64}-1$
decimal(M,N)	1～29	取决于 M 和 N
float	4	可变
double	8	可变
bit(M)	1～8	

具有固定存储要求和固定范围的整数类型是最简单的。tinyint 的同义词是 bool(布尔类型的值)。

十进制(decimal)数据类型(numeric 为同义词)带有两个参数 M 和 N，它们定义了值的精度和小数位数。如果你使用了 decimal(5,2)，则该值最多包含 5 位数字，其中两位是小数(小数点右边)，这就意味着-999.99 到 999.99 之间的值是允许的。该类型最多支持 65 位数字。十进制数值的存储需求取决于位数，每 9 位数字使用 4 字节，其余位数使用 0～4 字节。

float 和 double 类型存储近似值。这些类型对于数值计算非常有用，但代价是它们的值存在不确定性。它们分别使用 4 个和 8 字节进行存储。

提示　切勿使用浮点类型来存储精确数据，如金额等。建议采用具有准确精度的十进制数据类型。对于近似浮点数据类型，则永远不要使用等号(=)以及不等号(<>)运算符，因为比较两个近似值通常不会用等号处理，即便它们本来是相等的。

最后一个数值类型是 bit 类型，它可在一个值中存储 1 到 64 位。例如，这可以用于位掩码。所需的存储量取决于位数(M 的值)。它可以近似为 FLOOR((M+7)/8)字节。

与数值类型相关的类型是日期和时间类型，接下来就来讨论它。

13.2.2　日期和时间类型

日期和时间类型的数据定义了一个时间点。精度范围从 1 年到 1 微秒。除了年数据类型外，值均以字符串形式输入，不过内部则使用优化的数据格式，并且这些值将根据其所表示的时间点进行正确排序。

表 13-2 列出 MySQL 支持的日期和时间数据类型，也包括每种类型使用的字节存储量，以及支持的值范围。

表 13-2　日期和时间数据类型

数据类型	存储的字节数	范围
year	1	1901～2155
date	3～6	'1000-01-01'到 '9999-12-31'
datetime	5～8	'1000-01-01 00:00:00.000000'到'9999-12-31 23:59:59.999999'
timestamp	4～7	'1970-01-01 00:00:00.000000'到'2038-01-19 03:14:07.999999'
time	3～6	'38:59:59.000000'到'838:59:59.000000'

datetime、timestamp 以及 time 类型都支持小数秒(即 1 秒的几分之一)，甚至可达微秒级。存储小数秒需要 1～3 字节，具体则取决于位数(每两位数占 1 字节)。

datetime 和 timestamp 之间存在一些细微差别。当你将一个值存储在 datetime 列中时，MySQL 将按你指定的值进行存储。另一方面，对于 timestamp 列，则将使用 MySQL 配置的时区将值转换为 UTC——@@session.time_zone 变量(默认为系统时区)。同样，当你查询数据时，datetime 将按你最初指定的日期返回，timestamp 则将其转换为@@session.time_zone 变量中设置的时区。

提示　在使用 datetime 类型的列时，会将数据存储在 UTC 时区中，并转换为使用数据时所需的时区。由于数据始终存储在 UTC 中，因此如果更改了操作系统的时区或 MySQL Server 的时区，或与来自不同时区的用户共享数据，出现问题的可能性将较小。

当你使用字符串输入和查询日期和时间时，它会以专用格式在内部进行存储。那么实际的字符串类型又是如何处理的呢？让我们分析下一个数据类型。

13.2.3　字符串与二进制类型

字符串和二进制类型是用于存储任意数据的非常灵活的类型。二进制值和字符串之间的区别在于，字符串有与之关联的字符集，因此 MySQL 知道该如何解释数据。另一方面，二进制则存储原始数据，这意味着可将其用于任何类型的数据，包括图形以及自定义数据格式的数据。

尽管字符串和二进制数据非常灵活，但这也是有代价的。对于字符串而言，MySQL 需要解释其字节以确定它们代表哪些字符。就所需的计算能力而言，这是比较昂贵的。某些字符集(包括

MySQL 8 中的默认字符集 UTF-8)是可变宽度的，即一个字符能使用可变数目的字节。对于UTF-8 而言，每个字符可使用 1～4 字节。这就意味着，如果要请求一个字符串的前 4 个字符，则可能需要读取 4～16 个字节，具体取决于它是哪个字符。因此 MySQL 将需要分析字节以确定何时找到了所有 4 个字符。对于二进制的字符串，则对数据进行解释，并将其放回应用程序。

表 13-3 显示了 MySQL 中支持的字符串和二进制数据类型。其中包含各种数据类型可以存储的最大数据容量以及对存储要求的描述。对于数据类型列而言，M 是列所能存储的最大字符数量，而在存储字节列中，L 表示了用于编码的字符集中的字符串所需的字节数。

表 13-3　字符串与二进制数据类型

数据类型	存储字节	最大长度
char(M)	M * 字符宽度	255 个字符
varchar(M)	L+1 或 L+2	对于 utf8mb4 而言，为 16 383 个字符； 对于 latin1 而言，为 65 532 个字符
tinytext	L+1	255 字节
text	L+2	65 535 字节
mediumtext	L+3	16 777 216 字节
longtext	L+4	4 294 967 296 字节
binary(M)	M	255 字节
varbinary(M)	L+1 或者 L+2	65 535 字节
tinyblob	L+1	255 字节
blob	L+2	65 536 字节
mediumblob	L+3	16 777 216 字节
longblob	L+4	4 294 967 296 字节

字符串和二进制对象的存储要求取决于数据的长度。L 是存储值所需的字节数；对于文本型字符串而言，还需要考虑字符集问题。对于可变宽度的类型而言，将使用 1～4 个字节来存储。对于 char(M)列，则使用紧凑的 InnoDB 存储格式；使用可变宽度字符集对字符串进行编码时，所需的存储空间可能小于字符宽度的 M 倍。

对于除了 char 和 varchar 以外的所有字符串，字符串的最大支持长度均以字节为单位。这意味着可存储在字符串类型中的字符的数量取决于字符集。另外，char、varchar、binary 和 varbinary 在计入行的宽度时，该行的总宽度必须小于 64KB。这就意味着实际上你无法使用理论上的最大长度来创建列(这也是 varchar 和 varbinary 列最多可存储 65 532 个字符/字节的原因)。对于 longtext 和 longblob 列，应该注意，尽管它们原则上可存储多达 4GB 的数据，但实际上，存储会受到 max_allowed_packet 变量的限制，该变量最大为 1GB。

对于存储字符串的数据类型，需要考虑的另外一点是，你需要为该列选择一个字符集和排序规则。如果没有明确选择，则选择该列的默认值。在 MySQL 8 中，默认字符集是使用排序规则为 utf8mb4_0900_ai_ci 的 utf8mb4 字符集。那么，这里的 utf8mb4_0900_ai_ci 和 utf8mb4 都是什么意思？

utf8mb4 字符集为 UTF-8 编码，每个字符最多支持 4 字节(例如，某些所需的表情符号)。最初，MySQL 对 UTF-8 编码仅支持“每个字符最多 3 字节”，后来又添加了 utf8mbs 来扩展支持。到今天为止，你不应该再使用 utf8mb3(每个字符最多 3 字节)或 utf8 别名(不建议使用，因为以后可能改为 utf8mb4)。在使用 UTF-8 编码方式时，建议始终使用 4 个字节，因为 3 字节方式几乎没有什么好处，已被弃用。在 MySQL 5.7 或更早的版本中，latin1 是默认的字符集，但随着 MySQL 8 对 UTF-8 的改进，建议使用 utf8mb4，除非你有足够特殊的理由来使用其他字符集。

utf8mb4_0900_ai_ci 的比较方法是 utf8mb4 通用的比较方法。它定义了排序和比较的规则。因此当比较两个字符串时，就能进行正确的比较了。当然规则可能很复杂，其中包含某些字符序列与其他单个字符的比较。排序规则的名称由如下几部分组成。

- **utf8mb4**：比较规则所属的字符集。
- **0900**：这意味着排序规则是基于 Unicode 排序算法(UCA)9.0.0 的排序规则之一。这些是从 MySQL 8 开始引入的，与旧的 UTF-8 比较规则相比，它们显著改进了性能。
- **ai**：排序规则是区分重音(as)还是不区分重音(ai)。当排序规则不区分重音时，将把诸如à 的重音字符视为非重音字符 a。这里排序对重音不敏感。
- **ci**：排序规则是区分大小写(cs)还是不区分大小写(ci)。这里是不区分大小写。

此外，该名称也可包含其他部分内容。而其他字符集也会包含各自的排序规则。尤其是，有数种特定于国家/地区的字符集，它们考虑了本地化的排序和比较规则。对于这样的情况，国家/地区的代码会被添加到名称中。建议使用 UCA 9.0.0 比较规则，因为与其他比较规则相比，它的性能更好，也更现代化一些。

information_schema.COLLATIONS 视图包含 MySQL 支持的所有排序规则，并支持按字符集进行过滤查询。到 MySQL 8.0.18 为止，utf8mb4 可使用 75 种排序规则，其中 49 种为 UCA 9.0.0 规则。

提示　字符集和排序规则本身就是一个宽泛而有趣的主题。如果你想进一步研究该主题，可访问如下博客：https://mysql.wisborg.dk/mysql-8_charset。

JSON 文档是一种特殊字符串，MySQL 为其提供了专门的数据类型。

13.2.4　JSON 数据类型

JavaScript 对象表示法(JSON)格式是一种比关系型表更灵活的流行数据存储格式，也是 MySQL 8 为文档存储选择的格式。MySQL 5.7 开始引入对 JSON 数据类型的支持。

JSON 文档是 JSON 对象(键和值)、JSON 数组和 JSON 值的组合。JSON 文档的一个简单示例如下：

```
{
   "name": "Sydney",
   "demographics": {
      "population": 5500000
   },
   "geography": {
      "country": "Australia",
      "state": "NSW"
   },
   "suburbs": [
      "The Rocks",
      "Surry Hills",
      "Paramatta"
   ]
}
```

由于 JSON 文档也是字符串或二进制对象，因此也可存储在字符串或二进制对象列中。但是，通过专用的数据类型，可以添加验证操作，并可优化存储以访问文档中的特定元素。

在 MySQL 8 中，JSON 文档的一项与性能相关的功能是支持部分更新操作。这样就可对 JSON 文档进行更新，这不仅减少了更新操作时完成的工作量，还可只将部分更新写入二进制日志。当然，对于这样的原地(in-place)更新操作，还是有一些要求的。具体如下：

- 只支持 JSON_SET()、JSON_REPLACE()和 JSON_REMOVE()函数。
- 只支持列内更新。也就是说，不支持将列的值设置为在另一列上运行上述 3 个函数所得到的返回值。
- 必须是对现有值的替换操作。如果是添加新的对象或数组元素，则会导致整个文档被重写。
- 新值最多只能与被替换的值容量相同。例外情况是，可重用之前部分更新操作时所释放的空间。

为将部分更新作为记录存储到二进制日志中，你需要将 binlog_row_value_options 选项设置为 PARTIAL_JSON。可在全局或者会话级别设置该选项。

在 MySQL 内部，文档被存储为长二进制对象(longblob)，文本使用 utf8mb4 字符集进行解释。最大存储空间被限制为 1GB。其存储要求与 longblob 相似，但是，你有必要考虑元数据的开销和用于查找的数据字典。

到目前为止，我们已经介绍了数值、日期和时间、字符串，二进制对象以及 JSON 文档等数据类型。那么，用于设置空间点的数据类型呢？接下来将予以说明。

13.2.5 空间数据类型

空间数据用于在坐标系中指定一个或多个点，从而可能形成一个对象(如多边形等)。比如说，这对于指定某一个对象在地图上的位置时就很有用。

MySQL 8 增加了对指定使用哪个参照系统的支持；这称为空间参照系统标识符(SRID)。可在 information_schema.ST_SPATIAL_REFERENCE_SYSTEMS 视图中找到所支持的参照系统(SRS_ID 列为 SRID 的值)。这里有超过 5000 种参照系统可选。并且每一个空间值都有一个与之相关的参照系统，使得 MySQL 能正确识别两个值之间的关系。例如，计算两个点之间的距离等。为将地球作为参照系统，则需要将 SRID 设置为 4326。

MySQL 支持 8 种不同的空间数据类型，其中 4 种为单值类型，其他 4 种为值的集合。表 13-4 总结了 MySQL 中支持的空间数据类型，并以字节为单位列出所需的存储空间。

表 13-4 空间数据类型

数据类型	存储字节	描述
geometry	可变	任意类型的单个空间对象
point	25	单点，如一个人所在的位置
linestring	9 + 16 *点数	形成一条线的一组点，它不是一个封闭的对象
polygon	13 + 16 *点数	围绕一个区域的一组点。一个多边形就可包含多个这样的集合。例如，创建一个甜甜圈形对象的内圈和外圈
multipoint	13 + 21*点数	点的集合
multilinestring	可变	linestring 值的集合
multipolygon	可变	多边形的集合
geometrycollection	可变	空间对象的集合

MySQL 使用二进制格式来存储数据。geometry、multilinestring、multipolygon 以及 geometrycollection 类型的存储需求，取决于值中包含的对象大小。这些集合类型所需的存储空间要比将对象存储在单独的列中所需的空间大一些。可使用 LENGTH()函数来获取空间对象的大小。然后添加 4 个字节来存储 SRID，从而获取数据所需的总存储空间。

现在就剩最后一类数据类型需要讨论了：数值和字符串类型之间的混合类型。

13.2.6　混合数据类型

MySQL 中有两种结合了整数和字符串属性的特殊数据类型：枚举(enum)和集合(set)。二者都可视为值的集合。不同之处在于枚举类型允许你精确选择一个可能的值，而集合类型则允许你选择任意可能的值。

使枚举和集合类型为混合数据类型的原因，在于可将它们用作整数和字符串。而字符串又是最常见和对用户最友好的。在 MySQL 内部，这些值被存为整数，因而可紧凑高效地存储数据，同时在设置或查询数据时依然允许使用字符串。这两种数据类型也可使用查找表来实现。

枚举数据类型是两者中最常见的。在创建时，可指定允许的值的列表，例如：

```
CREATE TABLE t1 (
  id int unsigned NOT NULL PRIMARY KEY,
  val enum('Sydney', 'Melbourne', 'Brisbane')
);
```

在这里，数字值在列表中，是以 1 开头的位置。也就是说，Sydney 的整数值为 1，Melbourne 为 2，Brisbane 则为 3。总的存储量仅为 1 或者 2 个字节，具体取决于列表中成员个数，最多支持 65 535 个成员。

集合数据类型的工作方式与枚举类似，不过可有多个选项。要创建它，你需要列出可用的成员，例如：

```
CREATE TABLE t1 (
  id int unsigned NOT NULL PRIMARY KEY,
  val set('Sydney', 'Melbourne', 'Brisbane')
);
```

上述列表中每个成员都将根据该成员在列表中的位置来获得序列 1、2、4、8 等值。在上述示例中，Sydney 的值为 1，Melbourne 为 2，Brisbane 为 4。值 3 呢？它代表 Sydney 和 Melbourne。如果要包含多个值，需要对它们所对应的各个值进行求和。这样，所设置的数据类型就与位(bit)类型相同了。当你将值指定为字符串时，就更简单了。因为你已经将值的成员包含在以逗号分隔的列表中。代码清单 13-2 显示了插入两个集合值的示例，每个示例都使用了数字和字符串，并且两次插入均为相同的值。

代码清单 13-2　使用集合数据类型

```
mysql> INSERT INTO t1
       VALUES (1, 4),
              (2, 'Brisbane');
Query OK, 2 rows affected (0.0812 sec)
Records: 2 Duplicates: 0 Warnings: 0

mysql> INSERT INTO t1
       VALUES (3, 7),
               (4, 'Sydney,Melbourne,Brisbane');
```

```
Query OK, 2 rows affected (0.0919 sec)

Records: 2 Duplicates: 0 Warnings: 0

mysql> SELECT *
       FROM t1\G
*************************** 1. row ***************************
 id: 1
val: Brisbane
*************************** 2. row ***************************
 id: 2
val: Brisbane
*************************** 3. row ***************************
 id: 3
val: Brisbane,Melbourne,Sydney
*************************** 4. row ***************************
 id: 4
val: Brisbane,Melbourne,Sydney
4 rows in set (0.0006 sec)
```

首先，插入Brisbane。由于它是集合中的第3个元素，因此数值为4。然后插入集合Sydney、Melbourne和Brisbane。在此需要对1、2和4进行求和。注意，在SELECT操作中，元素的顺序与集合定义中的顺序并不相同。

集合列使用1、2、3、4或者8个字节的存储空间，具体取决于集合中的元素格式。一个集合中最多可包含64个成员。

到此为止，我们已对MySQL中可用的数据类型都进行了探讨。那么，数据类型如何影响查询性能呢？这可能涉及很多方面，因此需要考虑一下。

13.3 性能

数据类型的选择不仅在数据完整性方面很重要，它能够告知你期望使用何种数据类型，而且不同数据类型有着不同的性能特征。本节将探讨在选择不同数据类型时，其性能表现各自如何。

一般来说，数据类型越简单，性能就越好。整数具有最佳的性能，浮点数(近似值)紧随其后。十进制数(精确值)比浮点数具有更高的成本开销。二进制对象比文本字符串性能要好，因为二进制对象没有字符集相关的开销。

当涉及诸如JSON的数据类型时，你可能认为它的性能要比使用二进制对象差。因为JSON文档具有本章前面描述的一些存储开销。但正是因为这种存储开销，才意味着JSON数据类型将比blob类型的数据性能更好。其开销包含了元数据，以及用于查找的字典信息，这就意味着其访问数据的速度会更快。此外，JSON文档也支持原地更新。而text和blob类型的数据则需要替换整个对象，即使你只想替换单个字符或者字节时也是如此。

在给定的数据类型分组(如int与bigint)之内，较小的数据类型性能往往优于较大的数据类型。但实际上，还需要考虑硬件寄存器中的对齐方式，因此对于内存中的工作负载，这些数据类型之间的差异几乎可以忽略不计，甚至可以直接忽略。

那么，应该使用何种数据类型呢？这是本章最后一个要探讨的主题。

13.4 应该选择何种数据类型

本章开头探讨了如何将所有数据都存储在字符串或二进制对象中，从而使其具有最大的灵活性，这似乎是一个好主意。另外，在本章的内容推进过程中，我们也讨论了使用特定数据类型所带来的好处。上一节中还探讨了不同数据类型的性能。那么，究竟应该选择何种数据类型呢？

可以问自己一些问题，关于需要在列中存储数据相关的问题。诸如：

- 数据的原生格式是什么？
- 起初所期望的最大值是多少？
- 值的大小会随着时间的推移而增长吗？如果是这样，会增长多少？增长速度有多快？
- 查询数据的频率是怎样的？
- 你期望有多少个唯一值？
- 需要索引吗？该列是表的主键吗？
- 你是否需要存储数据，或者能否通过其他表的外键(使用整数型参考列)来获取数据？

建议你为需要存储的数据选择原生数据类型。如果需要存储整数，请根据所需的值选择整数类型，通常为 int 或 bigint。如果要对值加一些限制，则可选择较小的整数类型。例如，用于存储有关父母数据的表中，孩子数量就不必为 bigint，tinyint 即可。同样，如果要存储 JSON 文档，则建议使用 JSON 类型，而不是 longtext 或 longblob。

对于数据类型的大小，你需要同时考虑当下需求和未来的需求。如果你期望在较长时间内都需要较大的值，则建议现在就选择更大的数据类型。这样就省去了以后更新表定义的麻烦。但是，如果预期要在很久以后才需要进行更改，则现在最好就使用较小的数据类型。然后随着时间的推移重新评估需求。对于 varchar 和 varbinary 类型，只要不增加已存储的字符串长度或字符集，可原地更改其宽度设置。

使用字符串和二进制对象时，还可考虑将数据存储在单独的表中，并使用整数引用值。当你要查询数据时，这需要一个联接。但如果你只需要很少量的实际字符串，则使主表保持在较小的规模可能带来很大好处。当然，这种方法的好处还取决于表中的行数以及对数据的查询方式。通常情况下，查询大量行的扫描往往比单行查询受益更多。并且，即使在不需要所有列的情况下使用 SELECT *，也比只选择所需的列受益更多。

如果只有几个不同的字符串，则可考虑使用枚举类型。它的工作方式与查找表相似，但可保存联接并允许你直接查询字符串的值。

对于非整数型数据，可在精确的十进制(decimal)数据类型和近似的浮点数，以及双精度数据类型之间进行选择。如果需要存储必须精确的货币值之类的数据，则应该始终选择 decimal 数据类型；如果需要进行相等和不等的比较，也可以选择此种数据类型。如果你不需要足够精度的话，则浮点(float)和双精度(double)类型的性能会更好。

而对于字符串类型的数据，char、varchar、tinytext、text、mediumtext 和 longtext 数据类型则需要字符集和排序规则。通常，建议选择带有基于 UCA 9.0.0 排序规则之一(名称中带有_0900_的排序)的 utf8mb4。如果你没有特定要求，则默认的 utf8mb4_0900_ai_ci 会是一个不错的选择。latin1 字符集的性能稍好一些，但无法保证有不同的字符集来满足各种复杂的需求。并且与 latin1 的排序规则相比，UCA 9.0.0 排序规则还提供了更为现代化的排序规则。

当你需要决定允许多大的值时，请选择能够支持现在以及不久的将来需要的值的最小数据类型和宽度。较小的数据类型还意味着会使用更少的空间对行大小进行限制(64KB)，并且也可将更多数据放入 InnoDB 页中。由于 InnoDB 缓冲池可根据缓冲池和页面的大小来存储一定数量的页，因此，这意味着能把更多数据放入缓冲池中，从而有助于减少磁盘 I/O。同时请记住，优化工作还与何时进行足够的优化相关。不要在剔除几个字节之类的问题上消耗过长时间，而是偶尔进行一次成本较高的表重建操作即可，如一年一次。

最后要考虑的问题是，值是否包含在索引中。值越大，索引也越大。这是关于主键的一个特殊问题。InnoDB 会根据主键(作为簇聚索引)来组织数据，因此当你添加二级索引时，主键会添加到索引的尾部以指向链接的行。此外，数据的这种组织方式也意味着，通常情况下，对于主键而言，单调递增的值性能表现往往最佳。如果带有主键的列会随着时间的增加随机变化，或者变动很大，最好添加一个具有自动递增特性的整型虚拟列，并将其用作主键。

索引本身也是一个很重要主题，我们将在下一章中进行探讨。

13.5 本章小结

本章介绍了数据类型的概念。使用数据类型有几个好处：数据验证、文档、优化存储、性能以及正确排序。

MySQL 支持多种数据类型，从字符串和简单整数类型到复杂的 JSON 文档等。我们探讨了每种数据类型，重点是其支持的值、值的范围、大小以及所需的存储空间。

本章最后讨论了数据类型是如何影响性能的，以及如何为列选择不同的数据类型。这包括是否要对列进行索引，也与“正确排序”有关。索引则是另一个极为重要的主题，我们将在下一章深入探讨。

第14章 索 引

在表上添加索引是提高查询性能的一种非常有效的方法。索引使得 MySQL 可以更快地找到查询所需的数据。将正确索引添加到表后，查询性能可能提高几个数量级。不过诀窍是你知道要添加哪些索引。为什么不在所有列上添加索引呢？因为索引也有开销，因此在添加索引前，需要先进行需求分析。

本章首先将讨论什么是索引，索引的基本概念，以及添加索引可能带来的一些缺点。然后介绍 MySQL 支持的各种索引类型及其特性。此后探讨 InnoDB 如何使用索引，尤其是与索引组织表相关的索引。最后，将探讨应该如何添加索引，以及何时添加。

14.1 什么是索引

为能使用索引来提升性能，重要的一点是，要了解索引是什么。本节不会讨论不同的索引类型(14.6 节再予以探讨)，而介绍索引的更高层次的概念。

索引的概念并不是什么新鲜事物，早在计算机数据库广为人知之前就存在了。作为一个简单例子，有些书籍结尾处包含单词和术语的索引，这些单词和术语已被选作最相关的搜索词。书的索引的工作方式在概念上与数据库索引的工作方式相似。会组织数据库中的“术语”，因此与读取所有数据并检查是否符合搜索条件相比，能更快地找到相关的数据。这里引用“术语”一词，是因为索引未必是人类可读的单词。因为也可以索引二进制数据，如空间数据等。

简而言之，索引能减少查询需要分析的行数。选择良好的索引可能带来巨大的性能提升——比如好几个数量级。你再次考虑一下书的索引：如果你想阅读与 B-tree 索引相关的内容，可以从第 1 页开始阅读，或在索引中查找术语“B-tree 索引”，然后直接跳转到相关的页面。在查询 MySQL 数据库时，索引所带来的性能提升与此相似，不同之处在于，查询可能比查找书中有关信息要复杂得多，因此索引的重要性也增加了。

很显然，你只需要添加所有可能的索引，对吧？并非如此。增加索引会带来管理上的复杂性，但正确使用时会提升性能。因此在选择索引时，你需要足够谨慎。

另外一件事情是，即便可以使用索引，也并不总是比扫描整张表性能更高。如果你想阅读书中的重要内容，可在索引中找到感兴趣的术语，然后阅读相关主题。这样，可能会比从头到尾阅读一本书要慢上一些。用同样的话来说，如果你的查询仍然需要访问表中的大部分数据，那么从头扫描到尾的方式，反而可能更快一些。扫描整张表的速度是否更快，取决于多个因素，包括磁盘类型、与随机 I/O 相比顺序 I/O 的性能如何，以及数据是否已缓存到内存中等。

在深入研究索引的细节前，先简单介绍一下与索引相关的关键概念。

14.2 索引的概念

考虑到索引这一主题所包含的信息之大，这里使用几个术语来描述索引也就不足为奇了。当然，索引有不同的类型名称，例如 B-tree、全文、空间等，但还有一些更重要的通用术语需要注意。索引的类型将在后面介绍，这里先介绍一些更笼统的术语。

14.2.1 键与索引

你可能会注意到，有时，我们使用了“索引(index)”这个词，有时则使用“键(key)”一词。它们有什么区别？索引是键的列表。但在 MySQL 中，这两个术语通常可以互换。

一个重要的例子就是“主键”——在这里，键是一定要用到的。另一方面，添加索引时，可以写 ALTER TABLE table name ADD INDEX…，或者是 ALTER TABLE table name ADD KEY…。这种情况下，MySQL 参考手册使用了“索引(index)”一词，因此为了保持一致性，建议使用索引(index)。

有几个术语可用来描述你使用的是何种索引。第一个就是唯一索引。

14.2.2 唯一索引

唯一索引指索引中的每个值都只引用一行。请考虑一张包含关于人员数据的表。该表中可能包含人的社会保险号码，或类似的标识符。没有两个人会共享一个社会保险号码，因此在该列上定义唯一索引就是有意义的。

从这个意义上讲，所谓的“唯一”，相比于索引特征，更多指约束。但索引部分对于 MySQL 能够快速确定是否已经存在新值至关重要。

在 MySQL 中使用唯一索引时，需要考虑的一个重要因素是如何处理 NULL 值。两个 NULL 值的比较结果是不确定的(或者说 NULL 不等于 NULL)，因此，如果在允许 NULL 值的列上创建了唯一索引，则该索引并不会限制此列中会包含多少行 NULL 值。如果要将唯一性约束限制为只允许单个 NULL 值，则需要使用触发器进行检查，并使用 SIGNAL 语句抛出错误。代码清单 14-1 列出一个触发器的示例。

代码清单 14-1 用于检测是否违反唯一性约束的触发器示例

```
CREATE TABLE my_table (
  Id int unsigned NOT NULL,
  Name varchar(50),
  PRIMARY KEY (Id),
  UNIQUE INDEX (Name)
);
DELIMITER $$
CREATE TRIGGER befins_my_table
BEFORE INSERT ON my_table
  FOR EACH ROW
BEGIN
  DECLARE v_errmsg, v_value text;
  IF EXISTS(SELECT 1 FROM my_table WHERE Name <=> NEW.Name) THEN
          IF NEW.Name IS NULL THEN
             SET v_value = 'NULL';
          ELSE
             SET v_value = CONCAT('''', NEW.Name, '''');
        END IF;
          SET v_errmsg = CONCAT('Duplicate entry ',
                                v_value,
                                ' For key ''Name''');
        SIGNAL SQLSTATE '23000'
          SET MESSAGE_TEXT = v_errmsg,
              MYSQL_ERRNO = 1062;
  END IF;
END$$
DELIMITER ;
```

上述代码将处理 Name 列中的任意类型的重复值。这里使用了 NULL 的<=>运算符来确定表中是否存在新的 Name 值。如果是，则判断其是否为 NULL，如果是，则用引号引起来；否则不用引号。因此就可以区分出字符串"NULL"和 NULL 值。最后发出 SQL 状态号 23000 以及 MySQL 错误号 1062 信息。这里使用的错误信息、SQL 状态号以及错误号，与正常的重复键约束错误相同。

主键则是一种特殊的唯一索引。

14.2.3 主键

表的主键也是一个索引，不过它定义了该列的唯一性。主键不允许使用 NULL 值。如果你的表上有多个 NOT NULL 的唯一索引，则任意一个都可作为主键。你应该选择一个或多个具有不变值的列作为主键，关于这一点，我们将在 14.2.5 节解释。也就是说，应该挑选那些永远不会更改的列作为主键。

对于 InnoDB 而言，主键比较特殊，而对于其他存储引擎来说，则更多的是约定俗成的问题。但在所有情况下，主键最好都是那些能始终唯一标识一行数据的值。例如，它能在进行复制操作时，快速确定需要修改的行(第 26 章将对此做深入介绍)，并且组复制功能已明确要求，所有的表都需要有主键，或 NOT NULL 唯一索引。在 MySQL 8.0.13 及更新版本中，可启用 sql_require_primary_key 选项来要求所有新建的表都包含主键。如果你要更改现有表的结构，则该限制也适用。

提示 可启用 sql_require_primary_key 选项(默认情况下为禁用状态)。没有主键的表可能有性能问题，并且有时会以令人意想不到的方式出现。如果将来要使用组复制，还需要确保表已准备就绪。

问题来了，既然有主键，那会有辅助键吗？

14.2.4 二级索引

术语“二级索引”用来描述那些不是主键的索引。它没有任何特殊含义，因此该名称只用于明确说明索引不是主键，无论它是唯一索引还是非唯一索引。

如前所述，主键对 InnoDB 具有特殊含义，因为用于簇聚索引。

14.2.5 簇聚索引

簇聚索引特定于 InnoDB，是描述 InnoDB 如何组织数据的术语。如果你对 Oracle 数据库有所了解的话，你可能会知道“索引组织表”，它与簇聚索引描述的是同一件事。

在 InnoDB 中，所有内容都是索引。行数据存储在 B-tree 索引的叶子页中(稍后将介绍 B-tree 索引)。该索引被称为簇聚索引，其名称来源于索引值聚集在一起这一事实。主键会被用于簇聚索引。如果你未显式定义主键，InnoDB 将查找具有 NOT NULL 的唯一索引。如果两者都不存在，InnoDB 会使用全局(对于所有 InnoDB 表而言)自增值来添加一个隐藏的 6 字节整数列，从而生成唯一值。

主键的选择会影响性能，我们将在 14.9 节进行探讨。此外，簇聚索引也可被视作覆盖索引的一个特例。那么，什么是覆盖索引？

14.2.6 覆盖索引

如果索引包含了给定查询需要的所有列，就称该索引为覆盖索引。也就是说，索引是否覆盖，取决于你使用索引的查询。索引可能覆盖一个查询，但无法覆盖另一个。考虑如下包含(a,b)列的索引，以及选择了这两列的一个查询：

```
SELECT a, b
  FROM my_table
WHERE a = 10;
```

此时，查询只需要 a 和 b 两列数据即可。因此不必查找表的其余部分——索引就足以满足所有需要的数据。另外，如果查询也需要 c 列，该索引就不再覆盖了。当你使用 EXPLAIN 语句来分析查询(将在第 20 章介绍)并且表使用了覆盖索引的话，EXPLAIN 输出中的 Extra 列将显示 Using index 这一信息。

覆盖索引的一种特殊情况是 InnoDB 的簇聚索引(尽管 EXPLAIN 并不会显示 Using index)。簇聚索引包含叶子节点中所有的行数据(即时通常只索引一部分列)，因此索引将始终包含所有必需的数据。有些数据库(如 SQL Server)在创建索引时支持 include 子句，可用来模拟簇聚索引的工作方式。

合理地创建索引，以便那些被执行次数最多的查询可以使用它们，这就能极大地提升性能。我们将在 14.9 节中对此进行探讨。

此外，在添加索引时，也会有一些限制。接下来将进行介绍。

14.3 索引的限制

关于 InnoDB 的索引有一些限制，其范围覆盖从索引大小，到表上允许创建的索引数量等。其中最重要的一些限制如下：

- 根据 InnoDB 行的格式，B-tree 索引的最大宽度为 3072 字节或 767 字节。3072 字节是基于 16KB 的 InnoDB 页大小，767 字节则基于较小的页。
- 当指定前缀的长度时，就只能在全文索引外的索引中使用 blob 或文本类型的列。前缀索引将在本章的 14.7 节中予以探讨。
- 函数索引部分，也将被计入表最大只有 1017 列的限制。
- 每张表上最多可有 64 个二级索引。
- 多列索引最多可包含 16 个列，以及函数索引。

你可能会遇到的限制，就是 B-tree 索引的最大索引宽度。在使用 DYNAMIC(默认)行或 COMPRESSED 行格式时，索引最大宽度不能超过 3072 字节，对于 REDUNDANT 和 COMPACT 行格式，则不能超过 767 字节。对于 8K 的页，使用 DYNAMIC 或 COMPRESSED 行格式时，限制减少一半(1536 字节)，4KB 的页则为四分之一(768 字节)。这尤其是针对字符串或二进制列上的索引而言，因为这些列的值往往较大，并且在进行容量计算时，这可能也是最大的存储量了。这就意味着使用 utf8mb4 字符集的 varchar(10)列，其限制为 40 字节，即使你从未在此列中存储过任何单字节字符时也是如此。

将 B-tree 索引添加到 text 或 blob 类型的列时，需要提供键长，从而指定要包含在索引中的列前缀的数量。这甚至适用于仅支持 256 字节数据的 tinytext 和 tinyblob 类型。对于 char、varchar、binary 以及 varbin 类型的列，仅当以字节为单位的值的最大容量超过了表所允许的最大索引宽度时，才需要指定前缀长度。

提示 对于 text 和 blob 类型的列，建议最好使用全文索引(稍后将介绍)。从而使用 blob 的哈希值来添加一个生成的列，或以其他方式来优化对数据的访问，而不是使用前缀索引。

如果将函数索引添加到表上，则每个函数索引部分都会被计入表中列的数量限制。如果你创建了两个函数索引，则也将这两列加入表的限制中。对于 InnoDB 而言，一张表中最多可包含 1017 个列。

最后两个限制与表中可包含的索引数量，以及单个索引中可包含的列数和函数索引相关。一张表上最多可有 64 个二级索引。实际上，如果你已经快要接近此限制的话，那么你可能需要重新考虑索引策略了。正如将在 14.5 节中讨论的那样，存在一些与索引相关的开销。因此在所有情况下，最好限制索引的数量，使其对查询产生真正的益处。同样，添加到索引中的列越多，索引就越大。InnoDB 的限制是，一个索引中最多可包含 16 个列。

如果需要在表上添加索引或删除多余的索引，该如何处理？索引可与表一起创建，或者在稍后创建，当然也可删除索引，如下所述。

14.4 SQL 语法

首次创建方案时，你通常会考虑好添加哪些索引。然后，随着时间的流逝，通过监控可能发现某些索引应该删除，然后添加其他索引。对索引的这些更改，可能是由于对所需索引存在误解、数据可能已被更改或查询已被更改等。

对表的索引进行更改，主要有 3 种不同的操作：在创建表时也创建索引、向现有的表添加索引或从表上删除索引。无论是将索引与表一起创建，还是稍后创建索引，索引的定义语法都一样。删除索引时，只需要提供索引的名称即可。

本节将介绍添加和删除索引的一般性语法。本章的剩余部分将基于特定的索引类型和特性来提供更多示例。

14.4.1 创建带有索引的表

在创建表时，可将索引定义添加到 CREATE TABLE 语句中。索引的定义放在列的定义之后。可选择指定索引的名称，如果没有指定，索引将使用索引中的第一列来命名。

代码清单 14-2 显示一个创建表的示例。其中创建了多个索引。如果你不知道不同的索引类型可以做什么，也不必担心——我们将在稍后进行讨论。

代码清单 14-2 创建带有索引的表的示例

```
CREATE TABLE db1.person (
  Id int unsigned NOT NULL,
  Name varchar(50),
  Birthdate date NOT NULL,
  Location point NOT NULL SRID 4326,
  Description text,
  PRIMARY KEY (Id),
  INDEX (Name),
  SPATIAL INDEX (Location),
  FULLTEXT INDEX (Description)
);
```

该示例将在 db1 方案(预先已存在)中创建包含 4 个索引的表 person。第一个索引是主键，为 Id 列上的 B-tree 索引(稍后介绍)。第二个也是 B-tree 索引，但为二级索引，对 Name 列进行索引。第三个索引基于 Location 列的空间索引。第四个则基于 Description 列的全文索引。

也可创建包含多列的索引。如果想在多个列上放置不同条件，例如，第一列上放置一个条件，第二列上进行排序等，此时多列索引就很有用。要创建多列索引，需要将列名指定为以逗号分隔的列表：

```
INDEX (Name, Birthdate)
```

索引中列的排列顺序极为重要，将在 14.9 节中进行说明。简而言之，MySQL 只能使用索引中左侧的列。如上例所示，要使用索引中的 Birthdate 部分，前提是已经使用了 Name 列；这就意味着 index(Name,Birthdate)和 index(Birthdate,Name)是不一样的。

通常情况下，表上的索引不是静态的。因此，如果想将索引添加到表上，该如何处理？

14.4.2 添加索引

如果确定需要新的索引，则可将索引添加到现有的表上。可使用 ALTER TABLE 或 CREATE INDEX 语句。由于 ALTER TABLE 可为表做各种修改，因此你可能坚持使用这一语句。当然，无论是哪种语法，所完成的工作都是一样的。

代码清单 14-3 显示了两个使用 ALTER TABLE 语句来创建索引的示例。第一个示例添加了一个索引，第二个示例则在一个语句中添加了两个索引。

代码清单 14-3　使用 ALTER TABLE 语句来添加索引

```
ALTER TABLE db1.person
  ADD INDEX (Birthdate);

ALTER TABLE db1.person
  DROP INDEX Birthdate;

ALTER TABLE db1.person
  ADD INDEX (Name, Birthdate),
  ADD INDEX (Birthdate);
```

上例中的第一和最后一条语句都使用了 ALTER TABLE 和 ADD INDEX 子句来添加索引。最后一条语句使用了两个 ADD INDEX，并以逗号进行分隔，从而在一条语句中添加两个索引。这两条语句之间，也进行了删除索引的操作。因为具有重复的索引不是一个好的做法，MySQL 也会对此发出警告。

使用两条语句来添加两个索引，和使用一条语句来添加两个索引，有什么不同？是的，可能会有很大的不同。在添加索引后，MySQL 有必要执行全表扫描来读取索引需要的全部值。对大表而言，全表扫描是一项代价昂贵的操作。因此从这个角度看，最好在一条语句中添加两个索引。另一方面，只要可将索引完全保留在 InnoDB 缓冲池中，那么创建索引的速度就会大大加快。将两个索引的创建拆分为两条语句，可减少对缓冲池的压力，从而改善创建索引的性能。

最后，就是移除那些不再需要的索引了。

14.4.3　移除索引

删除索引的行为类似于添加索引。可使用 ALTER TABLE 或 DROP INDEX 语句。使用 ALTER TABLE 语句时，可将删除索引以及其他数据定义操作组合在一起。

删除索引时，需要知道索引的名称。代码清单 14-4 显示了几种查找索引名的方法。

代码清单 14-4　找到表上的索引名

```
mysql> SHOW CREATE TABLE db1.person\G
*************************** 1. row ***************************
       Table: person
Create Table: CREATE TABLE `person` (
  `Id` int(10) unsigned NOT NULL,
  `Name` varchar(50) DEFAULT NULL,
  `Birthdate` date NOT NULL,
  `Location` point NOT NULL /*!80003 SRID 4326 */,
  `Description` text,
  PRIMARY KEY (`Id`),
  KEY `Name` (`Name`),
  SPATIAL KEY `Location` (`Location`),
  KEY `Name_2` (`Name`,`Birthdate`),
  KEY `Birthdate` (`Birthdate`),
  FULLTEXT KEY `Description` (`Description`)
) ENGINE=InnoDB DEFAULT CHARSET=utf8mb4 COLLATE=utf8mb4_0900_ai_ci
1 row in set (0.0010 sec)

mysql> SELECT INDEX_NAME, INDEX_TYPE,
              GROUP_CONCAT(COLUMN_NAME
                           ORDER BY SEQ_IN_INDEX) AS Columns
         FROM information_schema.STATISTICS
```

```
        WHERE TABLE_SCHEMA = 'db1'
             AND TABLE_NAME = 'person'
        GROUP BY INDEX_NAME, INDEX_TYPE;
+-------------+------------+----------------+
| INDEX_NAME  | INDEX_TYPE | Columns        |
+-------------+------------+----------------+
| Birthdate   | BTREE      | Birthdate      |
| Description | FULLTEXT   | Description    |
| Location    | SPATIAL    | Location       |
| Name        | BTREE      | Name           |
| Name_2      | BTREE      | Name,Birthdate |
| PRIMARY     | BTREE      | Id             |
+-------------+------------+----------------+
6 rows in set (0.0013 sec)
```

在你的环境中，实际索引顺序可能与本示例不同。第一个查询使用了SHOW CREATE TABLE语句来获取完整的表定义信息，其中包含索引及其名称。第二个则查询information_schema.STATISTICS视图。该视图对于获取有关索引的信息非常有用，下一章将介绍。一旦确定了要删除的索引，就可使用ALTER TABLE语句了。如代码清单14-5所示。

代码清单14-5 使用ALTER TABLE语句来删除索引

```
ALTER TABLE db1.person DROP INDEX name_2;
```

这将删除名为name_2的索引，即(Name, Birthdate)列上的索引。

本章剩余内容将详细探讨索引究竟是什么。14.9节将介绍如何选择要索引的数据。首先，重要的一点是，你要理解索引为何会带来开销。

14.5 索引的缺点是什么？

现实生活中，很少有什么东西是免费的——索引也不例外。虽然索引对于提升查询的性能至关重要，但它们也需要进行存储，并保持最新状态。此外，在执行查询时，开销越小，索引越多，优化器需要做的工作也越多。本节将介绍索引在如下三个方面的缺点。

14.5.1 存储

添加索引最明显的成本之一，就是索引需要进行存储，因而在需要的时候随时可用。你显然不希望在每次需要索引的时候都先创建索引(事实上，在某些情况下，MySQL会自动生成特定于单个查询的索引。14.7节会对此进行详细介绍)，这样就会破坏索引的性能优势。存储的开销是双重的：索引需要存储在磁盘上，并且也需要在InnoDB缓冲池中进行缓存。

磁盘存储意味着你可能需要向系统添加磁盘或块存储设备。如果你使用诸如MySQL Enterprise Backup(MEB)的备份解决方案，来直接复制原始的表空间文件，则备份文件也将变得更大，并且备份花费的时间也将更长。

InnoDB始终使用缓冲池来读取查询所需的数据。如果缓冲池中不存在所需的数据，则首先将数据读入缓冲池，然后将其用于查询。因此，当你使用索引时，索引和行数据通常都会被读入缓冲池(使用覆盖索引时是一个例外)。你需要的缓冲池越多，则其他索引和数据能使用的缓冲池就越少——除非你增大缓冲池。当然，这要比避免全表扫描从而阻止将整张表读入缓冲区复杂得多，当然这也会减轻缓冲池的压力。此外，总收益与总开销之间的关系，又归结为你通过使用索引，在多大程度上避免了对表的查询，以及其他查询是否仍会读取索引无法覆盖的那些数据。

总之，添加索引时将需要额外的磁盘空间，并且通常需要更大的 InnoDB 缓冲池来保持同样的缓冲池命中率。另一个开销是，索引只有在保持状态为最新时才有用。这将增加你更新数据时的工作量。

14.5.2 更新索引

每当更新数据时，索引都必须随之更新。其范围涉及从插入或删除数据时需要为索引添加或删除相应的链接，到更新表数据时随之更新索引的值等。你可能不会为此考虑太多，但是这确实可能是一个很大的开销。实际上，在批量数据加载，如还原逻辑备份(文件通常包含用于创建数据的 SQL 语句，一个例子是使用 mysqlpump 创建的文件等)期间，索引更新的开销通常会限制插入的速率。

提示 始终保持索引为最新状态，所带来的开销可能会很高。因此通常建议在将大量数据导入空表时先删除二级索引，在导入完成后再重建索引。

对于 InnoDB 而言，开销还取决于二级索引是否适合缓冲池。如果整个索引都在缓冲池中，则使索引保持最新状态的开销就会比较小，也不太可能成为严重的性能瓶颈。如果索引不合适，InnoDB 就不得不对表空间文件和缓冲池中缓存的页进行重组，这时，所产生的开销可能成为导致严重性能问题的瓶颈。

此外，还有一个不太明显的性能开销。索引越多，那么优化器在确定最优的查询计划时，需要做的工作也就越多。

14.5.3 优化器

当优化器分析查询，从而确定其认为的最佳查询执行计划时，需要评估每张表上的索引，从而判断是否需要使用索引，以及是否可能对两个索引进行合并。目标当然是尽快完成执行计划评估。但在优化器阶段花费的时间通常是不可忽略的；在某些情况下，这一步骤甚至有可能成为瓶颈。

考虑如下一个非常简单的查询示例，从一张表中选择一些行：

```
SELECT ID, Name, District, Population
  FROM world.city
WHERE CountryCode = 'AUS';
```

这里，如果表 city 上没有索引，那很明显需要进行全表扫描。如果存在一个索引，则还需要使用该索引来评估查询的成本等。如果你有一个包含了许多张表的复杂查询，每张表都有 12 个可能用到的索引，将产生多个执行计划的组合，这也会在查询执行期间反映出来。

提示 如果花费在优化器阶段的时间成为问题，可添加本书第 17 章和第 24 章中提到的优化器及连接顺序提示(hint)来帮助优化器，这样优化器就不必评估所有可能的查询计划了。

尽管这里描述了索引所带来的开销，这似乎会让你觉得索引也不是那么好。但是，你不能回避索引，对于频繁执行的查询，那些具有高度选择性的索引将带来很大好处。不过，切勿为了添加索引而添加。14.9 节将探讨选择索引的一些想法，本书其他部分将继续提供索引的相关示例。在深入探讨之前，有必要先了解一下 MySQL 支持的索引类型及其特性。

14.6 索引类型

不同的索引类型，具有不同的用途。使用索引来查找给定范围内的行，例如，2019 年中的所有日期，与使用索引来为给定单词或者短语搜索大量文本，这两者之间会有很大的不同。这意味着当你添加索引时，需要确定使用何种类型的索引。MySQL 当前支持 5 种不同的索引类型：

- B-tree 索引
- 全文索引
- 空间索引
- 多值索引
- 哈希索引

本节将介绍这 5 种索引，并探讨在面临不同的问题类型时，使用何种索引会加快处理速度。

14.6.1 B-tree 索引

到目前为止，B-tree 索引是 MySQL 中最常用的索引类型。实际上，所有 InnoDB 表都至少包含一个 B-tree 索引，因为数据是按 B-tree 索引(簇聚索引)进行组织的。

B-tree 索引是一个有序索引，因此很适合要查找那些等于某个值的列，列大于或小于给定值，或列介于两个值之间的范围扫描等情况。这使得 B-tree 索引可用于很多查询。

B-tree 索引的另一个优点是它具有可预测的性能表现。顾名思义，B-tree 索引以树的形式进行组织，从根页开始，到叶子页结束。InnoDB 中使用的是 B-tree 索引的扩展，称为 B+树。这里的+意味着处于同一级别的节点是互相链接的，因此在到达节点中的最后一条记录时，不必再返回到父节点就可轻松地扫描索引。

注意 *在 MySQL 中，术语 B-tree 和 B+树可互换使用。*

图 14-1 显示了包含城市名称的索引的树状结构示例(对于索引中的层级，本图的方向为从左到右，这与其他一些 B-tree 索引的示意图不太相同。其他一些往往都是自上而下的)。

在图中，文档形状的部分表示一个 InnoDB 页，并且多个文档彼此堆叠的形状(例如级别 0 中标记为 Christchurch 的部分)代表多个页。从左到右的箭头显示了从根页到叶子页的方向。根目录页是索引搜索的起始位置，叶子页则是索引记录的存在位置。而介于这两者之间的页往往被称为内部页或分支页。页也可被称为节点。连接同一级别页面的双箭头可用来区分是 B-tree 索引还是 B+树索引。这些箭头使得 InnoDB 能快速移到同一级别的上一页或下一页，且不必经过父级页。

对于较小的索引，可能只包含一个页，既充当根页，也充当叶子页。在更一般的情况下，索引的根页显示在图的最左侧，最右侧为叶子页。而对于较大的索引而言，根页和叶子页之间可能会有更多级别。叶子节点的级别为 0，其父页级别为 1，以此类推，一直到达根页为止。

在图中，页中记录的值，例如 A Coruña，表示的是索引树的该部分所覆盖的第一个值。因此，如果你位于级别 1，并且正在寻找 Adelaide，你就知道该值位于叶子页的最顶端，因为该页包含了从 Adelaide 到 Beijing (但不含 Beijing)之间的所有值。这也是上一章探讨的排序规则发挥作用的一个示例。

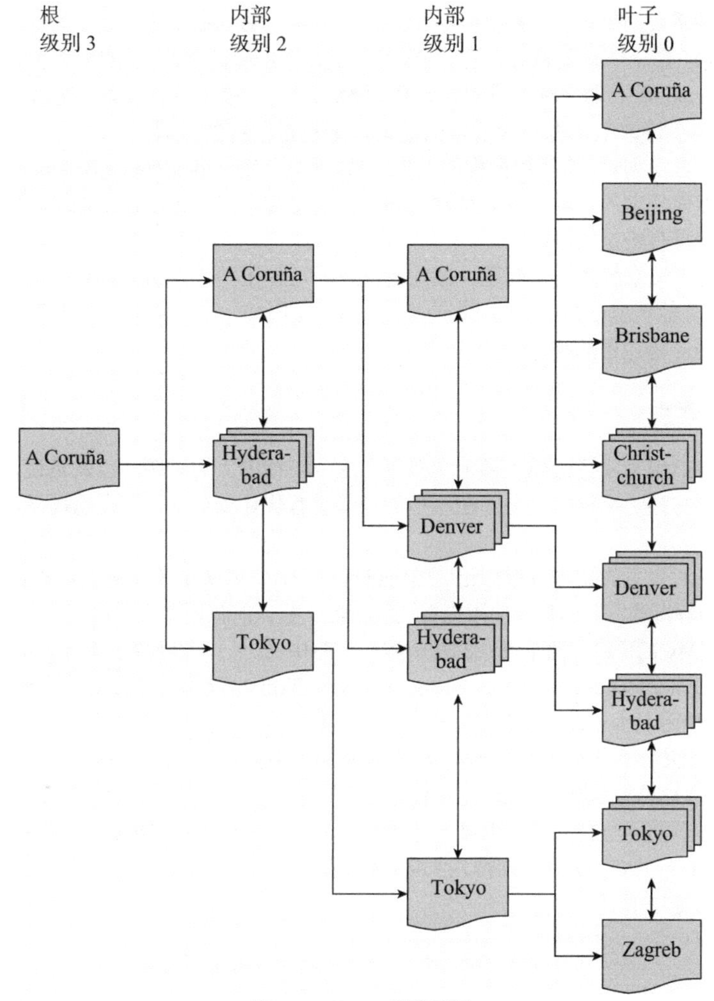

图 14-1 B-tree 索引示例

B-tree 索引能提供的一个关键特性是，无论你遍历任意分支，搜索的级别数量总是相同的。例如，在上图中，无论你要查找哪个值，最终都只需要读取 4 个页。并且这 4 个级别中的每个页都可能会被读取(如果你进行的是范围扫描，并且有数行包含了相同的值，那么可能会扫描多个叶子页)。因此，可以说 B-tree 索引是平衡的。也正是因为这一点，它才能提供可预测的性能表现，并且级别数量也可很好地进行扩展——也就是说，级别的数量会随着索引记录的增加而缓慢增长。当你需要从较慢的存储设备(例如磁盘)中读取数据时，这一属性就特别重要了。

注意 你可能听过 T-tree 索引。B-tree 索引专门针对磁盘访问进行了优化，但 T-tree 索引与 B-tree 索引类似，都为内存访问进行了优化。因此，将所有索引数据存储在内存中的 NDB 集群存储引擎就使用了 T-tree 索引，即使其在 SQL 级别也被称为 B-tree 索引。

本节的开头已经提到，B-tree 索引可能是迄今为止 MySQL 中最常用的索引类型。实际上，如果你有一张 InnoDB 表，无论你是否为其添加过索引，都可使用 B-tree 索引。InnoDB 使用簇聚索引来存储有组织的数据——这实际上也意味着是将行数据存储在 B+树索引中。此外，B-tree 索引不仅适用于关系数据库，在一些文件系统中，也会使用B-tree结构来组织其元数据。

B-tree索引还有一个重要特性，它只能用于比较索引列(或前缀列)的整体值。对于我们之前创建的index(Birthdate)，如果你要查询的出生月份为五月，就无法使用这一索引了。或者，如果你想查询索引的字符串中是否包含给定的短语，则也是同样的效果。

当索引中包含多列时，将使用同样的处理方式。考虑一下index(Name,Birthdate)；这种情况下，可使用索引来搜索给定的姓名，或者是姓名和生日的组合。但你无法在不知道名字的情况下，使用该索引来搜索具有给定生日的人。

可使用多种方法来解决这一问题。某些情况下，可使用函数索引，或将列的信息提取到可索引的生成列中。其他情况下，也可使用其他类型的索引。例如，全文索引可用于搜索那些包含query performance tuning等短语的列。

14.6.2　全文索引

全文索引专门用来回答诸如“哪个文档包含这个字符串”的问题。也就是说，它们并没有专门针对找到一列与指定字符串完全匹配这样的场景进行优化处理——这样的场景，显然应该使用B-tree索引。

全文索引会对索引的文本进行标记。如何进行标记，则取决于所使用的解析器。InnoDB支持你使用自定义的解析器，但通常都使用内置的解析器。默认的解析器会假定文本中使用了空格作为单词的分隔符。MySQL包含两个可选的解析器：支持中文、日文以及韩文的ngram解析器(请参阅https://dev.mysql.com/doc/refman/en/fulltext-search-ngram.html)，以及支持日文的MeCab解析器。

InnoDB会使用名为FTS_DOC_ID的特殊列，来将全文索引链接到行上，该列是bigint类型的无符号NOT NULL列。如果在添加全文索引时该列不存在，则InnoDB会将其添加为隐藏列。但添加此隐藏列时需要重建表。因此，如果要向一张大型表添加全文索引，你需要考虑到这一点。如果你知道要对表使用全文索引，则可自行将该列与唯一索引FTS_DOC_ID_INDEX一起添加上去，也可选择FTS_DOC_ID这一列作为主键。但需要注意，不允许重复使用FTS_DOC_ID的值。一个准备表的示例如下。

```
CREATE TABLE db1.person (
  FTS_DOC_ID bigint unsigned NOT NULL auto_increment,
  Name varchar(50),
  Description text,
  PRIMARY KEY (FTS_DOC_ID),
  FULLTEXT INDEX (Description)
);
```

如果你还没有FTS_DOC_ID这一列，但已将全文索引添加到表上，MySQL将返回警告，告知已重建表来添加此列：

```
Warning (code 124): InnoDB rebuilding table to add column FTS_DOC_ID
```

如果计划使用全文索引，那么从性能角度看，建议显式添加FTS_DOC_ID列，并将其设置为表的主键，或为其创建二级唯一索引。当然，自己创建该列的缺点，就是你需要自行维护其值。

另一种专门的索引类型是用于空间数据的。全文索引用于文本文档或字符串，空间索引则适用于空间数据类型。

14.6.3 空间索引

从历史上看，空间特性在MySQL中很少使用。但由于MySQL 5.7中开始在InnoDB内引入了对空间索引的支持，并且在其他方面进行了不少改进，例如支持在MySQL 8中为空间数据指定空间参照系统标识符(SRID)，因此你可能在某些时候也需要空间索引。

空间索引的典型用例之一是一张带有感兴趣点的表，每个点的位置和其他信息一起存储。例如，用户想要获得其当前位置50公里范围内的所有电动汽车充电站。为尽可能有效地回答这一问题，就需要使用空间索引了。

MySQL将空间索引实现为R树结构。其中的R代表矩阵，并提示这里使用了索引。R树索引组织数据，使得空间上靠近的点在索引中也彼此靠近存储。这就使得在确定空间的值是否满足某些边界条件(如矩形)时变得十分有效。

只有在将列声明为NOT NULL，并已设置了空间参照系统标识符时，才可使用空间索引。可使用诸如MBRContains()的函数来设置空间条件，该函数使用两个空间值，并返回第一个值是否包含另一个值。对使用空间索引就没有其他特殊要求了。代码清单14-6显示了一个包含空间索引的表，以及一个可使用该索引的查询。

代码清单14-6 使用空间索引

```
mysql> CREATE TABLE db1.city (
         id int unsigned NOT NULL,
         Name varchar(50) NOT NULL,
         Location point SRID 4326 NOT NULL,
         PRIMARY KEY (id),
         SPATIAL INDEX (Location));
Query OK, 0 rows affected (0.5578 sec)

mysql> INSERT INTO db1.city
         VALUES (1, 'Sydney',
                 ST_GeomFromText('Point(-33.8650 151.2094)',
                                 4326));
Query OK, 1 row affected (0.0783 sec)

mysql> SET @boundary = ST_GeomFromText('Polygon((-9 112, -45 112, -45 160,
-9 160, -9 112))', 4326);
Query OK, 0 rows affected (0.0004 sec)

mysql> SELECT id, Name
        FROM db1.city
       WHERE MBRContains(@boundary, Location);
+----+--------+
| id | Name   |
+----+--------+
| 1  | Sydney |
+----+--------+
1 row in set (0.0006 sec)
```

在上例中，包含城市位置的表在Location列上具有空间索引。这里的空间参照系统标识符(SRID)被设置为代表地球的4236。然后插入一行，并定义了边界(如果你好奇的话，可能会发现这一边界包含澳大利亚)。也可直接在MBRContains()函数中指定多边形，但这里是分两步完成的，使得查询的各个部分更清晰一些。

因此，空间索引有助于回答某些几何形状是否在给定边界内这样的问题。同样，多值索引也可帮助你回答给定值是否在值列表中。

14.6.4 多值索引

MySQL 5.7 中引入了对 JSOB 数据类型的支持，MySQL 8 通过 MySQL 文档存储对其特性进行了扩展。可在生成的列上使用索引，也可在函数索引上使用 JSON 文档来创建索引。但到目前为止，我们所讨论的索引类型，并未涵盖搜索文档来查看 JSON 数组是否包含某些值的示例。之前列举过一个关于城市集合的示例，每个城市都有很多郊区。上一章提到的示例 JSON 文档具有如下内容：

```
{
   "name": "Sydney",
   "demographics": {
      "population": 5500000
   },
      "geography": {
      "country": "Australia",
      "state": "NSW"
   },
      "suburbs": [
      "The Rocks",
      "Surry Hills",
      "Paramatta"
   ]
}
```

如果要搜索城市集合中的所有城市，并返回其郊区名称为 Surry Hills 的城市，则需要一个多值索引。MySQL 8.0.17 增加了对多值索引的支持。

为解释多值索引是否有用，此处列举一个例子。代码清单 14-7 从 world_x 示例数据库中获取 countryinfo 表，将其复制到 mvalue_index 表中，然后进行修改，使得每个 JSON 文档都包含一个城市数组，其中列出口及所在地区。最后，还有一个查询，用于查询澳大利亚所有城市的名称(_id='AUS')。这些查询也可从本书的 GitHub 库中的 listing_14_7.sql 文件中找到。然后在 MySQL shell 中执行命令\source listing_14_7.sql。

代码清单 14-7 为多值索引准备 mvalue_index 表

```
mysql> \use world_x
Default schema set to `world_x`.
Fetching table and column names from `world_x` for auto-completion...
Press ^C to stop.

mysql> DROP TABLE IF EXISTS mvalue_index;
Query OK, 0 rows affected, 1 warning (0.0509 sec)
Note (code 1051): Unknown table 'world_x.mvalue_index'

mysql> CREATE TABLE mvalue_index LIKE countryinfo;
Query OK, 0 rows affected (0.3419 sec)

mysql> INSERT INTO mvalue_index (doc)
       SELECT doc
         FROM countryinfo;
```

```
Query OK, 239 rows affected (0.5781 sec)

Records: 239 Duplicates: 0 Warnings: 0

mysql> UPDATE mvalue_index
          SET doc = JSON_INSERT(
                      doc,
                      '$.cities',
                      (SELECT JSON_ARRAYAGG(
                                 JSON_OBJECT(
                                   'district', district,
                                   'name', name,
                                   'population',
                                      Info->'$.Population'
                                 )
                               )
                            FROM city
                          WHERE CountryCode = mvalue_index.doc->>'$.Code'
                        )
                      );
Query OK, 239 rows affected (3.6697 sec)

Rows matched: 239 Changed: 239 Warnings: 0

mysql> SELECT JSON_PRETTY(doc->>'$.cities[*].name')
          FROM mvalue_index
        WHERE doc->>'$.Code' = 'AUS'\G
*************************** 1. row ***************************
JSON_PRETTY(doc->>'$.cities[*].name'): [
  "Sydney",
  "Melbourne",
  "Brisbane",
  "Perth",
  "Adelaide",
  "Canberra",
  "Gold Coast",
  "Newcastle",
  "Central Coast",
  "Wollongong",
  "Hobart",
  "Geelong",
  "Townsville",
  "Cairns"
]
1 row in set (0.0022 sec)
```

代码清单中，首先将 world_x 方案作为默认值，然后删除 mvalue_index 表(如果存在)，再使用与 countryinfo 表相同的定义并使用相同的数据再次创建该表。也可直接修改 countryinfo 表。但通过处理 mvalue_index 副本，可删除该表来轻松地重置 world_x 方案。该表包含一个名为 doc 的 JSON 文档列，以及一个名为 id 的生成列(该列为主键)：

```
mysql> SHOW CREATE TABLE mvalue_index\G
*************************** 1. row ***************************
       Table: mvalue_index
Create Table: CREATE TABLE `mvalue_index` (
  `doc` json DEFAULT NULL,
```

```
  `_id` varbinary(32) GENERATED ALWAYS AS
   (json_unquote(json_extract(`doc`,_utf8mb4'$._id'))) STORED NOT NULL,
  `_json_schema` json GENERATED ALWAYS AS (_utf8mb4'{"type":"object"}')
  VIRTUAL,
  PRIMARY KEY (`_id`)
) ENGINE=InnoDB DEFAULT CHARSET=utf8mb4 COLLATE=utf8mb4_0900_ai_ci
1 row in set (0.0006 sec)
```

这里的 UPDATE 语句使用 JSON_ARRAYAGG()函数，为每个国家创建了包含 3 个 JSON 对象(区、名称以及人口)的 JSON 数组。然后执行 SELECT 语句以返回澳大利亚的城市名称。

现在，可为城市名称添加一个多值索引：

```
ALTER TABLE mvalue_index
  ADD INDEX (((CAST(doc->>'$.cities[*].name'
                    AS char(35) ARRAY))));
```

该索引从 doc 文档根目录的 city 数组中的所有元素里提取 name 对象，然后将结果转换为 char(35)的数组。之所以这样做，是因为 city 名称的原始数据类型是 char(35)。在 CAST()函数中，可使用 char 类型来处理 char 和 varchar 类型。

可使用 MEMBER OF 运算符，或 JSON_CONTAINS()和 JSON_OVERLAPS()函数，将这一新的索引应用于 WHERE 子句。MEMBER OF 运算符用于询问给定值是否为数组的成员。JSON_CONTAINS()函数的功能也与其相似，但与 MEMBER OF 的引用搜索相比，前者为范围搜索。JSON_OVERLAPS()函数可用于查找包含多个值中至少一个值的文档。代码清单 14-8 显示了使用上述运算符和函数的示例。

代码清单 14-8 使用多值索引的查询示例

```
mysql> SELECT doc->>'$.Code' AS Code, doc->>'$.Name'
         FROM mvalue_index
        WHERE 'Sydney' MEMBER OF (doc->'$.cities[*].name');
+------+----------------+
| Code | doc->>'$.Name' |
+------+----------------+
| AUS  | Australia      |
+------+----------------+
1 row in set (0.0032 sec)

mysql> SELECT doc->>'$.Code' AS Code, doc->>'$.Name'
         FROM mvalue_index
        WHERE JSON_CONTAINS(
                doc->'$.cities[*].name',
                '"Sydney"'
              );
+------+----------------+
| Code | doc->>'$.Name' |
+------+----------------+
| AUS  | Australia      |
+------+----------------+
1 row in set (0.0033 sec)

mysql> SELECT doc->>'$.Code' AS Code, doc->>'$.Name'
         FROM mvalue_index
        WHERE JSON_OVERLAPS(
                doc->'$.cities[*].name',
```

```
              '["Sydney", "New York"]'
            );
+------+-----------------+
| Code | doc->>'$.Name'  |
+------+-----------------+
| AUS  | Australia       |
| USA  | United States   |
+------+-----------------+
2 rows in set (0.0060 sec)
```

在上例中，使用了 MEMBER OF 和 JSON_CONTAINS()函数来查找包含悉尼市的国家。最后一个查询使用了 JSON_OVERLAPS()，将查找包含悉尼或纽约，或两者都包含的国家名称。

到此，MySQL 中就剩下最后一种索引类型：哈希索引。

14.6.5 哈希索引

如果要查找一列完全等于某个值的行，可使用前面探讨的 B-tree 索引。但还有一种选择：为每列的值都创建一个哈希，然后使用哈希来搜索匹配的行。为何要这么做？答案是，这是一种非常快捷的查找行的方法。

哈希索引在 MySQL 中使用的并不多。但 NDB 集群存储引擎是一个例外。它使用哈希索引来确保主键和唯一索引的唯一性，还使用这些索引来提供快速的查找能力。就 InnoDB 而言，一般不直接使用哈希索引。但 InnoDB 提供了一个称为自适应哈希索引的特性，这是值得进一步考虑的。

自适应哈希索引这一特性可在 InnoDB 中自动运行。如果 InnoDB 检测到你正在频繁使用二级索引并启用了自适应哈希索引，它将即时生成最常用值的哈希索引。哈希索引专门存储在缓冲池中，因此在重启 MySQL 后不会保留。如果 InnoDB 检测到内存能更好地用于将更多的页加载到缓冲池中，则会丢弃一部分哈希索引。这就是自适应哈希索引的含义：InnoDB 会尝试使其适用于查询的最佳状态。可使用 innodb_adaptive_hash_index 选项来启用或者禁用这一特性。

从理论上讲，自适应哈希索引是一个双赢的解决方案，可发挥哈希索引的优势，而不必考虑要将其创建在哪些列上，并且内存会对其进行全自动处理。但启用这一特性也会带来开销，也不是所有类型的工作负载都会从中受益。实际上，对于某些类型的工作负载而言，启用这一特性反而会带来很大开销，并可能导致严重的性能问题。

监控自适应哈希索引的方法有两种：可使用 information 库中的 INNODB_METRICS 视图，或者使用 InnoDB 监控器。INNODB_METRICS 包含与自适应哈希索引相关的 8 个指标，其中两个默认为启用状态。代码清单 14-9 显示了这 8 个指标。

代码清单 14-9 INNODB_METRICS 中与自适应哈希索引相关的指标

```
mysql> SELECT NAME, COUNT, STATUS, COMMENT
         FROM information_schema.INNODB_METRICS
        WHERE SUBSYSTEM = 'adaptive_hash_index'\G
*************************** 1. row ***************************
   NAME: adaptive_hash_searches
  COUNT: 10717
 STATUS: enabled
COMMENT: Number of successful searches using Adaptive Hash Index
*************************** 2. row ***************************
   NAME: adaptive_hash_searches_btree
  COUNT: 29515
 STATUS: enabled
```

```
COMMENT: Number of searches using B-tree on an index search
*************************** 3. row ***************************
   NAME: adaptive_hash_pages_added
  COUNT: 0
 STATUS: disabled
COMMENT: Number of index pages on which the Adaptive Hash Index is built
*************************** 4. row ***************************
   NAME: adaptive_hash_pages_removed
  COUNT: 0
 STATUS: disabled
COMMENT: Number of index pages whose corresponding Adaptive Hash Index
entries were removed
*************************** 5. row ***************************
   NAME: adaptive_hash_rows_added
  COUNT: 0
 STATUS: disabled
COMMENT: Number of Adaptive Hash Index rows added
*************************** 6. row ***************************
   NAME: adaptive_hash_rows_removed
  COUNT: 0
 STATUS: disabled
COMMENT: Number of Adaptive Hash Index rows removed
*************************** 7. row ***************************
   NAME: adaptive_hash_rows_deleted_no_hash_entry
  COUNT: 0
 STATUS: disabled
COMMENT: Number of rows deleted that did not have corresponding Adaptive
         Hash Index entries
*************************** 8. row ***************************
   NAME: adaptive_hash_rows_updated
  COUNT: 0
 STATUS: disabled
COMMENT: Number of Adaptive Hash Index rows updated
8 rows in set (0.0015 sec)
```

默认情况下，MySQL 会启用自适应哈希索引的成功搜索数量(adaptive_hash_searches)以及使用 B-tree 索引完成的搜索数量(adaptive_hash_searches_btree)这两个指标。可使用它们来确定与基础的 B-tree 索引相比，InnoDB 使用哈希索引来解析查询的频率。其他几个指标使用的次数较少，因此默认情况下处于禁用状态。也就是说，如果你想仔细研究自适应哈希索引的用途，可安全地启用余下的 6 个指标。

监视自适应哈希索引的另一种方法是使用 InnoDB 监控器，如代码清单 14-10 所示。当然，由于环境不同，你的输出结果可能有所不同。

代码清单 14-10　使用 InnoDB 监控器来监控自适应哈希索引

```
mysql> SHOW ENGINE INNODB STATUS\G
*************************** 1. row ***************************
  Type: InnoDB
  Name:
Status:
=====================================
2019-05-05 17:22:14 0x1a7c INNODB MONITOR OUTPUT
=====================================
Per second averages calculated from the last 16 seconds
-----------------
```

```
BACKGROUND THREAD
-----------------
srv_master_thread loops: 52 srv_active, 0 srv_shutdown, 25121 srv_idle
srv_master_thread log flush and writes: 0
----------
SEMAPHORES
----------
OS WAIT ARRAY INFO: reservation count 8
OS WAIT ARRAY INFO: signal count 11
RW-shared spins 12, rounds 12, OS waits 0
RW-excl spins 102, rounds 574, OS waits 8
RW-sx spins 0, rounds 0, OS waits 0
Spin rounds per wait: 1.00 RW-shared, 5.63 RW-excl, 0.00 RW-sx
...
-------------------------------------
INSERT BUFFER AND ADAPTIVE HASH INDEX
-------------------------------------
Ibuf: size 1, free list len 0, seg size 2, 0 merges
merged operations:
 insert 0, delete mark 0, delete 0
discarded operations:
 insert 0, delete mark 0, delete 0
Hash table size 2267, node heap has 2 buffer(s)
Hash table size 2267, node heap has 1 buffer(s)
Hash table size 2267, node heap has 2 buffer(s)
Hash table size 2267, node heap has 1 buffer(s)
Hash table size 2267, node heap has 1 buffer(s)
Hash table size 2267, node heap has 1 buffer(s)
Hash table size 2267, node heap has 2 buffer(s)
Hash table size 2267, node heap has 3 buffer(s)
0.00 hash searches/s, 0.00 non-hash searches/s
...
```

首先要检查的是信号量(SEMAPHORES)部分。如果自适应哈希索引是出现争用情况的主要来源，则 btr0sea.ic 文件(自适应哈希索引在源代码中的实现位置)将出现信号量统计信息。如果你只是偶尔看到信号量，那不一定是问题。而若你能看得到频繁且较长的信号量，则最好禁用自适应哈希索引这一特性。

其他有价值的部分是插入缓冲区以及自适应哈希索引部分。其中包含用于哈希索引的内存量等信息，也包含使用哈希索引与非哈希索引来应答查询的比率。请注意，这些比率适用于监控器输出顶部列出的时间段——在本示例中，为 2019-05-05 17:22:14 之前的 16 秒。

到目前为止，我们已经完成了 MySQL 支持的索引类型的讨论。当然关于索引还有其他很多相关的知识，其中有一些特性值得我们熟悉一下。

14.7 索引的特性

知道 MySQL 中有哪些索引类型是一码事，但能否充分利用它们则是另一码事。因此，你需要更多地了解 MySQL 中与索引相关的一些特性。其范围涉及从反向排序索引到函数索引，以及自动生成索引等多个方面。本节将介绍这些特性，这样就可在日常工作中使用它们了。

14.7.1 函数索引

到目前为止所提到的索引，都直接作用于列。这也是最常见的添加索引的方法。但某些情况下，你可能需要使用派生值。如下是这样一个示例，要查询出所有在 5 月份出生的人：

```
DROP TABLE IF EXISTS db1.person;


CREATE TABLE db1.person (
  Id int unsigned NOT NULL,
  Name varchar(50),
  Birthdate date NOT NULL,
  PRIMARY KEY (Id)
);

SELECT *
  FROM db1.person
WHERE MONTH(Birthdate) = 5;
```

如果你直接在 Birthdate 列上添加索引，将无法回答这一问题。因为日期是根据其完整的值进行存储的，与该列的最左侧部分并不匹配(另一方面，搜索那些 1970 年出生的人则可使用 Birthdate 列上的 B-tree 索引)。

解决此问题的方法之一是让生成的列具有派生值。在 MySQL 5.7 及更高版本中，可让 MySQL 自动更新这些列的内容。例如：

```
CREATE TABLE db1.person (
   Id int unsigned NOT NULL,
   Name varchar(50) NOT NULL,
   Birthdate date NOT NULL,
   BirthMonth tinyint unsigned
              GENERATED ALWAYS AS (MONTH(Birthdate))
              VIRTUAL NOT NULL,
   PRIMARY KEY (Id),
   INDEX (BirthMonth)
);
```

在 MySQL 8.0.13 中，则提供了一种更直接的方式，可直接使用函数的结果来创建索引：

```
CREATE TABLE db1.person (
   Id int unsigned NOT NULL,
   Name varchar(50) NOT NULL,
   Birthdate date NOT NULL,
   PRIMARY KEY (Id),
   INDEX ((MONTH(Birthdate)))
);
```

使用函数索引的好处是可以更明确地显示要索引的内容，并且不需要多余的 BirthMonth 列。其他方面，这两种添加函数索引的工作方式是一样的。

14.7.2 前缀索引

表的索引比表数据本身更大这样的情况其实并不少见。如果你为较长的字符串创建索引，这种情况就更容易出现。此外，B-tree 索引的最大索引数据长度也是受限的——使用 DYNAMIC 或

COMPRESSED 行格式的 InnoDB 表为 3072 字节，其他格式的表则更小。这就意味着你无法对 text 列创建索引，更不用说 longtext 列。减轻对大型字符串进行索引的方法之一是只索引值的一部分，这称为前缀索引。

通过指定要索引的字符串的字符数，或二进制对象的字节数，可创建前缀索引。要想索引 city 表(来自 world 示例数据库)中 Name 列的前 10 个字符，可以像这样：

```
ALTER TABLE world.city ADD INDEX (Name(10));
```

注意这里是如何在括号中添加要索引的字符数量的。只要你能选择足够的字符数量来提供良好的选择性，该索引将几乎与索引整个名称一样好。而且从正面看，这样使用的硬盘和内存空间也会更少。索引中需要包含几个字符？这完全取决于你正在索引的数据。可以查询数据来了解其前缀的唯一性。代码清单 14-11 显示了这样一个示例，它检查了有多少个城市的名称是共享前 10 个字符的。

代码清单 14-11 基于城市名称的前 10 个字符的出现频率

```
mysql> SELECT LEFT(Name, 10), COUNT(*),
              COUNT(DISTINCT Name) AS 'Distinct'
          FROM world.city
         GROUP BY LEFT(Name, 10)
         ORDER BY COUNT(*) DESC, LEFT(Name, 10)
         LIMIT 10;
+----------------+----------+----------+
| LEFT(Name, 10) | COUNT(*) | Distinct |
+----------------+----------+----------+
| San Pedro      | 6        | 6        |
| San Fernan     | 5        | 3        |
| San Miguel     | 5        | 3        |
| Santiago d     | 5        | 5        |
| San Felipe     | 4        | 3        |
| San José       | 4        | 1        |
| Santa Cruz     | 4        | 4        |
| São José d     | 4        | 4        |
| Cambridge      | 3        | 1        |
| Ciudad de      | 3        | 3        |
+----------------+----------+----------+
10 rows in set (0.0049 sec)
```

上述示例表明，你最多需要扫描 6 个城市来找到匹配的值。尽管这并不是完全匹配，但是它仍然要比扫描全表好一些。在这种比较中，还需要验证前缀所匹配的数量是不是由于前缀冲突引起的，或城市名称是否相同。例如，对于 Cambridge，有 3 个城市都是这一名称。因此无论是索引前 10 个字符还是对整个值进行索引其实都没有什么区别。你需要对不同的前缀长度进行这种分析，从而获取一个合适的阈值，在此阈值上增加索引大小时获得的回报反而会减小。很多情况下，往往不需要索引太多的字符就能较好地工作。

如果你认为可以删除索引，或想新建一个索引但又不想立即生效，那么应该如何处理？答案就是不可见索引。

14.7.3 不可见索引

MySQL 8 引入了一个新特性，称为不可见索引。它能使你维护并准备使用索引。而优化器则会忽略这样的索引，直到你将其设定为可见为止。这样，就可以在复制拓扑中创建新的索引，或禁用你认为不需要的索引等。可以快速地启用或者禁用索引，因为这样的索引只需要更新表的元数据即可，因此是“即时的”。

例如，如果你认为某个索引不再需要了，可首先使其不可见，这样就可在不通知数据库的情况下监视其工作方式，然后删除索引。事实证明某些查询(如每月的报表查询)，只是在你的监控期间未曾执行——如果你需要使用索引，则直接启用即可。

可使用 INVISIBLE 关键字将索引标记为不可见，然后使用 VISIBLE 使其再次可见。例如，要在 world.city 表的 Name 列上创建不可见索引并在以后可见，可以使用如下代码。

```
mysql> ALTER TABLE world.city ADD INDEX (Name) INVISIBLE;
Query OK, 0 rows affected (0.0649 sec)

Records: 0 Duplicates: 0 Warnings: 0

mysql> ALTER TABLE world.city ALTER INDEX Name VISIBLE;
Query OK, 0 rows affected (0.0131 sec)

Records: 0 Duplicates: 0 Warnings: 0
```

如果你禁用了索引，而查询使用的索引提示又使用了该不可见的索引，查询就会遇到错误：

```
ERROR: 1176: Key 'Name' doesn't exist in table 'city'
```

可通过启用优化器开关 use_invisible_indexes(默认为 off)来覆盖索引的可见性设置。如果由于索引变得不可见而无法立即重新启用，或在其普遍可用之前要使用新索引进行测试，那么在遇到问题时，这一开关就很有用。临时为连接启用不可见索引的示例是：

```
SET SESSION optimizer_switch = 'use_invisible_indexes=on';
```

注意，即使你启用了 use_invisible_indexes 这一优化器开关，也不允许在索引提示中使用不可见索引。

MySQL 8 中的另一个新特性是降序索引。

14.7.4 降序索引

在 MySQL 5.7 或者更早的版本中，当你添加 B-tree 索引时，默认总是升序排列。这对于查询精确的匹配值，或按索引的升序查询行数据将非常有用。此外，尽管升序索引也可加快降序查找，但效果就没有那么好了。因此，MySQL 8 添加了降序索引来帮助应对这些情况。

要使用降序索引，并不需要做什么特殊的事情。只需要在创建索引时使用 DESC 关键字即可。例如：

```
ALTER TABLE world.city ADD INDEX (Name DESC);
```

如果索引中有多个列，则不必为每列都指定升序或降序。也可混合使用升序和降序，这样在查询中的效果往往更好。

14.7.5 分区与索引

如果创建了分区表，那么分区列必须是主键和所有唯一键的一部分。原因是 MySQL 没有全局索引的概念。因此为保证唯一性检查，只需要考虑单个分区。

对于性能优化而言，可通过分区技术，有效地使用两个索引来解析查询，不必使用索引合并。当查询中的条件使用了用于分区的列时，MySQL会进行分区裁剪，因此可只搜索条件匹配的分区。然后，使用索引来解决其余查询问题。

考虑一张表t_part，该表根据Created列进行分区，此列是一个时间戳，每个月为一个分区。如果你在2019年3月份查询val列小于2的所有行，则查询将首先根据Created列来裁剪分区，然后使用val列上的索引。代码清单14-12给出了这样的示例。

代码清单14-12 使用索引来合并分区裁剪及过滤操作

```
mysql> CREATE TABLE db1.t_part (
   id int unsigned NOT NULL AUTO_INCREMENT,
   Created timestamp NOT NULL,
   val int unsigned NOT NULL,
   PRIMARY KEY (id, Created),
   INDEX (val)
) ENGINE=InnoDB
   PARTITION BY RANGE (unix_timestamp(Created))
(PARTITION p201901 VALUES LESS THAN (1548939600),
 PARTITION p201902 VALUES LESS THAN (1551358800),
 PARTITION p201903 VALUES LESS THAN (1554037200),
 PARTITION p201904 VALUES LESS THAN (1556632800),
 PARTITION p201905 VALUES LESS THAN (1559311200),
 PARTITION p201906 VALUES LESS THAN (1561903200),
 PARTITION p201907 VALUES LESS THAN (1564581600),
 PARTITION p201908 VALUES LESS THAN (1567260000),
 PARTITION pmax VALUES LESS THAN MAXVALUE);
1 row in set (5.4625 sec)

-- 插入随机数据
-- 1546261200 是 2019-01-01 00:00:00 UTC
-- CTE 只是用于生成 1000 行的简便方式
mysql> INSERT INTO db1.t_part (Created, val)
        WITH RECURSIVE counter (i) AS (
         SELECT 1
           UNION SELECT i+1
            FROM counter
           WHERE i < 1000)
        SELECT FROM_UNIXTIME(
                 FLOOR(RAND()*(1567260000-1546261200))
                 +1546261200
             ), FLOOR(RAND()*10) FROM counter;
Query OK, 1000 rows affected (0.0238 sec)

Records: 1000 Duplicates: 0 Warnings: 0


mysql> EXPLAIN
         SELECT id, Created, val
           FROM db1.t_part
          WHERE Created BETWEEN '2019-03-01 00:00:00'
                              AND '2019-03-31 23:59:59'
                AND val < 2\G
************************** 1. row ***************************
           id: 1
  select_type: SIMPLE
```

```
         table: t_part
    partitions: p201903
          type: range
 possible_keys: val
           key: val
       key_len: 4
           ref: NULL
          rows: 22
      filtered: 11.110000610351562
         Extra: Using where; Using index
1 row in set, 1 warning (0.0005 sec)
```

在该示例中，使用 Created 列的 UNIX 时间戳按照时间范围对 t_part 表进行分区。EXPLAIN 输出(第 20 章将详细介绍 EXPLAIN)中显示查询仅处理了 p201903 这一分区，使用了 val 列上的索引。这一示例使用的是随机数据，因此你的 EXPLAIN 输出可能会有所不同。

到目前为止，关于索引的探讨都针对显式创建的索引。而对于某些查询来说，MySQL 也能自动生成索引。这将是我们探讨的最后一个索引特性。

14.7.6 自生成索引

对于那些包含连接到其他表或子查询的查询，由于子查询不能包含显式索引，因此连接的开销可能很大。为避免对子查询生成的临时表进行全表扫描，MySQL可在连接条件上添加自动生成的索引。

例如，考虑一下 sakila 示例数据库中的 film 表，它有一个名为 release_year 的列，其中包含电影的发行年份。如果你想查询每年都发行了多少部电影，可使用如下查询(当然，也可以写一个不需要子查询的查询来回答这一问题，但这里旨在展示自动生成索引的特性)：

```
SELECT release_year, COUNT(*)
  FROM sakila.film
       INNER JOIN (SELECT DISTINCT release_year
                     FROM sakila.film
                  ) release_years USING (release_year)
GROUP BY release_year;
```

在这里，MySQL 选择对 film 表进行全表扫描，然后在子查询上添加自动生成的索引。当 MySQL 为查询添加了自动生成的索引时，EXPLAIN 的输出将包含<auto_key0>(也可能是其他值，但不是 0)作为可能的键和使用的键。

自动生成的索引能够极大地提升查询性能，其中包含优化器无法将其作为普通连接而重写的子查询。当然最好的情况是，这样的事情会自动发生。

到此，我们就结束了对索引特性的探讨。当然，在讨论如何使用索引之前，我们还需要了解一下 InnoDB 是如何使用索引的。

14.8 InnoDB 与索引

自 20 世纪 90 年代中期以来，InnoDB 组织表的方式，一直都是使用簇聚索引来组织数据的。这样的事实就导致了一种说法，即 InnoDB 中所有的内容都是索引。数据的组织方式，其实就是一个索引。默认情况下，InnoDB 将主键用于簇聚索引。如果没有主键，则会查找 NOT NULL 的唯一索引。不得已时，将使用一个自动递增的计数器给表添加一个隐藏列。

对于按索引进行组织的表而言，InnoDB中的所有内容都是索引确实也是事实。簇聚索引本身被组织为B+树索引，叶子页中才包含真正的行数据。显然，这将影响查询和其他索引。下一节，我们将介绍 InnoDB 如何使用主键，及其对二级索引意味着什么；也会提供一些建议，列举一些索引组织表的最佳用例。

14.8.1 簇聚索引

由于数据是根据簇聚索引(主键或者替换键)组织的，因此主键的选择非常重要。如果你插入一个新行，且其主键值位于现有值之间，那么 InnoDB 需要重新组织数据为新行腾出空间。在最坏的情况下，由于页大小是固定的，InnoDB可能不得不将现有的页拆分为两部分。拆分页会导致叶子页在底层存储上的顺序混乱，从而导致更多的随机I/O，进而导致更差的性能。第25章将探讨如何拆分页。

14.8.2 二级索引

二级索引的叶子页中会存储对行本身的引用。由于行数据根据簇聚索引被存储在 B+树索引中，因此所有二级索引都必须包含簇聚索引的值。如果对于你选择的列，其值需要很多字节，例如包含了很长且为多字节字符串的列，这将大大增加二级索引的大小。

这也意味着在使用二级索引来执行查询时，MySQL 需要有效地使用两个索引：首先是预期的二级索引，然后从叶子页中获取主键的值，并将其应用于主键查找，以获得实际数据。

对于非唯一性二级索引，如果你有显式的主键，或者是NOT NULL的唯一索引，则MySQL会将用于主键的列添加到索引中。MySQL 当然也知道这些额外的列，即使它们没有被明确地指定为索引的一部分。如果使用这些列能改善查询，MySQL就会使用它们。

14.8.3 建议

考虑到InnoDB使用主键以及将其添加到二级索引的方式，建议你最好使用单调递增的主键，并使用尽可能少的字节。一个能自动递增的整数就可满足这些要求，因此可将其设置为主键。

如果表没有合适的索引，则用于簇聚索引的隐藏列将使用类似的自动递增的计数器来生成新值。但由于对于包含隐藏主键的 MySQL 实例中的所有 InnoDB 表，该计数器都是全局的，因此也可能成为新的争用点。此外，隐藏键也不能用于复制中来定位受事件影响的行。组复制需要主键或NOT NULL的唯一索引来检测冲突。因此，建议始终为所有的表都明确选择一个主键。

另一方面，UUID不是单调递增的，因此不是一个好的选择。MySQL 8中的一个选项是使用UUID_TO_BIN()函数，并将其第二个参数设置为1。这将使 MySQL 交换十六进制数字的第一和第三部分。由于第三部分是UUID时间戳部分的高位字段，因此将其置于UUID的开头有助于确保ID能不断增加。此外，将其存储为二进制数据，所需的存储空间也不到十六进制的一半。

14.8.4 最佳用例

索引组织表对于使用该索引的查询特别有用。顾名思义，“簇聚索引”将具有相似值的行存储在彼此靠近的位置。由于 InnoDB 总将整个页读入内存，这也意味着具有相似主键值的两行可能会被一起读入。如果在查询中同时用到这两行数据，或在稍后的查询中也会用到另一行数据，那么这些数据都已在缓冲池中了。

现在，你应该对 MySQL 中的索引，以及 InnoDB 如何使用索引有了很好的了解。那就是时候探讨一下索引策略了。

14.9 索引策略

涉及索引的最大问题是要索引什么数据，然后是使用何种索引，以及使用哪些索引特性。我们无法列出明确的步骤来说明如何确保找到最佳索引，因为这需要对方案、数据以及查询都有大量实战经验和深入理解方可。但我们至少可给出一些一般性指导建议。

首先要考虑的是，应该在何时添加索引。是在创建表时就添加，还是以后再做处理。然后是主键的选择，以及如何选择主键的注意事项。最后，在二级索引部分，你需要考虑将那些列添加进去，以及该索引可否用作覆盖索引。

14.9.1 何时添加或者移除索引?

索引的维护是一项永无止境的任务。它从你第一次创建表时开始，并在表的生命周期中一直持续。不要对索引掉以轻心——如前所述，好的索引和差的索引之间，其性能差距可能是几个数量级。你不能通过为索引投入大量硬件来提升性能。此外，索引不仅会影响查询的性能，也会影响锁(将在第 18 章进行深入探讨)、内存使用率以及 CPU 使用率。

在创建表时，应该花一定的时间来选择一个好的主键。在表的生命周期中，主键通常不会被更改。如果你确定要更改主键，那么对于索引组织表而言，则需要重建表。二级索引可随着时间的推移而在更大程度上进行调整。实际上，如果计划为表加载大量数据，则可在数据加载完成后，再添加二级索引。当然，唯一索引可能是个例外，因为它需要用于数据验证。

创建完表并填充初始数据后，你需要监控表的使用情况。sys 库中有两个视图，可用于查找使用了全表扫描的表及语句。

- **schema_tables_with_full_table_scans**：该视图显示那些不使用索引就读取行的所有表，并按读取的行数进行降序排序。如果表中有大量未使用索引读取的行，则可使用该表来查找相应的查询语句，并检查索引能否提供帮助。该视图是基于 performance 库中的 table_io_waits_summary_by_index_usage 表构建的。当然，也可直接使用该表。例如，如果你想进行更高级的分析，查找不使用索引读取的行的百分比等。
- **statement_with_full_table_scans**：该视图显示了完全不使用索引或没有使用良好索引的语句，且该语句是经过规范化处理的。这些语句先按不使用索引的执行次数排序，然后按不使用良好索引的次数排序(均为降序排列)。该视图基于 performance 库中的 events_statements_summary_by_digest 表构建而成。

在第 19 章和第 20 章中，将详细介绍这些视图的用法，以及其底层的 performance 库表。

当你确定查询可从其他索引中受益时，还需要评估执行查询时所获得的额外受益是否值得投入精力。

同时，需要注意是否有一些不会再被使用的索引。performance 库和 sys 库对于查找哪些未使用或不经常使用的索引非常有用。其中三种 sys 库的视图如下。

- **schema_index_statistics**：该视图包含统计信息，用于统计使用给定的索引读取、插入、更新以及删除行的频率。与 schema_tables_with_full_table_scans 视图一样，它也是基于 performance 库中的 table_io_waits_summary_by_index_usage 表构建的。

- **schema_unused_indexes**：该视图将返回自上次重置数据以来(不超过自上次重启以来)未用过的索引的名称。它也是基于 performance 库中的 table_io_waits_summary_by _index_usage 表构建的。
- **schema_redundant_indexes**：如果你有两个索引覆盖同一列，则 InnoDB 的工作量将增加一倍，以便保持索引的状态为最新。这会增加优化器的负担，且不会带来任何好处。顾名思义，schema_redundant_indexes 视图可用于查找冗余的索引。该视图是基于 information 库的 STATISTICS 表构建的。

在使用这些视图中的前两个时，你需要记住，数据来自于 performance 库中的内存表。如果你有一些只是偶尔执行的查询，那么统计信息可能无法反映出整体的索引需求。这就是不可见索引能派上用场的时候了，因为它可使你禁用索引，同时保留索引(直到可将其安全删除为止)。如果发现一些很少执行的查询也需要索引，则可轻松地启用。

如前所述，首先需要考虑选择什么作为主键，它应包含哪些列？接下来探讨这一问题。

14.9.2　主键的选择

当你使用索引组织表时，主键的选择就非常重要了。主键会影响随机 I/O 与顺序 I/O 的比值、二级索引的大小以及需要读入缓冲池的页数等。InnoDB 表的主键始终是 B+树索引。

簇聚索引的最佳主键应该尽可能小(以字节为单位)，能保持单调递增，并能在短时间内对要查询的行进行分组。实际上，在所有情况下，可能都无法全部实现这些目标，因此你需要作出最大妥协。对于许多类型的工作负载而言，根据表的预期行数，将 int 或 bigint 类型的自动递增无符号整数作为主键是不错的选择。但你也可能需要考虑一些特殊需求，例如，满足多个跨 MySQL 实例的唯一性要求等。主键最重要的特征是，它应该有序，且不会被改变。如果更改了某些行的主键，则需要将整行移到簇聚索引中的新位置上。

提示　自动递增的无符号整数通常都是主键的不错选择。它能保持单调递增，不需要占用太多存储，并且在簇聚索引中，会将最近的行分组到一起。

你可能认为，隐藏的主键与其他列一样，也是簇聚索引的最佳选择。毕竟，它也是一个自动递增的整数。但隐藏列有两个主要缺点：它只能标识本地 MySQL 实例中的行，并且所使用的计数器对所有 InnoDB 表(本实例中)是全局的。这些缺点是用户自定义的主键所没有的。隐藏列只在本地实例中有用，这就意味着在复制中，隐藏列不能用于标识要在副本上进行更新的列。计数器是全局的，则意味着它可能成为新的争用点，并在插入操作时导致性能下降。

最重要的是，你需要始终明确要将哪些内容定义为主键。而对于二级索引，则会有更多选择。我们接下来就会看到。

14.9.3　添加二级索引

二级索引就是那些不是主键的索引。它们可以是唯一的，也可以不是唯一的，可在 MySQL 支持的所有索引类型和特性中进行选择。如何选择要添加的索引？本节将帮助你更容易地做决定。

注意不要在表上添加太多索引。索引有开销，因此，当你添加了最终不会使用的索引时，查询和整个系统的性能都会变差。当然，这并不意味着在创建表时不应该添加任何二级索引，只不过你需要考虑一下。

在执行查询时，可采用多种方式来使用二级索引。其中一部分方式如下。

- **减少检查的行数**：当你具有 WHERE 子句或连接条件以查找所需的行，而不必扫描整张表时。
- **数据排序**：B-tree 索引可用于按查询要求的顺序读取行，从而可让 MySQL 绕过排序步骤。
- **验证数据**：即唯一索引的唯一性。
- **避免读取行**：覆盖索引可返回查询所有必需的数据，因而不必读取整行。
- **查找 MIN()以及 MAX()值**：对于 GROUP BY 查询，只需要检查索引中的第一条和最后一条记录，就可找到索引列的最小值和最大值。

主键显然也可用于这些目的。因此从查询的角度看，主键和二级索引之间并无区别。

当需要决定是否添加索引时，你需要问一下自己，使用索引的目的是什么，以及添加完索引能否实现这一目的。一旦确定，就可以查看应该为多列索引添加哪些列，其排列顺序如何，以及是否还需要添加其他列等。接下来将对此进行详细探讨。

14.9.4　多列索引

只要不超过索引的最大宽度，你最多可向索引添加 16 个列；这适用于主键和二级索引。InnoDB 中的每个索引被限制为 3072 字节。如果还使用了可变宽度字符集的字符串，则还需要将最大可能宽度也加入索引宽度的限制中。

向索引添加多个列的优点之一是可将该索引用于多个条件，这也是提高查询性能的一个非常有效的方法。例如，考虑如下查询，该查询用于查找给定国家中对人口有最低要求的城市名称：

```
SELECT ID, Name, District, Population
  FROM world.city
WHERE CountryCode = 'AUS'
       AND Population > 1000000;
```

可使用 CountryCode 列上的索引来查找值为 AUS 的城市，然后使用 Population 列上的索引来查找人口数量大于 100 万的城市。更好的方法是将其合并为一个包含两列的索引。

国家代码使用等号来判断，人口数量则是范围搜索。一旦索引中的列用于范围扫描或排序，该索引中的列就不会使用了，除非是覆盖索引的一部分。对于本例而言，你需要将 CountryCode 列放置在 Population 之前。如下：

```
ALTER TABLE world.city
  ADD INDEX (CountryCode, Population);
```

在本例中，索引甚至可使用人口数量对查询结果进行排序。

如果你需要向索引添加用于等号判断的几列，则需要考虑两件事情：哪些列最常用，以及该列对数据的过滤程度如何。当索引中有多个列时，MySQL 将只使用索引的前缀列。例如，如果你有一个索引(col_a,col_b,col_c)，你对 col_a 进行过滤(只能是相等的判断条件)，那么你只能再使用索引对 col_b 进行过滤了。因此，你需要仔细考虑索引中列的顺序。某些情况下，可能有必要为同一列添加多个索引。而同一列在不同的索引中，顺序也会不同。

如果你无法确定索引中列的顺序，则建议考虑一下列的选择性。下一章将探讨索引的选择性问题。但简而言之，一列中的值越唯一，则其选择性就越高。通过首先添加最有选择性的列，你就能更快地缩小索引部分中包含的行数。

你可能希望包含不会用于过滤的列。为何想这么做呢？因为这样可构建覆盖索引。

14.9.5 覆盖索引

所谓覆盖索引，就是给定查询所用的索引包含该查询需要的全部列。这意味着，当 InnoDB 到达索引的叶子页时，这些页中已经包含所有信息，不必再去读取整个行了。根据你的表的实际情况，这可能会极大地改善查询的性能；如果可通过这种方式来排除行中的大部分数据，如大文本或 blob，尤其如此。

也可使用覆盖索引来模拟二级簇聚索引。请记住，簇聚索引只是 B+树索引，整个行都在叶子页中。覆盖索引具有叶子页中行的完整子集，因此可模仿这些列的子集的簇聚索引。与簇聚索引一样，任何 B-tree 索引都将相似的值分组到一起，故而可减少需要读入缓冲池的页数，并在执行索引扫描时帮助执行顺序 I/O。

但与簇聚索引相比，覆盖索引有两个限制。覆盖索引只能模拟读取时的簇聚索引。如果要写入数据，则更改操作必须访问簇聚索引。另外一点是，由于 InnoDB 的多版本并发控制(MVCC)机制，即便你使用了覆盖索引，也必须检查簇聚索引，以便验证该行的另一个版本是否存在。

添加索引时，值得考虑的是，这一索引将用于哪些查询。即使不会使用索引对这些列进行过滤或排序，也可能将那些在 SELECT 子句中用到的列添加到索引中。你需要在使用覆盖索引的好处，与索引大小增加之间取得平衡。因此，如果你只错过了一两个较小的列，那么这个策略就非常有用。受益于覆盖索引的查询越多，可添加到索引中的列也越多。

14.10 本章小结

本章带你遍历了索引世界。当然，良好的索引策略也会因为数据库戛然而止，或者是硬件不同而有所不同。索引可帮助减少查询中需要检查的行数。此外，覆盖索引可避免读取整个行。但是，在存储以及持续维护方面，索引都需要一定的开销。因此，你需要在对索引的需求，和拥有索引的成本之间取得平衡。

MySQL 支持多种不同的索引类型。最重要的是 B-tree 索引，InnoDB 也使用 B-tree 索引作为簇聚索引来组织其索引组织表中的行。其他索引类型则包含全文索引、空间(R-树)索引、多值索引以及哈希索引。后者在 InnoDB 中是比较特殊的，因为只有使用自适应哈希索引这一特性后，才能使用哈希索引。这一特性会自行决定添加哪些哈希索引。

我们也讨论了一系列索引特性。函数索引可用来对包含列的表达式的结果进行索引。前缀索引则可用来减少基于文本或二进制数据类型的索引大小。在创建新的索引或者软删除现有索引时，还可使用不可见索引。降序索引提高了按降序遍历索引值的有效性。并且，索引也与分区有关，可使用分区来有效地支持对查询中的单张表同时使用两个索引。最后，MySQL 还能自动生成与子查询有关的索引。

还讲述了 InnoDB 的细节以及使用索引组织表的注意事项。这些对于与主键相关的查询是最佳的，但对于以随机的主键顺序插入数据，或通过二级索引查询数据的效果则较差。

最后讨论了索引策略。首次创建表时，需要仔细选择主键。根据对监控指标的观察，二级索引可在较大范围内随着时间的推移来增加和删除。可使用多列索引对多个列进行过滤和/或排序。最后，覆盖索引可用来模拟二级簇聚索引。

到此，我们就结束了有关什么是索引，以及何时使用它们的探讨。在下一章中，我们将在讨论索引的统计信息时看到更多与索引相关的内容。

第15章 索引统计信息

在上一章讲述了什么是索引，也提到了优化器将评估每个索引以确定是否使用它。这是如何做到的呢？这就是本章的主题，本章内容涵盖索引的统计信息，以及如何查看和维护与索引相关的统计信息。

本章首先将探讨什么是索引统计信息，以及 InnoDB 是如何使用索引统计信息的。然后，你将了解什么是临时和持久统计信息。本章其余部分将介绍如何监控统计信息并更新它们。

15.1 何为索引统计信息？

当 MySQL 决定是否使用索引时，这表明 MySQL 认为使用索引对提升查询的性能是有效的。请记住，当你使用二级索引时，将有效地使用额外的主键查找来获得数据。二级索引的排序方式也与行不同，因此使用索引通常意味着随机的 I/O(这可通过覆盖索引来解决)。另一方面，扫描表往往都是顺序 I/O，因此逐行扫描表的成本，比使用二级索引查找同一行的成本要低。

这就意味着，要使索引有效，必须能过滤掉表的很大一部分数据。究竟需要过滤掉多少，则取决于硬件的性能特征、缓冲池中表的数量，以及表的定义等诸多因素。在旧的磁盘时代，经验法则是，如果需要扫描表中超过 30%的行，则首选扫描表。内存中的行越多，磁盘的随机 I/O 性能就越好，阈值就越高。

注意　*覆盖索引则有所不同，因为它减少了跳转到实际行数据所需的随机 I/O 数量。*

这就是索引统计信息应该出现的地方。优化器是 MySQL 的一部分，它会决定要使用哪个查询计划，并且它需要一些简单方法来确定给定查询计划中使用的索引质量。优化器显然知道索引包含哪些列，但它还需要一些指标来衡量索引对行的过滤程度。这些信息就是索引统计信息所提供的。因此，索引统计信息就是与索引选择性相关的度量。有两个主要的统计信息：唯一值的数量，以及某个范围内值的数量。

在讨论索引的统计信息时，最常想到的往往是唯一值的数量。这就是索引的基数。基数越高，则值越唯一。对于不允许 NULL 值的主键和其他的唯一索引，基数就是表中的行数。因为所有值都必须是唯一的。

优化器会在逐个查询的基础上请求给定范围内的行数。因此这对于范围扫描或范围条件(如 WHERE val >5 或 IN()等，或一系列 OR 条件)就很有用。MySQL 8 支持的直方图是为单个查询临时收集此信息的一个特例。关于直方图的内容，将在下一章进行探讨。

简而言之，索引统计信息是有关索引中数据分布的近似信息。在 MySQL 中，存储引擎负责提供索引的统计信息。因此，很有必要进一步研究 InnoDB 是如何处理索引统计信息的。

15.2　InnoDB 与索引统计信息

存储引擎会将索引统计信息提供给服务器层和优化器。因此，重要的是，你需要了解 InnoDB 是如何确定统计信息的。InnoDB 支持两种存储统计信息的方式：临时(transient)和持久。无论哪种方式，都以同样的方式确定统计信息。本节首先讨论如何收集统计信息，然后详细介绍持久统计信息和临时统计信息。

15.2.1　统计信息是如何被收集的?

InnoDB 通过分析随机采样的索引叶子页来估算索引的统计信息。例如，InnoDB 可能会随机采样 20 个页(也称为 20 次索引下潜)，然后检查这些页中包含哪些索引值。之后，InnoDB 基于索引的总大小来估算索引的统计信息。

重要的一点是，InnoDB 收集到的索引统计信息并不准确。当你看到给定的查询条件显示将读取 100 行数据时，这只是基于所分析样本的估算而已。这种情况也适用于主键和其他唯一约束，甚至还包括在 information_schema.TABLES 视图中报告的总行数。你可能注意到，表中估计的行数与主键的估计基数相同。

另一个需要考虑的因素是如何处理 NULL 值。由于 NULL 不等于 NULL 的属性，因此，在收集统计信息时，是应当将所有 NULL 值都分配到一个 bucket 中，还是将其分开？最佳的解决方案取决于你要执行的查询。将所有 NULL 值视为不同的值，会增加索引的基数，尤其是当索引列中包含很多 NULL 时。另一方面，如果将所有 NULL 值都视为相同的值，就会减少索引的基数，这对于查询 NULL 值就很有用。可使用 innodb_stats_method 选项来控制 InnoDB 应该如何处理 NULL 值。该选项有如下三个值可以采用。

- **nulls_equal**：所有 NULL 值均被视为相同的值。这也是默认设置。如果不确定如何设置，建议选择该值。

- **nulls_unequal**：NULL 值被视为不同的值。
- **nulls_ignored**：收集统计信息时忽略 NULL 值。

为何要使用估计值而非确切的统计信息(意味着要进行全索引扫描)？原因在于性能。对于大的索引，执行完整的索引扫描将消耗很长时间。通常，这还会包含磁盘 I/O，这就使得性能问题更加严重。为避免计算索引统计信息对查询的性能产生不利影响，MySQL 选择只扫描较少的页。

15.2.2 页采样

使用近似统计信息的不利之处在于它们未必能很好地表示值的实际分布情况。因此，优化器可能会选择错误的索引，或者错误的表连接顺序，从而导致查询速度变慢。当然，也可调整随机索引下潜的次数。应该如何调整，则取决于你使用的是临时统计信息，还是持久统计信息：

- 持久统计信息使用 innodb_stats_persistent_sample_pages 选项来设置要采样的默认页数量。对于表而言，则使用 STATS_SAMPLE_PAGES 来设置采样的表页数量。
- 临时统计信息对所有表使用 innodb_stats_transient_sample_pages 选项来设置要采样的页数量。

稍后将详细介绍这两种处理索引统计信息的方式。

将采样页数量设置为给定值意味着什么？这取决于索引中的列数。如果索引中只有一列，那该值从字面上就意味着要采样的叶子页数量。如果是多列索引，则采样页数就是针对列而言了。例如，如果将采样页数设置为 20，索引中有 4 列，就采样 4 * 20 =80 页。

注意 索引统计信息的采样处理，比本章中的描述要复杂得多。例如，采样时，不一定总是要下潜到叶子页。考虑一下两个相邻的非叶子节点何时会包含相同的值，就可得到最左边的所有叶子页(按顺序排列)均包含相同值这一结论。如果你想了解更多信息。可访问以下网页，参考源代码文件 storage/innobase/dict/dict0stats.cc 顶端的注释：https://github.com/mysql/mysql-server/blob/8.0/storage/innobase/dict/dict0stats.cc。

需要检查多少页才能获得良好的估算结果？那就要看表了。如果数据是统一的(数据分布均匀)，即每个索引值的行数大致相同，只需要检查较少的页即可。此时往往默认的页数就够用了。另一方面，如果你的数据分布非常不规则，则可能需要增加采样页数。一个不规则的数据示例是队列中的任务状态。随着时间的推移，大多数任务都将处于完成状态。在最坏的情况下，每次进行索引随机下潜时，看到的都是同样的值，这会使 InnoDB 得出这样一个结论：索引中只包含一个值。并且该索引作为过滤器毫无价值。

提示 对于只包含几行可用于过滤的数据的情况，下一章探讨的直方图可能更合适一些。

此外，表的大小也是需要考虑的因素。表越大，通常情况下需要检查的页就越多，从而获得良好的估计值。原因是，表越大，则整个叶子页指向具有相同索引值的行的可能性就越大。这会降低每个采样页中值的个数，因此需要进行补偿，就有必要采样更多的页。

一种特殊情况是，InnoDB 已配置为要执行更多的索引下潜次数。这种情况下，InnoDB 会检查所有叶子页，从而获取尽可能准确的统计信息。如果在分析期间没有处于活动状态的事务，则该时间点得到的统计信息将是准确的，自然也包括表中页的数量。你将在本章后续内容中了解到如何使用持久统计信息来查看表的索引和表中包含的叶子页数量。

实际上，也无法得到精确的统计信息。InnoDB 支持多版本技术，这样就算是有事务在进行写入，也可以实现高并发访问。由于每个事务都有自己的数据视图，因此将意味着每个事务都应该有自己的索引统计信息。这显然不可行，那么 InnoDB 会如何处理呢？这就是接下来要探讨的问题了。

15.2.3　事务隔离级别

相关的问题之一，就是在收集统计信息时，应该使用何种事务隔离级别。InnoDB 支持四种隔离级别：未提交读、已提交读、可重复读(默认)以及串行化。在收集索引统计信息时，可以选择未提交读这一隔离级别，这样做是有道理的。因为这将是一个很好的假设，即大多数事务最终都会被提交；或者如果出现失败，则进行重试。统计信息主要用于将来的查询，因此没有理由在收集统计信息时增加维护读视图的开销。

但这确实会对那些对表进行较大更改的事务产生影响。在极端情况(但并非不常见)下，请考虑如下一张缓存表，其中的事务通过两个步骤来刷新数据：

(1) 从表中删除所有数据。

(2) 用更新后的数据重建表。

默认情况下，当表中“很大一部分”数据被更改时，索引统计信息将更新。这意味着，当步骤 1 完成时，InnoDB 将重新计算统计信息。这很容易理解——此时表已空，因此没有内容。如果正好在此时执行查询，优化器会将该表视为空表。但除非查询是在未提交读的事务隔离级别中执行的，否则查询仍将读取所有旧行，并且很可能出现查询执行效率低下的情况。

对于这样的情况，你需要使用持久统计信息。这样就可处理该特殊情况。在探讨持久统计信息的细节之前，我们先来了解一下如何在持久和临时统计信息之间进行选择。

15.2.4　配置统计信息类型

如前所述，InnoDB 有两种存储索引统计信息的方法。它可以使用持久存储，也可以使用临时存储。可使用 inndob_stats_persistent 选项来设置表的默认存储方法。将其设置为 1 或 ON 时(默认)，表明使用了持久统计信息；设置为 0 或 OFF 时，则更改为临时统计信息。也可以使用 STATS_PERSISTENT 选项为每张表进行不同的设置。例如，要为 world.city 表启用持久统计信息，可使用 ALTER TABLE 语句，如下：

```
ALTER TABLE world.city
      STATS_PERSISTENT = 1;
```

在使用 CREATE TABLE 语句来创建新表时，也可设置 STATS_PERSISTENT 选项。该选项只能设置为 0 或 1。

自从 MySQL 引入持久统计信息以来，它就一直是默认设置，也是推荐的设置。除非你测试发现使用临时统计信息可解决一些特定问题。持久统计信息和临时统计信息之间存在一些差异，接下来就探讨一下这些差异。

15.3　持久索引统计信息

MySQL 自 5.6 开始引入了持久索引统计信息，使得查询计划比之前使用临时索引统计信息时更为稳定。顾名思义，启用持久索引统计信息后，将保存统计信息，以便在 MySQL 重启之后也不会丢失这些统计信息。

除了能够稳定查询计划外，持久统计信息还允许对要采样的页数进行详细配置，并能够进行良好的监控，甚至可直接查询保存统计信息的表。由于监控和临时统计信息在内容上有很大的重叠，因此我们将在稍后介绍这些内容。下面重点介绍持久统计信息的配置和存储统计信息的表。

15.3.1 配置

可配置持久统计信息，从而在收集统计信息的成本，与统计信息准确性之间取得较好的平衡效果。与临时统计信息不同，可在全局或表级别设置该行为。如果没有对表进行特定设置，则会将全局设置作为默认配置。

持久统计信息共有如下 3 个全局级别的选项。

- **innodb_stats_persistent_sample_pages**：要采样的页数量。采样的页数量越多，统计信息越准确，但成本也越高。如果该值大于索引中叶子页的数量，则将对整个索引进行采样。默认值为 20。
- **innodb_stats_auto_recalc**：表中超过 10%的行被更新后，是否自动更新统计信息。默认启用(即自动更新，ON)。
- **innodb_stats_include_delete_marked**：是否在统计信息中标记那些已删除但尚未提交的行。稍后再探讨该选项。默认设置为禁用(关闭，OFF)。

当然也可使用 innodb_stats_persistent_sample_pages 和 innodb_stats_auto_recalc 选项在表级别进行设置。这样，就可根据表的大小、数据分布情况以及相应的工作量进行微调。虽然我们不太建议你使用这样的处理方式，但它可用于处理前面讨论的缓存表，或者其他采用默认值无法处理的场景。

建议为 innodb_stats_persistent_sample_pages 找到一个足够好的折中方案，从而提供较好的统计信息，进而帮助优化器确定最优的执行计划，同时避免执行过多的扫描来估算统计信息。如果你发现由于统计不正确而导致优化器选择了效率低下的执行计划，使得查询性能不佳的话，那么你需要增加采样的页数。另一方面，如果 ANALYZE TABLE 消耗的时间太长，也可考虑减少采样页的数量。然后，你再考虑使用表级别的采样选项，来根据需要增加或者减少特定表的采样页数。

对于大多数表，建议启用 innodb_stats_auto_recalc。这将有助于确保统计信息不会因为发生大量更新操作而过期。自动重新估算统计信息这一操作将在后台完成，因此不会延迟响应那个触发更新的应用。当表的更新量超过 10%时，该表将排队等待统计信息更新。为避免不断重新计算那些小表的统计信息，MySQL 还要求每次统计信息更新的时间间隔不小于 10 秒钟。

当然，也有一些例外情况是不需要自动重新计算统计信息的。例如，你有一张高速缓存表可使报表查询更快地执行，并且有时会完全重建该缓存表中的数据，但其他方面都不会改变。这种情况下，禁用统计信息的自动更新，并在数据重建之后显式重新估算其统计信息可能是一个好的处理方式。另一种选择是在统计信息中包含那些带有删除标记的行。

请记住，索引统计信息是在未提交读这一隔离级别进行估算的。大多数情况下，这是提供最佳统计信息的地方。但也有一个例外，当事务暂时性地完全改变了数据的分布情况时，就可能导致错误的统计信息。完全重建表是最极端的情况，却是最常见的问题。因此在某些情况下，MySQL 引入了 innodb_stats_include_delete_marked 选项。InnoDB 不会将未提交的删除行视作已删除，而将其包含在统计信息中。该选择只作为全局选项存在，因此如果你只有一张表受到这种情况的困扰，那么设置该选项也将影响所有的表。如前所述，另一种处理方法是，禁用受影响表的统计信息自动计算，然后自行处理。

提示 如果你的事务对表执行了大量更改操作(如删除了所有行然后重建表)，则建议考虑对表禁用索引统计信息的自动重新计算，或启用 innodb_stats_include_delete_marked。

到目前为止，我们主要探讨全局级别的设置选项。那么如何更改表级别的索引统计信息设置呢？由于可使用 STATS_PERSISTENT 这一表级别的选项，来覆盖 innodb_stats_persistent 的全局设置，因此有一些选项可控制表级别的持久统计信息的相关行为。这些选项如下。

- **STATS_AUTO_RECALC：**覆盖是否为表启用索引统计信息的自动重新估算。
- **STATS_SAMPLE_PAGES：**覆盖表的采样页数。

可使用 CREATE TABLE 语句在创建表时设置这些选项，或在稍后使用 ALTER TABLE 进行设置。如代码清单 15-1 所示。

代码清单 15-1　设置表的持久统计信息选项

```
mysql> CREATE SCHEMA IF NOT EXISTS chapter_15;
Query OK, 1 row affected (0.4209 sec)

mysql> use chapter_15
Default schema set to `chapter_15`.
Fetching table and column names from `chapter_15` for auto-completion...
Press ^C to stop.

mysql> CREATE TABLE city (
         City_ID int unsigned NOT NULL auto_increment,
         City_Name varchar(40) NOT NULL,
         State_ID int unsigned DEFAULT NULL,
         Country_ID int unsigned NOT NULL,
         PRIMARY KEY (City_ID),
         INDEX (City_Name, State_ID, City_ID)
       ) STATS_AUTO_RECALC = 0,
         STATS_SAMPLE_PAGES = 10;
Query OK, 0 rows affected (0.0637 sec)

mysql> ALTER TABLE city
         STATS_AUTO_RECALC = 1,
         STATS_SAMPLE_PAGES = 20;
Query OK, 0 rows affected (0.0280 sec)

Records: 0 Duplicates: 0 Warnings: 0
```

首先，我们在创建 city 表时禁用了自动重新计算统计信息，并将采样页设置为 10。然后更改设置，启用了自动重新计算统计信息，并将采样页数调整为 20。请注意 ALTER TABLE 是如何返回受影响的行数(0)的。更改持久统计信息选项，只会更改表的元数据，因此这些更改会立即生效，不会影响表中的数据。这意味着可根据需要随时更改这些设置，而不必担心这样做会带来较大开销。例如，你可能需要在批量操作期间禁止自动重新计算统计信息。

借助于调整索引统计信息的计划，重要的事情是能检查所收集到的数据。在讨论完临时统计信息后，我们将在 15.5 节中介绍一些检查数据的通用方法。但是，使持久统计信息具有持久性的原因，在于这些信息被存储在表中，并且这些表提供了其他一些有价值的信息。

15.3.2　索引统计信息表

InnoDB 在 MySQL 方案中使用了两张表来存储与持久统计信息相关的数据。这些表不仅可以用来查看统计信息和所采样的数据，也可用来了解有关索引的更多信息。

最常查看的表是 innodb_index_stats。对于每个 B-tree 索引，该表中都有几行来包含相关数据，例如它可提供索引的每个部分的唯一值数量(基数)、索引中的叶子页数量以及索引总的大小等信息。表 15-1 对该表中的列进行了汇总。

表 15-1 innodb_index_stats 表

列名	数据类型	描述
database_name	varchar(64)	包含该索引的表所在的库/方案
table_name	varchar(199)	包含该索引的表名
index_name	varchar(64)	索引名
last_update	timestamp	索引统计信息上次更新的时间
stat_name	varchar(64)	stat_value 列对应的统计信息名称
stat_value	bigint unsigned	统计信息的值
sample_size	bigint unsigned	采样的页数
stat_description	varchar(1024)	统计信息的描述信息。对于基数而言，即为计算基数时所包含的列

该表的主键由 database_name、table_name、index_name 以及 stat_name 组成。数据库、表和索引的名称则定义了统计信息所对应的索引。last_update 列可用于查看自上次更新统计信息以来又过了多长时间。stat_name 和 stat_value 提供了实际的统计信息内容。sample_size 进行检查以确定统计信息的叶子页的数量。这将取索引中的叶子页数量，和为表设置的采样页数中的较小值。最后，stat_description 列提供有关统计信息的更多内容。对于基数，描述中显示了索引中包含哪些列，每列都对应一行(稍后将列举一个示例)。

如前所述，innodb_index_stats 表中包含一些统计信息。这些统计信息的名称为如下值之一。

- **n_diff_pfxNN**：索引中前 NN 列的基数。NN 是基于 1 列的，因此对于具有两列的索引，则存在 n_diff_pfx01 和 n_diff_pfx02。对于包含这些统计信息的行，stat_description 包含了该统计信息所对应的列。
- **n_leaf_pages**：索引中的叶子页总数。可将其与 n_diff_pfxNN 统计信息的样本大小进行比较，从而确定索引的采样比例。
- **size**：索引中的总页数。也包含非叶子页。

可通过查看示例来更好地理解数据所代表的内容。world.city 表包含两个索引：主键(位于 ID 列)上的索引，CountryCode 列上也有一个索引。代码清单 15-2 显示了这两个索引的统计信息。请注意，如果你执行同一个查询，则统计值也可能有所不同。并且，如果你在第 14 章中还为其创建了其他索引，则返回结果会包含更多的行。

代码清单 15-2 innodb_index_stats 表中包含的 world.city 的索引统计信息

```
mysql> SELECT index_name, stat_name,
              stat_value, sample_size,
              stat_description
         FROM mysql.innodb_index_stats
        WHERE database_name = 'world'
              AND table_name = 'city'\G
*************************** 1. row ***************************
      index_name: CountryCode
       stat_name: n_diff_pfx01
      stat_value: 232
     sample_size: 7
stat_description: CountryCode
```

```
*************************** 2. row ***************************
      index_name: CountryCode
       stat_name: n_diff_pfx02
      stat_value: 4079
     sample_size: 7
stat_description: CountryCode,ID
*************************** 3. row ***************************
      index_name: CountryCode
       stat_name: n_leaf_pages
      stat_value: 7
     sample_size: NULL
stat_description: Number of leaf pages in the index
*************************** 4. row ***************************
      index_name: CountryCode
       stat_name: size
      stat_value: 8
     sample_size: NULL
stat_description: Number of pages in the index
*************************** 5. row ***************************
      index_name: PRIMARY
       stat_name: n_diff_pfx01
      stat_value: 4188
     sample_size: 20
stat_description: ID
*************************** 6. row ***************************
      index_name: PRIMARY
       stat_name: n_leaf_pages
      stat_value: 24
     sample_size: NULL
stat_description: Number of leaf pages in the index
*************************** 7. row ***************************
      index_name: PRIMARY
      stat_name: size
      stat_value: 25
     sample_size: NULL
stat_description: Number of pages in the index
7 rows in set (0.0007 sec)
```

在上例中，第 1～4 行描述了 CountryCode 索引，第 5～7 行描述了主键。首先需要注意，CountryCode 索引同时具有 n_diff_pfx01 和 n_diff_pfx02 两个统计信息。索引只包含一列，为何会出现这样的情况？请记住，InnoDB 使用簇聚索引，非唯一索引始终会附加主键，因为无论如何它都要找到实际的行。这也就是你在此处看到的，n_diff_pfx01 代表 CountryCode 列，而 n_diff_pfx02 则代表 CountryCode 和 ID 列的组合。

CountryCode 索引有 8 个页，其中 7 页为叶子节点。这意味着索引具有两个级别，叶节点为 0 级，根节点为 1 级。也可以温习上一章中关于 B-tree 索引的相关讨论。并将这里的索引大小统计信息与之进行对照。

主键则更简单，因为它只由一列组成。它有 24 个叶子页，因此系统只是对该索引的一个子集进行了采样(请记住，对于主键来说，索引就是表本身)。这样做的结果就是统计信息不准确。主键的 n_diff_pfx01 预测其有 4188 个唯一值。由于它是主键，因此其唯一值个数实际上也就是行数。但是，你再查看 CountryCode 的统计信息，发现其预测 CountryCode 和 ID 共有 4079 种不同组合。由于 CountryCode 索引只有 7 个叶子页，因此它显然是检测了所有叶子页，故而该值是准确的。

与持久统计信息有关的另一张表是 innodb_table_stats 表。它与 innodb_index_stats 类似，不同之处在于它是所包含的整张表的汇总统计信息。表 15-2 汇总了 innodb_table_stats 表中的列。

表 15-2 innodb_table_stats 表

列名	数据类型	描述
database_name	varchar(64)	表所属的方案/库
table_name	varchar(199)	表名
last_update	timestamp	该表的统计信息上次更新的时间
n_rows	bigint unsigned	估算的表中包含的行数
clustered_index_size	bigint unsigned	簇聚索引中的页数
sum_of_other_index_sizes	bigint unsigned	二级索引中的总页数

该表的主键列由 database_name 和 table_name 组成。关于表的统计信息，要注意的重要一点是，它们与索引统计信息一样，都是近似值。表中的行数只是主键的估算基数。同样，簇聚索引的大小与 innodb_index_stats 表中主键的大小相同。二级索引的页数是所有二级索引的大小之和。代码清单 15-3 显示了 innodb_table_stats 表中包含的与 world.city 表相关的统计信息内容。它与上个示例使用了相同的索引统计信息。

代码清单 15-3 innodb_table_stats 表包含的与 world.city 相关的统计信息内容

```
mysql> SELECT *
         FROM mysql.innodb_table_stats
       WHERE database_name = 'world'
             AND table_name = 'city'\G
*************************** 1. row ***************************
           database_name: world
              table_name: city
             last_update: 2019-05-25 13:51:40
                  n_rows: 4188
    clustered_index_size: 25
sum_of_other_index_sizes: 8
1 row in set (0.0005 sec)
```

提示 innodb_index_stats 和 innodb_table_stats 都是常规的表。因此将它们包含在备份中是比较合适的。这样如果查询计划突然改变，还可回退并比较其统计信息。具有 UPDATE 权限的用户也可更新这两张表。这似乎也是一个很有用的属性，不过你要谨慎对待。如果你不知道正确的统计信息，最终将可能得到非常差的查询计划。我们基本不建议你手工修改索引的统计信息。如果做了更改，则只有在刷新表后，更改才会生效。

如果你觉得对 innodb_index_stats 和 innodb_table_stats 中可用信息的讨论，像你在 SHOW INDEX 语句以及在 information 库中的 TABLES 和 STATISTICS 表中看到的那样，那么你是对的。它们之间确实有些重叠。由于这些信息也适用于临时统计信息，因此对它们的讨论将推迟到临时统计信息之后再进行。

15.4 临时索引统计信息

临时统计信息是 InnoDB 中实现的用于处理索引统计信息的原始方法。顾名思义，统计信息不是持久性的。也就是说，当重启 MySQL 时，这些统计信息是不会被持久化。取而代之的是，统计信息是在第一次打开表(或其他时间)并将其保存在内存中时计算的。由于统计信息无法持久保存，因此统计信息非常不稳定，也就更容易看到查询计划发生更改的情况。

以下两个配置选项可影响临时统计信息的行为。

- **innodb_stats_transient_sample_pages**：更新统计信息时要采样的页数。默认值为 8。
- **innodb_stats_on_metadata**：查询表的元数据时，是否重新估算统计信息。自 MySQL 5.6 起，默认值为 OFF。

innodb_stats_transient_sample_pages 选项等同于 innodb_stats_persistent_sample_pages，但适用于临时统计信息的表。使用临时统计信息的表，不仅在首次打开时会重新计算统计信息，而且在表中 6.25%(1/16)的行发生更改时也会重新计算。这也就要求表上至少发生 16 次更新后才会重新计算统计信息。此外，在自动重新计算统计信息时，临时统计信息不使用后台进程，因此更可能影响性能。为此，innodb_stats_transient_sample_pages 的默认值仅为 8 页。

如果要更频繁地更新临时索引统计信息，则可启用 innodb_stats_on_metadata 选项。启用该选项后，在 information 库中查询 TABLES 和 STATISTICS 表时，或使用等效的 SHOW 语句时，均会触发对索引统计信息的更新。实际上，并没有什么原因需要如此频繁地更新统计信息，因此建议关闭该选项。

没有表来存储这些临时统计信息。但有些表或语句可用于 MySQL 中的所有表。

15.5 监控

索引统计信息有助于优化器确定执行查询的最佳方式。因此，了解如何检查表的索引统计信息也很重要。之前讨论过，对于持久统计信息，有 mysql.innodb_index_stats 和 mysql.innodb_table_stats 表可用。但是，还有一些通用的方法，我们将在这里进行讨论。

提示 information_schema_stats_expiry 变量会影响数据字典刷新与索引统计信息相关的数据视图的频率。

15.5.1 information 库中的 STATISTICS 视图

获取有关索引统计信息的详细信息的主表，是 information 库中的 STATISTICS 视图。该视图不仅包含索引统计信息本身，也包含索引的元数据信息。实际上，可根据该视图的内容来重新创建索引定义。这也是我们在之前章节中用来在表上查找索引名称的视图。

表 15-3 列出 STATISTICS 视图中各列的信息。通常，你只需要查询其中一部分列，但在需要时，也可查询全部内容。其中的 CARDINALITY 列是唯一会受到 information_schema_stats_expiry 变量影响的列。

表 15-3　STATISTICS 视图中的列

列名	数据类型	描述
TABLE_CATALOG	varchar(64)	表所属的目录。始终为 def
TABLE_SCHEMA	varchar(64)	表所属的方案/库
TABLE_NAME	varchar(64)	索引所在的表
NON_UNIQUE	int	索引是唯一(0)，还是非唯一(1)
INDEX_SCHEMA	varchar(64)	与 TABLE_SCHEMA 相同(因为索引始终和表在同一个方案中)

(续表)

列名	数据类型	描述
INDEX_NAME	varchar(64)	索引的名称
SEQ_IN_INDEX	int unsigned	列在索引中的位置。对于单列索引，该值始终为1
COLUMN_NAME	varchar(64)	列名
COLLATION	varchar(1)	索引排序的方式。该列的值可以为 NULL(不排序)、A(升序)或D(降序)
CARDINALITY	bigint	行数据中包含该列的部分的唯一值数量的估计值
SUB_PART	bigint	对于前缀索引，该值为索引的字符数或字节数。如果是针对整个列建立的索引，则为NULL
PACKED	binary(0)	对于 InnoDB 表，该值始终为NULL
NULLABLE	varchar(3)	是否允许 NULL 值。该列可以是一个空字符串或 YES
INDEX_TYPE	varchar(11)	索引的类型。例如，如果是 B-tree 索引，则为 BTREE
COMMENT	varchar(8)	索引的额外信息。不适用于 InnoDB 表
INDEX_COMMENT	varchar(2048)	添加索引时指定的注释
IS_VISIBLE	varchar(3)	索引是可见的(YES)，还是不可见的(NO)
EXPRESSION	longtext	对于函数索引，该列包含用于生成索引值的表达式；对于非函数索引，则为NULL

STATISTICS 视图不仅对索引统计信息有用，对于索引本身也有用，也包含索引相关的所有信息，而与索引的类型无关。例如，可使用该视图来查找不可见索引，或函数索引使用的表达式。对于索引统计信息而言，CARDINALITY 可能是最有趣的列了，该列用来估计索引中唯一值的数量。

在查询 STATISTICS 视图时，建议按照 TABLE_SCHEMA、TABLE_NAME、INDEX_NAME 和 SEQ_IN_INDEX 列对结果进行排序。这样会将相关的行分组到一起。对于多列索引，将按列在索引中的顺序返回结果。代码清单 15-4 显示了 world.countrylanguage 表上的索引信息。在这个示例中，我们只对索引的名称进行排序。另外，由于表的方案和名称是固定的，因此索引的顺序也是固定的。当然，由于这些统计信息的值本质上是估计值，因此在不同环境下，查询结果也会有所不同。

代码清单 15-4 STATISTICS 视图中关于 world.countrylanguage 表的相关信息

```
mysql> SELECT INDEX_NAME, NON_UNIQUE,
              SEQ_IN_INDEX, COLUMN_NAME,
              CARDINALITY, INDEX_TYPE,
              IS_VISIBLE
         FROM information_schema.STATISTICS
        WHERE TABLE_SCHEMA = 'world'
              AND TABLE_NAME = 'countrylanguage'
        ORDER BY INDEX_NAME, SEQ_IN_INDEX\G
*************************** 1. row ***************************
  INDEX_NAME: CountryCode
  NON_UNIQUE: 1
SEQ_IN_INDEX: 1
 COLUMN_NAME: CountryCode
 CARDINALITY: 233
  INDEX_TYPE: BTREE
```

```
  IS_VISIBLE: YES
*************************** 2. row ***************************
  INDEX_NAME: PRIMARY
  NON_UNIQUE: 0
SEQ_IN_INDEX: 1
 COLUMN_NAME: CountryCode
 CARDINALITY: 233
  INDEX_TYPE: BTREE
  IS_VISIBLE: YES
*************************** 3. row ***************************
  INDEX_NAME: PRIMARY
  NON_UNIQUE: 0
SEQ_IN_INDEX: 2
 COLUMN_NAME: Language
 CARDINALITY: 984
  INDEX_TYPE: BTREE
  IS_VISIBLE: YES
3 rows in set (0.0010 sec)
```

countrylanguage 表上有两个索引。在 CountryCode 和 Language 列有主键，在 CountryCode 列上还有个二级索引。与 mysql.innodb_index_stats 表不同的是，它会将主键附加到非唯一的二级索引上。但 STATISTICS 视图不包含这一信息。

注意 这里建立在 CountryCode 列上的二级索引是多余的。因为该列也是主键中的第一列。这意味着主键也可作为二级索引。与索引相关的最佳实践之一就是要避免冗余索引。

你可能需要记录 STATISTICS 视图中的数据，从而能够随着时间的推移来比较数据。一旦发生突然变化，就可能表明数据出现了意外情况，或最新的统计信息被重新计算了，这可能导致不同的查询计划。

STATISTICS 视图中的某些信息也可通过 SHOW INDEX 语句获得。

15.5.2 SHOW INDEX 语句

SHOW INDEX 语句是获取有关 MySQL 索引信息的原始方法。现在，它使用了与 information_schema.STATISTICS 视图相同的来源来获取数据。因此，可选择任意一种方式。STATISTICS 视图的一个主要优点是，可以选择你想查找的信息并按不同方式对其进行排序。而对于 SHOW INDEX 语句，你总是只能获得单个表的索引信息，并基于可用字段进行过滤。

SHOW INDEX 语句返回的列与 STATISTICS 视图中的列相同，但没有 TABLE_CATALOG、TABLE_SCHEMA 以及 INDEX_SCHEMA。另一方面，SHOW INDEX 语句可选择使用 EXTENDED 关键字，该关键字包含有关索引的隐藏部分的信息。注意，不要与不可见索引相混淆。这些内容应该被理解为附加部分，例如附加到二级索引的主键信息等。对于共同的行，其标准输出和扩展输出具有相同的结果。

代码清单 15-5 显示了 world.city 表上的 SHOW INDEX 语句的输出示例(这里假定在第 14 章中创建的索引已被删除)。首先返回标准输出信息，然后返回扩展输出结果。由于这里的扩展输出结果有好几页，因此删除了部分输出结果。要查看完整的输出结果，读者可自行执行该语句，或查看本书 GitHub 库中的 listing_15_5.txt 文件。

代码清单 15-5　world.city 表上的 SHOW INDEX 语句输出示例

```
mysql> SHOW INDEX FROM world.city\G
```

```
*************************** 1. row ***************************
        Table: city
   Non_unique: 0
     Key_name: PRIMARY
 Seq_in_index: 1
  Column_name: ID
    Collation: A
  Cardinality: 4188
     Sub_part: NULL
       Packed: NULL
         Null:
   Index_type: BTREE
      Comment:
Index_comment:
      Visible: YES
   Expression: NULL
*************************** 2. row ***************************
        Table: city
   Non_unique: 1
     Key_name: CountryCode
 Seq_in_index: 1
  Column_name: CountryCode
    Collation: A
  Cardinality: 232
     Sub_part: NULL
       Packed: NULL
         Null:
   Index_type: BTREE
      Comment:
Index_comment:
      Visible: YES
   Expression: NULL
2 rows in set (0.0013 sec)
mysql> SHOW EXTENDED INDEX FROM world.city\G
*************************** 1. row ***************************
   Non_unique: 0
     Key_name: PRIMARY
 Seq_in_index: 1
  Column_name: ID
  Cardinality: 4188
*************************** 2. row ***************************
   Non_unique: 0
     Key_name: PRIMARY
 Seq_in_index: 2
  Column_name: DB_TRX_ID
  Cardinality: NULL
*************************** 3. row ***************************
   Non_unique: 0
     Key_name: PRIMARY
 Seq_in_index: 3
  Column_name: DB_ROLL_PTR
  Cardinality: NULL
*************************** 4. row ***************************
   Non_unique: 0
     Key_name: PRIMARY
 Seq_in_index: 4
```

```
 Column_name: Name
 Cardinality: NULL
...
*************************** 8. row ***************************
   Non_unique: 1
     Key_name: CountryCode
 Seq_in_index: 1
  Column_name: CountryCode
  Cardinality: 232
*************************** 9. row ***************************
   Non_unique: 1
     Key_name: CountryCode
 Seq_in_index: 2
  Column_name: ID
  Cardinality: NULL
9 rows in set (0.0013 sec)
```

请注意，列名与 STATISTICS 视图中使用的列名不同。但这里输出的列的顺序相同，名称也比较相似，因此很容易将这两个输出相互匹配。

在扩展输出中，主键在 InnoDB 内部具有两个隐藏列：DB_TRX_ID(6 字节的事务标识符)和 DB_ROLL_PTR(7 字节的滚动指针)，后者用于指向已写入回滚段的 undo 日志记录。这些都是 InnoDB 多版本所支持的内容(如果你对 InnoDB 多版本控制有兴趣，想了解更多内容，可访问 https://dev.mysql.com/doc/refman/8.0/en/innodb-multi-versioning.html)。在这两个内部字段之后，就是表中其余的列了。这里可看出 InnoDB 为其行使用了簇聚索引，因此主键就是行。

对于 CountryCode 上的二级索引，主键显示为该索引的第二部分。这也是意料之中的，也可在 mysql.innodb_index_stats 表中看到同样的内容。

尽管在研究性能问题时，我们通常不会对 SHOW INDEX 语句的扩展输出内容产生太大兴趣。但在研究 InnoDB 的功能方式时，这些扩展输出信息很有价值。

了解索引统计信息时，information 库中的另一个有用视图是 INNODB_TABLESTATS。

15.5.3 information 库中的 INNODB_TABLESTATS 视图

information 库中的 INNODB_TABLESTATS 视图是基于 InnoDB 的内部内存结构而形成的，包含索引的相关信息。该视图确实不包含用于验证索引基数和大小的相关信息(这些信息已在之前的表和相关视图中描述过)，但包含了自上次分析表以来，索引统计信息的状态和修改次数等方面的内容。该视图包含 InnoDB 表的所有信息，无论使用的是持久统计信息还是临时统计信息。表 15-4 总结了 INNODB_TABLESTATS 视图的列。

表 15-4　INNODB_TABLESTATS 视图中的列

列名	数据类型	描述
TABLE_ID	bigint unsigned	内部的 InnoDB 表 ID。例如，可使用它在 information 库中的 INNODB_TABLES 上查找表
NAME	varchar(193)	表名。格式为<方案>/<表名>，如 world/city
STATS_INITIALIZED	varchar(193)	表的内存结构是否已被初始化。这与是否存在索引统计信息不同。可能的取值为 Uninitialized 和 Initialized
NUM_ROWS	bigint unsigned	表中行数的估计值
CLUST_INDEX_SIZE	bigint unsigned	簇聚索引中的页数

(续表)

列名	数据类型	描述
OTHER_INDEX_SIZE	bigint unsigned	二级索引中的页数之和
MODIFIED_COUNTER	bigint unsigned	自上次索引统计信息更新以来，使用 DML 语句更改的行数
AUTOINC	bigint unsigned	自动增量计数器的值(如果存在)。对于没有自动递增列的表，该值为 0
REF_COUNT	int	元数据被引用的次数。当引用计数器的值为 0 时，InnoDB 会将相应的元数据逐出，并且初始化状态返回 Uninitialized

这里的初始化状态(STATS_INITIALIZED)列可能让你有些迷惑。它能显示索引统计信息和相关的元数据(此视图中提到的)是否已被加载到内存中。即使存在统计信息，其状态也始终以未初始化(Uninitialized)开始。当某些连接或后台线程需要数据时，InnoDB 会将其加载到内存中，并且状态显示为已初始化(Initialized)。当没有线程持有对该表的引用时，InnoDB 会将其驱逐出内存，并且状态修改为未初始化。例如，在刷新表或对表执行 ANALYZE TBALE 时，就可能发生这种情况。

修改计数器(MODIFIED_COUNTER)也很有趣。它可用来查看自上次更新索引统计信息以来，已经更改了多少行。仅当 DML 查询影响到索引时，该计数器才会增加。这意味着，如果你更新了未建立索引的列，该计数器就不会增加。此计数器与在进行给定数量的更改时触发的自动更新有关。

代码清单 15-6 显示了基于 world.city 表的 INNODB_TABLESTATS 视图的输出示例。当然，如果你也执行了相同的查询，那么表 ID、行数以及引用计数也可能会有所不同。

代码清单 15-6　基于 world.city 表的 INNODB_TABLESTATS 视图的输出示例

```
mysql> SELECT *
         FROM information_schema.INNODB_TABLESTATS
        WHERE NAME = 'world/city'\G
*************************** 1. row ***************************
         TABLE_ID: 1670
             NAME: world/city
STATS_INITIALIZED: Initialized
         NUM_ROWS: 4188
 CLUST_INDEX_SIZE: 25
 OTHER_INDEX_SIZE: 8
 MODIFIED_COUNTER: 0
          AUTOINC: 4080
        REF_COUNT: 2
1 row in set (0.0009 sec))
```

上述示例输出显示，统计信息是最新的，因为自上次分析以来，未修改过任何行。簇聚索引和二级索引的行数及大小，与使用 mysql.innodb_index_stats 表查询的结果相同。这些与表大小有关的数据，也适用于 information_schema.TABLES 视图和 SHOW TABLE STATUS 语句。

15.5.4 information 库中的 TABLES 视图及 SHOW TABLE STATUS 语句

收集的索引统计信息，还用于填充 information_schema.TABLES 视图和 SHOW TABLE STATUS 语句所使用的表。其中包含了对行数的估计值，以及数据和索引的大小等。

表 15-5 显示了 TABLES 视图中各列的信息。除了 TABLE_CATALOG、TABLE_SCHEMA、TABLE_TYPE 以及 TABLE_COMMENT 列外，SHOW TABLE STATUS 语句的输出中均有对应的列。不过有些列的名称略有不同。其中标星号(*)的列，会受到 information_schema_stats_expiry 变量的影响。

表 15-5　TALES 视图的列

列名	数据类型	描述
TABLE_CATALOG	varchar(64)	表所属的目录。该值始终为 def
TABLE_SCHEMA	varchar(64)	表所属的方案
TABLE_NAME	varchar(64)	表名
TABLE_TYPE	enum	表的种类。可能的值为 BASE TABLE、VIEW 或 SYSTEM VIEW。BASE TABLE 指使用 CREATE TABLE 语句创建的表。VIEW 指使用 CREATE VIEW 创建的视图。所谓的 SYSTEM VIEW，则指的是 information 库中的视图等由 MySQL 创建的内容
ENGINE	varchar(64)	表使用的存储引擎
VERSION	int	在 MySQL 8 中不使用该列。因为它与.frm 文件相关，这在 MySQL 5.7 或更早版本中存在。现在，该值已经被硬编码为 10
ROW_FORMAT	enum	表使用的行格式。可能的值为 Fixed、Dynamic、Compressed、Redundant、Compact 以及 Paged
TABLE_ROWS*	bigint unsigned	估计的行数。对于 InnoDB 表，来自主键或簇聚索引的基数
AVG_ROW_LENGTH*	bigint unsigned	估计的数据长度除以/估计的行数
DATA_LENGTH*	bigint unsigned	行数据的估计大小。对于 InnoDB，就是簇聚索引的大小，即簇聚索引中的页数×页大小
MAX_DATA_LENGTH*	bigint unsigned	允许的最大数据长度。InnoDB 不使用此值，因此为 NULL
INDEX_LENGTH*	bigint unsigned	二级索引的估计大小。对于 InnoDB，这就是非簇聚索引中的页总数×页大小
DATA_FERR*	bigint unsigned	该表所属的表空间中的可用空间的估计值。对于 InnoDB，这就是全部空闲区-安全裕度(safety margin)
AUTO_INCREMENT*	bigint unsigned	该表使用的自动递增计数器的下一个值
CREATE_TIME*	timestamp	表创建的时间
UPDATE_TIME*	datetime	表空间文件上次更新的时间。对于 InnoDB 系统表空间中的表，该值为 NULL。因为数据是被异步写入表空间的，因此该时间通常无法反映出最后一条语句更改数据的时间
CHECK_TIME*	datetime	上次检查表(CHECK TABLE)的时间。对于分区表，InnoDB 始终返回 NULL
TABLE_COLLATION	varchar(64)	对使用字符串的值进行排序和比较的默认方法(如果没有为列明确设置的话)
CHECKSUM	bigint	表的校验和。InnoDB 不使用该值，因此为 NULL
CREATE_OPTIONS	varchar(256)	表选项，例如 STATS_AUTO_RECALC 和 STATS_SAMPLE_PAGES
TABLE_COMMENT	text	创建表时指定的注释

在上述信息中，数据和索引的行数以及大小与索引统计信息最密切相关。TABLES 视图不仅可用于查询表大小的估计值，也可查询哪些表显式设置了与持久统计信息相关的变量。代码清单 15-7 显示了一个示例表 Chapter_15.t1，该表正好填充了 100 万行，然后我们查询对应的 TABLES 中的内容。

代码清单 15-7 基于 chapter_15.t1 表的 TABLES 视图信息

```
mysql> CREATE TABLE chapter_15.t1 (
         id int unsigned NOT NULL auto_increment,
         val varchar(36) NOT NULL,
         PRIMARY KEY (id)
       ) STATS_PERSISTENT=1,
         STATS_SAMPLE_PAGES=50,
         STATS_AUTO_RECALC=1;
Query OK, 0 rows affected (0.5385 sec)

mysql> SET SESSION cte_max_recursion_depth = 1000000;
Query OK, 0 rows affected (0.0003 sec)

mysql> START TRANSACTION;
Query OK, 0 rows affected (0.0002 sec)

mysql> INSERT INTO chapter_15.t1 (val)
       WITH RECURSIVE seq (i) AS (
         SELECT 1
           UNION ALL
         SELECT i + 1
           FROM seq WHERE i < 1000000
       )
       SELECT UUID()
         FROM seq;
Query OK, 1000000 rows affected (15.8552 sec)

Records: 1000000 Duplicates: 0 Warnings: 0

mysql> COMMIT;
Query OK, 0 rows affected (0.8306 sec)

mysql> SELECT *
         FROM information_schema.TABLES
       WHERE TABLE_SCHEMA = 'chapter_15'
             AND TABLE_NAME = 't1'\G
*************************** 1. row ***************************
  TABLE_CATALOG: def
   TABLE_SCHEMA: chapter_15
     TABLE_NAME: t1
     TABLE_TYPE: BASE TABLE
         ENGINE: InnoDB
        VERSION: 10
     ROW_FORMAT: Dynamic
     TABLE_ROWS: 996442
 AVG_ROW_LENGTH: 64
    DATA_LENGTH: 64569344
MAX_DATA_LENGTH: 0
   INDEX_LENGTH: 0
```

```
       DATA_FREE: 7340032
  AUTO_INCREMENT: 1048561
     CREATE_TIME: 2019-11-02 11:48:28
     UPDATE_TIME: 2019-11-02 11:49:25
      CHECK_TIME: NULL
 TABLE_COLLATION: utf8mb4_0900_ai_ci
        CHECKSUM: NULL
  CREATE_OPTIONS: stats_sample_pages=50 stats_auto_recalc=1 stats_
                  persistent=1
   TABLE_COMMENT:
1 row in set (0.0653 sec)
```

该表使用了递归公共表表达式来填充随机数据，以确保能够准确地插入 100 万行。为此，需要将 cte_max_recursion_depth 设置为 1000000，否则公共表表达式将因为递归深度过高而失败。

注意，这里估算出的行数为 996442 行，比实际行数少了 0.3%。这在预期的范围之内——毕竟误差超过 10%并不罕见。该表还设置了几个表级别的选项，以便显式配置持久统计信息，例如启用了自动重新计算统计信息，采样页数量为 50 等。

如果你更喜欢使用 SHOW TABLE STATUS 语句，则可在不带参数的情况下使用它。此时，它将返回默认方案中所有表的状态。或者，也可使用 LIKE 子句，只返回指定的表。要查看非默认方案中的表状态，需要使用 FROM 子句来指定方案名称。例如，假设 world 为默认方案，则可以使用以下查询来返回 city 表的状态：

```
mysql> use world
mysql> SHOW TABLE STATUS LIKE 'city';
mysql> SHOW TABLE STATUS LIKE 'ci%';
mysql> SHOW TABLE STATUS FROM world LIKE 'city';
```

这里，前两个查询依靠默认方案来了解在哪里查找表。第三个查询则在 world 方案中显式查找 city 表。

如果索引统计信息中没有数据，则应该如何更新它们？在本章结束之前，这是我们要探讨的最后一个主题。

15.6　更新统计信息

为使优化器得到最佳的查询执行计划，能否拥有最新的索引统计信息就显得非常重要。索引有两种更新方式：自动(因为对表进行了足够多的更改，触发了统计信息的自动重新计算)，以及手动触发更新。

15.6.1　自动更新

在探讨持久和临时统计信息时，我们已在某种程度上对自动更新机制进行了介绍。表 15-6 总结了基于索引统计信息类型的相关特性。

表 15-6　自动重新计算 InnoDB 索引统计信息

属性	持久索引统计信息	临时索引统计信息
更新行	表的 10%	表的 62.5%
由于更新行而导致的最小更新时间间隔	10 秒	更新 16 次

(续表)

属性	持久索引统计信息	临时索引统计信息
其他触发更新的操作		首次打开表时，以及查询表元数据时(可选)
后台更新	是	否
配置	innodb_stats_auto_recalc 变量，以及 STATS_AUTO_RECALC 表选项	无

上表中的内容显示，持久统计信息的更新通常不会那么频繁，并且由于自动更新在后台发生，因此影响较小。持久统计信息也有更好的配置选项。

也可手动触发索引统计信息的更新。可使用 ANALYZE TABLE 语句或 mysqlcheck 命令行程序来完成触发。如下面各节所述。

15.6.2 ANALYZE TABLE 语句

当你在 mysql 命令行客户端或 MySQL shell 中执行命令，或要通过存储过程来触发更新时，可使用 ANALYZE TABLE 命令。该语句可更新索引统计信息和直方图信息。直方图将在下一章进行讨论，这里只介绍索引统计信息的更新。

ANALYZE TABLE 语句有一个参数，即是否将语句记录到二进制日志中。如果你在 ANALYZE 和 TABLE 之间指定了 NO_WRITE_TO_BINLOG 或 LOCAL，则该语句将只应用于本地实例，而不会写入二进制日志。

当执行 ANALYZE TABLE 语句时，它会强制刷新索引统计信息和表的缓存值，否则这些信息将受 information_schema_stats_expiry 变量的影响。因此，如果你强制更新了索引统计信息，则不必更改 information_schema_stats_expiry 变量的值，即可查询 information_schema.STATISTICS 视图的内容，它反映的也是更新后的值。

可以同时更新多张表的索引统计信息，只需要通过逗号分隔列表来列出这些表即可。代码清单 15-8 列举了更新 world 方案中 3 张表的统计信息的示例。

代码清单 15-8 分析 world 方案中多张表的索引统计信息

```
mysql> ANALYZE LOCAL TABLE
               world.city, world.country,
               world.countrylanguage\G
*************************** 1. row ***************************
   Table: world.city
      Op: analyze
Msg_type: status
Msg_text: OK
*************************** 2. row ***************************
   Table: world.country
      Op: analyze
Msg_type: status
Msg_text: OK
*************************** 3. row ***************************
   Table: world.countrylanguage
      Op: analyze
Msg_type: status
Msg_text: OK
3 rows in set (0.0248 sec)
```

在上例中，使用LOCAL关键字避免将语句记录到二进制日志中。如果你未同时指定方案名和表名(例如，指定的是city，而非world.city)，则MySQL将在当前默认方案中查找该表。

注意　尽管也可同时使用ANALYZE TABLE对表执行查询操作，但请注意，作为分析表操作的最后一步(返回到客户端之前)，将对分析的表进行刷新(隐式FLUSH TABLE语句)。并且只有在当前正在执行的所有查询完成之后，才可执行刷新表的操作。因此，在运行时间较长的查询时，建议不要使用ANALYZE TABLE或mysqlcheck。

ANALYZE TABLE语句非常适合对表的统计信息进行临时更新，也适用于你确切了解应该何时对表进行分析的情况。但是该语句对于分析指定方案或实例中所有的表则用处不大。因此，接下来介绍一个更好的选择——mysqlcheck。

15.6.3　mysqlcheck程序

例如，如果你想通过cron守护进程或使用Windows的计划管理器来调用shell脚本进行触发，那么mysqlcheck程序就很方便了。它不仅可用于更新单张表或多张表(例如ANALYZE TALE)上的索引统计信息，也可告诉mysqlcheck来更新某个方案中所有的表，或实例中所有的表的索引统计信息。mysqlcheck的作用是对符合你指定的条件的表执行ANALYZE TABLE操作。因此从索引统计信息的角度看，手动执行ANALYZE TABLE和使用mysqlcheck并无差异。

注意　mysqlcheck可以做的事情不仅是分析表以更新其索引统计信息。当然这里只是探讨其分析特性而已。要阅读关于mysqlcheck程序的完整文档，可以参考https://dev.mysql.com/doc/refman/8.0/en/mysqlcheck.html。

可使用--analyze选项让mysqlcheck更新索引统计信息，也可使用--write-binlog/--skip-write-binlog选项来告诉mysqlcheck是否要将语句写入二进制日志中。默认为写入。还需要告知如何去连接MySQL。为此，你需要使用标准连接选项。

这里有三种方法来指定要分析的表。默认设置为分析同一个方案中的一张或者多张表，与ANALYZE TABLE语句一样。如果要使用这一设置，则不必再添加其他任何选项。并且指定的一个值会被解释为方案名称，可选参数则被解释为表名。代码清单15-9显示了如何以两种方式来分析world方案中所有的表：通过显式列出表名，以及不列出表名的方式。

代码清单15-9　使用mysqlcheck来分析world方案中所有的表

```
shell$ mysqlcheck --user=root --password --host=localhost --port=3306
--analyze world city country countrylanguage
Enter password: ********
world.city                      OK
world.country                   OK
world.countrylanguage           OK

shell$ mysqlcheck --user=root --password --host=localhost --analyze world
Enter password: ********
world.city                      OK
world.country                   OK
world.countrylanguage           OK
```

在上述两个示例中，列出的三张表都被分析了。

如果想分析多个方案中所有的表，但仍然需要列出所包含的方案，则可使用--database参数。

如果使用了该参数，则命令行上列出的所有对象名称都将被解释为方案名称。代码清单 15-10 显示了一个分析 sakila 方案和 world 方案中所有表的示例。

代码清单 15-10 分析 sakila 和 world 方案中所有的表

```
shell$ mysqlcheck --user=root --password --host=localhost --port=3306
--analyze --databases sakila world
Enter password: ********
sakila.actor                    OK
sakila.address                  OK
sakila.category                 OK
sakila.city                     OK
sakila.country                  OK
sakila.customer                 OK
sakila.film                     OK
sakila.film_actor               OK
sakila.film_category            OK
sakila.film_text                OK
sakila.inventory                OK
sakila.language                 OK
sakila.payment                  OK
sakila.rental                   OK
sakila.staff                    OK
sakila.store                    OK
world.city                      OK
world.country                   OK
world.countrylanguage           OK
```

也可使用--all-databases 选项来分析所有的表，无论该表位于哪个方案中，除了 information 库和 performance 库中的表外，这也会分析系统表。代码清单 15-11 显示了一个将 mysqlcheck 与--all-databases 共同使用的示例。

代码清单 15-11 分析所有的表

```
shell$ mysqlcheck --user=root --password --host=localhost --port=3306
--analyze --all-databases
Enter password: ********
mysql.columns_priv              OK
mysql.component                 OK
mysql.db                        OK
mysql.default_roles             OK
mysql.engine_cost               OK
mysql.func                      OK
mysql.general_log
note     : The storage engine for the table doesn't support analyze
mysql.global_grants             OK
mysql.gtid_executed             OK
mysql.help_category             OK
mysql.help_keyword              OK
mysql.help_relation             OK
mysql.help_topic                OK
mysql.innodb_index_stats        OK
mysql.innodb_table_stats        OK
mysql.password_history          OK
mysql.plugin                    OK
mysql.procs_priv                OK
```

```
mysql.proxies_priv                OK
mysql.role_edges                  OK
mysql.server_cost                 OK
mysql.servers                     OK
mysql.slave_master_info           OK
mysql.slave_relay_log_info        OK
mysql.slave_worker_info           OK
mysql.slow_log
note     : The storage engine for the table doesn't support analyze
mysql.tables_priv                 OK
mysql.time_zone                   OK
mysql.time_zone_leap_second       OK
mysql.time_zone_name              OK
mysql.time_zone_transition        OK
mysql.time_zone_transition_type   OK
mysql.user                        OK
sakila.actor                      OK
sakila.address                    OK
sakila.category                   OK
sakila.city                       OK
sakila.country                    OK
sakila.customer                   OK
sakila.film                       OK
sakila.film_actor                 OK
sakila.film_category              OK
sakila.film_text                  OK
sakila.inventory                  OK
sakila.language                   OK
sakila.payment                    OK
sakila.rental                     OK
sakila.staff                      OK
sakila.store                      OK
sys.sys_config                    OK
world.city                        OK
world.country                     OK
world.countrylanguage             OK
```

请注意，上述示例中，有两张表显示其存储引擎不支持该分析操作。mysqlcheck 会尝试分析所有的表，而不管其是何种存储引擎，因此会出现上述示例中类似的信息。默认情况下，mysql.general_log 和 mysql.slow_log 表均使用了不支持索引的 CSV 存储引擎，因此也就不支持 ANALYZE TABLE 操作。

15.7　本章小结

本章通过研究 InnoDB 如何处理索引统计信息来回答上一章结尾遗留的问题。InnoDB 有两种存储索引统计信息的方法：持久存储在 mysql.innodb_index_stats 和 mysql.innodb_table_stats 表中，或存储在内存中。持久存储通常都是首选，以提供更一致的查询计划、对更多页进行采样、在后台执行更新操作以及在更大程度上进行配置等(包括对表级别选项的支持)。

可通过 MySQL 中的一些表和视图，以及 SHOW 语句来了解 InnoDB 索引及其统计信息。尤其有趣的是 information_schema.STATISTICS 视图。该视图包含 MySQL 中所有索引的详细信息。我们也讨论了 information_schema.INNODB_TABLESTATS 和 information_schema.TABLES 视图，

介绍了 SHOW INDEX 以及 SHOW TABLE STATUS 语句。

可通过两种方式来更新索引统计信息：ANALYZE TABLE 语句和 mysqlcheck 程序。前者在交互式客户端或存储过程中十分有用，而后者则对于 shell 脚本和更新一个或多个方案内的所有表更有效。两种方法都会强制更新表元数据的缓存值，以及 MySQL 数据字典中的索引基数。

在讨论 ANALYZE TABLE 语句时，我们也提到 MySQL 还支持直方图。直方图也与索引相关，而这是下一章的主题。

第 16 章

直方图

在前面两章中，你已经了解了 MySQL 中的索引及索引统计信息。索引旨在减少访问所需行的读取次数，从而帮助优化器确定最佳的查询计划。目的很好，但索引并不是免费的，在某些情况下，索引也不是很有效，但你仍然需要优化器来了解数据的分布情况。这些就是直方图可能发挥作用的地方。

本章开头讲述何为直方图，以及直方图对于哪些工作负载比较有用。然后介绍使用直方图的更实际的一些方面，这包括如何添加、维护和检查直方图的数据。最后，我们还将演示一个查询的例子，其查询计划随着直方图的添加而发生了改变。

16.1　何为直方图？

对直方图的支持是 MySQL 8 中的一项新特性。它可分析并存储与表中数据分布相关的信息。尽管直方图与索引有些相似，但它们并不相同。并且，对于没有索引的列，可为其创建直方图。

创建直方图时，你会告诉 MySQL 将数据进行划分，并存储到桶(bucket)中。可在每个桶中只存储一个值，也可在每个桶中存储数量大致相等的行。这些关于数据分布的内容，可以帮助优化器更准确地估计给定的 WHERE 子句，或估计联接条件将过滤掉表中多少数据。如果没有这些内容，优化器可能假设条件会返回表中记录的三分之一，而直方图可能会告诉你只有 5%的行与条件相匹配。由此可见，这些内容对于优化器能否选择最优的查询计划至关重要。

同时，重要的一点是，你需要认识到直方图与索引并不相同。与没有直方图信息的查询计划相比，MySQL无法使用直方图来减少要检查的表的行数。但是，一旦知道表中的数据将被过滤掉多少，优化器就能更好地确定表的联接顺序。

直方图的一个优点是，只有在创建或更新直方图时才会有开销。与索引不同，在更改数据时，直方图并不会更新。你可能会时不时地重建直方图以保证其统计信息是最新的，但是在执行 DML 查询时，直方图不会带来额外开销。通常，应该将直方图与索引统计信息进行比较，而不是与索引进行比较。

注意 了解索引和直方图之间的根本区别十分重要。索引可用于减少访问所需行时的工作量，而直方图则不能。将直方图用于查询时，它不会直接减少要检查的行数，但可帮助优化器选择更优的查询计划。

与索引一样，你也需要谨慎选择要添加直方图的列。因此，我们来探讨一下哪些列可作为创建直方图的候选列。

16.2 何时应该添加直方图信息？

要获得添加直方图的好处，其重点在于将其添加到正确的列上。简而言之，直方图对于那些不是索引中的第一列、数据分布不均匀的列以及查询条件将会应用其上的列最有用。这听起来像一个非常有限的用例，实际上，直方图在 MySQL 中，也确实不像在其他数据库中那样有用。这是因为 MySQL 能有效地估算索引列范围内的行数，因此直方图不能与同一列上的索引一起使用。还需要注意，虽然直方图对于那些数据分布不均匀的列特别有用，但是在不值得添加索引的情况下，直方图对于那些数据分布均匀的列也很有用。

提示 不要将直方图添加到索引的第一列上。对于出现在索引后面的列(非前缀列)，那些由于需要使用索引的左前缀而无法将索引用于该列的查询仍可使用直方图。

也就是说，某些情况下，直方图可极大地提高查询性能。一个典型情况是，一个查询包含了一个或多个联接条件，并且在数据分布不均匀的列上也有一些辅助条件。这种情况下，直方图可帮助优化器确定最佳的表连接顺序，从而尽早过滤掉较多的行。

数据分布不均匀的一些示例包括状态值、类别、一天中的时间、工作日以及价格等。对于状态数据而言，可能会有大量的状态是已完成或失败。而处于工作状态的数量则较少。同样，一张产品表中，某些类别可能包含更多产品。一天中的时间和星期几的值也可能不一致，因为某些事件在某些时间或日期比其他事件更可能发生。例如，与工作日相比，周末参加球类运动(取决于运动)的可能性更高。同样，对于价格来说，可能会在一个较窄的价格范围内包含大部分产品，但最高价格和最低价格则远超出此范围。具有低选择性的示例有枚举类型或布尔值类型的列，或只有几个唯一值的列。

与索引相比，直方图的一个好处是，直方图比用于确定范围内行数的索引下潜操作的成本要低。这样做的原因是，直方图统计信息可以轻松地用于优化器，而索引在确定查询计划时，也需要执行下潜操作来估算行数，并且每次查询时都要重复执行这样的动作。

提示　对于索引列而言，当存在 eq_range_index_dive_limit(默认值为 200)或更大的相等范围时，优化器将从开销较大但非常精确的索引下潜转换为只使用索引统计信息来估算匹配行的数量。

为何在添加索引的时候还要考虑直方图？请记住，随着数据的变化，索引的维护也是有代价的。在执行 DML 操作时，需要对索引进行维护，而且它们也会增加表空间文件的大小。此外，在执行查询的优化阶段，会动态计算范围(包括相等范围)中的值的数量等统计信息，即会根据每个查询的需求来计算它们。另一方面，直方图只存储统计信息，并且仅在明确请求时才更新。直方图统计信息也始终对优化器可用。

总之，创建直方图的最佳候选是符合如下条件的列：

- 数据分布不均匀，或者具有太多的值，以至于优化器的粗略估算(将在下一章进行讨论)无法很好地估计数据的选择性。
- 选择性差的列(否则索引可能是更好的选择)。
- 用于在WHERE 子句或联接条件过滤表的数据。如果不对列进行过滤，则优化器无法使用直方图。
- 随着时间的推移，数据分布逐渐稳定的列。直方图统计信息不会自动更新。因此，如果在数据分布频繁变化的列上添加直方图，则直方图统计信息可能不准确。选择直方图不太合适的另一个示例是存储事件的日期和时间的列。

上述规则的一个例外是，是否可以使用直方图统计信息来替换成本高昂的查询。也可以参阅 16.5 节中显示的直方图统计信息。因此，如果你只需要了解数据分布的近似信息，可直接查询直方图的统计信息。

提示　如果查询用于确定给定范围内值的数量，且仅需要近似值，那么即便你不打算使用直方图来改进查询计划，也可考虑创建直方图。

由于直方图存储列中的值，不允许将直方图添加到加密表上。否则，加密的数据可能在无意中以未加密形式写入磁盘。此外，不支持在临时表上创建直方图。

为能以最佳方式应用直方图，还需要了解直方图的一些内部工作原理，包括支持的直方图类型等。

16.3　直方图内部信息

为有效地使用直方图，需要了解它的一些内部信息。你应该理解桶、累积频率以及直方图类型等概念。本节将逐一介绍这些概念。

16.3.1　bucket

创建直方图后，值将被分配到桶(bucket)中。每个桶可能包含一个或多个不同的值，并且 MySQL将为每个桶计算累积频率。因此，桶的概念非常重要，因为它与直方图统计信息的准确性紧密相关。MySQL 最多支持 1024 个桶。拥有的桶越多，每个桶中的值就越少。因此桶越多，每个值的统计信息就越准确。最佳情况下，每个桶内只有一个值，因此你可“确切地”了解该值的行数。如果每个桶中有多个值，则将计算值的范围所对应的行数。

这种情况下，重要的是要知道是什么构成了这些不同的值。对于字符串而言，在值的比较中，

MySQL 将只考虑前 42 个字符。对于二进制，则考虑前 42 个字节。因此，如果你有长字符串，或带有相同前缀的二进制值，那么直方图可能就不太适合了。

注意 只有字符串的前 42 个字符，或者是二进制对象的前 42 个字节，才会被用于直方图统计信息。

值是按顺序添加的。因此，如果你从左到右对桶进行排序并检查给定的桶，就会知道左边的桶具有较小的值，右边的桶具有较大的值。桶的概念如图 16-1 所示。

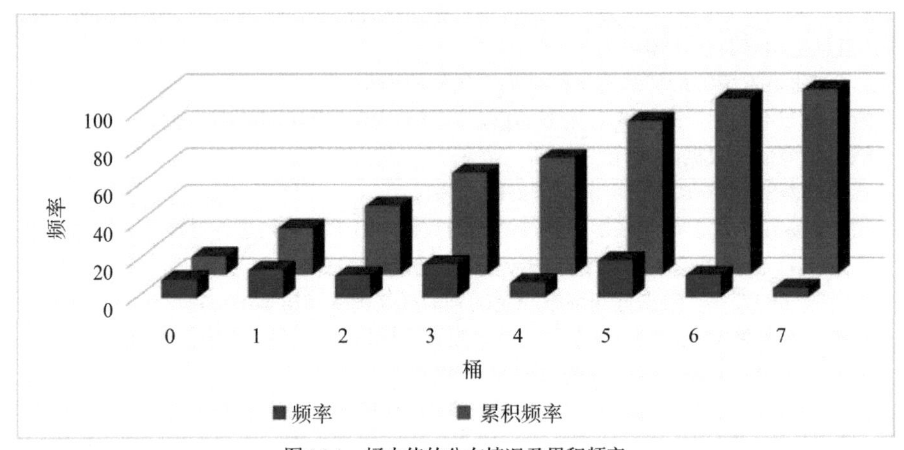

图 16-1 桶中值的分布情况及累积频率

在上图中，前面的柱体显示的是每个桶中值的频率。频率指的是具有该值的行的百分比。背景柱体则为累积频率。与 0 号桶的计数列具有相同的值，然后逐渐增加。直到 7 号桶时达到 100。那么，什么是累积频率，这是你理解直方图时需要掌握的第二个概念。

16.3.2 累积频率

桶的累积频率，是指存储在当前桶和之前桶中所有行的百分比。如果你发现 3 号桶的累积频率为 50%，即 0 号、1 号、2 号以及 3 号桶中存储的行数之和占总行数的 50%。这就使得一旦列上有直方图信息，优化器就非常容易确定该行的选择性。

在计算选择性时，有两种情况需要考虑：相等条件和范围条件。对于相等条件，优化器会确定条件值所在的桶，然后获取该桶的累积频率，再减去前一个桶的累积频率(对于 0 号桶，则直接取其累积频率)。如果桶中只存储了一个值，显然这样就够了。否则，优化器会假设桶中存储的每个值都以相同频率出现，因此就用桶的频率除以桶中存储的值的数量。

对于范围条件，其工作方式也比较类似。优化器会找到边缘条件所在的桶。例如，对于 val<4，将定位值为 4 的桶。使用的累积频率则取决于桶中存储的值的数量以及条件类型。对于相等条件，如果一个桶中存储了多个值，会通过假设各个值出现频率相同的方式来计算其累积频率。根据条件类型，范围条件的累积频率计算方式如下。

- 小于：之前值的累积频率。
- 小于等于：条件中值的累积频率。
- 大于等于：用 1 减去前一个值的累积频率。
- 大于：用 1 减去条件中值的累积频率。

这意味着，通过使用累积频率，最多需要考虑两个桶来确定条件对表中行的过滤效果。这里来看一个示例。表 16-1 显示了一个直方图，其中每个桶中都只存储一个值，这里也显示了各个桶的累积频率。

表 16-1　每个桶只存储一个值的直方图

桶号	值	累积频率
0	0	0.1
1	1	0.25
2	2	0.37
3	3	0.55
4	4	0.63
5	5	0.83
6	6	0.95
7	7	1.0

在此示例中，值与桶号相同。但通常情况往往并非如此。累积频率从 0.1(10%)开始，然后随着每个桶中行的百分比增加，直到最后一个桶达到 100%。这一分布情况与图 16-1 所示相同。

如果查看与值 4 比较的 5 种条件类型，则每种类型的估计行数如下。

- **val = 4**：用 4 号桶的累积频率减去 3 号桶的累计频率；估计值 = 0.63 − 0.55 = 0.08。即估计包含 8%的行。
- **val < 4**：3 号桶的累积频率，估计包含 55%的行。
- **val≤4**：4 号桶的累计频率，估计包含 63%的行。
- **val≥4**：1 减去 3 号桶的累计频率，估计包含 45%的行。
- **val > 4**：1 减去 4 号桶的累计频率，估计包含 37%的行。

当每个桶中存储了多个值时，其累积频率的计算就变得有点复杂了。表 16-2 显示了同一张表的值分布情况。不过这次直方图中仅使用了 4 个桶，因此每个桶平均存储两个值。

表 16-2　每个桶中存储超过 1 个值的直方图

桶号	值	累积频率
0	0-1	0.25
1	2-3	0.55
2	4-5	0.83
3	6-7	1.0

在这个实例中，每个桶中都存储两个值，但通常并非如此(下面探讨直方图类型时，将介绍更多相关内容)。现在，在评估同样的 5 个条件时，就需要考虑每个桶中包含多个值的情况了。

- **val = 4**：使用 2 号桶的累积频率，减去 1 号桶的累积频率。然后将结果除以 2 号桶中包含的值的数量，估计值 = (0.83 - 0.55)/ 2 = 0.14。因此，估计将包含 14%的行。这比每个桶中只存储一个值的估计值要高一些。因为这里值 4 和值 5 的频率是一起考虑的。
- **val < 4**：此时，1 号桶的累积频率就是唯一需要的频率了。因为 0 和 1 号桶包含了所有小于 4 的值，所以估计将包含 55%的行(这与前面的示例相同，因为这两种情况下，估算值都只需要考虑完整的桶)。

- **val≤4**：此时计算就更复杂一些。因为 2 号桶中的一半值包含在过滤条件中，另一半则不包含在内。因此，估计值将是 1 号桶的累积频率加上 2 号桶的累积频率除以该桶中值的数量；估计值 =0.55 +(0.83 - 0.55)/ 2 = 0.69，或者 69%，这比每个桶中只存储一个值的估计值更高，而且更不准确。该估计值的准确性较差的原因，在于我们假设值 4 和值 5 具有相同的频率。
- **val≥4**：该条件需要考虑 2 号和 3 号桶中的所有值，因此估计值应该为 1 减去 1 号桶的累积频率，也就是 45%；与每个桶只存储一个值的估计值相同。
- **val > 4**：该条件的计算类似于 val≤4，只是要包含的是相反值。因此可取 0.69，并用 1 去减，结果为 0.31 或 31%。同样，由于涉及两个桶，因此估计值的准确性不如每个桶只存储一个值那样准确。

如你所见，将值分配到桶中会有两种方案：要么存储值的桶与值的数量一样多，要么为每个值分配自己的桶，否则多个值就要共享一个桶了。这是两种不同类型的直方图，接下来将讨论它们的详细信息。

16.3.3 直方图类型

MySQL 8 支持两种类型的直方图。在创建或更新直方图时，会根据值的数量是否大于桶的数量来自动选择直方图的类型。这两种直方图如下。

- **单值(Singleton，也译作等宽)**：对于单值直方图，也就是每个桶中只存储一个值的直方图。这是最准确的直方图，因为创建直方图时已存在的每个值都有一个估计值。
- **等高(Equi-height)**：当列中的值的数量大于桶的数量时，MySQL 将自行分配这些值，因此每个桶中存储的行数大致相同，也就是每个桶的高度大致相同。由于具有相同值的所有行都会分配给相同的桶，因此各个桶的高度不会完全相同。对于等高直方图，每个桶中都存储了不同数量的值。

我们在之前了解累积频率的时候，就已遇到过这两种直方图类型。单值直方图是最简单、最准确的，但等高直方更灵活一些，因为它可处理任何数据集。

为演示单值和等高直方图，我们可使用 world.city 表来创建 city_histogram 表，其中包含基于 8 个国家代码的城市子集。可使用如下查询来创建表：

```
use world

CREATE TABLE city_histogram LIKE city;

INSERT INTO city_histogram
SELECT *
  FROM city
WHERE CountryCode IN
          ('AUS', 'BRA', 'CHN', 'DEU',
           'FRA', 'GBR', 'IND', 'USA');
```

图 16-2 显示了基于 CountryCode 列的单值直方图的示例。由于这里有 8 个值，因此对应的有 8 个桶(稍后将介绍如何创建直方图，以及如何查询其统计信息)。

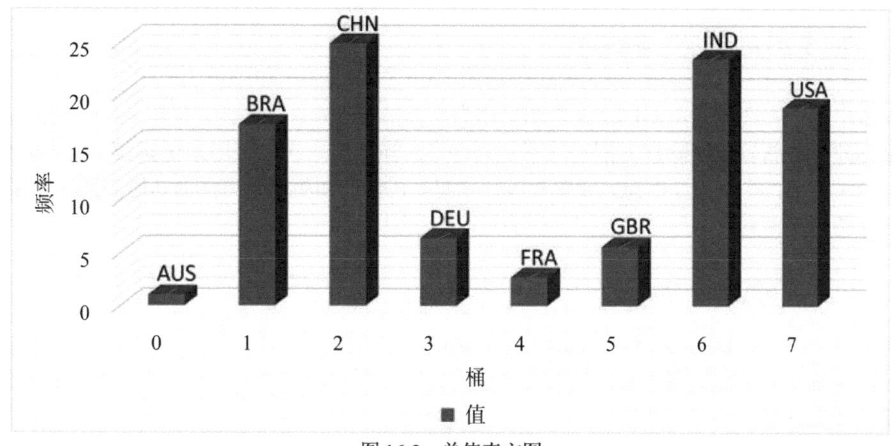

图 16-2　单值直方图

在这一直方图中，每个桶中只有一个值。频率范围从澳大利亚(AUS)的 1.0%到中国(CHN)的 24.9%。在本示例中 ，如果 CountryCode 列上没有索引，则直方图可极大地帮助你更准确地估算过滤条件。原始的 world.city 表包含 232 个不同的 CountryCode 值，因此单值直方图的使用效果就很好。

图 16-3 显示了一个使用同样数据的等高直方图的示例，它使用了 4 个桶。

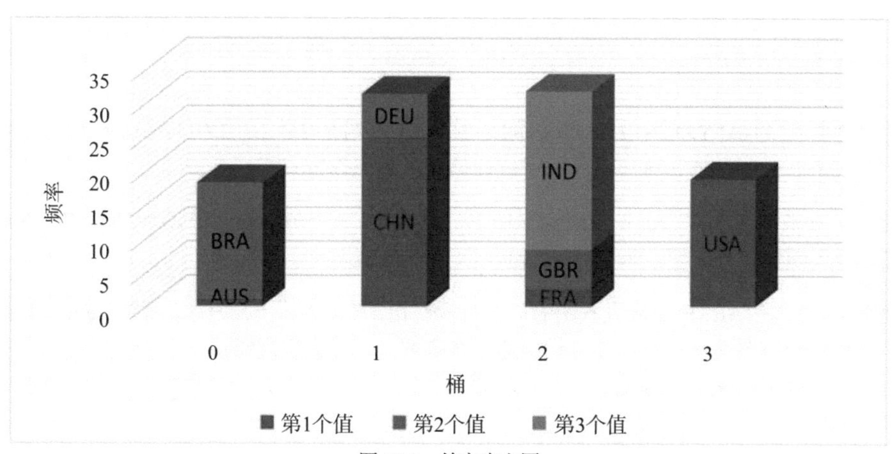

图 16-3　等高直方图

对于等高直方图，MySQL 的目标是使每个桶都具有相同的频率(高度)。但由于一个值对应的行将全部存储在一个桶中，而值的分布未必是均衡的，因此通常无法获得完全相同的高度。在本示例中，0 号和 3 号桶的频率就比 1 号和 2 号桶的频率小一些。

该图还显示了等高直方图的缺点。在这里，巴西(BRA)、中国(CHN)以及印度(IND)中的那些频率较高的城市，被共享桶的其他频率较低的国家在一定程度上掩盖了。因此，等高直方图的准确性不如单值直方图。当值的频率变化很大时，这一点尤其突出。通常，对于相等条件而言，精度降低是一个比范围条件更严重的问题，因此等高直方图更适合范围条件的列。

在使用直方图统计信息之前，需要先创建它们。并且一旦创建完毕，就需要对其进行维护。如何完成这些内容，将是下一节的主题。

16.4 直方图的添加与维护

与表空间中存在的索引不同，直方图只作为统计信息而存在。因此，使用 ANALYZE TABLE 语句来创建、更新以及删除直方图也就不足为奇了。当然该语句也可用来更新索引统计信息。该语句有两种变体：更新统计信息，或删除统计信息。在创建和更新直方图时，还需要注意采样率。本节将介绍这些内容。

16.4.1 直方图的创建与更新

将 UPDATE HISTOGRAM 子句添加到 ANALYZE TABLE 语句，就可创建或更新直方图。如果当前没有统计信息而又更新它，则直接创建直方图；否则，将替换现有的直方图。此时你需要指定将统计信息划分为多少个桶。

要将最多包含 256 个桶的直方图添加到 sakila.film 表的 length 列上(这里的 length 列是以分钟为单位的，因此 256 个桶应该足以确保要创建的直方图是单值直方图)，可使用如下的示例语句：

```
mysql> ANALYZE TABLE sakila.film
        UPDATE HISTOGRAM ON length
         WITH 256 BUCKETS\G
*************************** 1. row ****************************
   Table: sakila.film
      Op: histogram
Msg_type: status
Msg_text: Histogram statistics created for column 'length'.
1 row in set (0.0057 sec)
```

也可选择在 ANALYZE 和 TABLE 之间添加 NO_WRITE_TO_BINLOG 或 LOCAL 关键字，以免将语句写入二进制日志。这与更新索引统计信息时的工作方式相同。

提示 如果你不想将 ANALYZE TABLE 语句写入二进制日志，请添加 NO_WRITE_TO_BINLOG 或 LOCAL 关键字，如 ANALYZE LOCAL TABLE。

当 ANALYZE TABLE 完成直方图的创建且没有错误时，Msg_type 的值将是 status。Msg_text 会显示已创建直方图统计信息，并且指出建立在哪列上。如果出现错误，则 Msg_type 为 Error，而 Msg_text 会对该问题进行解释。例如，如果你尝试为不存在的列创建直方图，那么错误看起来类似如下的示例：

```
mysql> ANALYZE TABLE sakila.film
        UPDATE HISTOGRAM ON len
         WITH 256 BUCKETS\G
*************************** 1. row ***************************
   Table: sakila.film
      Op: histogram
Msg_type: Error
Msg_text: The column 'len' does not exist.
1 row in set (0.0004 sec)
```

也可使用同样的语句来更新一张表中多列的直方图。例如，如果想更新 sakila.film 表的 length 和 rating 列上的直方图，则可使用代码清单 16-1 中的语句。

代码清单 16-1 更新多列的直方图

```
mysql> ANALYZE TABLE sakila.film
        UPDATE HISTOGRAM ON length, rating
          WITH 256 BUCKETS\G
*************************** 1. row ***************************
   Table: sakila.film
      Op: histogram
Msg_type: status
Msg_text: Histogram statistics created for column 'length'.
*************************** 2. row ***************************
   Table: sakila.film
      Op: histogram
Msg_type: status
Msg_text: Histogram statistics created for column 'rating'.
2 rows in set (0.0119 sec)
```

在创建直方图时，应该选择多少个桶？如果列中唯一值的数量少于1024 个，则可以用足够的桶来创建单值直方图(即至少使用与唯一值数量同样多的桶)。如果你选择的桶数量超过了唯一值的数量，MySQL则只使用与唯一值数量相同的桶。因此，从这个意义上讲，应该选择要使用的最大桶数。

如果唯一值的数量超过 1024 个，则需要足够的桶才能很好地表示数据。通常，25～100 个桶是个很好的起点。如果有 100 个桶，则对于等高直方图而言，每个桶中存储的行数为 1%。行的分布越均匀，需要的桶越少。分布差异越大，需要的桶越多。目的在于让自己的桶中存储最频繁出现的值。例如，对于上一示例中使用的 world.city 表的子集，有 5 个桶将 CHN、IND 和 USA 存储在自己的桶中。

MySQL 通过对值进行采样来创建直方图。如何完成则取决于可用的内存量。

16.4.2 采样

当 MySQL 创建直方图时，它需要读取行以确定可能的值及其频率。这将以与索引统计采样相似但又不同的方式完成。在计算索引统计信息时，需要确定唯一值的数量，这是一个很简单的任务，因为它只需要计数即可。因此，你只需要指定要采样的页数即可。

而对于直方图，MySQL不仅需要确定不同值的数量，也需要确定其频率，以及如何将这些值分配到桶中。因此，采样值将被读入内存，然后用于创建桶并计算直方图的统计信息。这意味着更自然的方法是设置可用于采样的内存量，而非页数。根据可用的内存量，MySQL再确定可采样多少页。

提示 在 MySQL 8.0.18 以及更早版本中，需要进行全表扫描。而在 MySQL 8.0.19 和更高版本中，InnoDB 本身就可直接进行采样，因此可跳过那些将不会在采样中用到的页。这就使得对大型表的采样效率更高。information_schema.INNODB_METRICS 中的 sampled_pages_read 和 sampled_pages_skipped 计数器将提供有关 InnoDB 的采样页和跳过页的统计信息。

可使用 histogram_generation_max_mem_size 选项来指定 ANALYZE TABLE…UPDATE HISTOGRAM …语句执行期间可用的内存量。默认值为 20MB。16.5 节探讨的 information_schema.COLUMN_STATISTICS 视图中包含有关最终采样率的相关信息。如果未获得预期的过滤精度，则可检查采样率。如果采样率较低，则可增加 histogram_generation_max_ mem_size 的值。采样的页数与可用内存量成正比，而桶数则对采样率没有任何影响。

16.4.3 删除直方图

如果确定不再需要直方图了，则可将其删除。与更新直方图统计信息一样，也可使用带有DROP HISTOGRAM子句的ANALYZE TABLE语句来删除统计信息。可在一条语句中删除一个或多个直方图。代码清单16-2 给出一个删除sakila.film表的length和rating列上的直方图的示例。本章后面的示例部分将包含一个查询，可使用该查询来查找所有现有的直方图。

代码清单16-2 删除直方图

```
mysql> ANALYZE TABLE sakila.film
        DROP HISTOGRAM ON length, rating\G
*************************** 1. row ***************************
   Table: sakila.film
      Op: histogram
Msg_type: status
Msg_text: Histogram statistics removed for column 'length'.
*************************** 2. row ***************************
   Table: sakila.film
      Op: histogram
Msg_type: status
Msg_text: Histogram statistics removed for column 'rating'.
2 rows in set (0.0120 sec)
```

ANALYZE TABLE语句的输出结果与创建统计信息类似。你当然也可在ANALYZE和TABLE之间添加NO_WRITE_TO_BINLOG或LOCAL关键字，以免将语句写入二进制日志中。

一旦有了直方图，应该如何查看统计数据及其元数据呢？可使用information库，如下所示。

16.5 查看直方图数据

当查询计划不是你所期望的时，了解优化器可用的信息就非常重要了。就像你拥有的索引统计信息的各种视图一样，information库也包含一个视图，因此可查看直方图的统计信息。可通过information_schema.COLUMN_STATISTICS视图来获得数据。下一节就包含使用此视图来检索有关直方图信息的示例。

COLUMN_STATISTICS视图是数据字典中包含直方图信息的部分。表16-3对该视图中的列进行了总结。

表16-3 COLUMN_STATISTICS视图

列名	数据类型	描述
SCHEMA_NAME	varchar(64)	表所属的方案名
TABLE_NAME	varchar(64)	直方图列所在的表
COLUMN_NAME	varchar(64)	带有直方图的列
HISTOGRAM	json	直方图详细信息

前三列(SCHEMA_NAME、TABLE_NAME、COLUMN_NAME)构成了主键，可以通过它们来查找感兴趣的直方图。HISTOGRM列则最有趣，存储了直方图的元数据及其统计信息。

直方图的信息以JSON文档形式返回，其中包含多个对象，这些对象包括创建统计信息的时间、采样率以及统计信息本身之类的信息。表16-4 显示了该JSON文档中所包含的字段。查询

COLUMN_STATISTICS 视图时，这些字段将按字母顺序列出，可能与其在 JSON 文档中的顺序不同。

表 16-4 HISTOGRAM 列中 JSON 文档所包含的字段

字段名称	JSON 类型	描述
buckets	Array	每个桶一个的数组。每个桶可用的信息，取决于直方图的类型。稍后将会介绍
collation-id	Integer	比较数据的 id。这只与字符串数据类型相关。该 id 与 information_schema.COLLATION 视图中的 id 相同
data-type	String	创建直方图的列的数据类型。这不是 MySQL 的数据类型，而是更通用的类型，例如字符串类型的 String。可能的取值为 int、unit(无符号整数)、double、decimal、datetime 和 string
histogram-type	String	直方图类型，单值或等高
last-updated	String	统计信息上次更新的时间。格式为 YYYY-mm-dd HH:MM:SS.uuuuuu
null-values	Decimal	采样值为 NULL 的比例。取值范围为 0.0 到 1.0
number-of-buckets-specified	Integer	请求的桶数。对于单值直方图，该数量可能大于实际需要的桶数
sampling-rate	Decimal	表中被采样的页的比例。取值范围为 0.0 到 1.0。当为 1.0 时，将读取整张表，统计信息也是最准确的

该视图不仅可用于查看直方图的统计信息，也可用于检查元数据。例如，可查看自上次更新统计信息以来又过了多长时间，从而定期更新统计信息。

buckets 字段需要提一下，因为它是存储统计信息的地方。每个桶元素本身就是 JSON 数组。对于单值直方图，每个桶有两个元素，而对于等高直方图，则有四个。

单值直方图中包含的两个元素如下。

- **Index 0**：桶中存储的列值。
- **Index 1**：累积频率。

等高直方图与单值相似，但它共有四个元素来说明每个桶中包含一个以上的列值这一事实。这些元素如下。

- **Index 0**：桶中存储的列值的下限值。
- **Index 1**：桶中存储的列值的上限值。
- **Index 2**：累积频率。
- **Index 3**：桶中包含的值的数量。

如果回头考虑一下计算各种条件的预期过滤效果的示例，就会看到桶统计信息包含所有必需的信息，但不包含其他额外信息。

由于直方图将数据存储为 JSON 文档格式，因此值得看一下那些检查各种信息的示例。

16.6 直方图报告示例

COLUMN_STATISTICS 视图对于查询直方图非常有用。由于元数据和统计信息存储在 JSON 文档中，因此考虑使用一些 JSON 操作函数就在情理之中了。可使用它们来获取直方图报告。本节将展示几个使用系统中的直方图来生成报告的示例。本书的 GitHub 库中也提供了这里用到的所有示例。例如代码清单 16-3 中的查询就可在 listing_16_3.sql 中找到。

16.6.1 列出所有直方图

基本报告就是列出 MySQL 实例中的所有直方图。相关信息包括直方图所在的方案信息、直方图类型、直方图最近更新时间、采样率以及桶数量等。代码清单 16-3 显示了一个直方图的查询和输出示例(根据创建的直方图的不同，可能看到不同的直方图列表)。

代码清单 16-3 列出所有直方图

```
mysql> SELECT SCHEMA_NAME, TABLE_NAME, COLUMN_NAME,
       HISTOGRAM->>'$."histogram-type"' AS Histogram_Type,
       CAST(HISTOGRAM->>'$."last-updated"'
           AS DATETIME(6)) AS Last_Updated,
       CAST(HISTOGRAM->>'$."sampling-rate"'
           AS DECIMAL(4,2)) AS Sampling_Rate,
       JSON_LENGTH(HISTOGRAM->'$.buckets')
           AS Number_of_Buckets,
       CAST(HISTOGRAM->'$."number-of-buckets-specified"'AS UNSIGNED)
       AS Number_of_Buckets_Specified
  FROM information_schema.COLUMN_STATISTICS\G
*************************** 1. row ***************************
                SCHEMA_NAME: sakila
                 TABLE_NAME: film
                COLUMN_NAME: length
             Histogram_Type: singleton
               Last_Updated: 2019-06-02 08:49:18.261357
              Sampling_Rate: 1.00
          Number_of_Buckets: 140
Number_of_Buckets_Specified: 256
1 row in set (0.0006 sec)
```

该查询返回了直方图的高级视图。->运算符从 JSON 文档中提取一个值，然后->>运算符取消对提取值的引用，这在提取字符串时就很有用。从示例的输出中可看到，sakila.film 表的 length 列的直方图有 140 个桶，但请求了 256 个。还可看到它是单值直方图，这并不奇怪，因为并未使用所有请求的桶。

16.6.2 列出一个直方图的所有信息

查看直方图的整个输出也很有用。例如，考虑一下 world.city_histogram 表，该表是在本章前面使用了 8 个国家的数据进行创建并填充的。可在 CountryCode 列上使用 4 个桶来创建等高直方图，例如：

```
ANALYZE TABLE world.city_histogram
 UPDATE HISTOGRAM ON CountryCode
  WITH 4 BUCKETS;
```

代码清单 16-4 就查询了该直方图的数据。这与在讨论等高直方图时使用的图 16-3 相同。

代码清单 16-4 返回一个直方图的所有信息

```
mysql> SELECT JSON_PRETTY(HISTOGRAM) AS Histogram
         FROM information_schema.COLUMN_STATISTICS
        WHERE SCHEMA_NAME = 'world'
              AND TABLE_NAME = 'city_histogram'
```

```
             AND COLUMN_NAME = 'CountryCode'\G
*************************** 1. row ***************************
Histogram: {
  "buckets": [
    [
      "base64:type254:QVVT",
      "base64:type254:Q1JB",
      0.1813186813186813,
      2
    ],
    [
      "base64:type254:Q0hO",
      "base64:type254:REVV",
      0.4945054945054945,
      2
    ],
    [
      "base64:type254:RlJB",
      "base64:type254:SU5E",
      0.8118131868131868,
      3
    ],
    [
      "base64:type254:VVNB",
      "base64:type254:VVNB",
      1.0,
      1
    ]
  ],
  "data-type": "string",
  "null-values": 0.0,
  "collation-id": 8,
  "last-updated": "2019-06-03 10:35:42.102590",
  "sampling-rate": 1.0,
  "histogram-type": "equi-height",
  "number-of-buckets-specified": 4
}
1 row in set (0.0006 sec)
```

该查询有几个有趣之处。JSON_PRETTY()函数用于简化对直方图信息的读取。如果没有JSON_PRETTY()函数，整个 JSON 文档将作为一行返回。

还要注意，每个桶的下限和上限值，都将作为 base64 编码的字符串返回。这是为了确保直方图可处理字符串和二进制列中的任意值。其他数据类型则将其值直接存储。

16.6.3　列出一个单值直方图的桶信息

在前面的示例中，我们查询了直方图的原始数据，并通过使用 JSON_TABLE()函数将数组转换为表输出，从而可更好地处理桶的信息。本示例中使用的表是 city_histogram，它是 world.city 表的一个副本，其中包含 8 个国家的信息，以免输出过多内容。CountryCode 列上有一个单值直方图：

```
ANALYZE TABLE world.city_histogram
 UPDATE HISTOGRAM ON CountryCode
  WITH 8 BUCKETS;
```

这与探讨单值直方图时用于图 16-2 所示的直方图相同。代码清单 16-5 显示了针对单值直方图执行查询的示例。

代码清单 16-5 列出单值直方图中的桶信息

```
mysql> SELECT (Row_ID - 1) AS Bucket_Number,
              SUBSTRING_INDEX(Bucket_Value, ':', -1) AS
                 Bucket_Value,
              ROUND(Cumulative_Frequency * 100, 2) AS
                 Cumulative_Frequency,
              ROUND((Cumulative_Frequency - LAG(Cumulative_Frequency, 1, 0)
              OVER()) * 100, 2) AS Frequency
           FROM information_schema.COLUMN_STATISTICS
              INNER JOIN JSON_TABLE(
                 histogram->'$.buckets',
                 '$[*]' COLUMNS(
                     Row_ID FOR ORDINALITY,
                     Bucket_Value varchar(42) PATH '$[0]',
                    Cumulative_Frequency double PATH '$[1]'
                 )
              ) buckets
           WHERE SCHEMA_NAME = 'world'
              AND TABLE_NAME = 'city_histogram'
              AND COLUMN_NAME = 'CountryCode'
           ORDER BY Row_ID\G
*************************** 1. row ***************************
       Bucket_Number: 0
        Bucket_Value: AUS
Cumulative_Frequency: 0.96
           Frequency: 0.96
*************************** 2. row ***************************
       Bucket_Number: 1
        Bucket_Value: BRA
Cumulative_Frequency: 18.13
Frequency: 17.17
*************************** 3. row ***************************
       Bucket_Number: 2
        Bucket_Value: CHN
Cumulative_Frequency: 43.06
           Frequency: 24.93
*************************** 4. row ***************************
       Bucket_Number: 3
        Bucket_Value: DEU
Cumulative_Frequency: 49.45
           Frequency: 6.39
*************************** 5. row ***************************
       Bucket_Number: 4
        Bucket_Value: FRA
Cumulative_Frequency: 52.2
           Frequency: 2.75
*************************** 6. row ***************************
       Bucket_Number: 5
        Bucket_Value: GBR
Cumulative_Frequency: 57.76
           Frequency: 5.56
*************************** 7. row ***************************
```

```
        Bucket_Number: 6
         Bucket_Value: IND
Cumulative_Frequency: 81.18
           Frequency: 23.42
*************************** 8. row ***************************
        Bucket_Number: 7
         Bucket_Value: USA
Cumulative_Frequency: 100
           Frequency: 18.82
8 rows in set (0.0008 sec)
```

该查询在 COLUMN_STATISTICS 视图上使用 JSON_TABLE()函数(请参考 https://dev.mysql.com/doc/refman/en/json-table-functions.html#function_json-table)，从而将 JSON 文档转换为 SQL 表。该函数带有两个参数，其中第一个是 JSON 文档，第二个是值的路径及结果表的列定义。列定义部分也包含为每个桶创建的三个列。

- **Row_ID**：该列包含一个 FOR ORDINALITY 子句，使其成为一个步长为 1 的自动递增计数器。因此可将其减 1 并用于桶的编号。
- **Bucket_Value**：桶使用的列值。请注意，该值已从其 base64 编码中解码返回，因此同样的查询也可用于字符串和数字值。
- **Cumulative_Frequency**：桶的累积频率。为 0.0 到 1.0 之间的十进制数。

JSON_TABLE()函数的结果，可与派生表相同的方式使用。累积频率在查询的 SELECT 子句中被转换为百分比，而 LAG()窗口函数(请参考 https://dev.mysql.com/doc/refman/en/window-function-descriptions.html#function_lag)则用于计算每个桶的频率(也是百分比形式)。

16.6.4 列出一个等高直方图的桶信息

检查等高直方图的桶信息，与上一节讨论的查询非常相似。唯一的区别在于，等高直方图具有两个值(间隔的开始和结束值)，它们定义了桶和桶中值的数量。

例如，可在包含 4 个桶的 world.city_histogram 表的 CountryCode 列上创建直方图：

```
ANALYZE TABLE world.city_histogram
 UPDATE HISTOGRAM ON CountryCode
  WITH 4 BUCKETS;
```

代码清单 16-6 列举了一个示例，它提取了包含 4 个桶的 world.city_histogram 表上的 CountryCode 列上的桶信息。

代码清单 16-6 列出等高直方图的桶信息

```
mysql> SELECT (Row_ID - 1) AS Bucket_Number,
              SUBSTRING_INDEX(Bucket_Value1, ':', -1) AS
                 Bucket_Lower_Value,
              SUBSTRING_INDEX(Bucket_Value2, ':', -1) AS
                 Bucket_Upper_Value,
              ROUND(Cumulative_Frequency * 100, 2) AS
                 Cumulative_Frequency,
              ROUND((Cumulative_Frequency - LAG(Cumulative_Frequency, 1, 0)
              OVER()) * 100, 2) AS Frequency,
              Number_of_Values
          FROM information_schema.COLUMN_STATISTICS
              INNER JOIN JSON_TABLE(
```

```
                histogram->'$.buckets',
                '$[*]' COLUMNS(
                   Row_ID FOR ORDINALITY,
                   Bucket_Value1 varchar(42) PATH '$[0]',
                   Bucket_Value2 varchar(42) PATH '$[1]',
                   Cumulative_Frequency double PATH '$[2]',
                   Number_of_Values int unsigned PATH '$[3]'
                )
             ) buckets
          WHERE SCHEMA_NAME = 'world'
             AND TABLE_NAME = 'city_histogram'
             AND COLUMN_NAME = 'CountryCode'
          ORDER BY Row_ID\G
*************************** 1. row ***************************
       Bucket_Number: 0
  Bucket_Lower_Value: AUS
  Bucket_Upper_Value: BRA
Cumulative_Frequency: 18.13
           Frequency: 18.13
    Number_of_Values: 2
*************************** 2. row ***************************
       Bucket_Number: 1
  Bucket_Lower_Value: CHN
  Bucket_Upper_Value: DEU
Cumulative_Frequency: 49.45
           Frequency: 31.32
    Number_of_Values: 2
*************************** 3. row ***************************
       Bucket_Number: 2
  Bucket_Lower_Value: FRA
  Bucket_Upper_Value: IND
Cumulative_Frequency: 81.18
           Frequency: 31.73
    Number_of_Values: 3
*************************** 4. row ***************************
       Bucket_Number: 3
  Bucket_Lower_Value: USA
  Bucket_Upper_Value: USA
Cumulative_Frequency: 100
           Frequency: 18.82
    Number_of_Values: 1
4 rows in set (0.0011 sec)
```

现在，你就有了工具来查看直方图的数据。剩下的任务，就是用一个示例来展示直方图如何改变查询计划。

16.7 查询示例

直方图的主要目的是帮助优化器找到最佳的查询执行方法。在这里，分析一个直方图如何影响优化器从而改变查询划的例子可能比较有用。因此，在本章将要结束时，我们来看一个例子，即将直方图添加到 WHERE 子句中的一列上，分析查询计划是如何被改变且生效的。

该查询使用 sakila 示例数据库，查询时长短于 55 分钟且有 Elvis 参演的电影。这显然是一个人为的示例，但类似查询确实很常见。例如，查找满足某些条件的客户订单等。示例代码如下：

```
SELECT film_id, title, length,
       GROUP_CONCAT(
          CONCAT_WS(' ', first_name, last_name)
       ) AS Actors
FROM sakila.film
       INNER JOIN sakila.film_actor USING (film_id)
       INNER JOIN sakila.actor USING (actor_id)
WHERE length < 55 AND first_name = 'Elvis'
GROUP BY film_id;
```

film_id、title 和 length 列来自 film 表，first_name 和 last_name 列来自于 actor 表。如果电影中多个演员都叫 Elvis，则使用 GROUP_CONCAT()函数(该查询的替代方法是使用 EXISTS()，但这种方法会将名为 Elvis 演员的全名包含在内)。

length 和 first_name 列上没有索引，因此优化器无法知道这些列上的条件过滤程度。默认情况下，它假定基于 length 的列的条件返回 film 表中约 1/3 的行，并基于 first_name 的条件返回该行的 10%(下一章将介绍这些默认过滤器的来源信息)。

在没有直方图时，查询计划将如图 16-4 所示。这里查询计划是以 Visual Explain 图形的方式显示的。我们将在第 20 章中进行探讨。

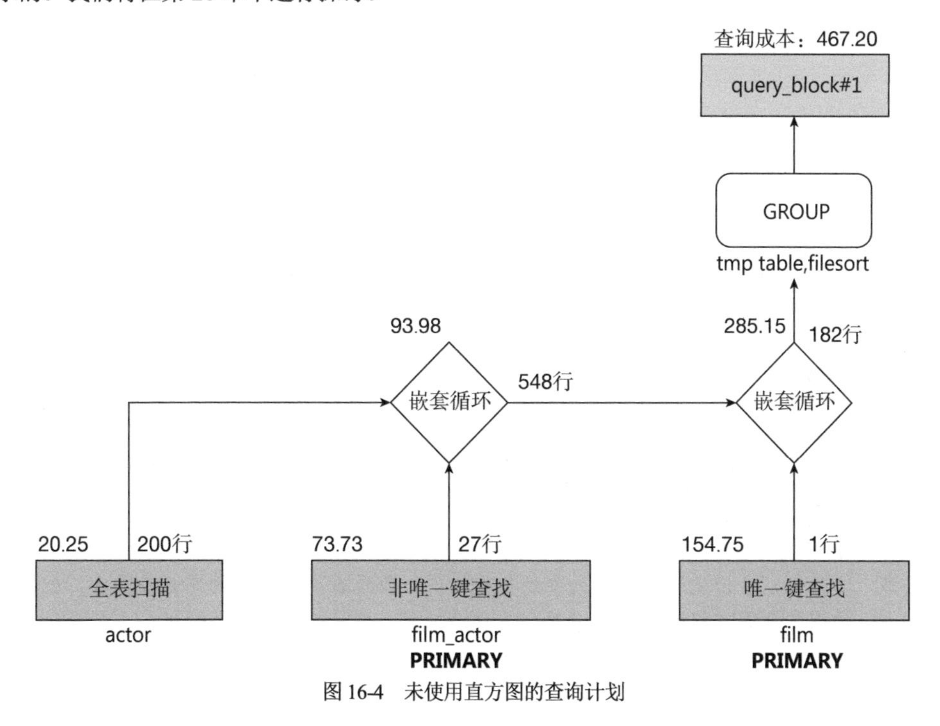

图 16-4　未使用直方图的查询计划

提示　可通过在 MySQL Workbench 中执行查询并单击查询结果右侧的 Execution Plan 来创建 Visual Explain 图。

在查询计划中要注意的重要一点是，优化器首先对 actor 表执行全表扫描，然后处理 film_actor 表，最后联接 film 表。总查询成本(图的右上角)为 467.20(上图中的查询成本可能与你得到的结果不同，具体取决于索引和直方图的统计信息)。

如前所述，优化器默认情况下约有 1/3 的影片长度少于 55 分钟。它只给出 length 可能的值范围，这表明该估计值是很差的(优化器对电影一无所知，因此看不到这一点)。实际上，只有 6.6%的电影的长度在搜索范围内。这样 length 列就很适合创建直方图，可按之前显示的那样来添加直方图：

```
ANALYZE TABLE sakila.film
 UPDATE HISTOGRAM ON length
  WITH 256 BUCKETS;
```

现在，执行计划发生了改变，如图 16-5 所示。

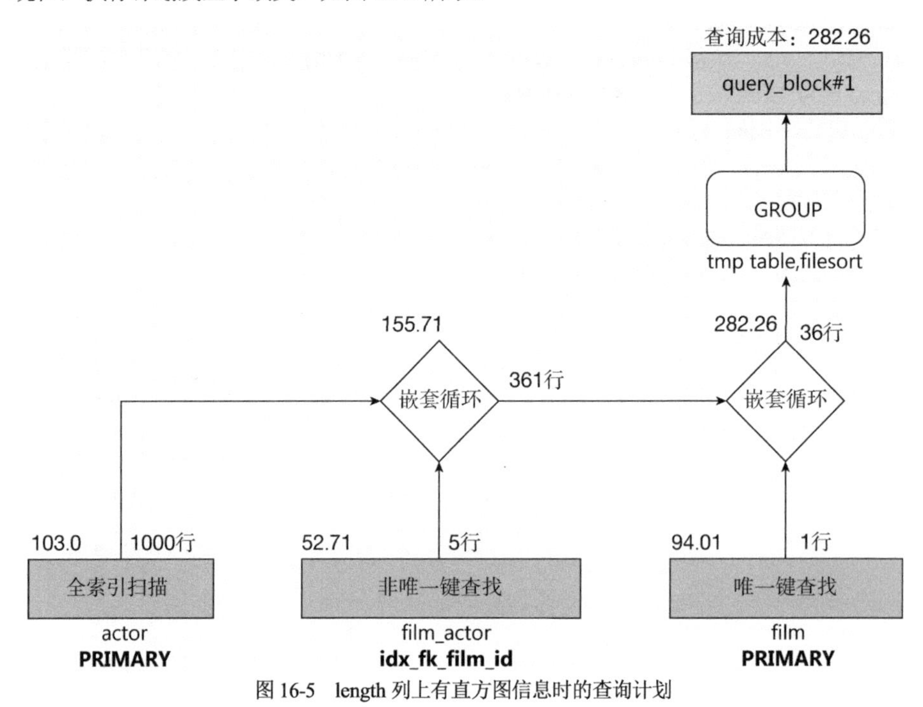

图 16-5　length 列上有直方图信息时的查询计划

直方图意味着，现在优化器确切地知道如果首先扫描 film 表将返回多少行。这将查询总成本降到 282.26。这就是一个很好的改进(同样，根据你的索引统计信息的不同，也会看到不同的变化。该示例中重要的一点是，直方图会改变查询计划和估计的成本)。

注意　实际上，该示例中用到的表中的行数极少，因此查询执行的顺序无关紧要。但在实际的案例中，使用直方图可提供很大的增益；某些情况下，其带来的提升会超过一个数量级。

该示例其他有趣的地方是，如果你更改了查询条件，想查找时长少于 60 分钟的电影，则联接顺序将变回先扫描 actor 表。原因是在这种条件下，从查找候选演员开始，然后基于电影长度就可找到足够的电影了。同样，如果你在 actor 表的 first_name 列添加了直方图，则优化器将了解到，该名称对于数据库中的 actor 来说是个不错的过滤器；在只有一个名为 Elvis 的演员时尤其如此。接下来，各位读者可尝试更改 WHERE 子句和直方图，从而查看查询计划是如何发生改变的。

16.8　本章小结

本章介绍直方图如何改善优化器，使其在尝试确定最佳查询计划时能获取到帮助信息。直方图将列值分配到多个桶中。如果每个桶存储一个值，则为单值直方图；如果每个桶存储多个值，则为等高直方图。对于每个桶，确定查询到这些值的频率，并为每个桶计算累积频率。

直方图主要用于那些不适合创建索引的列，但也可用于过滤那些具有联接条件的查询。这种情况下，直方图可帮助优化器确定最佳的表联接顺序。本章末尾也给出一个示例，显示了直方图如何改变查询的联接顺序。

直方图的元数据和统计信息可在 information_schema.COLUMN_STATISTICS 视图中进行查看。信息包含优化器使用的每个桶的所有数据以及元数据等，例如上一次更新直方图的时间、直方图的类型以及请求的桶数。

在查询示例中，我们也提到针对各种条件的估计过滤效果，优化器也具有对应的一些默认设置。到目前为止，在索引和直方图的讨论中，我们基本上忽略了优化器。因此我们要改变一下：下一章将专门探讨优化器。

第 17 章 查询优化器

当你向 MySQL 提交查询以执行时，其处理过程并不只是读取数据然后返回这么简单。的确，对于从单张表中请求所有数据的简单查询而言，如何检索数据其实并没有太多选择。但大部分查询往往比较复杂——有些则极为复杂——并且完全按照提交的查询执行时，有时也并非获得结果的最有效方法。在你阅读索引的相关内容时，你已经知道了这种复杂性。可选择索引、表的联接顺序、联接时使用的算法以及各种联接的优化处理等，而这是优化器发挥其价值的地方。

优化器的主要工作是准备要执行的查询，并确定其最佳执行计划。工作的第一阶段涉及对查询进行转换，目的是以比原始查询更低的成本重写查询。第二阶段将计算执行查询的各种方式的成本，然后选择成本最低的那个。

注意 你需要意识到，由于数据及其分布的不断变化，优化器所做的工作，并非精确的科学计算。优化器选择的语句转换方式以及计算出的成本，在某种程度上都依赖于估算。通常情况下，这些估算的结果已经足以确保能获得良好的查询计划，但有时也需要你提供提示(hint)。本章的 17.5 节将探讨如何对优化器进行配置。

本章首先探讨转换和基于成本的优化。然后讨论基本的联接算法，再接着是其他优化特性，如 BKA 等。最后将介绍如何配置优化器，以及如何使用资源组对查询进行优先级排序。

17.1　转换

人们发现，自然编写的查询，可能与其在 MySQL 中执行查询的最佳方式有所不同。优化器知道如何更改查询并返回几种结果相同的转换方法。因此，在转换后，该查询对于 MySQL 而言就更理想一些。

当然，保证原始查询和重写后的查询能返回同样的结果至关重要。幸运的是，关系数据库基于数学的集合理论，因此很多查询都可用标准的数学规则进行转换，从而确保两个版本的查询能返回同样的结果(避免错误)。

优化器执行的最简单转换类型之一是常数传播(constant propagation)。例如，考虑以下查询：

```
SELECT *
  FROM world.country
      INNER JOIN world.city
        ON city.CountryCode = country.Code
WHERE city.CountryCode = 'AUS';
```

该查询有两个条件：city.CountryCode 列必须等于 AUS，city 表的 CountryCode 列也必须等于 country 的 Code 列。从这两个条件就可看出，country 的 Code 列也必须等于 AUS。因此，优化器可使用这一点直接过滤 country 表。由于 Code 列是 country 表的主键，这就意味着优化器知道 country 表中只有一行与该条件匹配的记录，并且优化器可将 country 表视为常量。这样做会更有效：查询将 country 中的列值作为选择列表中的常量，然后使用 CountryCode = 'AUS'来扫描 city 表中的记录：

```
SELECT 'AUS' AS `Code`,
        'Australia' AS `Name`,
        'Oceania' AS `Continent`,
        'Australia and New Zealand' AS `Region`,
        7741220.00 AS `SurfaceArea`,
        1901 AS `IndepYear`,
        18886000 AS `Population`,
        79.8 AS `LifeExpectancy`,
        351182.00 AS `GNP`,
        392911.00 AS `GNPOld`,
        'Australia' AS `LocalName`,
        'Constitutional Monarchy, Federation' AS `GovernmentForm`,
        'Elisabeth II' AS `HeadOfState`,
        135 AS `Capital`,
        'AU' AS `Code2`,
        city.*
  FROM world.city
WHERE CountryCode = 'AUS';
```

从性能的角度看，这也是一个安全的转换。其他转换方式则更复杂，并且不一定总会提升性能。因此，可配置是否启用这一优化选项。使用 optimizer_switch 选项和优化器提示就可完成配置。后面介绍优化方法以及如何配置优化器时将详细探讨这些内容。

一旦优化器确定了要执行的转换，接下来就需要确定如何执行重写的查询了。

17.2　基于成本的优化

MySQL 使用基于成本的查询优化方法。这意味着优化器将计算执行查询所需的各种操作的成本。然后对这些成本进行组合，从而计算出可能的查询计划的总成本，最后选择成本最低的执行计划。本节将介绍估算计划成本的一些基本原则。

17.2.1　基础：单表 SELECT 操作

不论查询如何，计算计划成本的原理都是相同的。但很显然，查询越复杂，成本估算也就越复杂。举一个简单例子，考虑如下的查询，它在索引列上使用了 WHERE 子句来查询单张表：

```
SELECT *
  FROM world.city
 WHERE CountryCode = 'IND';
```

从表的定义可看出，world.city 表在 CountryCode 列上有个二级非唯一索引：

```
mysql> SHOW CREATE TABLE world.city\G
**************************** 1. row ****************************
       Table: city
Create Table: CREATE TABLE `city` (
  `ID` int(11) NOT NULL AUTO_INCREMENT,
  `Name` char(35) NOT NULL DEFAULT '',
  `CountryCode` char(3) NOT NULL DEFAULT '',
  `District` char(20) NOT NULL DEFAULT '',
  `Population` int(11) NOT NULL DEFAULT '0',
  PRIMARY KEY (`ID`),
  KEY `CountryCode` (`CountryCode`),
  CONSTRAINT `city_ibfk_1` FOREIGN KEY (`CountryCode`) REFERENCES `country`
  (`Code`)
) ENGINE=InnoDB AUTO_INCREMENT=4080 DEFAULT CHARSET=utf8mb4
COLLATE=utf8mb4_0900_ai_ci
1 row in set (0.0008 sec)
```

此时，优化器有两种方法来获取匹配的行。一种方法是使用 CountryCode 列上的索引，从而在索引中查到匹配的行，然后查询表，获取想要的行。另一种方法就是全表扫描，并检查每一行，以确定其是否满足过滤条件。

这些访问数据的方式中，哪一种具有最低的成本(理论上讲，也就是最快的)并不是看起来那么简单。它取决于如下几个因素：

- **索引的选择性如何？**通过二级索引读取行，首先需要在索引中找到该行，此后可能需要执行主键查找来获取该行的数据。这就意味着使用二级索引来查找行，比直接读取行的成本要高。并且，为使索引访问能比表扫描具有更低的成本，索引必须大大减少要检查的行数。因此，索引的选择性越强，使用它的成本也就越低。
- **该索引是覆盖索引吗？**如果索引包含查询需要的全部的列，就可跳过对实际行的读取，此时使用索引就更有利。
- **读取记录的成本是多少？**这又取决于多个因素，如索引和行数据是否已在缓冲池中等。如果不是，那么从磁盘读取数据的速度又将如何。考虑到需要在读取二级索引和簇聚索引之间进行切换，而使用索引又需要更多随机 I/O 操作，因此定位记录时的查找时间变得非常重要。

MySQL 8 的新特性之一，就是优化器可以询问 InnoDB，是否能够期望在缓冲池中找到查询所需的记录，或者是否有必要从磁盘读取该记录。这可极大地帮助改善查询。

由于 MySQL 不知道硬件的性能特征，因此读取记录所涉及的成本问题就变得很复杂。默认情况下，MySQL 8 假定从磁盘读取数据的开销是内存的 4 倍。可按第 17.5 节中介绍的内容进行设置。

在查询中引入第二张表后，优化器还需要确定以何种顺序对表进行联接。

17.2.2 表联接顺序

对于比单张表 SELECT 语句更复杂的查询，优化器不仅需要考虑访问每张表的成本，还需要考虑每张表的联接顺序，以及为每张表使用哪个索引。

对于外联接和直联接，联接顺序是固定的。但对于内联接，优化器就可自由选择联接顺序。因此优化器需要考虑每种组合的成本。可能的组合数量为 N!(阶乘)，并且其扩展性也不好。如果你有 5 张表参与内联接，那么第 1 张表就有 5 种选择，第 2 张表有 4 种选择，以此类推：

```
组合数量 = 5 * 4 * 3 * 2 * 1 = 5! = 120
```

MySQL 最多支持对 61 张表进行联接。此时的估算成本就太高了，并且估算过程所花费的时间，可能比执行查询花费的时间还长。因此，默认情况下，优化器会基于对成本的部分评估来修剪查询计划，故而只对最可能的执行计划进行完全评估。也可告诉优化器在评估完给定数量的组合后就停止评估。对修剪和搜索深度的设置，可使用 optimizer_prune_level 和 optimizer_search_depth 选项进行配置，我们将在第 17.5 节中探讨这些内容。

最佳的表联接顺序与表的大小，以及过滤器在减少每张表中包含的行数方面的工作效果有关。

17.2.3 默认过滤效果

当对两张表或多张表进行联接时，优化器需要知道每张表中包含多少行才能确定最佳的联接顺序。这并非易事。

在使用索引时，当过滤器与其他表不相关时，优化器就可非常准确地估算出该索引能匹配多少行。如果没有索引，也可使用直方图统计信息来获得良好的过滤效果估计。如果也没有直方图，那在估计方面就会遇到困难。这种情况下，优化器将使用内置的默认估计值。表 17-1 包含在没有索引或直方图可用时，默认的过滤效果。

表 17-1 无统计信息时对条件的默认过滤效果

类型	过滤器%	注意/示例
ALL	100	使用索引或没有过滤条件时
Equality	10	Name = 'Sydney'
不等于	90	Name < > 'Sydney'
不等式	33.33	Population > 4000000
Between	11.11	Population BETWEEN 1000000 AND 4000000
IN	(条目*10, 50)，二者中的较小值	Name IN ('Sydney', 'Melbourne')

其过滤效果基于 Selinger 等人的文章《关系数据库管理系统中的访问路径选择》(可参考 https://dl.acm.org/citation.cfm?id=582099)来确定。不过有时你也可能看到一些不同的过滤值。相关的一些例子如下。

- **已知的不同值**：包括枚举类型和 bit 数据类型。考虑一下 world.country 表中的 Continent 列。这是一个包含 7 个值的枚举类型。因此对于诸如 Continent= 'Europe' 的 WHERE 子句，优化器将估计其过滤效果为 1/7。
- **很少的行**：如果表中数据少于 10 行，且添加了相等条件，则过滤会将其估计为 1 除以行数。若是不等的过滤条件，其估计的过滤效果类似。
- **过滤器组合**：如果在几个没有索引的列上组合过滤，则估计的过滤效果也需要考虑这种组合。例如，对于 world.city 表，由于 Name 列是相等判断，过滤器 Name = 'Sydney' AND Population > 3000000 估计将匹配 10%的行。而由于 Population 是不等判断，因此估计会匹配 33%的行。故组合后的过滤效果是 P(Name 的相等判断)* P(Population 的不等判断)= 0.1 * 0.33 = 0.033 = 3.3%。

当然上述表格的内容并不详尽，但应可让你很好地了解 MySQL 如何估计过滤效果。默认的过滤效果显然不很准确，尤其是对于大型表而言。因为数据分布并不遵循严格的规则。这就是为什么索引和直方图对于获得良好的查询计划如此重要的原因。

最后将对各个部分和整个查询进行成本估算。这些对于了解优化器如何确定执行计划可能很有帮助。

17.2.4 查询成本

如果想检查优化器估算的成本，则需要使用树状(包括 EXPLAIN ANALYZE)或 JSON 格式的 EXPLAIN 输出，即 MySQL Workbench Visual Explain 图，或使用优化器跟踪。这些内容将在第 20 章进行介绍。

举一个简单例子，考虑如下的查询，将 world 示例数据库中的 country 表和 city 表进行关联：

```
SELECT *
  FROM world.country
       INNER JOIN world.city
          ON CountryCode = Code;
```

图 17-1 显示了该查询的 Visual Explain 图，其中包含 city 表的额外详细信息。

图中显示了优化器是如何确定查询的执行计划的。如何理解本图将在第 20 章中进行讨论。注意，箭头指向的图是优化器对查询执行的各个部分估算出的成本；成本越低越好。该示例表明，对成本的估算是针对非常具体的任务进行的，如读取数据、评估过滤条件等。从该图的顶部可看到，该查询的总成本为 1535.43。

注意 由于估算成本取决于诸如索引统计信息的内容，并且索引统计信息也可能不准确，因此估算成本会随着时间的推移而不断变化。这也意味着，与本书示例的内容相比，即便你执行了同样的查询，也可能看到不同的估算成本。

执行查询后，也可从 Last_query_cost 状态变量获取估算成本。代码清单 17-1 显示了图 17-1 中的查询的估算成本。

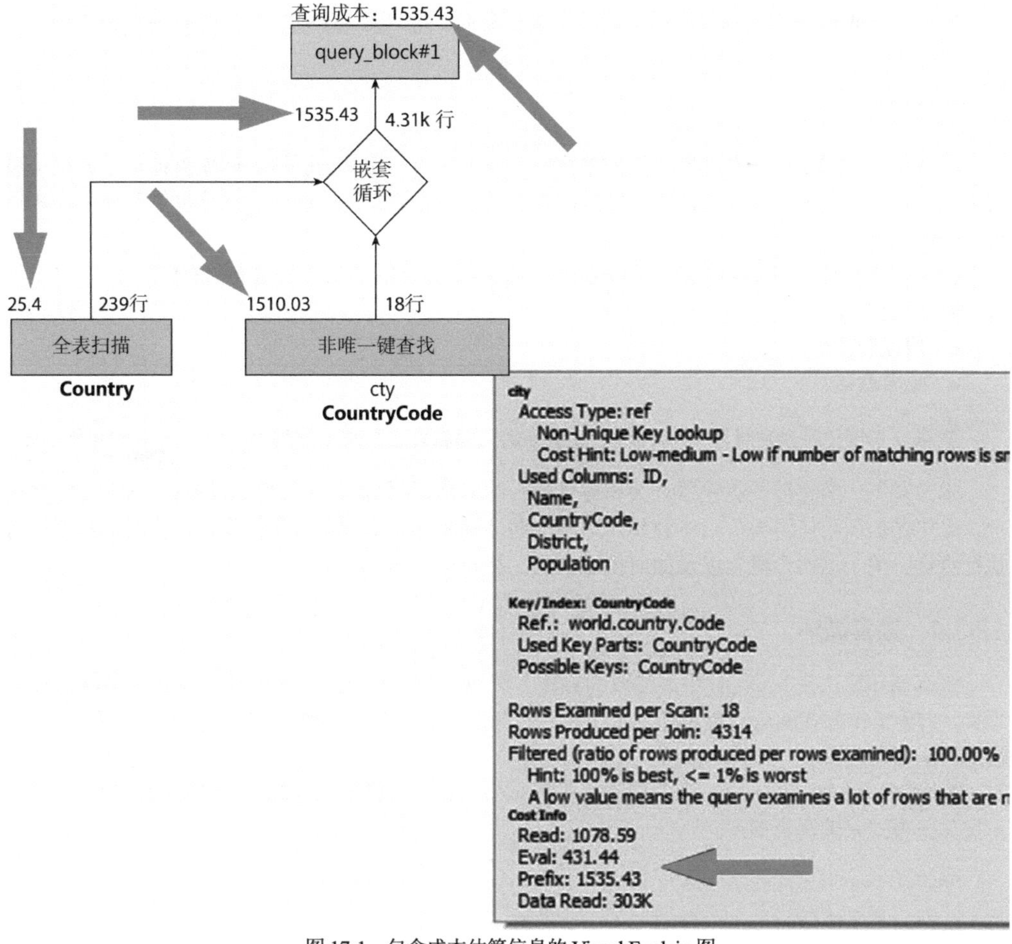

图 17-1 包含成本估算信息的 Visual Explain 图

代码清单 17-1 在执行查询后获取估算的查询成本

```
mysql> SELECT *
         FROM world.country
             INNER JOIN world.city
                 ON CountryCode = Code;
...

mysql> SHOW SESSION STATUS LIKE 'Last_query_cost';
+-----------------+-------------+
| Variable_name   | Value       |
+-----------------+-------------+
| Last_query_cost | 1535.425669 |
+-----------------+-------------+
1 row in set (0.0013 sec)
```

上面的代码清单中已经删除了查询结果，因为在此讨论中这些内容并不重要。关于 Last_query_cost 需要注意的是，它是一个估计成本，因此与 Visual Explain 图中显示的总成本值相同。如果需要查询实际成本，则要使用 EXPLAIN ANALYZE。

Visual Explain 图中提到使用嵌套循环来执行查询。这只是 MySQL 支持的联接算法之一。

17.3 联接算法

联接是 MySQL 中一个非常广泛的概念——也可认为一切都是联接。即使查询单张表也可被视为联接。也就是说，最有价值的联接是两张表或者多张表之间的联接。在这里的讨论中，表也可以是派生表。

在执行查询时，需要将两张表关联起来，MySQL 支持以下三种不同类型的算法。

- 嵌套循环
- 块嵌套循环
- 哈希联接

注意 本节中显示的计时内容仅用于说明目的。你在自己系统上看到的计时内容可能有所不同。

本节和下一节将涉及优化器开关和提示的一些名称。优化器开关使用 optimizer_switch 配置选项，优化器提示则使用/*+……*/注释。可将这些注释添加到查询中，从而告诉优化器你希望如何执行查询。关于这两个概念以及如何使用它们，将在第 17.5 节中进一步讨论。

17.3.1 嵌套循环

嵌套循环算法是 MySQL 中最简单的算法。在 MySQL 5.6 之前，也是唯一可用的算法。顾名思义，它的工作方式就是嵌套循环，为联接中的每张表都嵌套一个循环。嵌套循环算法不仅简单，也适用于索引查找。

考虑一下对 world.country 表的查询，在表 world.city 的联接中查询了亚洲的国家和城市信息。可按如下方式来编写查询：

```
SELECT CountryCode, country.Name AS Country,
       city.Name AS City, city.District
FROM world.country
       INNER JOIN world.city
             ON city.CountryCode = country.Code
WHERE Continent = 'Asia';
```

这里将在 country 表上使用嵌套循环来扫描表，在该表上会应用 WHERE 子句中的过滤器，然后在 city 表上进行索引查找。如果用树的形式来表示，则查询如下所示。

```
-> Nested loop inner join
   -> Filter: (country.Continent = 'Asia')
      -> Table scan on country
   -> Index lookup on city using CountryCode
                    (CountryCode=country.`Code`)
```

也可使用伪代码来表示处理过程。这里使用类似 Python 的语法，可使用如下代码来编写嵌套循环联接：

```
result = []
for country_row in country:
   if country_row.Continent == 'Asia':
      for city_row in city.CountryCode['country_row.Code']:
         result.append(join_rows(country_row, city_row))
```

在上述伪代码中，country 和 city 分别代表 country 和 city 表。city.CountryCode 是 city 表上的 CountryCode 索引，country_row 和 city_row 则代表单行。join_rows()函数用于表示将两行所需的列合并到结果集中的一行的过程。

图 17-2 通过图形方式显示了相同的嵌套循环联接的处理过程。为简单起见，这里只关注联接，因此即使是从 country 表中读取了所有行，这里也只显示包含匹配行的主键值。

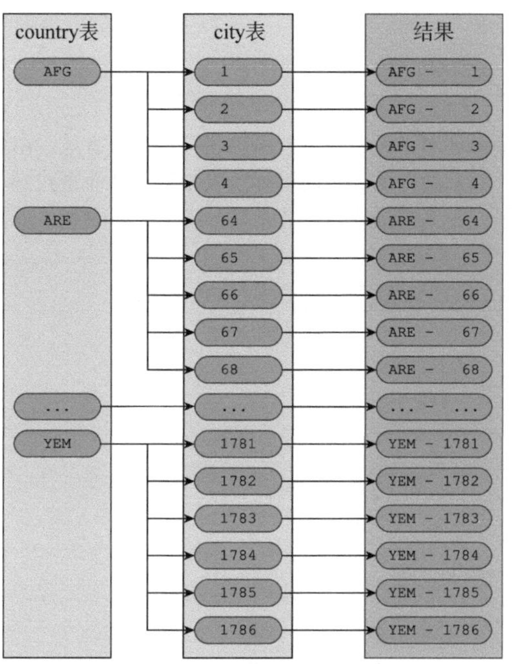

图 17-2　嵌套循环联接的示例

上图显示了 MySQL 如何扫描 country 表，从而找到与 WHERE 子句匹配的行。在上图中，第一条匹配的行是 AFG(阿富汗)。然后找到 CountryCode = AFG 的 city 表中的所有行(id 分别为 1、2、3 和 4)。找到的每种组合最终都成为结果中的一行。然后使用 ARE(阿拉伯联合酋长国)的国家代码继续查找，以此类推，直到 YEM(也门)为止。

在扫描 country 表和基于 city 表的 CountryCode 索引进行扫描时，其扫描行的顺序取决于索引的定义，并与优化器以及存储引擎的内部处理机制相关。除非你有明确的 ORDER BY 子句，否则扫描顺序是不可依赖的。

通常，由于可能还存在其他过滤器，因此联接的处理可能比本示例中的更复杂。但概念是相同的。

虽然说简单确实很好，但嵌套循环依然有一些限制。它不能用于执行全外联接，因为嵌套循环会要求第一张表返回行，而对于全外联接则并非总是这样。其解决方法是，将全外联接重写为左外联接和右外联接的并集。可考虑这样一个查询，查询所有国家和城市，包括那些没有国家的城市和没有城市的国家。可将其写为全外联接(当然这在 MySQL 中是无效的)：

```
SELECT *
  FROM world.country
       FULL OUTER JOIN world.city
              ON city.CountryCode = country.Code;
```

当然，要在 MySQL 中执行，需要使用一个 union 操作，如下：

```
SELECT *
  FROM world.country
       LEFT OUTER JOIN world.city
               ON city.CountryCode = country.Code
  UNION
SELECT *
  FROM world.country
       RIGHT OUTER JOIN world.city
               ON city.CountryCode = country.Code;
```

另一个限制是，嵌套循环对于无法使用索引的联接不是很有效。由于嵌套循环是从联接的第一张表上一次扫描一行，然后会对第二张表进行全表扫描，从而查找到与第一张表中的行匹配的所有记录。如果没有索引，那么扫描成本将非常高。考虑一下我们之前提到的查询，即查询亚洲的所有城市：

```
mysql> SELECT PS_CURRENT_THREAD_ID();
+------------------------+
| PS_CURRENT_THREAD_ID() |
+------------------------+
| 30                     |
+------------------------+
1 row in set (0.0017 sec)
SELECT CountryCode, country.Name AS Country,
       city.Name AS City, city.District
FROM world.country
       INNER JOIN world.city
             ON city.CountryCode = country.Code
WHERE Continent = 'Asia';
```

通过扫描 country 表 (239 行)，以及对 city 表的索引扫描，检查的总行数为2005(在第二个连接中执行此查询)：

```
mysql> SELECT rows_examined, rows_sent,
              last_statement_latency AS latency
            FROM sys.session
          WHERE thd_id = 30\G
*************************** 1. row ***************************
rows_examined: 2005
    rows_sent: 1766
      latency: 4.36 ms
1 row in set (0.0539 sec)
```

thd_id 列上的过滤器需要匹配执行查询的连接的 performance 库线程 id(可在 MySQL 8.0.16 或更高版本中使用 PS_CURRENT_THREAD_ID()函数来获取)。检查的行数为 2005，该数字来源于检查 country 表时扫描的 239 行，以及读取亚洲国家城市的 city 表中对应的 1766 行。

如果 MySQL 无法使用索引进行联接，查询的性能就会发生巨大变化。可按如下方式执行查询；这也使用了嵌套循环，但没有用到索引；这里的 NO_BNL(city)注释是优化器提示：

```
SELECT /*+ NO_BNL(city) */
       CountryCode, country.Name AS Country,
       city.Name AS City, city.District
  FROM world.country IGNORE INDEX (Primary)
```

```
        INNER JOIN world.city IGNORE INDEX (CountryCode)
            ON city.CountryCode = country.Code
WHERE Continent = 'Asia';
```

IGNORE INDEX()子句是一个索引提示，它告诉 MySQL 忽略括号之间给定的索引。此时执行的查询的统计数据表明，检查的行数超过 200000，并且执行查询的时间是之前的 10 倍左右；这里执行的测试与之前查找亚洲所有城市的查询一样，都在一个连接中执行查询，然后在另一个连接中执行如下查询，当然要将 thd_id = 30 更改为第一个连接使用的线程 id。

```
mysql> SELECT rows_examined, rows_sent,
              last_statement_latency AS latency
         FROM sys.session
        WHERE thd_id = 30\G
*************************** 1. row ***************************
rows_examined: 208268
    rows_sent: 1766
      latency: 44.83 ms
```

这里有 51 个国家/地区属于亚洲，即 Continent = 'Asia'，这意味着要对 city 表进行 51 次全表扫描。由于 city 表中有 4079 行数据，因此总共需要检查 51 * 4079 + 239 = 208268 行数据。额外的 239 行数据来源于对 country 表的扫描。

为什么需要在示例中添加 NO_BNL(country, city)注释？BNL 代表块嵌套循环，它可以帮助改善没有索引的联接，并且注释会禁用该优化方法。通常，你需要保证其处于启用状态，我们将在下面进行说明。

17.3.2　块嵌套循环

块嵌套循环算法是嵌套循环算法的扩展，也被称为 BNL 算法。此时联接缓冲区不是逐一提交第一张表中的行，而通过缓冲区来收集尽可能多的行，并在对第二张表进行扫描时，一次性比较所有行。通过这样的处理方式，在某些情况下能极大地提高那些使用嵌套循环的查询的性能。

如果你考虑使用与嵌套循环算法示例相同的查询，但禁用索引(用于模拟两张没有索引的表)，且不允许进行哈希联接(在 MySQL 8.0.18 或者更高版本中支持)，则可使用块嵌套循环算法。查询如下：

```
SELECT /*+ NO_HASH_JOIN(country,city) */
       CountryCode, country.Name AS Country,
       city.Name AS City, city.District
   FROM world.country IGNORE INDEX (Primary)
       INNER JOIN world.city IGNORE INDEX (CountryCode)
             ON city.CountryCode = country.Code
   WHERE Continent = 'Asia';
```

在 MySQL 8.0.17 或更早版本中，需要删除上面使用的 NO_HASH_JOIN()这一优化器提示。

代码清单 17-2 显示了使用类似 Python 代码语法的块嵌套循环的伪代码实现。

代码清单 17-2　块嵌套循环的伪代码实现

```
result = []
join_buffer = []
for country_row in country:
   if country_row.Continent == 'Asia':
      join_buffer.append(country_row.Code)
```

```
        if is_full(join_buffer):
            for city_row in city:
                CountryCode = city_row.CountryCode
            if CountryCode in join_buffer:
                    country_row = get_row(CountryCode)
                    result.append(
                        join_rows(country_row, city_row))
        join_buffer = []
    if len(join_buffer) > 0:
        for city_row in city:
            CountryCode = city_row.CountryCode
            if CountryCode in join_buffer:
                country_row = get_row(CountryCode)
                result.append(join_rows(country_row, city_row))
        join_buffer = []
```

join_buffer 表示的是存储联接所需的列的联接缓冲区。在伪代码中，使用了 required_columns()函数来提取列。对于作为示例的查询而言，只需要 country 表中的 Code 列。这是需要注意的事项，稍后将进行讨论。当联接缓冲区已满时，就对 city 表进行扫描。如果 city 表中的 CountryCode 列与联接缓冲区中已存储的 Code 值之一相匹配，则构造结果行。

图 17-3 显示了联接的示意图。为简单起见，这里即使对两张表都进行了全表扫描，也只显示联接所需行的主键值。

上图显示了如何将 country 表中的行一起读取并存储在联接缓冲区中。每次联接缓冲区满时，都对 city 表进行全表扫描，然后生成结果。在上图中，一次将 6 行数据放入联接缓冲区。由于 Code 列中的每个值只需要 3 个字节，因此在实践中，除非使用了 join_buffer_size 的最小设置，否则联接缓冲区将能缓存所有国家/地区代码。

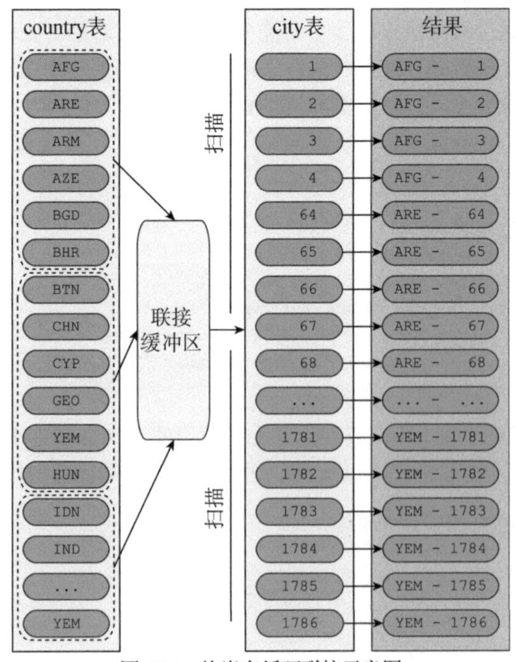

图 17-3　块嵌套循环联接示意图

使用联接缓冲区来缓存多个国家/地区代码，这一行为是如何影响查询的统计信息的？对于前面的示例，首先，执行查询来找到一个连接中的亚洲城市：

```
SELECT /*+ NO_HASH_JOIN(country,city) */
       CountryCode, country.Name AS Country,
       city.Name AS City, city.District
   FROM world.country IGNORE INDEX (Primary)
       INNER JOIN world.city IGNORE INDEX (CountryCode)
          ON city.CountryCode = country.Code
   WHERE Continent = 'Asia';
```

然后在另一个连接中，查询 sys.session 以获取检查的行数和查询的延迟时间(当然需要更改这里的 thd_id = 30，以使用第一个连接的线程 id)：

```
mysql> SELECT rows_examined, rows_sent,
              last_statement_latency AS latency
           FROM sys.session
         WHERE thd_id = 30\G
*************************** 1. row ***************************
rows_examined: 4318
    rows_sent: 1766
      latency: 16.87 ms
1 row in set (0.0490 sec)
```

这里假设使用了 join_buffer_size 的默认值。统计数据表明，不使用索引，块嵌套循环算法明显要优于嵌套循环。相比之下，使用索引执行查询，将检查 2005 行数据，执行时间约为 4 毫秒。而使用了没有索引的嵌套循环联接算法，则检查 208268 行数据，执行时间约为 45 毫秒。从数据上看，这里查询执行时间上的差异似乎并不是很大，都是毫秒级。但需要注意，这里的 country 和 city 表都是小表。如果是大表的话，则其执行时间的差异将非线性增长，并可能出现一个查询已经完成，而另一个似乎要永远执行下去的情形。

你需要了解块嵌套循环的以下一些要点，这样就能更好地使用它。

- 只有那些参与联接的列会被缓存在联接缓冲区中。这就意味着联接缓冲区所需的内存将比预期的少。
- 联接缓冲区的大小由 join_buffer_size 变量配置。join_buffer_size 的值是联接缓冲区的最小容量。即使在所讨论的示例中，将少于 1KB 的国家代码值缓存在联接缓冲区中，如果 join_buffer_size 被设置为 1GB，则仍将分配 1GB 的空间。因此，建议将 join_buffer_size 保持为一个较小的值，并且只根据需要增加。第 17.5 节包含了如何仅针对单个查询来更改联接缓冲区大小的相关信息。
- 使用块嵌套循环算法为每个连接分配一个联接缓冲区。
- 在整个查询期间只分配一个联接缓冲区。
- 块嵌套循环算法可用于全表扫描、全索引扫描和范围扫描。
- 块嵌套循环算法永远都不会用于常数表和第一个非常数表。这意味着在使用唯一索引进行过滤后，需要使用多于一行的两张表之间的联接时，块嵌套循环算法才适用。

可使用 block_nested_loop 这一优化器开关来配置是否允许优化器选择块嵌套循环算法。默认为启用状态。对于单个查询而言，则可使用 BNL()或 NO_BNL()这两个优化器提示来启用或禁用对特定联接的块嵌套循环算法。

尽管对于非索引联接来说，块嵌套循环会带来很大的改进，但大多数情况下，使用哈希联接效果可能更好。

17.3.3 哈希联接

哈希联接算法是 MySQL 中的最新特性之一，在 MySQL 8.0.18 或更高版本中可用。它也标志着一直使用嵌套循环(包括其变体，即块嵌套循环算法)的传统联接算法有了重大突破。该算法对于没有索引的大型表之间的联接特别有用，有些情况下甚至胜过索引联接。

MySQL 实现了经典的内存中哈希联接和磁盘 GRACE 哈希联接算法之间的混合(请参考 https://dev.mysql.com/worklog/task/?id=2241)。即如果可将所有哈希值都存储在内存中，就使用纯内存实现方法。此时就会使用联接缓冲区，因此可用于哈希联接的内存量也取决于 join_buffer_size 的容量限制。当联接无法在内存中全部完成时，会将一部分溢出到磁盘，但实际联接操作仍然是在内存中完成的。

内存中实现的哈希联接算法包含两个步骤：

(1) 选择联接中的表之一作为构建表(build table)。哈希是为联接所需的列计算的，并且已加载到内存中，这称为构建阶段。

(2) 联接中的另一张表为探测输入(probe input)。对于该表，一次读取一行，并计算其哈希值。然后，对从构建表计算出的哈希进行哈希值查找，并基于匹配的行来生成联接结果。这称为探测阶段。

当构建表的哈希不适合内存时，MySQL 会自动切换到磁盘方式的实现上(基于 GRACE 哈希联接算法)。如果在构建阶段联接缓冲区已满，则会发生从内存算法到磁盘算法的切换。磁盘算法包含三个步骤：

(1) 计算构建表和探测表中所有行的哈希值。并将其存储在磁盘上由哈希表划分成的几个小文件中。可选择分区数使探测表的每个分区都适合联接缓冲区，但分区个数最多不得超过 128。

(2) 将构建表的第一个分区加载到内存中，并以与内存算法中的探测阶段相同的方式来遍历探测表中的哈希值。由于步骤(1)中的分区对构建表和探测表使用了相同的哈希函数，因此只需要遍历探测表的第一个分区即可。

(3) 清除内存缓冲区，然后一个接一个地继续处理其余分区。

内存算法和磁盘算法均使用 xxHash64 函数，该函数处理速度很快，同时仍能提供高质量的哈希值(减少哈希冲突的次数)。为获得最佳性能，联接缓冲区必须足够大，从而适合构建表中的所有哈希值。也就是说，对于哈希联接和块嵌套循环算法来说，都存在对 join_buffer_size 设置的考虑。

只要不选择块嵌套循环，MySQL 就会使用哈希联接，并且查询需要支持哈希联接算法。在撰写本书时，使用哈希联接算法还存在以下要求：

- 必须为内联接。
- 不能使用索引执行联接，原因可以是没有索引，或者为该查询禁用了索引。
- 查询中的所有联接，必须在联接的两张表之间至少有一个是等值联接条件。并且在该条件中只引用两张表中的列或常数。
- 从 MySQL 8.0.20 开始，哈希联接也支持反联接、半联接以及外联接(请参考 https://twitter.com/lefred/status/1222916855150600192)。如果将两张表 t1 和 t2 联接，则哈希联接支持的联接条件如下：
  - t1.t1_val = t2.t2_val
  - t1.t1_val = t2.t2_val + 2
  - t1.t1_val1 = t2.t2_val AND t1.t1_val2 > 100

- MONTH(t1.t1_val) = MONTH(t2.t2_val)

如果考虑此部分的查询示例，也可使用哈希联接来执行该查询，而不必考虑表上是否有可用于联接的索引：

```
SELECT CountryCode, country.Name AS Country,
       city.Name AS City, city.District
  FROM world.country IGNORE INDEX (Primary)
       INNER JOIN world.city IGNORE INDEX (CountryCode)
             ON city.CountryCode = country.Code
  WHERE Continent = 'Asia';
```

执行此联接的伪代码与块嵌套循环类似。不同之处在于，联接所需的列进行了哈希处理，并支持溢出到磁盘。代码清单 17-3 显示了这些伪代码。

代码清单 17-3　哈希联接的伪代码实现

```
result = []
join_buffer = []
partitions = 0
on_disk = False
for country_row in country:
   if country_row.Continent == 'Asia':
      hash = xxHash64(country_row.Code)
      if not on_disk:
         join_buffer.append(hash)

         if is_full(join_buffer):
            # Create partitions on disk
            on_disk = True
            partitions = write_buffer_to_disk(join_buffer)
            join_buffer = []
      else
         write_hash_to_disk(hash)

   if not on_disk:
      for city_row in city:
         hash = xxHash64(city_row.CountryCode)
         if hash in join_buffer:
            country_row = get_row(hash)
            city_row = get_row(hash)
            result.append(join_rows(country_row, city_row))

   else:
      for city_row in city:
         hash = xxHash64(city_row.CountryCode)
         write_hash_to_disk(hash)

      for partition in range(partitions):
         join_buffer = load_build_from_disk(partition)
         for hash in load_hash_from_disk(partition):
      if hash in join_buffer:
         country_row = get_row(hash)
         city_row = get_row(hash)
         result.append(join_rows(country_row, city_row))
   join_buffer = []
```

在上述伪代码中，首先从 country 表中读取行，然后计算 Code 列的哈希值并将其存储到联接缓冲区中。如果缓冲区已满，则代码将切换到磁盘算法，并从缓冲区写出哈希值。这里也是确定分区数量的地方。此后，对 country 表的其余部分也进行哈希处理。

接下来，对于内存算法，在 city 表上执行一个简单的循环，将哈希值与缓冲区中的哈希值进行比较。对于磁盘算法，首先计算 city 表的哈希值并将其存储在磁盘上，然后逐一处理分区。

注意　与实际使用的算法相比，这里所描述的算法进行了部分简化。真正的算法需要考虑哈希冲突问题。对于磁盘算法，某些分区可能太大，从而导致无法全部读入联接缓冲区内。这种情况下，应该将它们进行分块处理，以避免使用比配置还要多的内存。

图 17-4 显示了内存哈希联接算法的示意图。同样为了简便起见，即便对两张表都进行了全表扫描，这里也只显示联接行所需要的主键值。

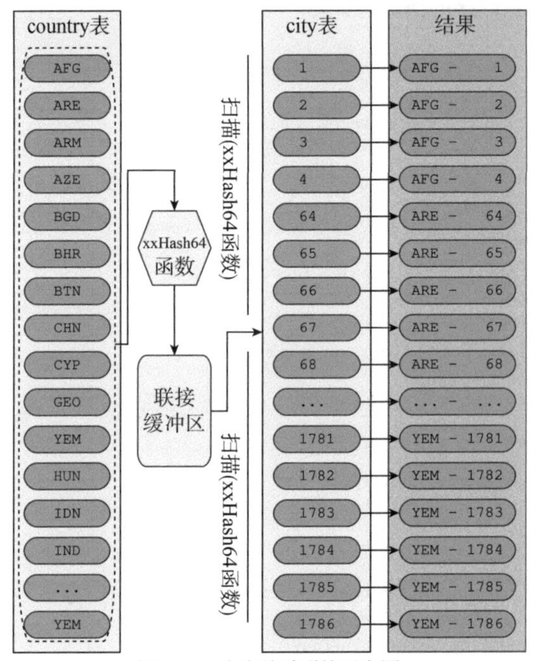

图 17-4　内存哈希联接示意图

country 表中匹配行的 Code 列的值，被哈希函数进行处理，并存储在联接缓冲区中。然后对 city 表进行扫描，并使用 CountryCode 计算出的哈希值进行匹配，然后构造结果。

可使用与此前相同的方法来检查查询的统计信息。方法是先在一个连接中执行查询：

```
SELECT CountryCode, country.Name AS Country,
       city.Name AS City, city.District
  FROM world.country IGNORE INDEX (Primary)
       INNER JOIN world.city IGNORE INDEX (CountryCode)
              ON city.CountryCode = country.Code
  WHERE Continent = 'Asia';
```

然后，在第二个连接中查询 sys.session 视图来获得在 performance 库中的统计信息(同样，需要将 thd_id=30 改为第一个连接的线程 id)：

```
mysql> SELECT rows_examined, rows_sent,
              last_statement_latency AS latency
            FROM sys.session
          WHERE thd_id = 30\G
rows_examined: 4318
    rows_sent: 1766
      latency: 3.53 ms
1 row in set (0.0467 sec)
```

可以看到，在使用哈希联接检查的行数与块嵌套循环相同的情况下，哈希联接的查询性能非常好，并且比索引联接还要快。这并非一个错误：在某些情况下，哈希联接确实能比索引联接还快。可使用如下规则，将哈希联接算法与索引和块嵌套循环相比，看看哈希联接算法是如何执行的：

- 对于不使用索引的联接，除非添加了 LIMIT 子句。否则哈希联接通常都比块嵌套循环快得多。有些观察结果表明，其速度提升可能超过 1000 倍(请参考 https://mysqlserverteam.com/hash-join-in-mysql-8/ 以及 www.slideshare.net/NorvaldRyeng/mysql-8018-latest-updates-hash-join-and-explain-analyze)。
- 对于没有索引，而且存在 LIMIT 子句的联接，当找到足够的行时，可退出块嵌套循环，然后使用哈希联接(跳过行获取操作)。如果由于 LIMIT 子句而导致所发现的行数比联接得到的行数少，那么块嵌套循环可能更快。
- 对于支持索引的联接，如果索引的选择性较低，则哈希联接算法也可能更快。

到目前为止，使用哈希联接最合适的场景，就是那些没有索引且没有使用 LIMIT 子句的联接。最后，你还需要测试来证明哪种联接策略最适合你的查询。

可使用 hash_join 这一优化器开关来启用和禁用对哈希联接的支持。此外，你也需要启用 block_nested_loop。两者默认均为启用状态。如果要配置对特定联接使用哈希联接，则还可以使用 HASH_JOIN()和 NO_HASH_JOIN()这两个优化器提示。

到此，我们就结束了 MySQL 支持的三种高级联接策略的探讨。当然，还需要考虑其他一些较低级别的优化方法。

17.4　联接优化

MySQL 可使用联接优化来改善上一节中提到的各种联接算法，或帮助确定如何执行查询的各个部分。本节将详细介绍索引合并、多范围读(MRR)以及批量 key 访问(BKA)等三种优化方法。使用这三种方法时，你需要帮助优化器获得最佳执行计划。其余优化配置将在本节末尾提及。

17.4.1　索引合并

通常，MySQL 对每张表只使用一个索引。但是，如果你对同一张表中的多个列都使用了过滤条件，且没有一个可覆盖这些列的覆盖索引，那么此时只使用一个索引往往就不是最佳选择了。对于这种情况，MySQL 支持索引合并。

提示　覆盖所有过滤条件的列的多列索引，往往比使用索引合并更有效。你应该评估两者之间的性能差异，并考虑是否需要一个额外的索引。

MySQL 支持三种索引合并算法。表 17-2 总结了这些算法，包括何时使用这些算法，以及查询计划中包含的信息。

表 17-2 索引合并算法

算法	用例	EXPLAIN 的 Extra 列	EXPLAIN JSON 中的 key 字段值
交集(Intersection)	AND	Using intersect(…)	intersect(…)
并集(Union)	OR	Using union(…)	union(…)
排序并集(Sort-Union)	带有范围的 OR	sort_union(…)	sort_union(…)

除了上表中列出的 EXPLAIN 输出信息外，访问类型还被设置为 index_merge。

用例指定了过滤条件所使用的操作符。并集和排序并集算法的区别在于，并集算法适用于相等条件，而排序并集算法适用于范围条件。对于 EXPLAIN 的输出，括号内会列出与索引合并一起使用的索引名称。

在讨论这三种算法时，考虑一下每种算法的实际使用效果会很有用。sakila 示例数据库中的 payment 表即可用于此目的。该表的定义如下。

```
CREATE TABLE `payment` (
  `payment_id` smallint unsigned NOT NULL,
  `customer_id` smallint unsigned NOT NULL,
  `staff_id` tinyint unsigned NOT NULL,
  `rental_id` int(DEFAULT NULL,
  `amount` decimal(5,2) NOT NULL,
  `payment_date` datetime NOT NULL,
  `last_update` timestamp NULL,
  PRIMARY KEY (`payment_id`),
  KEY `idx_fk_staff_id` (`staff_id`),
  KEY `idx_fk_customer_id` (`customer_id`),
  KEY `fk_payment_rental` (`rental_id`)
) ENGINE=InnoDB DEFAULT CHARSET=utf8
```

我们已经删除了列的默认值、自动增量信息以及外键定义等内容，这样就可以专注于列和索引。该表具有四个索引，且均在单列上，使其成为索引合并优化的理想选择。

接下来将讨论索引合并，将遍历所有的索引合并算法，也包括性能方面的注意事项以及如何配置索引合并等内容。这里的示例只显示了两个列上的条件，但算法确实支持涉及更多列的索引合并。

注意 优化器是否选择索引合并，取决于索引统计信息。这意味着对于同一个查询，WHERE 子句中的不同值，可能导致不同的查询计划。并且，即使在使用索引合并，以及不使用索引合并的条件完全相同的情况下，对索引统计信息的更改依然可能导致查询的执行方式会有所不同——反之亦然。

1. 交集算法

当你对多个用 AND 分隔的索引列添加过滤条件时，将使用交集算法。可使用交集索引合并算法的两个查询示例如下。

```
SELECT *
  FROM sakila.payment
 WHERE staff_id = 1
       AND customer_id = 75;

 SELECT *
  FROM sakila.payment
 WHERE payment_id > 10
```

```
       AND customer_id = 318;
```

第一个查询在两个二级索引上具有相等条件，第二个查询在主键上具有范围条件，在二级索引上具有相等条件。第二个查询的索引合并优化仅适用于 InnoDB 表。代码清单 17-4 使用两种不同格式显示了第一个查询的 EXPLAIN 输出结果。

代码清单 17-4　交集合并的 EXPLAIN 输出示例

```
mysql> EXPLAIN
       SELECT *
         FROM sakila.payment
       WHERE staff_id = 1
             AND customer_id = 75\G
*************************** 1. row ****************************
           id: 1
  select_type: SIMPLE
        table: payment
   partitions: NULL
         type: index_merge
possible_keys: idx_fk_staff_id,idx_fk_customer_id
          key: idx_fk_customer_id,idx_fk_staff_id
      key_len: 2,1
          ref: NULL
         rows: 20
     filtered: 100
        Extra: Using intersect(idx_fk_customer_id,idx_fk_staff_id); Using
               where 1 row in set, 1 warning (0.0007 sec)

mysql> EXPLAIN FORMAT=TREE
        SELECT *
          FROM sakila.payment
        WHERE staff_id = 1
               AND customer_id = 75\G
*************************** 1. row ***************************
EXPLAIN: -> Filter: ((sakila.payment.customer_id = 75) and (sakila.payment.
staff_id = 1)) (cost=14.48 rows=20)
    -> Index range scan on payment using intersect(idx_fk_customer_id,idx_fk_staff_id)
    (cost=14.48 rows=20)

1 row in set (0.0004 sec)
```

请注意上述输出的 Extra 列中的 Using intersect(...)消息，并且在树状格式的输出中，显示使用了索引范围扫描。这表明 idx_fk_customer_id 和 idx_fk_staff_id 索引被用于索引合并。传统的输出结果中，key 列还包含两个索引，而 key_len 列则显示了两个索引的长度。

2. 并集算法

当使用 OR 分隔的表存在一系列相等条件时，将使用并集算法。可使用并集算法的两个查询示例如下。

```
SELECT *
   FROM sakila.payment
  WHERE staff_id = 1
        OR customer_id = 318;

  SELECT *
```

```
  FROM sakila.payment
 WHERE payment_id > 15000
       OR customer_id = 318;
```

第一个查询在二级索引上有两个相等条件。而第二个查询在主键上具有范围条件，在二级索引上具有相等条件。第二个查询只对 InnoDB 表使用索引合并。代码清单 17-5 显示了第一个查询对应的 EXPLAIN 输出示例。

代码清单 17-5 并集合并的 EXPLAIN 输出示例

```
mysql> EXPLAIN
         SELECT *
           FROM sakila.payment
          WHERE staff_id = 1
                OR customer_id = 318\G
**************************** 1. row *****************************
           id: 1
  select_type: SIMPLE
        table: payment
   partitions: NULL
         type: index_merge
possible_keys: idx_fk_staff_id,idx_fk_customer_id
          key: idx_fk_staff_id,idx_fk_customer_id
      key_len: 1,2
          ref: NULL
         rows: 8069
     filtered: 100
        Extra: Using union(idx_fk_staff_id,idx_fk_customer_id); Using where
1 row in set, 1 warning (0.0008 sec)

mysql> EXPLAIN FORMAT=TREE
        SELECT *
          FROM sakila.payment
        WHERE staff_id = 1
              OR customer_id = 318\G
**************************** 1. row ****************************
EXPLAIN: -> Filter: ((sakila.payment.staff_id = 1) or (sakila.payment.
customer_id = 318)) (cost=2236.18 rows=8069)
    -> Index range scan on payment using union(idx_fk_staff_id,idx_fk_customer_id)
    (cost=2236.18 rows=8069)

1 row in set (0.0010 sec)
```

请注意 Extra 列中的 Using union(...)以及树状输出中的索引范围扫描。这表明 idx_fk_staff_id 和 idx_fk_customer_id 索引被用于索引合并。

3. 排序并集算法

排序并集算法与并集算法所适用的查询类似，不同之处在于排序并集算法适用于范围条件而非相等条件。可使用排序并集算法的两个查询示例如下：

```
SELECT *
  FROM sakila.payment
 WHERE customer_id < 30
       OR rental_id < 10;
 SELECT *
```

```
  FROM sakila.payment
 WHERE customer_id < 30
       OR rental_id > 16000;
```

这两个查询在二级索引上都有范围条件。代码清单 17-6 显示了第一个查询在传统格式和树状格式下的 EXPLAIN 输出结果。

代码清单 17-6　使用排序并集索引合并的 EXPLAIN 输出结果

```
mysql> EXPLAIN
       SELECT *
         FROM sakila.payment
        WHERE customer_id < 30
              OR rental_id < 10\G
*************************** 1. row ****************************
           id: 1
  select_type: SIMPLE
        table: payment
   partitions: NULL
         type: index_merge
possible_keys: idx_fk_customer_id,fk_payment_rental
          key: idx_fk_customer_id,fk_payment_rental
      key_len: 2,5
          ref: NULL
         rows: 826
     filtered: 100
        Extra: Using sort_union(idx_fk_customer_id,fk_payment_rental);
Using where 1 row in set, 1 warning (0.0009 sec)

mysql> EXPLAIN FORMAT=TREE
       SELECT *
         FROM sakila.payment
        WHERE customer_id < 30
              OR rental_id < 10\G
*************************** 1. row ****************************
EXPLAIN: -> Filter: ((sakila.payment.customer_id < 30) or (sakila.payment.
rental_id < 10)) (cost=1040.52 rows=826)
    -> Index range scan on payment using sort_union(idx_fk_customer_id,fk_payment_rental)
    (cost=1040.52 rows=826)

1 row in set (0.0005 sec)
```

同样可注意到，Extra 列中包含了 Using sort_union(...)内容，并且在树状格式的输出中显示使用了索引范围扫描。这表明 idx_fk_customer_id 和 fk_payment_rental 索引被用于索引合并。

4. 性能考量

对于优化器来说，其实很难知道是使用索引合并更好，还是使用单个索引更好。乍看起来，将索引用于更多列似乎总是比较好的，但索引合并会产生大量开销。因此，只有在基于索引的选择性而正确地组合使用索引时，索引合并才较有价值。由于索引统计信息过期，使得优化器选择了错误的索引合并，这也是导致性能严重下降的常见原因之一。

如果优化器选择了索引合并，但该查询的性能很差(例如，与通常的执行方式相比)，你应该做的第一件事，就是对使用索引合并的表执行 ANALYZE TABLE 操作。通常，这样做会改善查询。否则，你可能需要考虑调整优化器的设置，从而决定是否使用索引合并。

5. 配置

索引合并这一特性，由 4 个优化器开关控制。其中一个控制整体特性，另外三个则控制相应的三种算法。这些选项如下。

- **index_merge**：用于控制启用还是禁用索引合并。
- **index_merge_intersection**：是否启用交集算法。
- **index_merge_union**：是否启用并集算法。
- **index_merge_sort_union**：是否启用排序并集算法。

默认情况下，所有的索引合并优化器开关都是启用的。

此外，有两个优化器提示：INDEX_MERGE()和 NO_INDEX_MERGE()。这两个提示均以表名作为参数，并且可以选择应该使用索引还是忽略索引。例如，如果你想执行一个查询，找到那些 staff_id 为 1，customer_id 为 75 的相关支付信息，但不使用索引合并，则可使用如下查询之一：

```
SELECT /*+ NO_INDEX_MERGE(payment) */
       *
   FROM sakila.payment
  WHERE staff_id = 1
        AND customer_id = 75;

SELECT /*+ NO_INDEX_MERGE(
             Payment
             idx_fk_staff_id,idx_fk_customer_id) */
       *
   FROM sakila.payment
  WHERE staff_id = 1
        AND customer_id = 75;
```

由于索引合并被认为是范围优化的一种特殊情况，因此 NO_RANGE_OPTIMIZATION()这一优化器提示也将禁用索引合并。可通过 EXPLAIN 输出来确认没有使用索引合并，如代码清单 17-7 中的第一个查询所示。

代码清单 17-7 不使用索引合并的 EXPLAIN 输出示例

```
mysql> EXPLAIN
        SELECT /*+ NO_INDEX_MERGE(payment) */
               *
          FROM sakila.payment
         WHERE staff_id = 1
               AND customer_id = 75\G
*************************** 1. row ****************************
           id: 1
  select_type: SIMPLE
        table: payment
   partitions: NULL
         type: ref
possible_keys: idx_fk_staff_id,idx_fk_customer_id
          key: idx_fk_customer_id
      key_len: 2
          ref: const
         rows: 41
     filtered: 50.0870361328125
        Extra: Using where
1 row in set, 1 warning (0.0010 sec)
```

```
mysql> EXPLAIN FORMAT=TREE
         SELECT /*+ NO_INDEX_MERGE(payment) */
                *
           FROM sakila.payment
          WHERE staff_id = 1
                AND customer_id = 75\G
*************************** 1. row ***************************
EXPLAIN: -> Filter: (sakila.payment.staff_id = 1) (cost=26.98 rows=21)
    -> Index lookup on payment using idx_fk_customer_id (customer_
       id=75) (cost=26.98 rows=41)

1 row in set (0.0006 sec)
```

另一种优化方法是多范围读优化。

17.4.2 多范围读(MRR)

多范围读(Multi-Range Read，MRR)优化旨在减少由二级索引上的范围扫描引起的随机 I/O 数量。该优化方法的处理方式是，首先读取索引，然后根据行 id(InnoDB 的簇聚索引)对键进行排序，再按行存储的顺序获取数据。MRR 优化可用于范围扫描和使用索引的等值联接。不过，虚拟列上的二级索引不支持此特性。

InnoDB 的 MRR 优化的主要用例，是那些没有覆盖索引的磁盘绑定(disk bound)查询。其优化效果则取决于需要多少行，以及在存储上的查找时间。MySQL 将尝试估计什么时候执行优化操作会比较有用。但对于查询成本的估算，也不必过于悲观。因此有必要提供正确的统计信息来帮助优化器做出正确的决策。

MRR 优化由以下两个优化器开关控制。

- **mrr**：是否允许优化器使用 MRR 优化，默认为启用。
- **mrr_cost_based**：是否使用 MRR 优化，取决于成本。也可以禁用此选项，从而始终使用 MRR 优化(在查询支持时)。默认为开启。

或者，也可使用 MRR()或 NO_MRR()优化器开关在每张表或索引上启用或禁用 MRR 优化。

也可从查询计划中查看是否使用了 MRR 优化。此时，传统的 EXPLAIN 输出中的 Extra 列会显示 Using MRR。JSON 格式的输出则将 using_MRR 字段设置为 true。代码清单 17-8 显示使用 MRR 后，传统格式的 EXPLAIN 输出的示例。

代码清单 17-8 使用了 MRR 的 EXPLAIN 输出示例

```
mysql> EXPLAIN
        SELECT /*+ MRR(city) */
               *
          FROM world.city
         WHERE CountryCode BETWEEN 'AUS' AND 'CHN'\G
*************************** 1. row ***************************
           id: 1
  select_type: SIMPLE
        table: city
   partitions: NULL
         type: range
possible_keys: CountryCode
          key: CountryCode
      key_len: 3
```

```
         ref: NULL
        rows: 812
    filtered: 100
       Extra: Using index condition; Using MRR

 row in set, 1 warning (0.0006 sec)
```

可通过 MRR()优化器提示，或通过禁用 mrr_cost_based 这一优化器开关来明确要求优化器使用 MRR 优化。如果查询估计的行数太少，也不会使用 MRR 优化。

当 MRR 优化被使用时，MySQL 会使用随机读取缓冲区来存储索引。该缓冲区的大小由 read_rnd_buffer_size 选项进行设置。

另一个相关的优化方法是批量 key 访问(BKA)。

17.4.3　批量 key 访问(BKA)

批量 key 访问(Batched Key Access，BKA)优化方法，结合了块嵌套循环和 MRR。这样就可以将联接缓冲区用于带索引的联接，这与不带索引的联接类似，但可使用 MRR 来减少随机 I/O 的数量。

对于 BKA，最适用的查询类型是大型磁盘绑定查询。但这里并没有确定应该何时进行优化，以及何时会导致较差性能的权威指导。当优化效果最佳时，BKA 能让查询的执行时间缩短 2～10 倍。但如果效果差，也可能让查询的执行时间增加 2～3 倍(请参阅 http://oysteing.blogspot.com/2012/04/improved-dbt-3-results-with-mysql-565.html)。

因为 BKA 主要优化较小范围的查询，而其他查询的性能则可能会降低，所以默认情况下，这一优化方法是被禁用的。启用这一优化方法的最佳做法，是在想要优化的查询中使用 BKA()这一优化器提示。

如果想使用 optimizer_switch 变量来启用优化，则必须先启用 batched_key_access 这一优化器开关(默认为禁用)，禁用 mrr_cost_based(默认为启用)，然后确保已经启用了 mrr(默认为启用)。要为会话启用 BKA，可采用如下的查询方式：

```
SET SESSION
    optimizer_switch
       = 'mrr=on,mrr_cost_based=off,batched_key_access=on';
```

此后，也可使用 BKA()和 NO_BKA()这两个优化器提示来影响优化器是否应该使用 BKA 优化方法。使用 BKA 后，传统格式的 EXPLAIN 输出中的 Extra 列会包含 Using join buffer(Batched Key Access)等内容。在 JSON 格式的输出中，Using_join_buffer 字段会被设置为 Batched Key Access。代码清单 17-9 是一个示例，显示了使用 BKA 后 EXPLAIN 的完整输出结果。

代码清单 17-9　使用 BKA 的 EXPLAIN 输出结果示例

```
mysql> EXPLAIN
        SELECT /*+ BKA(ci) */
                co.Code, co.Name AS Country,
                ci.Name AS City
            FROM world.country co
                INNER JOIN world.city ci
                   ON ci.CountryCode = co.Code\G
*************************** 1. row ***************************
           id: 1
  select_type: SIMPLE
```

```
        table: co
   partitions: NULL
         type: ALL
possible_keys: PRIMARY
          key: NULL
      key_len: NULL
          ref: NULL
         rows: 239
     filtered: 100
        Extra: NULL
*************************** 2. row ***************************
           id: 1
  select_type: SIMPLE
        table: ci
   partitions: NULL
         type: ref
possible_keys: CountryCode
          key: CountryCode
      key_len: 3
          ref: world.co.Code
         rows: 18
     filtered: 100
        Extra: Using join buffer (Batched Key Access)
2 rows in set, 1 warning (0.0007 sec)
```

在这个示例中，在表 city(ci)上使用了 BKA 这一优化器提示，然后使用索引 CountryCode 来完成优化。

联接缓冲区的大小是使用 join_buffer_size 选项来设置的。由于 BKA 优化主要用于大型联接，所以通常需要将联接缓冲区配置得大一些。如 4MB 或更大。由于对于大多数查询而言，较大的联接缓冲区往往不是一个太好的选择，因此建议只增加用于 BKA 的大小。

17.4.4 其他优化

MySQL 也支持其他几种优化方法。能让查询受益时，优化器会使用这些优化方法。这都是优化器自动使用的，也很少有必要去手工禁用。但了解这些优化方法的内容还是很有用的，这样你在遇到它们时就知道其含义；例如，在查看 EXPLAIN 输出结果时。某些情况下，你需要知道如何改变优化器的行为来推动其向正确的优化方向改变。当然，这种情况是很少见的。

本节将按字母顺序介绍其余一些优化方法。重点放在那些可配置的优化选项上。并且对于不同的优化方法，都会介绍相关的优化器开关、优化器提示，以及传统格式和 JSON 格式的 EXPLAIN 输出结果等内容。

1. 条件过滤(Condition Filtering)

当查询中的表有两个或多个与之相关联的条件，且索引可用于部分条件时，就可以考虑使用条件过滤优化。在启用此优化后，在估算表的总体过滤成本时，会考虑其余条件的过滤效果。

相关的优化器开关、提示以及 EXPLAIN 详细信息如下。

- **优化器开关：**condition_fanout_filter ——默认为启用。
- **优化器提示：**无。
- **EXPLAIN 输出结果：**无。

2. 派生合并(Derived Merge)

优化器可将派生表、视图引用以及公共表表达式(CTE)合并到所在的查询块中。替代方法是将派生表、引用的视图以及公共表表达式物化。

相关的优化器开关、提示以及 EXPLAIN 详细信息如下。

- **优化器开关：** derived_merge ——默认为启用。
- **优化器提示：** MERGE()、NO_MERGE()。
- **EXPLAIN 输出结果：** 查询计划会显示派生表已被合并。

3. 引擎条件下推(Engine Condition Pushdown)

这种优化方式，会将过滤条件下推到存储引擎上。当前只有 NDB 集群存储引擎支持这一优化方法。

相关的优化器开关、提示以及 EXPLAIN 详细信息如下。

- **优化器开关：** engine_condition_pushdown ——默认为启用。
- **优化器提示：** 无。
- **EXPLAIN 输出结果：** 警告中包含条件已下推等信息。

4. 索引条件下推(Index Condition Pushdown)

MySQL 可通过使用单个索引中的列来下推所有已确定的条件，但索引往往只能直接过滤部分条件。例如，当你具有诸如 Name LIKE ' %abc% '的条件，且 Name 只是某多列索引中的一部分时，就会发生这种情况。该优化还可用于二级索引的范围条件。对于 InnoDB 而言，只有二级索引支持索引条件下推。

相关的优化器开关、提示以及 EXPLAIN 详细信息如下。

- **优化器开关：** index_condition_pushdown ——默认为启用。
- **优化器提示：** NO_ICP()。
- **EXPLAIN 输出结果：** 传统格式时，会在 Extra 中显示 Using index condition。JSON 格式的输出中，会使用索引条件下推来设置 index_condition 字段。

5. 索引扩展(Index Extensions)

在 InnoDB 中，所有二级非唯一索引都会将主键列附加到自身。启用索引扩展优化后，MySQL 会将主键列视为二级索引的一部分。

相关的优化器开关、提示以及 EXPLAIN 详细信息如下。

- **优化器开关：** use_index_extensions ——默认为启用。
- **优化器提示：** 无。
- **EXPLAIN 输出结果：** 无。

6. 索引可见性

当表上有不可见索引时，默认情况下，优化器在创建查询计划时将不再考虑该索引。如果启用了索引可见性优化器开关，则会考虑这些不可见的索引。例如，在测试那些已被添加但尚未显示的索引的效果时，就会很有用。

相关的优化器开关、提示以及 EXPLAIN 详细信息如下。

- **优化器开关：** use_invisible_indexes ——默认为启用。
- **优化器提示：** 无。
- **EXPLAIN 输出结果：** 无。

7. 稀疏索引扫描(Loose Index Scan)

某些情况下，MySQL 可使用索引的一部分，来提高聚合数据或包含 distinct 子句的查询的性能。这就要求那些对数据进行分组的列是多列索引的左前缀，并带有未用于分组的其他列。当有 GROUP BY 子句时，则只允许 MIN()和 MAX()聚合函数。

相关的优化器开关、提示以及 EXPLAIN 详细信息如下。

- **优化器开关：**无。
- **优化器提示：**NO_RANGE_OPTIMIZATION()能禁用稀疏索引扫描优化，以及索引合并和范围扫描。
- **EXPLAIN 输出结果：**传统格式的 Extra 列中具有 Using index for group-by 等内容。JSON 格式的输出会将 using_index_for_group_by 字段设置为 true。

8. 范围访问方法

范围优化与其他优化方法略有不同，被视为一种数据访问方法。MySQL 不会扫描整张表或索引，只会扫描表或索引的一个或多个部分。范围访问方法通常涉及>、>=、<、<=、BETWEEN、IN()、IS NULL、LIKE 等过滤条件。

相关的优化器开关、提示以及 EXPLAIN 详细信息如下。

- **优化器开关：**无。
- **优化器提示：**NO_RANGE_OPTIMIZATION()——它也会禁用稀疏索引扫描和索引合并优化。尽管使用了范围访问方法，它也不会禁用跳跃扫描优化。
- **EXPLAIN 输出结果：**将访问方法设置为 range。

可以使用 range_optimizer_max_mem_size 来限制用于范围访问的内存量。默认为 8MB。如果将其设置为 0，则意味着可以无限制地使用内存。

9. 半联接(Semijoin)

半联接优化通常用于 IN 和 EXISTS 条件。它支持四种策略：物化、重复删除、首次匹配以及稀疏扫描(不要与稀疏索引扫描相混淆)。启用子查询物化后，对于 EXISTS，只在 MySQL 8.0.16 或更高版本中支持半联接优化。而对于 NOT EXISTS(以及类似的反联接)，则在 MySQL 8.0.17 或更高版本中支持。

可使用半联接优化器开关来控制是否启用这一优化方法。可使用 MATERIALIZATION、DUPSWEEDOUT、FIRSTMATCH 以及 LOOSESCAN 中的一个或多个作为参数，从而将 SEMIJOIN()和 NO_SEMIJOIN()这两个优化器提示用于单个查询。

物化策略的实现方式与稍后介绍的“子查询物化”相同。可以参考相关内容。

重复删除策略则将半联接视为正常连接而执行，然后使用临时表来删除重复记录。相关的优化器开关、提示以及 EXPLAIN 详细信息如下。

- **优化器开关：**duplicateweedout ——默认为启用。
- **优化器提示：**SEMIJOIN(DUPSWEEDOUT)、NO_SEMIJOIN(DUPSWEEDOUT)。
- **EXPLAIN 输出结果：**传统格式的输出中，Extra 列中包含 Start temporary 和 End temporary 等内容。JSON 格式的输出中则使用了一个名为 duplicates_removal 的块。

首次匹配策略则针对每个值(而非所有值)返回首次匹配的信息。相关的优化器开关、提示以及 EXPLAIN 详细信息如下。

- **优化器开关：**firstmatch ——默认为启用。
- **优化器提示：**SEMIJOIN(FIRSTMATCH)、NO_SEMIJOIN(FIRSTMATCH)。

- **EXPLAIN 输出结果**：传统格式的输出结果中，Extra 列中会包含 FirstMatch(...)等内容，其中括号内的值为引用表的名称。JSON 格式的输出则将 first_match 字段的值设置为被引用表的名称。

稀疏扫描策略使用索引从子查询的每个值分组中选择一个值。相关的优化器开关、提示以及 EXPLAIN 详细信息如下。

- **优化器开关**：loosescan ——默认为启用。
- **优化器提示**：SEMIJOIN(LOOSESCAN)、NO_SEMIJOIN(LOOSESCAN)。
- **EXPLAIN 输出结果**：传统格式的输出结果中，Extra 列中会包含 LooseScan(m...n)等内容，其中 m 和 n 指明了索引的那些部分将用于稀疏扫描。JSON 格式的输出则将 loosescan 字段的值设置为 true。

10. 跳跃扫描(Skip Scan)

跳跃扫描是 MySQL 8.0.13 中新支持的特性，其工作原理与稀疏索引扫描类似。当多列索引的第二列上有范围条件，但第一列上没有条件时，就可以使用它。跳跃扫描优化将全索引扫描转换为一系列范围扫描(对索引中第一列中的每个值都进行一次范围扫描)。

相关的优化器开关、提示以及 EXPLAIN 详细信息如下。

- **优化器开关**：skip_scan ——默认为启用。
- **优化器提示**：SKIP_SCAN、NO_ SKIP_SCAN。
- **EXPLAIN 输出结果**：传统格式的输出结果中，Extra 列中会包含 Using index for skip scan 等内容。JSON 格式的输出中，则将 using_index_for_skip_scan 字段的值设置为 true。

11. 子查询物化

子查询物化策略，会将子查询的结果存储在内部临时表中。如有可能，优化器还会在该临时表上添加自动生成的哈希索引，使其能快速地与查询的其余部分进行联接。

相关的优化器开关、提示以及 EXPLAIN 详细信息如下。

- **优化器开关**：materialization——默认为启用。
- **优化器提示**：SUBQUERY(MATERIALIZATION)。
- **EXPLAIN 输出结果**：传统格式的输出结果中，会将 MATERIALIZED 作为选择类型。JSON 格式的输出中，则会创建一个名为 materialized_from_subquery 的块。

当启用 subquery_materialization_cost_based 这一优化器开关(默认为启用)时，优化器将使用估算的成本来决定是否使用子查询物化以及 IN-EXISTS 子查询转换(即将 IN 条件重写为 EXISTS 实现)。如果关闭，则优化器始终会选择使用子查询物化。

正如在上面两节中介绍的那样，优化器的配置有很多可能性。下一节将对此进行更详细的探讨。

17.5 配置优化器

可通过多种方式来配置 MySQL，从而影响优化器的工作方式。我们之前已经介绍了不少相关的配置选项、优化器开关以及优化器提示。从本节开始，我们将介绍如何配置和不同的操作相关联的引擎及服务器成本，然后遍历相关的配置选项，以及优化器开关的详细信息。最后，再谈谈优化器提示。

17.5.1　引擎成本

引擎成本提供了与数据读取相关的成本信息。由于 MySQL 可从内存或磁盘中获取数据，并且不同的存储引擎读取数据的成本也可能不同，因此，也就不存在一个能够适用于所有情况的成本大小设置了。基于这点，MySQL 允许你配置不同存储引擎从内存和磁盘中读取数据的成本。

可使用 mysql.engine_cost 表来更改读取数据的成本。该表包含如下列。

- **engine_name**：使用该成本数据的存储引擎。默认值表示没有为存储引擎设置特定的值。
- **device_type**：当前未使用该列，因此值为 0。
- **cost_name**：成本的名称。当前支持两种取值。io_block_read_cost 基于磁盘的读取操作成本，memory_block_read_cost 基于内存的读取操作成本。
- **cost_value**：读取操作的成本。NULL 值(默认值)表示使用存储在 default_value 列中的值。
- **last_update**：该行数据上次更新的时间。按照在 time_zone 会话变量中设置的时区返回时间。
- **comment**：可选的注释内容。可提供有关成本数据改变的上下文。最长不超过 1024 个字节。
- **default_value**：操作的默认成本。该列为只读状态。io_block_read_cost 的默认值为 1，memory_block_read_cost 的默认值则为 0.25。

该表的主键由 engine_name、device_type 以及 cost_name 组成。引擎成本对于 InnoDB 尤其有用。因为在 MySQL 8 中，InnoDB 可向优化器提供估计值，无论数据是在缓冲池中，还是有必要从磁盘进行读取。

也可以使用 UPDATE 语句来更新现有的成本估算值。如果要插入存储引擎的估计值，则使用 INSERT 语句。如果要删除自定义的成本值，则可以使用 DELETE 语句。无论是哪种情况，你都需要执行 FLUSH OPTIMIZER_COSTS 语句，使得这些更改能够对新连接生效(现有的连接则继续使用原有的值)。例如，如果要添加特定于 InnoDB 的成本数据(假设主机的磁盘 I/O 速度较慢，而内存则很快)，就可以使用如下语句：

```
mysql> INSERT INTO mysql.engine_cost
              (engine_name, device_type, cost_name,
               cost_value, comment)
       VALUES ('InnoDB', 0, 'io_block_read_cost',
               2, 'InnoDB on non-local cloud storage'),
              ('InnoDB', 0, 'memory_block_read_cost',
               0.15, 'InnoDB with very fast memory');
Query OK, 2 rows affected (0.0887 sec)

Records: 2 Duplicates: 0 Warnings: 0

mysql> FLUSH OPTIMIZER_COSTS;
Query OK, 0 rows affected (0.0877 sec)
```

如果需要更改成本的值，则建议将成本值大概翻一番或者减半，然后评估其效果。由于引擎成本是全局成本，因此在对其进行更改之前，应该已记录了良好的监控信息基准，并在更改之后比较查询的性能，从而检测更改是否具有预期的效果。

MySQL 还有一些一般性服务器成本，它们也会影响与查询相关的各种操作。

17.5.2　服务器成本

MySQL 使用基于成本的方法来确定最佳的查询执行计划。为使其能更好地运行，MySQL 必须知道各种类型的操作成本是多少。在估算成本的过程中，最重要的事情之一就是成本数据要相对准确。但在不同的系统中，各种操作的成本以及对工作负载的影响方式都存在差异。

可使用 mysql.server_cost 表来更改多种操作的成本。该表包含如下列。

- **cost_name**：操作名称。
- **cost_value**：执行该操作的成本。如果被设置为 NULL，则使用默认值(default_value 值)。该成本以浮点数形式表示。
- **last_update**：上次更新成本的时间。按照在 time_zone 会话变量中设置的时区返回该时间。
- **comment**：可选的注释内容。从而提供有关成本数据改变的上下文。最长不超过 1024 个字节。
- **default_value**：操作的默认成本。该列为只读列。

目前，可在 server_cost 表中配置以下 6 种操作。

- **disk_temptable_create_cost**：在磁盘上创建内部临时表的成本。disk_temptable_create_cost 和 disk_temptable_row_cost 的成本越低，优化器选择的查询计划越可能使用磁盘临时表。默认成本为 20。
- **disk_temptable_row_cost**：在磁盘上创建的内部临时表的行操作成本。默认成本为 0.5。
- **key_compare_cost**：比较记录 key 的成本。如果查询计划在使用基于索引的文件排序时遇到问题，从而导致非索引的排序更快，则可增加这些操作的成本。默认成本为 0.05。
- **memory_temptable_create_cost**：在内存中创建临时表的成本。memory_temptable_create_cost 和 memory_temptable_row_cost 的成本越低，则优化器选择的查询计划越可能使用内存中的内部临时表。默认成本为 1。
- **memory_temptable_row_cost**：在内存中创建的内部临时表的行操作成本。默认成本为 0.1。
- **row_evaluate_cost**：评估行上条件的一般成本。成本越低，MySQL 就越倾向于检查更多的行，例如使用全表扫描。成本越高，MySQL 就越会尝试减少要检查的行数，并更多地使用索引查找和范围扫描。默认成本为 0.1。

如果确实需要更改服务器成本，则可使用 UPDATE 语句，再跟上 FLUSH OPTIMIZER_COSTS 语句。更改操作将影响新连接。例如，如果你将磁盘上的内部临时表存储在 RAM 磁盘(共享内存磁盘)中，并且希望降低成本以反映这种情况，则可使用如下的代码：

```
mysql> UPDATE mysql.server_cost
           SET cost_value = 1,
               Comment = 'Stored on memory disk'
         WHERE cost_name = 'disk_temptable_create_cost';
Query OK, 1 row affected (0.1051 sec)

Rows matched: 1 Changed: 1 Warnings: 0

mysql> UPDATE mysql.server_cost
           SET cost_value = 0.1,
               Comment = 'Stored on memory disk'
         WHERE cost_name = 'disk_temptable_row_cost';
Query OK, 1 row affected (0.1496 sec)

Rows matched: 1 Changed: 1 Warnings: 0

mysql> FLUSH OPTIMIZER_COSTS;
Query OK, 0 rows affected (0.1057 sec)
```

更改成本的操作未必会影响最终的查询计划。因为有时候，优化器可能并没有选择余地，而只能使用某种查询计划；或者因为计算出的成本差异太大，以至于更改服务器成本时会对其他查询产生太大影响等。请记住，服务器成本是所有连接的全局成本。因此，只有在出现系统问题时才应该进行更改。如果遇到的问题只影响少数查询，则最好使用优化器提示来影响查询计划。

影响查询计划的另一个选项是优化器开关。

17.5.3　优化器开关

我们在整章中都提到了优化器开关。它们是通过 optimizer_switch 选项进行配置的。优化器开关的工作方式与其他配置选项有所不同，因此值得深入研究。

optimizer_switch 是一个复合选项，所有优化器开关都使用这一选项。但也可只更改单个开关的设置。可将要更改的开关设置为开或关，从而启用或禁用它。可在影响所有新连接的全局级别，也可在会话级别更改优化器开关。例如，如果要为当前连接禁用 derived_merge 优化器开关，则可使用如下语句：

```
mysql> SET SESSION optimizer_switch = 'derived_merge=off';
Query OK, 0 rows affected (0.0003 sec)
```

如果要永久更改这一设置，则可以使用 SET PERSIST 或 SET PERSIST_ONLY：

```
mysql> SET PERSIST optimizer_switch = 'derived_merge=off';
Query OK, 0 rows affected (0.0431 sec)
```

如果你希望将值存储在 MySQL 的配置文件中，则也可运用同样的原理，例如：

```
[mysqld]
optimizer_switch = "derived_merge=off"
```

表 17-3 列出自 MySQL 8.0.18 以来所有可用的优化器开关，其中也包含这些开关的默认值和简要的描述信息。这些开关按各自在 optimizer_switch 选项中出现的顺序进行排列。

表 17-3　优化器开关

优化器开关	默认值	描述
index_merge	on	控制索引合并的开关
index_merge_union	on	并集索引合并策略
index_merge_sort_union	on	排序并集索引合并策略
index_merge_intersection	on	交集索引合并策略
engine_condition_pushdown	on	将条件下推至 NDB 集群存储引擎
index_condition_pushdown	on	将索引条件下推至存储引擎
mrr	on	MRR 优化
mrr_cost_based	on	基于成本估算来考虑是否使用 MRR 优化
block_nested_loop	on	块嵌套循环算法。这与 hash_join 一起使用，也可控制是否使用哈希联接
batched_key_access	off	BKA 优化。还需要启用 mrr，禁用 mrr_cost_based，才能使用 BKA
materialization	on	是否可以使用物化子查询。这也会影响半联接优化是否可用
semijoin	on	启用或禁用半联接优化
loosescan	on	半联接稀疏扫描策略

(续表)

优化器开关	默认值	描述
firstmatch	on	半联接首次匹配策略
duplicateweedout	on	半联接重复删除策略
subquery_materialization_cost_based	on	基于成本估算来考虑是否使用子查询物化
use_index_extensions	on	InnoDB 是否将添加到非唯一二级索引的主键列作为索引的一部分
condition_fanout_filter	on	过滤估计中是否包含访问方法未处理的条件
derived_merge	on	派生合并优化
use_invisible_indexes	off	不可见索引能否供优化器使用
skip_scan	on	跳跃扫描优化
hash_join	on	哈希联接算法。要启用哈希联接，还需要启用 block_nested_loop 开关

本章前面已对上表中的内容做了详细介绍。

如果要在全局或会话级别更改设置，则 optimizer_switch 选项就非常有用。但许多情况下，你只需要为单个查询更改优化器开关或设置。此时，优化器提示可能是一个更好的选择。

17.5.4 优化器提示

优化器提示特性是在 MySQL 5.7 引入的，并在 MySQL 8 中进行了扩展。它允许你向优化器提供信息，从而影响查询计划的最终结果。与打开或者关闭选项的 optimizer_switch 不同，可使用优化器提示针对每个查询块、表或索引进行设置。此外，也支持在查询运行期间修改配置。如果优化器自己无法获得最佳的查询计划，或者你需要执行一些查询(某些选项的设置要比全局级别更大)，使用优化器提示就是一种提高查询性能的有效方法了。

在 SELECT、INSERT、REPLACE、UPDATE 或 DELETE 子句之后，你都可以使用特殊的注释语法来设置优化器提示。语法格式为：在注释开始标记之后使用+，再跟注释内容，最后是结束标记。例如：

```
SELECT /*+ MAX_EXECUTION_TIME(2000) */
       id, Name, District
FROM world.city
WHERE CountryCode = 'AUS';
```

在上例中，我们将该查询执行的最大时间设置为 2000 毫秒。

表 17-4 列出 MySQL 8.0.18 起可用的优化器提示，包含每个提示支持的范围和简要说明。许多提示都有两个版本。一个用于启用，一个用于禁用。我们将这些版本一并列出。这些内容按照启用相应特性的提示的字母顺序列出。但注意，NO_ICP 和 NO_RANGE_OPTIMIZATION 提示不存在相应的启用提示。

表 17-4 优化器提示

提示	范围	描述
BKA NO_BKA	查询块 表	BAK 优化

(续表)

提示	范围	描述
BNL NO_BNL	查询块 表	块嵌套循环联接算法
HASH_JOIN NO_HASH_JOIN	查询块 表	哈希联接算法
INDEX_MERGE NO_INDEX_MERGE	表 索引	索引合并优化
JOIN_FIXED_ORDER	查询块	强制以查询中列出的顺序执行查询块中的所有联接。这与使用 SELECT STRAIGHT_JOIN 相同
JOIN_ORDER	查询块	强制以特定顺序联接两张或多张表。优化器则可自由更改未列出的表的联接顺序
JOIN_PREFIX	查询块	强制指定的表为联接的第一张表，并按给定顺序联接它们
JOIN_SUFFIX	查询块	强制指定的表为联接的最后一张表，并按给定顺序联接它们
MAX_EXECUTION_TIME	全局	限制 SELECT 语句的查询执行时间，以毫秒为单位
MERGE NO_MERGE	表	派生合并优化
MRR NO_MRR	表 索引	MRR 优化
NO_ICP	表 索引	索引条件下推优化
NO_RANGE_OPTIMIZATION	表 索引	不要对表和/或索引进行范围扫描。这也将禁用索引合并以及稀疏索引扫描。如果查询可能引起大量的范围扫描，并导致严重的性能或资源问题，该命令就非常有用
QB_NAME	查询块	为查询块设置名称。该名称可用于在其他优化器提示中引用这一查询块
RESOURCE_GROUP	全局	用于当前查询的资源组。下一节将介绍资源组
SEMIJOIN NO_SEMIJOIN	查询块	半联接优化
SKIP_SCAN NO_SKIP_SCAN	表 索引	跳跃扫描优化
SET_VAR	全局	在查询期间设置配置变量的值
SUBQUERY	查询块	子查询能否使用物化或 IN-EXISTS 转换

在前面讨论联接的算法和优化时，我们已经见识过不少优化器提示。上表中的范围定义了提示适用于查询的哪一部分。范围如下。

- **全局**：该提示适用于整个查询。

- **查询块**：该提示适用于一组联接。例如，查询的顶层是一个查询块。子查询则是另一个查询块。某些情况下，应用于查询块的提示也可用于联接的表名，从而将提示限定在特定的联接上。
- **表**：提示适用于特定的表。
- **索引**：提示适用于特定的索引。

在指定表时，需要使用查询中用到的表名。如果为表设置了别名，则需要使用别名而非原表名，从而确保可以唯一标识查询块中的所有表。

提示 对优化器提示的全部细节进行深入介绍超出了本书的范围，并且这些提示也会随着新特性的添加而频繁更新。可阅读 https://dev.mysql.com/doc/refman/en/optimizer-hints.html，来查看当前可用的优化器提示列表、相关的用法以及可能出现的冲突等信息。

可在括号中指定参数，从而以与函数调用相同的方式来指定优化器提示。当优化器提示中不带任何参数时，则使用空括号。可为同一个查询指定多个优化器提示。这种情况下，你需要使用空格将它们分开。如果你设置了多个参数而不是使用前导查询块的名称，则需要用逗号分隔这些参数(但需要注意，某些情况下，空格有时会用于将两段信息合并为一个参数。例如，在指定索引时，表名和索引名之间用空格隔开)。

对于包含多个查询块的复杂查询，为查询块命名是很有必要的。这样就可指定优化器提示应该作用于哪个查询块。可使用 QB_NAME()来设置查询块的名称：

```
SELECT /*+ QB_NAME(payment) */
rental_id
FROM sakila.payment
WHERE staff_id = 1 AND customer_id = 75;
```

然后，在设置提示时，可通过在查询块名称之前添加@来引用它：

```
SELECT /*+ NO_INDEX_MERGE(@payment payment) */
       rental_id, rental_date, return_date
  FROM sakila.rental
 WHERE rental_id IN (
        SELECT /*+ QB_NAME(payment) */
               rental_id
          FROM sakila.payment
         WHERE staff_id = 1 AND customer_id = 75
        );
```

该示例将 IN 条件中的查询块名称设置为 payment。然后在顶部引用该名称，从而禁用该查询块中 payment 表上的索引合并特性。当以这种方式使用查询块的名称时，提示中列出的所有表都必须来自于同一个查询块。用于指定查询块的另一种表示方法是在表名之后添加，例如：

```
SELECT /*+ NO_INDEX_MERGE(payment@payment) */
       rental_id, rental_date, return_date
  FROM sakila.rental
 WHERE rental_id IN (
         SELECT /*+QB_NAME(payment) */
                rental_id
          FROM sakila.payment
         WHERE staff_id = 1 AND customer_id = 75
         );
```

这样做与上一个提示效果相同，但其优点在于可对不同查询块中的表使用同一个提示。

优化器提示的用途之一，就是在查询期间更改配置变量的值。这对于最好应该保持较小的全局值的 join_buffer_size 和 read_rnd_buffer_size 之类的选项尤其有用。但是对于另一些查询而言，较大的值反而可能提高性能。在这里，就可以使用 SET_VAR()这一优化器提示，并将参数作为变量进行赋值。在参考手册中，可与 SET_VAR()一起使用的变量会显示“SET_VAR Hint Applies: Yes”。例如，要将 join_buffer_size 设置为 1MB，将 optimizer_search_depth 设置为 0(稍后对此选项进行介绍)，可以使用：

```
SELECT /*+ SET_VAR(join_buffer_size = 1048576)
           SET_VAR(optimizer_search_depth = 0) */
       CountryCode, country.Name AS Country,
       city.Name AS City, city.District
  FROM world.country IGNORE INDEX (Primary)
       INNER JOIN world.city IGNORE INDEX (CountryCode)
             ON city.CountryCode = country.Code
  WHERE Continent = 'Asia';
```

该示例有两点需要注意。首先，SET_VAL()提示不支持在同一个提示中设置多个选项。因此你需要为每个选项设置一次提示。其次，不支持表达式或单位，因此对于 join_buffer_size，需要以字节为单位来提供值。

如果你对优化器选择的索引不满意的话，就需要使用索引提示了。

17.5.5　索引提示

索引提示在 MySQL 中已经存在很长时间了。可通过它们为每张表指定允许优化器使用的索引，以及应该忽略的索引。在介绍块嵌套循环和哈希联接算法时，相关的示例中就提到 IGNORE INDEX 提示。

MySQL 支持以下三种索引提示。

- **IGNORE INDEX**：不允许优化器使用指定的索引。
- **USE INDEX**：指定优化器使用某个索引。
- **FORCE INDEX**：这与 USE INDEX 相同，除了可能使用的索引外，应该始终避免进行表扫描。

当使用索引提示时，需要在括号内用逗号分隔的列表中提供受提示影响的索引名称。索引提示位于表名之后。如果为表设置了别名，则需要将索引提示放在别名之后。例如，要查询亚洲所有的城市，但又不打算使用 country 表上的主键或 city 表上的 CountryCode 索引，则可以使用如下查询：

```
SELECT ci.CountryCode, co.Name AS Country,
       ci.Name AS City, ci.District
  FROM world.country co IGNORE INDEX (Primary)
       INNER JOIN world.city ci IGNORE INDEX (CountryCode)
             ON ci.CountryCode = co.Code
  WHERE co.Continent = 'Asia';
```

注意这里的主键用 Primary 来表示。在该示例中，索引提示适用于可为表使用索引的所有操作。通过添加 FOR JOIN、FOR ORDER BY 或 FOR GROUP BY，可将提示的范围限制在联接、排序或分组操作上。例如：

```
SELECT *
```

```
  FROM world.city USE INDEX FOR ORDER BY (Primary)
 WHERE CountryCode = 'AUS'
 ORDER BY ID;
```

大多数情况下，最好应该限制索引提示的使用，以便优化器能随着索引和数据的变化而自由改变查询计划。但索引提示依然是一个极其强大的工具，因此，在需要使用它的时候，请不要回避。

能够影响优化器的最后一种方法是使用配置选项。

17.5.6　配置选项

除了 optimizer_switch 选项外，还有一些配置选项会影响优化器。这些选项能够控制优化器搜索最佳查询计划的详尽程度，控制是否启用优化器跟踪功能来跟踪详细的执行步骤。关于优化器跟踪的内容，我们将在第 20 章与 EXPLAIN 语句一起介绍。

这里将探讨两个选项：

- optimizer_prune_level
- optimizer_search_depth

optimizer_prune_level 选项的值可以是 0 或者 1。默认值为 1。它用于确定优化器是否应该裁剪查询计划，以避免进行详尽的搜索。值为 1，表明启用了裁剪功能。在某些查询中，裁剪操作会阻止优化器找到更好的查询计划，此时可为该会话更改这一选项的值。但在全局级别，该值应该始终设置为 1。

optimizer_search_depth 选项用于确定搜索最佳查询计划时，应该包含多少张表(联接)。其允许的值为 0～62，默认值为 62。由于一个查询块允许的最大表数量为 61，因此 62 就意味着对查询计划进行了详尽的搜索，但被裁剪掉的搜索路径除外。值为 0 则表示 MySQL 将选择最大的搜索深度。MySQL 当前的设置，与将其设置为 7 时相同。

如果你的查询块包含了多张表之间的内联接操作，并且与查询的执行时间相比，确定最优查询计划的时间反而更长，则可能需要将 optimizer_search_depth 设置为 0 或小于 62 的值。同时使用 JOIN_ORDER()、JOIN_PREFIX()或 JOIN_SUFFIX()等优化器提示，来锁定部分查询的表联接顺序。

到目前为止，所进行的讨论一直围绕优化过程和优化器所具有的选项进行。但是还有一个需要考虑的级别：执行查询时应该使用哪个资源组。

17.6　资源组

资源组是 MySQL 8 中新增的特性。它允许你为一个查询或一组查询设置对资源的使用规则。这是提高系统并发处理性能的极有效方法，可使某些查询的优先级高于其他查询。本节将介绍如何获取现有资源组的相关信息、如何管理以及如何使用资源组。

注意　在作者撰写本书时，macOS 版本或使用了商业线程池插件的 MySQL 不提供对资源组的支持。另外，当未设置 CAP_SYS_NICE 功能时，在 Solaris、FreeBSD 和 Linux 上将忽略线程的优先级。要查看最新的一些限制和如何启用 CAP_SYS_NICE 功能，请参考 https://dev.mysql.com/doc/refman/en/resource-groups.html#resource-group-restrictions。

17.6.1　获取资源组相关信息

关于现有资源组的相关信息，可在 information_schema.RESOURCE_GROUPS 视图中找到，该视图是存储资源组的数据字典表的顶级视图。该视图包含如下列。

- **RESOURCE_GROUP_NAME**：资源组的名称。
- **RESOURCE_GROUP_TYPE**：资源组是用于 SYSTEM 级别还是 USER 级别的线程。系统线程使用 SYSTEM，用户连接使用 USER。
- **RESOURCE_GROUP_ENABLED**：该资源组是否启用。
- **VCPU_IDS**：允许资源组使用哪些虚拟 CPU。虚拟 CPU 考虑了物理 CPU 内核、超线程以及硬件线程等诸多因素。
- **THREAD_PRIORITY**：使用资源组的线程优先级。值越低，优先级越高。

代码清单 17-10 显示了 MySQL 安装时附带的默认资源组相关信息。VCPU_IDS 列的值取决于系统上的虚拟 CPU 个数。

代码清单 17-10　默认资源组的相关信息

```
mysql> SELECT *
        FROM information_schema.RESOURCE_GROUPS\G
*************************** 1. row ***************************
   RESOURCE_GROUP_NAME: USR_default
   RESOURCE_GROUP_TYPE: USER
RESOURCE_GROUP_ENABLED: 1
              VCPU_IDS: 0-7
       THREAD_PRIORITY: 0
*************************** 2. row ***************************
   RESOURCE_GROUP_NAME: SYS_default
   RESOURCE_GROUP_TYPE: SYSTEM
RESOURCE_GROUP_ENABLED: 1
              VCPU_IDS: 0-7
       THREAD_PRIORITY: 0
2 rows in set (0.0007 sec)
```

默认情况下，MySQL 有两个资源组：用于用户连接的 USR_default 组，和用于系统线程的 SYS_default 组。两个资源组配置相同，都允许使用所有 CPU。你不能删除或修改这两个资源组，但可创建自己的资源组。

17.6.2　管理资源组

只要你不试着去修改或删除默认的资源组，就可以创建、更改或删除其他资源组。可创建自己的资源组，在查询之间分配资源组。不过这需要 RESOURCE_GROUP_ADMIN 权限才可以。

在管理资源组时，可使用如下语句。

- **CREATE RESOURCE GROUP**：创建新的资源组。
- **ALTER RESOURCE GROUP**：修改现有的资源组。
- **DROP RESOURCE GROUP**：删除资源组。

对于上述三条语句，都需要指定资源组的名称，并且名称中不能带任何参数(稍后演示相关的例子)。表 17-5 显示了这三条语句可使用的参数。其中值为 N 或 M-N，M 和 N 均为整数。

表 17-5 管理资源组时可以使用的参数

选项	语法	值	操作
Name		最多 64 个字符	CREATE ALTER DROP
Type	TYPE = …	SYSTEM USER	CREATE
CPUs	VCPU = …	N 或者 M-N，以逗号分隔的列表	CREATE ALTER
Priority	THREAD_PRIORITY	N	CREATE ALTER
Status		ENABLED DISABLED	CREATE ALTER
Force	FORCE		ALTER DROP

对于优先级设置，取值的有效范围取决于资源组的类型。SYSTEM 组的优先级可在-20 到 0 之间，USER 类型的优先级则在-20 到 19 之间。优先级的含义遵循 Linux 中 nice 命令的工作原理(nice 就是 niceness；在 Linux 系统中，nice 命令可用来设置或改变进程的优先级)。这意味着优先级的值越低，线程获得的优先级越高。因此，-20 为最高优先级，19 则为最低优先级。在 Windows 系统上，则有 5 个原生优先级可用。表 17-6 列出了从资源组优先级到 Windows 优先级的映射关系。

表 17-6 资源组优先级到 Windows 优先级的映射关系

开始优先级	结束优先级	Windows 的优先级
-20	-10	THREAD_PRIORITY_HIGEST
-9	-1	THREAD_PRIORITY_ABOVE_NORMAL
0	0	THREAD_PRIORITY_NORMAL
1	10	THREAD_PRIORITY_BELOW_NORMAL
11	19	THREAD_PRIORITY_LOWEST

在创建新的资源组时，必须设置资源组的名称和类型；其他参数则均为可选。默认设置是将 VCPU 设置为主机上所有可用的 CPU，优先级设置为 0，然后启用。这里为用户连接创建一个名为 my_group 的资源组示例，该资源组可使用 id 为 2、3、6 和 7 的 CPU(这就要求主机至少有 8 个虚拟 CPU)，如下所示：

```
CREATE RESOURCE GROUP my_group
  TYPE = USER
  VCPU = 2-3,6,7
THREAD_PRIORITY = 0
ENABLE;
```

VCPU 参数的设置显示如何逐一列出 CPU(或者使用范围)。资源组的名称被视为标识符，因此如果其与方案或者表同名，只需要用反引号将其引起来即可。

ALTER RESOURCE GROUP 语句类似于 CREATE RESOURCE GROUP，但你不能更改组的名称或类型。例如，要更改名为 my_group 的组的 CPU 和优先级设置，可使用如下代码：

```
ALTER RESOURCE GROUP my_group
  VCPU = 2-5
THREAD_PRIORITY = 10;
```

如果你想删除一个资源组，则可使用 DROP RESOURCE GROUP 语句，该语句只需要指定组名即可，例如：

```
DROP RESOURCE GROUP my_group;
```

对于 ALTER RESOURCE GROUP 和 DROP RESOURCE GROUP 语句，还有一个可选参数 FORCE。这指定了当有线程正在使用资源组时，MySQL 应该如何处理此种情况。表 17-7 总结了这一行为。

表 17-7　使用或不使用 FORCE 的效果

是否强制	ALTER 语句	DROP 语句
非强制	当使用该资源组的所有线程都终止后，该更改才会生效。在此之前，没有新线程可使用该资源组	一旦将线程分配给该资源组，将会报错
强制	现有线程将根据线程的类型被移到默认的资源组	现有线程将根据线程的类型被移到默认的资源组

无论修改还是删除资源组，只要使用了 FORCE 选项，则已分配给该资源组的线程都将被重新分配给默认资源组。默认资源组用于用户连接的 USR_default 资源组，和用于系统线程的 SYS_default 资源组。对于 ALTER RESOURCE GROUP，只有指定了 DISABLE 选项，才能使用 FORCE 选项。

接下来，我们可将资源组分配给线程了。

17.6.3　分配资源组

有两种方法为线程设置资源组。可为线程显式地设置资源组，也可以使用优化器提示为单个查询设置资源组。无论使用哪种方法，都需要 RESOURCE_GROUP_ADMIN 或 RESOURCE_GROUP_USER 权限。首先，我们重新创建 my_group 资源组(这次只使用一个 CPU，这样在所有系统上就都可用了)：

```
CREATE RESOURCE GROUP my_group
  TYPE = USER
  VCPU = 0
THREAD_PRIORITY = 0
ENABLE;
```

注意　当前使用 X 协议(MySQL shell 使用的默认设置)的连接将不允许创建、修改或设置资源组。你只能使用优化器提示为单个查询设置资源组。

可使用 SET RESOURCE GROUP 语句将线程分配给资源组。这适用于系统线程和用户线程。要将连接本身分配给资源组，可使用将资源组名称作为唯一参数的语句，例如：

```
SET RESOURCE GROUP my_group;
```

如果要更改一个或多个线程的资源组，则可在末尾添加 FOR 关键字，然后添加要分配给该资源组的线程 id(源自 performance 库)，并以逗号进行分隔。例如，将线程 47、49 和 50 分配给 my_group(在整个示例中，这里用到的线程 id 可能会与你的环境有所不同)：

```
SET RESOURCE GROUP my_group FOR 47, 49, 50;
```

或者，也可使用 RESOURCE_GROUP()优化器提示在查询期间将资源组分配给线程，例如：

```
SELECT /*+ RESOURCE_GROUP(my_group) */
       *
  FROM world.city
WHERE CountryCode = 'USA';
```

通常，优化器提示是使用资源组的最佳方式，它允许你单独设置每个查询，并支持使用 X 协议的连接。当然，它也可与 MySQL 重写插件，或与那些支持将优化器提示添加到查询的代理(如 ProxySQL)结合使用。

可使用 performance_schema.threads 表中的 RESOURCE_GROUP 列来查看每个线程当前正在使用的资源组。例如，要查看之前通过 SET RESOURCE GROUP FOR 47, 49, 50 语句更改的三个线程正在使用的资源组，可使用如下代码：

```
mysql> SELECT THREAD_ID, RESOURCE_GROUP
         FROM performance_schema.threads
        WHERE THREAD_ID IN (47, 49, 50);
+-----------+----------------+
| THREAD_ID | RESOURCE_GROUP |
+-----------+----------------+
| 47        | my_group       |
| 49        | my_group       |
| 50        | my_group       |
+-----------+----------------+
3 rows in set (0.0008 sec)
```

剩下的问题，就是你如何使用资源组了。

17.6.4 性能考量

使用资源组的效果取决于多个因素。默认值是所有线程都可在任意 CPU 上执行，并且均具有相同的中等优先级。这与 MySQL 5.7 及更低版本中的行为相同。当 MySQL 遇到资源争用时，就可以考虑对资源组执行不同的配置了。

这里无法给出如何优化使用资源组的具体建议，因为这在很大程度上取决于硬件配置和查询工作量的组合。随着 MySQL 代码的不断改进，资源组的最佳使用方式也可能发生变化。这就意味着与之前一样，你需要使用监控来确定更改资源组的情况及其使用效果。

也就是说，对于如何使用资源组来改善性能或者用户体验，我们可以提出以下建议，包括但不限于：

- 为不同的连接赋予不同的优先级。例如，这样可确保批处理作业不会过多地影响与前端应用程序相关的查询，或可为不同的应用程序赋予不同的优先级。
- 将不同的应用程序线程分配给不同的 CPU 集合，以减少它们之间的干扰。
- 将写线程和读线程分配给不同的 CPU 集合，以设置不同任务的最大并发性。例如，如果写入线程遇到资源争用，这可能对限制它们的并发性很有用。

- 如果一个线程执行的事务需要很多锁，则为该线程赋予较高的优先级，以便该事务尽快完成并释放锁。

根据经验，如果没有足够的 CPU 资源来并行执行所有操作，或者写并发太高，或者需要限制哪些 CPU 来处理写工作负载，就可考虑使用资源组来避免争用。对于低并发的工作负载，通常最好使用默认的资源组。

17.7　本章小结

本章介绍了优化器的工作方式以及可使用的联接算法和优化，还介绍了如何配置优化器以及资源组。

MySQL 使用的是基于成本的优化器。在优化器中，查询执行的每部分的成本都是估算的，优化器会选择整体成本最小的查询计划。作为优化的一部分，优化器将使用各种转换来重写查询，找到最佳的联接顺序，并作出其他决定，例如应该使用哪些索引等。

MySQL 支持三种联接算法。最简单也是最原始的算法是嵌套循环，它简单地迭代最外层的表中的行，然后对下一张表进行嵌套循环，以此类推。块嵌套循环则是对嵌套循环的一个扩展，其中未使用索引的联接可通过联接缓冲区来减少对内部表的扫描次数。MySQL 8.0.18 中新增的是哈希联接算法，也可用于不使用索引的联接，并对其所支持的联接类型非常有效——它是如此有效，以至于实际效果完全可超过那些使用低选择性的索引联接。

也可使用其他一系列优化方法。我们特别关注了索引合并、MRR 和 BKA。索引合并优化允许 MySQL 对表使用多个索引。MRR 优化用于减少由二级索引读取引起的随机 I/O 数量。BKA 优化则结合了块嵌套循环和 MRR 优化。

可使用多种方法来更改 MySQL 的配置以影响优化器。mysql.engine_cost 表中存储了从内存和磁盘执行读取操作的成本信息。mysql.server_cost 则包含各种操作(例如使用内部临时表以及对记录执行比较等)的基本成本估算值。optimizer_switch 配置选项可用于启用或禁用各种优化器特性，如块嵌套循环、BKA 等。

影响优化器的两个颇为灵活的选项是可使用优化器提示和索引提示。优化器提示可用于启用或禁用某些特性以及查询的设置选项，甚至可控制索引级别的设置。索引提示则可用于启用或禁用表的某个索引，也可用于限制特定的操作(如排序等)。最后，还可使用 optimizer_prune_level 和 optimizer_search_depth 选项来限制优化器为找到最佳查询计划所要完成的工作。

本章探讨的最后一个特性是 MySQL 8 中引入的资源组。资源组可用于设置线程使用的 CPU、线程的优先级等。这对于优先安排某些线程的执行，或防止出现资源争用等情况很有用。

下一章，我们将研究 MySQL 中锁的工作方式。

第 18 章

锁原理与监控

上一章探讨的优化器与本章探讨的锁都是查询优化中最复杂的主题。当锁表现出其最糟糕的一面时，即使是最擅长解决锁问题的专家，可能也会被折磨得鬓生白发。当然，你也不必绝望。本章将介绍锁的大部分相关内容。在阅读完本章后，你应该就可以开始对锁进行研究，从而获得更多相关知识。

本章首先讲述为何需要锁以及锁的访问级别，然后介绍 MySQL 中最常用的锁，探讨请求锁为何可能会失败、如何减少锁的影响以及如何监控锁。

注意 本章涉及的大部分示例都包含需要重现输出内容的语句(具体数据因情况而异)。为了展示锁的内容，我们通常需要使用多个连接，因此需要对查询的提示进行设置，从而显示在执行不同的查询时使用的是哪个连接；例如，连接 1>表示该查询应该由第一个连接执行。

18.1 为何会需要锁？

在理想的数据库世界中，似乎是不需要锁的。但这样做的代价太高了，因为只能有很少的用例可使用这样的数据库。而对于像 MySQL 这样的通用数据库，则是少不了锁的。如果没有锁，数据库就无法实现并发。想象一下只允许一个连接来登录数据库(也可以说它本身就是一个锁，因此系统无论如何都是需要锁的)的情形，这对于大多数应用来说都是不太有用的。

注意 在 MySQL 中，所谓的锁通常就是一个锁请求，锁可以处于已授予或挂起状态。

当有多个连接同时执行查询时，你需要使用某种方法来确保连接之间不会互相干扰。这里就是锁开始介入的地方。可以使用与道路交通中的交通信号灯相同的方式来考虑锁。这些信号可以调节对资源的访问，从而避免冲突。在交叉路口，需要确保两辆汽车不会发生碰撞。而在数据库中，则必须确保两个查询对数据的访问不会出现冲突。

交叉路口有不同的控制级别(红灯、黄灯以及绿灯等)，数据库中也有不同的锁类型。

18.2 锁访问级别

锁访问级别确定了锁允许的访问类型。有时也称为锁类型，但由于这样可能与锁粒度混淆，因此这里使用术语“锁访问级别”。

从本质上讲，锁有两个访问级别：共享，或独占(排他)。共享锁允许其他连接共享，是最宽松的锁访问级别。独占锁则只允许一个连接获得锁。共享锁也称之为读取锁，独占锁也称为写入锁。

MySQL 中还包含被称为“意向锁”的概念，用于设置事务的意图。意向锁可以是共享的或独占的。下一节将介绍隐式表锁，其中涉及 MySQL 中的主锁粒度级别，从而更详细地介绍意向锁。

18.3 锁粒度

MySQL 使用一系列不同的锁粒度(也称为锁类型)来控制对数据的访问。通过使用不同的锁粒度，可最大限度地允许对数据的并发访问。本节将介绍 MySQL 使用的主要锁粒度级别。

18.3.1 用户级别锁

用户级别锁是应用程序用来保护某些对象(如工作流)的显式锁类型。它们并不会被经常使用，但对于那些需要串行化访问权限才能执行的复杂任务就会很有用。所有用户锁均为独占锁，名称最长不超过 64 个字符。

可通过一组函数来操纵用户级别的锁。

- **GET_LOCK(name, timeout)**：通过指定锁的名称来获取锁。第二个参数是以秒为单位的超时设置。如果在指定的超时时间内未获得锁，则该函数的返回值为 0。如果获得锁，则返回 1。如果超时设置为负数，则函数将无限期地等待下去，直到锁可用为止。
- **IS_FREE_LOCK(name)**：检查指定的锁是否可用。如果可用，返回值为 1。否则返回 0。
- **IS_USED_LOCK(name)**：该函数与 IS_FREE_LOCK()正好相反。如果锁正在被使用中(不可用)，则该函数返回持有锁的连接的 id；如果锁没有被使用(可用)，则返回 NULL。
- **RELEASE_ALL_LOCKS()**：释放该连接持有的所有用户级别锁。返回值为释放的锁的数量。
- **RELEASE_LOCK(name)**：使用提供的名称来释放锁。如果释放了锁，则返回值为 1；如果存在该锁，但不为当前连接所持有，则返回 0；如果不存在该锁，则返回 NULL。

可通过多次调用 GET_LOCK()来获取多个锁。如果这样做的话，请务必确保所有的用户都能以相同顺序获得锁，否则就可能出现死锁。如果发生死锁，则返回 ER_USER_LOCK_DEADLOCK 错误(错误代码 3058)。代码清单 18-1 列举了一个示例。

代码清单 18-1 用户级别锁的死锁示例

```
-- 连接 1
Connection 1> SELECT GET_LOCK('my_lock_1', -1);
+--------------------------+
| GET_LOCK('my_lock_1', -1) |
+--------------------------+
| 1                        |
+--------------------------+
1 row in set (0.0100 sec)

-- 连接 2
Connection 2> SELECT GET_LOCK('my_lock_2', -1);
+--------------------------+
| GET_LOCK('my_lock_2', -1) |
+--------------------------+
| 1                        |
+--------------------------+
1 row in set (0.0006 sec)

Connection 2> SELECT GET_LOCK('my_lock_1', -1);

-- 连接 1
Connection 1> SELECT GET_LOCK('my_lock_2', -1);
ERROR: 3058: Deadlock found when trying to get user-level lock; try rolling
back transaction/releasing locks and restarting lock acquisition.
```

在上例中，当连接 2 尝试获取 my_lock_1 锁时，该语句将被阻塞，直到连接 1 尝试获取 my_lock_2 锁从而触发死锁。如果要获得多个锁，则需要考虑死锁的情况。注意，对于用户级别的锁，死锁不会触发事务回滚。

可以在 performance_schema.metadata_locks 表中通过将 OBJECT_TYPE 设置为 USER LEVEL LOCK 来查找已被授予或挂起的用户级别锁。如代码清单 18-2 所示，这里列出的锁假定你已不处于代码清单 18-1 所触发的死锁情况。注意，这里看到的某些值(如 OBJECT_INSTANCE_BEGIN)会与你的环境有所不同。

代码清单 18-2 列出用户级别锁

```
mysql> SELECT *
         FROM performance_schema.metadata_locks
        WHERE OBJECT_TYPE = 'USER LEVEL LOCK'\G
*************************** 1. row ***************************
          OBJECT_TYPE: USER LEVEL LOCK
        OBJECT_SCHEMA: NULL
          OBJECT_NAME: my_lock_1
          COLUMN_NAME: NULL
OBJECT_INSTANCE_BEGIN: 2600542870816
            LOCK_TYPE: EXCLUSIVE
        LOCK_DURATION: EXPLICIT
          LOCK_STATUS: GRANTED
               SOURCE: item_func.cc:4840
      OWNER_THREAD_ID: 76
```

```
        OWNER_EVENT_ID: 33
*************************** 2. row ***************************
           OBJECT_TYPE: USER LEVEL LOCK
         OBJECT_SCHEMA: NULL
           OBJECT_NAME: my_lock_2
           COLUMN_NAME: NULL
OBJECT_INSTANCE_BEGIN: 2600542868896
             LOCK_TYPE: EXCLUSIVE
         LOCK_DURATION: EXPLICIT
           LOCK_STATUS: GRANTED
                SOURCE: item_func.cc:4840
       OWNER_THREAD_ID: 62
        OWNER_EVENT_ID: 25
*************************** 3. row ***************************
           OBJECT_TYPE: USER LEVEL LOCK
         OBJECT_SCHEMA: NULL
           OBJECT_NAME: my_lock_1
           COLUMN_NAME: NULL
OBJECT_INSTANCE_BEGIN: 2600542870336
             LOCK_TYPE: EXCLUSIVE
         LOCK_DURATION: EXPLICIT
           LOCK_STATUS: PENDING
                SOURCE: item_func.cc:4840
       OWNER_THREAD_ID: 62
        OWNER_EVENT_ID: 26
3 rows in set (0.0086 sec)
```

对于用户级别的锁，其 OBJECT_TYPE 为 USER LEVEL LOCK，LOCK_DURATION 为 EXPLICIT，具体取决于用户或应用程序是否会再次释放锁。在查询结果的第 1 行中，已将 my_lock_1 锁授予 id 为 76 的线程。在第 3 行中，id 为 62 的线程(挂起)正在等待该锁。该线程持有一个已被授予的锁，具体信息见第 2 行。

下面我们首先探讨刷新锁。

18.3.2　刷新锁

大部分执行过备份的人都熟悉刷新锁。除非你添加 WITH READ LOCK，否则在使用 FLUSH TABLE 语句的整个过程中都将使用刷新锁。一旦你添加了 WITH READ LOCK，则会持有共享(读取)锁，直到明确释放为止。此外，在 ANALYZE TABLE 语句的末尾也会触发隐式的表刷新操作。刷新锁是表级锁，稍后探讨显示锁的时候将详细介绍 FLUSH TABLE WITH READ LOCK。

刷新锁遇到的常见问题是查询长时间运行。只要存在打开表的查询，FLUSH TABLE 语句就无法对表进行刷新。这意味着，如果在长时间运行的查询中使用了一个或多个要刷新的表来执行 FLUSH TABLE 语句，该刷新语句将阻塞需要这些表的其他任意语句，直到锁释放为止。

刷新锁受 lock_wait_timeout 设置的约束，如果获取锁的时间超过了该参数的设置，MySQL 将放弃该锁。如果取消掉 FLUSH TABLE 语句，则也是如此。但由于 MySQL 的内部结构所致，在长时间运行的查询完成之前，一种被称为表定义缓存(Table Definition Cache，TDC)的低级锁往往是无法被释放的(请参阅 https://bugs.mysql.com/bug.php?id=44884)。这意味着能确保锁问题被解决的唯一方法是取消长时间运行的查询。但需要注意，如果该查询更改了很多行，则其回滚操作也需要很长时间。

当执行刷新锁时存在锁争用，则 FLUSH TABLE 语句和随后执行的其他查询的状态将被设置为“等待表刷新(Waiting for table flush)”。代码清单 18-3 中的示例涉及三个查询。如果你想重现这一示例，请先执行三个查询，并将其设置成 Connection N>，其中 N 为 1、2 或 3，表示三个不同的连接。对 sys.session 的查询是在第四个连接中完成的。并且所有查询必须在第一个查询完成(需要三分钟)之前执行。

代码清单 18-3 等待刷新锁的一个示例

```
-- 连接 1
Connection 1> SELECT *, SLEEP(180) FROM world.city WHERE ID = 130;

-- 连接 2
Connection 2> FLUSH TABLES world.city;

-- 连接 3
Connection 3> SELECT * FROM world.city WHERE ID = 201;

-- 连接 4
Connection 4> SELECT thd_id, conn_id, state,
                     current_statement
                  FROM sys.session
                WHERE current_statement IS NOT NULL
                     AND thd_id <> PS_CURRENT_THREAD_ID()\G
*************************** 1. row ***************************
           thd_id: 61
          conn_id: 21
            state: User sleep
current_statement: SELECT *, SLEEP(180) FROM world.city WHERE ID = 130
*************************** 2. row ***************************
           thd_id: 62
          conn_id: 22
            state: Waiting for table flush
current_statement: FLUSH TABLES world.city
*************************** 3. row ***************************
           thd_id: 64
          conn_id: 23
            state: Waiting for table flush
current_statement: SELECT * FROM world.city WHERE ID = 201
3 rows in set (0.0598 sec)
```

本示例使用了 sys.sessions 视图。当然你使用 performance_schema.threads 或 SHOW PROCESSLIST 也可获得类似结果。为让输入只包含与刷新锁相关的查询，这里将当前线程和未执行查询的线程都过滤掉了。

conn_id=21 的连接正在执行使用 world.city 表的慢速查询，使用了 SLEEP(180)。conn_id=22 的连接对 world.city 表执行 FLUSH TBALE 语句。由于第一个查询仍然使用打开状态的表(查询完成后才会释放表)，因此 FLUSH TBALE 语句最终需要等待该表的刷新锁。最后，conn_id=23 的连接尝试查询表，但也要等待 FLUSH TBALE 语句的完成。

另一种非表级锁是元数据锁。

18.3.3 元数据锁

元数据锁是 MySQL 中较新的锁类型之一，是在 MySQL 5.5 中引入的，目的是保护方案，从而确保当查询或事务依赖于方案时，该方案信息保持不变。元数据锁虽然在表级别上工作，但应该将其视为表级锁的独立类型，因为它不会保护表中的数据。

SELECT 语句和 DML 查询使用共享的元数据锁，DML 也会独占锁。在首次使用表时，连接会在表上获取元数据锁，并持有该锁，直到事务结束。持有元数据锁后，就不会允许其他连接更改表的方案定义了。但执行 SELECT 语句和 DML 语句的其他连接则不受限制。通常，关于元数据锁的最大难题是空闲事务，这会阻止 DML 语句开始工作。

如果在使用元数据锁时遇到冲突，则会在进程列表中看到查询状态被设置为“等待表元数据锁(Waiting for table metadata lock)”。代码清单 18-4 列举了一个示例，其中包含要执行的查询。

代码清单 18-4　等待表元数据锁的一个示例

```
-- 连接 1
Connection 1> SELECT CONNECTION_ID();
+-----------------+
| CONNECTION_ID() |
+-----------------+
|             21  |
+-----------------+
1 row in set (0.0003 sec)

Connection 1> START TRANSACTION;
Query OK, 0 rows affected (0.0003 sec)

Connection 1> SELECT * FROM world.city WHERE ID = 130\G
*************************** 1. row ***************************
         ID: 130
       Name: Sydney
CountryCode: AUS
   District: New South Wales
 Population: 3276207
1 row in set (0.0005 sec)

-- 连接 2
Connection 2> SELECT CONNECTION_ID();
+-----------------+
| CONNECTION_ID() |
+-----------------+
|             22  |
+-----------------+
1 row in set (0.0003 sec)

Connection 2> OPTIMIZE TABLE world.city;

-- 连接 3
Connection 3> SELECT thd_id, conn_id, state,
current_statement,
last_statement
FROM sys.session
WHERE conn_id IN (21, 22)\G
*************************** 1. row ***************************
           thd_id: 61
          conn_id: 21
            state: NULL
current_statement: SELECT * FROM world.city WHERE ID = 130
   last_statement: SELECT * FROM world.city WHERE ID = 130
*************************** 2. row ***************************
           thd_id: 62
```

```
           conn_id: 22
             state: Waiting for table metadata lock
current_statement: OPTIMIZE TABLE world.city
   last_statement: NULL
2 rows in set (0.0549 sec)
```

在此示例中，conn_id=21 的连接正在执行事务，并在上一条语句中查询了 world.city 表(本例中的当前语句也是如此，在执行下一条语句后，才会将其清除)。在事务仍然处于活动状态时，conn_id=22 的连接执行了 OPTIMIZE TABLE 语句，该语句会等待元数据锁(是的，OPTIMIZE TABLE 语句虽然不会更改方案的定义，但其作为 DDL 语句，仍然需要元数据锁)。

当引起元数据锁的是当前语句或最后一条语句时，情况就比较简单。在更一般的情况下，可将 performance_schema.metadata_locks 表的 OBJECT_TYPE 列设置为 TABLE，从而查找已授予的、挂起的元数据锁信息。代码清单 18-5 与上一示例的步骤相同。关于元数据锁的更多内容，我们将在第 22 章中进行探讨。

代码清单 18-5　元数据锁示例

```
-- 连接 3
Connection 3> SELECT *
                FROM performance_schema.metadata_locks
               WHERE OBJECT_SCHEMA = 'world'
                     AND OBJECT_NAME = 'city'\G
*************************** 1. row ***************************
          OBJECT_TYPE: TABLE
        OBJECT_SCHEMA: world
          OBJECT_NAME: city
          COLUMN_NAME: NULL
OBJECT_INSTANCE_BEGIN: 2195760373456
            LOCK_TYPE: SHARED_READ
        LOCK_DURATION: TRANSACTION
          LOCK_STATUS: GRANTED
               SOURCE: sql_parse.cc:6014
      OWNER_THREAD_ID: 61
       OWNER_EVENT_ID: 53
*************************** 2. row ***************************
          OBJECT_TYPE: TABLE
        OBJECT_SCHEMA: world
          OBJECT_NAME: city
          COLUMN_NAME: NULL
OBJECT_INSTANCE_BEGIN: 2194784109632
            LOCK_TYPE: SHARED_NO_READ_WRITE
        LOCK_DURATION: TRANSACTION
          LOCK_STATUS: PENDING
               SOURCE: sql_parse.cc:6014
      OWNER_THREAD_ID: 62
       OWNER_EVENT_ID: 26
2 rows in set (0.0007 sec)
-- 连接 1
Connection 1> ROLLBACK;
Query OK, 0 rows affected (0.0003 sec)
```

在上例中，id 为 61(与 sys.sessions 输出中的 conn_id=22 相同)的线程由于正在执行的事务，在表 world.city 上持有一个共享的读取锁；而 id 为 62 的线程正在等待锁，从而尝试在该表上执行 DDL 语句。

元数据锁的一种特殊情况是使用 LOCK TABLE 语句来显式地获取锁。

18.3.4 显式表锁

通过 LOCK TABLE 和 FLUSH TABLE WITH READ LOCK 语句获得显式表锁。使用 LOCK TABLE 语句，可以获得共享锁或独占锁。FLUSH TABLE WITH READ LOCK 则始终使用共享锁。这样，这些表就会被锁定，直到使用 UNLOCK TABLE 语句来显式释放为止。当执行 FLUSH TABLE WITH READ LOCK 语句而没有列出任何表名时，则会使用全局读取锁(即影响所有的表)。尽管这些锁也可以保护数据，但在 MySQL 中，它们仍被视为元数据锁。

除了在备份时使用的 FLUSH TABLE WITH READ LOCK 外，显式表锁通常不会和 InnoDB 一起使用。凭借 InnoDB 卓越的锁功能，大多数情况下都能够更好地处理锁问题。但是，如果你确实需要锁住整张表，那么使用显式锁就很有用。因为对于 MySQL 而言，使用这种锁的开销很低。

这样的一个示例就是，在 world.country 表和 world.countrylanguage 表上有显式的读取锁，而在 world.city 表上有写入锁：

```
mysql> LOCK TABLES world.country READ,
                   world.countrylanguage READ,
                   world.city WRITE;
Query OK, 0 rows affected (0.0500 sec)
```

当你使用显式锁时，则只允许根据你请求的锁来使用已锁定的表。这就意味着，如果你使用读取锁并尝试写入表(ER_TABLE_NOT_LOCKED_FOR_WRITE)，或尝试使用未锁定的表(ER_TABLE_NOT_LOCKED)，就会遇到错误，例如：

```
mysql> UPDATE world.country
            SET Population = Population + 1
          WHERE Code = 'AUS';
ERROR: 1099: Table 'country' was locked with a READ lock and can't be
updated
mysql> SELECT *
         FROM sakila.film
        WHERE film_id = 1;
ERROR: 1100: Table 'film' was not locked with LOCK TABLES
```

由于显式锁也被视为元数据锁，因此其在 performance_schema.metadata_locks 表中的症状和信息均与隐式元数据锁相同。

另一种被隐式处理的表级锁通常称为表锁。

18.3.5 隐式表锁

在对表执行查询操作时，MySQL 会使用隐式表锁。表锁主要用于刷新、元数据以及显式锁，在其他方面对 InnoDB 并没有太大用处，因为 InnoDB 会使用记录锁来实现对表的并发访问，只要这些事务不修改相同的行即可。

但是，InnoDB 确实在表级别使用了意向锁的概念。由于在处理锁问题时你可能会遇到它们，因此有必要先熟悉一下。如第 18.2 节中所探讨的那样，意向锁标记了事务的意图。如果使用了显式的 LOCK TABLES 语句，将直接使用你请求的访问级别锁定该表。

对于事务获取的锁，首先会获取意向锁，然后在需要时对其进行升级。要获得共享锁，事务首先要获取意向共享锁，然后获取共享锁。类似地，对于独占锁，也要首先获取意向排他锁。意向锁的一些示例如下：

- SELECT … FOR SHARE 语句在要查询的表上使用意向共享锁。SELECT … LOCK IN SHARED MODE 是同义词。
- SELECT … FOR UPDATE 语句在查询的表上使用意向排他锁。
- DML 语句(不包含 SELECT)对修改的表使用意向排他锁。如果修改了外键列，则会在父表上使用意向共享锁。

两个意向锁之间始终互相兼容。这意味着即使一个事务持有了意向排他锁，也不会阻止另一个事务获得意向锁。但它会阻止其他事务将该意向锁升级为完全锁。表 18-1 列出了不同锁类型之间的兼容性。共享锁表示为 S，排他锁表示为 X。意向锁将 I 为前缀，因此 IS 就是意向共享锁，而 IX 就是意向排他锁。

表 18-1 InnoDB 中锁之间的兼容性

	排他锁(X)	意向排他锁(IX)	共享锁(S)	意向共享锁(IS)
排他锁(X)	不兼容	不兼容	不兼容	不兼容
意向排他锁(IX)	不兼容	兼容	不兼容	兼容
共享锁(S)	不兼容	不兼容	兼容	兼容
意向共享锁(IS)	不兼容	兼容	兼容	兼容

从上表可知，对于意向锁，唯一不兼容的是排他锁和共享锁。排他锁与其他所有的锁(包含两种意向锁)都冲突。共享锁则只与排他锁和意向排他锁冲突。

为什么意向锁是必要的？因为它们允许 InnoDB 按照顺序来处理锁请求，并且不会阻止那些兼容的操作。当然，详细的探讨不在这里的讨论范围之内。但重要的是，你需要知道它们的存在。因此，当你看到意向锁时，就会知道它们来自哪里。

可在 performance_schema.data_locks 表上找到表级锁，此时需要将 LOCK_TYPE 列设置为 TABLE。代码清单 18-6 显示了一个意向共享锁的示例。

代码清单 18-6 InnoDB 中意向共享锁的示例

```
-- 连接 1
Connection 1> START TRANSACTION;
Query OK, 0 rows affected (0.0003 sec)
Connection 1> SELECT *
               FROM world.city
              WHERE ID = 130
                FOR SHARE;
Query OK, 1 row affected (0.0010 sec)

-- 连接 2
Connection 2> SELECT *
FROM performance_schema.data_locks
WHERE LOCK_TYPE = 'TABLE'\G
*************************** 1. row ***************************
               ENGINE: INNODB
       ENGINE_LOCK_ID: 2195098223824:1720:2195068346872
ENGINE_TRANSACTION_ID: 283670074934480
            THREAD_ID: 61
             EVENT_ID: 81
        OBJECT_SCHEMA: world
          OBJECT_NAME: city
```

```
         PARTITION_NAME: NULL
      SUBPARTITION_NAME: NULL
             INDEX_NAME: NULL
  OBJECT_INSTANCE_BEGIN: 2195068346872
              LOCK_TYPE: TABLE
              LOCK_MODE: IS
            LOCK_STATUS: GRANTED
              LOCK_DATA: NULL
1 row in set (0.0354 sec)

-- 连接 1
Connection 1> ROLLBACK;
Query OK, 0 rows affected (0.0003 sec)
```

该示例显示了 world.city 表上的意向共享锁。请注意，这里将 ENGINE 设置为 INNODB，将 LOCK_DATA 设置为 NULL。当然，如果你也执行了相同的查询，那么 ENGINE_LOCK_ID、ENGINE_TRANSACTION_ID 以及 OBJECT_INSTANCE_BEGIN 也可能会有所不同。

如前所述，InnoDB 的主要访问保护级别为“记录”，因此我们来看一下记录锁。

18.3.6　记录锁

记录锁通常也称为行锁。但它又不仅包含行锁，也包括索引锁和 gap(间隙锁)锁。这些就是通常谈论 InnoDB 锁时会用到的锁。它们都是细粒度的锁，旨在只锁定最少量的数据，同时仍能确保数据的完整性。

记录锁可以是共享或者排他的，并且只影响事务访问的行和索引。排他锁的持续时间通常是带有异常的事务。例如，被标记了删除的记录用于 INSERT INTO … ON DUPLICATE KEY 和 REPLACE 语句中的唯一性检查等。对于共享锁，持续时间则由事务的隔离级别确定，如 18.5.4 节所述。

可使用 performance_schema.data_locks 表来查找记录锁，也可基于该表在表级别查找意向锁。代码清单 18-7 显示了使用二级索引 CountryCode 更新 world.city 表行的锁示例。

代码清单 18-7　InnoDB 中的记录锁示例

```
-- 连接 1
Connection 1> START TRANSACTION;
Query OK, 0 rows affected (0.0003 sec)

Connection 1> UPDATE world.city
                 SET Population = Population + 1
               WHERE CountryCode = 'LUX';
Query OK, 1 row affected (0.0009 sec)

Rows matched: 1 Changed: 1 Warnings: 0
-- 连接 2
Connection 2> SELECT *
                FROM performance_schema.data_locks\G
*************************** 1. row ***************************
                 ENGINE: INNODB
         ENGINE_LOCK_ID: 2195098223824:1720:2195068346872
  ENGINE_TRANSACTION_ID: 117114
              THREAD_ID: 61
               EVENT_ID: 121
```

```
          OBJECT_SCHEMA: world
            OBJECT_NAME: city
         PARTITION_NAME: NULL
      SUBPARTITION_NAME: NULL
             INDEX_NAME: NULL
  OBJECT_INSTANCE_BEGIN: 2195068346872
              LOCK_TYPE: TABLE
              LOCK_MODE: IX
            LOCK_STATUS: GRANTED
              LOCK_DATA: NULL
*************************** 2. row ***************************
                 ENGINE: INNODB
         ENGINE_LOCK_ID: 2195098223824:507:30:1112:2195068344088
  ENGINE_TRANSACTION_ID: 117114
              THREAD_ID: 61
               EVENT_ID: 121
          OBJECT_SCHEMA: world
            OBJECT_NAME: city
         PARTITION_NAME: NULL
      SUBPARTITION_NAME: NULL
             INDEX_NAME: CountryCode
  OBJECT_INSTANCE_BEGIN: 2195068344088
              LOCK_TYPE: RECORD
              LOCK_MODE: X
            LOCK_STATUS: GRANTED
              LOCK_DATA: 'LUX', 2452
*************************** 3. row ***************************
                 ENGINE: INNODB
         ENGINE_LOCK_ID: 2195098223824:507:20:113:2195068344432
  ENGINE_TRANSACTION_ID: 117114
              THREAD_ID: 61
               EVENT_ID: 121
          OBJECT_SCHEMA: world
            OBJECT_NAME: city
         PARTITION_NAME: NULL
      SUBPARTITION_NAME: NULL
             INDEX_NAME: PRIMARY
  OBJECT_INSTANCE_BEGIN: 2195068344432
              LOCK_TYPE: RECORD
              LOCK_MODE: X,REC_NOT_GAP
            LOCK_STATUS: GRANTED
              LOCK_DATA: 2452
*************************** 4. row ***************************
                 ENGINE: INNODB
         ENGINE_LOCK_ID: 2195098223824:507:30:1113:2195068344776
  ENGINE_TRANSACTION_ID: 117114
              THREAD_ID: 61
               EVENT_ID: 121
          OBJECT_SCHEMA: world
            OBJECT_NAME: city
         PARTITION_NAME: NULL
      SUBPARTITION_NAME: NULL
             INDEX_NAME: CountryCode
  OBJECT_INSTANCE_BEGIN: 2195068344776
              LOCK_TYPE: RECORD
              LOCK_MODE: X,GAP
```

```
          LOCK_STATUS: GRANTED
            LOCK_DATA: 'LVA', 2434
4 rows in set (0.0005 sec)

-- 连接 1
Connection 1> ROLLBACK;
Query OK, 0 rows affected (0.0685 sec)
```

上述示例中，第一行就是已经介绍过的意向排他表锁。第二行是 CountryCode 索引上的 next-key 锁(下一节介绍)，其值为('LUX'，2452)，其中'LUX'是 WHERE 子句中使用的国家代码，2452 是添加到二级索引的主键。id=2452 的城市是唯一与 WHERE 子句相匹配的城市，并且主键记录(行本身)显示在输出的第三行中。锁模式为 X,REC_NOT_GAP，这意味着它是对记录的独占锁，而非对 gap 的独占锁。

何为 gap？上述输出的第四行显示了一个示例。在 MySQL 中，gap 锁十分重要，我们有必要对它进行单独讨论。

18.3.7　gap 锁、next-key 锁以及预测锁

gap 锁用于保护两条记录之间的空间。它可以在簇聚索引的行中，也可以在二级索引中。在索引页的第一条记录之前，以及该页的最后一条记录之后，分别存在称为最低记录和最高记录的伪记录。gap 锁通常是引起最大混乱的锁类型。熟悉锁的最好方法就是研究锁相关的问题，并从中获得经验。

考虑上一个示例中的查询：

```
UPDATE world.city
  SET Population = Population + 1
WHERE CountryCode = 'LUX';
```

该语句将更改所有 CountryCode='LUX'的城市的人口数量。如果在更新和提交之间，又插入了新的城市记录，则会发生什么？如果 UPDATE 和 INSERT 语句执行的顺序相同，那么一切都很好。而若以相反顺序提交更改，则结果会出现不一致的情况。因为预期要插入的行也会被更新。

这就是 gap 锁发挥作用之处。它保护要插入的新记录(包括从别的位置移过来的记录)的空间，因此，直到持有 gap 锁的事务完成后才会更改。如果查看代码清单 18-7 的示例中的输出，可在第四行的最后一列看到一个 gap 锁的示例：

```
           INDEX_NAME: CountryCode
OBJECT_INSTANCE_BEGIN: 2195068344776
            LOCK_TYPE: RECORD
            LOCK_MODE: X,GAP
          LOCK_STATUS: GRANTED
            LOCK_DATA: 'LVA', 2434
```

这是 CountryCode 索引上的值('LVA', 2434)的排他 gap 锁。由于查询请求更新那些 CountryCode 为'LUX'的所有行，因此 gap 锁能够确保不会为'LUX'国家代码插入新的行。国家代码'LVA'是 CountryCode 索引中的下一个值，因此'LUX'和'LVA'之间的空间就受到排他锁的保护。而另一方面，你仍然可以使用 CountryCode='LVA'来插入新的城市记录。在某些地方，这被称为“记录之前的 gap”，使人们更容易理解 gap 锁的工作方式。

当你使用提交读(READ COMMITTED)这一事务隔离级别，而非重复读(REPEATABLE READ)或串行化(SERIALIZABLE)时，gap 锁的处理程度就要小得多。我们将在第 18.5.4 节进一步探讨。

与 gap 锁相关的是 next-key 锁和谓词锁。next-key 锁是记录锁和记录之前的空间上的 gap 锁的组合。这实际上是 InnoDB 中默认的锁类型，因此你在锁输出中只能看到 S 和 X。在本节和上一节讨论的示例中，CountryCode 索引上的值('LUX'，2452)和其前的空间是 next-key 锁的示例。代码清单 18-7 中从 performance_schema.data_locks 表输出的相关内容如下。

```
*************************** 2. row ***************************
          INDEX_NAME: CountryCode
           LOCK_TYPE: RECORD
           LOCK_MODE: X
         LOCK_STATUS: GRANTED
           LOCK_DATA: 'LUX', 2452
*************************** 3. row ***************************
          INDEX_NAME: PRIMARY
           LOCK_TYPE: RECORD
           LOCK_MODE: X,REC_NOT_GAP
         LOCK_STATUS: GRANTED
           LOCK_DATA: 2452
*************************** 4. row ***************************
          INDEX_NAME: CountryCode
           LOCK_TYPE: RECORD
           LOCK_MODE: X,GAP
         LOCK_STATUS: GRANTED
           LOCK_DATA: 'LVA', 2434
```

概括一下，第二行是 next-key 锁，第三行是主键(行)上的记录锁，第四行是'LUX'和'LVA'之间的 gap 锁(或 LVA 之前的 gap 锁)。谓词锁类似于 gap 锁，但它适用于无法进行绝对排序的空间索引，因此这里 gap 锁没有意义。对于重复读和串行化事务隔离级别中的空间索引，InnoDB 没有使用 gap 锁，而在用于查询的最小边界矩形(Minimum Bounding Rectangle，MBR)上创建了谓词锁。通过防止 MBR 中的数据更改，这就能实现一致的数据读取。

与记录相关的最后一种锁类型是插入意向锁。

18.3.8　插入意向锁

需要记住，对于表级锁，InnoDB 具有意向锁，从而用于确定事务以共享方式，还是独占方式来使用表。同样，InnoDB 在记录级别也具有插入意向锁。顾名思义，InnoDB 使用这些表锁和 INSERT 语句向其他事务发出信号。因此，该锁位于尚未创建的记录上(因此它就是一个 gap 锁)，而不是现有记录上。插入意向锁可增加插入操作的并发性。

除非 INSERT 语句正在等待授予锁，否则你不太可能在锁输出结果中看到插入意向锁。可通过在另一个事务中创建 gap 锁来阻止 INSERT 语句完成，从而让这种情况强制发生。代码清单 18-8 的示例在连接 1 中创建了一个 gap 锁，然后在连接 2 中尝试插入与 gap 锁冲突的行。最后，在连接 3 中查询与锁相关的信息。

代码清单 18-8　插入意向锁的示例

```
-- 连接 1
Connection 1> START TRANSACTION;
Query OK, 0 rows affected (0.0004 sec)

Connection 1> SELECT *
                FROM world.city
              WHERE ID > 4079
```

```
                 FOR UPDATE;
Empty set (0.0009 sec)

-- 连接 2
Connection 2> SELECT PS_CURRENT_THREAD_ID();
+------------------------+
| PS_CURRENT_THREAD_ID() |
+------------------------+
|                   62   |
+------------------------+
1 row in set (0.0003 sec)
Connection 2> START TRANSACTION;
Query OK, 0 rows affected (0.0003 sec)

Connection 2> INSERT INTO world.city
              VALUES (4080, 'Darwin', 'AUS',
                      'Northern Territory', 146000);

-- 连接 3
Connection 3> SELECT *
                FROM performance_schema.data_locks
               WHERE THREAD_ID = 62\G
*************************** 1. row ***************************
               ENGINE: INNODB
       ENGINE_LOCK_ID: 2195098220336:1720:2195068326968
ENGINE_TRANSACTION_ID: 117144
            THREAD_ID: 62
             EVENT_ID: 119
        OBJECT_SCHEMA: world
          OBJECT_NAME: city
       PARTITION_NAME: NULL
    SUBPARTITION_NAME: NULL
           INDEX_NAME: NULL
OBJECT_INSTANCE_BEGIN: 2195068326968
            LOCK_TYPE: TABLE
            LOCK_MODE: IX
          LOCK_STATUS: GRANTED
            LOCK_DATA: NULL
*************************** 2. row ***************************
               ENGINE: INNODB
       ENGINE_LOCK_ID: 2195098220336:507:29:1:2195068320072
ENGINE_TRANSACTION_ID: 117144
            THREAD_ID: 62
             EVENT_ID: 119
        OBJECT_SCHEMA: world
          OBJECT_NAME: city
       PARTITION_NAME: NULL
    SUBPARTITION_NAME: NULL
           INDEX_NAME: PRIMARY
OBJECT_INSTANCE_BEGIN: 2195068320072
            LOCK_TYPE: RECORD
            LOCK_MODE: X,INSERT_INTENTION
          LOCK_STATUS: WAITING
            LOCK_DATA: supremum pseudo-record

2 rows in set (0.0005 sec)
```

```
-- 连接 1
Connection 1> ROLLBACK;
Query OK, 0 rows affected (0.0004 sec)

-- 连接 2
Connection 2> ROLLBACK;
Query OK, 0 rows affected (0.0004 sec)
```

连接 2 的线程 id 为 62，因此在连接 3 中，就可以只查询该线程从而排除连接 1 占用的锁。但需要注意，对于记录锁，该锁模式包含 INSERT_INTENTION(插入意向锁)。在这种情况下，锁定的数据是最高的伪记录，但根据实际情况，也可以是主键的值。如果你回顾一下 next-key 锁的讨论，就知道 X 表示 next-key 锁。但这是一种特殊情况，因为该锁位于最高伪记录之上，并且不可能将其锁定，因此实际上，它只是最高伪记录之前空间上的 gap 锁。

另外，在插入数据时需要注意的另外一种锁是自增锁。

18.3.9 自增锁

将数据插入带有自动递增计数器的表中时，就有必要对计数器进行保护，以便确保两个事务都能获得唯一值。如果对二进制日志使用了基于语句的日志记录，则会受到进一步的限制，因为这将为所有的行重新创建自动递增值，但重放语句时的第一行记录除外。

InnoDB 支持三种锁模式，因此可根据需要来调整锁的数量。可使用 innodb_autoinc_lock_mode 选项来设置锁模式，该选项可使用的值为 0、1 和 2。其中 MySQL 8 中默认值为 2。它需要重启 MySQL 才能对这一设置进行更改。该值的含义在表 18-2 中列出。

表 18-2 innodb_autoinc_lock_mode 选项所支持的值

值	模式	描述
0	传统(traditional)	MySQL 5.0 及更早版本中的锁行为。锁将会保持到语句结束。因此将以可重复和连续的顺序来分配值
1	连续(consecutive)	对于那些在开始时就知道行数的 INSERT 语句，将在轻量级互斥量下分配所需的自动增量值数，从而避免自增锁。对于行数未知的语句，则采用自增锁并将其保持在语句末尾。这是 MySQL 5.7 及更早版本中的设置
2	交错(interleaved)	永远都不使用自增锁，并且可能插入并发插入的自增值。仅当禁用了二进制日志，或将 binlog_format 设置为 ROW 时，该模式才安全。它是 MySQL 8 中的默认值

innodb_autoinc_lock_mode 的值越高，则锁越少。要为此付出的代价就是需要增加自增值序列中的间隔，并且对于 innodb_autoinc_lock_mode=2 而言， 也增加了出现交错值的可能性。如果你使用基于行的二进制日志，且对连续的自增值没有特殊需求，建议将该选项设置为 2。

到此为止，我们就结束了对用户级别锁、元数据锁以及数据级别锁的探讨。当然，你还要了解其他几种锁，例如与备份相关的锁等。

18.3.10 备份锁

备份锁是实例级别的锁，也就是说，它会影响整个系统。它是 MySQL 8 中引入的新的锁类型。备份锁可阻止那些可能导致不一致备份的语句，同时仍然允许其他语句与备份语句并行执行。被阻止的语句包括：

- 创建、重命名或删除文件的语句。这包括 CREATE TABLE、CREATE TABLESPACE、RENAME TABLE 以及 DROP TABLE 等。
- 账户管理语句，如 CREATE USER、ALTER USER、DROP USER 和 GRANT 语句。
- 不会将其更改记录到重做日志的 DDL 语句。如添加索引等。

可使用 LOCK INSTANCE FOR BACKUP 语句来创建备份锁，然后使用 UNLOCK INSTANCE 语句来释放。它需要 BACKUP_ADMIN 权限才能执行 LOCK INSTANCE FOR BACKUP 语句。获取备份锁并释放的示例如下：

```
mysql> LOCK INSTANCE FOR BACKUP;
Query OK, 0 rows affected (0.00 sec)

mysql> UNLOCK INSTANCE;
Query OK, 0 rows affected (0.00 sec)
```

注意　在撰写本书时，使用 X 协议(通过 mysqlx_port 指定的端口或 mysqlx_socket 指定的套接字连接)时，不能使用或释放备份锁。如果你尝试执行此操作，将返回 ER_PLUGGABLE_PROTOCOL_COMMAND_NOT_SUPPORTED 错误，即 3130: Command not supported by pluggable protocols。

此外，持有备份锁还请求备份锁的语句也会出现冲突。由于 DDL 语句有时包含多个步骤(如在新文件中重建表并重命名文件等)，因此可在步骤之间释放备份锁，从而避免阻塞 LOCK INSTANCE FOR BACKUP 的时间超过必要的时间。

可在 performance_schema.metadata_locks 表中将 OBJECT_TYPE 列设置为 BACKUP LOCK 来查看备份锁。代码清单 18-9 显示了一个查询示例，该查询等待 LOCK INSTANCE FOR BACKUP 持有的备份锁。

代码清单 18-9　备份锁冲突示例

```
-- 连接 1
Connection 1> LOCK INSTANCE FOR BACKUP;
Query OK, 0 rows affected (0.00 sec)

-- 连接 2
Connection 2> OPTIMIZE TABLE world.city;
-- Connection 3

Connection 3> SELECT *
                FROM performance_schema.metadata_locks
              WHERE OBJECT_TYPE = 'BACKUP LOCK'\G
*************************** 1. row ***************************
          OBJECT_TYPE: BACKUP LOCK
        OBJECT_SCHEMA: NULL
          OBJECT_NAME: NULL
          COLUMN_NAME: NULL
OBJECT_INSTANCE_BEGIN: 2520402231312
            LOCK_TYPE: SHARED
        LOCK_DURATION: EXPLICIT
          LOCK_STATUS: GRANTED
               SOURCE: sql_backup_lock.cc:101
      OWNER_THREAD_ID: 49
       OWNER_EVENT_ID: 8
*************************** 2. row ***************************
```

```
            OBJECT_TYPE: BACKUP LOCK
          OBJECT_SCHEMA: NULL
            OBJECT_NAME: NULL
            COLUMN_NAME: NULL
  OBJECT_INSTANCE_BEGIN: 2520403183328
              LOCK_TYPE: INTENTION_EXCLUSIVE
          LOCK_DURATION: TRANSACTION
            LOCK_STATUS: PENDING
                 SOURCE: sql_base.cc:5400
        OWNER_THREAD_ID: 60
         OWNER_EVENT_ID: 19
2 rows in set (0.0007 sec)

-- 连接 1
Connection 1> UNLOCK INSTANCE;
Query OK, 0 rows affected (0.00 sec)
```

在该示例中，线程 id 为 49 的连接持有备份锁，线程 id 为 60 的连接正在等待备份锁。注意，LOCK INSTANCE FOR BACKUP 持有共享锁，而 DDL 语句请求意向排他锁。

与备份锁相关的是日志锁，它也已被引入，以减少备份期间的锁定情况。

18.3.11 日志锁

在创建备份时，通常需要包括与备份一致的日志位置的信息。在 MySQL 5.7 或更早版本中，在获取此信息时需要全局读取锁。因此在 MySQL 8 中，引入了日志锁，从而允许你读取信息，如 InnoDB 的全局事务 ID(GTID)、二进制日志的位置、日志序列号(LSN)等，而不必获得全局读取锁。

日志锁可阻止对日志相关信息执行更改的操作。在实践中，这意味着提交、刷新日志等操作。可通过查询 performance_schema.log_status 表来隐式获取日志锁的相关信息。不过需要 BACKUP_ADMIN 权限才能访问此表，代码清单 18-10 显示了 log_status 表的输出示例。

代码清单 18-10 log_status 表的输出示例

```
mysql> SELECT *
         FROM performance_schema.log_status\G
*************************** 1. row ***************************
    SERVER_UUID: 59e3f95b-e0d6-11e8-94e8-ace2d35785be
          LOCAL: {"gtid_executed": "59e3f95b-e0d6-11e8-94e8-
                 ace2d35785be:1-5343", "binary_log_file": "mysqlbin.
                 000033", "binary_log_position": 3874615}
    REPLICATION: {"channels": []}
STORAGE_ENGINES: {"InnoDB": {"LSN": 7888992157, "LSN_checkpoint":
                 7888992157}}
1 row in set (0.0004 sec)
```

我们总结了 MySQL 中主要的锁类型。接下来，让我们考虑一下，当一个查询请求锁但得不到时，会发生什么？

18.4 获取锁失败

引入锁的目的在于限制对对象或记录的访问，从而在并发执行时避免冲突。这意味着有时请求锁是得不到的，此时会发生什么？这取决于请求的锁和具体情况。元数据锁(包括显式请求的表锁)采用超时处理。InnoDB 记录锁支持超时处理和显式死锁检测。

注意　确定两个锁是否彼此兼容其实是一件很复杂的事情。这种关系是非对称的，也非常有趣。也就是说，已存在一个锁的情况下，也可以允许另一个锁；反之则未必如此。例如，插入意向锁必须等待 gap 锁，而 gap 锁却不必等待插入意向锁。另一个示例是 gap 加记录锁必须等待记录锁，插入意向锁必须先等待 gap 加记录锁，但是插入意向锁则不必等待记录锁等。

重要的是，你需要理解，在使用数据库时，获取锁失败是一种正常现象。原则上，可使用非常粗粒度的锁，并可避免超时以外的失败情况——这正是 MyISAM 存储引擎所做的事情。因此它的写入并发性就很差。但在实践中，为了允许较高的并发写入工作负载，最好使用细粒度的锁，当然，这可能导致出现死锁。

所以结论就是，你应该始终使应用程序准备好重试以获取锁，或者遭遇失败。无论是显式锁还是隐式锁，这一条都适用。

提示　应该始终准备处理失败情况并重新获取锁。未能获得锁并不是什么灾难性错误，通常也不应将其视为错误。也就是说，正如第 18.5 节中所述，在开发应用程序时，有一些值得考虑的用于减少锁争用的技术。

本章剩余内容将介绍表级别的超时、记录级别的超时以及 InnoDH 中的死锁等的相关细节。

18.4.1　元数据锁和备份锁等待超时

当你请求刷新锁、元数据锁或备份锁时，将在 lock_wait_timeout 秒之后超时。默认超时时间为 31 536 000 秒(365 天)。可动态设置 lock_wait_timeout 选项，也可在全局或会话级别设置。从而将其设置为符合给定过程的特殊需求。

如果发生超时，执行的语句将失败，并遇到 ER_LOCK_WAIT_TIMEOUT(错误代码1205)错误。例如：

```
mysql> LOCK TABLES world.city WRITE;
ERROR: 1205: Lock wait timeout exceeded; try restarting transaction
```

lock_wait_timeout 选项的设置取决于应用程序的要求。可以使用较小的值，来防止锁长时间阻止其他查询。通常，这要求你通过重新执行语句等方法来实现对请求锁失败的处理。而另一方面，设置为较大的值则可能避免对语句的重新执行。对于 FLUSH TABLE 语句，还需要记住，它会与较低级别的表定义缓存(TDC)版本锁进行交互，这可能意味着一旦放弃该语句，后续查询就无法继续了。这种情况下，最好为 lock_wait_timeout 设置一个较高的值，使锁之间的依赖关系更清晰。

18.4.2　InnoDB 锁等待超时

当查询请求 InnoDB 中的记录级别锁时，超时处理方式类似于刷新锁、元数据锁和备份锁的做法。由于记录级别的锁争用情况比表级别锁的争用情况更常见，而且记录级别锁还增加了发生死锁的可能性，因此其超时设置默认为 50 秒。可使用 innodb_lock_wait_timeout 选项进行设置，该选项可在全局或会话级别设置。

发生超时时，查询失败，然后显示 ER_LOCK_WAIT_TIMEOUT 错误(错误代码 1205)，就像表级别锁超时一样。代码清单 18-11 显示了一个 InnoDB 锁等待超时的示例。

代码清单 18-11 InnoDB 锁等待超时的示例

```
-- 连接 1
Connection 1> START TRANSACTION;
Query OK, 0 rows affected (0.0003 sec)

Connection 1> UPDATE world.city
                 SET Population = Population + 1
               WHERE ID = 130;
Query OK, 1 row affected (0.0005 sec)

Rows matched: 1 Changed: 1 Warnings: 0

-- 连接 2
Connection 2> SET SESSION innodb_lock_wait_timeout = 3;
Query OK, 0 rows affected (0.0004 sec)

Connection 2> UPDATE world.city
                 SET Population = Population + 1
               WHERE ID = 130;
ERROR: 1205: Lock wait timeout exceeded; try restarting transaction

-- 连接 1
Connection 1> ROLLBACK;
Query OK, 0 rows affected (0.0003 sec)
```

在此示例中，连接 2 的锁等待超时设置为 3 秒，因此不必等待 50 秒。

发生超时时，innodb_rollback_on_timeout 选项定义了回滚事务完成的工作量。如果禁用了这一选项(默认值)，则只回退触发超时的语句。如果启用该选项，则回滚整个事务。只能在全局级别设置该选项，而且只能在重启后设置。

警告 对锁等待超时的处理非常重要，不然可能使某些事务具有未释放的锁。如果发生这种情况，其他事务将无法获得所需的锁。

通常建议将 InnoDB 记录级别的锁的超时设置为较低的值。并且最好比默认的 50 秒低。查询等待锁的时间越长，则其他锁请求受到影响的可能性就越大，这样就会导致其他查询停滞。使死锁发生的可能性更高。如果禁用了死锁检测，则应该为 innodb_lock_wait_timeout 设置非常小的值，如 1～2 秒。你需要使用超时设置来检测死锁。如果没有启用死锁检测，则建议启用 innodb_rollback_on_timeout 选项。

18.4.3 死锁

死锁的名字听起来很可怕，但你不应该被它吓到。就像锁等待超时一样，死锁是高并发数据库世界中不可或缺的事实。其真正的含义是，锁请求之间存在循环关系。解开这个僵局的唯一方法是强制其中一方放弃锁请求。从这个意义上讲，死锁与锁等待超时并无不同。实际上，也可以禁用死锁检测，此时，其中一个锁最终将以等待超时而结束。

那么，既然不需要死锁，为何它还会发生呢？由于死锁是在锁请求之间存在循环关系时发生的，因此 InnoDB 可能在出现循环后立即检测到死锁。这样 InnoDB 就可以立即通知用户发生了死锁，而不必等待锁超时情况发生。当然，被告知有死锁发生其实也很有用，因为死锁通常提供了改善应用程序中数据访问的机会。因此，你应该将其视为朋友而非敌人。图 18-1 显示了两个事务查询同一张表导致出现死锁的示例。

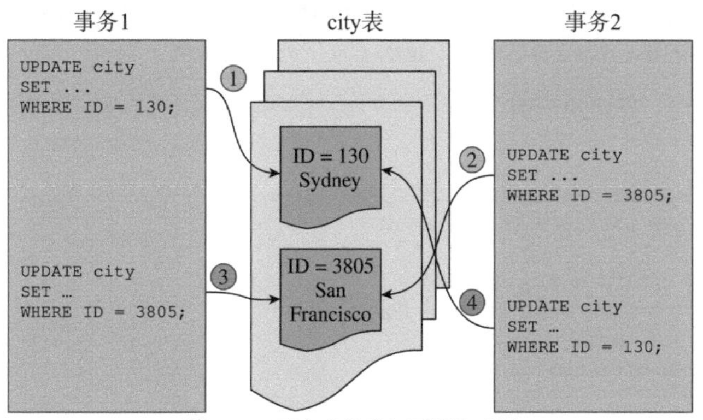

图 18-1　两个事务引起死锁的示例

在该示例中，事务 1 首先更新 ID=130 的行，然后更新 ID=3805 的行。在这两者之间，事务 2 先更新 ID=3805 的行，然后更新 ID=130 的行。当事务 1 尝试更新 ID=3805 的行时，事务 2 已对该行加了锁。事务 2 也无法执行，它无法获得 ID=130 的锁，因为事务 1 持有该行的锁。这是一个简单死锁的经典示例。图 18-2 显示了锁之间的环形锁定关系。

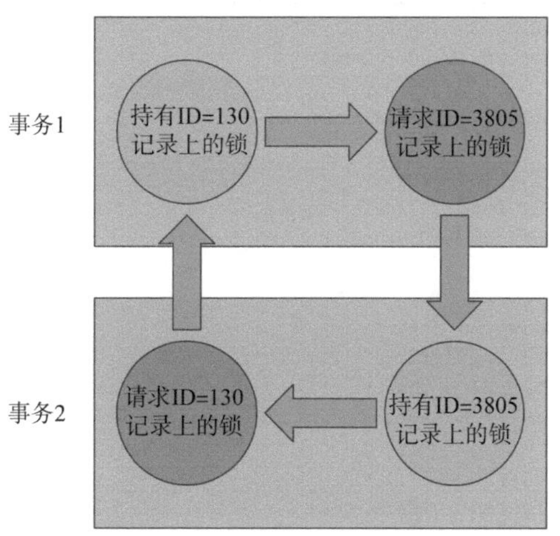

图 18-2　引起死锁的环形锁定关系

从上图可清晰地了解到事务 1 和 2 分别持有哪些锁，请求了哪些锁；在没有干预的情况下永远无法解决冲突，这就成为僵局。

但是在现实世界中，僵局往往更复杂。我们在这里探讨的示例只涉及主键记录锁。通常，还可涉及二级索引、gap 锁或其他可能的锁类型。当然也可能涉及两个以上的事务，但原理都是一样的。

注意　对于两个事务中的每个事务而言，有时甚至只有一个查询就可能发生死锁。如果一个查询以升序读取记录，而另一个查询以降序读取，则也可能出现死锁。

当发生死锁时，InnoDB 会选择“已完成工作量最少”的事务成为受害者。可在

information_schema.INNODB_TRX 视图中检查 trx_weight 列，来查看 InnoDB 使用的权重值(完成的工作量越多，权重值越高)。实际上，这意味着持有锁最少的事务将会回滚。此时，被选为受害者的事务中的查询将失败，并返回 ER_LOCK_DEADLOCK(错误代码 1213)错误。然后事务将回滚以释放尽可能多的锁。代码清单 18-12 显示了发生死锁的示例。

代码清单 18-12　死锁的示例

```
-- 连接 1
Connection 1> START TRANSACTION;
Query OK, 0 rows affected (0.0003 sec)

Connection 1> UPDATE world.city
                  SET Population = Population + 1
                 WHERE ID = 130;
Query OK, 1 row affected (0.0006 sec)

Rows matched: 1 Changed: 1 Warnings: 0

-- 连接 2
Connection 2> START TRANSACTION;
Query OK, 0 rows affected (0.0003 sec)

Connection 2> UPDATE world.city
                  SET Population = Population + 1
                 WHERE ID = 3805;
Query OK, 1 row affected (0.0006 sec)

Rows matched: 1 Changed: 1 Warnings: 0

Connection 2> UPDATE world.city
                  SET Population = Population + 1
                 WHERE ID = 130;

-- 连接 1
Connection 1> UPDATE world.city
                  SET Population = Population + 1
                 WHERE ID = 3805;
ERROR: 1213: Deadlock found when trying to get lock; try restarting transaction

Connection 1> ROLLBACK;
Query OK, 0 rows affected (0.0438 sec)

-- 连接 2
Connection 2> ROLLBACK;
Query OK, 0 rows affected (0.0438 sec)
```

大多数情况下，死锁检测都非常有效。它可以避免查询停滞时间超过必要的时间。当然，死锁检测也不是没有成本的。对于并发查询很高的 MySQL 实例，查找死锁的成本可能会很高。因此最好禁用死锁检测，这是通过将 innodb_deadlock_detect 选项设置为 OFF 来完成的。也就是说，在 MySQL 8.0.18 或者更高的版本中，死锁检测已经被转到专用的后台线程，从而提升性能。

如果你确实禁用了死锁检测，则建议将 innodb_lock_wait_timeout 设置为非常低的值(例如 1 秒)，从而实现对锁争用的快速检测。另外，也需要启用 innodb_rollback_on_timeout 选项来确保锁的释放。

现在，你已经了解了锁的工作方式以及锁请求是如何失败的，接下来需要考虑一下如何减少锁带来的影响了。

18.5 减少锁相关的问题

在编写应用程序并设计如何访问数据和方案时，需要将锁纳入考虑范围，这很重要。减少锁相关的问题，涉及的策略包括添加索引、更改事务隔离级别以及抢占锁等。

提示 不要无视对锁的优化。如果你只是偶尔遇到锁等待超时或死锁现象，那么最好重试查询或事务，而不是花费时间去避免这些问题。重试的频率取决于你的工作量。但对于大部分应用程序而言，每小时重试一次并不是什么问题。

18.5.1 事务大小与期限

减少锁问题的重要策略之一，就是让事务保持较小的状态，从而避免延迟，防止事务保持打开的时间超过必要的时间。锁问题最常见的原因是事务修改大量的行，或者活动时间超出需要。

事务的大小指事务完成的工作量，特别是它需要执行的锁数量。当然事务执行的时间也很重要。正如稍后讨论的那样，也可通过索引或事务隔离级别来减少一部分影响。但需要记住，整体结果也很重要。如果需要修改很多行，应当考虑是否可将工作分为较小的批处理，或是否真的需要将所有工作都放在同一事务中完成。也可将一些准备工作拆分出来，然后在主事务外执行。

事务的持续时间也很重要。一个常见问题是使用 autocommit=0 的连接。每次在没有活动事务的情况下执行查询(包括 SELECT)时，都会启动一个新事务，并且直到明确执行 COMMIT 或者 ROLLBACK(或关闭连接)后，该事务才会完成。某些连接器在默认情况下会禁用自动提交，因此你可能正处于这样的情况而未意识到，这就导致某些事务被错误地打开数个小时。

提示 请启用自动提交选项，除非你确实有特殊原因需要禁用它。启用自动提交后，InnoDB 还可将很多 SELECT 查询视为只读事务，从而减少查询的开销。

另外一个问题是，在事务处于活动状态时又启动一个事务，并在应用中执行慢速操作。这些操作可以是给用户发回数据、交互式提示或文件 I/O。请确保在执行这些慢速操作时，MySQL 中没有打开的活动事务。

18.5.2 索引

索引减少了访问给定行所要执行的工作量。索引是减少锁问题的好工具，因为只有在执行查询时才会锁定访问的记录。

考虑一个简单示例，查询 world.city 表中名为 Sydney 的城市：

```
START TRANSACTION;

SELECT *
   FROM world.city
  WHERE Name = 'Sydney'
   FOR SHARE;
```

FOR SHARE 选项用于强制查询对读取的记录添加共享锁。默认情况下，Name 列上没有索引，因此查询将执行全表扫描来查找所有的行。如果没有索引，该查询将需要 4103 个记录锁(有些是

重复的):

```
mysql> SELECT INDEX_NAME, LOCK_TYPE,
              LOCK_MODE, COUNT(*)
         FROM performance_schema.data_locks
        WHERE OBJECT_SCHEMA = 'world'
              AND OBJECT_NAME = 'city'
         GROUP BY INDEX_NAME, LOCK_TYPE, LOCK_MODE;
+------------+-----------+-----------+----------+
| INDEX_NAME | LOCK_TYPE | LOCK_MODE | COUNT(*) |
+------------+-----------+-----------+----------+
| NULL       | TABLE     | IS        | 1        |
| PRIMARY    | RECORD    | S         | 4103     |
+------------+-----------+-----------+----------+
2 rows in set (0.0210 sec)
```

如果你在 Name 列上添加了索引，则锁的数量将减少到总共 3 个记录锁：

```
mysql> SELECT INDEX_NAME, LOCK_TYPE,
              LOCK_MODE, COUNT(*)
         FROM performance_schema.data_locks
        WHERE OBJECT_SCHEMA = 'world'
              AND OBJECT_NAME = 'city'
        GROUP BY INDEX_NAME, LOCK_TYPE, LOCK_MODE;
+------------+-----------+---------------+----------+
| INDEX_NAME | LOCK_TYPE | LOCK_MODE     | COUNT(*) |
+------------+-----------+---------------+----------+
| NULL       | TABLE     | IS            | 1        |
| Name       | RECORD    | S             | 1        |
| PRIMARY    | RECORD    | S,REC_NOT_GAP | 1        |
| Name       | RECORD    | S,GAP         | 1        |
+------------+-----------+---------------+----------+
4 rows in set (0.0005 sec)
```

另一方面，更多索引也提供了更多的访问相同行的方式，这可能增加死锁的数量。

18.5.3 记录访问顺序

需要确保你尽可能以相同的顺序来访问记录，从而执行不同的事务。在本章前面讨论的死锁示例中，导致死锁的原因是两个事务以相反顺序访问记录。如果它们以相同顺序访问记录，就不会发生死锁了。当你访问不同表中的记录时，这一条也适用。

当然，确保相同的访问顺序并非易事。当你执行联接，而且优化器为两个查询确定了不同的联接顺序时，这也可能导致不同的访问顺序。如果不同的联接顺序会导致过多的锁问题，则可考虑使用第 17 章中介绍的优化器提示来告诉优化器更改联接顺序，不过在这个时候，你可不要忘了性能问题。

18.5.4 事务隔离级别

InnoDB 支持数种事务隔离级别。不同的隔离级别具有不同的锁要求；尤其是可重复读和串行化，它们要求的锁比提交读更多。

提交读这一事务隔离级别可通过两种方式来帮助解决锁问题。其采用的 gap 锁要少得多，对于在 DML 语句期间受到访问但未修改的行，在语句完成后即可释放锁。而对于可重复读以及串行化而言，锁仅在事务结束时才释放。

注意　人们常说，提交读事务隔离级别没有 gap 锁，这是不正确的。尽管它使用的 gap 锁要少得多，但是仍然需要，例如，InnoDB 在进行页拆分并将其作为更新操作的一部分时就要用到 gap 锁。

考虑如下一个示例，这里使用 CountryCode 列来修改 Sydney 的人口数量，从而将查询限制到一个国家内。可使用如下查询来完成此操作：

```
START TRANSACTION;

UPDATE world.city
   SET Population = 5000000
  WHERE Name = 'Sydney'
   AND CountryCode = 'AUS';
```

这里，Name 列上没有索引，但 CountryCode 列上有。因此，该更新操作需要对 CountryCode 索引的一部分进行扫描。代码清单 18-13 显示了在可重复读隔离级别下，执行查询的示例。

代码清单 18-13　可重复读事务隔离级别下持有的锁

```
-- 连接 1
Connection 1> SET transaction_isolation = 'REPEATABLE-READ';
Query OK, 0 rows affected (0.0003 sec)

Connection 1> START TRANSACTION;
Query OK, 0 rows affected (0.0003 sec)

Connection 1> UPDATE world.city
                 SET Population = 5000000
                WHERE Name = 'Sydney'
                 AND CountryCode = 'AUS';
Query OK, 1 row affected (0.0005 sec)

Rows matched: 1 Changed: 1 Warnings: 0

-- 连接 2
Connection 2> SELECT INDEX_NAME, LOCK_TYPE,
                 LOCK_MODE, COUNT(*)
               FROM performance_schema.data_locks
              WHERE OBJECT_SCHEMA = 'world'
                 AND OBJECT_NAME = 'city'
              GROUP BY INDEX_NAME, LOCK_TYPE, LOCK_MODE;
+-------------+-----------+---------------+----------+
| INDEX_NAME  | LOCK_TYPE | LOCK_MODE     | COUNT(*) |
+-------------+-----------+---------------+----------+
| NULL        | TABLE     | IX            | 1        |
| CountryCode | RECORD    | X             | 14       |
| PRIMARY     | RECORD    | X,REC_NOT_GAP | 14       |
| CountryCode | RECORD    | X,GAP         | 1        |
+-------------+-----------+---------------+----------+
4 rows in set (0.0007 sec)
Connection 1> ROLLBACK;
Query OK, 0 rows affected (0.0725 sec)
```

每个 CountryCode 索引和主键都持有 14 个记录锁，CountryCode 索引还持有 1 个 gap 锁。将其与提交读事务隔离级别中执行查询后持有的锁进行比较，如代码清单 18-14 所示。

代码清单 18-14　提交读事务隔离级别下持有的锁

```
-- 连接 1
Connection 1> SET transaction_isolation = 'READ-COMMITTED';
Query OK, 0 rows affected (0.0003 sec)

Connection 1> START TRANSACTION;
Query OK, 0 rows affected (0.0003 sec)

Connection 1> UPDATE world.city
                 SET Population = 5000000
                WHERE Name = 'Sydney'
                 AND CountryCode = 'AUS';
Query OK, 1 row affected (0.0005 sec)
Rows matched: 1 Changed: 1 Warnings: 0

-- 连接 2
Connection 2> SELECT INDEX_NAME, LOCK_TYPE,
                 LOCK_MODE, COUNT(*)
             FROM performance_schema.data_locks
            WHERE OBJECT_SCHEMA = 'world'
                 AND OBJECT_NAME = 'city'
            GROUP BY INDEX_NAME, LOCK_TYPE, LOCK_MODE;
+-------------+-----------+---------------+----------+
| INDEX_NAME  | LOCK_TYPE | LOCK_MODE     | COUNT(*) |
+-------------+-----------+---------------+----------+
| NULL        | TABLE     | IX            | 1        |
| CountryCode | RECORD    | X,REC_NOT_GAP | 1        |
| PRIMARY     | RECORD    | X,REC_NOT_GAP | 1        |
+-------------+-----------+---------------+----------+
3 rows in set (0.0006 sec)
Connection 1> ROLLBACK;
Query OK, 0 rows affected (0.0816 sec)
```

这里，记录锁减少，仅有 CountryCode 索引和主键上的单个锁，且没有 gap 锁。

注意，并非所有工作负载都可使用提交读这一事务隔离级别。如果必须让 SELECT 语句在同一事务中多次执行时返回相同的结果，或者必须让不同查询在时间上对应于同一快照，则必须使用可重复读或串行化事务隔离级别。但很多情况下，可选择降低事务隔离级别，并为不同的事务设置不同的隔离级别。如果你的应用程序是从 Oracle 数据库迁移过来的，它就已经使用了提交读，也可在 MySQL 中使用这一隔离级别。

18.5.5 抢占锁

我们讨论的最后一种锁策略是抢占锁。如果你有一个复杂查询，它需要执行多个查询，则某些情况下，可执行 SELECT … FOR UPDATE 或 SELECT … FOR SHARE 查询来提前锁定那些在后面的事务中将使用的记录。另外，在需要确保以相同顺序来执行不同任务时，也可以使用抢占锁。

抢占锁对于减少死锁的频率极为有效。但它的缺点之一是你持有这些锁的时间会更长。总体而言，抢占锁是一种需要谨慎使用的锁策略，但如果使用得当，它可有效地防止死锁。

本章最后回顾一下如何监控锁。

18.6　监控锁

之前已经列举过一些查询涉及持有锁的示例。本节将回顾之前提到的内容，然后介绍一些新内容。第 22 章将通过研究锁问题的一些示例来进一步讨论。对锁的监控涉及的选项可分为四组：performance 库、sys 库、状态指标以及 InnoDB 锁监控。

18.6.1　performance 库

performance 库提供了死锁外的所有锁信息来源。你不仅可在 performance 库中直接使用锁信息，也可在应用中使用锁信息。它也用于 sys 库中两个与锁相关的视图。

可以通过如下四个表获得这些锁信息。

- **data_locks**：该表包含 InnoDB 级别的表和锁记录的详细信息。它显示了当前持有的或者挂起的所有锁。
- **data_lock_waits**：与 data_locks 表类似，它显示了与 InnoDB 相关的锁，但只显示处于等待状态的锁，以及有关哪些线程正在阻塞请求的信息。
- **metadata_locks**：该表包含有关用户级别锁、元数据锁等的信息。要记录这些信息，那么需要启用 wait/lock/metadata/sql/mdl 等 instrument(在 MySQL8 中默认均已启用)。OBJECT_TYPE 列显示了持有的锁的类型。
- **table_handles**：该表保存有关当前有效表锁的信息。要记录这些信息，那么需要启用 wait/lock/tablle/sql/handler 等 instrument(在 MySQL 8 中默认均已启用)。该表的使用频率比其他表要低。

其中，metadata_locks 表是最常用的，记录了各种锁的信息，包括从全局读取锁到访问控制列表(ACL)的低级锁等。表 18-3 按字母顺序列出 OBJECT_TYPE 列的可能取值，并简要说明每个值代表的锁。

表 18-3　performance_schema.metadata_locks 表中的对象类型

对象类型	描述
ACL_CACHE	用于 ACL 缓存
BACKUP_LOCK	用于备份
CHECK_CONSTAINT	用于 CHECK 约束的名称
COLUMN_STATISTICS	用于直方图和其他列统计信息
COMMIT	用于阻塞提交。与全局读取锁相关
EVENT	用于存储事件
FOREIGN_KEY	用于外键名称
GLOBAL	用于全局读取锁(由 FLUSH TABLES WITH READ LOCK 触发)
FUNCTION	用于存储函数
LOCKING_SERVICE	用于那些使用锁服务接口获得的锁
PROCEDURE	用于存储过程
RESOURCE_GROUPS	用于资源组
SCHEMA	用于方案/数据库。类似于表的元数据锁，但它是用于方案的

(续表)

对象类型	描述
SRID	用于空间参照系统(SRID)
TABLE	用于表和视图。包括本章讨论的元数据锁
TABLESPACE	用于表空间
TRIGGER	用于表上的触发器
USER_LEVEL_LOCK	用于用户级别锁

performance 库中的表记录的是锁的原始信息。通常，当你查看锁相关的问题，或监控锁时，确定是否存在锁等待情况往往更有趣。对于这样的需求，你应该使用 sys 库。

18.6.2 sys 库

sys 库包含两个视图，这些视图获取 performance 库中表的信息，并成对地返回锁，即其中一个锁由于另一个锁的存在而无法获得。因此，它们显示了锁等待问题出现的地方。这两个视图是 innodb_lock_waits 和 schema_table_lock_waits。

innodb_lock_waits 视图使用 performance 库中的 data_locks 和 data_lock_waits 视图来返回所有等待 InnoDB 记录锁的情况。它能显示诸如连接试图获得的锁，以及涉及的连接和查询等信息。如果你需要这些信息，且不需要将其格式化，也可查询该视图的另一种形式：x$innodb_lock_waits。

schema_table_lock_waits 视图的工作方式与之相似，但使用 metadata_locks 表来返回与方案对象相关的锁等待信息。该信息也可在视图 x$schema_table_lock_waits 中以未格式化的形式获得。

第 22 章列举了使用这两个视图来调查锁问题的示例。

18.6.3 状态计数器与 InnoDB 指标

MySQL 中也包含几个状态计数器和 InnoDB 度量指标来提供有关锁的信息。这些通常用于全局(实例)级别，可用于检查总的锁问题数量是否在增加。对这些指标进行监控的好方法，就是使用 sys.metrics 视图。代码清单 18-15 列举了这样一个示例。

代码清单 18-15 锁指标

```
mysql> SELECT Variable_name,
              Variable_value AS Value,
              Enabled
         FROM sys.metrics
        WHERE Variable_name LIKE 'innodb_row_lock%'
              OR Variable_name LIKE 'Table_locks%'
              OR Type = 'InnoDB Metrics - lock';
+-------------------------------+--------+---------+
| Variable_name                 | Value  | Enabled |
+-------------------------------+--------+---------+
| innodb_row_lock_current_waits | 0      | YES     |
| innodb_row_lock_time          | 595876 | YES     |
| innodb_row_lock_time_avg      | 1683   | YES     |
| innodb_row_lock_time_max      | 51531  | YES     |
| innodb_row_lock_waits         | 354    | YES     |
| table_locks_immediate         | 4194   | YES     |
| table_locks_waited            | 0      | YES     |
| lock_deadlocks                | 1      | YES     |
```

```
| lock_rec_lock_created          | 0      | NO      |
| lock_rec_lock_removed          | 0      | NO      |
| lock_rec_lock_requests         | 0      | NO      |
| lock_rec_lock_waits            | 0      | NO      |
| lock_rec_locks                 | 0      | NO      |
| lock_row_lock_current_waits    | 0      | YES     |
| lock_table_lock_created        | 0      | NO      |
| lock_table_lock_removed        | 0      | NO      |
| lock_table_lock_waits          | 0      | NO      |
| lock_table_locks               | 0      | NO      |
| lock_timeouts                  | 1      | YES     |
+--------------------------------+--------+---------+
19 rows in set (0.0076 sec)
```

如你所见，并非所有监控指标在默认情况下都是启用的。可使用第 7 章介绍的 innodb_monitor_enable 选项来启用那些尚未启用的选项。在这些指标中，innodb_row_lock_%、lock_deadlocks 以及 lock_timeouts 指标最有趣。行锁指标显示了当前正在等待多少个锁，并会统计等待获取 InnoDB 记录锁所花费的时间(以毫秒为单位)。lock_deadlocks 和 lock_timeouts 指标分别显示了已遇到的死锁和锁等待超时的数量。

18.6.4　InnoDB 锁监控与死锁日志

长期以来，InnoDB 都有自己的锁监控器，在 InnoDB 的监控器输出中返回与锁相关的信息。默认情况下，InnoDB 监控器会包含最新的死锁信息，以及锁等待中涉及的锁信息。通过启用 innodb_status_output_locks 选项(默认情况下禁用)，将列出所有的锁；这与你在 performance 库中查询 data_locks 表的内容相似。

为演示死锁和事务信息，可利用代码清单 18-12 触发的死锁，并创建一个正在进行的新事务，该事务通过 world.city 表上的主键更新了一行：

```
mysql> START TRANSACTION;
Query OK, 0 rows affected (0.0002 sec)
mysql> UPDATE world.city
          SET Population = Population + 1
         WHERE ID = 130;
Query OK, 1 row affected (0.0005 sec)

Rows matched: 1 Changed: 1 Warnings: 0
```

可使用 SHOW ENGINE INNODB STATUS 语句来生成 InnoDB 锁监控器输出。代码清单 18-16 列举这样一个示例，它启用了所有的锁信息并生成监控器输出。完整的 InnoDB 监控输出也可从本书 GitHub 库的 listing_18_16.txt 文件中获得。

代码清单 18-16　InnoDB 监控器输出

```
mysql> SET GLOBAL innodb_status_output_locks = ON;
Query OK, 0 rows affected (0.0022 sec)

mysql> SHOW ENGINE INNODB STATUS\G
*************************** 1. row ***************************
  Type: InnoDB
  Name:
Status:
=====================================
```

```
2019-11-04 17:04:48 0x6e88 INNODB MONITOR OUTPUT
=====================================
Per second averages calculated from the last 51 seconds
-----------------
BACKGROUND THREAD
-----------------
srv_master_thread loops: 170 srv_active, 0 srv_shutdown, 62448 srv_idle
srv_master_thread log flush and writes: 0
----------
SEMAPHORES
----------
OS WAIT ARRAY INFO: reservation count 138
OS WAIT ARRAY INFO: signal count 133
RW-shared spins 1, rounds 1, OS waits 0
RW-excl spins 109, rounds 1182, OS waits 34
RW-sx spins 24, rounds 591, OS waits 18
Spin rounds per wait: 1.00 RW-shared, 10.84 RW-excl, 24.63 RW-sx
------------------------
LATEST DETECTED DEADLOCK
------------------------
2019-11-03 19:41:43 0x4b78
*** (1) TRANSACTION:
TRANSACTION 5585, ACTIVE 10 sec starting index read
mysql tables in use 1, locked 1
LOCK WAIT 3 lock struct(s), heap size 1136, 2 row lock(s), undo log entries 1
MySQL thread id 37, OS thread handle 28296, query id 21071 localhost ::1
root updating
UPDATE world.city
                 SET Population = Population + 1
               WHERE ID = 130

*** (1) HOLDS THE LOCK(S):
RECORD LOCKS space id 159 page no 28 n bits 248 index PRIMARY of table
`world`.`city` trx id 5585 lock_mode X locks rec but not gap
Record lock, heap no 26 PHYSICAL RECORD: n_fields 7; compact format; info
bits 0
 0: len 4; hex 80000edd; asc     ;;
 1: len 6; hex 0000000015d1; asc       ;;
 2: len 7; hex 01000000f51aa6; asc        ;;
 3: len 30; hex 53616e204672616e636973636f202020202020202020202020
            202020202020; asc San Francisco                 ;
            (total 35 bytes);
 4: len 3; hex 555341; asc USA;;
 5: len 20; hex 43616c69666f726e696120202020202020202020; asc
California     ;;
 6: len 4; hex 800bda1e; asc     ;;

*** (1) WAITING FOR THIS LOCK TO BE GRANTED:
...
------------
TRANSACTIONS
------------
Trx id counter 5662
Purge done for trx's n:o < 5661 undo n:o < 0 state: running but idle
History list length 11
LIST OF TRANSACTIONS FOR EACH SESSION:
```

```
---TRANSACTION 284075292758256, not started
0 lock struct(s), heap size 1136, 0 row lock(s)
---TRANSACTION 284075292756560, not started
0 lock struct(s), heap size 1136, 0 row lock(s)
---TRANSACTION 284075292755712, not started
0 lock struct(s), heap size 1136, 0 row lock(s)
---TRANSACTION 5661, ACTIVE 60 sec
2 lock struct(s), heap size 1136, 1 row lock(s), undo log entries 1
MySQL thread id 40, OS thread handle 2044, query id 26453 localhost ::1
root
TABLE LOCK table `world`.`city` trx id 5661 lock mode IX
RECORD LOCKS space id 160 page no 7 n bits 248 index PRIMARY of table
`world`.`city` trx id 5661 lock_mode X locks rec but not gap
Record lock, heap no 41 PHYSICAL RECORD: n_fields 7; compact format; info
bits 0
 0: len 4; hex 80000082; asc     ;;
 1: len 6; hex 00000000161d; asc     ;;
 2: len 7; hex 01000001790a72; asc y    r;;
 3: len 30; hex 5379646e657920202020202020202020202020202020202020202020202
          0; asc Sydney ;                              (total 35 bytes);
 4: len 3; hex 415553; asc AUS;;
 5: len 20; hex 4e657720536f7574682057616c65732020202020; asc New South
           Wales     ;;
 6: len 4; hex 8031fdb0; asc 1     ;;
...
```

输出的顶部是最新监测到的死锁信息，其中包含有关最新的死锁，及其发生时的事务和锁的详细信息。如果自从上次 MySQL 重启以来没有发生过死锁，则该部分就会被省略。第 22 章将提供一些与死锁相关的示例。

注意　InnoDB 监控器输出中的死锁部分只包含涉及 InnoDB 记录锁的死锁信息。对于涉及用户级别锁的死锁，则没有等效的信息。

输出的 TRANSANCTION 部分列出 InnoDB 的事务。请注意，这里不包含那些没有任何锁的事务(如纯粹 SELECT 查询)。在该示例中，在 world.city 表上持有一个意向排他锁，在主键等于 130 的行上持有排他锁(这里，第一个字段的记录锁信息中的 80000082 表示值为 0x82 的行，对应于十进制中的 130)。

提示　现在，可从 performance_schema.data_locks 和 performance_schema.data_lock_waits 表中更好地获取 InnoDB 监控器输出中的锁信息。但这里看到的死锁信息依然非常有价值。

可请求每隔 15 秒就将监控器的输出转储到 stderr，以启用 innodb_status_output 选项使用转储。需要注意，这里的输出内容将会很多，因此如果启用它，错误日志将迅速增长。InnoDB 监控器输出还可能将那些关于更多严重问题的消息隐藏起来。

如果要确保能够记录所有死锁，则可启用 innodb_print_all_deadlocks 选项。这样在每次发生死锁时，都会将 InnoDB 监控器输出中的死锁信息打印到错误日志中。如果你需要调查死锁情况，这样做会很有用。但建议仅按需启用死锁，以免错误日志变得太大而导致其他问题被隐藏。

警告　如果启用了 InnoDB 监控器的常规输出或所有死锁的信息，请小心。这样可能会将其他记录到错误日志中的重要信息隐藏起来。

18.7 本章小结

锁这一主题内容庞大，过于复杂。因此希望本章的内容可以帮助你理解 MySQL 为何需要锁，以及各种锁的信息。

本章首先分析为何需要锁。如果没有锁，就无法同时访问方案和数据。数据库锁的工作方式与交通信号灯类似，就像是停车标志一样；它能够调节对数据的访问，可防止一个事务与另一个事务发生冲突而导致数据不一致。

数据有两种访问级别：共享访问(称为读取访问)和排他访问(也称为写入访问)。这些访问级别适用于各种锁粒度，范围覆盖从全局读取锁到记录锁以及 gap 锁。此外，InnoDB 在表级别还使用了意向共享锁和意向排他锁。

重要的事情是减少应用所需的锁，并减少锁带来的影响。减少锁问题的本质可归结为通过使用索引将大型事务拆分为多个较小事务，并且持有锁的时间尽可能短。对于应用程序中不同的任务，尝试以相同顺序来访问数据也很重要。否则，可能发生不必要的死锁。

本章最后介绍了 performance 库、sys 库、状态指标以及 InnoDB 监控器中的锁监控选项。最好使用 performance 库和 sys 库中的视图来完成大部分锁的监控任务。当然，死锁是个例外，InnoDB 监控器仍然是最佳选择。

本章也是第Ⅳ部分的最后一章。现在，是时候让查询分析变得更实用一些了。首先，我们需要找到那些适于优化的查询。

第V部分

查询分析

第 19 章

查找待优化的查询

当遇到性能问题时，第一步是要确定导致问题的原因。性能不佳的原因可能有多种，因此在查找原因时，应保持开放的态度。本章的重点是查找可能导致系统性能不佳的查询，或当数据负载和数据量增加时可能成为潜在问题的查询。但如第 1 章所述，你需要考虑系统的所有方面，通常是导致性能不佳的各种问题因素的组合。

本章介绍有关查询性能各方面的信息。19.1 节讨论 performance 库。该库是本章中讨论的许多功能的基础。19.2 节介绍 sys 库视图以及语句性能分析器功能。19.3 节展示如何将 MySQL Workbench 用作图形用户界面，来获取本章前两节中讨论的几个报告。19.4 节讨论监控对于查找待优化查询的重要性；虽然该节使用 MySQL Enterprise Monitor 作为讨论的基础，但这些原则是通用的，因此即使使用其他监控工具，也鼓励你阅读该节的内容。19.5 节是最后一节，介绍慢查询的日志，这也是查找慢查询的传统工具。

注意 本章包括几个示例输出。一般来说，若示例包含计数和其他非确定性数据，对同一示例运行得到的输出结果会与本章有所不同。

有关锁争用而造成性能不佳的查询不在本章的讨论范围内，不过第 22 章将详细介绍如何检查锁问题。有关事务的讨论详见第 21 章。

19.1　performance 库

performance 库是查询语句性能信息的金矿。讨论如何查找待优化的查询时，应该将该库作为起点。可能最终会使用一些构建在 performance 库之上的方法，但仍建议你更深入地理解底层表，这样就可以访问原始数据并制作自定义报告。

本节将首先讨论如何获取语句和 prepared 语句的信息，然后介绍表和文件输入/输出，最后介绍如何找出错误和导致错误的原因。

19.1.1　语句事件表

查看基于语句事件的 Performance 表是查找待优化查询的最简单方法。这些表可提供在实例上执行的查询语句的详尽信息。需要注意的重要一点是，执行 prepared 语句查询的信息未包括在语句事件表中。

下面列出一些包含语句信息的表。

- **events_statements_current**：当前正在执行的语句或空闲连接中最新执行的查询语句的信息。在执行存储程序时，每个连接可能有多行语句。
- **events_statements_history**：每个连接的最后几条语句的信息。每个连接的语句数上限为 performance_schema_events_statements_history_size(默认值为 10)。当连接关闭时，连接中的语句将被清除。
- **events_statements_history_long**：该实例的最新查询语句的信息，与实例中的哪个连接执行语句无关。此表还包括来自连接已经关闭的语句。默认情况下，此表的消费者类型是禁用的。行数上限为 performance_schema_events_statements_history_long_size(默认值为 10 000)。
- **events_statements_summary_by_digest**：按默认方案和 digest 分组的语句统计信息。稍后将详细讨论此表。
- **events_statements_summary_by_account_by_event_name**：按账户和事件名称分组的语句统计信息。事件名称显示执行语句的类型，例如，statement/sql/select 表示直接执行(不是通过存储程序执行)的 SELECT 语句。
- **events_statements_summary_by_host_by_event_name**：根据账户的主机名和事件名称分组的语句统计信息。
- **events_statements_summary_by_program**：按执行语句的存储程序(事件、函数、过程、表或触发器)分组的语句统计信息。这对于查找执行最多工作负载的存储程序非常有用。
- **events_statements_summary_by_thread_by_event_name**：按线程和事件名称分组的语句统计信息。仅包含当前连接的线程。
- **events_statements_summary_by_user_by_event_name**：按账户的用户名和事件名称分组的语句统计信息。
- **events_statements_summary_global_by_event_name**：按事件名称分组的语句统计信息。
- **events_statements_histogram_by_digest**：按默认库和 digest 分组的直方图统计信息表。
- **events_statements_histogram_global**：直方图统计信息表，所有查询都聚合在一个直方图中。
- **thread**：实例中所有线程的信息表，包括后台线程和前台线程。可用此表替代 SHOW PROCESSLIST 命令。不仅有进程列表信息，还有显示线程是否被采集(instrumented)、操作系统线程 ID 等列信息。

除了两个直方图表和线程表外，以上所有表都有相似的列结构。最常用的表是 events_statements_summary_by_digest，因此优先讨论它。events_statements_summary_by_digest 表实质上是自上次重置表(通常在重新启动 MySQL 时)以来，在实例上执行的所有查询的报告。查询按 digest 和执行查询使用的默认方案进行分组。表的列汇总说明见表 19-1。

表 19-1 events_statements_summary_by_digest 表中的列

列名称	描述
SCHEMA_NAME	执行查询时的默认方案。如果默认情况没有方案，则值为 NULL
DIGEST	规范化查询(normalized query)的摘要信息。在 MySQL 8 中，是一个 SHA256 哈希值
DIGEST_TEXT	规范化查询
COUNT_STAR	执行查询的次数
SUM_TIMER_WAIT	执行查询所花费的总时间。注意，该值在执行时间超过 30 周后会溢出
MIN_TIMER_WAIT	最快的查询执行所花费的时间
AVG_TIMER_WAIT	平均执行时间。除非 SUM_TIMER_WAIT 溢出，否则该值与 SUM_TIMER_WAIT/COUNT_STAR 相同
MAX_TIMER_WAIT	最慢的查询执行所花费的时间
SUM_LOCK_TIME	等待表锁的总时间
SUM_ERRORS	执行查询时出现的错误总数
SUM_WARNINGS	执行查询时出现的警告总数
SUM_ROWS_AFFECTED	查询修改的行总数
SUM_ROWS_SENT	已返回(发送)到客户端的行总数
SUM_ROWS_EXAMINED	查询已检查的行的总数
SUM_CREATED_TMP_DISK_TABLES	查询在磁盘上创建的内部临时表总数
SUM_CREATED_TMP_TABLES	查询创建的内部临时表总数(无论是在内存中还是在磁盘上创建)
SUM_SELECT_FULL_JOIN	因为不具有带连接条件的索引或没有连接条件，而执行全表扫描的连接的总数。这与状态变量 Select_full_join 的递增情况一致
SUM_SELECT_FULL_RANGE_JOIN	使用全范围(range)查找的连接总数。这与状态变量 Select_full_range_join 的递增情况一致
SUM_SELECT_RANGE	使用范围查找的查询总次数。这与状态变量 Select_range 的递增情况一致
SUM_SELECT_RANGE_CHECK	查询某些连接的总数，其中的连接指没有检查每行索引使用情况的索引的连接。这与状态变量 Select_range_check 的递增情况一致
SUM_SELECT_SCAN	对连接中的第一个表执行全表扫描的查询总次数。这与状态变量 Select_scan 的递增情况一致
SUM_SORT_MERGE_PASSES	对查询结果进行排序而进行的排序合并操作的总数。这与状态变量 Sort_merge_passes 的递增情况一致
SUM_SORT_RANGE	使用范围排序的总次数。这与状态变量 Sort_range 的递增情况一致

(续表)

列名称	描述
SUM_SORT_ROWS	排序的总行数。这与状态变量 Sort_rows 的递增情况一致
SUM_SORT_SCAN	通过扫描表进行排序的总次数。这与状态变量 Sort_scan 的递增情况一致
SUM_NO_INDEX_USED	不使用索引执行查询的总次数
SUM_NO_GOOD_INDEX_USED	没有好索引可用的查询执行总次数。这意味着 EXPLAIN 输出中的 Extra 列中包含 range checked for each record 字样
FIRST_SEEN	首次执行查询的时间。当表被彻底删除(truncated)时，会重置该值
LAST_SEEN	最后一次执行查询的时间
QUANTILE_95	查询延迟时间值的第 95 个百分位。也就是说，95%的查询在该时间或更短时间内完成
QUANTILE_99	查询延迟的第 99 个百分位
QUANTILE_999	查询延迟的第 99.9 个百分位
QUERY_SAMPLE_TEXT	查询在规范化之前的示例。可用它获取查询的执行计划
QUERY_SAMPLE_SEEN	样本示例查询的时间戳
QUERY_SAMPLE_TIMER_WAIT	样本示例查询的执行时间

有一个用于对数据进行分组的唯一索引(SCHEMA_NAME，DIGEST)。表中最多可以有 performance_schema_digests_size(动态大小，但通常默认为 10 000)个行。插入最后一行时，schema 和 digest 将被置为 NULL，该行被用作总结(catch-all)行。每使用一次总结行，状态变量 Performance_schema_digest_lost 都会递增。此表中汇总的信息，也可通过单独查询 events_statements_current 表、events_statements_history 表和 events_statements_history_long 表而得到。

提示 因为数据按 SCHEMA_NAME 和 DIGEST 分组，因此当应用程序一直固定为默认 schema(例如，使用 MySQL shell 中的\use world 或--schema 命令行选项，或客户端/连接器中的等效选项)时，可以从 events_statements_summary_by_digest 表中获取最多信息。所以要么总是设置 schema，要么从不设置 schema。同样，如果在引用表时，有时包含 schema 名称，有时不包含，则相同的查询将被算在两个不同的 digest 中。

有两组列需要再解释一下，即 QUANTILE(分位数)列和 QUERY_SAMPLE(示例查询)列。QUANTILE 列的值是根据 digest 的直方图统计信息确定的。基本上，如果基于给定的 digest 和默认 shema 的 events_statements_histogram_by_digest 表，并达到查询执行的 95%的存储桶，则该存储桶用于确定第 95 个百分位数。稍后将讨论直方图表。

对于示例查询信息，如果至少满足以下三个条件之一，则替换示例查询：

- 这是给定的默认 schema 的首次 digest。
- 出现新的 digest 和 schema，TIMER_WAIT 的值高于当前用作示例查询的查询(即它更慢)。
- 如果 performance_schema_max_digest_sample_age 的值大于 0，并且当前示例查询早于 performance_schema_max_digest_sample_age 几秒钟。

performance_schema_max_digest_sample_age 的值默认为 60 秒，如果每隔 1 分钟就监控一次 events_statements_summary_by_digest 表，则这个值就很合适。这样，监控代理将能够在每 1 分钟间隔内提取最慢的查询，并获得最慢查询的完整历史记录。如果监控间隔较长，请考虑增加

performance_schema_ max_digest_sample_age 的值。

正如从 events_statements_summary_by_digest 列说明的表中所见，有很多入口去查询满足某些要求的语句。诀窍是查询重要的内容。哪些内容重要，取决于具体情况，因此不可能给出适用于所有情况的特定查询。例如，如果从监控中了解到大量使用内存或磁盘的内部临时表的问题，则 SUM_CREATED_TMP_DISK_TABLES 列和 SUM_CREATED_TMP_TABLES 列是更好的过滤入口。

有些情况是普适性的。还有一些可能需要进一步调研的情况，比如：

- 与返回客户端或被修改的行数相比，检查的行数较多。这可能表示索引使用不当。
- 不使用索引或没有合适索引的总和很高。这可能表示查询可以从新索引中获益或重写查询。
- 全连接的数量很多。这表明要么需要一个索引，要么缺少一个连接条件。
- 范围检查的数量很多。这可能需要更改查询中表的索引。
- 如果向较高分位数移动时，分位数延迟出现严重下降，则可能建议你及时地解决查询遇到的问题。这可能是由于实例过载、锁问题、某些条件触发不良查询计划或其他原因导致的。
- 在磁盘上创建的内部临时表的数量很多。这可能需要考虑哪些索引用于排序和分组，考虑内部临时表可用的内存容量，或者首先去阻止内部临时表写入磁盘或阻止创建内部临时表等操作。
- 排序合并的数量很多。这可能表明此查询需要较大的排序缓冲区来解决问题。
- 执行次数很多。这并不表示查询存在任何问题，但执行查询的频率越高，改进查询就越有效。某些情况下，执行次数多也可能是执行了一些不必要的查询引起的。
- 错误或警告的数量很大。虽然这可能不会影响性能，但它表示出了问题。注意，某些查询总会生成警告，例如 EXPLAIN，因为它使用警告来返回附加信息。

注意 如果仍在使用 MySQL 5.7，请小心增加 sort_buffer_size 值，因为尽管它减少了排序合并的次数，但也会降低性能。在 MySQL 8 中，排序缓冲区得到改进，所以较大缓冲区的性能下降要少得多。不过，也不要将缓冲区大小设置得过高。

应该知道，当查询仅仅满足这些条件之一，并不意味着需要做任何更改。例如，考虑一个从表中聚合数据的查询。该查询可能检查表的大部分，但仅返回几行。在没有良好索引的情况下，它可能需要一个全表扫描。从已检查行数与发送行数之间的比率看，查询的性能很差，并且无索引的计数器可能正在递增。但查询很可能以最小工作量完成结果。如果确定查询存在性能问题，则需要找到不同于添加索引的其他解决方案；例如，可以在非高峰时段执行查询并缓存结果，或可能需要另外单独的实例来执行这样的查询。

代码清单 19-1 是一个示例，显示了自上次重置 events_statements_ summary_by_digest 表之后，执行默认 schema 和 digest 的组合次数最多的查询语句。

代码清单 19-1 使用 events_statements_summary_by_digest 表

```
mysql> SELECT *
          FROM performance_schema.events_statements_summary_by_digest
         ORDER BY COUNT_STAR DESC
         LIMIT 1\G
*************************** 1. row ***************************
         SCHEMA_NAME: world
                DIGEST: b49cb8f3db720a96fb29da86437bd7809ef30463fac88e85ed4f851
                        f96dcaa30
           DIGEST_TEXT: SELECT * FROM `city` WHERE NAME = ?
```

```
                COUNT_STAR: 102349
            SUM_TIMER_WAIT: 138758688272512
            MIN_TIMER_WAIT: 1098756736
            AVG_TIMER_WAIT: 1355485824
            MAX_TIMER_WAIT: 19321416576
             SUM_LOCK_TIME: 5125624000000
                SUM_ERRORS: 0
              SUM_WARNINGS: 0
         SUM_ROWS_AFFECTED: 0
             SUM_ROWS_SENT: 132349
         SUM_ROWS_EXAMINED: 417481571
SUM_CREATED_TMP_DISK_TABLES: 0
     SUM_CREATED_TMP_TABLES: 0
       SUM_SELECT_FULL_JOIN: 0
 SUM_SELECT_FULL_RANGE_JOIN: 0
          SUM_SELECT_RANGE: 0
     SUM_SELECT_RANGE_CHECK: 0
           SUM_SELECT_SCAN: 102349
      SUM_SORT_MERGE_PASSES: 0
            SUM_SORT_RANGE: 0
             SUM_SORT_ROWS: 0
             SUM_SORT_SCAN: 0
         SUM_NO_INDEX_USED: 102349
    SUM_NO_GOOD_INDEX_USED: 0
                FIRST_SEEN: 2019-06-22 10:25:18.260657
                 LAST_SEEN: 2019-06-22 10:30:12.225425
               QUANTILE_95: 2089296130
               QUANTILE_99: 2884031503
              QUANTILE_999: 3630780547
         QUERY_SAMPLE_TEXT: SELECT * FROM city WHERE Name = 'San José'
         QUERY_SAMPLE_SEEN: 2019-06-22 10:29:56.81501
   QUERY_SAMPLE_TIMER_WAIT: 19321416576
1 row in set (0.0019 sec)
```

从输出结果可看出，按名称查询 world schema 中的 city 表是执行最多的查询。应将 COUNT_STAR 值与其他查询进行比较，以了解与其他查询相比，该查询的执行频率。在此示例中，可看到查询平均每次执行返回 1.3 行，但检查 4079 行。这意味着该查询会比每行的返回结果多检查 3000 多行。由于这是一个经常执行的查询，所以建议在 Name 列加上索引用于过滤。输出底部显示了一个查询的实际示例，可使用下一章中介绍的 EXPLAIN 来分析查询的执行计划。

如前所述，MySQL 还维护语句的直方图统计信息。有两个直方图表可用：events_statements_histogram_by_digest 和 events_statements_histogram_global。两者的区别在于，前者具有按默认 schema 和 digest 分组的直方图信息，而后者包含所有组合在一起的查询的直方图信息。直方图信息有助于确定查询延迟的分布，类似于 events_statements_summary_by_digest 表中的 quantile 列的讨论，但粒度更细。这些表都是自动管理的。

如前所述，prepared 语句不包括在语句事件表中。需要使用 prepared_statements_instances 表。

19.1.2　prepared 语句的汇总

prepared 语句可用于加快执行在一个连接中重用的查询。例如，如果应用程序一直使用相同的连接，则可以准备应用程序使用的语句，然后在需要时执行准备好的语句。

prepared 语句使用占位符(placeholder)，因此在准备查询时只需要提交查询模板。这样就可以为每次执行提交不同的参数。采用这种方式时，prepared 语句充当语句目录，应用程序可以根据执行所需的参数来选择。

代码清单 19-2 显示了通过 SQL 接口使用 prepared 语句的简单示例。在应用程序中，你通常会使用一个连接器，以更透明的方式处理 prepared 语句。例如，对于 MySQL 连接器或 Python，告知你要使用 prepared 语句，则连接器将在第一次执行该语句时自动为你准备好该语句。但基本原则是一样的。

代码清单 19-2 使用 prepared 语句的示例

```
mysql> SET @sql = 'SELECT * FROM world.city WHERE ID = ?';
Query OK, 0 rows affected (0.0002 sec)

mysql> PREPARE stmt FROM @sql;
Query OK, 0 rows affected (0.0080 sec)

Statement prepared

mysql> SET @val = 130;
Query OK, 0 rows affected (0.0003 sec)

mysql> EXECUTE stmt USING @val\G
*************************** 1. row ***************************
         ID: 130
       Name: Sydney
CountryCode: AUS
   District: New South Wales
 Population: 3276207
1 row in set (0.0023 sec)

mysql> SET @val = 3805;
Query OK, 0 rows affected (0.0003 sec)

mysql> EXECUTE stmt USING @val\G
*************************** 1. row ***************************
         ID: 3805
       Name: San Francisco
CountryCode: USA
   District: California
 Population: 776733
1 row in set (0.0004 sec)

mysql> DEALLOCATE PREPARE stmt;
Query OK, 0 rows affected (0.0003 sec)
```

SQL 利用用户变量将语句和值传递给 MySQL。第一步是语句准备；然后，可以根据需要多次使用它，并且只需要传递查询所需的参数。最后，prepared 语句被释放回收。

如果要探究 prepared 语句的性能，可以使用 prepared_statements_instances 表。表信息类似于 events_statements_summary_by_digest 表中的信息。代码清单 19-3 显示了代码清单 19-2 中使用 prepared 语句的示例输出。

代码清单 19-3 使用 prepared_statements_instances 表

```
mysql> SELECT *
         FROM performance_schema.prepared_statements_instances\G
*************************** 1. row ***************************
```

```
     OBJECT_INSTANCE_BEGIN: 1999818114352
              STATEMENT_ID: 1
            STATEMENT_NAME: stmt
                  SQL_TEXT: SELECT * FROM world.city WHERE ID = ?
           OWNER_THREAD_ID: 87543
            OWNER_EVENT_ID: 20012
         OWNER_OBJECT_TYPE: NULL
       OWNER_OBJECT_SCHEMA: NULL
         OWNER_OBJECT_NAME: NULL
             TIMER_PREPARE: 369412736
           COUNT_REPREPARE: 0
             COUNT_EXECUTE: 2
         SUM_TIMER_EXECUTE: 521116288
         MIN_TIMER_EXECUTE: 247612288
         AVG_TIMER_EXECUTE: 260375808
         MAX_TIMER_EXECUTE: 273504000
             SUM_LOCK_TIME: 163000000
                SUM_ERRORS: 0
              SUM_WARNINGS: 0
         SUM_ROWS_AFFECTED: 0
             SUM_ROWS_SENT: 2
         SUM_ROWS_EXAMINED: 2
SUM_CREATED_TMP_DISK_TABLES: 0
     SUM_CREATED_TMP_TABLES: 0
       SUM_SELECT_FULL_JOIN: 0
 SUM_SELECT_FULL_RANGE_JOIN: 0
           SUM_SELECT_RANGE: 0
     SUM_SELECT_RANGE_CHECK: 0
            SUM_SELECT_SCAN: 0
      SUM_SORT_MERGE_PASSES: 0
             SUM_SORT_RANGE: 0
              SUM_SORT_ROWS: 0
              SUM_SORT_SCAN: 0
          SUM_NO_INDEX_USED: 0
     SUM_NO_GOOD_INDEX_USED: 0
1 row in set (0.0008 sec)
```

与语句事件表的主要区别是没有分位数统计信息和示例查询，且主键是 OBJECT_INSTANCE_BEGIN——即 prepared 语句的内存地址，而不是默认 schema 和 digest 的唯一键。事实上，默认 schema 和 digest 甚至没有在 prepared_statements_instances 表中提及。

这也暗示了由于主键是 prepared 语句的内存地址，因此仅在 prepared 语句存在时维护 prepared 语句的统计信息。因此，当由于连接关闭而显式或隐式地释放了语句时，统计信息将被清除。

有关语句统计信息的讨论到此结束。下面将讨论一些更高级别的统计数据，如表的输入/输出(I/O)汇总信息。

19.1.3　表的 I/O 汇总

performance 库中的表 I/O 信息经常被误解。表 I/O 汇总中提到的 I/O 是与表相关的输入/输出的一般概念。因此，它不是指磁盘 I/O，而是表明繁忙程度的一般度量。也就是对于表来说，磁盘 I/O 越多，在表 I/O 上花费的时间也就越多。

有如下两个 Performance schema 表，包含表的 I/O 延迟统计信息。

- **table_io_waits_summary_by_table**：该表包含读取、写入、获取、插入和更新 I/O 的详细信息。
- **table_io_waits_summary_by_index_usage**：除了按索引或缺少索引的统计数据外，与 table_io_waits_summary_by_table 表具有相同的信息。

这些表信息详细介绍了如何使用表，以及在各种操作上花费的时间。有七组活动，其中包含操作延迟的总和、最小、平均和最大值，也有操作次数。表 19-2 显示这七组以及列名称。

表 19-2　表和索引 I/O 统计信息的延迟组别

组	列	描述
汇总信息(overall)	COUNT_STAR SUM_TIMER_WAIT MIN_TIMER_WAIT AVG_TIMER_WAIT MAX_TIMER_WAIT	整个表或索引的统计信息
读	COUNT_READ SUM_TIMER_READ MIN_TIMER_READ AVG_TIMER_READ MAX_TIMER_READ	所有读取操作的聚合统计信息。目前只有一个读取操作，即获取(fetch)，因此读取的统计信息与获取的统计信息相同
写	COUNT_WRITE SUM_TIMER_WRITE MIN_TIMER_WRITE AVG_TIMER_WRITE MAX_TIMER_WRITE	所有写入操作的聚合统计信息。写入操作是插入、更新和删除
获取	COUNT_FETCH SUM_TIMER_FETCH MIN_TIMER_FETCH AVG_TIMER_FETCH MAX_TIMER_FETCH	用于获取记录的统计信息。该操作不称为“选择”的原因是，可能出于其他目的获取记录，而不是用于 SELECT 语句
插入	COUNT_INSERT SUM_TIMER_INSERT MIN_TIMER_INSERT AVG_TIMER_INSERT MAX_TIMER_INSERT	用于插入记录的统计信息
更新	COUNT_UPDATE SUM_TIMER_UPDATE MIN_TIMER_UPDATE AVG_TIMER_UPDATE MAX_TIMER_UPDATE	用于更新记录的统计信息

(续表)

组	列	描述
删除	COUNT_DELETE SUM_TIMER_DELETE MIN_TIMER_DELETE AVG_TIMER_DELETE MAX_TIMER_DELETE	用于删除记录的统计信息

table_io_waits_summary_by_table 表中这些列的信息示例可在 world.city 表的代码清单 19-4 中看到。

代码清单 19-4　使用 table_io_waits_summary_by_table 表的示例

```
mysql> SELECT *
          FROM performance_schema.table_io_waits_summary_by_table
         WHERE OBJECT_SCHEMA = 'world'
               AND OBJECT_NAME = 'city'\G
*************************** 1. row ***************************
    OBJECT_TYPE: TABLE
  OBJECT_SCHEMA: world
    OBJECT_NAME: city
     COUNT_STAR: 418058733
 SUM_TIMER_WAIT: 125987200409940
 MIN_TIMER_WAIT: 1082952
 AVG_TIMER_WAIT: 301176
 MAX_TIMER_WAIT: 43045491156
     COUNT_READ: 417770654
 SUM_TIMER_READ: 122703207563448
 MIN_TIMER_READ: 1082952
 AVG_TIMER_READ: 293700
 MAX_TIMER_READ: 19644079288
    COUNT_WRITE: 288079
SUM_TIMER_WRITE: 3283992846492
MIN_TIMER_WRITE: 1937352
AVG_TIMER_WRITE: 11399476
MAX_TIMER_WRITE: 43045491156
    COUNT_FETCH: 417770654
SUM_TIMER_FETCH: 122703207563448
MIN_TIMER_FETCH: 1082952
AVG_TIMER_FETCH: 293700
MAX_TIMER_FETCH: 19644079288
    COUNT_INSERT: 4079
SUM_TIMER_INSERT: 209027413892
MIN_TIMER_INSERT: 10467468
AVG_TIMER_INSERT: 51244420
MAX_TIMER_INSERT: 31759300408
    COUNT_UPDATE: 284000
SUM_TIMER_UPDATE: 3074965432600
MIN_TIMER_UPDATE: 1937352
AVG_TIMER_UPDATE: 10827028
MAX_TIMER_UPDATE: 43045491156
    COUNT_DELETE: 0
SUM_TIMER_DELETE: 0
```

```
MIN_TIMER_DELETE: 0
AVG_TIMER_DELETE: 0
MAX_TIMER_DELETE: 0
1 row in set (0.0015 sec)
```

在这个输出中，除了没有删除行之外，包含了该表适用的各种场景。还可以看到，该查询大部分时间都花在读取数据上(读取占 122 703 207 563 448 皮秒，总共 125 987 200 409 940 皮秒，约占 97%)。

代码清单 19-5 显示了同一表的输出，但使用了表 table_io_waits_summary_by_index_usage。使用的列与 table_io_waits_summary_by_table 表的相同，并且在示例中大多省略了这些列，因为我们的重点是介绍两个表之间的差异。如果在前面的示例中具有其他任何索引，则将返回更多行。

代码清单 19-5 使用 table_io_waits_summary_by_index_usage 表的示例

```
mysql> SELECT OBJECT_TYPE, OBJECT_SCHEMA,
              OBJECT_NAME, INDEX_NAME,
              COUNT_STAR
         FROM performance_schema.table_io_waits_summary_by_index_usage
        WHERE OBJECT_SCHEMA = 'world'
              AND OBJECT_NAME = 'city'\G
*************************** 1. row ***************************
  OBJECT_TYPE: TABLE
OBJECT_SCHEMA: world
  OBJECT_NAME: city
   INDEX_NAME: PRIMARY
   COUNT_STAR: 20004
*************************** 2. row ***************************
  OBJECT_TYPE: TABLE
OBJECT_SCHEMA: world
  OBJECT_NAME: city
   INDEX_NAME: CountryCode
   COUNT_STAR: 549000
*************************** 3. row ***************************
  OBJECT_TYPE: TABLE
OBJECT_SCHEMA: world
  OBJECT_NAME: city
   INDEX_NAME: NULL
   COUNT_STAR: 417489729
3 rows in set (0.0017 sec)
```

细想一下 COUNT_STAR 的三个值。如果将这些相加，20 004 + 549 000+ 417 489 729 = 418 058 733，则与 table_io_waits_summary_by_table 表中的 COUNT_STAR 值相同。虽然在 city 表上的数据有两个索引以及一个 NULL 索引，示例显示相同的 COUNT_STAR 数据，这意味着查询没有使用索引。table_io_waits_summary_by_index_usage 表对于估计索引的有效性，以及是否执行了表扫描的判断非常有用。

花 1 分钟时间思考获取、插入、更新和删除的计数器何时增长以及对应哪个索引是很有意义的。请思考 world.city 表，该表在 ID 列中具有主键，在 CountryCode 列上具有二级索引。这意味着可以根据所使用的或缺少的索引，来设置三种类型的过滤器。

- **按主键：**使用主键定位行，例如，WHERE ID = 130
- **按二级索引：**使用 CountryCode 索引定位行，例如，WHERE CountryCode = 'AUS '
- **按无索引：**使用全表扫描来定位行，例如，WHERE Name = 'Sydney

表 19-3 显示了使用带有 SELECT、UPDATE、DELETE 语句的三个 WHERE 子句示例以及执行 INSERT 语句的矩阵。INSERT 语句没有 WHERE 子句。为每种查询索引列出了相应的读取数和写入数。“行”这列显示每个语句的返回行数或受影响的行数。

表 19-3　各种查询对表 I/O 计数器的影响

查询/索引	行	读取	写入
SELECT by primary key PRIMARY	1	获取：1	
SELECT by secondary index CountryCode	14	获取：14	
SELECT by no index NULL	1	获取：4079	
UPDATE by primary key PRIMARY	1	获取：1	更新：1
UPDATE by secondary index CountryCode	14	获取：15	更新：14
UPDATE by no index PRIMARY NULL	1	获取：4080	更新：1
DELETE by primary key PRIMARY	1	获取：1	删除：1
DELETE by secondary index CountryCode	14	获取：15	删除：14
DELETE by no index PRIMARY NULL	1	获取：4080	删除：1
INSERT NULL	1		插入：1

表中的一个关键点是，对于 UPDATE 和 DELETE 语句，即使它们是写入语句，仍然存在读取。原因是行在更改之前必须被定位到。另一个关键点是，当使用二级索引或不使用索引更新或删除行时，读取的记录比匹配条件的记录多一个。最后，插入一行被视为非索引操作。

如何看待 I/O 延迟？

当在监控视图中看到显示 I/O 延迟的峰值(无论是表还是文件 I/O)时，不能轻率地认为存在问题。在下结论之前，应退后一步，审视一下这个峰值数据意味着什么。

从 performance 库来衡量，I/O 延迟的增加既不是好事，也不是坏事。这是事实，这意味着某些事情正在消耗 I/O，如果存在峰值，则意味着在此期间 I/O 比平常多，但除此之外，不能自行从事件中得出其他结论。

对于这些数据，一个更好的方法是在发现问题时再分析。问题的例子有系统管理员报告磁盘 100%使用，或者最终用户报告系统速度很慢。然后，你可以去看看发生了什么。如果磁盘 I/O 在当前某个时间点异常高，则这可能与此相关，你可以继续调研。另一方面，如果 I/O 是正常的，则高利用率可能是由 MySQL 以外的另一个进程引起的，或者磁盘阵列中的磁盘正在重建，等等。

使用 table_io_waits_summary_by_table 和 table_io_waits_summary_by_index_usage 表中的信息，可以确定哪些表匹配哪种工作负载。例如，如果有一个表写入特别忙，则可能需要考虑将其表空间移到更快的磁盘上。在做出这类决定之前，还应考虑实际的文件 I/O。

19.1.4 文件 I/O 汇总信息

与刚才讨论的表 I/O 不同，文件 I/O 统计信息是针对 MySQL 使用的各种文件所涉及的实际磁盘 I/O。这是对表 I/O 信息的一个很好的补充。

可以使用三个 performance 库表来获取有关 MySQL 实例的文件 I/O 的信息。

- **events_waits_summary_global_by_event_name**：按事件名称分组的表。通过以 wait/io/file/ 开头的事件名称进行查询，可以获取按 I/O 类型分组的 I/O 统计信息。例如，单个事件(wait/io/file/sql/binlog)读取和写入二进制日志文件的 I/O。注意，wait/io/table/sql/handler 的事件对应表的 I/O 刚刚讨论过了；将表 I/O 也包含进来，可轻松比较在文件 I/O 上花费的时间与在表 I/O 上花费的时间。
- **file_summary_by_event_name**：这与 events_waits_summary_global_by_event_name 表类似，但仅包括文件 I/O，并将事件拆分为读取、写入和其他。
- **file_summary_by_instance**：这是一个汇总表，按实际文件和事件分组事件分为读取、写入和其他项。例如，对于二进制日志，每个二进制日志文件有一行。

这三个张表都很有用，需要根据要查找的信息在它们之间进行选择。例如，如果要对文件类型进行聚合，则 events_waits_summary_global_by_event_name 表和 file_summary_by_event_name 表是更好的选择，而探究单个文件的 I/O 时，file_summary_by_instance 表更有用。

file_summary_by_event_name 和 file_summary_by_instance 表将事件拆分为读取、写入和其他项。读取和写入很容易理解。其他 I/O 项是所有非读取或写入的内容。这包括但不限于创建、打开、关闭、删除、刷新和获取文件的元数据。任何其他项的操作都不涉及传输数据，因此没有其他项的字节计数器。

代码清单 19-6 显示了 events_waits_summary_global_by_event_name 表中可用数据的示例。该查询查找在 I/O 上花费的总时间最多的事件。

代码清单 19-6 总时间花费最多的文件 I/O 事件

```
mysql> SELECT *
          FROM performance_schema.events_waits_summary_global_by_event_name
         WHERE EVENT_NAME LIKE 'wait/io/file/%'
         ORDER BY SUM_TIMER_WAIT DESC
         LIMIT 1\G
*************************** 1. row ***************************
    EVENT_NAME: wait/io/file/innodb/innodb_log_file
    COUNT_STAR: 58175
SUM_TIMER_WAIT: 20199487047180
MIN_TIMER_WAIT: 5341780
AVG_TIMER_WAIT: 347219260
MAX_TIMER_WAIT: 18754862132
1 row in set (0.0031 sec)
```

这表明，对于此实例，最活跃的事件是 InnoDB 重做日志文件。这是一个非常典型的结果。

每个事件都有相应的测量采集(instrument)。默认情况下，启用所有文件 wait I/O 事件。一个特别有趣的事件是 wait/io/file/innodb/innodb_data_file，这是 InnoDB 表空间文件上的 I/O。

events_waits_summary_global_by_event_name 表的一个缺点是执行 I/O 花费的所有时间都加和到总计数器中，而不分读取和写入。也只有计数可用。如果使用 file_summary_by_event_name 表，则可以获取更多详细信息。

代码清单 19-7 显示了前面示例中发现的 InnoDB 重做日志 I/O 事件在 file_summary_by_event_name 表中的示例。

代码清单 19-7　InnoDB 重做日志的 I/O 统计信息

```
mysql> SELECT *
         FROM performance_schema.file_summary_by_event_name
        WHERE EVENT_NAME =
                  'wait/io/file/innodb/innodb_log_file'\G
*************************** 1. row ***************************
               EVENT_NAME: wait/io/file/innodb/innodb_log_file
               COUNT_STAR: 58175
           SUM_TIMER_WAIT: 20199487047180
           MIN_TIMER_WAIT: 5341780
           AVG_TIMER_WAIT: 347219260
           MAX_TIMER_WAIT: 18754862132
               COUNT_READ: 8
           SUM_TIMER_READ: 778174704
           MIN_TIMER_READ: 5341780
           AVG_TIMER_READ: 97271660
           MAX_TIMER_READ: 409998080
 SUM_NUMBER_OF_BYTES_READ: 70656
              COUNT_WRITE: 33672
          SUM_TIMER_WRITE: 870804229376
          MIN_TIMER_WRITE: 7867956
          AVG_TIMER_WRITE: 25861264
          MAX_TIMER_WRITE: 14021439496
SUM_NUMBER_OF_BYTES_WRITE: 61617664
               COUNT_MISC: 24495
           SUM_TIMER_MISC: 19327904643100
           MIN_TIMER_MISC: 12479224
           AVG_TIMER_MISC: 789054776
           MAX_TIMER_MISC: 18754862132
1 row in set (0.0005 sec)
```

注意，查询 events_waits_summary_global_by_event_name 表的 SUM_TIMER_WAIT 列以及其他几个列的值与这里的值相等(由于 I/O 经常在后台发生，即使在比较两个表时你不执行查询，也不总是相等的值)。将 I/O 拆分为读取、写入和其他项，可以更好地了解实例上的 I/O 工作负载。

如果需要单个文件的统计信息，则需要使用 file_summary_by_instance 表。代码清单 19-8 显示了 Microsoft Windows 的 world.city 表的表空间文件的示例。注意，四个反斜杠用于表示路径中的一个反斜杠。

代码清单 19-8　world.city 的表空间文件的文件 I/O

```
mysql> SELECT *
FROM performance_schema.file_summary_by_instance
WHERE FILE_NAME LIKE '%\\\\world\\\\city.ibd'\G
*************************** 1. row ***************************
```

```
                FILE_NAME: C:\ProgramData\MySQL\MySQL Server 8.0\Data\world\city.ibd
               EVENT_NAME: wait/io/file/innodb/innodb_data_file
    OBJECT_INSTANCE_BEGIN: 1999746796608
               COUNT_STAR: 380
           SUM_TIMER_WAIT: 325377148780
           MIN_TIMER_WAIT: 12277372
           AVG_TIMER_WAIT: 856255472
           MAX_TIMER_WAIT: 10778110040
               COUNT_READ: 147
           SUM_TIMER_READ: 144057058960
           MIN_TIMER_READ: 85527220
           AVG_TIMER_READ: 979979712
           MAX_TIMER_READ: 7624205292
 SUM_NUMBER_OF_BYTES_READ: 2408448
              COUNT_WRITE: 125
          SUM_TIMER_WRITE: 21938183516
          MIN_TIMER_WRITE: 12277372
          AVG_TIMER_WRITE: 175505152
          MAX_TIMER_WRITE: 5113313440
SUM_NUMBER_OF_BYTES_WRITE: 2146304
               COUNT_MISC: 108
           SUM_TIMER_MISC: 159381906304
           MIN_TIMER_MISC: 160612960
           AVG_TIMER_MISC: 1475758128
           MAX_TIMER_MISC: 10778110040
1 row in set (0.0007 sec)
```

可以看到事件名称表明它是 InnoDB 表空间文件，并且 I/O 拆分为读取、写入和其他项。对于读取和写入，还包括字节的总数。

performance 库中要考虑的最后一组表是错误汇总表。

19.1.5 错误汇总表

虽然错误与查询调优没有直接关系，但错误确实表示出现了问题。导致错误的查询将继续消耗资源，但当发生错误时，此前消耗的资源就全部浪费了。因此，通过向系统添加不必要的负载，间接错误也会影响查询性能。还有一些与性能更直接相关的错误，例如，由于获取锁失败而导致的错误等。

performance 库中有如下五张表，将不同错误进行了分组。

- events_errors_summary_by_account_by_error
- events_errors_summary_by_host_by_error
- events_errors_summary_by_thread_by_error
- events_errors_summary_by_user_by_error
- events_errors_summary_global_by_error

表的含义根据名称不言自明。可以使用这些表确定谁在执行触发错误的查询，并将其与语句事件表(如events_statements_summary_by_digest)相结合，以获取有关触发错误的用户以及错误所针对的语句的相关信息。代码清单 19-9 显示了一个根据账户分组显示死锁次数的查询示例。

代码清单 19-9　使用 events_errors_summary_by_account_by_error 表

```
mysql> SELECT *
         FROM performance_schema.events_errors_summary_by_account_by_error
       WHERE ERROR_NAME = 'ER_LOCK_DEADLOCK'\G
*************************** 1. row ***************************
             USER: NULL
             HOST: NULL
     ERROR_NUMBER: 1213
       ERROR_NAME: ER_LOCK_DEADLOCK
        SQL_STATE: 40001
 SUM_ERROR_RAISED: 0
SUM_ERROR_HANDLED: 0
       FIRST_SEEN: NULL
        LAST_SEEN: NULL
*************************** 2. row ***************************
             USER: root
             HOST: localhost
     ERROR_NUMBER: 1213
       ERROR_NAME: ER_LOCK_DEADLOCK
        SQL_STATE: 40001
 SUM_ERROR_RAISED: 2
SUM_ERROR_HANDLED: 0
       FIRST_SEEN: 2019-06-16 10:58:05
        LAST_SEEN: 2019-06-16 11:07:29
2 rows in set (0.0105 sec)
```

这表明，root@localhost 账户已引发两次死锁，但均未处理。第一行用户和主机为 NULL 的表示后台线程。

提示　可从 MySQL 参考手册 https://dev.mysql.com/doc/refman/en/server-error-reference.html 获取错误编号、名称和 SQL 状态。

performance 库的讨论到此结束。如果觉得 performance 库中的一些表可能不好理解，最好的办法就是尝试使用它们，例如，在空闲的测试系统上执行一些查询，以便清楚会发生什么。另一个办法是使用 sys 库，可以更轻松地根据 performance 库生成报告。

19.2　sys 库

sys 库的主要用途之一是可以比 performance 库更加简单地创建报告。这包括用于查找待优化语句的报告。本节中讨论的所有报告都可通过查询 performance 库表直接生成；但是，sys 库提供的报告可以选择格式，以便于人们阅读。

本节中讨论的报告是使用 performance 库表创建视图，performance 库表已经在本章前面介绍过。根据视图用于查找语句还是使用 I/O，将视图分为几个类别。本节最后一部分将演示如何使用 statement_ performance_analyzer()过程查找在监控窗口中执行的语句。

19.2.1　语句视图

语句视图按主机或用户分组，这样查找与某些条件(如使用全表扫描)匹配的语句更简单。除非另有说明，否则视图默认使用 performance 库表 events_statements_summary_by_digest。可用的视图见表 19-4。

表 19-4 语句视图

视图	描述
host_summary_by_statement_latency	此视图使用 events_statements_summary_by_host_by_event_name 表，为每个主机名返回一行，并为后台线程返回一行。每行包括语句的高级统计信息，如总延迟、发送的行等。行按总延迟的降序排序
host_summary_by_statement_type	此视图与 host_ summary_by_statement_latency 视图使用相同的 performance 库表，除了包含主机名之外，它还包括语句类型。行首先按主机名升序排列，然后按总延迟降序排序
innodb_lock_waits	此视图显示正在发生的 Innodb 行锁等待。它使用 data_lock 和 data_lock_waits 表。该视图在第 22 章用于研究锁问题
schema_table_lock_waits	此视图显示正在发生的元数据和用户锁等待。它使用 metadata_locks 表。该视图在第 22 章用于研究锁问题
session	此视图基于 threads 表、events_statements_current 表和其他 performance 库表的一些信息，共同返回一个高级进程列表。该视图包括活动连接的当前语句和空闲连接的最后一条执行语句。根据进程列表时间和上一条语句的持续时间，按降序返回行。session 视图对于了解当前发生的情况特别有用
statement_analysis	此视图是 events_statements_ summary_by_digest 表按总延迟降序排序的格式化版本
statements_with_errors_or_warnings	此视图返回导致错误或警告的语句。行按错误数和警告数的降序排序
statements_with_full_table_scans	此视图返回包含全表扫描的语句。行首先按未使用索引的次数百分比排序，然后按总延迟排序，两者均是降序排序
statements_with_runtimes_in_95th_percentile	此视图返回 events_statements_summary_by_digest 表中所有查询的第 95 个百分位数的语句。 行按平均延迟降序排序
statements_with_sorting	此视图返回对结果中的行进行排序的语句。这些行按总延迟降序排序
statements_with_temp_tables	此视图返回使用内部临时表的语句。行按磁盘上的内部临时表数和内存中的内部临时表数的降序排序
user_summary_by_statement_latency	此视图类似于 host_summary_by_statement_latency 视图，只是它按用户名进行分组。该视图基于 events_statements_summary_by_user_by_event_name 表
user_summary_by_statement_type	此视图与 user_summary_by_statement_latency 视图相同，但还包括语句类型

查看查询视图和直接查看基础的 performance 库表之间的主要区别是，你不需要添加过滤器，并且视图对数据进行了格式化以便人们阅读。这样，在研究性能问题时，可以轻松地将 sys 库的视图用作临时报告。

提示 请记住，视图也可带有 x$前缀，如 x$statement_analysis。如果要在格式化列上添加其他过滤器、更改顺序或执行类似操作，则可以采用具有 x$的视图，因为这些视图未进行格式化因而更加方便。

在代码清单 19-10 中可以看到使用视图的示例，其中 statement_analysis 视图用于查找自上次重置 performance 库表以来总体耗费时间最长的语句。

代码清单 19-10　查找耗费最长时间的查询

```
mysql> SELECT *
         FROM sys.statement_analysis
        LIMIT 1\G
*************************** 1. row ***************************
            query: UPDATE `world` . `city` SET `Population` = ?
                   WHERE `ID` = ?
               db: world
        full_scan:
       exec_count: 3744
        err_count: 3
       warn_count: 0
    total_latency: 9.70 m
      max_latency: 51.53 s
      avg_latency: 155.46 ms
     lock_latency: 599.31 ms
        rows_sent: 0
    rows_sent_avg: 0
    rows_examined: 3741
rows_examined_avg: 1
    rows_affected: 3741
rows_affected_avg: 1
       tmp_tables: 0
  tmp_disk_tables: 0
      rows_sorted: 0
sort_merge_passes: 0
           digest: 8f3799ba6b1f47fc2d76f018eaafb6ef8a9d743a7dbe5e558
                   e37371408a1ad5e
       first_seen: 2019-06-15 17:30:13.674383
        last_seen: 2019-06-15 17:52:42.881701
1 row in set (0.0028 sec)
```

视图已按总延迟降序排序，因此没必要为查询添加任何排序。如果回顾一下本章前面使用的 performance 库表 events_statements_summary_by_digest 调用的示例，则返回的信息是类似的，但视图的延迟更容易于阅读，因为皮秒值已转换为介于 0 和 1000 之间的单位值。digest 信息也包括在内，因此如有必要，可以使用视图查找有关该语句的详细信息。

其他视图也包含有用的信息。这里留给读者练习，查询自己系统上的视图并探索结果。

19.2.2　表 I/O 视图

表 I/O 的 sys 库视图可用于查找有关表和索引使用情况的信息。这包括查找未使用的索引和执行全表扫描的表。

基于表 I/O 的信息视图都以 schema_作为名称的前缀。这些视图在表 19-5 中汇总。

表 19-5　表 I/O 视图

视图名称	描述
schema_index_statistics	此视图包括 table_io_waits_summary_by_ index_usage 表中索引名称不为 NULL 的所有行。行按总延迟降序排序。该视图显示每个索引用于选择、插入、更新和删除数据的频率

(续表)

视图名称	描述
schema_table_statistics	此视图将 table_io_waits_summary_by_table 和 file_summary_by_instance 表中的数据合并，以返回表 I/O 和与表相关的文件 I/O 的信息。文件 I/O 统计信息仅包含所在表空间中的表。行按表 I/O 总延迟降序排序
schema_table_ statistics_with_buffer	此视图与 schema_table_statistics 视图相同，只不过还包括 information 库的 innodb_ buffer_page 表中的缓冲池使用情况信息。请注意，查询 innodb_buffer_page 表可能产生很大开销，最好在测试系统上使用
schema_tables_with_full_table_scans	此视图查询 table_io_waits_summary_by_index_usage 表中索引名称为 NULL(即未使用索引)，并且读取计数大于 0 的行。这些表有不使用索引(即通过全表扫描)读取的行。行按读取的总行数降序排序
schema_unused_ indexes	此视图也使用 table_io_waits_summary_by_index_usage 表，但包括没有从索引读取到的行，并且该索引不是主键或唯一索引。MySQL 库中的表将被排除在外，因为不应更改其中任何表的定义。表按 schema 和表名称的字母顺序排序

通常，这些视图与其他视图或表结合使用。例如，你可能发现 CPU 使用率非常高。CPU 使用率高的一个典型原因是大型表扫描，因此可以查看 schema_tables_with_full_table_scans 视图，找出正在通过表扫描返回大量行的一张或多张表。然后继续查询 statements_with_ full_table_scans 视图，以查找使用这些表但没用索引的语句。

如前所述，schema_table_statistics 视图结合了表 I/O 统计信息和文件 I/O 统计信息。还有一些纯粹查看文件 I/O 的视图。

19.2.3 文件 I/O 视图

文件 I/O 视图遵循与语句视图相同的主机名或用户名分组的情况。这些视图的最佳用法是在确定磁盘 I/O 是瓶颈后，确定导致 I/O 的原因是什么。然后，你可以回溯查找所涉及的表。接着确定是否优化表的查询，或者是否需要增加 I/O 容量。文件 I/O 视图见表 19-6。

表 19-6 文件 I/O 视图

视图	描述
host_summary_by_file_io	此视图使用 events_waits_summary_by_host_by_event_name 表，按账户主机名对文件 I/O 等待事件进行分组。行按总延迟降序排序
host_summary_by_file_io_type	此视图与 host_summary_by_file_io 视图相同，只不过它还包含文件 I/O 的事件名称。行按主机名排序，然后按总延迟降序排序
io_by_thread_by_latency	此视图使用 events_waits_summary_by_thread_by_event_name 表，返回根据线程分组的文件 I/O 统计信息，行按总延迟的降序排序。线程包括后台线程，后台线程占写入 I/O 的大部分比例
io_global_by_file_by_bytes	此视图使用 file_summary_by_instance 表返回每个文件的读写操作数和 I/O 字节数。行按读取和写入 I/O 总量(以字节为单位)的降序排序
io_global_by_file_by_latency	此视图与 io_global_by_file_by_bytes 视图相同，只不过它有 I/O 延迟
io_global_by_wait_by_bytes	此视图类似于 io_global_by_file_by_bytes 视图，只是它按 I/O 事件名而不是文件名进行分组，并且它使用 file_summary_by_event_name 表

(续表)

视图	描述
io_global_by_wait_by_latency	此视图与 io_global_by_wait_by_bytes 视图相同，只不过它有 I/O 延迟
user_summary_by_file_io	此视图与 host_summary_by_file_io 视图相同，只不过它使用 events_waits_summary_by_user_by_event_name 表，按用户名而不是主机名分组
user_summary_by_file_io_type	此视图与 user_summary_by_file_io 视图相同，只不过它还包含文件 I/O 的事件名称。行按用户名排序，然后按总延迟的降序排序

这些视图使用起来非常简单，但仍值得列举几个示例来展示与它们相关的一些细节。代码清单 19-11 显示了后台线程和前台线程的视图 io_by_thread_by_latency 的示例。线程 ID 是根据测试系统上可用的线程选择的。

代码清单 19-11　使用 io_by_thread_by_latency 视图的示例

```
mysql> SELECT *
         FROM sys.io_by_thread_by_latency
        WHERE THREAD_ID IN (19, 87543)\G
*************************** 1. row ***************************
          user: log_flusher_thread
         total: 24489
 total_latency: 19.33 s
   min_latency: 56.39 us
   avg_latency: 789.23 us
   max_latency: 18.75 ms
     thread_id: 19
processlist_id: NULL
*************************** 2. row ***************************
          user: root@localhost
         total: 40683
 total_latency: 15.48 s
   min_latency: 5.27 us
   avg_latency: 353.57 us
   max_latency: 262.23 ms
     thread_id: 87543
processlist_id: 87542
2 rows in set (0.0066 sec)
```

在该示例中，需要注意的是用户名。在第 1 行中，有一个后台线程的示例，线程名称的最后一部分(使用/作为分隔符)用作用户名。在第 2 行中，它是一个前台线程，用户是账户的用户名和主机名，两者之间有一个@符号。这些行还包括有关 performance 库线程 ID 和进程列表 ID(连接 ID)的信息，因此可使用这些信息查找有关线程的详细信息。

另一个示例显示在代码清单 19-12 中，针对的是 io_global_by_file_by_bytes 视图。

代码清单 19-12　使用 io_global_by_file_by_bytes 视图的示例

```
mysql> SELECT *
         FROM sys.io_global_by_file_by_bytes
        LIMIT 1\G
*************************** 1. row ***************************
```

```
          file: @@datadir\undo_001
    count_read: 15889
    total_read: 248.31 MiB
      avg_read: 16.00 KiB
   count_write: 15149
 total_written: 236.70 MiB
     avg_write: 16.00 KiB
         total: 485.02 MiB
     write_pct: 48.80
1 row in set (0.0028 sec)
```

请注意文件名的路径使用@@datadir。这是 sys 库使用格式化的一部分，可使文件所在的位置一目了然。数据量也会减少。

到目前为止讨论的 sys 库视图的内容，是自上次相应的 performance 库表重置以来记录的统计信息。通常，性能问题只会间歇性地出现；这种情况下，希望知道特定期间发生的情况。这时需要语句性能分析器。

19.2.4 语句性能分析器

语句性能分析器允许你抓取 events_statements_summary_by_digest 表的两个快照，并使用两个快照之间的增量视图，视图通常直接使用 events_statements_summary_by_digest 表。例如，这对于确定在峰值负载期间哪些查询正在执行就非常有用。

使用 statement_ performance_analyzer()过程创建快照并执行分析。它需要三个参数，如表 19-7 所示。

表 19-7 statement_ performance_analyzer()过程的参数

参数	有效值	描述
action	Snapshot Overall Delta create_tmp create_table save cleanup	希望过程执行的操作。稍后将更详细地讨论这些操作
table	<schema>.<table>	此参数用于需要表名称的操作。格式必须为 schema.table 或表名本身。无论哪种情况，都不要使用反引号。schema 或表名称中不允许使用点
views	with_runtimes_in_95th_ percentile analysis with_errors_or_warnings with_full_table_scans with_sorting with_temp_tables custom	用来生成报告的视图名称。允许它指定多个视图。除了自定义视图之外，所有视图都使用 sys 库中的语句视图。对于自定义视图，使用 sys 库配置选项 statement_ performance_analyzer.view 指定自定义视图的名称

action 指定你希望该过程执行的操作。在生成语句性能报告的工作流的不同阶段应使用不同的操作。

支持的操作见表 19-8。

表 19-8　statement_performance_analyzer()过程的操作

操作	描述
snapshot	创建 events_statements_summary_by_digest 表的快照，除非指定 table 参数，才为指定的表生成快照。快照存储在 sys 库中一个名为 tmp_digests 的临时表中
overall	基于 table 参数中提供的表创建报告。如果将 table 参数设置为 NOW()，则当前内容的 digest 汇总表将用于创建新快照。如果将表参数设置为 NULL，将使用当前快照
delta	使用 table 参数提供的表和现有快照，根据两个快照之间的增量差异创建报告。此操作将创建 sys.tmp_digests_delta 临时表。本节稍后将展示此操作的示例
create_table	创建具有名称(由 table 参数指定)的常规用户表。该表可使用 save 操作存储快照
create_tmp	创建具有名称(由 table 参数指定)的临时表。该表可使用 save 操作存储快照
save	将现有快照保存到 table 参数指定的表
cleanup	删除已用于快照和增量计算的临时表。使用 create_table 和 create_tmp 操作创建的表不会被删除

该过程对于创建两个快照并计算它们之间的增量特别有用。执行增量分析的工作流如下所示：

(1) 创建一个临时表以存储初始快照。这是通过 create_tmp 操作完成的。

(2) 使用 snapshot 操作创建初始快照。

(3) 使用 save 操作，将步骤(1)的初始快照保存到临时表。

(4) 等待数据收集。

(5) 使用 snapshot 操作创建新快照。

(6) 对一个或多个视图使用 delta 操作生成报告。

(7) 使用 cleanup 操作进行清理。

在已知执行了哪些查询的可控环境中使用该过程非常有用。这样，你就知道生成的输出中会有什么。该示例将使用名为 monitor 的方案来存储初始快照：

```
mysql> CREATE SCHEMA monitor;
```

在第二个连接进行监控时，你需要执行一些查询。我们鼓励你尝试一些自己的查询。如果要在示例中重现输出，可以使用 MySQL shell，在开始监控之前将语言模式改为 Python 并将默认 schema 设置为 world：

```
\py
\use world
```

执行该示例的九个查询的 Python 代码如代码清单 19-13 所示。可以在 MySQL shell 中执行代码。代码也可从本书的 GitHub 资料库的 listing_19_13.py 文件中获得。

代码清单 19-13　用于语句分析查询的 Python 代码示例

```
queries = [
    ("SELECT * FROM `city` WHERE `ID` = ?", [130, 3805]),
    ("SELECT * FROM `city` WHERE `CountryCode` = ?", ['AUS', 'CHN', 'IND']),
    ("SELECT * FROM `country` WHERE CODE = ?", ['DEU', 'GBR', 'BRA', 'USA']),
]

for query in queries:
    sql = query[0]
    parameters = query[1]
    for param in parameters:
        result = session.run_sql(sql, (param,))
```

带有占位符的查询被定义为元组列表，元组的值是用于该查询的元组中的第二个元素。如果要执行更多查询，这样的方法能快速添加更多查询和值。在查询和参数上以双循环方式执行。将代码粘贴到 MySQL shell 中时，用两个新行来结束代码，告诉 MySQL shell 多行代码块已经结束。

代码清单 19-14 显示了在两个快照之间创建大约 1 分钟的报告的示例。该示例使用基于 sys.statement_analysis 的分析视图。由于本书页面的限制，报告不能很好地显示，步骤和报告的完整输出可在本书的 GitHub 资料库的 listing_19_14_statement_analysis 文件中找到。报告中的查询顺序可能不同，因为它取决于执行查询所需的时间，所以统计信息也会有所不同。

代码清单 19-14　使用 statement_performance_analyzer()过程

```
mysql> CALL sys.ps_setup_disable_thread(CONNECTION_ID());
+--------------------+
| summary            |
+--------------------+
| Disabled 1 thread |
+--------------------+
1 row in set (0.0012 sec)

Query OK, 0 rows affected (0.0012 sec)


mysql> CALL sys.statement_performance_analyzer(
               'create_tmp', 'monitor._tmp_ini', NULL);
Query OK, 0 rows affected (0.0028 sec)

mysql> CALL sys.statement_performance_analyzer(
               'snapshot', NULL, NULL);
Query OK, 0 rows affected (0.0065 sec)

mysql> CALL sys.statement_performance_analyzer(
               'save', 'monitor._tmp_ini', NULL);
Query OK, 0 rows affected (0.0017 sec)

-- Execute your queries or the Python code in Listing 19-13
-- in a second connection while the SLEEP(60) is executing.

mysql> DO SLEEP(60);
Query OK, 0 rows affected (1 min 0.0064 sec)

mysql> CALL sys.statement_performance_analyzer(
               'snapshot', NULL, NULL);
Query OK, 0 rows affected (0.0041 sec)

mysql> CALL sys.statement_performance_analyzer(
            'delta', 'monitor._tmp_ini',
            'analysis');
+------------------------------------------+
| Next Output                              |
+------------------------------------------+
| Top 100 Queries Ordered by Total Latency |
+------------------------------------------+
1 row in set (0.0049 sec)
```

```
+-------------------------------------------+-------+...
| query                                     | db    |...
+-------------------------------------------+-------+...
| SELECT * FROM `city` WHERE `CountryCode` = ? | world |...
| SELECT * FROM `country` WHERE CODE = ?    | world |...
| SELECT * FROM `city` WHERE `ID` = ?       | world |...
+-------------------------------------------+-------+...
3 rows in set (0.0049 sec)

Query OK, 0 rows affected (0.0049 sec)

mysql> CALL sys.statement_performance_analyzer(
            'cleanup', NULL, NULL);
Query OK, 0 rows affected (0.0018 sec)

mysql> DROP TEMPORARY TABLE monitor._tmp_ini;
Query OK, 0 rows affected (0.0007 sec)

mysql> CALL sys.ps_setup_enable_thread(CONNECTION_ID());
+------------------+
| summary          |
+------------------+
| Enabled 1 thread |
+------------------+
1 row in set (0.0015 sec)
Query OK, 0 rows affected (0.0015 sec)
```

在示例的开头和结束处使用了 ps_setup_disable_thread()和 ps_setup_enable_thread()过程，可以禁用 performance 库执行分析线程的采集，然后在分析完成后启用采集。通过禁用采集，分析所执行的查询将不会包括在报告中。这在繁忙的系统中并不那么重要，但在仅使用几个查询进行测试时非常有用。

对于分析本身，将创建一个临时表，以便可以创建快照并将其保存到该表。之后，收集 1 分钟的数据，然后创建新的快照，并生成报告。最后的步骤是清理用于分析的临时表。请注意，临时表 monitor._tmp_ini 未被 cleanup 操作清理，因为它是由 create_tmp 操作显式创建的。

报告输出显示，在监控期间执行了三个语句。在现实情况下，通常会有更多查询，并且默认情况下报告仅限于前 100 个查询。你可以配置报告中包含的查询数量以及其他一些设置。这是使用 sys 库配置机制完成的，支持以下设置。

- **debug**：当选项设置为 ON 时，将生成调试输出。默认值为关闭。
- **statement_performance_analyzer.limit**：报告中包含的最大语句数量。默认值为 100。
- **statement_performance_analyzer.view**：与自定义视图一起使用的视图。

提示　sys 库配置选项可在 sys.sys_config 表中设置，也可将前缀@sys.加选项名作为用户变量。例如，debug 变为@sys.debug。

到目前为止，sys 库视图都是通过显式地对它们执行查询直接使用的。不过，这不是使用它们的唯一方法，也可通过 MySQL Workbench 查看视图。

19.3　MySQL Workbench

如果你更喜欢使用图形用户界面而不是命令行界面，MySQL Workbench 是很好的选择。

MySQL Workbench 不仅允许执行自己的查询，它还附带了多个功能，可帮助你管理和监控实例。就本节而言，主要聚焦在 Performance Reports 和 Client Connections 报告。

这两个报告都是通过 MySQL Workbench 窗口中左侧的导航器访问的。一旦你连接到 MySQL，导航器就可用了。图 19-1 突出显示了这些报告。

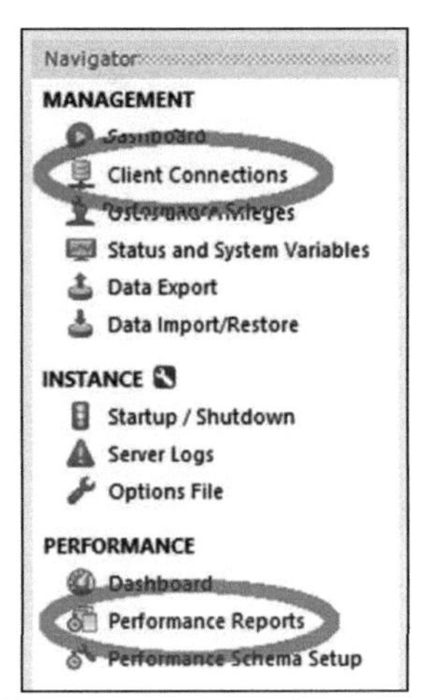

图 19-1　访问 Client Connections 和 Performance Reports

稍后将更详细地讨论这两种类型的报告。

19.3.1　性能报告

MySQL Workbench 中的性能报告是研究实例中正在发生的事情的一个好方法。由于性能报告基于 sys 库视图，所以可用的信息将与浏览 sys 库视图时的信息相同。

通过连接实例并从导航器的 PERFORMANCE 部分选择 Performance Reports，可以获取性能报告。你可以访问的大多数报告直接使用 sys 库来生成。图 19-2 显示了如何选择感兴趣的报告。

执行语句统计信息报告的示例如图 19-3 所示。这与使用 sys.statement_analysis 视图获得的报告相同。在本书的 GitHub 资料库中，可在 figure_19_3_performance_report.png 文件中看到显示所有列的报告示例。

性能报告的一个优点是它们使用未格式化的视图定义，因此可以使用 GUI(图形用户界面)更改排序。可以通过单击要排序的列标题来更改顺序。每次单击列标题时，顺序都会在升序和降序之间切换。在报告的底部，有按钮可帮助你使用报告。单击 Export...按钮允许将报告的结果另存为 CSV 文件。单击 Copy Selected 按钮以 CSV 格式将标头和选定行复制到内存中。单击 Copy Query 按钮复制报告的查询语句，这样你可以编辑查询并手动执行它。对于图 19-3 中的报告，返回的查询是 select * from sys.`x$statement_analysis`。最后一个按钮是右侧的 Refresh 按钮，单击该按钮将再次执行报告。

没有基于 sys.session 视图的性能报告。不过可使用客户端连接报告来查看。

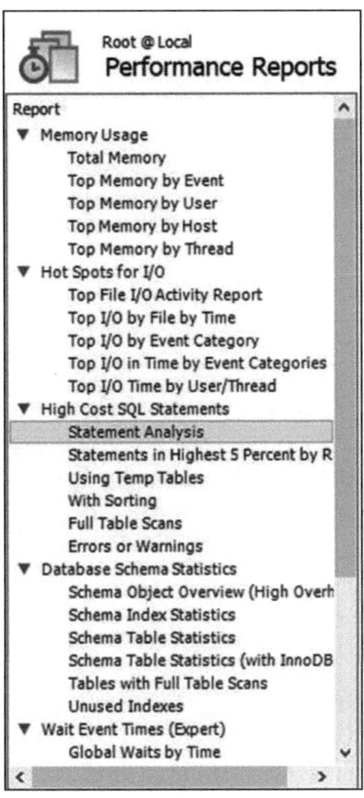

图 19-2　选择性能报告

Statement Analysis

Lists statements with various aggregated statistics

Query	Full Table S...	Executed (#)	Errors (#)	Warnings (#)	Total Time (.
UPDATE `world` . `city` SET `Population` = ? WHER...		3744	3	0	582056916.
SELECT * FROM `city` WHERE NAME = ?	*	102349	0	0	138758688.
DO `SLEEP` (?)		1	0	0	60005489.
SELECT (`cat` . `name` COLLATE `utf8_tolower_ci`...	*	44070	0	0	49955606.
UPDATE `world` . `city` SET `Population` = `Populati...		10000	0	0	32961839.
SHOW GLOBAL VARIABLES	*	6248	0	0	21859065.
SET SESSION `sql_mode` = ? , SESSION `wait_timeo...		124099	0	124099	21345764.
UPDATE `city` SET `Population` = `Population` * ?...		3	0	0	15902598.
SHOW GLOBAL VARIABLES LIKE ?	*	4163	0	0	14220974.
SET `character_set_results` = ?		124099	0	0	13919508.
SET `autocommit` = ?		124791	0	0	13237521.
SHOW WARNINGS		124099	0	0	12784969.
UPDATE `world` . `city` SET `Population` = `Populati...		1190	0	0	7423772.
SHOW VARIABLES LIKE ?	*	2106	0	0	6732233.
SELECT `ROUND` (SUM (`sum_timer_wait`) / ?) `t...	*	2091	0	0	5143966.
SHOW GLOBAL STATUS	*	4165	0	0	4970374.
SELECT `digest` AS `digest` , SCHEMA_NAME AS `sc...	*	2077	0	0	4706200.
SHOW BINARY LOGS		2106	0	0	3846203.
SELECT `substring_index` (`performance_schema`	*	2091	0	0	2858649.
UPDATE `country` SET `Population` = `Population` *...		2	0	0	2512154.
SELECT `conn_conf` . `channel_name` AS ? , `conn_...	*	4162	0	0	2336868.
SELECT `plugin_name` FROM `information_schema` ...	*	2501	0	0	1960398.
SELECT COUNT (*) AS `num_long_running` , @@`lo...	*	2092	0	0	1734821.

Export...　Copy Selected　Copy Query　Refresh

图 19-3　语句统计信息性能报告

19.3.2　客户端连接报告

如果要获取当前连到实例的连接列表，则需要使用客户端连接报告。它包含的信息不像sys.session视图那么多，但包含了最基本的数据。该报告基于performance库中的线程表，此外，如有程序，还包含程序名称。

图19-4显示了报告示例的最左侧列。要查看列的完整列表，请查看本书的GitHub资料库中的figure_19_4_client_connections.png文件。

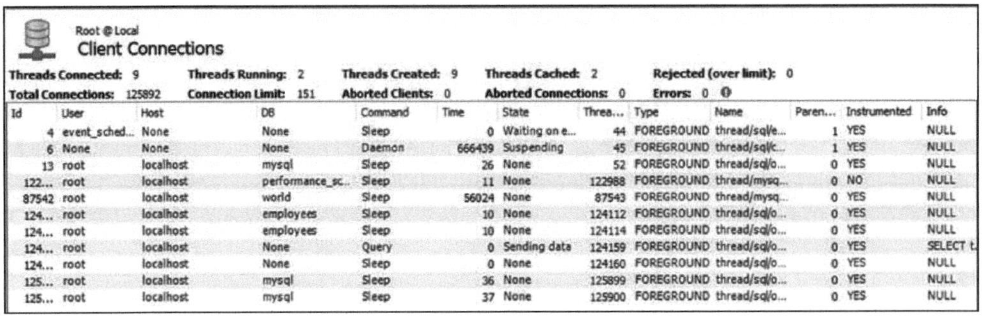

Root @ Local
Client Connections

Threads Connected: 9　Threads Running: 2　Threads Created: 9　Threads Cached: 2　Rejected (over limit): 0
Total Connections: 125892　Connection Limit: 151　Aborted Clients: 0　Aborted Connections: 0　Errors: 0

Id	User	Host	DB	Command	Time	State	Threa...	Type	Name	Paren...	Instrumented	Info
4	event_sched...	None	None	Sleep	0	Waiting on e...	44	FOREGROUND	thread/sql/e...	1	YES	NULL
6	None	None	None	Daemon	666439	Suspending	45	FOREGROUND	thread/sql/c...	1	YES	NULL
13	root	localhost	mysql	Sleep	26	None	52	FOREGROUND	thread/sql/o...	0	YES	NULL
122...	root	localhost	performance_sc...	Sleep	11	None	122988	FOREGROUND	thread/mysq...	0	NO	NULL
87542	root	localhost	world	Sleep	56024	None	87543	FOREGROUND	thread/mysq...	0	YES	NULL
124...	root	localhost	employees	Sleep	10	None	124112	FOREGROUND	thread/sql/o...	0	YES	NULL
124...	root	localhost	employees	Sleep	10	None	124114	FOREGROUND	thread/sql/o...	0	YES	NULL
124...	root	localhost	None	Query	0	Sending data	124159	FOREGROUND	thread/sql/o...	0	YES	SELECT t.
124...	root	localhost	None	Sleep	0	None	124160	FOREGROUND	thread/sql/o...	0	YES	NULL
125...	root	localhost	mysql	Sleep	36	None	125899	FOREGROUND	thread/sql/o...	0	YES	NULL
125...	root	localhost	mysql	Sleep	37	None	125900	FOREGROUND	thread/sql/o...	0	YES	NULL

图19-4　Client Connections报告

如果已打开客户端连接报告或其中一个性能报告，则可以重用该连接来获取客户端连接报告。如果所有连接都已用尽，并且需要获得连接正在执行的操作的报告，则这个方法非常有用。即客户端连接报告允许通过选择查询并使用报告右下角的一个终止按钮来终止查询或连接。

虽然MySQL Workbench对于调研性能问题非常有用，但它主要针对的是临时调研。为了进行适当的监控，你需要一个全面的监控解决方案。

19.4　MySQL Enterprise Monitor

当你需要调研性能问题时，无论是对用户投诉做出反应，还是主动寻求改进，没有什么能真正取代功能齐备的监控解决方案。本节将以MySQL Enterprise Monitor(MEM)为基础进行讨论。其他监控解决方案可能提供类似的功能。

本节将讨论三个功能。第一个是查询分析器，然后是时间序列图，最后是即席查询报告，如进程和锁等待报告。当你调研一个问题时，应结合使用各种指标。例如，如果有一份高磁盘I/O使用情况的报告，那么请查找显示磁盘I/O的时间序列图，并确定I/O是如何发生以及何时发生的。然后，可以使用查询分析器调研在此期间执行了哪些查询。如果问题仍然存在，可以使用流程报告或其他临时报告等来查看正在发生的事情。

19.4.1　查询分析器

当需要调研性能问题时，MySQL Enterprise Monitor中的查询分析器就是最重要的分析工具之一。MySQL Enterprise Monitor使用performance库中的events_statements_summary_by_digest表定期收集已执行的查询。然后对连续的输出进行比较，以确定自上一次数据收集以来的统计数据。这与你在使用sys库中语句性能分析器的示例中所看到的类似，只是这种情况是自动发生的，并且与其他收集的数据集成在一起。

通过选择左侧菜单中的Queries选项(如图19-5所示)，可访问查询分析器。

一旦打开查询分析器，它将默认打开顶部的查询响应时间索引(Query Response Time Index，QRTi)图形和下面的查询语句列表。默认时间范围是过去一小时。可以选择显示另一种图形或更改图形数量。默认查询响应时间索引的图形值得仔细思考。

图 19-5　访问查询分析器

查询响应时间索引是衡量单个查询或一组查询执行情况的指标。它使用应用程序性能指数(Application Performance Index，Apdex)公式计算。查询信息旁边是两个同心圆(圆环形状)组成的形状。根据查询的执行情况进行着色，绿色、黄色和红色分别表示查询执行的时间百分比是最佳、可接受和不可接受。

- **最佳：**适用于查询执行的时间少于最佳性能的阈值设置的情形。默认阈值为 100 毫秒。可配置该阈值。绿色表示最佳时间范围。
- **可接受：**适用于查询执行的时间超过最佳时间范围的阈值，但小于阈值四倍的情形。此图形显示为黄色。
- **不可接受：**适用于查询时间超过最佳阈值的四倍的情形。此图形使用红色。

查询响应时间索引不是衡量实例性能的完美指标，但对于各种查询的响应时间在相同间隔的系统来说，它确实很好地说明了系统或查询在不同时间的性能。如果非常快的 OLTP 查询和慢速 OLAP 查询混合在一起，它就不能很好地衡量性能。

如果在图形中发现一些有趣的内容，则可以选择该期间，并将其用作过滤查询的新时间框架。图表右上角还有 Configuration View 按钮，可用来设置图形、查询的时间范围、需要显示的图形、查询的过滤器等。

查询语句列表是用来查看实际查询的。一个查询的示例如图 19-6 所示。

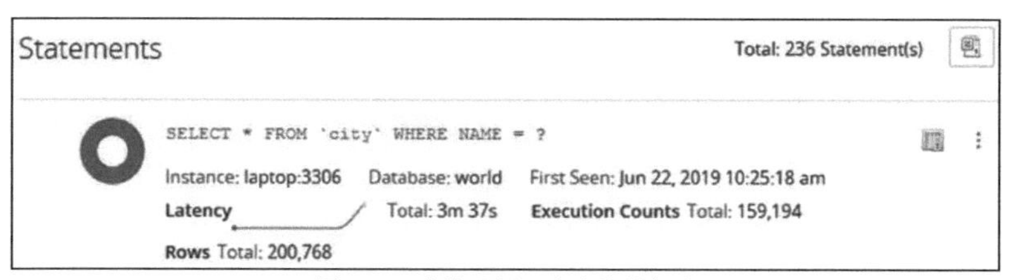

图 19-6　查询分析器中查询的概述

这些信息是高级别的信息，旨在帮助你缩小给定时间段，仔细查看待优化查询的范围。在此示例中可以看到，已经执行了近 160 000 次查询以按名称查找城市。你应该问的第一个问题是，执行此查询的次数是否合理。这可能是合理的，但高执行次数也可能是跑道进程的标志，一遍又一遍地执行同一查询，那样就需要为查询设置缓存。还可以从绿色圆环上看到，对于查询响应时间索引而言，所有执行都处于最佳时间范围内。

查询区域右上角的图标位于三个垂直点的左侧，显示 MySQL Enterprise Monitor 已标记此查询。要获取图标的含义，请将鼠标悬停在图标上。此示例中的图标表示查询正在执行全表扫描。因此，即使查询响应时间索引看起来适合查询，也有必要仔细研究查询。完成全表扫描的时间是否可以接受取决于几个因素，例如表中的行数和执行查询的频率。还可以看到，查询延迟图显示图形右侧延迟增加，这表明性能出现了下降情况。

如果要更详细地调研查询，请单击查询区域右上角的三个垂直点，这样就可以转到查询的详细信息界面。图 19-7 显示了查询详细信息的示例。可从本书的 GitHub 资料库中查看完整尺寸屏幕截图文件 figure_19_7_mem_query_details.png。

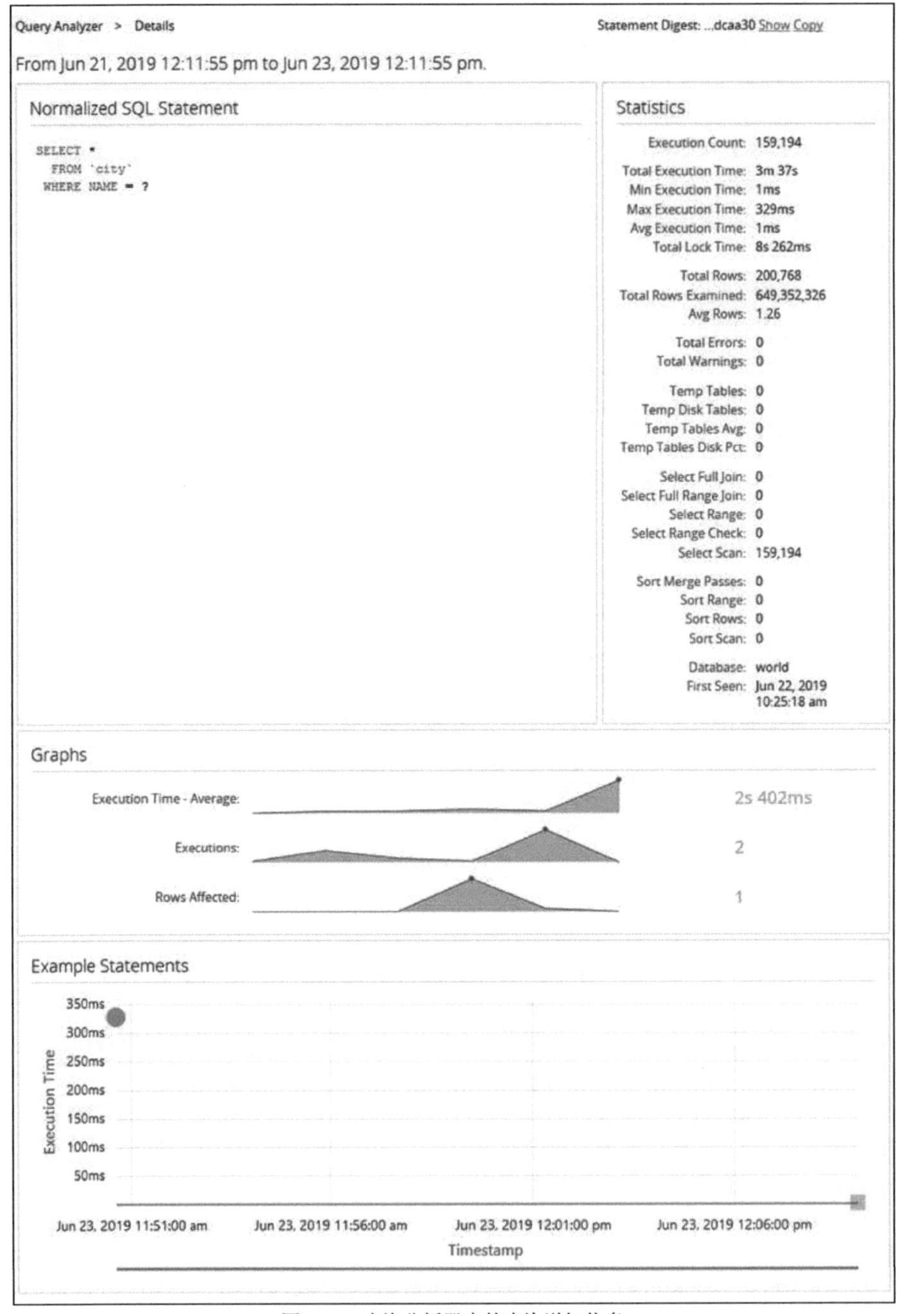

图 19-7　查询分析器中的查询详细信息

详细信息包括 performance 库摘要中提供的指标汇总。在这里你可以看到，检查的行确实比返回的行多得多，因此值得进一步调研是否需要索引。Graphs 给出了随时间的推移查询执行的变化情况。

底部是实际查询执行延迟的示例。这种情况下，包括两个执行。第一个是图形左侧的红色圆圈，第二个是右下角的蓝绿色标记(注意，本书黑白印刷，无法显示彩色)。颜色表示每次执行的查询响应时间索引。仅当启用了 events_statements_ history_long 消费者时，此图形才可用。

查询分析器非常适合调研查询，但要获取更高级别的活动汇总，你需要使用时间序列图。

19.4.2 时间序列图

在谈到监控系统时，通常会想到时间序列图。它们对于了解系统的总体负载并发现随时间的变化情况非常重要。但它们往往不能很好地找到问题的根源。为此，需要分析查询或生成临时报告以查看问题所在。

在查看时间序列图时，需要考虑一些问题；否则，最终可能得出错误结论，在没有问题时认为进入紧急状态。首先需要了解图形中指标的含义，就像前面讨论 I/O 延迟的含义一样。其次记住，指标的变化本身并不意味着存在问题，只意味着活动改变了。如果你开始执行更多查询，因为进入了一天或一年的高峰期，则数据库活动增加是很自然的；反之亦然，当进入安静期时，数据库活动自然会减少。同样，如果实现一项新功能(如向应用程序的启动屏幕添加元素)，则该功能还会增加执行的工作负载。第三，注意不要只考虑一个图形。如果查看监控数据而不考虑其他数据，则很容易得出错误结论。

如图 19-8 显示数据库和系统使用情况发生变化的几个时间序列图的示例。

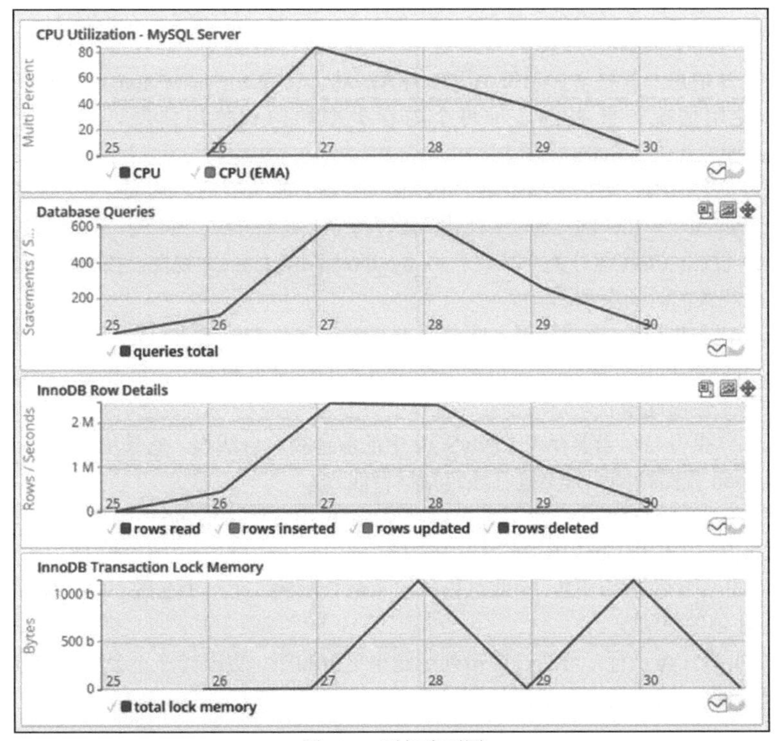

图 19-8 时间序列图

查看这些图表，可以看到最顶部图形中的 CPU 利用率突然增加，峰值超过 80%。为什么会这样，这是件坏事吗？数据库查询图显示每秒语句数同时增加，InnoDB 行详细信息图中读取的行数也在增加。因此，CPU 使用率很可能是由查询活动增加引起的。接着，你可以转到查询分析器并调研正在运行的查询。

还可从图形中获取其他几个信息。查看 x 轴，图形仅包含 6 分钟的数据。小心不要基于非常短的时间范围得出结论，因为这可能不代表系统的真实状态。另一个重要的事情是查看数据的比例。是的，CPU 使用率和 InnoDB 事务锁内存突然增加，但它是从 0 开始增加的。系统有多少 CPU？如果你有 96 个 CPU，则一个 CPU 使用率到达 80%无关紧要，但如果是在单个 CPU 虚拟机上，那么扩展空间就很小了。对于事务锁内存，如果查看 y 轴单位，可以看到“尖峰”只是 1KB 锁内存，因此不必担心。

有时需要调研一个正在发生的问题；这种情况下，时间序列图和查询分析器可能无法为你提供所需的信息，你需要即席查询报告。

19.4.3 即席查询报告

MySQL Enterprise Monitor 中提供了多个即席报告。其他监控解决方案可能具有类似的报告。这些报告与本章前面讨论的 sys 库报告中提供的信息类似。通过监控解决方案访问这些即席报告的一个优点是，可在应用程序所有可用连接占用的情况下重用连接，并且它提供了一个图形用户界面来操纵报告。

报告包括获取进程列表、锁信息、库统计信息等的能力。每个视图等效于一个 sys 库视图。在撰写本书时，具有以下报告。

- **表统计信息**：此报告根据总延迟、获取的行、更新的行等显示每个表的使用量。它等效于 schema_table_statistics 视图。
- **用户统计信息**：此报告显示每个用户名的活动。它等效于 user_summary 视图。
- **内存使用情况**：此报告显示每个内存类型的内存使用情况。它等效于 memory_global_by_current_bytes 视图。
- **数据库文件 I/O**：此报告显示磁盘 I/O 使用情况。报告有三个选项——按文件分组，等效于 io_global_by_file_by_latency 视图；按等待 I/O 类型分组，等效于 io_global_by_wait_by_latency 视图；按线程分类，等效于 io_by_thread_by_latency 视图。按等待类型分组增加了与 I/O 相关的时间序列图。
- **InnoDB 缓冲区池**：此报告显示哪些数据存储在 InnoDB 缓冲区池中。它基于 information 库的 innodb_buffer_page 表。由于查询该报告的信息可能有很大的开销，因此建议仅在测试系统上使用此报告。
- **进程**：此报告显示当前存在于 MySQL 中的前台和后台线程。它使用 sys.processlist 视图，与 session 视图相同，只不过它还包括后台线程。
- **锁等待**：此报告有两个选项。你可以获取 InnoDB 锁等待(innodb_lock_waits 视图)或元数据锁(schema_table_lock_waits 视图)的报告。

使用报告的原则都是相同的，因此这里只演示两个示例。第一个在图 19-9 中，显示锁等待报告中的 InnoDB 锁等待情况。

报告以分页模式显示行，可通过单击列标题来更改顺序。更改排序不会重新加载数据。如果需要重新加载数据，请使用屏幕截图顶部的 Reload 按钮。

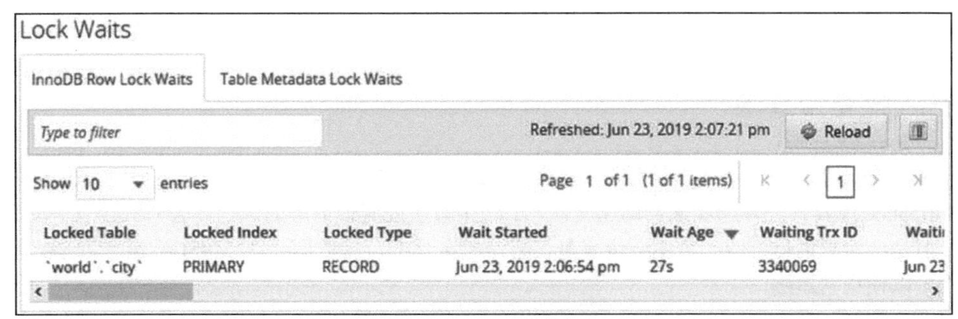

图 19-9　InnoDB 行锁等待报告

还可以操纵报告中可用的列。在右上角，有一个按钮来选择要在报告中可见的列。图 19-10 中的屏幕截图展示了如何选择报告要包含列的示例。

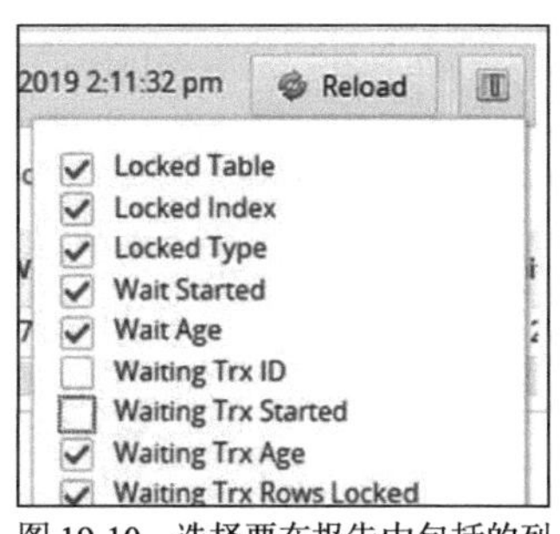

图 19-10　选择要在报告中包括的列

当点选切换要包含的列时，报告会立即更新，但不会重新加载报告。这意味着，对于间歇性问题(如锁等待)，你可以操纵报告，而不会丢失正在查看的数据。如果通过拖动列标题来更改列的顺序，情况也是如此。

有几个报告可以选择标准的基于列的输出或者树状图视图。对于 InnoDB 缓冲池报告，树状图视图是唯一支持的格式。树状图输出使用矩形，矩形的面积基于值的大小而显示；如果一个矩形面积是另一个矩形面积的两倍大，则表明其所代表的值也是另一个值的两倍。这有助于数据的可视化。

图 19-11 显示了数据库中表的总插入延迟的树状图示例。在此示例中，三个表的总插入延迟形成了矩形。

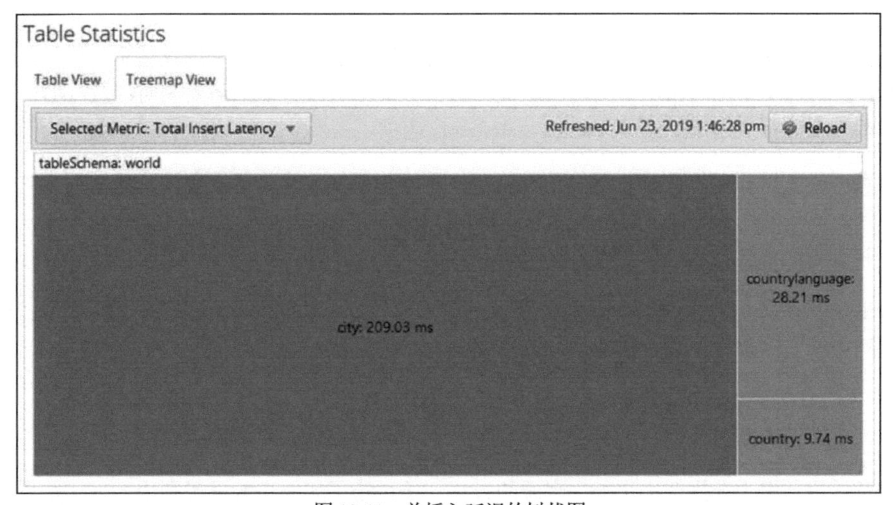

图 19-11　总插入延迟的树状图

查看树状图时，可以立即发现，将数据插入 city 表所花费的时间比其他表多得多。

即席查询显示查询执行时的系统状态。另一方面，查询分析器和时间序列图显示过去发生的事情。显示过去所发生的事情的另一个工具是慢查询日志。

19.5 慢查询日志

慢查询日志是一个可靠的老工具，用于查找性能不佳的查询并调研 MySQL 中过去的问题。performance 库具有许多选项来查询速度慢、不使用索引或其他情形的语句，这个工具似乎没有必要。但是，慢查询日志的一个主要优点是，它是持久化的，因此即使在 MySQL 重新启动之后，你也可以使用它追溯。

提示 默认情况下未启用慢查询日志。可以使用 slow_query_log 选项启用和禁用它。也可以动态启用和禁用日志，不必重新启动 MySQL。

有两种使用慢查询日志的基本方式。如果知道何时出现问题，则可以检查日志中是否有慢查询。比如，由于锁问题，查询一直在堆积，并且你知道问题何时结束。可以在日志中找到该时间，并查找第一个查询，该查询的执行时间足够长，足以成为堆积问题的一部分；也可能是在某个时间点前后完成的其他查询中可能导致堆积的查询语句。

另一种方式是使用 mysqldumpslow 工具来创建慢查询的聚合。类似于 performance 库规范化查询，因此类似的查询统计信息将被聚合。此方式非常适合查找可能导致系统繁忙的查询。

可使用 -s 选项选择对聚合查询进行排序。可以使用总计数(c 排序值)查找执行最多的查询。执行查询的频率越高，查询优化的好处就越大。可用类似方式使用总执行时间(t)查找。如果用户抱怨响应时间变长，则平均执行时间(at)可用于排序。如果怀疑某些查询返回的行太多是因为它们缺少过滤条件，则可以根据它们返回的行数对查询进行排序(r 表示总行数，ar 表示平均行数)。通常，将排序选项合并，用-r 进行倒序，-t 仅包含前 N 个查询。这样，就更容易聚焦导致最大影响的查询了。

还需要记住，默认情况下，慢查询日志不会记录所有查询，因此对工作负载的洞察不如 performance 库。你需要通过更改 long_query_time 配置选项来调整阈值，调研速度较慢的查询。可在会话中更改该选项，因此，如果与预期执行时间有显著差异，则可以设置全局值以匹配大多数查询，并针对每个偏离正常值查询的连接会话执行阈值更改。如果需要调研涉及 DDL 语句的问题，则需要确保启用 log_slow_admin_statements 选项。

注意 慢查询日志的开销大于 performance 库。如果只记录少量慢查询，开销通常可以忽略不计，但如果记录许多查询，则开销可能会很大。不要将 long_query_time 设置为 0 来记录所有查询，除非在测试系统上或很短时间内使用。

可用与 performance 库和 sys 库非常类似的方式分析 mysqldumpslow 报告。因此，读者可以使用自己的系统生成报告，并查找待优化的查询。

19.6 本章小结

本章讨论了用于查找待优化查询来源的方法。还讨论了如何查看资源利用率，这些资源利用率可用于了解在哪些时间存在将系统推向极限的工作负载。当前运行的查询是最重要的关注点，同时你应该留意那些超出常规的查询。

讨论从 performance 库开始，并考虑哪些信息可用以及如何使用它。确切地讲，当查找可能存在性能问题的查询时，events_statements_ summary_by_digest 表特别有用。但不应该仅局限于查找查询的问题。还应考虑表和文件 I/O 以及查询是否导致错误。这些错误可能包括锁等待超时和死锁。

sys 库提供一系列现成的报告，可使用这些报告来查找信息。这些报告基于 performance 库，但包括过滤器、排序和格式，使报告更易于使用，尤其是在调研问题时作为即席报告使用。还展示了如何使用语句性能分析器来报告在特定期间运行的查询。

MySQL Workbench 提供基于 sys 库视图的性能报告和基于 performance 库中线程表的客户端连接报告。这些功能允许你通过图形用户界面制作即席报告，从而可以轻松地更改数据的顺序并查看报告。

监控是维护系统良好运行状况并调研性能问题的最重要工具之一。MySQL Enterprise Monitor 作为监控讨论的基础。查询分析器功能对于确定哪些查询对系统的影响最大时非常有用，但应将其与时间序列图结合使用，以了解系统的总体状态。还可以创建可用于调研当前问题的即席查询。

最后，不应忘记比 performance 库语句表更具有优势的慢查询日志，它可持久保留慢查询的记录。这样，就可以调研重新启动之前发生的事件。慢查询日志还会记录查询完成的时间，当用户报告系统在某个时间运行缓慢时，这点非常有用。

当找到一个想要进一步调研的查询时，你会如何做？第一步是分析它，相关内容将在下一章讨论。

第 20 章

分析查询

在上一章中，你学习了如何查找待优化的查询。现在是采取下一步的时候了——分析查询，以确定它们为什么没有按预期执行。分析过程中使用的主要工具是 EXPLAIN 语句，该语句显示优化器将使用的查询计划。还要使用优化器跟踪，来调查优化器为何最终选择某一查询计划。另外，还可以使用 performance 库中的语句和阶段信息来查看存储过程或查询在何处花费时间最多。本章将讨论这三个主题。

有关 EXPLAIN 语句的讨论占据了本章大部分的内容，分为四节。

- **EXPLAIN 用法**：EXPLAIN 语句的基本用法。
- **EXPLAIN 格式**：用每种 EXPLAIN 格式查看查询计划的详细信息。这包括 EXPLAIN 语句显式选择的格式和在 MySQL Workbench 使用的 Visual Explain 这两种格式。
- **EXPLAIN 输出**：对查询计划中可用信息的讨论。
- **EXPLAIN 示例**：使用 EXPLAIN 语句的一些示例和对返回数据的讨论。

20.1　EXPLAIN 用法

EXPLAIN 语句返回的是 MySQL 优化器将用于某个查询的查询计划的概述。它非常简单，也是查询调优中比较复杂的工具之一。之所以简单，是因为你只需要在要调研的查询之前添加 EXPLAIN 命令；之所以复杂，是因为理解其所包含的信息需要了解 MySQL 及其优化器的工作方式。你可以在显式指定的查询和当前由另一个连接执行的查询中一起使用 EXPLAIN。本节介绍 EXPLAIN 语句的基本用法。

20.1.1　显式查询的用法

通过在查询前面添加 EXPLAIN 来生成查询计划，可以选择添加 FORMAT 选项以指定是希望以传统表格式、JSON 格式还是树状格式返回结果。支持 SELECT、DELETE、INSERT、REPLACE 和 UPDATE 语句。查询不会被执行(请参阅稍后介绍的 EXPLAIN ANALYZE)，因此可以安全地获取查询计划。

如果需要分析复合查询(如存储过程和存储函数)，首先需要将执行拆分为单个查询，然后对每个应该分析的查询使用 EXPLAIN。确定存储程序中单个查询的一种方法是使用 performance 库。稍后将介绍相关的示例。

EXPLAIN 的最简单用法是在需要分析的查询语句之前加上 EXPLAIN：

```
mysql> EXPLAIN <query>;
```

在示例中，<query>是要分析的查询。使用不带 FORMAT 选项的 EXPLAIN 语句将返回传统表格式的结果。如果要指定格式，可添加 FORMAT=TRADITIONAL|JSON|TREE 来实现：

```
mysql> EXPLAIN FORMAT=TRADITIONAL <query>

mysql> EXPLAIN FORMAT=JSON <query>

mysql> EXPLAIN FORMAT=TREE <query>
```

首选哪种格式取决于你的需要。当需要对查询计划、所使用的索引以及查询计划的其他基本信息进行概述时，传统格式更容易使用。JSON 格式提供了更多信息，并且更便于应用程序使用。例如，MySQL Workbench 中的 Visual Explain 使用 JSON 格式的输出。

树状格式是最新的 EXPLAIN 格式，MySQL 8.0.16 及更高版本都支持该格式。它要求使用 Volcano 迭代执行器来执行查询(在本书撰写时该执行器并不支持所有查询的执行)。树状格式有一种特殊用法，可用于 EXPLAIN ANALYZE 语句。

20.1.2　EXPLAIN ANALYZE

EXPLAIN ANALYZE 语句(请参考 https://dev.mysql.com/doc/refman/en/explain.html#explain-analyze)是 MySQL 8.0.18 的新特性，是标准 EXPLAIN 语句利用树状格式的扩展。与标准 EXPLAIN 的关键区别在于 EXPLAIN ANALYZE 是实际执行查询，并在执行查询时收集有关执行的统计信息。当语句执行时，查询的输出不显示，仅返回查询计划和统计信息。与树状格式的要求一样，需要使用 Volcano 迭代执行器。

注意　在本书撰写期间，使用 Volcano 迭代执行器执行 EXPLAIN ANALYZE 的查询只限于 SELECT 语句的子集。预计可支持的查询范围将随着时间的推移而逐渐增加。

EXPLAIN ANALYZE 的用法与刚才介绍的 EXPLAIN 语句用法非常相似：

```
mysql> EXPLAIN ANALYZE <query>
```

EXPLAIN ANALYZE 的输出将在本章后面与树状格式输出一起讨论。

本质上看，EXPLAIN ANALYZE 仅处理显式查询，因为它需要从头到尾监控查询。另一方面，普通的 EXPLAIN 语句也可用于正在进行的查询。

20.1.3 连接的用法

假设你正在调研性能不佳的问题，注意到存在一个已运行了几个小时的查询。你知道这不应该发生，所以需要分析为什么查询如此缓慢。一种选择是复制查询并执行 EXPLAIN。但这可能无法得到需要的信息，因为慢查询启动后索引统计信息可能已更改，所以分析现在的查询并不能得到导致性能低下的实际查询计划。

更好的解决方案是请求慢查询实际使用的查询计划。可以使用 EXPLAIN 语句的变体 EXPLAIN FOR CONNECTION 获得这个结果。如果你想尝试它，则需要一个长时间运行的查询，例如：

```
SELECT * FROM world.city WHERE id = 130 + SLEEP(0.1);
```

该查询的运行需要大约 420 秒(world.city 表中每行 0.1 秒)。

你需要待调研查询的连接 ID，并将它作为参数传递给 EXPLAIN。可从进程列表信息中获取连接 id。例如，如果使用 sys.session 视图，可在 conn_id 列获得连接 id：

```
mysql> SELECT conn_id, current_statement,
              statement_latency
          FROM sys.session
        WHERE command = 'Query'
        ORDER BY time
          DESC LIMIT 1\G
*************************** 1. row ***************************
          conn_id: 8
current_statement: SELECT * FROM world.city WHERE id = 130 + SLEEP(0.1)
statement_latency: 4.22 m
1 row in set (0.0551 sec)
```

为简化输出，此处仅展示示例中的连接部分。查询的连接 id 为 8。你可使用它获取查询的执行计划，如下所示：

```
mysql> EXPLAIN FOR CONNECTION 8\G
*************************** 1. row ***************************
           id: 1
  select_type: SIMPLE
        table: city
   partitions: NULL
         type: ALL
possible_keys: NULL
          key: NULL
      key_len: NULL
          ref: NULL
         rows: 4188
     filtered: 100
        Extra: Using where
```

```
1 row in set (0.0004 sec)
```

可以选择添加想要的格式，其方式与显式指定查询时相同。如果你使用的客户端与 MySQL shell 不同，则 filtered 列可能显示 100.00。在讨论输出的含义之前，需要先熟悉输出格式。

20.2 EXPLAIN 格式

当需要检验查询计划时，可在几种格式之间进行选择。具体选择哪一种主要取决于你的喜好。这就是说，JSON 格式包含的信息比传统格式和树状格式的信息更多，如果你更喜欢查询计划的可视化表现形式，则 MySQL Workbench 的 Visual Explain 是不错的选择。

本节将讨论每种格式，展示以下查询的查询计划的输出：

```
SELECT ci.ID, ci.Name, ci.District,
       co.Name AS Country, ci.Population
   FROM world.city ci
       INNER JOIN
       (SELECT Code, Name
          FROM world.country
         WHERE Continent = 'Europe'
         ORDER BY SurfaceArea
         LIMIT 10
        ) co ON co.Code = ci.CountryCode
ORDER BY ci.Population DESC
LIMIT 5;
```

该查询查找欧洲十个面积最小国家中的五个最大城市，并按城市人口按降序排列。选择此查询的原因是它显示了如何用各种输出格式来表示子查询、排序和限制。本节将暂不讨论 EXPLAIN 语句返回的信息，我们将在后面的“EXPLAIN 示例”一节再介绍。

注意 EXPLAIN 语句的输出取决于优化器开关的设置、索引统计信息以及 mysql.engine_cost 和 mysql.server_cost 表中的值，因此，你可能得不到与示例中相同的结果。示例输出采用默认值，它使用新加载的 world 示例数据库，并且在加载完成后为表执行 ANALYZE TABLE，在 MySQL shell 中创建输出，这样默认情况下可自动获取警告(但警告仅在需要时才包含在输出中)。如果不使用 MySQL shell，则不得不执行 SHOW WARNINGS 才能获得警告。

查询计划的输出相当详细。为便于比较输出，本节中的示例与查询结果整合到本书 GitHub 资料库的文件 explain_formats.txt 中。对于树状输出格式(包括使用 EXPLAIN ANALYZE 时)，在列名称和查询计划之间添加了一个额外的新行，以使树状层次结构显示更清晰：

```
*************************** 1. row ***************************
EXPLAIN:
-> Limit: 5 row(s)
   -> Sort: <temporary>.Population DESC, limit input to 5 row(s) per chunk
```

而不使用下面的格式：

```
*************************** 1. row ***************************
EXPLAIN: -> Limit: 5 row(s)
   -> Sort: <temporary>.Population DESC, limit input to 5 row(s) per chunk
```

本章都将使用前一种约定格式。

20.2.1 传统格式

在没有 FORMAT 参数的情况下执行 EXPLAIN 命令，或将格式设置为 TRADITIONAL 时，输出将返回一张表，就像你查询了一张普通表一样。当你需要查询计划的概述，并且是由人工数据库管理员或开发人员检查输出时，这种格式很好用。

提示 表的输出可能相当宽，当有许多分区、多个可用的索引或一些额外的信息时更是如此。当你使用 mysql 命令行客户端时，可以使用--vertical 选项以垂直格式获取输出，或者可以使用\G 终止查询。

输出中有 12 列。如果字段没有任何值，则使用 NULL 值。下一节将讨论每一列的含义。代码清单 20-1 显示了示例查询的传统输出。

代码清单 20-1 传统 EXPLAIN 输出的示例

```
mysql> EXPLAIN FORMAT=TRADITIONAL
        SELECT ci.ID, ci.Name, ci.District,
               co.Name AS Country, ci.Population
            FROM world.city ci
               INNER JOIN
                (SELECT Code, Name
                   FROM world.country
                  WHERE Continent = 'Europe'
                  ORDER BY SurfaceArea
                  LIMIT 10
                ) co ON co.Code = ci.CountryCode
            ORDER BY ci.Population DESC
            LIMIT 5\G
*************************** 1. row ***************************
           id: 1
  select_type: PRIMARY
        table: <derived2>
   partitions: NULL
         type: ALL
possible_keys: NULL
          key: NULL
      key_len: NULL
          ref: NULL
         rows: 10
     filtered: 100
        Extra: Using temporary; Using filesort
*************************** 2. row ***************************
           id: 1
  select_type: PRIMARY
        table: ci
   partitions: NULL
         type: ref
possible_keys: CountryCode
          key: CountryCode
      key_len: 3
          ref: co.Code
         rows: 18
     filtered: 100
        Extra: NULL
```

```
*************************** 3. row ***************************
           id: 2
  select_type: DERIVED
        table: country
   partitions: NULL
         type: ALL
possible_keys: NULL
          key: NULL
      key_len: NULL
          ref: NULL
         rows: 239
     filtered: 14.285715103149414
        Extra: Using where; Using filesort
3 rows in set, 1 warning (0.0089 sec)
Note (code 1003): /* select#1 */ select `world`.`ci`.`ID` AS
`ID`,`world`.`ci`.`Name` AS `Name`,`world`.`ci`.`District` AS
`District`,`co`.`Name` AS `Country`,`world`.`ci`.`Population` AS
`Population` from `world`.`city` `ci` join (/* select#2 */ select
`world`.`country`.`Code` AS `Code`,`world`.`country`.`Name` AS
`Name` from `world`.`country` where (`world`.`country`.`Continent`
= 'Europe') order by `world`.`country`.`SurfaceArea` limit 10)
`co` where (`world`.`ci`.`CountryCode` = `co`.`Code`) order by
`world`.`ci`.`Population` desc limit 5
```

请注意第一个表被称为<derived 2>。这是用于 country 表上的子查询，数字 2 指执行子查询的 id 列的值。Extra 列包含查询是否使用临时表和文件排序等信息。输出的末尾是优化器重写后的查询。大多数情况下，更改并不多；但某些情况下，优化器可能对查询进行重大更改。在重写的查询中，请注意注释，例如/* select#1 */用于显示查询的该部分使用哪个 ID 值。重写的查询中可能还有其他提示，以说明查询是如何执行的。重写的查询以 SHOW WARNINGS 方式作为注释返回(默认情况下，由 MySQL shell 隐式执行)。

输出看起来很多，而且很难理解如何使用这些信息来分析查询。讨论完其他输出格式、select_type 和 join_type 的详细信息以及额外信息后，会有一些使用 EXPLAIN 信息的示例。

如果要以编程方式分析查询计划，该怎么办？你可以像处理普通的 SELECT 查询那样处理 EXPLAIN 输出——你可以请求包含附加内容的 JSON 格式的信息。

20.2.2 JSON 格式

从 MySQL 5.6 开始，可以使用 JSON 格式请求 EXPLAIN 输出。与传统表格式相比，JSON 格式的一个优点是，利用 JSON 格式增加的灵活性能够以更合理的方式对信息进行分组。

JSON 输出中的基本概念是查询块(query block)。查询块定义一部分的查询，并可能反过来包含自己的查询块。这使得 MySQL 可以向所属的查询块指定查询执行的详细信息。从代码清单 20-2 中所示的示例查询的输出中也可看到这一点。

代码清单 20-2 JSON EXPLAIN 输出示例

```
mysql> EXPLAIN FORMAT=JSON
       SELECT ci.ID, ci.Name, ci.District,
              co.Name AS Country, ci.Population
         FROM world.city ci
              INNER JOIN
                (SELECT Code, Name
                   FROM world.country
```

```
                WHERE Continent = 'Europe'
                ORDER BY SurfaceArea
                LIMIT 10
              ) co ON co.Code = ci.CountryCode
        ORDER BY ci.Population DESC
        LIMIT 5\G
*************************** 1. row ***************************
EXPLAIN: {
  "query_block": {
    "select_id": 1,
    "cost_info": {
      "query_cost": "247.32"
    },
    "ordering_operation": {
      "using_temporary_table": true,
      "using_filesort": true,
      "cost_info": {
        "sort_cost": "180.52"
      },
      "nested_loop": [
        {
          "table": {
            "table_name": "co",
            "access_type": "ALL",
            "rows_examined_per_scan": 10,
            "rows_produced_per_join": 10,
            "filtered": "100.00",
            "cost_info": {
              "read_cost": "2.63",
              "eval_cost": "1.00",
              "prefix_cost": "3.63",
              "data_read_per_join": "640"
            },
            "used_columns": [
              "Code",
              "Name"
            ],
            "materialized_from_subquery": {
              "using_temporary_table": true,
              "dependent": false,
              "cacheable": true,
              "query_block": {
                "select_id": 2,
                "cost_info": {
                  "query_cost": "25.40"
                },
              "ordering_operation": {
                "using_filesort": true,
                "table": {
                  "table_name": "country",
                  "access_type": "ALL",
                  "rows_examined_per_scan": 239,
                  "rows_produced_per_join": 34,
                  "filtered": "14.29",
                  "cost_info": {
                    "read_cost": "21.99",
```

```
                "eval_cost": "3.41",
                "prefix_cost": "25.40",
                "data_read_per_join": "8K"
              },
              "used_columns": [
                "Code",
                "Name",
                "Continent",
                "SurfaceArea"
              ],
              "attached_condition": "(`world`.`country`.`Continent` =
              'Europe')"
            }
          }
        }
      }
    }
  },
  {
    "table": {
      "table_name": "ci",
      "access_type": "ref",
      "possible_keys": [
        "CountryCode"
      ],
      "key": "CountryCode",
      "used_key_parts": [
        "CountryCode"
      ],
      "key_length": "3",
      "ref": [
        "co.Code"
      ],
      "rows_examined_per_scan": 18,
      "rows_produced_per_join": 180,
      "filtered": "100.00",
      "cost_info": {
        "read_cost": "45.13",
        "eval_cost": "18.05",
        "prefix_cost": "66.81",
        "data_read_per_join": "12K"
      },
      "used_columns": [
        "ID",
        "Name",
        "CountryCode",
        "District",
        "Population"
      ]
    }
  }
 ]
 }
}
}
1 row in set, 1 warning (0.0061 sec)
```

如你所见，输出相当冗长，但是这种结构使得相对容易看到哪些信息属于一类，以及查询的各个部分如何相互关联。在此示例中，有一个包含两张表(co 和 ci)的嵌套循环。co 表本身包括一个新的查询块，该查询块使用 country 表的物化子查询。

JSON 格式还包括其他信息，例如在 cost_info 元素中每个部分的估计成本。成本信息可用于了解优化器认为查询最昂贵的部分在哪里。例如，如果你看到查询的一部分的成本非常高，但基于对数据的了解，你知道成本应该很低，可能表示索引统计不是最新的或者需要深入了解直方图。

使用 JSON 格式输出的最大问题是，有太多信息和太多输出行。解决这个问题的一个非常方便的方法是，使用 MySQL Workbench 中的 Visual Explain 功能，该功能将在讨论树状格式输出后介绍。

20.2.3 树状格式

树状格式侧重于根据查询各部分之间的关系以及各部分的执行顺序来描述查询是如何执行的。从这个意义上讲，它可能听起来类似于 JSON 输出；但树状格式更容易阅读，并且没有那么多细节。树状格式作为 MySQL 8.0.16 中的一个试验特性发布并且依赖于 Volcano 迭代执行器。从 MySQL 8.0.18 开始，树状格式也用于 EXPLAIN ANALYZER 功能。

代码清单 20-3 显示了示例查询使用树状格式的输出结果。这个输出不是分析版本。对于同一个查询的 EXPLAIN ANALYZE 输出示例将在稍后展示出来，以便你对比差异。

代码清单 20-3 树状 EXPLAIN 输出示例

```
mysql> EXPLAIN FORMAT=TREE
         SELECT ci.ID, ci.Name, ci.District,
                co.Name AS Country, ci.Population
           FROM world.city ci
                INNER JOIN
                  (SELECT Code, Name
                     FROM world.country
                    WHERE Continent = 'Europe'
                    ORDER BY SurfaceArea
                    LIMIT 10
                  ) co ON co.Code = ci.CountryCode
          ORDER BY ci.Population DESC
          LIMIT 5\G
************************** 1. row ***************************
EXPLAIN:
   -> Limit: 5 row(s)
      -> Sort: <temporary>.Population DESC, limit input to 5 row(s) per chunk
         -> Stream results
            -> Nested loop inner join
               -> Table scan on co
                  -> Materialize
                     -> Limit: 10 row(s)
                        -> Sort: country.SurfaceArea, limit input to 10
                           row(s) per chunk (cost=25.40 rows=239)
                           -> Filter: (country.Continent = 'Europe')
                              -> Table scan on country
               -> Index lookup on ci using CountryCode
                     (CountryCode=co.`Code`) (cost=4.69 rows=18)
```

这个输出很好地概括了查询是如何执行的。通过从内到外的顺序进行阅读，一定程度上可以更容易理解执行过程。对于嵌套循环，有两张表，其中第一张是对 co 上的表扫描(缩进已经减小)：

```
-> Table scan on co
  -> Materialize
    -> Limit: 10 row(s)
      -> Sort: country.SurfaceArea, limit input to 10 row(s) per
               chunk (cost=25.40 rows=239)
      -> Filter: (country.Continent = 'Europe')
        -> Table scan on country
```

在这里，可以看到 co 表如何通过以下方式创建物化子查询：首先对 country 表进行表扫描，然后对 continent 应用过滤器，根据 SurfaceArea 进行排序，最后将结果限制为 10 行。

嵌套循环的第二部分更简单，因为它只是使用 CountryCode 索引在 ci 表(城市表)上进行查找：

```
-> Index lookup on ci using CountryCode (CountryCode=co.`Code`) (cost=4.69rows=18)
```

当使用内联接解析嵌套循环时，结果被流式传输(未物化)并排序，并且返回前五行：

```
-> Limit: 5 row(s)
  -> Sort: <temporary>.Population DESC, limit input to 5 row(s) per chunk
    -> Stream results
      -> Nested loop inner join
```

虽然这个输出没有给出像 JSON 输出那样详细的描述，但仍然包含大量有关查询计划的信息。这个输出包含了每个表的估计成本和估计行数。例如，country 的 SurfaceArea 排序步骤如下：

```
(cost=25.40 rows=239)
```

有一个很好的问题，“这与查询此表的实际成本有什么关系？”你可使用 EXPLAIN ANALYZE 来回答这个问题。代码清单 20-4 显示了为查询生成输出的示例。

代码清单 20-4 EXPLAIN ANALYZE 输出示例

```
mysql> EXPLAIN ANALYZE
       SELECT ci.ID, ci.Name, ci.District,
              co.Name AS Country, ci.Population
        FROM world.city ci
              INNER JOIN
               (SELECT Code, Name
                 FROM world.country
                WHERE Continent = 'Europe'
                ORDER BY SurfaceArea
                LIMIT 10
               ) co ON co.Code = ci.CountryCode
        ORDER BY ci.Population DESC
        LIMIT 5\G
*************************** 1. row ***************************
EXPLAIN: -> Limit: 5 row(s) (actual time=34.492..34.494 rows=5 loops=1)
    -> Sort: <temporary>.Population DESC, limit input to 5 row(s) per
       chunk (actual time=34.491..34.492 rows=5 loops=1)
        -> Stream results (actual time=34.371..34.471 rows=15 loops=1)
          -> Nested loop inner join (actual time=34.370..34.466 rows=15 loops=1)
            -> Table scan on co (actual time=0.001..0.003 rows=10 loops=1)
              -> Materialize (actual time=34.327..34.330 rows=10 loops=1)
                -> Limit: 10 row(s) (actual time=34.297..34.301 rows=10 loops=1)
                  -> Sort: country.SurfaceArea, limit input to 10 row(s) per chunk
```

```
                (cost=25.40 rows=239)(actual time=34.297..34.298 rows=10 loops=1)
              -> Filter: (world.country.Continent ='Europe') (actual time=0.063..0.201
                rows=46 loops=1)
                -> Table scan on country (actual time=0.057..0.166 rows=239 loops=1)
                  -> Index lookup on ci using CountryCode (CountryCode=co.`Code`)
                     (cost=4.69 rows=18) (actual time=0.012..0.013 rows=2 loops=10)

1 row in set (0.0353 sec)
```

除了每个步骤都有关于性能的信息之外，该输出的其他信息与 FORMAT=TREE 的 EXPLAIN 树状输出相同。如果查看ci 表那一行，可以看到有两个计数项，即数和循环数(重新格式化，以提高可读性)：

```
-> Index lookup on ci using CountryCode
   (CountryCode=co.`Code`)
   (cost=4.69 rows=18)
   (actual time=0.012..0.013 rows=2 loops=10)
```

此处，预计 18 行(每个循环)的估计成本为 4.69。实际统计信息显示，第一行在 0.012 毫秒后读取，此外所有行在 0.013 毫秒后读取。有 10 个循环(10 个国家各一个循环)，每个循环平均获取 2 行，总共 20 行。因此，在这种情况下，估计不是很准确(因为查询仅选择了面积小的国家)。

注意　EXPLAIN ANALYZE 的行数是每个循环的平均值，然后四舍五入为整数而得到的。对于 rows=2 和 loops=10，这意味着读取的行总数介于 15 和 24 之间。在本示例中，查看 performance 库表 table_io_waits_ summary_by_table，显示读取了 15 行。

如果在 MySQL 8.0.18 和更高版本中使用哈希联接的查询，需要使用树状格式的输出来确认何时使用了哈希联接算法。例如，如果使用哈希联接将 city 表与 country 表联接：

```
mysql> EXPLAIN FORMAT=TREE
       SELECT CountryCode, country.Name AS Country,
              city.Name AS City, city.District
         FROM world.country IGNORE INDEX (Primary)
             INNER JOIN world.city IGNORE INDEX (CountryCode)
                    ON city.CountryCode = country.Code\G
*************************** 1. row ***************************
EXPLAIN:
-> Inner hash join (world.city.CountryCode = world.
country.`Code`) (cost=100125.16 rows=4314)
    -> Table scan on city (cost=0.04 rows=4188)
    -> Hash
        -> Table scan on country (cost=25.40 rows=239)

1 row in set (0.0005 sec)
```

注意，联接方式是“内部哈希联接”，并且 country 表上的表扫描使用了哈希算法。

到目前为止，所有示例都使用基于文本的输出。尤其是 JSON 格式的输出，对于获取查询计划的概览可能更难使用。对此，Visual Explain 是一个更好的选择。

20.2.4　Visual Explain

Visual Explain(可视化解释)功能是 MySQL Workbench 的一部分，将 JSON 格式的查询计划转换为图形表现形式。在第 16 章研究向 sakila.film 表添加直方图效果时，你已用过 Visual Explain。

通过单击这个放大镜叠在闪电符号上的图标，获得 Visual Explain 图，如图 20-1 所示。

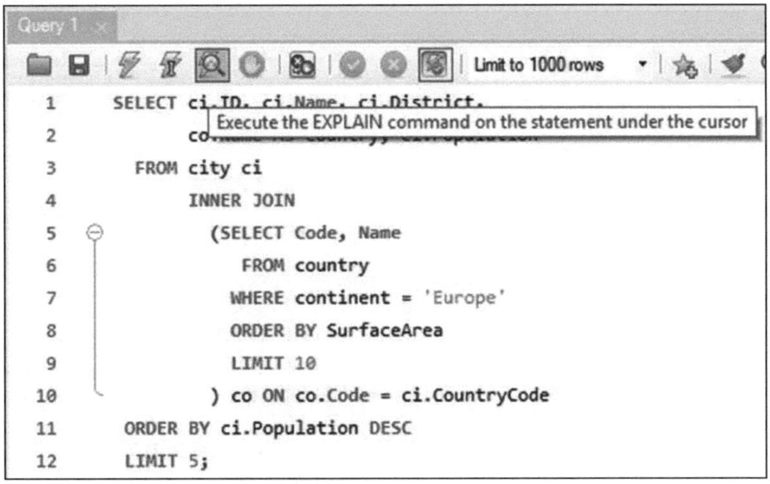

Query 1

Limit to 1000 rows

Execute the EXPLAIN command on the statement under the cursor

```
1    SELECT ci.ID, ci.Name, ci.District,
2           co
3      FROM city ci
4           INNER JOIN
5             (SELECT Code, Name
6                FROM country
7               WHERE continent = 'Europe'
8               ORDER BY SurfaceArea
9               LIMIT 10
10            ) co ON co.Code = ci.CountryCode
11     ORDER BY ci.Population DESC
12     LIMIT 5;
```

图 20-1　获取查询的 Visual Explain 示意图

如果查询执行了很长时间或者查询修改了数据，则用这种方法生成查询计划特别有帮助。如果你已经执行过查询，也可以单击 Result Grid 右侧的 Execution Plan 图标，如图 20-2 所示。

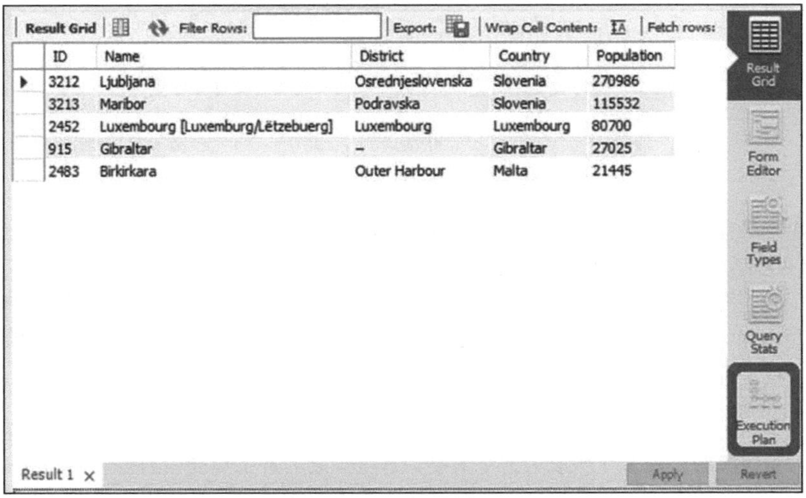

Result Grid | Filter Rows: | Export: | Wrap Cell Content: | Fetch rows:

ID	Name	District	Country	Population
3212	Ljubljana	Osrednjeslovenska	Slovenia	270986
3213	Maribor	Podravska	Slovenia	115532
2452	Luxembourg [Luxemburg/Lëtzebuerg]	Luxembourg	Luxembourg	80700
915	Gibraltar	–	Gibraltar	27025
2483	Birkirkara	Outer Harbour	Malta	21445

Result Grid　Form Editor　Field Types　Query Stats　Execution Plan

Result 1　Apply　Revert

图 20-2　从 Result Grid 窗口检索 Execution Plan

Visual Explain 示意图采用流程图的方式，每个查询块和表都有一个矩形。数据处理使用其他形状(如菱形)表示联接。图 20-3 显示了 Visual Explain 中使用的每个基本形状的示例。

在图中，query_block 为灰色，而表的两个示例(Single Row 和子查询中的 Full Table Scan)分别是蓝色和红色(注意，本书为黑白印刷，无法显示彩色，后同)。在并集(union)的情况下也使用灰色块。表的矩形框下面的文本以标准文本显示表名或别名，以粗体文本显示索引名称。具有圆角的矩形代表行上的操作，如排序、分组、去重操作等。

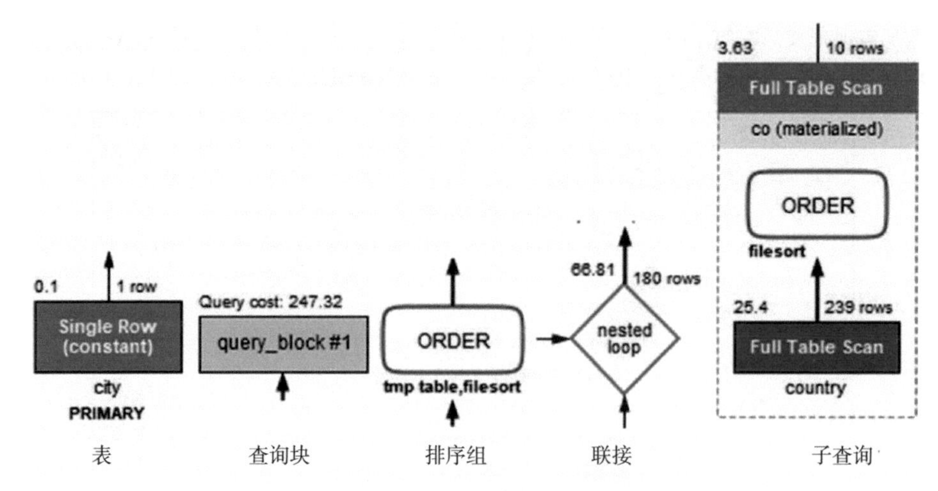

图 20-3 Visual Explain 中使用的形状示例

左上角的数字是该表、操作或查询块的对应成本。表和联接的右上角的数字是估计要转发的行数。操作的颜色显示应用该操作的成本。基于表访问类型对表使用颜色，主要是对类似的访问类型进行分组，其次用于表示访问类型的成本。使用 Visual Explain 估计成本，颜色和成本之间的关系在图 20-4 中显示。

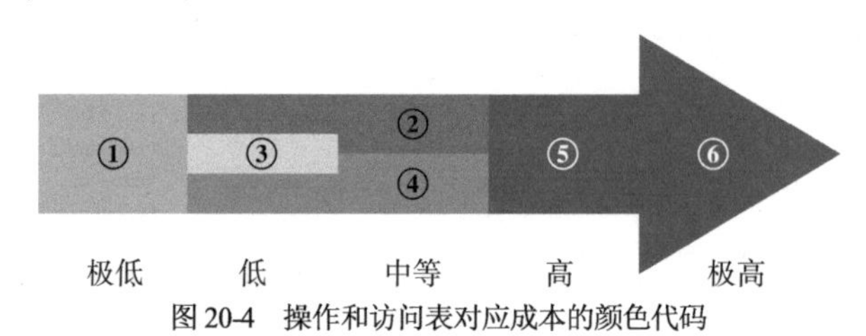

图 20-4 操作和访问表对应成本的颜色代码

蓝色①是最低的成本；绿色②、黄色③和橙色④代表低至中等成本；最昂贵成本的访问类型和操作是红色的，表示高⑤到极高⑥的成本。

颜色组之间有很多重叠。每个成本估算都基于“平均”使用情况，因此不要将成本估算视为绝对值。查询优化是复杂的，对于某一特定的查询，通常采用一种比其他方法成本更低的方法，会产生更好的性能。

注意 本书作者曾想改进一个查询计划，这个查询计划看起来很糟糕：内部临时表、文件排序、存取方法很差等。在花了很长时间重写查询并验证表具有正确的索引后，查询计划看起来很漂亮——但结果发现查询的性能比原来还差。所以得出一个教训：始终测试优化后的查询性能，不要依赖于访问方法和操作的成本是否在纸面上有所改善。

对于表而言，成本与访问类型相关联，访问类型是传统 EXPLAIN 输出中的 type 列的值，以及 JSON 格式输出中 access_type 字段中的值。图 20-5 显示了 Visual Explain 如何表示当前存在的 12 种访问类型。有关访问类型将在下一节中介绍。

此外，Visual Explain 将“未知”访问类型表示为黑色。访问类型先从左到右依次排列，然后根据其颜色和估计成本从上到下排序。

图 20-6 将所有这些内容放在一起，以展示本节中使用的示例查询的查询计划。

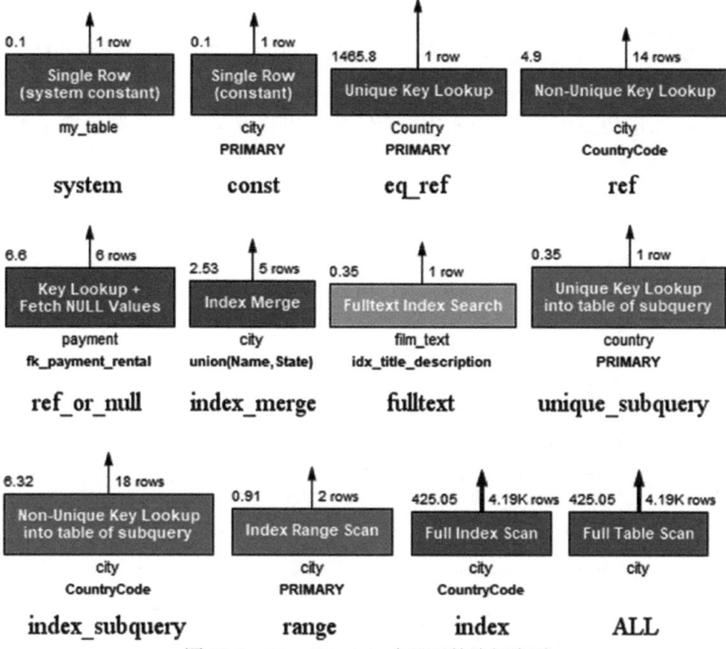

图 20-5 Visual Explain 中显示的访问类型

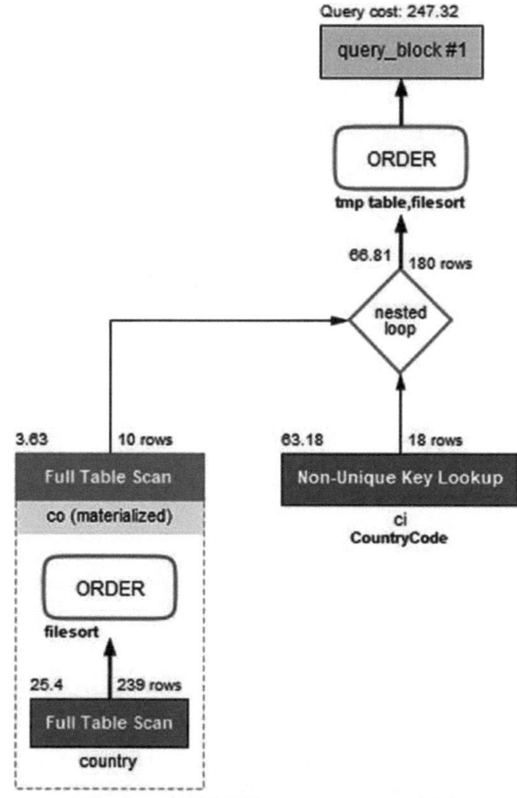

图 20-6 示例查询的 Visual Explain 示意图

从左下到右上阅读该示意图。该图显示，首先执行 country 表上全表扫描的子查询，然后在物化的 co 表上执行另一个全表扫描，接着与在 ci(city)表上非唯一索引查找的结果行进行联接。最后，使用临时表和文件排序对结果进行排序。

如果想要获取比最初显示的示意图更多的信息，可将鼠标悬停在你想要了解的查询计划部分。图 20-7 显示了 ci 表包含的详细信息。

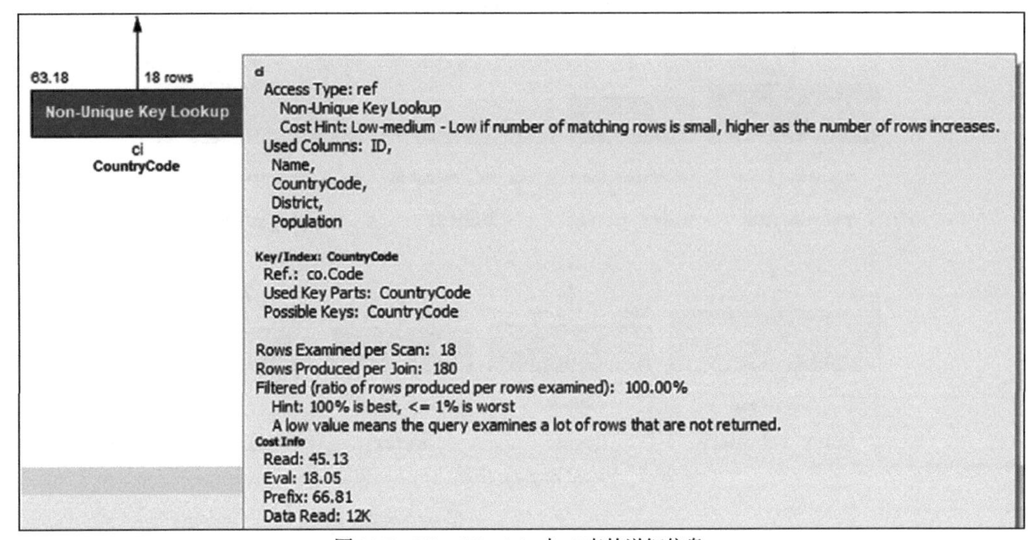

图 20-7　Visual Explain 中 ci 表的详细信息

弹出框不仅显示 JSON 输出中的其余细节，还提供了有助于了解数据含义的提示。所有这些展示意味着 Visual Explain 是一种通过查询计划开始分析查询的好方法。随着经验的积累，你可能更喜欢使用基于文本的输出，尤其是如果你更喜欢使用 shell 工作的话，但是不要因为“基于文本的输出格式更好”的偏见而忽略 Visual Explain。即使对于专家来说，Visual Explain 也是理解查询执行方式的一个好工具。

希望通过输出格式的讨论，让你了解 EXPLAIN 可以提供哪些信息。然而，要充分理解并利用它，有必要更深入了解输出信息的含义。

20.3　EXPLAIN 输出

EXPLAIN 输出中有很多有价值的信息，因此值得深入研究这些信息的含义。本节首先概述传统格式和 JSON 格式输出中包含的字段；然后，更详细地介绍选择类型(select type)、访问类型(access type)以及附加信息。

20.3.1　EXPLAIN 字段

想在你的工作中使用 EXPLAIN 语句来改进查询，第一步是了解哪些信息可用。信息的范围包含从查询的 id 到可用于查询的索引，还有所使用的索引以及所应用的优化器特性的详细信息。

如果你第一次阅读定义后无法回忆起所有细节，请不必担心。大多数字段都是不言自明的，因此可以对它们表示的数据进行一定的猜测。随着你自己分析了一些查询后，你也会很快熟悉这些信息。表 20-1 列出了传统格式中包含的所有字段以及 JSON 格式中的一些常见字段。

表 20-1　EXPLAIN 字段

传统	JSON	描述
id	select_id	数字标识符，显示表或子查询属于查询的哪个部分。顶级表的 id = 1，第一个子查询的 id = 2，以此类推。在并集(union)的情况下，对于表示并集结果聚合的行，id 将为 NULL，表值设置为<union M，N>(另请参见 table 列)
select_type		这表示了该表将如何包含在整体语句中。稍后将在“选择类型”一节讨论已知的选择类型。对于 JSON 格式，选择类型隐含在 JSON 文档的结构中，并对应于 dependent 和 cacheable 等字段
	dependent	是不是从属的子查询。也就是说，它依赖于查询的外部部分
	cacheable	子查询的结果可以缓存，还是必须为查询外部中的每一行重新计算
table	table_name	表或子查询的名称。如果已指定别名，则使用该别名。这确保对于给定的 id 列值，每个表名都是唯一的。特殊情况包括并集、派生表和物化子查询，其分别对应的表名为<unionM,N>、<derivedN>、<subqueryN>，这里 N 和 M 指的是查询计划前面部分的 ID
partitions	partitions	将包含在查询中的分区。你可以使用它来确定分区修剪是否与预期一致
type	access_type	如何访问数据。这展示了优化器如何确定表中检查行数的限制。这个类型将在“访问类型”一节中讨论
possible_keys	possible_keys	表中候选索引的列表。使用 schema<auto_key0>的键名表示可以使用自动生成的索引
key	key	为表选择的索引。使用 schema<auto_key0>为键名则表示使用自动生成的索引
key_len	key_length	索引使用的字节数。对于由多个列组成的索引，优化器可能只能使用列的子集。这种情况下，索引字节数可用来确定索引对于此查询有意义的程度。如果索引中的列支持 NULL 值，则与 NOT NULL 列的情况相比，长度将添加 1 个字节
	used_key_parts	索引中使用的列
ref	ref	过滤针对的是什么条件。这可以是一个常量，例如，<table>.<column> = 'abc'或联接中另一个表的某一列名
rows	rows_ examined_per_scan	对于表结果的行数的估计值。对于联接到早期表的表，它是每个联接估计可以找到的行数。一种特殊情况是当引用是表的主键或唯一键时。这种情况下，行估计值正好是 1。
	rows_ produced_per_join	联接产生的行数估计值。实际上是预期循环数和 rows_examined_rows_examined_per_sca 以及过滤行的百分比的乘积

(续表)

传统	JSON	描述
filtered	filtered	将包括多少检查行的估计值。该值以百分比表示，因此对于值100.00，表示将返回所有检查的行。值 100.00 是最佳值，最差值是 0。 注意：传统格式中值的舍入取决于使用的客户端。例如，MySQL shell 返回 100，而 mysql 命令行客户端返回 100.00
	cost_info	带有查询部分成本明细的 JSON 对象
Extra		有关优化器决策的其他信息。 这可能包含有关使用的排序算法、是否使用覆盖索引等信息。 最常见的值将在“Extra 信息”一节中讨论
	message	在传统输出中的 Extra 列，在 JSON 输出中没有专用字段。例如，Impossible WHERE
	using_filesort	是否使用文件排序
	using_index	是否使用覆盖索引
	using_ temporary_table	操作(如子查询或排序)是否需要内部临时表
	attached_condition	与查询部分关联的 WHERE 子句
	used_columns	表中所需的列。这有助于了解是否即将能够使用覆盖索引

在 JSON 格式中，有些信息起初似乎是缺失的，因为该字段只存在于传统格式中。事实并非如此；相反，可以通过其他方式获得信息，例如，Extra 字段中的多个消息在 JSON 格式中有自己的字段。其他 Extra 消息使用 message 字段。本节稍后讨论 Extra 列中的信息时，将提及 JSON 输出表中未包括的一些字段。

通常，如果值为 false，则 JSON 格式输出中的布尔字段将被省略；一个例外情况是 cacheable，因为与可缓存的情况相比，不可缓存的子查询或并集表示更高的成本。

对于 JSON 输出来讲，还有用于对操作信息进行分组的字段。操作范围从访问表到组合多项操作的复杂操作。一些常见的操作以及触发它们的示例如下。

- **table**：访问表。这是最低级别的操作。
- **query_block**：最高级别的概念，其中一个查询块对应于传统格式的一个 ID。所有查询至少有一个查询块。
- **nested_loop**：联接操作。
- **grouping_operation**：例如，由 GROUP BY 子句生成的操作。
- **ordering_operation**：例如，由 ORDER BY 子句生成的操作。
- **duplicates_removal**：例如，使用 DISTINCT 关键字生成的操作。
- **windowing**：使用窗口函数生成的操作。
- **materialized_from_subquery**：执行子查询并物化结果。
- **attached_subqueries**：附加到查询其余部分的子查询。例如，这种情况发生在带有 IN(SELECT...)子句的子查询。
- **union_result**：对于使用 UNION 合并两个或多个查询结果的查询。在 union_result 块中，有一个 query_ specifications 块，其中包含并集中每个查询的定义。

表 20-1 中的字段和复杂操作列表对于 JSON 格式的字段介绍并不全面，但是它应该能让你对

可用信息有一个很好的了解。通常，字段名称本身携带信息，并与上下文相结合，通常已经足以理解字段的含义。不过，某些字段值得更多关注——从选择类型开始。

20.3.2　选择类型

选择类型显示查询的每个部分是什么类型的查询块。查询的一部分可在一个上下文中包含多张表。例如，如果有一个简单的查询连接一系列表，但没有使用诸如子查询的结构，则所有表都将在查询的同一部分(也是唯一的部分)。查询的每个部分都获取自己的 id(JSON 格式输出中是 select_id)。

存在好几种选择类型。对于大多数选择类型来说，JSON 输出中没有字段对应；但是，可以从结构和某些其他字段派生出选择类型。表 20-2 显示了当前存在的选择类型，并提示如何从 JSON 输出中派生类型。在表中，选择类型列的值是传统输出 select_type 列的值。

表 20-2　EXPLAIN 选择类型

选择类型	JSON	描述
SIMPLE		用于 SELECT 查询，不使用派生表、子查询、并集或类似方法
PRIMARY		用于使用子查询或并集的查询，主要部分是最外层的部分
INSERT		用于 INSERT 语句
DELETE		用于 DELETE 语句
UPDATE		用于 UPDATE 语句
REPLACE		用于 REPLACE 语句
UNION		可合并语句，用于第二条或以后的 SELECT 语句
DEPENDENT UNION	dependent=true	可合并语句，用于第二条或以后的 SELECT 语句(依赖于外部查询)
UNION RESULT	union_result	聚合 union SELECT 语句结果的查询部分
SUBQUERY		用于子查询中的 SELECT 语句
DEPENDENT SUBQUERY	dependent=true	用于依赖子查询的第一条 SELECT 语句
DERIVED		派生表——通过查询创建的表，但其行为方式类似于普通表
DEPENDENT DERIVED	dependent=true	依赖于另一张表的派生表
MATERIALIZED	materialized_from_subquery	物化子查询
UNCACHEABLE SUBQUERY	cacheable=false	必须为外部查询中的每一行计算结果的子查询
UNCACHEABLE UNION	cacheable=false	用于并集语句，第二条或以后的 SELECT 语句是不可缓存子查询的一部分

可将某些选择类型视作信息，以便更轻松地理解你正在查看的是查询的哪个部分，如 PRIMARY 和 UNION。但某些选择类型表明它是查询中成本最高的部分，比如 uncacheable types。dependent 类型还意味着在决定执行计划中什么位置添加表时，优化器的灵活性较低。如果你的查询较慢，并且看到不可缓存或依赖的部分，则值得研究是否可以重写这些部分或将查询拆分为两部分。

还有一个重要信息是表是如何访问的。

20.3.3 访问类型

讨论 Visual Explain 时，已经见到了表访问类型。它们显示查询是否使用索引、扫描等方式访问表。由于每种访问类型相关的成本差异很大，因此它也是在 EXPLAIN 输出中需要查看的重要值之一，以确定查询的哪些部分可用于提高性能。

本节的其余部分总结了 MySQL 中的访问类型。每小节的标题，是传统格式的 type 列中使用的值。对于每种访问类型，都有一个使用该访问类型的示例。

1. system

系统访问类型用于只有一行的表。这意味着表可以被视为常量。Visual Explain 成本、消息和颜色的信息如下所示。

- **成本**：非常低
- **消息**：Single Row (system constant)
- **颜色**：蓝色

使用 system 访问类型的查询示例如下。

```
SELECT *
  FROM (SELECT 1) my_table
```

system 访问类型是 const 访问类型的特例。

2. const

最多匹配表中的一行，例如，主键或唯一索引的单个值上存在过滤器。Visual Explain 成本、消息和颜色的信息如下所示。

- **成本**：非常低
- **消息**：Single Row (constant)
- **颜色**：蓝色

使用 const 访问类型的查询示例是：

```
SELECT *
   FROM world.city
  WHERE ID = 130;
```

3. eq_ref

该表是联接中的右侧表，其中表上的条件位于主键或非空的唯一索引上。Visual Explain 成本、消息和颜色的信息如下所示。

- **成本**：低
- **消息**：Unique Key Lookup
- **颜色**：绿色

使用 eq_ref 访问类型的查询示例是：

```
SELECT *
  FROM world.city
       STRAIGHT_JOIN world.country
             ON CountryCode = Code;
```

访问类型 eq_ref 是 ref 访问类型的一种特殊情况，每次查找只能返回一行。

4. ref

该表由非唯一的二级索引过滤。Visual Explain 成本、消息和颜色的信息如下所示。

- **成本**：低到中等
- **消息**：Non-Unique Key Lookup
- **颜色**：绿色

使用 ref 访问类型的查询示例是：

```
SELECT *
  FROM world.city
 WHERE CountryCode = 'AUS';
```

5. ref_or_null

与 ref 相同，但过滤列也可能为 NULL。Visual Explain 成本、消息和颜色的信息如下所示。

- **成本**：低到中等
- **消息**：Key Lookup + Fetch NULL Values
- **颜色**：绿色

使用访问类型 ref_or_null 的查询示例是：

```
SELECT *
  FROM sakila.payment
 WHERE rental_id = 1
       OR rental_id IS NULL;
```

6. index_merge

优化器选择两个或多个索引的组合，以解析不同索引的列之间的 OR 或 AND 的过滤。Visual Explain 成本、消息和颜色的信息如下所示。

- **成本**：中等
- **消息**：Index Merge
- **颜色**：绿色

使用访问类型 index_merge 的查询示例是：

```
SELECT *
  FROM sakila.payment
 WHERE rental_id = 1
       OR customer_id = 5;
```

虽然成本被列为中等成本，但更常见的严重性能问题之一是查询通常使用单个索引或执行全表扫描，并且索引统计信息变得不准确，因此优化器会选择索引合并。如果使用索引合并的查询性能不佳，请尝试告诉优化器忽略索引合并优化或已经使用的索引，看看是否有帮助，或者分析表以更新索引统计信息。

或者，查询可重写为两个查询的并集，每个查询使用过滤器的一部分。这方面的一个示例将在第 24 章中介绍。

7. fulltext

优化器选择全文索引来过滤表。Visual Explain 成本、消息和颜色的信息如下所示。

- **成本**：低

- **消息**：Fulltext Index Search
- **颜色**：黄色

使用 fulltext 访问类型的查询示例为：

```
SELECT *
  FROM sakila.film_text
 WHERE MATCH(title, description)
       AGAINST ('Circus' IN BOOLEAN MODE);
```

8. unique_subquery

用于 IN 运算符中的子查询，其中子查询返回主键或唯一索引的值。在 MySQL 8 中，这些查询通常由优化器重写，因此 unique_subquery 禁用物化和关闭半连接优化器开关。Visual Explain 成本、消息和颜色的信息如下所示。

- **成本**：低
- **消息**：Unique Key Lookup into table of subquery
- **颜色**：橙色

使用访问类型 unique_subquery 的查询示例如下：

```
SET optimizer_switch = 'materialization=off,semijoin=off';
SELECT *
  FROM world.city
 WHERE CountryCode IN (
         SELECT Code
           FROM world.country
          WHERE Continent = 'Oceania');
SET optimizer_switch = 'materialization=on,semijoin=on';
```

unique_subquery 访问方法是 index_subquery 访问方法在使用主索引或唯一索引的情况下的特例。

9. index_subquery

用于 IN 运算符中的子查询，其中子查询返回辅助非唯一索引的值。在 MySQL 8 中，这些查询通常由优化器重写，因此禁用物化和关闭半连接优化器开关。Visual Explain 成本、消息和颜色的信息如下所示。

- **成本**：低
- **消息**：Nonunique Key Lookup into table of subquery
- **颜色**：橙色

使用访问类型 index_subquery 的查询示例如下：

```
SET optimizer_switch = 'materialization=off,semijoin=off';
SELECT *
  FROM world.country
 WHERE Code IN (
         SELECT CountryCode
           FROM world.city
          WHERE Name = 'Sydney');
SET optimizer_switch = 'materialization=on,semijoin=on';
```

10. range

当索引用于按顺序或组查找多个值时，使用 range 访问类型。它既用于显式范围(如 ID 介于 1

和 10 之间)，也用于 IN 子句，或者用于同一列上的多个条件由 OR 分隔的情况。Visual Explain 成本、消息和颜色的信息如下所示。

- **成本：**中等
- **消息：**Index Range Scan
- **颜色：**橙色

使用 range 访问类型的查询示例如下。

```
SELECT *
  FROM world.city
 WHERE ID IN (130, 3805);
```

使用 range 访问的成本在很大程度上取决于范围中包含的行数。在极端情况下，范围扫描使用主键仅匹配一行，因此成本非常低。在另一个极端，范围扫描包括使用二级索引表的大部分行，这种情况下，执行全表扫描成本会更低。

range 访问类型与 index 访问类型相关，区别在于是需要部分扫描还是全表扫描。

11. index

优化器已选择执行完整的索引扫描。这可以使用与覆盖索引的组合进行选择。Visual Explain 成本、消息和颜色如下所示。

- **成本：**高
- **消息：**Full Index Scan
- **颜色：**红色

使用 index 访问类型的查询示例如下。

```
SELECT ID, CountryCode
  FROM world.city;
```

由于索引扫描需要使用主键进行第二次查找，因此，除非索引是覆盖索引，否则成本可能会非常高，以至于最终执行全表扫描的成本会更低。

12. ALL

最基本的访问类型是扫描表的所有行。这也是成本最昂贵的访问类型，因此该类型的名称是所有字母全部大写显示。Visual Explain 成本、消息和颜色的信息如下所示。

- **成本：**非常高
- **消息：**Full Table Scan
- **颜色：**红色

使用 ALL 访问类型的查询示例如下。

```
SELECT *
  FROM world.city;
```

当你看到查询中不是第一张表的其他表进行了全表扫描，这通常是一个红色危险信号，表明示表上缺少条件或没有可用的索引。对于第一张表，ALL 是不是一个合理的访问类型，取决于查询需要表的多少行；所需的表行越多，全表扫描越合理。

注意 虽然全表扫描被认为是成本最昂贵的访问类型，但与主键一起查找使用则每行成本最低。因此，如果你确实需要访问表中的大部分或全部数据，则全表扫描是读取行最有效的方法。

对访问类型的讨论到此结束。在本章后面部分查看 EXPLAIN 示例时，以及在本书的后面章节查看优化查询时(例如第 24 章)，将再次提到访问类型。目前，让我们看看 Extra 列中的信息。

20.3.4　Extra 信息

传统输出格式中的 Extra 列是一个“全集”，用于存放那些没有自己单独列的信息情况。引入 JSON 格式时，没有理由保留该列，因为附加一个字段很容易，并且没必要为每个输出包含所有字段。因此，JSON 格式没有 Extra 字段，而是具有一系列字段。剩下的一些消息留给一个通用的 message 字段。

注意　Extra 列中的某些信息与存储引擎相关，或极少使用。本讨论仅涵盖最常见的消息。有关消息的完整列表，请参阅 MySQL 参考手册(https://dev.mysql.com/doc/refman/en/explain-output.html#explain-extra-information)。

一些更常见的消息如下。

- **Using index**：使用覆盖索引。对于 JSON 格式，using_index 字段设置为 true(注意，字段名包含下画线，字母的大小写也不同于消息，后同)。
- **Using index condition**：使用索引来测试是否需要读取一个完整行。例如，当索引列上存在范围条件时，使用此选项。对于 JSON 格式，index_condition 字段设置过滤器条件。
- **Using where**：将 WHERE 子句应用于表且没有使用索引。这可能表示表上的索引不是最佳的。在 JSON 格式中，attached_condition 字段设置过滤器条件。
- **Using index for group-by**：使用松散索引扫描(loose index scan)来解决 GROUP BY 或 DISTINCT。在 JSON 格式中，using_index_for_group_by 字段设置为 true。
- **Using join buffer (Block Nested Loop)**：这意味着在不能使用索引的地方进行联接，因此使用联接缓冲区(join buffer)。带有此消息的表可以考虑添加索引。对于 JSON 格式，using_join_buffer 字段设置为块嵌套循环(Block Nested Loop)。需要注意，当使用哈希联接时，传统和 JSON 格式的输出仍将显示使用块嵌套循环。若要查看它是实际的块嵌套循环联接还是哈希联接，则需要使用树状格式的输出。
- **Using join buffer (Batched Key Access)**：这意味着联接使用批处理主键访问(Batched Key Access，BKA)进行优化。若要启用 BKA 优化，必须启用 mrr(默认为打开)和 batch_key_access(默认为关闭)并禁用 mrr_cost_based(默认为打开)优化器开关。需要一个用于联接的索引进行优化，因此与使用块嵌套循环的联接缓冲区不同，使用 BKA 算法并不是对表进行高成本访问的标志特征。对于 JSON 格式，using_join_buffer 设置为批处理主键访问。
- **Using MRR**：使用多范围读取(Multi-Range Read，MRR)优化。这有时用于在需要整行访问时，减少二级索引上范围条件的随机 I/O 量。优化由 mrr 和 mrr_cost_based 优化器开关控制(默认情况下两者都启用)。对于 JSON 格式，using_MRR 字段设置为 true。
- **Using filesort**：MySQL 使用一个额外通道来确定如何按正确顺序检索行。例如，这发生在二级索引排序时；并且索引不是覆盖索引。对于 JSON 格式，using_filesort 字段设置为 true。
- **Using temporary**：内部临时表用于存储子查询的结果、排序或分组。对于排序和分组，有时可通过添加索引或重写查询来避免使用内部临时表。对于 JSON 格式，using_temporary_table 设置为 true。

- **sort_union(...), Using union(...), Using intersect(...)**：这三条消息与索引合并(index merge)一起使用，表示如何执行索引合并。对于任一消息，有关索引合并中涉及的索引信息都包含在括号中。对于 JSON 格式，key 字段指定使用的方法和索引。
- **Recursive**：该表是递归公共表表达式(Common Table Expression，CTE)的一部分。对于 JSON 格式，recursive 字段设置为 true。
- **Range checked for each record (index map: 0x1)**：当你有一个联接，如果第二张表的索引列上存在一个条件，该条件依赖于第一张表中列的值，就会发生这种情况。例如，t2.val2 上的索引：SELECT * FROM t1 INNER JOIN t2 WHERE t2.val2 < t1.val1；这就是 performance 库 NO_GOOD_INDEX_USED 语句事件表中的计数器递增的触发原因。索引映射(index map)是一个位掩码(bitmask)，指示哪些索引是范围检查的候选索引。索引号是从 1 开始的，如 SHOW INDEXES 所示。当你写出位掩码时，设置了位组(bit set)的索引号就是候选索引。对于 JSON 格式，range_checked_for_each_record 字段设置为索引映射。
- **Impossible WHERE**：有一个过滤器不可能为真，例如 WHERE 1 = 0。如果过滤器中的值超出数据类型支持的范围，例如，对于 tinyint 数据类型，WHERE ID = 300，情况也同样适用。对于 JSON 格式，消息将添加到 message 字段中。
- **Impossible WHERE noticed after reading const tables**：与 Impossible WHERE 相同，只是它适用于使用 system 或 const 访问方法解析表之后。例如，SELECT * FROM (SELECT 1 AS ID) a INNER JOIN city USING (ID) WHERE a.id = 130。对于 JSON 格式，消息将添加到 message 字段中。
- **Impossible HAVING**：与 Impossible WHERE 相同，只是它适用于 HAVING 子句。对于 JSON 格式，消息将添加到 message 字段中。
- **Using index for skip scan**：优化器选择使用类似于松散索引扫描的多范围扫描。例如，它可用于覆盖索引，其中索引的第一列不用于条件过滤。此方法在 MySQL 8.0.13 及更高版本中可用。对于 JSON 格式，using_index_for_ skip_scan 字段设置为 true。
- **Select tables optimized away**：此消息意味着 MySQL 能从查询中删除该表，因为只会生成一行，并且该行可从一组确定的行中生成。通常，当表中仅需要索引的最小值和/或最大值时，通常会出现这种情况。对于 JSON 格式，消息将添加到 message 字段中。
- **No tables used**：不涉及任何表的子查询，如 SELECT 1 FROM dual。对于 JSON 格式，消息将添加到 message 字段中。
- **no matching row in const table**：可以 system 或 const 访问类型进行表的访问，但没有与条件匹配的行。对于 JSON 格式，消息将添加到 message 字段中。

提示　在本书撰写期间，仍需要使用树状格式的输出来查看未使用索引的联接是否使用了哈希联接算法。

关于 EXPLAIN 语句输出含义的讨论到此结束。下面开始使用它来检查查询计划。

20.4　EXPLAIN 示例

结束对查询计划的讨论之前，有必要通过几个例子来帮你更好地了解如何将所有这些信息结合在一起。这里的例子只是入门级介绍。更多例子将出现在本书其余章节，尤其是第 24 章。

20.4.1 单表，全表扫描

第一个例子，请设想 world 示例数据库中的 city 表上的查询，该查询的条件在非索引列 Name 上。由于没有可以使用的索引，因此需要全表扫描来评估查询。匹配这些要求的查询示例如下。

```
SELECT *
  FROM world.city
 WHERE Name = 'London';
```

代码清单 20-5 显示了该查询的传统 EXPLAIN 输出。

代码清单 20-5 具有表扫描的单个表的 EXPLAIN 输出

```
mysql> EXPLAIN
         SELECT *
           FROM world.city
          WHERE Name = 'London'\G
*************************** 1. row ***************************
           id: 1
  select_type: SIMPLE
        table: city
   partitions: NULL
         type: ALL
possible_keys: NULL
          key: NULL
      key_len: NULL
          ref: NULL
         rows: 4188
     filtered: 10
        Extra: Using where
1 row in set, 1 warning (0.0007 sec)
```

输出的访问类型(type)设置为ALL，这也是预期的结果，因为索引的列上没有条件。估计将检查 4188 行(实际数字为 4079)，并对每行应用 WHERE 子句中的条件。预计所检查行的 10%将匹配 WHERE 子句(请注意，根据使用的客户端不同，filtered 列的输出可能会显示为 10 或 10.00)。回顾一下第 17 章中优化器的讨论，优化器使用默认值来估计各种条件的过滤效果，因此不能直接使用过滤值来估计索引是否有用。

在图 20-8 中可以看到相应的 Visual Explain 示意图。

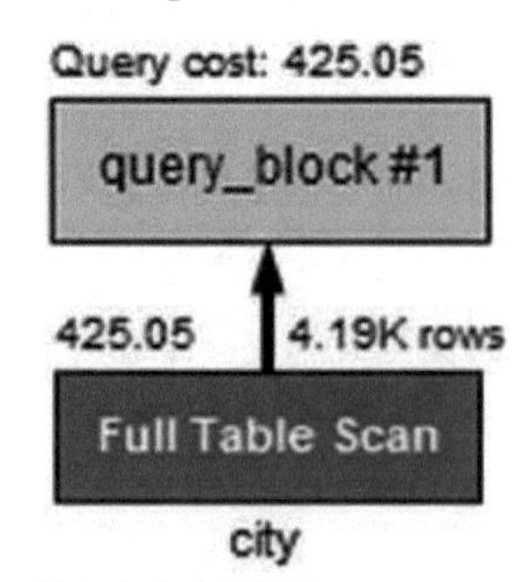

图 20-8 单个表全表扫描的 Visual Explain 示意图

全表扫描由红色的 Full Table Scan 框显示，可以看到估计成本为 425.05。

此查询只返回两行(该表一个 London 在 England，另一个 London 在加拿大安大略省)。如果查询一个国家的所有城市，会发生什么情况？

20.4.2　单表，索引访问

第二个示例类似于第一个示例，但过滤条件已改为使用辅助非唯一索引的 CountryCode 列。访问匹配行应该会比原来的成本更低。在本示例中，将检索所有德国城市：

```
SELECT *
  FROM world.city
 WHERE CountryCode = 'DEU';
```

代码清单 20-6 显示了查询的传统 EXPLAIN 输出。

代码清单 20-6　单个表(索引查找)的 EXPLAIN 输出

```
mysql> EXPLAIN
         SELECT *
           FROM world.city
          WHERE CountryCode = 'DEU'\G
*************************** 1. row ***************************
           id: 1
  select_type: SIMPLE
        table: city
   partitions: NULL
         type: ref
possible_keys: CountryCode
          key: CountryCode
      key_len: 3
          ref: const
         rows: 93
     filtered: 100
        Extra: NULL
1 row in set, 1 warning (0.0008 sec)
```

这一次，possible_keys 列显示 CountryCode 索引可用于查询，并且 key 列显示已经使用索引。访问类型为 ref，说明表访问使用非唯一索引。估计将访问 93 行，当优化器询问 InnoDB 匹配多少行时，这是准确值。filtered 列显示索引在过滤表方面做得很好。相应的 Visual Explain 示意图如图 20-9 所示。

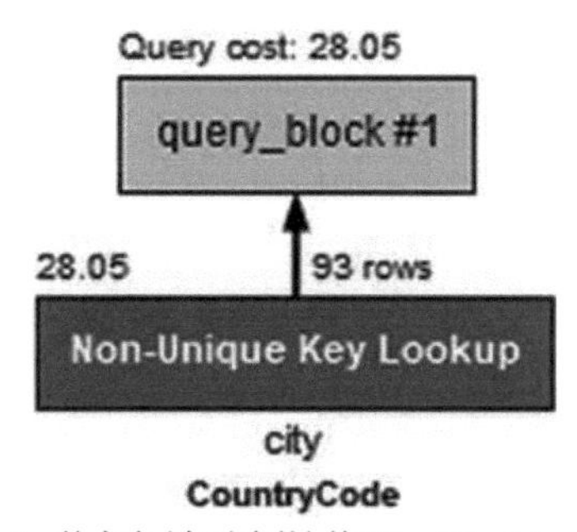

图 20-9　单个表(索引查找)的 Visual Explain 示意图

尽管返回的行数是第一个示例的 45 倍以上，但成本估计仅为 28.05，不到全表扫描成本的十分之一。

如果仅使用 ID 和 CountryCode 列，会发生什么？

20.4.3 两张表和覆盖索引

如果有一个索引包含了所有满足查询需要的列，它就被称为覆盖索引。MySQL 将使用此功能来避免检索整行。由于 city 表的 CountryCode 索引是非唯一索引，覆盖索引还应包括 ID 列，因为 ID 是主键。为使查询更加切合实际，查询还将包括 country 表，并基于 Continent 过滤包含的国家。这种查询的示例如下：

```
SELECT ci.ID
  FROM world.country co
       INNER JOIN world.city ci
          ON ci.CountryCode = co.Code
 WHERE co.Continent = 'Asia';
```

代码清单 20-7 显示了查询的传统 EXPLAIN 输出。

代码清单 20-7 两张表之间简单联接的 EXPLAIN 输出

```
mysql> EXPLAIN
        SELECT ci.ID
          FROM world.country co
               INNER JOIN world.city ci
               ON ci.CountryCode = co.Code
       WHERE co.Continent = 'Asia'\G
*************************** 1. row ***************************
           id: 1
  select_type: SIMPLE
        table: co
   partitions: NULL
         type: ALL
possible_keys: PRIMARY
          key: NULL
      key_len: NULL
          ref: NULL
         rows: 239
     filtered: 14.285715103149414
        Extra: Using where
*************************** 2. row ***************************
           id: 1
  select_type: SIMPLE
        table: ci
   partitions: NULL
         type: ref
possible_keys: CountryCode
          key: CountryCode
     key_len: 3
          ref: world.co.Code
         rows: 18
     filtered: 100
        Extra: Using index
```

查询计划显示，优化器已选择从 co(country)表上的全表扫描开始，并在 ci(city)表上使用 CountryCode 索引作为联接。这里的特殊之处在于，Extra 列包含 Using index。因此，没有必要读取 city 表的完整行。另请注意，key-len 为 3(字节)，这是 CountryCode 列的宽度。在图 20-10 中可以看到相应的 Visual Explain 示意图。

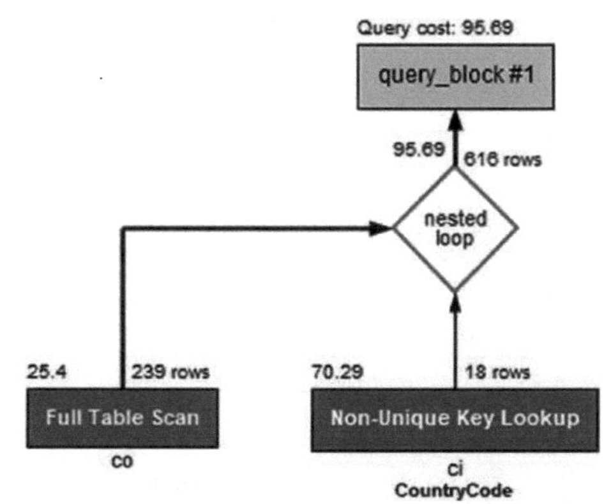

图 20-10　两张表之间简单联接的 Visual Explain 示意图

key_len 字段不包括索引的主键部分。另外，查看使用多列索引的情况也很有用。

20.4.4　多列索引

countrylanguage 表有一个主键，其中包括 CountryCode 和 language 列。假设想要找到在一个国家使用的所有语言；这种情况下，你需要过滤 CountryCode，而不是在 language 上进行过滤。索引仍可用于执行过滤，可以使用 EXPLAIN 输出的 key_len 字段查看索引的使用量。一个可用于查找中国所有语言的查询示例是：

```
SELECT *
  FROM world.countrylanguage
 WHERE CountryCode = 'CHN';
```

代码清单 20-8 显示了查询的传统 EXPLAIN 输出。

代码清单 20-8　使用部分多列索引的 EXPLAIN 输出

```
mysql> EXPLAIN
          SELECT *
            FROM world.countrylanguage
         WHERE CountryCode = 'CHN'\G
*************************** 1. row ***************************
           id: 1
  select_type: SIMPLE
        table: countrylanguage
   partitions: NULL
         type: ref
possible_keys: PRIMARY,CountryCode
          key: PRIMARY
      key_len: 3
          ref: const
         rows: 12
     filtered: 100
        Extra: NULL
```

主键的总宽度为 CountryLanguage 列的 3 个字节和 Language 列的 30 个字节。由于 key_len 列

显示仅使用 3 个字节，因此可以得出结论，只有索引的 CountryLanguage 部分用于过滤(索引的已使用部分始终位于最左侧)。在 Visual Explain 中，需要将鼠标悬停在相应的表上，获得如图 20-11 所示的扩展信息。

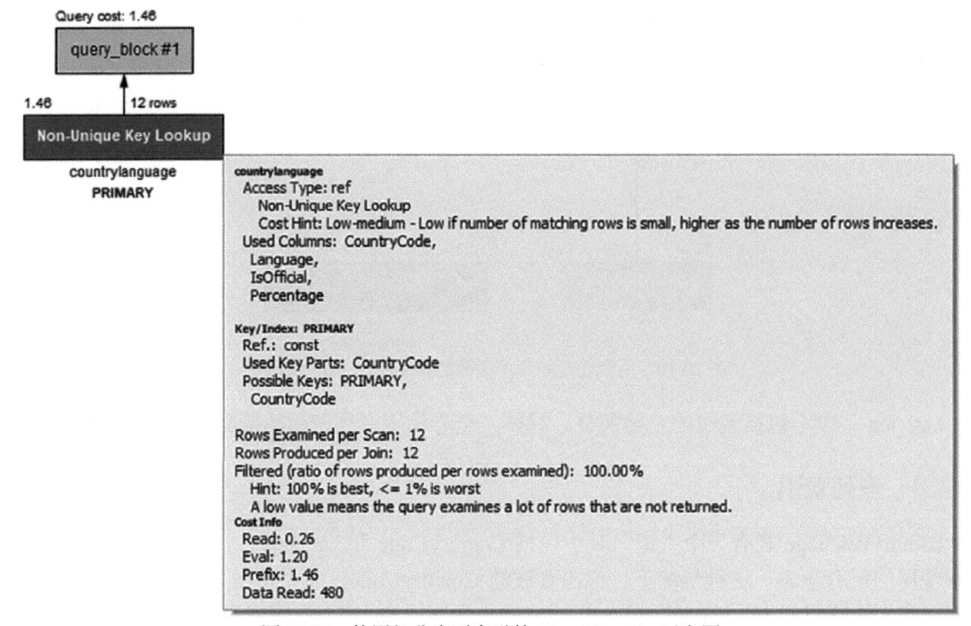

图 20-11 使用部分多列索引的 Visual Explain 示意图

在图中，寻找 Key/Index: PRIMARY 下面的 Used Key Parts 标签。这直接表明仅使用了索引的 CountryCode 列。

最后一个示例，让我们回到在浏览 EXPLAIN 格式时用作示例的查询。

20.4.5 两张表并带有子查询和排序

利用本章前面普遍使用的示例查询来结束有关 EXPLAIN 的讨论。该查询使用各种特性的组合，因此它触发了已讨论的几个部分的信息。它也是具有多个查询块的查询示例。作为提醒，在这里重复展示一下查询。

代码清单 20-9 中重复了该查询的传统 EXPLIAN 格式的输出。

代码清单 20-9 联接子查询和表的 EXPLAIN 输出

```
mysql> EXPLAIN
       SELECT ci.ID, ci.Name, ci.District,
              co.Name AS Country, ci.Population
           FROM world.city ci
                INNER JOIN
                 (SELECT Code, Name
                    FROM world.country
                   WHERE Continent = 'Europe'
                   ORDER BY SurfaceArea
                   LIMIT 10
                 ) co ON co.Code = ci.CountryCode
           ORDER BY ci.Population DESC
```

```
          LIMIT 5\G
*************************** 1. row ***************************
           id: 1
  select_type: PRIMARY
        table: <derived2>
   partitions: NULL
         type: ALL
possible_keys: NULL
          key: NULL
      key_len: NULL
          ref: NULL
         rows: 10
     filtered: 100
        Extra: Using temporary; Using filesort
*************************** 2. row ***************************
           id: 1
  select_type: PRIMARY
        table: ci
   partitions: NULL
         type: ref
possible_keys: CountryCode
          key: CountryCode
      key_len: 3
          ref: co.Code
         rows: 18
     filtered: 100
        Extra: NULL
*************************** 3. row ***************************
           id: 2
  select_type: DERIVED
        table: country
   partitions: NULL
         type: ALL
possible_keys: NULL
          key: NULL
      key_len: NULL
          ref: NULL
         rows: 239
     filtered: 14.285715103149414
        Extra: Using where; Using filesort
```

图 20-12 中重复了查询的 Visual Explain 示意图。在向下阅读输出的分析结果之前，我们鼓励你先自行研究它。

查询计划从子查询开始，该子查询按区域查找 country 表中最小的十个国家。子查询被赋予表标签<derived2>，因此需要找到 id=2 的行，在本例中为第 3 行(对于其他查询可能是其他数字行)。第 3 行将 SELECT type 设置为 DERIVED，因此它是派生表；它是通过查询创建的表，但在其他方面则表现得像普通表。该派生表是使用全表扫描(type=ALL)生成的，每个行都应用 WHERE 子句，然后按文件排序。得到的派生表被物化(从 Visual EXPLAIN 中可见)，并称为 co。

一旦构造了派生表，它就被用作与 ci(city)表连接的第一张表。从第 1 行的<derived2>和第 2 行的 ci 的顺序可以看出这一点。对于派生表中的每一行，估计将使用 CountryCode 索引在 ci 表中检查 18 行。CountryCode 索引是一个非唯一的索引，可从 Visual Explain 中表框的标签中看到，并且 type 列具有值 ref。据估计，联接将返回 180 行，这些行来自派生表中的 10 行乘以 ci 表中每次索引查找的预计 18 行。

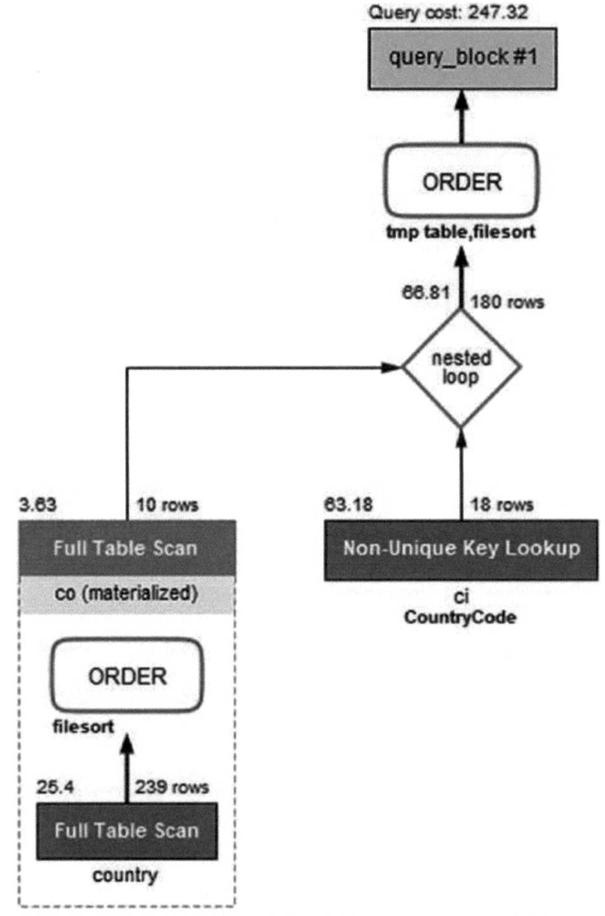

图 20-12 用于联接子查询和表的 Visual Explain 示意图

最后，使用内部临时表和文件排序对结果进行排序。查询的总成本估计为 247.32。

到目前为止，讨论的主题是最终查询计划的情况。如果想知道优化器是如何实现的，则需要研究优化器跟踪。

20.5 优化器跟踪

优化器跟踪并不经常需要，但有时当遇到意外的查询计划时，了解优化器是如何决策的会很有用。这就是优化器跟踪的内容。

提示 大多数情况下，当查询计划不符合你的期望时，这是因为 WHERE 子句缺失或错误、联接条件缺失或错误，或者查询中出现某种其他错误，或者索引统计信息不正确。在深入探讨优化器决策过程的真实细节之前，请先检查这些内容。

通过将 optimizer_trace 选项设置为 1 即可开启优化器跟踪。这使得优化器将会记录后续查询的跟踪信息(直到 optimizer_trace 再次禁用)，并且信息可通过 information_schema.OPTIMIZER_TRACE 表获得。保留的最大跟踪数使用 optimizer_trace_limit 选项配置(默认值为 1)。

你可在执行查询优化器跟踪和使用 EXPLAIN 获取查询计划之间进行选择。后者非常有用，因为它同时为你提供查询计划和优化器跟踪。获取查询优化器跟踪的典型工作流程如下所示：

(1) 为会话启用 optimizer_trace 选项。

(2) 对要调查的查询执行 EXPLAIN。

(3) 再次禁用 optimizer_trace 选项。

(4) 从 information_schema.OPTIMIZER_TRACE 表检索优化器跟踪。

information_schema.OPTIMIZER_TRACE 包含四列。

- **QUERY**：原始查询。
- **TRACE**：包含跟踪信息的 JSON 文档。稍后将介绍关于跟踪的更多信息。
- **MISSING_BYTES_BEYOND_MAX_MEM_SIZE**：跟踪记录的大小(以字节为单位)受限于 optimizer_trace_max_mem_size 选项的值(MySQL 8 中的默认值为 1 MB)。此列显示记录完整跟踪所需的内存量。如果该值大于 0，则使用 optimizer_trace_max_mem_size 选项增加数量。
- **INSUFFICIENT_PRIVILEGES**：是否缺少生成优化器跟踪的权限。

该表作为临时表创建，因此一个会话有且仅有一个跟踪。

代码清单 20-10 显示了获取查询优化器跟踪的示例(与前面各节中重复使用的示例查询相同)。优化器跟踪输出已被截断，因为它超过 15 000 个字符，接近 500 行的长度。同样，EXPLAIN 语句的输出被省略，因为它与前面显示的相同，并且对于此处讨论并不重要。完整输出包含在本书 GitHub 资料库的 listing_20_10.txt 文件中，跟踪脚本在本书的 GitHub 资料库的 listing_20_10.json 文件中。

代码清单 20-10 获取查询的优化器跟踪

```
mysql> SET SESSION optimizer_trace = 1;
Query OK, 0 rows affected (0.0003 sec)

mysql> EXPLAIN
       SELECT ci.ID, ci.Name, ci.District,
              co.Name AS Country, ci.Population
       FROM world.city ci
            INNER JOIN
             (SELECT Code, Name
               FROM world.country
              WHERE Continent = 'Europe'
              ORDER BY SurfaceArea
              LIMIT 10
             ) co ON co.Code = ci.CountryCode
       ORDER BY ci.Population DESC
       LIMIT 5\G
...

mysql> SET SESSION optimizer_trace = 0;
Query OK, 0 rows affected (0.0002 sec)

mysql> SELECT * FROM information_schema.OPTIMIZER_TRACE\G
*************************** 1. row ***************************
                            QUERY: EXPLAIN
SELECT ci.ID, ci.Name, ci.District,
```

```
        co.Name AS Country, ci.Population
   FROM world.city ci
        INNER JOIN
          (SELECT Code, Name
             FROM world.country
            WHERE Continent = 'Europe'
            ORDER BY SurfaceArea
            LIMIT 10
          ) co ON co.Code = ci.CountryCode
   ORDER BY ci.Population DESC
   LIMIT 5
                              TRACE: {
...
}
MISSING_BYTES_BEYOND_MAX_MEM_SIZE: 0
          INSUFFICIENT_PRIVILEGES: 0
1 row in set (0.0436 sec)
```

结果中最有趣的是跟踪(TRACE)信息。虽然有大量可用的信息，但幸好这些信息的含义基本上不言自明。如果你已经熟悉了 JSON 格式的 EXPLAIN 输出，就会发现它们有一些相似之处。大部分信息是关于执行查询的各个部分的成本估算。如果有多个可能的选项，优化器将计算每个选项的成本并选择成本最低的选项。本次跟踪的一个类似示例是访问 ci(city)表，可以通过 CountryCode 索引或者表扫描完成。本次跟踪的决策部分显示在代码清单 20-11 中。

代码清单 20-11 选择 ci 表的访问类型的优化器跟踪

```
"table": "`city` `ci`",
"best_access_path": {
  "considered_access_paths": [
    {
      "access_type": "ref",
      "index": "CountryCode",
      "rows": 18.052,
      "cost": 63.181,
      "chosen": true
    },
    {
      "rows_to_scan": 4188,
      "filtering_effect": [
      ],
      "final_filtering_effect": 1,
      "access_type": "scan",
      "using_join_cache": true,
      "buffers_needed": 1,
      "resulting_rows": 4188,
      "cost": 4194.3,
      "chosen": false
    }
  ]
},
```

这表明，当使用成本为 63.181 的 CountryCode 索引("access_type":"ref")时，估计平均检查超过 18 行的数据。对于全表扫描("access_type":" scan")，估计需要检查 4188 行，总成本为 4194.3。chosen 列显示 ref 访问类型已被选中。

虽然很少需要深入了解优化器如何实现查询计划的详细信息，但了解优化器的工作原理是很有用的。有时，查看查询计划的其他选项的估算成本，以了解不选择它们的原因也很有帮助。

提示　如果有兴趣了解使用优化器跟踪的更多知识，可以在 MySQL 内部手册 https://dev.mysql.com/doc/internals/en/optimizer-tracing.html 找到更多信息。

到目前为止，除了 EXPLAIN ANALYZE 之外，整个讨论均是关于在查询执行前的分析。如果要检查实际性能，通常最佳选择是 EXPLAIN ANALYZE。另一个选择是使用 performance 库。

20.6　performance 库事件分析

performance 库允许你分析在每个采集的事件上花费了多少时间。可用它来分析执行查询所花费的时间。本节将研究如何使用 performance 库来分析存储过程，以查看过程中哪些语句耗费的时间最长，以及如何使用阶段事件(stage events)来分析单个查询。在本节的末尾，将展示如何使用 sys.ps_trace_thread()过程来创建线程工作的示意图，以及如何使用 ps_trace_ statement_digest()来收集给定 digest 语句的统计信息。

20.6.1　检查存储过程

检查存储过程的工作具有挑战性，因为不能直接在过程上使用 EXPLAIN，而且过程将要执行哪些查询也并非显而易见。你可以使用 performance 库。它记录执行的每条语句，并在 events_statements_history 表中维护历史记录。

除非需要存储每个线程的最后十个查询，否则不必执行任何操作就可以开始分析。如果该过程生成十多个语句事件，则需要在 events_statements_history_long 表增加 performance_schema_ events_ statements_history_size 选项的值(需要重新启动)，或使用 sys.ps_trace_thread()过程，如下文所述。在后续部分的讨论中，假定你使用的是 events_statements_history 表。

检查存储过程执行查询的示例，见代码清单 20-12 的过程。该过程包含在文件 listing_20_12.sql 中，可用于任何库中。

代码清单 20-12　示例过程

```
CREATE SCHEMA IF NOT EXISTS chapter_20;

DELIMITER $$

CREATE PROCEDURE chapter_20.testproc()
    SQL SECURITY INVOKER
    NOT DETERMINISTIC
    MODIFIES SQL DATA
BEGIN
    DECLARE v_iter, v_id int unsigned DEFAULT 0;
    DECLARE v_name char(35) CHARSET latin1;

    SET v_id = CEIL(RAND()*4079);
    SELECT Name
      INTO v_name
      FROM world.city
     WHERE ID = v_id;
    SELECT *
```

```
      FROM world.city
     WHERE Name = v_name;
END$$

DELIMITER ;
```

该过程执行三个查询。第一个查询将v_id变量设置为1和4079之间的整数(world.city表中的可用ID值)。第二个查询获取具有该ID的城市的名称。第三个查询查找与在第二个查询中发现的城市同名的所有城市。

如果在连接中调用此过程，则随后可以分析由该过程触发的查询，以及这些查询的性能。例如：

```
mysql> SELECT PS_CURRENT_THREAD_ID();
+------------------------+
| PS_CURRENT_THREAD_ID() |
+------------------------+
| 83                     |
+------------------------+
1 row in set (0.00 sec)

mysql> CALL chapter_20.testproc();
+------+--------+-------------+----------+------------+
| ID   | Name   | CountryCode | District | Population |
+------+--------+-------------+----------+------------+
| 2853 | Jhelum | PAK         | Punjab   | 145800     |
+------+--------+-------------+----------+------------+
1 row in set (0.0019 sec)
Query OK, 0 rows affected (0.0019 sec)
```

该过程的输出是随机的，因此每次执行的结果都有所不同。然后，可以使用从PS_CURRENT_THREAD_ID()函数(在MySQL 8.0.15和更早版本中使用sys.ps_thread_id(NULL))获取的线程ID来确定执行了哪些查询。

代码清单20-13显示了怎样进行分析。必须在另一个连接中执行此分析，将THREAD_ID = 83更改为你获取的线程 ID，并将第二个查询中的NESTING_EVENT_ID = 64更改为第一个查询中的事件ID。下面的代码清单中已删除了一些细节，仅重点展示最相关的数据值。

代码清单20-13　分析存储过程执行的查询

```
mysql> SELECT *
         FROM performance_schema.events_statements_history
        WHERE THREAD_ID = 83
              AND EVENT_NAME = 'statement/sql/call_procedure'
        ORDER BY EVENT_ID DESC
        LIMIT 1\G
*************************** 1. row ***************************
              THREAD_ID: 83
               EVENT_ID: 64
           END_EVENT_ID: 72
             EVENT_NAME: statement/sql/call_procedure
                 SOURCE: init_net_server_extension.cc:95
            TIMER_START: 533823963611947008
              TIMER_END: 533823965937460352
             TIMER_WAIT: 2325513344
              LOCK_TIME: 129000000
```

```
                SQL_TEXT: CALL testproc()
                  DIGEST: 72fd8466a0e05fe215308832173a3be50e7edad960
                          408c70078ef94f8ffb52b2
             DIGEST_TEXT: CALL `testproc` ( )
...
1 row in set (0.0008 sec)

mysql> SELECT *
        FROM performance_schema.events_statements_history
       WHERE THREAD_ID = 83
             AND NESTING_EVENT_ID = 64
       ORDER BY EVENT_ID\G
*************************** 1. row ***************************
               THREAD_ID: 83
                EVENT_ID: 65
            END_EVENT_ID: 65
              EVENT_NAME: statement/sp/set
...
*************************** 2. row ***************************
               THREAD_ID: 83
                EVENT_ID: 66
            END_EVENT_ID: 66
              EVENT_NAME: statement/sp/set
...
*************************** 3. row ***************************
               THREAD_ID: 83
                EVENT_ID: 67
            END_EVENT_ID: 67
              EVENT_NAME: statement/sp/set
...
*************************** 4. row ***************************
               THREAD_ID: 83
                EVENT_ID: 68
            END_EVENT_ID: 68
              EVENT_NAME: statement/sp/set
...
*************************** 5. row ***************************
               THREAD_ID: 83
                EVENT_ID: 69
            END_EVENT_ID: 70
              EVENT_NAME: statement/sp/stmt
                  SOURCE: sp_head.cc:2166
             TIMER_START: 533823963993029248
               TIMER_END: 533823964065598976
              TIMER_WAIT: 72569728
               LOCK_TIME: 0
                SQL_TEXT: SELECT Name
        INTO v_name
        FROM world.city
       WHERE ID = v_id
                  DIGEST: NULL
             DIGEST_TEXT: NULL
          CURRENT_SCHEMA: db1
             OBJECT_TYPE: PROCEDURE
           OBJECT_SCHEMA: db1
             OBJECT_NAME: testproc
```

```
      OBJECT_INSTANCE_BEGIN: NULL
                MYSQL_ERRNO: 0
           RETURNED_SQLSTATE: 00000
               MESSAGE_TEXT: NULL
                     ERRORS: 0
                   WARNINGS: 0
              ROWS_AFFECTED: 1
                  ROWS_SENT: 0
              ROWS_EXAMINED: 1
    CREATED_TMP_DISK_TABLES: 0
         CREATED_TMP_TABLES: 0
           SELECT_FULL_JOIN: 0
     SELECT_FULL_RANGE_JOIN: 0
               SELECT_RANGE: 0
         SELECT_RANGE_CHECK: 0
                SELECT_SCAN: 0
          SORT_MERGE_PASSES: 0
                 SORT_RANGE: 0
                  SORT_ROWS: 0
                  SORT_SCAN: 0
              NO_INDEX_USED: 0
         NO_GOOD_INDEX_USED: 0
           NESTING_EVENT_ID: 64
         NESTING_EVENT_TYPE: STATEMENT
        NESTING_EVENT_LEVEL: 1
               STATEMENT_ID: 25241
*************************** 6. row ***************************
                  THREAD_ID: 83
                   EVENT_ID: 71
               END_EVENT_ID: 72
                 EVENT_NAME: statement/sp/stmt
                     SOURCE: sp_head.cc:2166
                TIMER_START: 533823964067422336
                  TIMER_END: 533823965880571520
                 TIMER_WAIT: 1813149184
                  LOCK_TIME: 0
                   SQL_TEXT: SELECT *
   FROM world.city
  WHERE Name = v_name
                     DIGEST: NULL
                DIGEST_TEXT: NULL
             CURRENT_SCHEMA: db1
                OBJECT_TYPE: PROCEDURE
              OBJECT_SCHEMA: db1
                OBJECT_NAME: testproc
      OBJECT_INSTANCE_BEGIN: NULL
                MYSQL_ERRNO: 0
          RETURNED_SQLSTATE: NULL
               MESSAGE_TEXT: NULL
                     ERRORS: 0
                   WARNINGS: 0
              ROWS_AFFECTED: 0
                  ROWS_SENT: 1
              ROWS_EXAMINED: 4080
    CREATED_TMP_DISK_TABLES: 0
         CREATED_TMP_TABLES: 0
```

```
          SELECT_FULL_JOIN: 0
    SELECT_FULL_RANGE_JOIN: 0
              SELECT_RANGE: 0
        SELECT_RANGE_CHECK: 0
               SELECT_SCAN: 1
         SORT_MERGE_PASSES: 0
                SORT_RANGE: 0
                 SORT_ROWS: 0
                 SORT_SCAN: 0
             NO_INDEX_USED: 1
        NO_GOOD_INDEX_USED: 0
          NESTING_EVENT_ID: 64
        NESTING_EVENT_TYPE: STATEMENT
       NESTING_EVENT_LEVEL: 1
              STATEMENT_ID: 25242
6 rows in set (0.0008 sec)
```

分析包含两个查询。第一个查询通过查询 statement/sql/call_procedure 事件中的最新事件(按 EVENT_ID 排序)来确定过程的总体信息。该事件是调用过程的事件。

第二个查询请求与 statement/sql/call_procedure 事件的 id 处于同一个线程的事件作为嵌套事件 id。这些是程序执行的语句。通过 EVENT_ID 排序，语句按执行顺序返回。

第二个查询的结果显示，该过程从四个 SET 语句开始。其中一些是预期中的，但也有一些是由隐式设置变量触发的。最后两行是本讨论中最有趣的部分，因为执行了两个查询。首先，基于 ID 列(主键)查询 city 表。正如预期的那样，它只检查一行。由于结果保存在变量 v_name 中，因此 ROWS_AFFECTED 计数器会递增，而 ROWS_SENT 计数不变。

第二个查询的执行性能不好。它按名称查询 city 表，但 name 列没有索引。这将导致检查 4080 行仅返回一行。NO_INDEX_USED 列设置为 1，表示已执行全表扫描。

使用此方法检查存储过程的一个缺点是，如你所见，它很快用完历史记录表中的 10 行。另一种选择是启用 events_statements_history_long，并在其他空闲测试系统上测试存储过程，或禁用其他连接的历史日志记录。这样允许你最多分析过程执行的 10 000 个语句事件。还有一种选择是使用 sys.ps_trace_thread()过程，该过程也生成较长的历史记录，但支持在执行时轮询，因此即使表不够大，无法在过程期间保存所有事件，也可以进行事件收集。

此示例使用语句事件来分析性能。有时，需要知道在更细粒度上发生了什么，这种情况下，你需要查看阶段事件。

20.6.2 分析阶段事件

如果需要获取查询所用时间的更细粒度的信息，第一步是查看阶段事件(stage events)。或者，也可以包括等待事件。由于处理等待事件的步骤与阶段事件的步骤基本相同，因此留给读者自行分析查询的等待事件。

警告 检查的事件粒度越细，带来的开销就越高。因此，在生产系统上要小心启用阶段事件和等待事件。一些等待事件，特别是互斥的事件，也可能对查询产生很大的影响，从而影响分析的结论。使用等待事件分析查询通常只是性能架构师和编写 MySQL 源代码的开发人员需要做的事情。

生成的阶段事件比语句事件的数量大得多。这意味着，为避免阶段事件从历史记录表中消失，建议采用空闲测试系统执行分析，并使用events_stages_history_long 表。默认情况下，此表已禁用。

要启用它，请启用相应的消费者：

```
mysql> UPDATE performance_schema.setup_consumers
          SET ENABLED = 'YES'
        WHERE NAME IN ('events_stages_current',
                       'events_stages_history_long');
Query OK, 2 rows affected (0.0008 sec)

Rows matched: 2 Changed: 2 Warnings: 0
```

events_stages_history_long 的消费者依赖于 events_stages_current 的消费者，因此需要同时启用这两个消费者。默认情况下，仅启用与进度信息相关的阶段事件。对于综合分析，你需要启用所有阶段事件：

```
mysql> UPDATE performance_schema.setup_instruments
          SET ENABLED = 'YES',
              TIMED = 'YES'
        WHERE NAME LIKE 'stage/%';
Query OK, 125 rows affected (0.0011 sec)

Rows matched: 125 Changed: 109 Warnings: 0
```

此分析能以和分析存储过程大致相同的方式进行。例如，思考以下由 performance 库线程 id 等于 83 的连接执行的查询：

```
SELECT *
  FROM world.city
 WHERE Name = 'Sydney';
```

假设这是最后执行的查询，你可获取每个阶段所耗费的时间量，如代码清单 20-14 所示。你需要单独执行连接，并更改 SET @thread_id = 83 以使用线程 ID 进行连接。除了时间不同之外，你的查询所经历的阶段列表也可能与此不同。

代码清单 20-14　查找连接的最后一个语句的阶段信息

```
mysql> SET @thread_id = 83;
Query OK, 0 rows affected (0.0004 sec)

mysql> SELECT EVENT_ID,
              SUBSTRING_INDEX(EVENT_NAME, '/', -1) AS Event,
              FORMAT_PICO_TIME(TIMER_WAIT) AS Latency
         FROM performance_schema.events_stages_history_long
        WHERE THREAD_ID = @thread_id
              AND NESTING_EVENT_ID = (
                  SELECT EVENT_ID
                    FROM performance_schema.events_statements_history
                   WHERE THREAD_ID = @thread_id
                   ORDER BY EVENT_ID DESC
                   LIMIT 1);
+----------+--------------------------------------+-----------+
| EVENT_ID | Event                                | Latency   |
+----------+--------------------------------------+-----------+
| 7193     | Executing hook on transaction begin. | 200.00 ns |
| 7194     | cleaning up                          | 4.10 us   |
| 7195     | checking permissions                 | 2.60 us   |
```

```
| 7196     | Opening tables                       | 41.50 us  |
| 7197     | init                                 | 3.10 us   |
| 7198     | System lock                          | 6.50 us   |
| 7200     | optimizing                           | 5.30 us   |
| 7201     | statistics                           | 15.00 us  |
| 7202     | preparing                            | 12.10 us  |
| 7203     | executing                            | 1.18 ms   |
| 7204     | end                                  | 800.00 ns |
| 7205     | query end                            | 500.00 ns |
| 7206     | waiting for handler commit           | 6.70 us   |
| 7207     | closing tables                       | 3.30 us   |
| 7208     | freeing items                        | 70.30 us  |
| 7209     | cleaning up                          | 300.00 ns |
+----------+--------------------------------------+-----------+
16 rows in set (0.0044 sec)
```

从 events_stages_history_long 表中选择出事件 ID、阶段名称(为简洁起见，上述示例中删除了完整事件名称的前两个部分)，和使用 FORMAT_PICO_TIME()函数(MySQL 8.0.15 和更早版本使用 sys.format_time()函数)进行格式化的延迟。WHERE 子句根据执行查询连接的线程 id 和嵌套事件 id 进行过滤。嵌套事件 id 被设置为线程 id 等于 83 的连接最新执行语句的事件 id。结果显示，查询最慢的部分是发送数据，这是存储引擎查找和发送行的阶段。

这样分析查询的主要问题是，你要么受到默认情况下为每个线程保存 10 个事件的限制，要么在完成检查前会冒着将这些事件从长历史表中删除的风险。sys.ps_trace_thread()过程就是为了解决这个问题而创建的。

20.6.3　使用 sys.ps_trace_thread( )过程进行分析

当你需要分析一个复杂的查询或一个执行多语句的存储程序时，使用在执行过程中自动收集信息的工具会更加方便。在 sys 库中执行此操作的一个方法是 ps_trace_thread()过程。

该过程会循环一段时间，从而轮询长历史记录表中的新事务、语句、阶段和等待事件。如果需要，该过程还可启动 performance 库以包括所有事件，使消费者能够记录事件。但由于事件数量太大，建议自己启动 performance 库来采集和分析感兴趣的事件。

还有一个可选功能是在监控开始时重置 performance 库表。如果允许删除长历史表的内容，这个操作将带来很多好处。

调用该过程时，必须提供以下参数。

- **Thread ID**：要监控的 performance 库线程 ID。
- **Out File**：用于写入结果的文件。结果使用点图描述语言(请参考 https://en.wikipedia.org/wiki/DOT_%28graph_description_language%29 和 www.graphviz.org/doc/info/lang.html)创建。为此需要将 secure_file_priv 选项设置为允许将文件写入目标目录，并且文件不存在，而且执行该过程的用户具有 FILE 权限。
- **Max Runtime**：最长的监控时间，以秒为单位。支持使用 1/100 秒精度设置该值。如果该值设置为 NULL，则运行时间设置为 60 秒。
- **Poll Interval**：历史记录表的轮询间隔。可以 1/100 秒的精度设置该值。如果该值设置为 NULL，则轮询间隔将设置为 1 秒。
- **Refresh**：布尔值，表示是否重置用于分析的 performance 库表。
- **Auto Setup**：布尔值，表示是否启用程序可以使用的所有生产者和消费者。启用后，在过程完成时恢复当前设置。

- **Debug**：布尔值，表示是否包括附加信息，如事件在源代码中的什么位置被触发。这在包含等待事件时最有用。

在代码清单 20-15 中可以看到使用 ps_trace_thread()过程的示例。在执行该过程时，从监控的线程调用前面的 testproc()过程。该示例假定你使用默认的 performance 库设置。

代码清单 20-15 使用 ps_trace_thread()过程

```
Connection 1> UPDATE performance_schema.setup_consumers
                  SET ENABLED = 'YES'
                WHERE NAME = 'events_statements_history_long';
Query OK, 1 row affected (0.0074 sec)

Rows matched: 1 Changed: 1 Warnings: 0

-- 查找将要监控的线程的 performance 库线程 id
onnection 2> SELECT PS_CURRENT_THREAD_ID();
+-----------------+
| PS_THREAD_ID(9) |
+-----------------+
| 32              |
+-----------------+
1 row in set (0.0016 sec)

-- 用刚找到的线程 id 替代第一个参数
-- 一旦过程返回，"Data collection starting for THREAD_ID = 32"
-- 会调用连接 2 的 chapter_20.testproc()
-- 将该示例设置为轮询 10 秒钟。如果需要的时间更长，则将第三个参数改成你所需要的秒数
Connection 1> CALL sys.ps_trace_thread(
                  32,
                  '/mysql/files/thread_32.gv',
                  10, 0.1, False, False, False);
+-------------------+
| summary           |
+-------------------+
| Disabled 1 thread |
+-------------------+
1 row in set (0.0316 sec)
+--------------------------------------------+
| summary                                    |
+--------------------------------------------+
| Data collection starting for THREAD_ID = 32 |
+--------------------------------------------+
1 row in set (0.0316 sec)

-- sys.ps_trace_id()块执行你想要跟踪的查询，输出是随机的
Connection 2> CALL chapter_20.testproc();
+------+--------+-------------+----------+------------+
| ID   | Name   | CountryCode | District | Population |
+------+--------+-------------+----------+------------+
| 3607 | Rjazan | RUS         | Rjazan   | 529900     |
+------+--------+-------------+----------+------------+
1 row in set (0.0023 sec)

Query OK, 0 rows affected (0.0023 sec)
```

```
-- 返回连接 1，等待 sys.ps_trace_id()过程完成
+--------------------------------------------------+
| summary                                          |
+--------------------------------------------------+
| Stack trace written to /mysql/files/thread_32.gv |
+--------------------------------------------------+
1 row in set (0.0316 sec)
+------------------------------------------------------------+
| summary                                                    |
+------------------------------------------------------------+
| dot -Tpdf -o /tmp/stack_32.pdf /mysql/files/thread_32.gv |
+------------------------------------------------------------+
1 row in set (0.0316 sec)
+------------------------------------------------------------+
| summary                                                    |
+------------------------------------------------------------+
| dot -Tpng -o /tmp/stack_32.png /mysql/files/thread_32.gv |
+------------------------------------------------------------+
1 row in set (0.0316 sec)
+------------------+
| summary          |
+------------------+
| Enabled 1 thread |
+------------------+
1 row in set (0.0316 sec)
Query OK, 0 rows affected (0.0316 sec)
```

在此示例中，仅启用 events_statements_history_long 消费者。这将允许记录调用 testproc()过程生成的所有语句事件，就像之前手动完成的那样。监控的线程 id 是使用 PS_CURRENT_THREAD_ID()函数获得的；在 MySQL 8.0.15 和更早版本中，请使用 sys.ps_thread_id(NULL)。

为线程 id 32 调用 ps_trace_thread()过程，并将输出写入/mysql/files/thread_32.gv。该过程每 0.1 秒轮询一次，持续 10 秒，并且禁用所有可选功能。

你需要一个能理解点格式并将其转换为图像的程序。一个方法是 Graphviz 工具集，可从几个 Linux 发行版资料库包获得，也可从项目的主页 www.graphviz.org/获取。它提供了面向 Linux、Microsoft Windows、macOS、Solaris 和 FreeBSD 等平台的下载。该过程的输出显示了如何将具有点图定义的文件转换为 PDF 或 PNG 文件的示例。图 20-13 显示了 CALL testproc()语句的生成图。

上述语句图包含了与手动分析过程相同的信息。对于像 testproc()这样简单的过程来说，生成图形的优势很有限，但对于更复杂的过程或对于启用较低级别事件的分析查询来说，它是将执行流程可视化的好方法。

另一个可帮助你分析查询的 sys 库过程是 ps_trace_statement_digest() 。

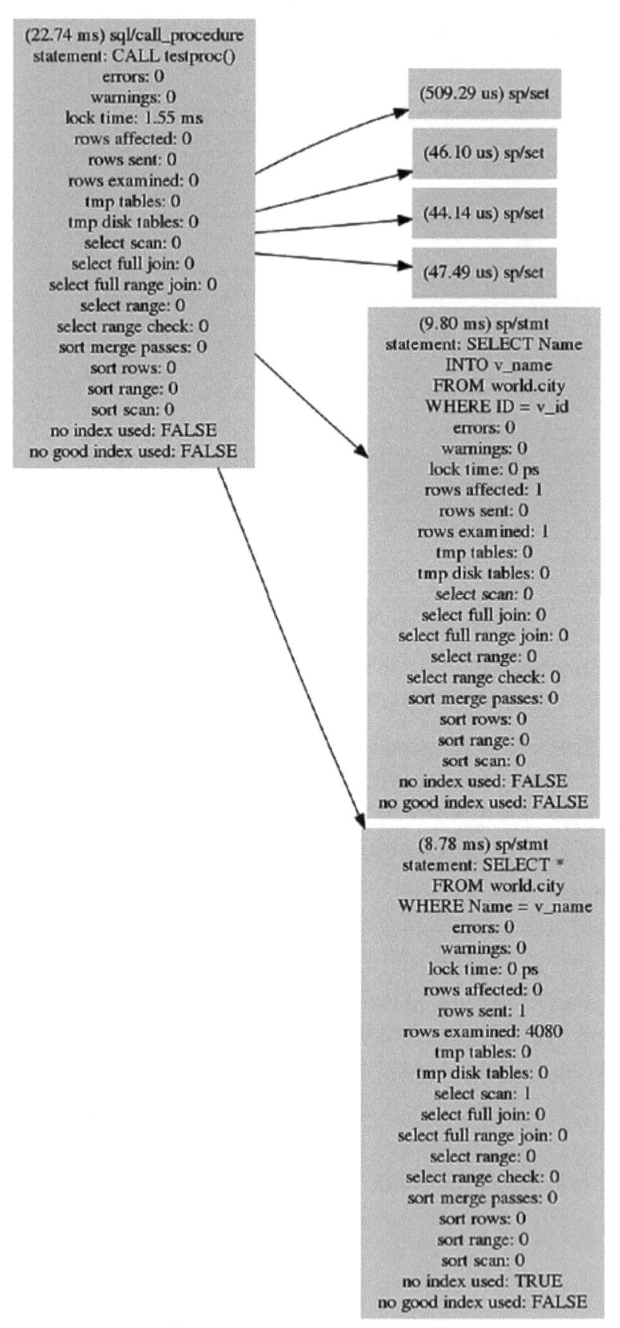

图 20-13 CALL testproc()语句图

20.6.4 使用 ps_trace_statement_digest( )过程进行分析

作为使用 performance 库分析查询的最后一个示例，这里将演示 sys 库的 ps_trace_statement_digest()过程。它获取一个 digest，然后监控 events_statements_history_long 与 events_stages_ history_ long 表中与该 digest 的语句相关的事件。分析结果包括汇总数据以及运行时间最长的查询计划等详细信息。

该过程需要以下五个必填参数。

- **Digest**：要监控的 digest。如果 digest 匹配，则不管默认库是哪个，都将开始监控语句。
- **Runtime**：监控时间，以秒为单位。不允许使用小数。
- **Poll Interval**：轮询历史记录表的间隔。该值的精度可以设置为 1/100 秒，并且必须小于 1 秒。
- **Refresh**：布尔值，是否重置用于分析的 performance 库表。
- **Auto Setup**：布尔值，是否启用过程可以使用的所有生产者和消费者。启用后，在过程完成时恢复当前设置。

例如，可使用 sys.ps_trace_statement_ digest()过程开始监控，并在监控期间执行以下查询(监控示例如下)：

```
SELECT * FROM world.city WHERE CountryCode = 'AUS';
SELECT * FROM world.city WHERE CountryCode = 'USA';
SELECT * FROM world.city WHERE CountryCode = 'CHN';
SELECT * FROM world.city WHERE CountryCode = 'ZAF';
SELECT * FROM world.city WHERE CountryCode = 'BRA';
SELECT * FROM world.city WHERE CountryCode = 'GBR';
SELECT * FROM world.city WHERE CountryCode = 'FRA';
SELECT * FROM world.city WHERE CountryCode = 'IND';
SELECT * FROM world.city WHERE CountryCode = 'DEU';
SELECT * FROM world.city WHERE CountryCode = 'SWE';
SELECT * FROM world.city WHERE CountryCode = 'LUX';
SELECT * FROM world.city WHERE CountryCode = 'NZL';
SELECT * FROM world.city WHERE CountryCode = 'KOR';
```

这些查询中哪一条是最慢的，会因执行情况而异。

代码清单 20-16 显示了使用该过程监控一个查询(选择特定国家的所有城市)的示例。在该示例中，使用 STATEMENT_DIGEST()函数找到 digest，但也可通过基于 events_statements_summary_by_digest 表的监控信息来查找 digest。它传递给过程，以启用所需的生产者和消费者，并将重置受监控的表，以避免包括监控开始前执行的语句。轮询频率设置为每 0.5 秒一次。为减小输出宽度，阶段事件名称已删除 stage/sql/前缀，并且 EXPLAIN 输出的虚线已变短。在本书的 GitHub 资料库中，从 listing_20_16.txt 的文件中可找到未经改动的输出。

代码清单 20-16　使用 ps_trace_statement_digest()过程

```
mysql> SET @digest = STATEMENT_DIGEST('SELECT * FROM world.city WHERE
CountryCode = ''AUS''');
Query OK, 0 rows affected (0.0004 sec)

-- 过程启动后执行查询
mysql> CALL sys.ps_trace_statement_digest(@digest, 60, 0.5, TRUE, TRUE);
+-------------------+
| summary           |
+-------------------+
| Disabled 1 thread |
+-------------------+
1 row in set (1 min 0.0861 sec)
+--------------------+
| SUMMARY STATISTICS |
```

```
+--------------------+
| SUMMARY STATISTICS |
+--------------------+
1 row in set (1 min 0.0861 sec)
+------------+-----------+-----------+-----------+---------------+---------
------+------------+------------+
| executions | exec_time | lock_time | rows_sent | rows_affected | rows_
examined | tmp_tables | full_scans |
+------------+-----------+-----------+-----------+---------------+---------
------+------------+------------+
|         13 | 7.29 ms   | 1.19 ms   |      1720 | 0             |
1720   |          0 |          0 |
+------------+-----------+-----------+-----------+---------------+---------
------+------------+------------+
1 row in set (1 min 0.0861 sec)
+--------------------------------------+-------+-----------+
| event_name                           | count | latency   |
+--------------------------------------+-------+-----------+
| Sending data                         |    13 | 2.99 ms   |
| freeing items                        |    13 | 2.02 ms   |
| statistics                           |    13 | 675.37 us |
| Opening tables                       |    13 | 401.50 us |
| preparing                            |    13 | 100.28 us |
| optimizing                           |    13 | 66.37 us  |
| waiting for handler commit           |    13 | 64.18 us  |
| closing tables                       |    13 | 54.70 us  |
| System lock                          |    13 | 54.34 us  |
| cleaning up                          |    26 | 45.22 us  |
| init                                 |    13 | 29.54 us  |
| checking permissions                 |    13 | 23.34 us  |
| end                                  |    13 | 10.21 us  |
| query end                            |    13 | 8.02 us   |
| executing                            |    13 | 4.01 us   |
| Executing hook on transaction begin. |    13 | 3.65 us   |
+--------------------------------------+-------+-----------+
16 rows in set (1 min 0.0861 sec)
+---------------------------+
| LONGEST RUNNING STATEMENT |
+---------------------------+
| LONGEST RUNNING STATEMENT |
+---------------------------+
1 row in set (1 min 0.0861 sec)
+-----------+-----------+-----------+-----------+---------------+----------
-----+------------+-----------+
| thread_id | exec_time | lock_time | rows_sent | rows_affected | rows_
examined | tmp_tables | full_scan |
+-----------+-----------+-----------+-----------+---------------+----------
-----+------------+-----------+
|        32 | 1.09 ms   | 79.00 us  |       274 |             0
|           274 |          0 |         0 |
+-----------+-----------+-----------+-----------+---------------+----------
-----+------------+-----------+
1 row in set (1 min 0.0861 sec)
+--------------------------------------------------+
| sql_text                                         |
+--------------------------------------------------+
```

```
| SELECT * FROM world.city WHERE CountryCode = 'USA' |
+----------------------------------------------------+
1 row in set (59.91 sec)
+--------------------------------------+------------+
| event_name                           | latency    |
+--------------------------------------+------------+
| Executing hook on transaction begin. | 364.67 ns  |
| cleaning up                          | 3.28 us    |
| checking permissions                 | 1.46 us    |
| Opening tables                       | 27.72 us   |
| init                                 | 2.19 us    |
| System lock                          | 4.01 us    |
| optimizing                           | 5.11 us    |
| statistics                           | 46.68 us   |
| preparing                            | 7.66 us    |
| executing                            | 364.67 ns  |
| Sending data                         | 528.41 us  |
| end                                  | 729.34 ns  |
| query end                            | 729.34 ns  |
| waiting for handler commit           | 4.38 us    |
| closing tables                       | 16.77 us   |
| freeing items                        | 391.29 us  |
| cleaning up                          | 364.67 ns  |
+--------------------------------------+------------+
17 rows in set (1 min 0.0861 sec)
+----------------------------------------------------+
| EXPLAIN                                            |
+----------------------------------------------------+
| {
  "query_block": {
    "select_id": 1,
    "cost_info": {
      "query_cost": "46.15"
    },
    "table": {
      "table_name": "city",
      "access_type": "ref",
      "possible_keys": [
      "CountryCode"
    ],
    "key": "CountryCode",
    "used_key_parts": [
      "CountryCode"
    ],
    "key_length": "3",
    "ref": [
      "const"
    ],
    "rows_examined_per_scan": 274,
    "rows_produced_per_join": 274,
    "filtered": "100.00",
    "cost_info": {
      "read_cost": "18.75",
      "eval_cost": "27.40",
      "prefix_cost": "46.15",
      "data_read_per_join": "19K"
```

```
        },
        "used_columns": [
          "ID",
          "Name",
          "CountryCode",
          "District",
          "Population"
         ]
       }
     }
   } |
+------------------------------------------------+
1 row in set (1 min 0.0861 sec)
+------------------+
| summary          |
+------------------+
| Enabled 1 thread |
+------------------+
1 row in set (1 min 0.0861 sec)

Query OK, 0 rows affected (1 min 0.0861 sec)
```

首先输出分析期间找到的所有查询的概述信息。总共 13 次执行使用 7.29 毫秒。概述信息还列出各个阶段所花费的时间。下一部分是 13 个执行中最慢查询的详细信息。最后列出最慢查询的 JSON 格式的查询计划。

生成查询计划时应注意一个限制。查询与过程的默认库相同的情况下，EXPLAIN 语句才会执行。这意味着，如果查询在不同的库中执行，并且它不使用完全限定表名(即包括库名称)，EXPLAIN 语句将失败，并且该过程不会输出查询计划。

20.7 本章小结

本章介绍了如何分析需要优化的查询，其中大部分内容重点介绍 EXPLAIN 语句，该语句是分析查询的主要工具。其余部分介绍了优化器跟踪以及如何使用 performance 库分析查询。

EXPLAIN 语句支持几种不同的格式，可帮助你以最适合的格式获取查询计划。传统格式使用标准表输出，JSON 格式返回详细的 JSON 文档，树状格式显示相对简单的执行树。树状格式仅在 MySQL 8.0.16 及更高版本中支持，并且要求使用 Volcano 迭代执行器执行查询。MySQL Workbench 中的 Visual Explain 功能使用 JSON 格式创建查询计划图表。

EXPLAIN 输出中有大量有关查询计划的可用信息。我们也讨论了传统格式的字段以及最常见的 JSON 字段，详细讨论了选择类型和访问类型以及附加信息。最后列举一系列示例来说明如何使用这些信息。

通过优化器跟踪，可了解优化器最终如何使用 EXPLAIN 语句返回的查询计划。虽然最终用户通常不需要使用，但优化器跟踪对于了解有关优化器以及查询计划的决策过程非常有用。

本章最后展示了如何使用 performance 库事件来确定语句所花费的时间。首先展示了如何将存储过程分解为单个语句，然后介绍如何将语句分解为各个阶段。使用 ps_trace_thread()过程自动分析并创建事件的图表，使用 ps_trace_statement_digest()过程收集给定语句 digest 的统计信息。

本章分析了查询。分析查询有时有必要将整个事务考虑在内。下一章将展示如何分析事务。

第21章 事　务

事务控制着语句。无论是在单条语句中还是在多条语句中，事务都可将多个更改组合在一起，并且作为一个完整单元一起应用或废弃。大多数情况下，人们认为事务只不过是一种事后补救，在需要将几条语句一起应用时才会考虑。这种想法是错误的。事务对于确保数据完整性非常重要，如果使用不当，会导致严重的性能问题。

本章首先通过回顾事务对锁和性能的影响来讨论为什么需要从性能的角度来认真对待事务。本章的其余部分将重点分析事务，首先利用 information 库中的 INNODB_TRX 表，然后介绍 InnoDB 监视器、InnoDB 指标，最后介绍 performance 库。

21.1　事务的影响

如果将事务视为查询分组的容器，那么事务似乎是一个多此一举的概念。然而，必须理解事务的重要性。由于事务为一组查询提供了原子性，事务活动时间越长，与查询关联的资源持有的时间就越长；事务中完成的工作越多，所需的资源就越多。那么在事务提交之前，查询会一直占用哪些资源？主要的两种资源是锁和 undo 日志。

提示 InnoDB支持只读事务，其开销比读写事务更低。对于自动提交的单语句事务，InnoDB将自动尝试确定该语句是否为只读。对于多语句事务，可在启动时显式地指定它是只读事务：START TRANSACTION READ ONLY。

21.1.1 锁

当执行查询时，它会获得锁，当你使用默认的事务隔离级别(REPEATABLE READ)时，所有锁都会被保留，直到事务被提交。使用READ COMMITTED事务隔离级别时，可能会释放一些锁，但至少保留那些涉及更改记录的锁。锁本身是一种资源，但它也需要内存来存储有关锁的信息。对于正常的工作负载，你可能不会太多考虑这方面的事项，但海量事务最终可能占用大量内存，从而导致事务失败，并出现ER_LOCK_TABLE_FULL错误：

```
ERROR: 1206: The total number of locks exceeds the lock table size
```

从错误日志(稍后会讲到)记录的警告消息中可以看到，锁所需的内存是从缓冲池中提取的。因此，你持有的锁越多，持有的时间越长，用于缓存数据和索引的内存就越少。

警告 因为用尽所有锁内存而导致一个事务中止，将产生四重打击。第一，已经花时间并使用足够多的锁内存来更新多行，结果导致触发错误，更新多行的工作浪费掉了。第二，由于变更数量多，回滚事务可能需要很长时间。第三，当使用锁内存时，InnoDB实际上处于只读模式(可能运行一些小的事务)，并且直到回滚完成时，锁内存才被释放。第四，缓冲池中几乎没有空间来缓存数据和索引。

错误日志中已经提前发出警告，指出超过67%的缓冲池用于锁或自适应哈希索引。

```
2019-07-06T03:23:04.345256Z 10 [Warning] [MY-011958] [InnoDB] Over 67
percent of the buffer pool is occupied by lock heaps or the adaptive hash
index! Check that your transactions do not set too many row locks. Your
buffer pool size is 7 MB. Maybe you should make the buffer pool bigger?.
Starting the InnoDB Monitor to print diagnostics, including lock heap and
hash index sizes.
```

警告之后是InnoDB监视器的常规重复性输出，由此可以确定哪些事务是罪魁祸首。InnoDB监视器的事务输出将在“InnoDB监视器”一节中讨论。

元数据锁是一种在事务中经常被忽略的锁类型。使用一条语句查询一张表时，会获得一个共享的元数据锁，并且该元数据锁会一直保持到事务结束。当表上存在元数据锁时，任何连接都不能对该表执行任何DDL语句——包括OPTIMIZE TABLE。如果一个DDL语句被一个长时间运行的事务所阻塞，它也会接着阻止所有新的查询使用该表。第22章将展示一个调研此类问题的示例，包括使用本章中介绍的一些方法。

当事务处于活动状态时，锁被保持着。但是，即使事务已完成undo日志，它仍可能产生影响。

21.1.2 undo日志

在事务处理期间所做的更改必须要存储，以便你进行事务回滚。这很容易理解。令人惊讶的是，即使是没有进行任何更改的事务，也有来自其他事务留下的undo信息。在事务的处理期间，比如使用REPEATABLE READ事务隔离级别，当事务需要一个读取视图(一个一致快照)时，就会发生这种情况。读取视图意味着，无论其他事务是否更改数据，都将返回与事务启动时间相对应的行数据。为此，有必要保留在事务生命周期中更改行的旧值。带有读取视图的长时间运行的事务是最终出现大量undo日志的最常见原因，而在MySQL 5.7和更早版本中，这可能意味着ibdata1文件最终会变得很大(在MySQL 8中，undo日志一直存储在单独的undo表空间中，该表空间可以被清除)。

提示 READ COMMITTED事务隔离级别不太容易出现大量undo日志，因为读取的视图只在查询期间维护。

undo日志活动部分的大小用history list length来衡量。历史列表长度(history list length)是尚未清除undo日志时已提交事务的数量。这意味着你不能使用历史列表长度来获取更改行的总数。它告诉你的是，有多少旧的行单元(每个事务一个单元)在更改的链表中，这是执行查询时必须考虑的。链表越长，查找每一行的正确版本的成本就越昂贵。最后，如果你有一个很长的历史记录列表，它就可能严重影响所有查询的性能。

注意 历史列表长度问题是使用逻辑备份工具创建大型数据库备份的最大问题之一，如mysqlpump和mysqldump使用单个事务来获得一致的备份。如果在备份期间有许多事务提交了，则备份可能导致历史列表的长度变得非常长。

什么是较长的历史列表长度？这方面没有明确的规定，只是越小越好。通常，当列表长度约为几千到100万个事务时，性能问题就会开始出现，但当历史列表长度较长时，性能问题何时会成为瓶颈，取决于undo日志中的事务提交和工作负载。

当不再需要最旧的部分时，InnoDB会自动在后台清除历史列表。有两个选项可以控制清除；当清除无法完成时，有另外两个选项会造成影响。

- **innodb_purge_batch_size：**每次批量清除的undo日志页数。每个批处理被拆到多个清除线程中。此选项不应在生产系统上更改。默认值为300，有效值介于1和5000之间。
- **innodb_purge_threads：**并行清除线程数。如果数据更改跨多张表，使用更高的并行度则更好。另一方面，如果所有更改集中在少数几张表上，则建议使用较低的值。更改清除线程数需要重新启动MySQL。默认值为4，有效值介于1和32之间。
- **innodb_max_purge_lag：**当历史列表长度超过innodb_max_purge_lag的值时，将向更改数据的操作添加一个延迟，以降低历史列表增长的速率，但代价是更高的语句延迟。默认值为0，表示不会添加延迟。有效值为0~4294967295。
- **innodb_max_purge_lag_delay：**当历史记录列表长度大于innodb_max_purge_lag时，可以添加到DML查询的最大延迟。

通常不需要更改这些设置中的任意一项；但在特殊情况下，修改它们会很有用的。如果清除线程无法跟上，你可以尝试根据被修改的表数来更改清除线程的数量；修改的表越多，清除线程就越有用。当你更改清除线程的数量时，重要的是监视从更改之前的基线开始的效果，这样就可看到更改是否做出了改进。

maximum purge lag选项可用于减慢DML语句修改数据的速度。这样写操作被限制到特定的连接，并且不会为了保持吞吐量而导致延迟，不会创建额外的写线程。

如何监视事务的持续时间，锁使用了多少内存以及历史记录列表有多长？你可以使用information、InnoDB monitor和performance库来获取这些信息。

21.2 INNODB_TRX

Information库中的INNODB_TRX表是关于INNODB事务的专属信息源。它包括诸如事务何时开始、修改了多少行以及持有多少锁等信息。sys.innodb_lock_waits 视图也使用 INNODB_TRX 表来提供锁等待问题中涉及的事务的一些信息。表 21-1 汇总了表中的列。

表 21-1 Information_schema.INNODB_TRX 表中的列

列/数据类型	描述
trx_id varchar(18)	事务 ID。当参照事务或与 InnoDB 监视器的输出进行比较时，事务 ID 会很有用。否则，ID 应纯粹在内部处理，不应赋予任何意义。ID 仅分配给已修改数据或锁定行的事务；仅执行只读 SELECT 语句的事务将具有类似 421124985258256 的伪 ID，如果事务开始修改或锁定记录，伪 ID 将会改变
trx_state varchar(13)	事务的状态。可以是 RUNNING、LOCK WAIT、ROLLING BACK、COMMITTING 之一
trx_started datetime	启动事务的时间，使用系统时区
trx_requested_lock_id varchar(105)	当 trx_state 是 LOCK WAIT 时，此列显示事务正在等待的锁 ID
trx_wait_started datetime	当 trx_state 是 LOCK WAIT 时，此列显示锁等待何时开始，使用系统时区
trx_weight bigint unsigned	根据修改的行和持有的锁来衡量事务已完成多少工作量。这是用于确定死锁时回滚哪个事务的权重。权重越高，完成的工作越多
trx_mysql_thread_id bigint unsigned	执行事务的连接 ID(与 performance 库 thread 表的 PROCESSLIST_ID 列相同)
trx_query varchar(1024)	事务当前执行的查询。如果事务处于空闲状态，则查询为 NULL
trx_operation_state varchar(64)	事务当前执行的操作。即使在执行查询时，该状态也可能为空
trx_tables_in_use bigint unsigned	事务使用的表的数量
trx_tables_locked bigint unsigned	事务持有行锁的表的数量
trx_lock_structs bigint unsigned	事务创建的锁结构数
trx_lock_memory_bytes bigint unsigned	事务持有的锁使用的内存量(以字节为单位)
trx_rows_locked bigint unsigned	事务持有的记录锁的数量。虽然通常称为行锁，但它也包括索引锁
trx_rows_modified bigint unsigned	事务修改的行数
trx_concurrency_tickets bigint unsigned	当innodb_thread_concurrency不是0时，事务被分配innodb_concurrency_tickets。在它必须允许另一个事务执行之前，它可以使用这些 ticket。一个 ticket 对应于访问一行。这列显示还剩多少 ticket
trx_isolation_level varchar(16)	事务使用的事务隔离级别
trx_unique_checks int	连接是否启用了 unique_checks 变量
trx_foreign_key_checks int	连接是否启用了外键检查变量
trx_last_foreign_key_error varchar(256)	事务遇到的最后一个(如果有)外键错误的错误消息

(续表)

列/数据类型	描述
trx_adaptive_hash_latched int	事务是否锁定了一部分自适应哈希索引。有许多 innodb_adaptive_ hash_ index_ parts 部分。该列实际上是一个布尔值
trx_adaptive_hash_timeout bigint unsigned	是否在多个查询中保持自适应哈希索引的锁定。如果自适应哈希索引只有一个部分，并且没有争用，则随着超时倒计时，当超时达到 0 时锁被释放。当有争用或有多个部分时，锁总是在每次查询后释放，超时值为 0
trx_is_read_only int	事务是否为只读事务。事务可以是只读的，可以通过显式声明只读，或者启用了 autocommit 的单语句事务，这样 InnoDB 可以检测到查询将只读取数据
trx_autocommit_non_locking int	当事务是单语句非锁定 SELECT 并且启用了 autocommit 选项时，此列设置为 1。当此列和 trx_is_read_only 都为 1 时，InnoDB 可以优化事务以减少开销

INNODB_TRX 表中提供的信息可确定哪些事务具有最大影响。代码清单 21-1 显示了两个事务返回信息的示例。

代码清单 21-1　INNODB_TRX 表的示例输出

```
mysql> SELECT *
         FROM information_schema.INNODB_TRX\G
*************************** 1. row ***************************
                    trx_id: 5897
                 trx_state: RUNNING
               trx_started: 2019-07-06 11:11:12
     trx_requested_lock_id: NULL
          trx_wait_started: NULL
                trx_weight: 4552416
       trx_mysql_thread_id: 10
                 trx_query: UPDATE db1.t1 SET val1 = 4
       trx_operation_state: updating or deleting
         trx_tables_in_use: 1
         trx_tables_locked: 1
          trx_lock_structs: 7919
     trx_lock_memory_bytes: 1417424
           trx_rows_locked: 4552415
         trx_rows_modified: 4544497
   trx_concurrency_tickets: 0
       trx_isolation_level: REPEATABLE READ
         trx_unique_checks: 1
    trx_foreign_key_checks: 1
trx_last_foreign_key_error: NULL
 trx_adaptive_hash_latched: 0
 trx_adaptive_hash_timeout: 0
          trx_is_read_only: 0
trx_autocommit_non_locking: 0
*************************** 2. row ***************************
                    trx_id: 421624759431440
                 trx_state: RUNNING
               trx_started: 2019-07-06 11:46:55
     trx_requested_lock_id: NULL
          trx_wait_started: NULL
                trx_weight: 0
       trx_mysql_thread_id: 8
```

```
                trx_query: SELECT COUNT(*) FROM db1.t1
      trx_operation_state: counting records
        trx_tables_in_use: 1
        trx_tables_locked: 0
         trx_lock_structs: 0
    trx_lock_memory_bytes: 1136
          trx_rows_locked: 0
        trx_rows_modified: 0
  trx_concurrency_tickets: 0
      trx_isolation_level: REPEATABLE READ
        trx_unique_checks: 1
   trx_foreign_key_checks: 1
trx_last_foreign_key_error: NULL
 trx_adaptive_hash_latched: 0
 trx_adaptive_hash_timeout: 0
         trx_is_read_only: 1
trx_autocommit_non_locking: 1
2 rows in set (0.0023 sec)
```

第一行是一个修改数据的事务示例。在检索信息时，已经修改了 4 544 497 行，还有一些记录锁。还可以看到，事务仍在活跃地执行查询(UPDATE 语句)。

第二行是启用 autocommit 后执行的 SELECT 语句示例。由于启用了自动提交，因此事务中只能有一条语句(显式声明 START TRANSACTION 将禁止自动提交)。trx_query 列显示它是一个 SELECT COUNT(*)查询，没有任何锁子句，因此它是一个只读语句。这意味着 InnoDB 可以跳过某些操作，比如保持事务的锁定和事务 undo 信息的操作，从而降低事务的开销。trx_autocommit_non_locking 列被设置为 1 以印证这一点。

哪些事务应该引起关注取决于系统预期的工作负载。如果你有 OLAP 工作负载，则预计会有较长时间运行 SELECT 查询。对于纯 OLTP 工作负载，任何运行超过几秒钟并修改多个行的事务都可能存在问题。例如，要查找超过 1 分钟的事务，可以使用以下查询：

```
SELECT *
  FROM information_schema.INNODB_TRX
 WHERE trx_started < NOW() - INTERVAL 1 MINUTE;
```

与 INNODB_TRX 表相关的是 InnoDB 监视器中的事务列表。

21.3 InnoDB 监视器

InnoDB 监视器像一把瑞士军刀一样拥有多种功能，既包含 InnoDB 信息，也包括事务的信息。InnoDB 监视器输出中的 TRANSACTIONS 部分专属于事务信息。此信息不仅包括事务列表，还包括历史列表长度。代码清单 21-2 显示在 INNODB_TRX 表的上一个输出后，从 InnoDB 监视器获取的事务部分的示例节选。

代码清单 21-2 InnoDB 监视器中的事务信息

```
mysql> SHOW ENGINE INNODB STATUS\G
*************************** 1. row ***************************
  Type: InnoDB
  Name:
Status:
=====================================
```

```
2019-07-06 11:46:58 0x7f7728f69700 INNODB MONITOR OUTPUT
=====================================
Per second averages calculated from the last 6 seconds
...
------------
TRANSACTIONS
------------
Trx id counter 5898
Purge done for trx's n:o < 5894 undo n:o < 0 state: running but idle
History list length 3
LIST OF TRANSACTIONS FOR EACH SESSION:
---TRANSACTION 421624759429712, not started
0 lock struct(s), heap size 1136, 0 row lock(s)
---TRANSACTION 421624759428848, not started
0 lock struct(s), heap size 1136, 0 row lock(s)
---TRANSACTION 5897, ACTIVE 2146 sec updating or deleting
mysql tables in use 1, locked 1
7923 lock struct(s), heap size 1417424, 4554508 row lock(s), undo log
entries 4546586
MySQL thread id 10, OS thread handle 140149617817344, query id 25 localhost
127.0.0.1 root updating
UPDATE db1.t1 SET val1 = 4
```

TRANSACTIONS 部分的头部显示事务 id 计数器的当前值，后面是 undo 日志中清除的内容信息。它显示，事务 ID 小于 5894 的 undo 日志已被清除。清除越晚，历史列表长度(在该部分第三行)就越大。从 InnoDB 监视器输出中读取历史列表长度是获取历史列表长度的传统方法。在下一节中，将展示如何用更好方法获取该值进行监视。

该脚本的其余部分是事务列表。请注意，虽然输出是使用与 INNODB_TRX 中相同的两个活动事务生成的，但事务列表只包含一个活动事务(UPDATE 语句的活动事务)。在 MySQL 5.7 及更高版本中，InnoDB monitor 事务列表中不包含只读非锁定事务。因此，如果需要包括所有活动事务，最好使用 INNODB_TRX 表。

如前所述，还有一种获取历史列表长度的方法。为此，你需要使用 InnoDB 指标。

21.4 INNODB_METRICS 和 sys.metrics

InnoDB 监视器报告对于数据库管理员了解 InnoDB 中正在发生的事情很有用，但是对于监视来说，并没有那么有用，因为它需要以监视可以使用的方式获取数据。你在本章前面已经看到了如何从 information_schema.INNODB_TRX 表获取有关事务的信息。但是，像历史列表长度这样的指标应该怎么办？

InnoDB 指标体系包含几个事务指标，这些指标显示在 information_schema.INNODB_METRICS 视图中的事务信息。这些指标都位于事务子系统中。代码清单 21-3 显示了事务指标的列表，是否默认启用它们，以及指标度量的简短注释。

代码清单 21-3 与事务相关的 InnoDB 指标

```
mysql> SELECT NAME, COUNT, STATUS, COMMENT
         FROM information_schema.INNODB_METRICS
        WHERE SUBSYSTEM = 'transaction'\G
*************************** 1. row ***************************
   NAME: trx_rw_commits
```

```
  COUNT: 0
 STATUS: disabled
COMMENT: Number of read-write transactions committed
*************************** 2. row ***************************
   NAME: trx_ro_commits
  COUNT: 0
 STATUS: disabled
COMMENT: Number of read-only transactions committed
*************************** 3. row ***************************
   NAME: trx_nl_ro_commits
  COUNT: 0
 STATUS: disabled
COMMENT: Number of non-locking auto-commit read-only transactions committed
*************************** 4. row ***************************
   NAME: trx_commits_insert_update
  COUNT: 0
 STATUS: disabled
COMMENT: Number of transactions committed with inserts and updates
*************************** 5. row ***************************
   NAME: trx_rollbacks
  COUNT: 0
 STATUS: disabled
COMMENT: Number of transactions rolled back
*************************** 6. row ***************************
   NAME: trx_rollbacks_savepoint
  COUNT: 0
 STATUS: disabled
COMMENT: Number of transactions rolled back to savepoint
*************************** 7. row ***************************
   NAME: trx_rollback_active
  COUNT: 0
 STATUS: disabled
COMMENT: Number of resurrected active transactions rolled back
*************************** 8. row ***************************
   NAME: trx_active_transactions
  COUNT: 0
 STATUS: disabled
COMMENT: Number of active transactions
*************************** 9. row ***************************
   NAME: trx_on_log_no_waits
  COUNT: 0
 STATUS: disabled
COMMENT: Waits for redo during transaction commits
*************************** 10. row ***************************
   NAME: trx_on_log_waits
  COUNT: 0
 STATUS: disabled
COMMENT: Waits for redo during transaction commits
*************************** 11. row ***************************
   NAME: trx_on_log_wait_loops
  COUNT: 0
 STATUS: disabled
COMMENT: Waits for redo during transaction commits
*************************** 12. row ***************************
   NAME: trx_rseg_history_len
  COUNT: 45
```

```
 STATUS: enabled
COMMENT: Length of the TRX_RSEG_HISTORY list
*************************** 13. row ***************************
   NAME: trx_undo_slots_used
  COUNT: 0
 STATUS: disabled
COMMENT: Number of undo slots used
*************************** 14. row ***************************
   NAME: trx_undo_slots_cached
  COUNT: 0
 STATUS: disabled
COMMENT: Number of undo slots cached
*************************** 15. row ***************************
   NAME: trx_rseg_current_size
  COUNT: 0
 STATUS: disabled
COMMENT: Current rollback segment size in pages
15 rows in set (0.0403 sec)
```

这些指标中最重要的是trx_rseg_history_len，它是历史列表长度，也是默认启用的唯一指标。与提交和回滚相关的指标可用来确定有多少读写、只读和非锁定只读事务，以及它们被提交和回滚的频率。若有许多回滚，则表示存在问题。如果你怀疑redo日志是瓶颈，则可以使用trx_on_log_%指标来度量事务提交期间有多少事务等待redo日志。

提示 对于InnoDB指标，可用innodb_monitor_enable选项启用，innodb_monitor_disable选项禁用。这些操作可动态地完成。

查询InnoDB指标的另一种简便方法是使用sys.metrics视图，该视图也包含全局状态变量。代码清单21-4是一个示例，展示如何使用sys.metrics视图获取当前值，以及指标是否被启用。

代码清单21-4 使用sys.metrics视图获取事务指标

```
mysql> SELECT Variable_name AS Name,
              Variable_value AS Value,
              Enabled
         FROM sys.metrics
        WHERE Type = 'InnoDB Metrics - transaction';
+---------------------------+-------+---------+
| Name                      | Value | Enabled |
+---------------------------+-------+---------+
| trx_active_transactions   | 0     | NO      |
| trx_commits_insert_update | 0     | NO      |
| trx_nl_ro_commits         | 0     | NO      |
| trx_on_log_no_waits       | 0     | NO      |
| trx_on_log_wait_loops     | 0     | NO      |
| trx_on_log_waits          | 0     | NO      |
| trx_ro_commits            | 0     | NO      |
| trx_rollback_active       | 0     | NO      |
| trx_rollbacks             | 0     | NO      |
| trx_rollbacks_savepoint   | 0     | NO      |
| trx_rseg_current_size     | 0     | NO      |
| trx_rseg_history_len      | 45    | YES     |
| trx_rw_commits            | 0     | NO      |
| trx_undo_slots_cached     | 0     | NO      |
| trx_undo_slots_used       | 0     | NO      |
```

```
+--------------------------+-------+---------+
15 rows in set (0.0152 sec)
```

这表明历史列表长度为 45，这是一个很好的低值，因此 undo 日志几乎没有开销。其余指标是禁用的。

到目前为止，对事务信息的讨论一直是关于所有事务或单个事务的汇总统计信息。如果你想深入了解某一个事务所做的工作，则需要使用 performance 库。

21.5 performance 库事务

performance 库支持 MySQL 5.7 及更高版本中的事务监视，并且在 MySQL 8 中默认启用它。performance 库只提供 XA 事务和保存点相关的事务细节，其他事务的细节仍需要从 Information 库的 INNODB_TRX 表中获得。但是，performance 库事务事件的优势在于，你可将它们与其他事件类型(如语句)结合起来，以获取有关事务所做工作的信息。这是本节的重点。此外，performance 库也提供带有汇总统计信息的汇总表。

21.5.1 事务事件及其语句

performance 库中用于研究事务的表主要是事务事件(transaction event)表。有三张表记录当前或最近的事务：events_transactions_current、events_transactions_history 以及 events_transactions_history_long。列汇总说明如表 21-2 所示。

表 21-2 非汇总事务事件表的列

列/数据类型	描述
THREAD_ID bigint unsigned	执行事务连接的 performance 库线程 id
EVENT_ID bigint unsigned	事件的 id。可使用事件 id 对线程的事件进行排序，也可将事件 id 作为外键与事件表的线程 id 一起使用
END_EVENT_ID bigint unsigned	事务完成时的事件 id。如果事件 id 是 NULL，事务仍在进行中
EVENT_NAME varchar(128)	事务的事件名称。当前，该列始终具有值 transaction
STATE enum	事务的状态。可能的值有 ACTIVE、COMMITTED 和 ROLLED BACK
TRX_ID bigint unsigned	字段目前未使用，始终为 NULL
GTID varchar(64)	事务的 GTID。GTID 通常被自动确定，此时返回 AUTOMATIC。这与执行事务的连接的 gtid_next 变量相同
XID_FORMAT_ID int	用于 XA 事务，格式 id
XID_GTRID varchar(130)	用于 XA 事务，gtrid 值
XID_BQUAL varchar(130)	用于 XA 事务，bqual 值
XA_STATE varchar(64)	用于 XA 事务，事务的状态。可能是 ACTIVE、IDLE、PREPARED、ROLLED BACK 或 COMMITTED
SOURCE varchar(64)	记录事件的源代码文件和行号

(续表)

列/数据类型	描述
TIMER_START bigint unsigned	事件开始时的时间(以皮秒为单位)
TIMER_END bigint unsigned	事件完成时的时间(以皮秒为单位)。如果事务尚未完成，则该值对应于当前时间
TIMER_WAIT bigint unsigned	执行事件所需的总时间(以皮秒为单位)。如果事件尚未完成，则该值对应于事务活动的持续时间
ACCESS_MODE enum	事务是否处于只读状态(READ ONLY)或读写(READ WRITE)模式
ISOLATION_LEVEL varchar(64)	事务的隔离级别
AUTOCOMMIT enum	事务是不是基于 autocommit 选项的自动提交，以及是否已启动显式事务。值可能是 NO 和 YES
NUMBER_OF_SAVEPOINTS bigint unsigned	在事务中创建的保存点的数量
NUMBER_OF_ROLLBACK_TO_SAVEPOINT bigint unsigned	事务回滚到保存点的次数
NUMBER_OF_RELEASE_SAVEPOINT bigint unsigned	事务释放保存点的次数
OBJECT_INSTANCE_BEGIN bigint unsigned	此字段当前未使用，并且始终设置为 NULL
NESTING_EVENT_ID bigint unsigned	触发事务的事件 id
NESTING_EVENT_TYPE enum	触发事务的事件类型

如果使用 XA 事务，那么当需要恢复事务时，事务事件表非常有用，因为 format id、gtrid 和 bqual 值可以直接从表中获得，而 XA RECOVER 语句需要解析输出。同样，如果使用保存点，则可以获得有关保存点使用情况的统计信息。另外，该信息与 INNODB_TRX 表中的信息非常相似。

列举一个使用 events_transactions_current 表的示例，首先启动两个事务。第一个事务是一个常规事务，它用来更新几座城市的人口：

```
START TRANSACTION;
UPDATE world.city SET Population = 5200000 WHERE ID = 130;
UPDATE world.city SET Population = 4900000 WHERE ID = 131;
UPDATE world.city SET Population = 2400000 WHERE ID = 132;
UPDATE world.city SET Population = 2000000 WHERE ID = 133;
```

第二个事务是 XA 事务：

```
XA START 'abc', 'def', 1;
UPDATE world.city SET Population = 900000 WHERE ID = 3805;
```

代码清单 21-5 显示 events_transactions_current 表当前活动事务的示例输出。

代码清单 21-5 使用 events_transactions_current 表

```
mysql> SELECT *
         FROM performance_schema.events_transactions_current
        WHERE STATE = 'ACTIVE'\G
*************************** 1. row ***************************
```

```
                  THREAD_ID: 54
                   EVENT_ID: 39
               END_EVENT_ID: NULL
                 EVENT_NAME: transaction
                      STATE: ACTIVE
                     TRX_ID: NULL
                       GTID: AUTOMATIC
              XID_FORMAT_ID: NULL
                  XID_GTRID: NULL
                  XID_BQUAL: NULL
                   XA_STATE: NULL
                     SOURCE: transaction.cc:219
                TIMER_START: 488967975158077184
                  TIMER_END: 489085567376530432
                 TIMER_WAIT: 117592218453248
                ACCESS_MODE: READ WRITE
            ISOLATION_LEVEL: REPEATABLE READ
                 AUTOCOMMIT: NO
       NUMBER_OF_SAVEPOINTS: 0
NUMBER_OF_ROLLBACK_TO_SAVEPOINT: 0
    NUMBER_OF_RELEASE_SAVEPOINT: 0
          OBJECT_INSTANCE_BEGIN: NULL
               NESTING_EVENT_ID: 38
             NESTING_EVENT_TYPE: STATEMENT
*************************** 2. row ***************************
                  THREAD_ID: 57
                   EVENT_ID: 10
               END_EVENT_ID: NULL
                 EVENT_NAME: transaction
                 EVENT_NAME: transaction
                      STATE: ACTIVE
                     TRX_ID: NULL
                       GTID: AUTOMATIC
              XID_FORMAT_ID: 1
                  XID_GTRID: abc
                  XID_BQUAL: def
                   XA_STATE: ACTIVE
                     SOURCE: transaction.cc:219
                TIMER_START: 488977176010232448
                  TIMER_END: 489085567391481984
                 TIMER_WAIT: 108391381249536
                ACCESS_MODE: READ WRITE
            ISOLATION_LEVEL: REPEATABLE READ
                 AUTOCOMMIT: NO
       NUMBER_OF_SAVEPOINTS: 0
NUMBER_OF_ROLLBACK_TO_SAVEPOINT: 0
    NUMBER_OF_RELEASE_SAVEPOINT: 0
          OBJECT_INSTANCE_BEGIN: NULL
               NESTING_EVENT_ID: 9
             NESTING_EVENT_TYPE: STATEMENT
2 rows in set (0.0007 sec)
```

第1行中的事务是常规事务，而第2行中的事务是XA事务。这两个事务都由一个语句启动，可从嵌套事件类型(NESTING_EVENT_TYPE)中印证。如果希望找到触发事务的语句，可使用如下语句查询 events_statements_history 表。

```
mysql> SELECT SQL_TEXT
         FROM performance_schema.events_statements_history
        WHERE THREAD_ID = 54
              AND EVENT_ID = 38\G
*************************** 1. row ***************************
SQL_TEXT: START TRANSACTION
1 row in set (0.0009 sec)
```

这表明，THREAD_ID = 54 执行的事务是使用 START TRANSACTION 语句启动的。由于 events_statements_history 表仅包含连接中的最后十条语句，因此不能保证用于启动事务的语句仍在历史表中。如果你想查看单个语句的事务或第一个语句(当它仍在执行时)，当 autocommit 被禁用时，则需要查询 events_statements_current 表。

事务和语句之间的关系也是类似的。给定事务事件 id 和线程 id，就可以使用语句事件历史记录表和当前表，查询该事务执行的最后十条语句。代码清单 21-6 显示了 thread_id=54 和事务 event_id=39 的查询示例(见代码清单 21-5)，其中包括启动事务的语句和之后的语句。

代码清单 21-6　查找在事务中执行的最后十条语句

```
mysql> SET @thread_id = 54,
           @event_id = 39,
           @nesting_event_id = 38;

mysql> SELECT EVENT_ID, SQL_TEXT,
              FORMAT_PICO_TIME(TIMER_WAIT) AS Latency,
              IF(END_EVENT_ID IS NULL, 'YES', 'NO') AS IsCurrent
              FROM ((SELECT EVENT_ID, END_EVENT_ID,
                            TIMER_WAIT,
                            SQL_TEXT, NESTING_EVENT_ID,
                            NESTING_EVENT_TYPE
                       FROM performance_schema.events_statements_current
                      WHERE THREAD_ID = @thread_id
                    ) UNION (
                      SELECT EVENT_ID, END_EVENT_ID,
                            TIMER_WAIT,
                            SQL_TEXT, NESTING_EVENT_ID,
                            NESTING_EVENT_TYPE
                       FROM performance_schema.events_statements_history
                       WHERE THREAD_ID = @thread_id
                    )
                    ) events
              WHERE (NESTING_EVENT_TYPE = 'TRANSACTION'
                     AND NESTING_EVENT_ID = @event_id)
                   OR EVENT_ID = @nesting_event_id
               ORDER BY EVENT_ID DESC\G
*************************** 1. row ***************************
 EVENT_ID: 43
 SQL_TEXT: UPDATE city SET Population = 2000000 WHERE ID = 133
  Latency: 291.01 us
IsCurrent: NO
*************************** 2. row ***************************
 EVENT_ID: 42
 SQL_TEXT: UPDATE city SET Population = 2400000 WHERE ID = 132
  Latency: 367.59 us
IsCurrent: NO
*************************** 3. row ***************************
```

```
 EVENT_ID: 41
 SQL_TEXT: UPDATE city SET Population = 4900000 WHERE ID = 131
  Latency: 361.03 us
IsCurrent: NO
*************************** 4. row ***************************
 EVENT_ID: 40
 SQL_TEXT: UPDATE city SET Population = 5200000 WHERE ID = 130
  Latency: 399.32 us
IsCurrent: NO
*************************** 5. row ***************************
 EVENT_ID: 38
 SQL_TEXT: START TRANSACTION
  Latency: 97.37 us
IsCurrent: NO
9 rows in set (0.0012 sec)
```

子查询(派生表)从 events_statements_current 和 events_statements_history 表中查找线程的所有语句事件。包括当前事件是很有必要的，因为事务可能有正在执行的语句。语句通过事务的子事件或事务的嵌套事件(Event_ID=38)过滤，包括从启动事务的语句开始的所有语句。如果有正在进行的语句，最多有 11 个，否则最多有 10 个。

END_EVENT_ID 用于确定语句当前是否正在执行，并使用 EVENT_ID 对语句进行反向排序，因此最近的语句位于第 1 行，最早的语句(START TRANSACTION 语句)位于第 5 行。

这种查询不仅对于研究仍在执行查询的事务非常有用，当遇到空闲事务时，想知道事务在被放弃之前做了什么，这种查询同样非常有用。查找活动事务的另一种相关方法是使用 sys.session 视图，该视图使用 events_transactions_current 表包含每个连接的事务状态的信息。

代码清单 21-7 显示查询活动事务的示例，不包括执行查询连接的行。

代码清单 21-7 使用 sys.session 查找活动事务

```
mysql> SELECT *
         FROM sys.session
        WHERE trx_state = 'ACTIVE'
              AND conn_id <> CONNECTION_ID()\G
*************************** 1. row ***************************
               thd_id: 54
              conn_id: 16
                 user: mysqlx/worker
                   db: world
              command: Sleep
                state: NULL
                 time: 690
    current_statement: UPDATE world.city SET Population = 2000000 WHERE ID = 133
    statement_latency: NULL
             progress: NULL
         lock_latency: 281.76 ms
        rows_examined: 341
            rows_sent: 341
        rows_affected: 0
           tmp_tables: 0
      tmp_disk_tables: 0
            full_scan: NO
       last_statement: UPDATE world.city SET Population = 2000000 WHERE ID = 133
last_statement_latency: 391.80 ms
```

```
         current_memory: 2.35 MiB
              last_wait: NULL
      last_wait_latency: NULL
                 source: NULL
            trx_latency: 11.49 m
              trx_state: ACTIVE
         trx_autocommit: NO
                    pid: 23376
           program_name: mysqlsh
*************************** 2. row ***************************
                 thd_id: 57
                conn_id: 18
                   user: mysqlx/worker
                     db: world
                command: Sleep
                  state: NULL
                   time: 598
      current_statement: UPDATE world.city SET Population = 900000 WHERE ID = 3805
      statement_latency: NULL
               progress: NULL
           lock_latency: 104.00 us
          rows_examined: 1
              rows_sent: 0
          rows_affected: 1
             tmp_tables: 0
        tmp_disk_tables: 0
              full_scan: NO
         last_statement: UPDATE world.city SET Population = 900000 WHERE ID = 3805
 last_statement_latency: 40.21 ms
         current_memory: 344.76 KiB
              last_wait: NULL
      last_wait_latency: NULL
                 source: NULL
            trx_latency: 11.32 m
              trx_state: ACTIVE
         trx_autocommit: NO
                    pid: 25836
           program_name: mysqlsh
2 rows in set (0.0781 sec)
```

这表明，第一行中的事务已活跃超过 11 分钟，自执行上次查询(你的值可能与此不同)以来为 690 秒(约 11.5 分钟)。last_statement 语句可以用来确定连接执行的最后一个查询。这是一个被放弃的事务的例子，它阻止 InnoDB 清除其 undo 日志。放弃事务的最常见原因是数据库管理员以交互方式启动事务但分心了，或者 autocommit 被禁用，并没有意识到事务已经启动。

警告 如果禁用 autocommit，在工作结束时，要注意提交或回滚。某些连接器默认情况下禁用 autocommit，因此请注意应用程序是否使用了服务器默认设置。

通过回滚事务以避免任何数据更改。第一个(常规)事务的回滚方式如下：

```
mysql> ROLLBACK;
Query OK, 0 rows affected (0.0841 sec)
```

XA 事务的回滚方式如下：

```
mysql> XA END 'abc', 'def', 1;
```

```
Query OK, 0 rows affected (0.0003 sec)

mysql> XA ROLLBACK 'abc', 'def', 1;
Query OK, 0 rows affected (0.0759 sec)
```

performance 库表用于分析事务的另一种方式，是使用汇总表来获取聚合数据。

21.5.2 事务汇总表

正如语句汇总表可以用来获取执行语句的报告一样，事务汇总表可以用来分析事务的使用。虽然它们不如语句汇总表那么好用，但确实提供了一种对事务的连接与账户进行洞察的手段。

有五张事务汇总表，对数据全局分组或按账户、主机、线程或用户分组。所有汇总也按事件名称分组，但由于当前只有一个事务事件(transaction)，所以它是空操作。这些表如下所示。

- **events_transactions_summary_global_by_event_name**：全局事务汇总。这张表中只有一行。
- **events_transactions_summary_by_account_by_event_name**：按用户名和主机名分组的事务。
- **events_transactions_summary_by_host_by_event_name**：按账户的主机名分组的事务。
- **events_transactions_summary_by_thread_by_event_name**：按线程分组的事务。只包括当前存在的线程。
- **events_transactions_summary_by_user_by_event_name**：按账户的用户名部分进行事件分组。

每张表都包括按事务统计信息分组的三组列：总计、读写事务和只读事务。对于这三组列中的每一组，都有事务的总数以及延迟的总计、最小、平均和最大值。代码清单 21-8 显示 events_transactions_summary_global_by_event_name 表中的数据示例。

代码清单 21-8 events_transactions_summary_global_by_event_name 表

```
mysql> SELECT *
         FROM performance_schema.events_transactions_summary_global_by_
         event_name\G
*************************** 1. row ***************************
          EVENT_NAME: transaction
          COUNT_STAR: 1274
      SUM_TIMER_WAIT: 13091950115512576
      MIN_TIMER_WAIT: 7293440
      AVG_TIMER_WAIT: 10276255661056
      MAX_TIMER_WAIT: 11777025727144832
    COUNT_READ_WRITE: 1273
SUM_TIMER_READ_WRITE: 13078918924805888
MIN_TIMER_READ_WRITE: 7293440
AVG_TIMER_READ_WRITE: 10274091697408
MAX_TIMER_READ_WRITE: 11777025727144832
     COUNT_READ_ONLY: 1
 SUM_TIMER_READ_ONLY: 13031190706688
 MIN_TIMER_READ_ONLY: 13031190706688
 AVG_TIMER_READ_ONLY: 13031190706688
 MAX_TIMER_READ_ONLY: 13031190706688
1 row in set (0.0005 sec)
```

当你研究有多少事务，特别是读写事务时，可能会感到惊讶。请记住，在查询 InnoDB 表时，即使你没有显式指定任何事务，一切操作也都被视作事务。因此，即使是查询单个行的简单 SELECT 语句也算作事务。至于读写事务和只读事务之间是如何区别的，则只有当你显式启动事务为只读时，performance 库才视其为只读事务，命令如下：

```
START TRANSACTION READ ONLY;
```

InnoDB 确定一个自动提交的单语句事务可视为只读事务的过程，仍会计入 performance 库的读写统计信息中。

21.6　本章小结

事务是数据库中的一个重要概念。它们确保可将更改作为一个单元应用于多个行，并且可以选择是应用更改还是回滚更改。

本章首先讨论了认识到如何使用事务的重要性。事务本身可以被视为更改的容器，但锁一直保持到事务提交或回滚，并阻止 undo 日志被清除。即使查询未在会导致大量锁或大量 undo 日志的事务中执行，锁和大量 undo 日志也会影响查询的性能。锁使用内存，内存来自缓冲池，因此可用于缓存数据和索引的内存会变少。以历史列表长度来衡量，大量 undo 日志意味着，InnoDB 执行语句时必须使用更多的行版本。

本章的其余部分讨论了如何分析正在进行的和已完成的事务。information 库中的 INNODB_TRX 表是当前事务的最佳信息来源。InnoDB 监视器和 InnoDB 指标作为补充。对于 XA 事务和使用保存点的事务，或者需要调研哪些语句作为事务的一部分执行时，需要使用 performance 库的事务事件表。performance 库还有事务汇总表；可使用这些表获取关于读写和只读事务花费时间的更多信息。

锁在事务中扮演着重要角色。下一章将讲述如何分析一系列锁问题。

第22章

诊断锁争用

在第18章中，我们介绍了MySQL锁。如果你还没有阅读第18章，强烈建议现在就去读，因为该章内容与本章密切相关。锁问题是性能问题的常见原因之一，其影响可能非常严重。在最坏的情况下，查询会失败，连接会堆积起来，因此无法建立新连接。因此，了解如何调研和解决锁问题相当重要。

本章将讨论四类锁问题：

- 刷新锁(Flush lock)
- 元数据和方案锁(Metadata and Schema lock)
- 记录级锁(Record-level lock)，包含间隙锁(Gap lock)
- 死锁(Deadlock)

每一类锁都使用不同的技术来确定锁争用的原因。在阅读示例时，你应该记住，使用类似的技术可以调研与示例不是100%匹配的锁问题。对于每个锁类别，讨论分为以下六个部分。

- **症状**：描述如何鉴别遇到的是此类锁定问题。
- **原因**：遇到这种锁问题的根本原因。这与第18章中对锁的一般性讨论有关。

- **构建**：构建锁问题的步骤(如果你想自己尝试)。由于锁争用需要多个连接，因此使用提示(例如 Connection 1>)来表明哪些语句应该使用哪个连接。如果你想跟踪调研在实际案例遇到的情况，可以跳过此部分，在完成调研后再回顾这一部分。
- **调研**：调研的细节。
- **解决方案**：如何解决当下的锁问题，从而最大限度地减少由此引起的停机现象。
- **预防**：讨论如何减少遇到问题的可能性。

在此，我们要讨论的第一类锁是刷新锁。

22.1　刷新锁

MySQL 中常见的锁问题之一是刷新锁。当这个问题发生时，用户通常会抱怨查询没有返回，并且监控可能会显示查询正在堆积，最终 MySQL 连接将耗尽。刷新锁的问题有时也是最难调研的锁问题之一。

22.1.1　症状

刷新(flush)锁问题的主要症状是数据库会进入戛然而止的状态，所有需要使用部分或全部表的新查询都停下来等待刷新锁。要寻找的信号如下。

- 新查询的查询状态为 Waiting for table flush。这可能发生在所有新查询中，也可能只出现在访问特定表的查询中。
- 创建了越来越多的连接。
- 最终，由于 MySQL 连接用尽，新连接失败。新连接若使用传统 MySQL 协议(默认端口 3306)接收到的错误是 ER_CON_COUNT_ERROR: “ERROR 1040 (HY000): Too many connections”，使用 X 协议(默认端口 33060)接收到的错误是 “MySQL Error 5011: Could not open session”。
- 至少有一个查询的运行时间晚于最早的刷新锁请求。
- 进程列表中可能有 FLUSH TABLES 语句，但并非总是如此。
- 当 FLUSH TABLES 语句等待 lock_wait_timeout 时，发生 ER_LOCK_WAIT_TIMEOUT 错误：ERROR: 1205: Lock wait timeout exceeded; try restarting transaction。
- 由于 lock_wait_timeout 的默认值为 365 天，因此只有在超时时间设置变短的情况下才可能发生这种情况。
- 如果使用 mysql 命令行客户端采用默认库集连接，则在看到提示之前，连接可能会挂起。如果在连接打开的情况下更改默认库，也会发生同样的情况。

提示　如果使用-A 选项启动客户端，则不会出现 mysql 命令行客户端阻塞的问题，因为该选项将停止收集自动完成的信息。更好的解决方案是使用 MySQL shell 来获取自动完成信息，这种方式不会因为刷新锁而出现阻塞。

如果你看到了这些症状，就应该去了解导致锁问题的原因了。

22.1.2　原因

当连接请求刷新表时，它要求关闭对该表的所有引用，这意味着活动查询不再可以使用该表。因此，当刷新请求到达时，它必须等待要刷新表上的所有查询完成。请注意，除非显式指定要刷新的表，否则必须完成的只是查询而不是整个事务。显然，刷新所有表的情况是最严重的，例如，由于 FLUSH TABLES WITH READ LOCK 而刷新所有表。因为这意味着所有活动查询必须在 FLUSH 语句开始之前完成。

当等待刷新锁成为问题时，这意味着有一条或多条查询阻塞 FLUSH TABLES 语句获得刷新锁。由于 FLUSH TABLES 语句需要一个排他锁，因此反而会阻塞后续查询获取所需的共享锁。

在备份过程中经常会出现此问题，备份过程需要刷新所有表并获取读锁，以便创建一致的备份。

可能会出现一种特殊情况，FLUSH TABLES 语句超时或被终止，但后续查询没有开始。发生这种情况，是因为低级表定义缓存(Table Definition Cache，TDC)版本锁没有释放。这种情况可能造成混淆，因为不清楚为什么后续查询仍在等待表刷新。

22.1.3 构建

要调研这样的锁情况，需要构建三个连接(不包括用于调研的连接)。第一个连接执行一个慢查询，第二个连接用读锁刷新所有表，最后一个连接执行快速查询。语句如下：

```
Connection 1> SELECT city.*, SLEEP(180) FROM world.city WHERE ID = 130;

Connection 2> FLUSH TABLES WITH READ LOCK;

Connection 3> SELECT * FROM world.city WHERE ID = 3805;
```

在第一个查询中使用 SLEEP(180)意味着你有三分钟(180 秒)的时间来执行另外两个查询并进行调研。如果需要更长的时间，可增加休眠时间。你现在可开始调研了。

22.1.4 调研

调研刷新锁需要你查看实例上运行的查询列表。与其他锁争用不同，没有 performance 库表或 InnoDB 监视报告可用于直接查找那些阻塞查询。

代码清单 22-1 显示了使用 sys.session 视图的输出示例。使用其他获得查询列表的方法将生成类似的结果。当然，你查找到的线程和连接 ID 以及语句延迟将有所不同。

代码清单 22-1　使用 sys.session 调研刷新锁的争用

```
mysql> SELECT thd_id, conn_id, state,
              current_statement,
              statement_latency
          FROM sys.session
         WHERE command = 'Query'\G
*************************** 1. row ***************************
           thd_id: 30
          conn_id: 9
            state: User sleep
current_statement: SELECT city.*, SLEEP(180) FROM city WHERE ID = 130
statement_latency: 49.97 s
*************************** 2. row ***************************
           thd_id: 53
          conn_id: 14
            state: Waiting for table flush
current_statement: FLUSH TABLES WITH READ LOCK
statement_latency: 44.48 s
```

```
*************************** 3. row ***************************
           thd_id: 51
          conn_id: 13
            state: Waiting for table flush
current_statement: SELECT * FROM world.city WHERE ID = 3805
statement_latency: 41.93 s
*************************** 4. row ***************************
           thd_id: 29
          conn_id: 8
            state: NULL
current_statement: SELECT thd_id, conn_id, state, ... ession WHERE command
= 'Query'
statement_latency: 56.13 ms
4 rows in set (0.0644 sec)
```

输出中有四个查询。sys.session 以及 sys.processlist 视图默认情况下按执行时间对查询进行降序排列。这使得调研刷新锁的争用之类的问题变得很容易，因为在这种情况下，查询时间是查找原因时要考虑的首要因素。

首先查找 FLUSH TABLES 语句(没有 FLUSH TABLES 语句的情况将在稍后讨论)。在本例中，thd_id=53(第二行)。注意 FLUSH 语句的状态是 Waiting for table flush。然后查找运行时间较长的查询。在本例中，只有一个查询：thd_id=30。这是阻塞 FLUSH TABLES WITH READ LOCK 完成的查询。一般来说，可能有多个查询。

剩下的两个查询，一个是被 FLUSH TABLES WITH READ LOCK 阻塞的查询，另一个是获取输出的查询。前三个查询共同构成一个典型示例，说明一个长时间运行的查询阻塞了一个 FLUSH TABLES 语句，而 FLUSH TABLES 语句又阻塞了其他查询。

还可从 MySQL Workbench 获取进程列表，在某些情况下还可以从其他监视解决方案中获取。图 22-1 显示了如何从 MySQL Workbench 获取进程列表。

Root @ Local
Client Connections

Threads Connected: 11　Threads Running: 5　Threads Created: 8　Threads Cached: 1
Total Connections: 680　Connection Limit: 151　Aborted Clients: 0　Aborted Connections: 0

Id	User	Host	DB	Command	Time	State	Threa...
6	None	None	None	Daemon	3989	Suspending	44
9	root	localhost	world	Query	52	User sleep	30
14	root	localhost	world	Query	47	Waiting for t...	53
13	root	localhost	world	Query	44	Waiting for t...	51
405	root	localhost	None	Query	0	Sending data	444

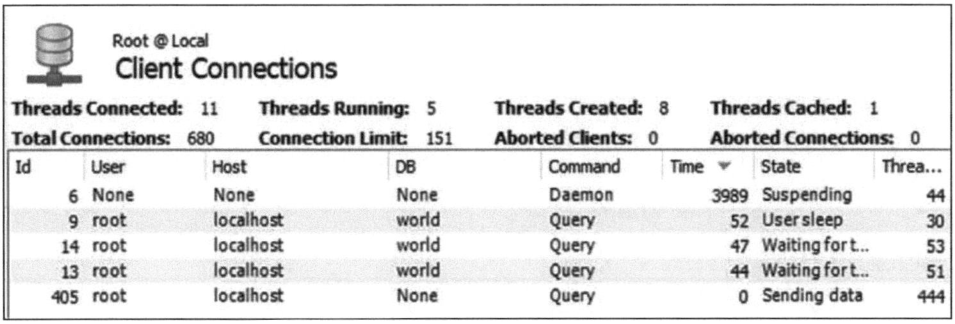

图 22-1　在 MySQL Workbench 中显示客户端连接(Client Connections)

要在 MySQL Workbench 中获取进程列表报告，请在屏幕左侧的导航窗格中选择 Management 下的 Client Connections 项。你无法排除某些列；另外为了使文本更容易阅读，屏幕截图中只包含报告的一部分。Id 列对应于 sys.session 输出的 conn_id 列，Thread(最右边的列)对应于 thd_id。本书的 GitHub 资料库中有完整的屏幕截图，名为 figure_22_1_workbench_flush_lock.png。

图 22-2 显示了 MySQL 企业监视器(MySQL Enterprise Monitor，MEM)针对相同锁情况的 Processes 报告示例。

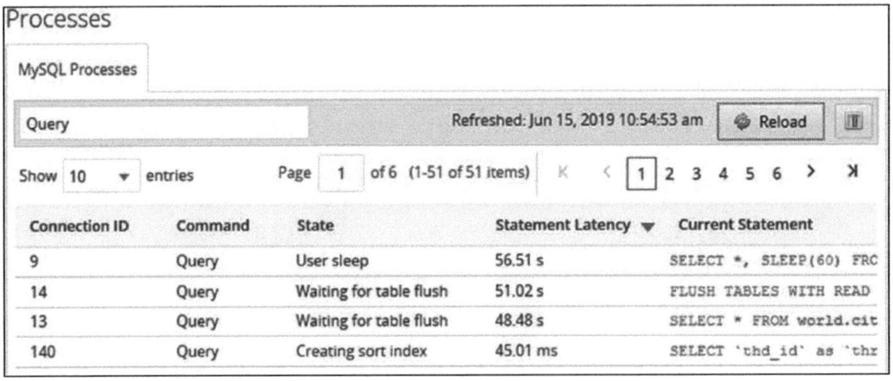

Processes

MySQL Processes

Query　Refreshed: Jun 15, 2019 10:54:53 am　Reload

Show 10 entries　Page 1 of 6 (1-51 of 51 items)　1 2 3 4 5 6

Connection ID	Command	State	Statement Latency	Current Statement
9	Query	User sleep	56.51 s	SELECT *, SLEEP(60) FRC
14	Query	Waiting for table flush	51.02 s	FLUSH TABLES WITH READ
13	Query	Waiting for table flush	48.48 s	SELECT * FROM world.cit
140	Query	Creating sort index	45.01 ms	SELECT `thd_id` as `thr

图 22-2　MEM 中用于调研刷新锁的 Processes 报告

Processes 报告位于各个实例的 Metrics 菜单项下。你可选择哪些列要包含在输出中。可从本书的 GitHub 资料库中找到报告的例子，名为 figure_22_2_mem_flush_lock.png。

MySQL Workbench 和 MySQL Enterprise Monitor 中报告的一个优点是，它们使用现有的连接来创建报表。在发生锁问题导致所有连接被占用的情况下，能使用监视解决方案获取查询列表是非常有价值的。

如前所述，FLUSH TABLES 语句可能并不总是出现在查询列表中。查询等待刷新表还可能是因为低级 TDC 版本锁。调研的原则仍然不变，但容易令人困惑。所以代码清单 22-2 显示了这样一个例子，使用相同的构建方法，但在调研之前终止了执行刷新语句的连接(在 MySQL shell 执行 FLUSH TABLES WITH READ LOCK 时可使用 Ctrl+C 来终止)。

代码清单 22-2　没有 FLUSH TABLES 语句的刷新锁争用

```
mysql> SELECT thd_id, conn_id, state,
              current_statement,
              statement_latency
         FROM sys.session
        WHERE command = 'Query'\G
*************************** 1. row ***************************
           thd_id: 30
          conn_id: 9
            state: User sleep
current_statement: SELECT *, SLEEP(180) FROM city WHERE ID = 130
statement_latency: 24.16 s
*************************** 2. row ***************************
           thd_id: 51
          conn_id: 13
            state: Waiting for table flush
current_statement: SELECT * FROM world.city WHERE ID = 3805
statement_latency: 20.20 s
*************************** 3. row ***************************
           thd_id: 29
          conn_id: 8
            state: NULL
current_statement: SELECT thd_id, conn_id, state, ... ession WHERE command
= 'Query'
statement_latency: 47.02 ms
3 rows in set (0.0548 sec)
```

除了 FLUSH TABLES 语句不存在之外，现在的情况与前面相同。在本例中，首先查找等待时间最久且状态为 Waiting for table flush 的查询。那么运行时间超过这个等待最久查询的查询语句就是阻塞 TDC 版本锁释放的查询。在本例中，意味着 thd_id=30 是阻塞查询。

一旦确定了问题和涉及的主要查询，下面就需要决定如何处理该问题。

22.1.5 解决方案

解决这个问题有两个层次。首先，需要解决查询不执行的问题。其次，需要努力避免将来的问题。本节将讨论快速解决方案，下一节将介绍如何降低问题发生的概率。

要解决当前问题，你可以选择等待查询完成或终止查询。如果在刷新锁争用期间，将应用程序重定向为使用另一个实例，则可以通过使长时间运行的查询最终完成来自行解决问题。但如果正在运行或等待的查询存在数据更改，那么在这种情况下，你需要考虑所有查询完成后，系统是否处于一致状态。如果是只读模式，则可选择这种方式，读取查询可在不同的实例上执行。

如果决定终止查询，可以尝试终止 FLUSH TABLES 语句。如果可行，这是最简单的解决办法。但是，正如在上一节中讨论的那样，这并不总是有效；这种情况下，唯一的解决方案是终止那些阻塞 FLUSH TABLES 语句完成的查询。如果长时间运行的查询看起来像失控的查询，并且执行查询的应用程序/客户端不再等待这些查询返回，那么你可终止这些查询，而不是先终止 FLUSH TABLES 语句。

在试图终止查询时，一个重要的考虑因素是查询更改了多少数据。对于纯 SELECT(不涉及存储过程)，没有什么影响；从已完成工作的角度看，可以安全地终止它。但对于 INSERT、UPDATE、DELETE 和类似查询，如果查询被终止，则更改的数据必须回滚。通常情况下，回滚更改所需的时间要比首次进行更改的时间长，因此，如果有许多处更改，请准备等待很长一段时间。你可使用 information_schema.INNODB_TRX 表，通过查看 trx_rows_modified 列来估计已完成的工作量。如果有很多工作要回滚，通常让查询完成是更好的选择。

注意　当 DML 语句被终止时，它所做的工作必须回滚。回滚通常要比进行更改花费更长的时间，有时甚至要长得多。如果你想要终止一个长时间运行的 DML 语句，则需要考虑到这一点。

当然，最理想的做法是完全避免问题的发生。

22.1.6 预防

刷新锁争用发生的原因是长时间运行的查询遇到 FLUSH TABLES 语句。所以，为防止这个问题产生，你需要看看能做些什么来避免这两个条件同时出现。

查找、分析和处理长时间运行的查询在本书的其他章节中已经进行了讨论。一个特别有趣的选项是为查询设置超时。使用 max_execution_time 系统变量和 max_execution_time(N)优化器提示就可以进行 SELECT 语句的超时设置，这是一种有效避免查询失控的方法。有些连接器还支持超时查询的设置。

提示　为避免长时间运行的 SELECT 查询，可以配置 max_execution_time 选项或设置 max_execution_time)(N)优化器提示。这将使 SELECT 语句在运行规定时间之外显示超时，从而有助于防止诸如刷新锁等待的问题。

有些长时间运行的查询是无法避免的。它可能是一个报告作业，可能是构建一张缓存表或一项必须访问大量数据的新任务。这种情况下，最好尽量避免它们在需要刷新表的时间段运行。一种选择是将长时间运行的查询安排在不同的时间段运行。另一种选择是让长时间运行的查询在其他实例上运行，而不是在需要刷新表作业的实例上运行。

备份是一项常见的需要刷新表的任务。在 MySQL 8 中，可通过使用备份锁和日志锁来避免这个问题。例如，MySQL Enterprise Backup(MEB)在 8.0.16 及更高版本中有此特性，InnoDB 表不会被刷新。或者，你可在使用率较低的时间段执行备份，这样发生冲突的可能性更低，或者甚至可在系统处于只读模式时执行备份，从而避免 FLUSH TABLES WITH READ LOCK。

另一种经常引起混淆的锁类型是元数据锁。

22.2 元数据锁和方案锁

在 MySQL 5.7 及更早版本中，元数据锁常常是造成混淆的根源。问题是不清楚谁持有元数据锁。在 MySQL 5.7 中，元数据锁的检测被添加到 performance 库中，在 MySQL 8.0 中，它是默认启用的。启用检测后，就可很容易地确定是谁在阻塞“获取锁”的连接。

22.2.1 症状

元数据锁争用的症状与刷新锁争用的症状类似。典型情况是，有一个长时间运行的查询或事务、一个等待元数据锁的 DDL 语句以及查询可能堆积成山。需要注意的症状如下。

- DDL 语句和其他查询可处于 Waiting for table metadata lock 状态的情况可能越来越多。等待的查询都使用同一张表(如果有多张表的 DDL 语句等待元数据锁，则可能有多个查询组在等待)。
- 当 DDL 语句等待 lock_wait_timeout 时，会发生 ER_LOCK_WAIT_TIMEOUT 错误：ERROR: 1205: Lock wait timeout exceeded; try restarting transaction。由于 lock_wait_timeout 的默认值为 365 天，因此只有在超时时间设置变短时才可能发生这种情况。
- 存在长时间运行的查询或长时间运行的事务。在后一种情况下，事务可能是空闲的，或者执行的查询不使用 DDL 语句操作的表。

最后一点使问题变得更加扑朔迷离：可能没有任何长时间运行的查询引起锁问题。那么元数据锁争用的原因是什么呢？

22.2.2 原因

请记住，元数据锁的存在是为了保护方案定义(所以与显式锁一起使用)。只要事务处于活动状态，方案保护就一直存在，因此当事务查询表时，元数据锁将持续到事务结束。因此，你可能看不到任何长时间运行的查询。事实上，持有元数据锁的事务可能根本没有做任何事情。

简而言之，元数据锁的存在是因为一个或多个连接可能依赖于给定表的方案不发生更改，也可能是因为使用 LOCK TABLES 或 FLUSH TABLES WITH READ LOCK 语句显式锁定了表。

22.2.3 构建

与前一个示例类似，元数据锁的调研示例使用了三个连接。第一个连接位于事务的中间，第二个连接尝试向事务使用的表添加索引，第三个连接尝试对同一个表执行查询。查询语句如下。

```
Connection 1> START TRANSACTION;
Query OK, 0 rows affected (0.0003 sec)

Connection 1> SELECT * FROM world.city WHERE ID = 3805\G
*************************** 1. row ***************************
         ID: 3805
       Name: San Francisco
CountryCode: USA
   District: California
 Population: 776733
1 row in set (0.0006 sec)
Connection 1> SELECT Code, Name FROM world.country WHERE Code = 'USA'\G
*************************** 1. row ***************************
Code: USA
Name: United States
1 row in set (0.0020 sec)

Connection 2> ALTER TABLE world.city ADD INDEX (Name);

Connection 3> SELECT * FROM world.city WHERE ID = 130;
```

现在，你可以开始调研了。这种情况不会自行解决(除非 lock_wait_timeout 值很低，或者你准备等待一年)，所以你有足够的时间去调研解决。当你想解决这个阻塞问题时，可在连接 2 中终止 ALTER TABLE 语句，以避免修改 world.city 表。然后提交或回滚连接 1 中的事务。

22.2.4 调研

如果启用了 performance 库的 wait/lock/metadata/sql/mdl 检测工具(MySQL 8 中默认启动设置)，那么研究元数据锁问题就很简单了。可使用 performance 库中的 metadata_locks 表列出已授权的锁和挂起的锁。但获取锁情况概述的一种更简单方法是在 sys 库中使用 schema_table_lock_waits 视图。

例如，在代码清单 22-3 中可看到涉及三个连接的元数据锁等待问题。WHERE 子句是为了限定本次调研所关注的行。

代码清单 22-3　元数据锁等待问题

```
mysql> SELECT thd_id, conn_id, state,
              current_statement,
              statement_latency
         FROM sys.session
        WHERE command = 'Query' OR trx_state = 'ACTIVE'\G
*************************** 1. row ***************************
           thd_id: 30
          conn_id: 9
            state: NULL
current_statement: SELECT Code, Name FROM world.country WHERE Code = 'USA'
statement_latency: NULL
*************************** 2. row ***************************
           thd_id: 7130
          conn_id: 7090
            state: Waiting for table metadata lock
current_statement: ALTER TABLE world.city ADD INDEX (Name)
statement_latency: 19.92 m
*************************** 3. row ***************************
           thd_id: 51
```

```
           conn_id: 13
             state: Waiting for table metadata lock
current_statement: SELECT * FROM world.city WHERE ID = 130
statement_latency: 19.78 m
*************************** 4. row ***************************
            thd_id: 107
           conn_id: 46
             state: NULL
current_statement: SELECT thd_id, conn_id, state, ... Query' OR trx_state =
'ACTIVE'
statement_latency: 56.77 ms
3 rows in set (0.0629 sec)
```

两个连接正在等待元数据锁(在 world.city 表上)。还有第三个连接(conn_id=9)，它是空闲的，可从 statement_latency 看到 NULL(在一些早于 8.0.18 的版本中，还可以看到 current_statement 为 NULL)。在这个例子中，查询列表仅限于活动查询或活动事务，但通常将从完整进程列表入手。然而，为便于关注重要部分，这里对输出进行了过滤。

一旦知道存在元数据锁定问题，就可使用 sys.schema_table_lock_waits 视图获取有关锁争用的信息。代码清单 22-4 显示了与刚才讨论的进程列表对应的输出示例。

代码清单 22-4 查找元数据锁争用

```
mysql> SELECT *
         FROM sys.schema_table_lock_waits\G
*************************** 1. row ***************************
               object_schema: world
                 object_name: city
           waiting_thread_id: 7130
                 waiting_pid: 7090
             waiting_account: root@localhost
           waiting_lock_type: EXCLUSIVE
       waiting_lock_duration: TRANSACTION
               waiting_query: ALTER TABLE world.city ADD INDEX (Name)
          waiting_query_secs: 1219
 waiting_query_rows_affected: 0
 waiting_query_rows_examined: 0
          blocking_thread_id: 7130
                blocking_pid: 7090
            blocking_account: root@localhost
          blocking_lock_type: SHARED_UPGRADABLE
      blocking_lock_duration: TRANSACTION
     sql_kill_blocking_query: KILL QUERY 7090
sql_kill_blocking_connection: KILL 7090
*************************** 2. row ***************************
               object_schema: world
                 object_name: city
           waiting_thread_id: 51
                 waiting_pid: 13
             waiting_account: root@localhost
           waiting_lock_type: SHARED_READ
       waiting_lock_duration: TRANSACTION
               waiting_query: SELECT * FROM world.city WHERE ID = 130
          waiting_query_secs: 1210
 waiting_query_rows_affected: 0
 waiting_query_rows_examined: 0
```

```
           blocking_thread_id: 7130
                 blocking_pid: 7090
             blocking_account: root@localhost
           blocking_lock_type: SHARED_UPGRADABLE
       blocking_lock_duration: TRANSACTION
      sql_kill_blocking_query: KILL QUERY 7090
 sql_kill_blocking_connection: KILL 7090
*************************** 3. row ***************************
                object_schema: world
                  object_name: city
            waiting_thread_id: 7130
                  waiting_pid: 7090
              waiting_account: root@localhost
            waiting_lock_type: EXCLUSIVE
        waiting_lock_duration: TRANSACTION
                waiting_query: ALTER TABLE world.city ADD INDEX (Name)
           waiting_query_secs: 1219
 waiting_query_rows_affected: 0
 waiting_query_rows_examined: 0
           blocking_thread_id: 30
                 blocking_pid: 9
             blocking_account: root@localhost
           blocking_lock_type: SHARED_READ
       blocking_lock_duration: TRANSACTION
      sql_kill_blocking_query: KILL QUERY 9
 sql_kill_blocking_connection: KILL 9
*************************** 4. row ***************************
                object_schema: world
                  object_name: city
            waiting_thread_id: 51
                  waiting_pid: 13
              waiting_account: root@localhost
            waiting_lock_type: SHARED_READ
        waiting_lock_duration: TRANSACTION
                waiting_query: SELECT * FROM world.city WHERE ID = 130
           waiting_query_secs: 1210
 waiting_query_rows_affected: 0
 waiting_query_rows_examined: 0
           blocking_thread_id: 30
                 blocking_pid: 9
             blocking_account: root@localhost
           blocking_lock_type: SHARED_READ
       blocking_lock_duration: TRANSACTION
      sql_kill_blocking_query: KILL QUERY 9
 sql_kill_blocking_connection: KILL 9
4 rows in set (0.0024 sec)
```

输出显示有四个查询等待和阻塞的情况。这可能令人感到奇怪，但发生这种情况是因为涉及多个锁，并且存在一系列等待。每一行是一对等待和阻塞连接。输出中使用 pid 代表进程列表 id，这与先前输出中使用 conn_id 代表连接 id 的做法相同。输出信息包括锁定的内容、等待连接的详细信息、阻塞连接的详细信息以及两个查询语句，可用于终止阻塞查询或连接操作。

第一行显示进程列表 id 7090 正在等待自己。这听起来像一个死锁，但事实并非如此。原因是 ALTER TABLE 首先获取一个可以升级的共享锁，然后尝试获取排他锁，正如等待信息所示。因为没有显式的信息表明哪个现有锁实际上正在阻塞新锁，所以最终会包含这些信息。

第二行显示 SELECT 语句正在等待的进程列表 id 为 7090，这是 ALTER TABLE 语句。这就是为什么连接开始堆积的原因，因为 DDL 语句需要排他锁，将阻塞对共享锁的请求。

第三行和第四行显示了锁争用的根本问题。进程列表 id 9 阻塞了其他两个连接，这表明这是阻塞 DDL 语句的罪魁祸首。因此，当你调研这样的问题时，请寻找一个连接，该连接正在等待独占元数据锁，而锁被另一个连接阻塞。如果有大量的行输出，你也可以查找引发最多阻塞的连接，并将其作为处理的起点。代码清单 22-5 列举一个例子来说明如何做到这一点。

代码清单 22-5 查找导致元数据锁阻塞的连接

```
mysql> SELECT *
         FROM sys.schema_table_lock_waits
        WHERE waiting_lock_type = 'EXCLUSIVE'
              AND waiting_pid <> blocking_pid\G
*************************** 1. row ***************************
               object_schema: world
                 object_name: city
           waiting_thread_id: 7130
                 waiting_pid: 7090
             waiting_account: root@localhost
           waiting_lock_type: EXCLUSIVE
       waiting_lock_duration: TRANSACTION
               waiting_query: ALTER TABLE world.city ADD INDEX (Name)
          waiting_query_secs: 4906
 waiting_query_rows_affected: 0
 waiting_query_rows_examined: 0
          blocking_thread_id: 30
                blocking_pid: 9
            blocking_account: root@localhost
          blocking_lock_type: SHARED_READ
      blocking_lock_duration: TRANSACTION
     sql_kill_blocking_query: KILL QUERY 9
sql_kill_blocking_connection: KILL 9
1 row in set (0.0056 sec)

mysql> SELECT blocking_pid, COUNT(*)
         FROM sys.schema_table_lock_waits
        WHERE waiting_pid <> blocking_pid
        GROUP BY blocking_pid
        ORDER BY COUNT(*) DESC;
+--------------+----------+
| blocking_pid | COUNT(*) |
+--------------+----------+
| 9            | 2        |
| 7090         | 1        |
+--------------+----------+
2 rows in set (0.0028 sec)
```

第一个查询寻找独占元数据锁的等待，其中的阻塞进程列表 id 不是其自身。在本例中，查询会立即返回主要的阻塞争用。第二个查询确定由每个进程列表 id 触发的阻塞查询的数量。实际情况可能不像本例中所示的那么简单，但使用这个查询将有助于缩小锁争用的查找范围。

一旦确定锁争用的来源，就需要确定事务正在做什么。在本例中，锁争用的根源是 Connection 9。回到进程列表输出查看一下，可确认它在本例中没有执行任何操作。

```
*************************** 1. row ***************************
           thd_id: 30
          conn_id: 9
            state: NULL
current_statement: SELECT Code, Name FROM world.country WHERE Code = 'USA'
statement_latency: NULL
```

这个连接做了什么而获取了元数据锁？事实上，目前没有涉及 world.city 表的语句，这表明，该连接有一个活动的事务处于打开状态。在本例中，事务是空闲的(如 statement_latency: NULL 所示)，但也可能存在与 world.city 表上的元数据锁无关的查询在执行。无论哪种情况，都需要确定事务在当前状态之前在做什么。你可以使用 performance 库和 information 库来执行此操作。代码清单 22-6 显示了一个调研事务的状态和最近历史的示例。

代码清单 22-6　调研事务

```
mysql> SELECT *
         FROM information_schema.INNODB_TRX
        WHERE trx_mysql_thread_id = 9\G
*************************** 1. row ***************************
                    trx_id: 283529000061592
                 trx_state: RUNNING
               trx_started: 2019-06-15 13:22:29
     trx_requested_lock_id: NULL
          trx_wait_started: NULL
                trx_weight: 0
       trx_mysql_thread_id: 9
                 trx_query: NULL
       trx_operation_state: NULL
         trx_tables_in_use: 0
         trx_tables_locked: 0
          trx_lock_structs: 0
     trx_lock_memory_bytes: 1136
           trx_rows_locked: 0
         trx_rows_modified: 0
   trx_concurrency_tickets: 0
       trx_isolation_level: REPEATABLE READ
         trx_unique_checks: 1
    trx_foreign_key_checks: 1
trx_last_foreign_key_error: NULL
 trx_adaptive_hash_latched: 0
 trx_adaptive_hash_timeout: 0
          trx_is_read_only: 0
trx_autocommit_non_locking: 0
1 row in set (0.0006 sec)

mysql> SELECT *
         FROM performance_schema.events_transactions_current
        WHERE THREAD_ID = 30\G
*************************** 1. row ***************************
                    THREAD_ID: 30
                     EVENT_ID: 113
                 END_EVENT_ID: NULL
                   EVENT_NAME: transaction
                        STATE: ACTIVE
                       TRX_ID: NULL
```

```
                          GTID: AUTOMATIC
                 XID_FORMAT_ID: NULL
                     XID_GTRID: NULL
                     XID_BQUAL: NULL
                      XA_STATE: NULL
                        SOURCE: transaction.cc:219
                   TIMER_START: 12849615560172160
                     TIMER_END: 18599491723543808
                    TIMER_WAIT: 5749876163371648
                   ACCESS_MODE: READ WRITE
               ISOLATION_LEVEL: REPEATABLE READ
                    AUTOCOMMIT: NO
          NUMBER_OF_SAVEPOINTS: 0
NUMBER_OF_ROLLBACK_TO_SAVEPOINT: 0
    NUMBER_OF_RELEASE_SAVEPOINT: 0
          OBJECT_INSTANCE_BEGIN: NULL
               NESTING_EVENT_ID: 112
             NESTING_EVENT_TYPE: STATEMENT
1 row in set (0.0008 sec)

mysql> SELECT EVENT_ID, CURRENT_SCHEMA,
         SQL_TEXT
        FROM performance_schema.events_statements_history
       WHERE THREAD_ID = 30
             AND NESTING_EVENT_ID = 113
             AND NESTING_EVENT_TYPE = 'TRANSACTION'\G
*************************** 1. row ***************************
      EVENT_ID: 114
CURRENT_SCHEMA: world
      SQL_TEXT: SELECT * FROM world.city WHERE ID = 3805
*************************** 2. row ***************************
      EVENT_ID: 115
CURRENT_SCHEMA: world
      SQL_TEXT: SELECT * FROM world.country WHERE Code = 'USA'
2 rows in set (0.0036 sec)

mysql> SELECT ATTR_NAME, ATTR_VALUE
        FROM performance_schema.session_connect_attrs
       WHERE PROCESSLIST_ID = 9;
+-----------------+------------+
| ATTR_NAME       | ATTR_VALUE |
+-----------------+------------+
| _pid            | 23256      |
| program_name    | mysqlsh    |
| _client_name    | libmysql   |
| _thread         | 20164      |
| _client_version | 8.0.18     |
| _os             | Win64      |
| _platform       | x86_64     |
+-----------------+------------+
7 rows in set (0.0006 sec)
```

第一个查询使用 information 库中的 INNODB_TRX 表。例如，它显示事务的启动时间，因此你可确定事务活跃的时间有多久。trx_rows_modified 列有助于了解事务更改了多少数据，便于决定是否回滚事务。注意，InnoDB 调用的 MySQL 线程 id(trx_mysql_thread_id 列)实际上就是连接 id。

第二个查询使用来自 performance 库的 events_transactions_current 表以获取更多事务信息。你可以使用 TIMER_WAIT 列来确定事务的执行时间。该值以皮秒为单位，因此使用 FORMAT_PICO_TIME()函数更容易理解值的含义：

```
mysql> SELECT FORMAT_PICO_TIME(5749876163371648) AS Age;
+--------+
| Age    |
+--------+
| 1.60 h |
+--------+
1 row in set (0.0003 sec)
```

如果你使用的是 MySQL 8.0.15 或更早版本，请使用 sys.format_time()函数。

第三个查询使用 events_statements_history 表来查找在事务中执行的历史查询。NESTING_EVENT_ID 列设置为 events_transactions_current 表的输出中的 EVENT_ID 值，而 NESTING_EVENT_TYPE 列设置为 TRANSACTION 与事务匹配。这确保只返回正在进行事务的子事件。结果按语句的 EVENT_ID 排序，以便按照语句的执行顺序获取语句。默认情况下，events_statements_history 表最多将包含连接中的最新 10 个查询。

在本例中，调研显示事务执行了两个查询：一个从 world.city 的表中选择，一个从 world.country 表中选择。第一个查询是导致元数据锁争用的查询。

第四个查询使用 session_connect_attrs 表来查找连接提交的属性。并非所有客户端和连接器都提交属性，或者它们可能已被禁用，因此这些信息并不总是可用的。当属性可用时，它们有助于找出问题事务的执行位置。在本例中，可以看到连接来自 MySQL shell(mysqlsh)。如果你想提交一个空闲事务，位置信息会很有用。

22.2.5 解决方案

对于元数据锁争用，你实际上有两个选择来解决此问题：完成阻塞事务或终止 DDL 语句。为完成阻塞事务，你需要提交它或回滚它。如果终止连接，它将触发事务的回滚，因此你需要考虑需要回滚多少工作量。为提交事务，你必须找到执行连接的位置并提交。不能提交由其他连接拥有的事务。

终止 DDL 语句将允许其他查询继续进行，但如果锁由一个已废弃但仍处于活动状态的事务持有，则从长远看，这并不能解决问题。但对于有一个废弃事务持有元数据锁的情况，可选择同时终止 DDL 语句和被废弃事务的连接。这样可避免在事务回滚时 DDL 语句继续阻塞后续查询。然后，当回滚完成后，可以重试 DDL 语句。

22.2.6 预防

避免元数据锁争用的关键是在避免长时间运行事务的同时为事务使用的表执行 DDL 语句。例如，你可在已知没有长时间运行的事务的情况下执行 DDL 语句。还可将 lock_wait_timeout 选项设置为一个较低的值，这会使 DDL 语句在超出 lock_wait_timeout 之后终止。虽然这并不能避免锁问题，但它通过避免 DDL 语句阻塞其他查询的执行来缓解这个问题。此后，就有时间找到根本原因，而不必担心应用程序不能正常工作的问题。

还可以减少事务的活动时间。如果不需要将所有操作作为一个原子单元执行，一种选择是将大型事务拆分为几个较小的事务。还应确保事务不会非必要地长时间保持打开状态，例如事务活动时没有执行交互式工作，提交 I/O，将数据传输到最终用户等。

导致长时间运行事务的一个常见原因是应用程序或客户端不提交或回滚事务。这种情况尤其可能发生在禁用 autocommit 时；此时，任何查询(即使是普通的只读 SELECT 语句)都会在没有活动查询时启动新的事务。这意味着一个看起来无辜的查询可能启动事务；如果开发人员不知道自动提交被禁用，则可能不会考虑显式地结束事务。默认情况下，MySQL 服务器中启用 autocommit 设置，但某些连接器默认禁用它。

调研元数据锁的讨论到此结束。要研究的下一级锁是记录锁。

22.3 记录锁

记录锁争用是最常遇到的，但通常也是侵入性最小的，因为默认的锁等待超时只有 50 秒。即便如此，在某些情况下(如下文所述)记录锁可能导致 MySQL 戛然而止。本节将研究 InnoDB 记录锁的一般问题，并更详细地讨论锁等待超时问题。调研死锁的具体细节将放到下一节。

22.3.1 症状

InnoDB 记录锁争用的症状通常非常微妙且不容易鉴别。在严重的情况下，甚至有锁定等待超时或死锁错误，但许多情况下，可能不会有直接的症状。相反，其症状是查询比正常查询慢。这可能从慢一秒到慢几秒。

对于存在锁等待超时的情况，你会看到一个 ER_LOCK_WAIT_TIMEOUT 错误，如以下示例中的错误：

```
ERROR: 1205: Lock wait timeout exceeded; try restarting transaction
```

若查询比没有锁争用时的速度慢，检测问题的最可能方法是监视，或者使用类似于 MySQL Enterprise Monitor 中的查询分析器，或者使用 sys.innodb_lock_waits 视图检测锁争用。图 22-3 显示了查询分析器中的查询示例。讨论记录锁争用的调研时，将使用 sys 库视图。在本书的 GitHub 存储库中，该图有完整尺寸提供，名为 figure_22_3_quan.png。

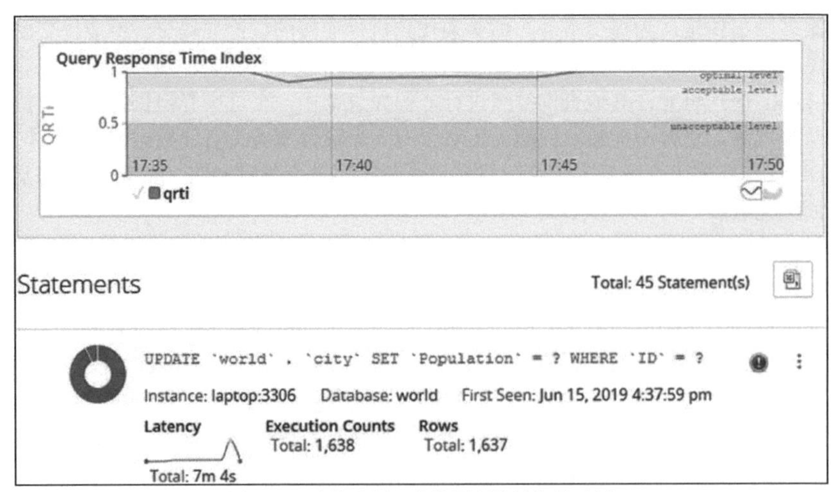

图 22-3　查询分析器中检测到的锁争用示例

在图中，请注意查询的延迟曲线在周期结束时是如何增加又突然下降的。规范化查询右侧还有一个红色图标，该图标表示查询已返回错误(注意，本书是黑白印刷)。在本例中，错误是锁定等待超时，但从图中看不到。规范化查询左侧的环形图表还显示一个红色区域，指示查询的查询响应时间索引(Query Response Time Index)有时较差。顶部的大图显示了一个小倾角，表示实例中有很多问题导致性能出现普遍下降的情况。

还有几个实例级指标显示实例上锁的数量。随着时间的推移，这些指标对于监视一般的锁争用非常有用。代码清单 22-7 显示了 sys.metrics 视图的可用指标。

代码清单 22-7 InnoDB 锁的指标

```
mysql> SELECT Variable_name,
              Variable_value AS Value,
              Enabled
         FROM sys.metrics
        WHERE Variable_name LIKE 'innodb_row_lock%'
              OR Type = 'InnoDB Metrics - lock';
+-------------------------------+--------+---------+
| Variable_name                 | Value  | Enabled |
+-------------------------------+--------+---------+
| innodb_row_lock_current_waits | 0      | YES     |
| innodb_row_lock_time          | 595876 | YES     |
| innodb_row_lock_time_avg      | 1683   | YES     |
| innodb_row_lock_time_max      | 51531  | YES     |
| innodb_row_lock_waits         | 354    | YES     |
| lock_deadlocks                | 0      | YES     |
| lock_rec_lock_created         | 0      | NO      |
| lock_rec_lock_removed         | 0      | NO      |
| lock_rec_lock_requests        | 0      | NO      |
| lock_rec_lock_waits           | 0      | NO      |
| lock_rec_locks                | 0      | NO      |
| lock_row_lock_current_waits   | 0      | YES     |
| lock_table_lock_created       | 0      | NO      |
| lock_table_lock_removed       | 0      | NO      |
| lock_table_lock_waits         | 0      | NO      |
| lock_table_locks              | 0      | NO      |
| lock_timeouts                 | 1      | YES     |
+-------------------------------+--------+---------+
17 rows in set (0.0203 sec)
```

在这个讨论中，innodb_row_lock_%和 lock_timeouts 指标是最有趣的。三个时间变量以毫秒为单位。可以看到，自身有一个锁等待超时，不值得关注。还可看到有 354 次无法立即授予锁(innodb_row_lock_waits)，并且等待时间超过 51 秒(innodb_row_lock_time_max)。当锁争用的级别增加时，你会看到这些指标也会增加。

请确保你的监视解决方案能记录指标，并可随着时间的推移在时间序列图中绘制它们，这显然就比手动监控指标好得多。图 22-4 显示了为图 22-3 中同一事件绘制的指标示例。

锁等待次数有两次先增加再下降的阶段。行锁定时间图显示出类似的模式。这是间歇性锁问题的典型迹象。

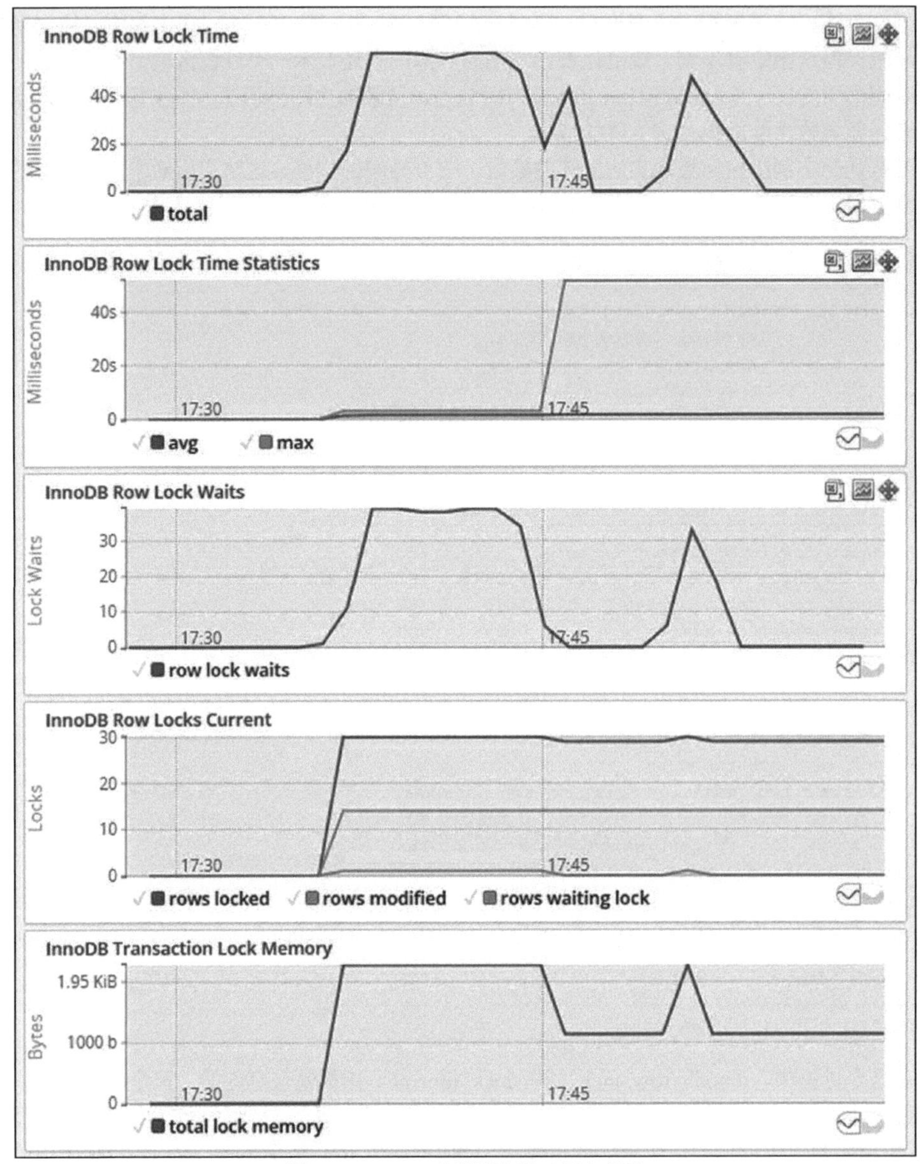

图 22-4 InnoDB 行锁指标的时间序列图

22.3.2 原因

InnoDB 对行数据、索引记录、间隙(gap)和插入冲突的锁使用共享锁和排他锁。当有两个事务试图以冲突的方式访问数据时，一个查询必须等到所需的锁可用为止。简而言之，两个共享锁的请求可以同时被授予，但一旦有了排他锁，任何连接都不能获得同一记录上的锁。

由于排他锁最容易引起锁争用，因此通常是 DML 查询更改数据引起 InnoDB 记录锁争用。另一个原因是 SELECT 语句通过添加 FOR SHARE(或 LOCK IN SHARE MODE)或 FOR UPDATE 子句来执行抢占锁定。

22.3.3 构建

这个例子只需要两个连接就可以构建正在调研的场景，第一个连接有一个正在进行的事务，第二个连接试图更新第一个连接持有锁的行。由于等待 InnoDB 锁的默认超时时间为 50 秒，因此可选择为第二个将阻塞的连接增加超时值，以便有更多时间执行调研。构建如下：

```
Connection 1> START TRANSACTION;
Query OK, 0 rows affected (0.0002 sec)

Connection 1> UPDATE world.city
                 SET Population = 5000000
               WHERE ID = 130;
Query OK, 1 row affected (0.0005 sec)

Rows matched: 1 Changed: 1 Warnings: 0

Connection 2> SET SESSION innodb_lock_wait_timeout = 300;
Query OK, 0 rows affected (0.0003 sec)

Connection 2> START TRANSACTION;
Query OK, 0 rows affected (0.0003 sec)

Connection 2> UPDATE world.city SET Population = Population * 1.10 WHERE
CountryCode = 'AUS';
```

在本例中，连接 2 的锁等待超时设置为 300 秒。连接 2 的 START TRANSACTION 不是必需的，但可在完成后回滚这两个事务，以避免对数据进行更改。

22.3.4 调研

记录锁的调研与元数据锁的调研非常相似。你可以查询 performance 库中的 data_locks 和 data_lock_waits 表，这两张表将分别显示原始锁数据和挂起的锁。同时也可使用 sys.innodb_lock_waits 视图来查询两张表，从而找到一张表被另一张表阻塞的锁对。

注意 data_locks 和 data_lock_waits 表在 MySQL 8 中是新生成的。在 MySQL 5.7 及更早版本中，information 库中有两张类似的表，分别名为 INNODB_LOCKS 和 INNODB_LOCK_WAITS。使用 innodb_lock_waits 视图的一个优点是，它在 MySQL 不同版本中的工作方式是相同的(但在 MySQL 8 中有一些额外信息)。

大多数情况下，使用 innodb_lock_waits 视图开始调研是最简单的，并且只根据需要深入到 performance 库表中。代码清单 22-8 显示了使用 innodb_lock_waits 视图查询锁等待的输出示例。

代码清单 22-8 从 innodb_lock_waits 视图查询锁信息

```
mysql> SELECT * FROM sys.innodb_lock_waits\G
*************************** 1. row ***************************
                wait_started: 2019-06-15 18:37:42
                    wait_age: 00:00:02
               wait_age_secs: 2
                locked_table: `world`.`city`
         locked_table_schema: world
           locked_table_name: city
```

```
        locked_table_partition: NULL
     locked_table_subpartition: NULL
                  locked_index: PRIMARY
                   locked_type: RECORD
                waiting_trx_id: 3317978
           waiting_trx_started: 2019-06-15 18:37:42
               waiting_trx_age: 00:00:02
       waiting_trx_rows_locked: 2
     waiting_trx_rows_modified: 0
                   waiting_pid: 4172
                 waiting_query: UPDATE city SET Population = P ... 1.10 WHERE
CountryCode = 'AUS'
               waiting_lock_id: 1999758099664:525:6:131:1999728339632
             waiting_lock_mode: X,REC_NOT_GAP
               blocking_trx_id: 3317977
                  blocking_pid: 9
                blocking_query: NULL
              blocking_lock_id: 1999758097920:525:6:131:1999728329336
            blocking_lock_mode: X,REC_NOT_GAP
          blocking_trx_started: 2019-06-15 18:37:40
              blocking_trx_age: 00:00:04
      blocking_trx_rows_locked: 1
    blocking_trx_rows_modified: 1
       sql_kill_blocking_query: KILL QUERY 9
sql_kill_blocking_connection: KILL 9
1 row in set (0.0145 sec)
```

根据列名的前缀，输出中的列可分为以下五组。

- **wait_**：这些列显示了锁等待时间的一些一般信息。
- **locked_**：这些列显示从方案到索引以及锁定类型的锁信息。
- **waiting_**：这些列显示等待授予锁的事务的详细信息，包括查询和锁请求模式。
- **blocking_**：这些列显示阻塞锁请求事务的详细信息。注意，在这个例子中，阻塞查询(blocking_query)是NULL。这意味着事务在生成输出时处于空闲状态。即使列出了一个阻塞查询，该查询也可能与存在争用的锁没有任何关系——除非查询是由持有锁的同一事务执行的。
- **sql_kill_**：这两列提供可用于终止阻塞查询或连接的KILL查询语句。

注意 blocking_query列是阻塞事务执行的当前查询(如果有)。这并不意味着查询本身必然导致锁请求阻塞。

blocking_query列为NULL是常见的情况。这意味着阻塞事务当前没有执行查询。这可能是因为它在两个查询之间。如果这段时间较长，则表明应用程序正在执行本应该在事务之外完成的工作。常见的情况是，事务没有执行查询，因为它已经被遗忘了，或者在交互会话中人们忘记了结束事务，或者一个没有保护事务的应用程序流已经被提交或回滚。

22.3.5 解决方案

解决方案取决于锁等待的程度。如果仅有几个查询的锁等待，那么受影响的查询从等待锁变为锁可用的时间是可以接受的。请记住，锁的存在是为了确保数据的完整性，因此锁本身并不是一个问题。只有当锁对性能造成重大影响或导致查询失败，达到无法重试的程度时，锁才是问题。

如果锁定情况持续很长一段时间——特别是当阻塞事务已被废弃时——可以考虑终止阻塞

事务。与往常一样，你需要考虑，如果阻塞事务执行了大量工作，则回滚可能需要很长时间。

对于由于锁等待超时错误而失败的查询，应用程序应重试它们。请记住，默认情况下，锁等待超时仅回滚那些在超时发生时正在执行的查询。事务的其余部分仍保持查询之前的状态。处理超时失败可能使未完成的事务具有自己的锁，从而导致进一步的锁问题。是只回滚查询还是回滚整个事务都由 innodb_rollback_on_timeout 选项控制。

注意　处理锁等待超时是非常重要的，否则它可能使事务带有未释放的锁。如果发生这种情况，其他事务可能无法获得所需的锁。

22.3.6　预防

防止大量的记录级锁争用主要遵循第 18 章中讨论的指导原则。重申一次，减少锁等待争用的方法主要是减少事务的大小和持续时间，使用索引减少访问的记录数，并可能将事务隔离级别切换为 READ COMMITTED，以便更早地释放锁并减少间隔锁的数量。

22.4　死锁

数据库管理员最关心的锁问题之一是死锁。一部分原因在于名称，一部分原因在于它们与讨论的其他锁问题不同，总会引发错误。然而，与其他锁定问题相比，没必要特别担心死锁。相反，死锁引发错误意味着你可更快地了解它们，并且锁问题往往会自行解决。

22.4.1　症状

症状很明显。死锁的受害者收到一个错误，InnoDB 指标 lock_deadlocks 递增。返回给 InnoDB 受害者的事务的错误是 ER_LOCK_DEADLOCK：

```
ERROR: 1213: Deadlock found when trying to get lock; try restarting
transactionn
```

lock_deadlocks 指标对于监视死锁发生的频率非常有用。跟踪 lock_deadlocks 值的一个简便方法是使用 sys.metrics 视图：

```
mysql> SELECT *
           FROM sys.metrics
          WHERE Variable_name = 'lock_deadlocks'\G
*************************** 1. row ***************************
  Variable_name: lock_deadlocks
Variable_value: 42
           Type: InnoDB Metrics - lock
        Enabled: YES
1 row in set (0.0087 sec)
```

还可检查 InnoDB 监视器输出中的 LATEST DETECTED DEADLOCK 部分，如执行 SHOW ENGINE InnoDB STATUS。这将显示最后一次死锁发生的时间，因此你可用它来判断死锁发生的频率。如果启用了 innodb_print_all_deadlocks 选项，在错误锁中将有许多死锁信息输出。在讨论了死锁的原因和构建之后，InnoDB 监视器死锁输出的详细信息将在“调研”一节中介绍。

22.4.2 原因

死锁是由于两个或多个事务以不同顺序获取锁而导致的。每个事务最终持有另一个事务所需的锁。此锁可以是记录锁、间隔锁、谓词锁或插入意向锁。

图 22-5 显示了一个触发死锁的循环依赖的例子。

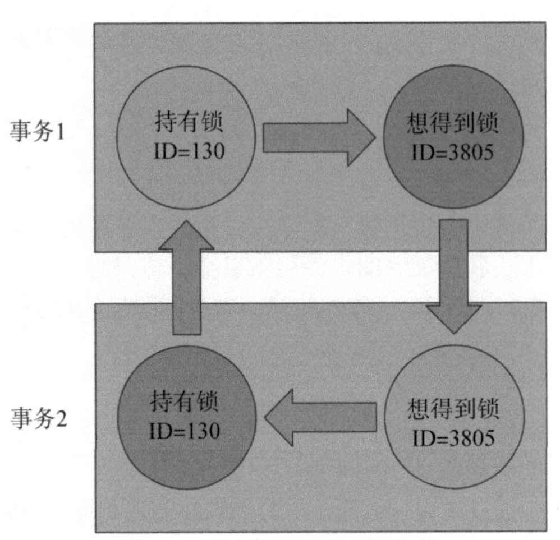

图 22-5 触发死锁的循环锁依赖

图中的死锁是由于一张表的主键上有两个记录锁造成的。这是最简单的死锁之一。当调研死锁时，循环情况可能比这更复杂。

22.4.3 构建

本例使用了上一个示例的两个连接，但这一次两个连接都在连接 1 停止阻塞之前进行更改，持续到连接 2 回滚其错误更改为止。连接 1 更新澳大利亚及其城市的人口，将其增长 10%，而连接 2 更新澳大利亚达尔文市的人口，并添加城市。语句是：

```
Connection 1> START TRANSACTION;
Query OK, 0 rows affected (0.0001 sec)

Connection 1> UPDATE world.city SET Population = Population * 1.10 WHERE
                                                 CountryCode = 'AUS';
Query OK, 14 rows affected (0.0010 sec)

Rows matched: 14 Changed: 14 Warnings: 0
Connection 2> START TRANSACTION;
Query OK, 0 rows affected (0.0003 sec)

Connection 2> UPDATE world.country SET Population = Population + 146000
WHERE Code = 'AUS';
Query OK, 1 row affected (0.0317 sec)

Rows matched: 1 Changed: 1 Warnings: 0

-- 块
Connection 1> UPDATE world.country SET Population = Population * 1.1 WHERE
Code = 'AUS';
```

```
Connection 2> INSERT INTO world.city VALUES (4080, 'Darwin', 'AUS',
'Northern Territory', 146000);
ERROR: 1213: Deadlock found when trying to get lock; try restarting transaction

Connection 2> ROLLBACK;
Query OK, 0 rows affected (0.0003 sec)

Connection 1> ROLLBACK;
Query OK, 0 rows affected (0.3301 sec)
```

关键是这两个事务都更新了 city 和 country 表，但顺序相反。构建通过显式回滚两个事务来完成，以确保表保持不变。

22.4.4　调研

分析死锁的主要工具是 InnoDB 监视器输出中最新检测到的死锁的信息部分。如果你启用了 innodb_print_all_deadlocks 选项(默认为关闭)，那么也可从错误日志中获得死锁信息；但是，这些信息是相同的，它不会更改分析。

死锁信息包含以下四个部分。

- 死锁发生时间。
- 死锁涉及的第一个事务的信息。
- 死锁涉及的第二个事务的信息。
- 回滚了哪些事务。启用 innodb_print_all_deadlocks 后，错误日志中不会包含此信息。

两个事务的编号是任意的，主要目的是能够引用一个事务或另一个事务。其中最重要的两个部分是事务信息。它们包括事务处于活动状态的时间、有关事务大小的一些统计信息(根据所用的锁和 undo 日志条目等)、阻塞的查询等待的锁，以及死锁所涉及的锁信息。

在使用 data_locks 表、data_lock_waits 表以及 sys.innodb_lock_视图时，锁信息其实并不太容易理解。但一旦你尝试执行几次分析之后，就会发现这也不是太困难。

提示　*在测试系统中故意创建一些死锁，并研究由此生成的死锁信息。然后通过这些信息来确定发生死锁的原因。因为你知道这些查询，所以更容易解释锁数据。*

针对死锁调研，请考虑代码清单 22-9 所示的 InnoDB 监视器中的 DEADLOCK 部分。这份代码清单很长，行也很宽，在本书的 GitHub 资料库中也可以找到这些信息，名为 listing_22_9_deadlock.txt，以便你可在所选的文本编辑器中打开输出。

代码清单 22-9　检测死锁的示例

```
mysql> SHOW ENGINE INNODB STATUS\G
...
------------------------
LATEST DETECTED DEADLOCK
------------------------
2019-11-06 18:29:07 0x4b78
*** (1) TRANSACTION:
TRANSACTION 6260, ACTIVE 62 sec starting index read
mysql tables in use 1, locked 1
LOCK WAIT 6 lock struct(s), heap size 1136, 30 row lock(s), undo log
entries 14
MySQL thread id 61, OS thread handle 22592, query id 39059 localhost ::1
```

```
root updating
UPDATE world.country SET Population = Population * 1.1 WHERE Code = 'AUS'

*** (1) HOLDS THE LOCK(S):
RECORD LOCKS space id 160 page no 14 n bits 1368 index CountryCode of table
`world`.`city` trx id 6260 lock_mode X locks gap before rec
Record lock, heap no 652 PHYSICAL RECORD: n_fields 2; compact format; info
bits 0
 0: len 3; hex 415554; asc AUT;;
 1: len 4; hex 800005f3; asc     ;;

*** (1) WAITING FOR THIS LOCK TO BE GRANTED:
RECORD LOCKS space id 161 page no 5 n bits 128 index PRIMARY of table
`world`.`country` trx id 6260 lock_mode X locks rec but not gap waiting
Record lock, heap no 16 PHYSICAL RECORD: n_fields 17; compact format; info
bits 0
 0: len 3; hex 415553; asc AUS;;
 1: len 6; hex 000000001875; asc      u;;
 2: len 7; hex 0200000122066e; asc      " n;;
 3: len 30; hex 4175737472616c6961202020202020202020202020202020202020202020;
    asc Australia                     ; (total 52 bytes);
 4: len 1; hex 05; asc ;;
 5: len 26; hex 4175737472616c696120616e64204e6577205a65616c616e6420; asc
    Australia and New Zealand ;;
 6: len 4; hex 483eec4a; asc H> J;;
 7: len 2; hex 876d; asc m;;
 8: len 4; hex 812267c0; asc "g ;;
 9: len 4; hex 9a999f42; asc   B;;
10: len 4; hex c079ab48; asc  y H;;
11: len 4; hex e0d9bf48; asc    H;;
12: len 30; hex 4175737472616c6961202020202020202020202020202020202020202020;
    asc Australia                     ; (total 45 bytes);
13: len 30; hex 436f6e737469747574696f6e616c204d6f6e61726368792c204665646572;
    asc Constitutional Monarchy, Feder; (total 45 bytes);
14: len 30; hex 456c697361626574682049492020202020202020202020202020202020;
    asc Elisabeth II                  ;(total 60 bytes);
15: len 4; hex 80000087; asc     ;;
16: len 2; hex 4155; asc AU;;

*** (2) TRANSACTION:
TRANSACTION 6261, ACTIVE 37 sec inserting
mysql tables in use 1, locked 1
LOCK WAIT 4 lock struct(s), heap size 1136, 2 row lock(s), undo log entries 2
MySQL thread id 62, OS thread handle 2044, query id 39060 localhost ::1
root update
INSERT INTO world.city VALUES (4080, 'Darwin', 'AUS', 'Northern Territory', 146000)

*** (2) HOLDS THE LOCK(S):
RECORD LOCKS space id 161 page no 5 n bits 128 index PRIMARY of table
`world`.`country` trx id 6261 lock_mode X locks rec but not gap
Record lock, heap no 16 PHYSICAL RECORD: n_fields 17; compact format; info bits 0
 0: len 3; hex 415553; asc AUS;;
 1: len 6; hex 000000001875; asc      u;;
 2: len 7; hex 0200000122066e; asc      " n;;
 3: len 30; hex 4175737472616c6961202020202020202020202020202020202020202020;
    asc Australia                     ; (total 52 bytes);
```

```
 4: len 1; hex 05; asc ;;
 5: len 26; hex 4175737472616c696120616e64204e6577205a65616c616e6420; asc
    Australia and New Zealand ;;
 6: len 4; hex 483eec4a; asc H> J;;
 7: len 2; hex 876d; asc  m;;
 8: len 4; hex 812267c0; asc  "g ;;
 9: len 4; hex 9a999f42; asc    B;;
10: len 4; hex c079ab48; asc   y H;;
11: len 4; hex e0d9bf48; asc    H;;
12: len 30; hex 4175737472616c69612020202020202020202020202020202020202020;
    asc Australia                     ; (total 45 bytes);
13: len 30; hex 436f6e737469747574696f6e616c204d6f6e61726368792c204665646572;
    asc Constitutional Monarchy, Feder; (total 45 bytes);
14: len 30; hex 456c697361626574682049492020202020202020202020202020202020;
    asc Elisabeth II ; (total 60 bytes);
15: len 4; hex 80000087; asc ;;
16: len 2; hex 4155; asc AU;;

*** (2) WAITING FOR THIS LOCK TO BE GRANTED:
RECORD LOCKS space id 160 page no 14 n bits 1368 index CountryCode of table
`world`.`city` trx id 6261 lock_mode X locks gap before rec insert intention waiting
Record lock, heap no 652 PHYSICAL RECORD: n_fields 2; compact format; info bits 0
 0: len 3; hex 415554; asc AUT;;
 1: len 4; hex 800005f3; asc     ;;

*** WE ROLL BACK TRANSACTION (2)
```

死锁发生在服务器所在时区的 2019 年 11 月 6 日 18:29:07。可由此查看该信息是否与用户报告的死锁相同。

有趣的是这两个事务的信息。你可以看到事务 1 正在用 Code = 'AUS'条件更新国家的人口：

```
UPDATE world.country SET Population = Population * 1.1 WHERE Code = 'AUS'
```

事务 2 在尝试插入一个新城市：

```
INSERT INTO world.city VALUES (4080, 'Darwin', 'AUS', 'Northern Territory', 146000)
```

这种情况下，死锁涉及多张表。虽然这两个查询在不同的表上工作，但不能完全证明涉及更多的查询，因为外键可以触发一个查询获取两张表的锁。但在本例中，Code 列是 country 表的主键，涉及的唯一外键是从 city 表上的 CountryCode 列到 country 表的 Code 列(这是留给读者使用 world 示例数据库的练习)。因此，两个查询本身不太可能死锁。

注意　死锁输出自 MySQL 8.0.18 开始，并在输出中添加了附加信息。此讨论仅使用以前版本中也能提供的信息。但如果你仍在使用早期版本，升级后将使调研死锁变得更容易。

接下来要观察的是锁等待的是什么。事务 1 等待 country 表的主键上的排他锁：

```
RECORD LOCKS space id 161 page no 5 n bits 128 index PRIMARY of table
`world`.`country` trx id 6260 lock_mode X locks rec but not gap waiting
```

主键的值可以在该信息后面的内容中找到。因为 InnoDB 包含了与记录相关的所有信息，所以看起来让人难以接受。因为它是主键记录，所以整行都包括在内。这有助于理解行中的数据，尤其在主键本身不携带该信息时。但当你第一次看到它时，可能感到困惑。country 表的主键是表的第一列，因此记录信息的第一行包含锁请求的主键的值：

```
0: len 3; hex 415553; asc AUS;;
```

InnoDB包含十六进制表示法的值，但也可尝试将其解码为字符串，因此很明显，该值是AUS，这并不奇怪，因为它也在查询的WHERE子句中。它并不总是那么明显，所以你应该始终认可来自锁输出的值。还可以从信息中看到，该列在索引中按升序排序。

事务2等待city表的CountryCode索引上的插入意向锁：

```
RECORD LOCKS space id 160 page no 14 n bits 1368 index CountryCode of
table `world`.`city` trx id 6261 lock_mode X locks gap before rec insert
intention waiting
```

可以看到锁请求在记录之前包含一个间隔。这种情况下，锁信息更简单，因为CountryCode索引中只有两列：CountryCode列和主键(ID列)，因为CountryCode索引是一个非唯一的二级索引。该索引有效(CountryCode，ID)，记录前的间隔值如下：

```
0: len 3; hex 415554; asc AUT;;
1: len 4; hex 800005f3; asc     ;;
```

这表明CountryCode的值是AUT，这并不奇怪，因为当按字母升序排序时，它是AUS之后的下一个值。ID列的值是十六进制值0x5f3，十进制值为1523。如果查询CountryCode=AUT的城市，并按照CountryCode索引的顺序对它们进行排序，可以看到ID=1523是找到的第一个城市：

```
mysql> SELECT *
         FROM world.city
        WHERE CountryCode = 'AUT'
        ORDER BY CountryCode, ID
        LIMIT 1;
+------+------+-------------+----------+------------+
| ID   | Name | CountryCode | District | Population |
+------+------+-------------+----------+------------+
| 1523 | Wien | AUT         | Wien     | 1608144    |
+------+------+-------------+----------+------------+
1 row in set (0.0006 sec)
```

到现在为止，一切都还不错。由于事务正在等待这些锁，当然可以推断另一个事务持有锁。在8.0.18及更高版本中，InnoDB包含了两个事务所持有锁的完整列表；在早期版本中，InnoDB只为其中一个事务显式地包含了这个列表，因此你需要确定事务还执行过哪些查询。

根据现有的信息，你可以做出一些有根据的猜测。例如，INSERT语句被CountryCode索引上的间隔锁阻塞。使用间隔锁的查询示例是使用条件CountryCode = 'AUS'的查询。死锁信息还包括有关事务的两个连接的信息，这可能帮助到你：

```
MySQL thread id 61, OS thread handle 22592, query id 39059 localhost ::1
root updating

MySQL thread id 62, OS thread handle 2044, query id 39060 localhost ::1
root update
```

你可以看到两个连接都使用root@localhost账户。如果你确保每个应用程序和角色都有不同的用户，则该账户可帮助你缩小执行事务的人员范围。

如果连接仍然存在，还可以使用performance库中的events_statements_history表来查找连接执行的最新查询。这可能与死锁无关，具体取决于连接是否已用于更多查询，但仍可能提供有关连接用于什么目的的线索。如果连接不再存在，原则上可在 events_statements_history_long 表中找到相关的查询，但是需要将 MySQL thread id(连接 id)映射到 performance 库中的线程 id，这是非常简单的方法。此外，默认情况下不会启用 events_statements_history_long 这一消费者。

在这个特定的例子中，这两个连接仍然存在，除了回滚事务之外，它们没有做任何事情。代码清单 22-10 显示了如何查找事务中涉及的查询。请注意，这些查询返回的行数可能比这里显示的更多，具体取决于你使用的客户端以及在连接中执行过其他哪些查询。

代码清单 22-10　查找死锁中涉及的查询

```
mysql> SELECT SQL_TEXT, NESTING_EVENT_ID,
              NESTING_EVENT_TYPE
         FROM performance_schema.events_statements_history
        WHERE THREAD_ID = PS_THREAD_ID(61)
        ORDER BY EVENT_ID\G
*************************** 1. row ***************************
          SQL_TEXT: START TRANSACTION
  NESTING_EVENT_ID: NULL
NESTING_EVENT_TYPE: NULL
*************************** 2. row ***************************
          SQL_TEXT: UPDATE world.city SET Population = Population * 1.10
WHERE CountryCode = 'AUS'
  NESTING_EVENT_ID: 37
NESTING_EVENT_TYPE: TRANSACTION
*************************** 3. row ***************************
          SQL_TEXT: UPDATE world.country SET Population = Population * 1.1
WHERE Code = 'AUS'
  NESTING_EVENT_ID: 37
NESTING_EVENT_TYPE: TRANSACTION
*************************** 4. row ***************************
          SQL_TEXT: ROLLBACK
  NESTING_EVENT_ID: 37
NESTING_EVENT_TYPE: TRANSACTION
4 rows in set (0.0007 sec)
mysql> SELECT SQL_TEXT, MYSQL_ERRNO,
NESTING_EVENT_ID,
NESTING_EVENT_TYPE
FROM performance_schema.events_statements_history
WHERE THREAD_ID = PS_THREAD_ID(62)
ORDER BY EVENT_ID\G
*************************** 1. row ***************************
          SQL_TEXT: START TRANSACTION
       MYSQL_ERRNO: 0
  NESTING_EVENT_ID: NULL
NESTING_EVENT_TYPE: NULL
*************************** 2. row ***************************
          SQL_TEXT: UPDATE world.country SET Population = Population +
146000 WHERE Code = 'AUS'
       MYSQL_ERRNO: 0
  NESTING_EVENT_ID: 810
NESTING_EVENT_TYPE: TRANSACTION
*************************** 3. row ***************************
          SQL_TEXT: INSERT INTO world.city VALUES (4080, 'Darwin', 'AUS',
'Northern Territory', 146000)
       MYSQL_ERRNO: 1213
  NESTING_EVENT_ID: 810
```

```
NESTING_EVENT_TYPE: TRANSACTION
*************************** 4. row ***************************
          SQL_TEXT: SHOW WARNINGS
       MYSQL_ERRNO: 0
  NESTING_EVENT_ID: NULL
NESTING_EVENT_TYPE: NULL
*************************** 5. row ***************************
          SQL_TEXT: ROLLBACK
       MYSQL_ERRNO: 0
  NESTING_EVENT_ID: NULL
NESTING_EVENT_TYPE: NULL
10 rows in set (0.0009 sec)
```

注意，对于 id=62 的连接(第二个事务)，包含 MySQL 错误号，第三行将其设置为 1213(一个死锁)。当遇到错误(第 4 行中的语句)时，MySQL shell 会自动执行 SHOW WARNINGS 语句。还请注意，对于事务 2 的回滚，嵌套事件为 NULL，而对于事务 1 的回滚则不是 NULL。这是因为死锁触发了要回滚的整个事务(因此事务 2 的回滚没有执行任何操作)。

死锁是由事务 1 触发的，事务 1 首先更新 city 表的 Population，然后更新 Country 表的 Population。事务 2 首先更新了 country 表的 Population，然后尝试在 city 表中插入一个新城市。这是两个工作流以不同顺序更新记录的典型示例，因此很容易出现死锁。

总结调研过程，包括两个步骤：

- 分析 InnoDB 中的死锁信息，确定死锁所涉及的锁，并尽可能多地获取关于连接的信息。
- 使用其他源(如 performance 库)查找有关事务中查询的更多信息。通常需要分析应用程序以获得查询列表。

现在你已经知道是什么触发了死锁，那么如何解决这个问题呢？

22.4.5 解决方案

死锁是最容易解决的锁情况，因为 InnoDB 会自动选择其中一个事务作为受害者并回滚它。在前面讨论的死锁中，事务 2 被选为牺牲品，从死锁输出可以看出：

```
*** WE ROLL BACK TRANSACTION (2)
```

这意味着对于事务 1，不需要执行任何操作。事务 2 回滚后，事务 1 可以继续并完成其工作。

对于事务 2，InnoDB 已经回滚了整个事务，所以你只需要重试该事务。记住再次执行所有查询，而不是依赖第一次尝试时返回的值；否则，你使用的可能是过时的值。

提示 随时准备处理死锁和锁等待超时。对于死锁或当事务在锁等待超时后回滚时，请重试整个事务。对于只回滚了查询的锁等待超时，请重试查询(这可能会增加延迟)。

如果死锁发生的次数较少，那么你不需要做更多事情。死锁是生活中的一个事实，所以不要因为遇到几个死锁而惊慌失措。如果死锁造成了重大影响，你需要考虑进行更改以防止某些死锁。

22.4.6 预防

减少死锁与减少记录锁争用非常相似，另外在整个应用程序中以相同的顺序获取锁非常重要。减少死锁的要点是减少锁的数量和持有的时间，并按照相同的顺序进行：

- 通过将大型事务拆分为几个较小事务并添加索引以减少所占用的锁数量。

- 考虑 READ COMMITTED 事务隔离级别是否适合你的应用程序，来减少锁的数量和锁的持有时间。
- 确保事务的开放时间尽可能短。
- 按相同的顺序访问记录，如有必要，执行 SELECT ... FOR UPDATE 或者 SELECT ... FOR SHARE 查询来抢占锁。

关于如何调研锁的讨论到此结束。你可能会遇到与本章中讨论的情况不完全匹配的锁案例；但是，调研这些问题的技术将是相似的。

22.5　本章小结

本章展示了如何使用 MySQL 中可用的资源来研究与锁相关的问题。本章包括了研究四种不同类型锁问题的示例：刷新锁、元数据锁、记录锁和死锁。每个问题类型都使用 MySQL 的不同特性，包括进程列表、performance 库中的锁表和 InnoDB 监视器输出。

还有其他许多锁类型会导致锁等待问题。本章重点介绍调研问题，对研究其他锁类型引起的问题也有很大帮助。最后，成为研究锁的专家的唯一方法是经验，但本章中的技术提供了一个很好的学习起点。

关于查询分析的第Ⅴ部分到此结束。第Ⅵ部分是关于改进查询的，首先讨论如何通过配置提高性能。

第 VI 部分

提升查询性能

第 23 章 配　置

本书第Ⅳ部分提到了几个影响 MySQL 行为的配置选项示例。包括字符集和排序规则的选择、如何创建索引统计信息，以及优化器如何工作等。还有其他一些能够直接或者间接影响查询性能的选项。本章将介绍其他地方尚未涵盖的一些常用选项，同时会提及配置 MySQL 时的一些注意事项。

本章从更改配置的“最佳实践”入手，然后介绍 InnoDB、查询缓冲区以及内部临时表等内容。

23.1 最佳实践

当你着手进行配置更改时，有必要牢记一些原则，这些原则可让你更成功地更改配置。这里将探讨的最佳实践包括：

- 对最佳实践保持警惕。
- 使用监控来验证效果。
- 一次最好只更改一个选项。
- 不断进行较小的增量更改。
- 数量越少，往往越好。

- 确保你了解要更改的选项的作用。
- 考虑副作用。

上述最佳实践列表中的第一条，就是要对最佳实践保持警惕。这听起来似乎有点意外。它的意思是，当你看到一些建议时，直接使用这些建议可能会出问题。

没有两个系统是完全相同的，因此尽管建议通常都是好的，但你仍然需要考虑这些建议是否适用于你的系统。另一个问题是，你可能看到一些适用于旧版本 MySQL 的建议，而那时 8GB 的内存就很大了。如果你使用了搜索引擎，就可能看到一些很多年前的最佳实践或建议。同样，由于应用程序的工作负载不断变化，一段时间前对你的系统有效的建议，可能现在就不起作用了。最后，即使建议能够改善系统性能，但可能产生副作用。例如，丢失了提交的更改等，这样的风险显然是你无法接受的。

提示　对最佳实践保持警惕的建议，当然也适用于本书中的内容。你需要考虑如何将这些建议应用到自己的系统上。

然后，你应该如何进行配置更改？图 23-1 概括了这些步骤。

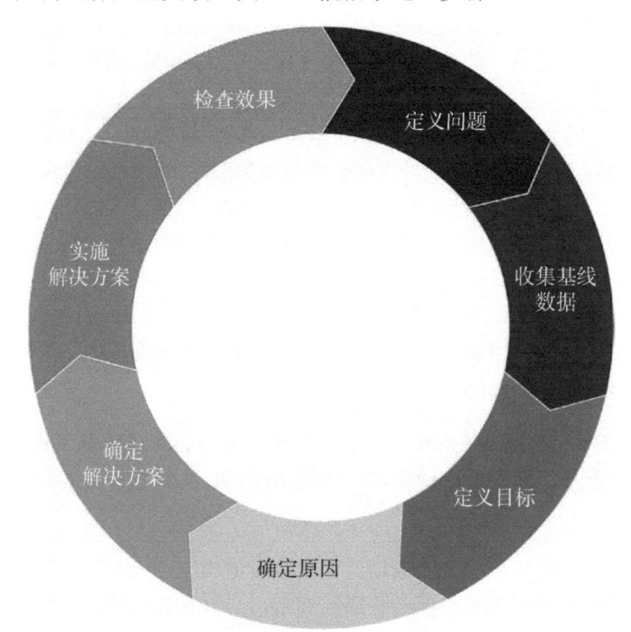

图 23-1　性能优化生命周期

首先，你需要定义问题所在，然后通过监控系统，或者是对查询进行计时等方法来收集基线数据。基线也可以是观测值的组合。然后，就可以定义优化目标。定义“什么才叫足够好的优化目标”非常重要，否则你就不知道优化工作到何种程度才可以停止。下一步，就是确定问题的原因并找到解决方案了。最后，实施选中的解决方案，并将其与基线进行比较来检查优化的效果。如果问题仍未解决，或者已定义了多个问题，则可以重新开始这一循环。

监控在此循环过程中非常重要，因为监控既可用于定义问题、收集基线数据，也可用来检查效果。如果你跳过了这些步骤，你就无法知道解决方案是否有效，以及是否也会影响其他查询。

在你确定解决方案时，请尽量进行尽可能小的更改。这适用于你同时启用的配置选项数量，也适用于你对这些选项的更改程度。如果一次更改了多个选项，就很难去衡量每个选项所做更改的具体效果。例如，有时两个更改的效果可能会相互抵消，因此你就会认为，其中一个更改确实有效，而另一个更改则使情况更糟，那么这个解决方案就是无效的。

配置选项通常也有优点。如果设置的值太小，那么该选项所代表的特性可能无法充分发挥作用，但是如果设置的值太大，那么该特性带来的开销可能超过收益。在这两者之间，就可以进行良好的设置，从而最佳地发挥该特性的功能，并使其开销保持在有限的范围内。如图23-2所示。

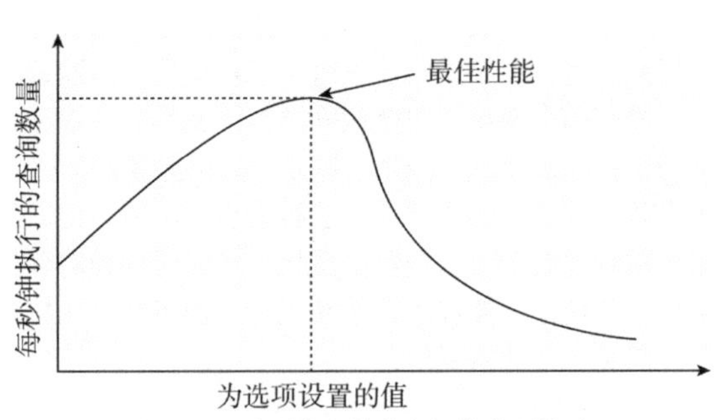

图23-2 选项值与性能之间的典型关系

通过不断进行小幅度的增量更改，你就能最大限度地找到选项的最佳设置值。

这就关系到下一个内容："数量越少，往往越好"。例如你有足够的内存来增加每个查询或者每个连接缓冲区的容量，但这并不意味着你增加了缓冲区的大小，查询就会变得更快。当然，这也取决于选项具体的情况。对于InnoDB缓冲池而言，最好有一个较大的值，因为它有助于减少磁盘I/O，从而尽量从内存中提供数据。关于缓冲池，需要你记住的关键一点是，内存分配操作只在MySQL启动时，以及动态增加缓冲池大小时发生。

但是，对于那些可能为单个查询分配多次的缓冲区(如连接缓冲区)，分配缓冲区的绝对开销也可能成为问题。这将在23.6节"查询缓冲区"中进一步探讨。在所有情况下，对于那些和资源相关的选项，你需要记住，分配给一个特性的资源，往往不能再分配给其他特性了。

"越少越好"的概念，既适用于设置配置选项的最佳值，也适用于你要调整的选项数量。你在配置文件中设置的选项越多，配置文件就越乱，也就越难以保持有关已更改的相关内容及其原因的说明(这也有助于你按照特性对设置进行分组，例如，将所有InnoDB相关的设置放在一起)。如果你习惯于将选项保留为其默认值，则最好还是不要再设置它们。因为默认值反映了MySQL内部的更改，或者是对标准硬件的考虑。

注意 在MySQL 5.6及更高版本中，系统已对配置选项的默认值做了优化。这些更改主要发生在主要版本之间，是基于开发团队的测试，以及MySQL支持团队、客户以及社区成员的反馈而进行的。

建议在开始时，先设置尽可能少的选项。你可能希望设置InnoDB缓冲池的大小、重做日志以及表缓存的大小。你可能还需要设置一些路径和端口，并可能启用某些特性，如全局事务标识符(GTID)或组复制等。此外，再根据观察结果进行配置更改。

提示 从最小化的配置开始，只设置InnoDB缓冲区和重做日志的大小、路径以及端口，并启用所需的特性。否则，仅根据观察结果进行配置更改。

最佳实践列表中的最后两点是相关的：你需要确保了解选项的作用，并考虑其副作用。了解选项的作用，有助于你确定该选项是否对你面临的问题有用，以及该选项可能产生的其他影响。例如，考虑一下sync_binlog选项。该选项用于设置二进制日志的更新应该多久同步到磁盘一次。在MySQL 8中，默认设置是将其与每次提交同步，对于那些性能较差的磁盘来说，这可能会严重影响查询的性能。因此，你可能很将其设置为0，从而禁用强制同步。但是，它的副作用你能接受吗？如果不同步更改，则更改只保留在内存中，直到其他情况发生(例如，需要内存用于他处)

从而强制执行同步操作。这就意味着，如果 MySQL 崩溃了，则内存中的更改将丢失，如果你有副本，就必须重构它，这一点，你能接受吗？

即便可以接受二进制日志事件可能丢失的情况，使用 sync_binlog=0 这一设置也可能带来其他微妙的副作用。仅因为事务提交时同步动作未发生，并不意味着它永远都不会发生。二进制日志最大可以为1GB(max_binlog_size 选项)，再加上最后一个事务的大小。对二进制日志进行轮转(rotate)时，会将旧的二进制日志刷新到磁盘。现在，这就意味着 MySQL 需要处理 1GB 的数据，然后立即将其全部刷新。即使在高速磁盘上，写出 GB 级别的数据也要花费可观的时间。同时，MySQL 将无法执行任何提交操作，因此发出提交申请的任意连接(无论是隐式还是显式)都将停止，直到同步操作完成为止。这可能令人惊讶，并且停滞期可能足够长，从而让最终用户(也可能是客户)忐忑不安。本书的作者曾见到过在二进制日志轮转期间，系统在数秒到半分钟的时间内产生了提交停顿现象。简而言之，sync_binlog=0 为系统给出了总体最高的吞吐量和平均提交延迟，而 sync_binlog=1 则提供了最佳的数据安全性和最可预测的提交延迟。

本章其余部分为与查询优化相关的选项提供了一些建议，而这些选项通常都是需要更改的。

23.2 InnoDB 综述

鉴于所有涉及表的查询都会与 InnoDB 存储引擎发生交互，那么花费一些时间来分析 InnoDB 相关参数的设置就非常重要了。这包括 InnoDB 缓冲池的大小，以及重做日志的大小——这两种配置需要针对大多数生产系统进行调整。

在讨论配置选项之前，我们需要回顾一下数据如何在表空间和缓冲池之间流动，又是如何经过重做日志回到表空间的。图 23-3 简要描述了这一流程。

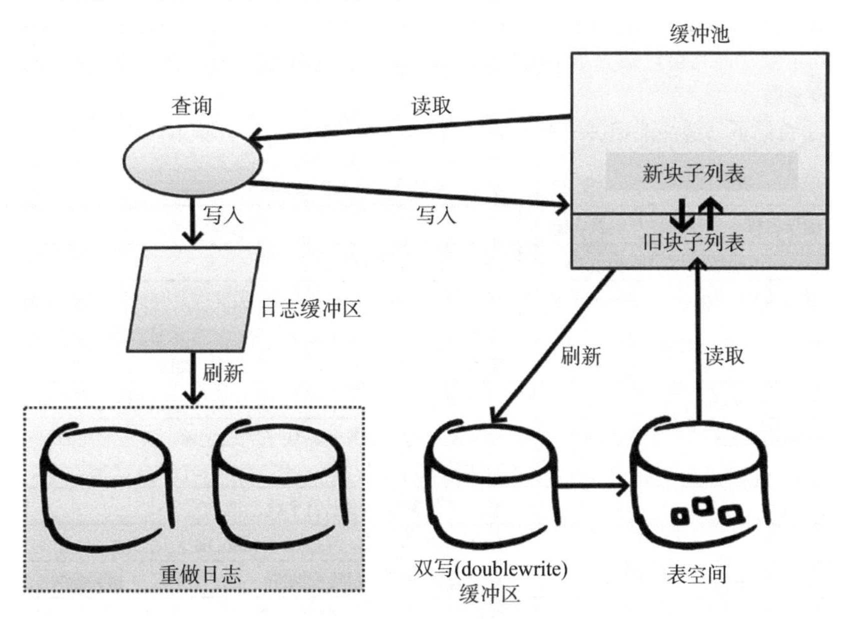

图 23-3 InnoDB 的数据流

当查询请求数据时，总是从缓冲池中读取。如果数据未在缓冲池中，则从表空间中获取数据。InnoDB 将缓冲池分为两部分：旧块子列表和新块子列表。数据总是被作为整页读入旧块子列表的开头(顶部)。如果又一次需要来自同一页的数据，则将数据移到新块子列表中。两个子列表都使用最近最少使用(LRU)算法来确定为新页创建空间时可以驱逐哪些旧页。页从旧块子列表的缓冲池中逐出。由于新页在进入新块子列表之前，会先在旧块子列表中短暂停留，因此这就意味着，如果某个页使用了一次，此后未被使用，那么它很快会被从缓冲池中删除。这样就可以防止诸如备份的大型罕见扫描污染缓冲池。

当查询为更新操作时，更改的内容将被写入内存的日志缓冲区，然后从那里被刷新到至少包含两个文件的重做日志。重做日志以循环方式使用。因此，写入操作从一个日志文件的开头开始，然后填满该文件，再写入下一个日志文件。日志文件大小固定，数量固定。当写入操作到达最后一个日志文件的末尾时，InnoDB 移回第一个日志文件的开头继续写入。

此外，更改也会被写回到缓冲池，并标记为脏数据，直到可将其刷新到表空间文件为止。InnoDB 使用双写缓冲区来确保可能发生崩溃的情况下检查写入是否成功。双写缓冲区是必需的，因为大多数文件系统都无法保证原子写入，毕竟 InnoDB 的页大于文件系统的块。在作者撰写本书时，唯一可以安全禁用双写缓冲区的文件系统是 ZFS。

警告 即使文件系统应该处理 InnoDB 页的原子写入操作，实际上可能也不会起作用。例如，对于启用了日志功能的 EXT4 文件系统，从理论上讲，没有双写缓冲区应该也是安全的，但实际上，这会导致数据损坏。

下一节探讨的配置选项将围绕数据的生命周期展开。

23.3 InnoDB 缓冲池

InnoDB 缓冲池是 InnoDB 缓存数据和索引的地方。由于所有对数据的请求都经过缓冲池，因此从性能的角度看，它自然成为 MySQL 的一个非常重要的组成部分。这里将探讨与缓冲池相关的一些重要参数。

表 23-1 总结了与缓冲池相关的配置选项，你可能需要更改这些选项，从而优化查询性能。

表 23-1 与缓冲池相关的重要配置选项

选项名称	默认值	备注
innodb_buffer_pool_size	128MB	InnoDB 缓冲池的总大小
innodb_buffer_pool_instances	自动设置	缓冲池会被分为多少个部分。如果总大小少于 1GB，则默认值为 1；否则为 8。对于 32 位的 Windows，如果总大小小于 1.3GB，则默认值为 1；否则，将每个实例设置为 128MB，实例总数不得超过 64
innodb_buffer_pool_dump_pct	25	转储缓冲池内容(备份)时，缓冲池中最近使用的页数所占的百分比
innodb_old_blocks_time	1000	将新读取的页提升到新块子列表之前，页必须在旧块子列表中驻留的时间(毫秒)
innodb_old_blocks_pct	37	旧块子列表应该占据整个缓冲池的百分比
innodb_io_capacity	200	在非紧急情况下，每秒允许 InnoDB 使用多少 I/O 操作
innodb_io_capacity_max	2000	在紧急情况下，每秒允许 InnoDB 使用多少 I/O 操作
innodb_flush_method	unbuffered 或 fsync	InnoDB 使用何种方法将更改写入磁盘。在 Windows 平台上默认为 unbuffered(无缓冲)，在 Linux/UNIX 上默认为 fsync

这些选项将在本节剩余的内容中详细探讨，我们从与缓冲池大小有关的选项开始。

注意 选项 key_buffer_size 与缓存 InnoDB 索引无关。该选项在 MySQL 早期版本中得名(当时，MyISAM 存储引擎作为默认引擎)，因此没有在前面加上 myisam 前缀。除非你使用了 MyISAM 表，否则没有理由使用这一选项。

23.3.1 缓冲池大小

这些选项中，最重要的就是缓冲池大小。默认值为 128MB，这非常适合在笔记本电脑上创建测试实例而不必担心会耗尽内存。但对于生产系统而言，你可能想要分配更多内存。你能从增加其大小中受益，直到工作数据集适合缓冲池为止。所谓工作数据集，就是执行查询所需要的数据。通常，这是整个数据集的子集。因为会有一部分数据处于非活动状态，如涉及历史事件的数据。

提示 如果你配置了一个较大的缓冲池并启用了内核转储，则建议你禁用 innodb_buffer_pool_in_core_file 选项。从而避免在发生内核转储时转储整个缓冲池。该选项在 MySQL 8.0.14 及更高版本中可用。

可使用如下公式来获取缓冲池的命中率，即直接从缓冲池执行页请求而不必从磁盘读取的频率：命中率=100-(Innodb_pages_read/Innodb_buffer_pool_read_requests)。这里用到的两个变量 Innodb_pages_read 和 Innodb_buffer_pool_read_requests 是状态变量。

代码清单 23-1 列举了一个如何计算缓冲池命中率的例子。

代码清单 23-1 计算缓冲池的命中率

```
mysql> SELECT Variable_name, Variable_value
         FROM sys.metrics
        WHERE Variable_name IN
               ('Innodb_pages_read',
                'Innodb_buffer_pool_read_requests')\G
*************************** 1. row ***************************
 Variable_name: innodb_buffer_pool_read_requests
Variable_value: 141319
*************************** 2. row ***************************
 Variable_name: innodb_pages_read
Variable_value: 1028
2 rows in set (0.0089 sec)
mysql> SELECT 100 - (100 * 1028/141319) AS HitRate;
+---------+
| HitRate |
+---------+
| 99.2726 |
+---------+
1 row in set (0.0003 sec)
```

在上例中，缓冲池满足了 99.3%的页访问请求。该数字适用于所有缓冲池实例。如果要确定给定时段的缓冲池命中率，则需要在时段的开始和结束分别收集状态变量的值，并在计算中使用其差值。也可从 information 库的 INNODB_BUFFER_POOL_STATS 视图，或 InnoDB 监控器来获取该命中率。这两种情况下，返回的命中率都按照每千个请求来计算。代码清单 23-2 就显示了这样一个示例。当然你需要确保已经执行一些查询从而进行了一些缓冲池活动，这样才能获得有意义的结果。

代码清单 23-2 直接从 InnoDB 获得缓冲池的命中率

```
mysql> SELECT POOL_ID, NUMBER_PAGES_READ,
              NUMBER_PAGES_GET, HIT_RATE FROM information_schema.INNODB_
              BUFFER_POOL_STATS\G
*************************** 1. row ***************************
          POOL_ID: 0
NUMBER_PAGES_READ: 1028
 NUMBER_PAGES_GET: 141319
         HIT_RATE: 1000
1 row in set (0.0004 sec)
mysql> SHOW ENGINE INNODB STATUS\G
*************************** 1. row ***************************
  Type: InnoDB
  Name:
Status:
=================================================
2019-07-20 19:33:12 0x7550 INNODB MONITOR OUTPUT
=================================================
...
----------------------
BUFFER POOL AND MEMORY
----------------------
Total large memory allocated 137363456
Dictionary memory allocated 536469
Buffer pool size   8192
Free buffers       6984
Database pages     1190
Old database pages 428
Modified db pages  0
Pending reads      0
Pending writes: LRU 0, flush list 0, single page 0
Pages made young 38, not young 0
0.00 youngs/s, 0.00 non-youngs/s
Pages read 1028, created 237, written 1065
0.00 reads/s, 0.00 creates/s, 0.00 writes/s
Buffer pool hit rate 1000/1000, young-making rate 0 / 1000 not 0 / 1000
Pages read ahead 0.00/s, evicted without access 0.00/s, Random read ahead
0.00/s
LRU len: 1190, unzip_LRU len: 0
I/O sum[6]:cur[0], unzip sum[0]:cur[0]
...
```

重要的是，你需要意识到，InnoDB 直接返回的命中率，适用于自上一次检查缓冲池统计信息以来的时间段，并且针对的是每个缓冲池实例。如果想完全控制命中率的计算周期，则需要使用状态变量，或使用 INNODB_BUFFER_POOL_STATS 视图中的 NUMBER_PAGES_READ 和 NUMBER_PAGES_GET 来自行计算命中率。

你应该以使缓冲池命中率尽可能接近 100%为目标。也就是说，在某些情况下其实这是根本不可能的，因为数据量可能无法全部加载到内存中。这种情况下，缓冲池命中率依然有用，因为它可让你监控缓冲池随时间的有效性，并将其与常规查询的统计信息进行比较。如果缓冲池的命中率随着查询性能的下降而开始下降，则应该做好准备，以便增加缓冲池的大小。

23.3.2 缓冲池实例

自 MySQL 5.5 以来，已经可支持多个缓冲池实例了。引入这一特性的原因在于，典型的数据库工作负载具有越来越多的并行执行的查询，而且每台主机都在越来越多地使用 CPU。当访问缓冲池中的数据时，这很容易导致互斥量的争用。

减少争用的解决方案之一，就是将缓冲池拆分为多个实例，每个实例都使用不同的互斥量。实例的数量由 innodb_buffer_pool_instances 选项进行控制。用 innodb_buffer_pool_size 设置的缓冲池大小，在所有实例之间平均分配。当然，对于 32 位的 Windows 平台则有所不同。前文已做说明。

对于单线程的工作负载，最佳做法是将所有内存都分配给一个缓冲池。你的工作负载越并行，则越有助于减少争用。增加缓冲池数量的确切效果，取决于并行执行的查询请求数据存储在不同页中的程度。如果所有请求需要的都是不同的页，则增加缓冲池实例数量就很有用。如果所有查询请求同一个页，那增加实例个数就没有好处了。通常情况下，避免使每个缓冲池实例太小。对于大于 8GB 的缓冲池，可以允许每个实例大于 1GB。

23.3.3 转储缓冲池

重启数据库的常见问题之一，就是在对缓存进行预热之前，缓存在一段时间之内都是无法正常工作的。这会导致非常差的查询性能和最终用户满意度。解决此问题的方法，就是在关闭数据库时，将缓冲池中最常用的页列表进行转储，并在重启后立即将这些页再读入缓冲池，即使没有查询请求也是如此。

该特性默认情况下为启用状态，主要需要考虑的事情是，应该在转储动作中处理多少缓冲池。这由 innodb_buffer_pool_dump_pct 选项控制，该选项获取要包含的页百分比；默认值为 25%。这些页是从新块子列表的开头读取的，因此包含的就是最近使用的页。

转储内容只包含了对应读取页的引用信息，因此生成的转储大小为每页 8 个字节。如果你的缓冲池大小为 128GB，正在使用的页大小为 16KB，则缓冲池中可以有 8 388 608 个页。如果将默认的 25%用于缓冲池转储，则转储内容大小为 16MB。转储内容存放在数据目录下的 ib_buffer_pool 文件中。

提示　当你通过复制表空间文件(物理备份或原始备份)来创建备份时，也应该备份 ib_buffer_pool 文件。可使用 innodb_buffer_pool_dump_now 选项来创建最近使用的页的副本。例如，这可以由 MySQL Enterprise Backup 自动完成。但对于逻辑备份(将数据导出为 SQL 或 CSV 文件)而言，ib_buffer_pool 文件就没有什么用了。

如果重启后遇到查询缓慢的问题，则可考虑增加 innodb_buffer_pool_dump_pct 的大小。从而在转储文件中包含更多缓冲池页。增加该选项大小的主要缺点是，随着导出更多的页引用，系统关闭会花费更长时间。并且 ib_buffer_pool 文件也会变大，重启后加载页需要的时间也会更长。虽然将页加载到缓冲池的操作是在后台完成的，但如果包含的页更多，那么将这些页还原到缓冲池的时间也会更长。

23.3.4 旧块子列表

如果你的数据集大于缓冲池的大小，那么潜在的问题是，大型扫描仅会提取它感兴趣的数据，然后长时间弃之不用。发生这种情况时，你可能从缓冲池中驱逐出那些会被频繁使用的数据，而使用这些数据的查询会受到影响，直到扫描完成，缓冲池中的数据再次实现平衡为止。逻辑备份(例如 mysqlpump 和 mysqldump 所做的备份)是可以触发这类问题的很好的示例。备份过程需要扫描所有数据，但是直到下一次备份，才会再次需要使用这些数据。

为避免此问题，缓冲池被分为两个子列表：新块子列表和旧块子列表(Old Blocks Sublist)。当从表空间中读取页时，它们首先在旧块子列表中被“隔离”，并且仅当该页在缓冲池中保留的时间超过了 innodb_old_blocks_time 所设置的毫秒数并被再次使用时，该页才会被移到新块子列表上。这有助于增加缓冲池对扫描的抵抗力，因为单个表扫描只是快速连续地读取页中的行，然后就不再使用该页了。因而待扫描完成，InnoDB 就可以自由删除这些页了。

innodb_old_blocks_time 的默认值为 1000 毫秒，对于大多数工作负载来说，这足以避免扫描污染缓冲池了。如果你有作业正在执行扫描，但是不久后(大于一秒)作业又返回来扫描同一行数据的话，而你不希望后续访问将页提升到新块子列表中，则可以考虑增加 innodb_old_blocks_time 的设置。

旧块子列表的大小由 innodb_old_blocks_pct 选项设置，该选项指定了用于旧块子列表的缓冲池百分比。默认值为 37%。如果缓冲池很大，则可能需要减少 innodb_old_blocks_pct 以免新加载的页占用过多缓冲池。旧块子列表的最大大小还取决于你将临时页加载到缓冲池的速率。

也可采用类似获取缓冲池命中率的方式，来监控旧块子列表和新块子列表的使用情况。代码清单 23-3 显示了使用 INNODB_BUFFER_POOL_STATS 视图和 InnoDB 监控器的输出示例。

代码清单 23-3 获取新块子列表和旧块子列表的相关信息

```
mysql> SELECT PAGES_MADE_YOUNG,
              PAGES_NOT_MADE_YOUNG,
              PAGES_MADE_YOUNG_RATE,
              PAGES_MADE_NOT_YOUNG_RATE,
              YOUNG_MAKE_PER_THOUSAND_GETS,
              NOT_YOUNG_MAKE_PER_THOUSAND_GETS
         FROM information_schema.INNODB_BUFFER_POOL_STATS\G
*************************** 1. row ***************************
              PAGES_MADE_YOUNG: 98
          PAGES_NOT_MADE_YOUNG: 354
         PAGES_MADE_YOUNG_RATE: 0.00000000383894451752074
     PAGES_MADE_NOT_YOUNG_RATE: 0
  YOUNG_MAKE_PER_THOUSAND_GETS: 2
NOT_YOUNG_MAKE_PER_THOUSAND_GETS: 10
1 row in set (0.0005 sec)

mysql> SHOW ENGINE INNODB STATUS\G
*************************** 1. row ***************************
  Type: InnoDB
  Name:
Status:
=====================================
2019-07-21 12:06:49 0x964 INNODB MONITOR OUTPUT
=====================================
...
----------------------
BUFFER POOL AND MEMORY
----------------------
Total large memory allocated 137363456
Dictionary memory allocated 463009
Buffer pool size   8192
Free buffers       6974
```

```
Database pages      1210
Old database pages  426
Modified db pages   0
Pending reads       0
Pending writes: LRU 0, flush list 0, single page 0
Pages made young 98, not young 354
0.00 youngs/s, 0.00 non-youngs/s
Pages read 996, created 223, written 430
0.00 reads/s, 0.00 creates/s, 0.00 writes/s
Buffer pool hit rate 1000 / 1000, young-making rate 2 / 1000 not 10 / 1000
Pages read ahead 0.00/s, evicted without access 0.00/s, Random read ahead
0.00/s
LRU len: 1210, unzip_LRU len: 0
I/O sum[217]:cur[0], unzip sum[0]:cur[0]
...
```

使页“年轻”意味着将位于旧块子列表中的页移到新块子列表中。页没有变得太“年轻”，那就是它还停留在旧块子列表中。自上次获取数据以来，会有两个以秒为单位的速率值(参见上述代码清单中的粗体部分)。它们显示了在每千个页请求中，保留在旧块子列表中的页数，以及被移到新块子列表中的页数。当然，这也是自上次报告以来这一时间段内的平均数据。

可能需要你配置旧块子列表的迹象之一，就是扫描正在进行时，缓冲池的命中率降低。如果页变“年轻”的比例很高，同时你又在进行较大的扫描操作，则应该考虑增加 innodb_old_blocks_time 的大小，从而防止后续读取操作让页移到新块子列表中。或者，也可考虑减少 innodb_old_blocks_pct 的设置，从而让页在旧块子列表中存在较短时间后就被移出。

反之亦然，如果扫描的次数很少，并且页还停留在旧块子列表中(非“年轻”页的统计数据很高)，则应该考虑减小 innodb_old_blocks_time 的设置，以便更快地将页提升到新块子列表中，或增加 innodb_old_blocks_pct 的设置，从而让页在被移出之前，能够在旧块子列表中停留更长时间。

23.3.5 刷新页

InnoDB 需要平衡将更改内容合并到表空间中的工作难度。如果太懒，那么重做日志就会被填满，并且需要执行强制刷新；但如果工作太频繁，则又可能会影响系统其他部分的性能。不必说，要实现这一平衡是很困难的。除了在崩溃恢复期间，或者是还原物理备份(例如使用 MySQL Enterprise Backup 创建的备份)之后，通常，将脏页从缓冲池中刷新到表空间文件来执行合并操作。

不过在最新的 MySQL 版本中，你通常不必做太多事情，因为只要有足够的重做日志，InnoDB 使用的自适应刷新算法就能很好地实现平衡。首先，你需要考虑三个相关选项；其中两个用于设置系统的 I/O 容量，另一个用于设置刷新方法。

与 I/O 容量相关的两个选项是 innodb_io_capacity 和 innodb_io_capacity_max。前者在正常的更改刷新期间使用，并且应该设置为允许 InnoDB 每秒钟使用的 I/O 操作次数。当然实际上，要知道究竟使用什么值比较合适并不容易。其默认值为 200，这大致对应于低端 SSD 的性能表现。通常，如果是高端存储，则可将其设置为几千，以便从中受益。最好从一个较低的设置开始，如果监控结果显示刷新操作滞后，并且 I/O 容量还有空闲，就可将其调大。

注意 innodb_io_capacity 和 innodb_io_capacity_max 选项不仅可用于确定 InnoDB 将脏页刷新到表空间文件的速度，也会影响其他 I/O 操作，例如对来自更改缓冲区的数据进行合并等。

innodb_io_capacity_max 选项说明在刷新操作滞后的时候，应该允许 InnoDB 进行多大程度的推送。其默认值为 2000。大多数情况下，即便你使用的是低端磁盘，该默认值也可以很好地工作。当然也可考虑将其调低到 1000 以下。如果你遇到了异步刷新(将在 23.4 节介绍)，并且你的监控结果显示 InnoDB 没有使用足够的 I/O 容量，则请增加该选项的设置。

警告 将 I/O 容量设置得过高的话，会严重影响系统的性能。

脏页的刷新，可通过多种方法来完成。例如，可使用操作系统 I/O 缓存，或绕过 I/O 缓存等。这是由 innodb_flush_method 选项控制的。在 Windows 平台上，可以选择 unbuffered(默认值，也是推荐值)或 normal。但在 Linux/UNIX 上，选择就稍微困难一些。

- **fsync**：默认值。InnoDB 使用 fsync()系统调用，数据将缓存在操作系统的 I/O 缓存中。
- **0_DSYNC**：在打开重做文件(同步写入)时，InnoDB 使用 0_SYNC 此选项，并将 fsync 用于数据文件。使用 0_SYNC 而不是 0_DSYNC 的原因是，已经证明了使用 0_DSYNC 太不安全，因此改用 0_SYNC。
- **0_DIRECT**：类似于 fsync，但绕过了操作系统的 I/O 缓存。它仅适用于表空间文件。
- **0_DIRECT_NO_FSYNC**：与 0_DIRECT 相同，但跳过了 fsync()系统调用。由于 EXT4 和 XFS 文件系统中的 bug，直到 MySQL 8.0.14 在应用了这些 bug 的解决方案之后，才可以安全地使用这一设置。如果重做日志与表空间文件位于不同的文件系统上，则应该使用 0_DIRECT，而非 0_DIRECT_NO_FSYNC。在大多数生产系统上，这往往是最佳选择。

此外，还有几种实验性质的刷新方法，它们只用于性能测试(请参考 https://dev.mysql.com/doc/refman/en/innodb-parameters.html#sysvar_innodb_flush_method)，故这里不做介绍。

采用何种刷新方法才能获得最佳性能？这种选择是非常复杂的。InnoDB 本身会缓存数据，并可能比操作系统做得更好(因为 InnoDB 知道如何使用数据)；你当然可以相信使用 0_DIRECT 等选项之一就能发挥最佳性能，并且通常情况下往往也是如此。但是，现实往往更复杂，并且在某些情况下，使用 fsync 可能反倒更快。因此，你需要在系统上进行测试来确定哪种刷新方法更有效。另一件事情是，在不重启操作系统的情况下重启 MySQL 时，如果使用了 fsync 的刷新方法，则 InnoDB 可在首次读取数据时，从 I/O 缓存中受益。

而在数据流的另一端，还有一个称为重做日志的东西。

23.4 重做日志

重做日志用于保留提交的更改，同时提供顺序的 I/O 从而尽量提高性能。为了提升性能，首先将更改写入内存日志缓冲区，然后写入日志文件。

然后，后台进程将缓冲池中的更改通过双写缓冲区合并到表空间中。尚未合并到表空间文件中的页将无法从缓冲池中移出，因为它们被视为脏页。页是脏的，意味着它的内容与表空间文件中同一页的内容不同。因此，在合并更改前，InnoDB 不允许从表空间中读取此页。

表 23-2 总结了与重组日志相关的配置选项，你可能需要更改这些选项来优化查询性能。

表 23-2 用于重做日志的一些重要配置选项

选项名称	默认值	备注
innodb_log_buffer_size	16MB	重做日志事件在写入磁盘重做日志文件之前，存储在内存中的日志缓冲区的大小
innodb_log_file_size	48MB	日志文件中每个文件的大小
innodb_log_files_in_group	2	日志文件中的文件个数。至少为两个文件

本节余下的内容将探讨这些选项。

23.4.1　日志缓冲区

日志缓冲区是 InnoDB 在将重做日志事件写入到磁盘之前，用来缓存重做日志事件的内存缓冲区。这就允许事务将更改保存在内存中，直到缓冲区已满，或者提交更改为止。日志缓冲区的默认大小为 16MB。

如果你正在执行一个大型事务或大量较小的并发事务，则建议增加日志缓冲区的大小。可使用 innodb_log_buffer_size 选项来设置日志缓冲区的大小。在 MySQL 8 中(与旧版本不同)，可以对该选项进行动态修改。最佳情况是，该缓冲区应该足够大，从而使得 InnoDB 仅在提交更改之后才写出。不过，显然还需要考虑一下内存的其他用途。如果单个事务在缓冲区中生成大量更改，这也可能减缓提交的速度，因为此时需要将所有更改都写入重做日志。所以如果日志缓冲区非常大，那就是另一回事了。

一旦日志缓冲区已满或提交事务，就会将重做日志事件写入重做日志文件。

23.4.2　日志文件

重做日志大小固定，由多个文件(至少两个)组成，每个文件大小相同。配置重做日志时主要考虑的因素是要确保重做日志足够大而不会变成“已满”。在实践中，所谓的已满，指的就是触发异步刷新时的文件容量使用比例，即 75%。异步刷新会阻塞触发了刷新操作的线程，而其他线程原则上来讲还是可以继续运行的。而实际上，异步刷新往往非常“来势汹汹”，它通常会让整个系统停滞下来。此外，有一个同步刷新，即重做日志文件使用率超过 90%时触发，这将阻塞所有线程。

可使用 innodb_log_file_size 和 innodb_log_file_in_group 这两个选项来控制重做日志的大小。重做日志的总大小，就是这两个选项之积。建议将文件大小设置为最大 1～2GB，并调整文件个数，最少为两个。不要让每个重做日志文件变得很大的原因，是它们会被缓存在操作系统的 I/O 缓存中(即便使用了 innodb_flush_method=0_DIRECT)；并且文件越大，重做日志使用 I/O 缓存中大量内存的可能性就越大。重做日志的总大小不得超过 512GB，最多可以有 100 个文件。

注意　重做日志越大，可存储的更改就越多，并且这些更改尚未从缓冲池刷新到表空间。因此，这可能增加系统崩溃时所需的恢复时间，以及执行正常关机时所花费的时间。

确定应该使用多大重做日志的最佳方法，就是通过监控来查看生成的重做日志量。图 23-4 显示了一些相关的图形示例。它们显示了重做日志的 I/O 速度，以及由检查点延迟测量的重做日志的使用情况。如果要创建类似的内容，则需要执行大量的写日志操作，可以考虑使用 employees 示例数据库。当然，究竟需要什么样的重做日志，则取决于硬件、配置，以及其他进程如何使用这些资源等信息。

确保重做日志中未发生检查点操作的部分不超过 75%是很重要的。在上例中，使用重做日志的峰值约为 73MB(14:37)，总量为 96MB，这意味着 76%的重做日志被用于脏页。同时意味着在该时间附近，应该存在异步刷新操作，这可能影响当时运行的查询。也可以使用重做日志的 I/O 比率来了解文件系统为重做日志执行 I/O 操作的压力。

手动检查当前重做日志使用情况的最佳方法，就是启用 log_lsn_current 和 log_lsn_last_checkpoint 这两个 InnoDB 指标，可使用它们来查询当前的日志序列号和发生上一个检查点操作时的日志序列号。然后，计算检查点延迟比例的公式如下：

$$延迟比例 = 100 * \frac{log\_lsn\_last\_checkpoint - log\_lsn\_current}{日志文件数量 \times 日志文件大小}$$

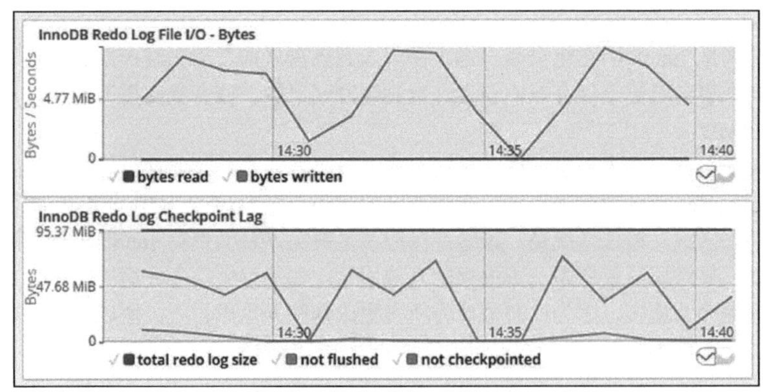

图 23-4 重做日志的时间序列图

可从 information 库的 INNODB_METRICS 表，或 sys.metrics 视图中获取这些指标的当前值。另外，可从 InnoDB 监控器的 LOG 部分获得日志的序列化，而不必在意该指标是否已经被启用。代码清单 23-4 显示了使用这些指标来计算检查点滞后的示例。

代码清单 23-4 查询重做日志的使用情况

```
mysql> SET GLOBAL innodb_monitor_enable = 'log_lsn_current',
           GLOBAL innodb_monitor_enable = 'log_lsn_last_checkpoint';
Query OK, 0 rows affected (0.0004 sec)

mysql> SELECT *
           FROM sys.metrics
          WHERE Variable_name IN ('log_lsn_current',
                                  'log_lsn_last_checkpoint')\G
*************************** 1. row ***************************
 Variable_name: log_lsn_current
Variable_value: 1678918975
          Type: InnoDB Metrics - log
       Enabled: YES
*************************** 2. row ***************************
 Variable_name: log_lsn_last_checkpoint
Variable_value: 1641343518
          Type: InnoDB Metrics - log
       Enabled: YES
2 rows in set (0.0078 sec)

mysql> SELECT ROUND(
                100 * (
                   (SELECT COUNT
                      FROM information_schema.INNODB_METRICS
                    WHERE NAME = 'log_lsn_current')
                 - (SELECT COUNT
                     FROM information_schema.INNODB_METRICS
                    WHERE NAME = 'log_lsn_last_checkpoint')
                 ) / (@@global.innodb_log_file_size
                     * @@global.innodb_log_files_in_group
```

```
            ), 2) AS LogUsagePct;
+-------------+
| LogUsagePct |
+-------------+
|      39.25  |
+-------------+
1 row in set (0.0202 sec)

mysql> SHOW ENGINE INNODB STATUS\G
*************************** 1. row ***************************
  Type: InnoDB
  Name:
Status:
=================================================
2019-07-21 17:04:09 0x964 INNODB MONITOR OUTPUT
=================================================
...
---
LOG
---
Log sequence number          1704842995
Log buffer assigned up to    1704842995
Log buffer completed up to   1704842235
Log written up to            1704842235
Log flushed up to            1696214896
Added dirty pages up to      1704827409
Pages flushed up to          1668546370
Last checkpoint at           1665659636
5360916 log i/o's done, 23651.73 log i/o's/second
...
```

首先启用所需的 InnoDB 指标。启用这些指标的开销很小，因此可以直接启用。然后从 sys.metrics 视图中查询这些指标的值，再使用 INNODB_METRICS 表来计算滞后比例。最后，在 InnoDB 监控器的输出中也可找到日志的序列号。日志的序列号变化非常快，因此即便你快速对其进行连续查询，但只要有工作负载正在运行，序列号也将发生变化。这些值反映了 InnoDB 已完成的工作量(以字节为单位)，因此在任意两个系统上都是不同的。

23.5 并行查询执行

从 MySQL 8.0.14 开始，InnoDB 对并行执行的查询提供了有限的支持。并行查询是通过多个读取线程对簇聚索引或分区进行扫描而发生的。在 MySQL 8.0.17 中，对并行查询的实现得到了极大改进。

并行扫描会根据要扫描的索引子树的数量自动进行。可通过设置 innodb_parallel_read_threads 选项，来配置 InnoDB 可为跨所有连接的并行执行创建的最大线程数。这些线程被创建为后台线程，并且只在需要时存在。如果所有并行线程都在使用中，InnoDB 将所有其他查询改为单线程执行，直到有可用的并行线程为止。

从 MySQL 8.0.18 开始，并行扫描用于没有任何过滤条件的 SELECT COUNT(*)语句(允许查询多张表)，以及进行第二次 CHECK TABLE 的情形。

通过查找名为 thread/innodb/parallel_read_thread 的线程，可从 performance_schema.threads 表查看并行线程的当前使用情况。如果想尝试使用这一特性，可以使用 MySQL shell 中的 Python 模

式来统计 employee.salaries 表中的行：

```
Py> for i in range(100): session.run_sql('SELECT COUNT(*) FROM employees.
salaries')
```

如果 innodb_parallel_read_threads = 4(默认值)，performance_schema.threads 的输出示例如下：

```
mysql> SELECT THREAD_ID, TYPE, THREAD_OS_ID
         FROM performance_schema.threads
        WHERE NAME = 'thread/innodb/parallel_read_thread';
+-----------+------------+--------------+
| THREAD_ID | TYPE       | THREAD_OS_ID |
+-----------+------------+--------------+
|        91 | BACKGROUND |        12488 |
|        92 | BACKGROUND |         5232 |
|        93 | BACKGROUND |        13836 |
|        94 | BACKGROUND |        24376 |
+-----------+------------+--------------+
4 rows in set (0.0005 sec)
```

也可尝试使用一些较小的表，例如 world 示例数据库中的表，然后查看后台线程数的差异。

如果你发现在大多数时间，所有已配置的读取线程已在使用中，并且 CPU 资源还有富余，则可考虑增加 innodb_parallel_read_threads 值。该选项支持的最大值为 256。但也需要记住，应该为单线程查询保留足够的 CPU 资源。

如果看到了信号量等待，并且监控 CPU 发现许多并行读取线程在执行时，存在争用 CPU 资源的现象，则可考虑减少 innodb_parallel_read_threads 值来减少查询的并行性。

23.6　查询缓冲区

在查询执行期间，MySQL 会使用多个缓冲区。这包括缓冲表连接中用到的列值，进行排序等。令人感兴趣的是，对于这些缓冲区，也有更好的选择。但通常情况并非如此。恰恰相反，有时却是越少越好。本节将探讨为何会是这样。

当 MySQL 需要为查询，或者查询的一部分使用缓冲区时，有几个因素决定了对查询的影响。这些因素包括：

- 缓冲区是否足够大以完成所需的工作？
- 是否有足够的内存？
- 分配缓冲区的成本有多高？

如果缓冲区不够大，那么由于需要多次迭代，或者有必要将部分数据溢出到磁盘，因此相关算法可能无法达到最佳状态。不过，某些情况下，缓冲区应该配置为最小值而非最大值。例如，连接缓冲区的大小由 join_buffer_size 设置的情况就是如此。建议始终为其分配最小值，如果最小值不足以容纳连接时所需的列，则根据需要进行扩展。

关于内存相关的问题也很多。MySQL 崩溃最常见的原因，可能是操作系统内存不足，然后操作系统取消(kill)了 MySQL。并且各个缓冲区所需的内存，往往不会为单个查询带来太多的性能提升。但是如果你考虑所有同时执行的查询，再加上空闲连接，以及全局分配所需的内存，你可能突然发现内存其实是不足的，也可能出现 swap 现象。自然，这也是主要的性能杀手。

大多数人对最后一点更为惊讶。那就是分配内存也是需要开销的。通常你需要的内存越多，那么每个字节的平均开销就越大。例如，在 Linux 上，内存的分配方法与各种阈值存在关系。阈值大小取决于 Linux 的发行版本，可能是 256KB 或 2MB 等。如果超过其中一个阈值，那所采用的分配方法带来的开销可能就会更大。这也是将 join_buffer_size、sort_buffer_size 和 read_rnd_buffer_size 等选项的默认值设置为256KB的原因之一。这意味着最好有一个稍微小一些的缓冲区，因为最佳大小的缓冲区所带来的好处，可能不足以补偿分配内存所带来的开销。

提示 缓冲区的分配是需要改进的领域之一。因此某些情况下升级可使你使用较大的缓冲区却没有传统上的一些缺点。例如，在 MySQL 8.0.12 及更高版本中，就使用了一种新的排序缓冲区算法。这意味着在 Linux/UNIX 上，或者是对于 Windows 上的非并行排序，内存是增量分配的。这使得为 sort_buffer_size 设置较大的值更安全。因此你仍然需要考虑单个查询应该使用多少内存。

因此，最好为查询期间使用的缓冲区分配保守的值。保持全局级别的设置在一个较小的级别(默认值就是一个很好的起点)，并且只对查询逐步增加。这样，就可以证明在增加缓冲区的大小时，会显著改善性能。

23.7 内部临时表

当查询需要存储子查询的结果，或对 UNION 语句的结果进行合并时，就会用到内部临时表。MySQL 8 引入了新的 TempTable 存储引擎，将表保留在内存中时，该引擎能提供比之前的 MEMORY 引擎更优越的性能。它支持可变宽度的列(MySQL 8.0.13 开始支持 blob 和 text 列)。此外，TempTable 引擎还支持使用 mmap 将数据溢出到磁盘，因此如果表不适合内存的话，则可避免存储引擎的转换问题。

对于 MySQL 8 中使用的内部临时表，主要考虑两个设置：TempTable 引擎允许使用多少内存，数据需要溢出到磁盘时该如何处理。

可使用 temptable_max_ram 选项来配置内部临时表可用的最大内存量。这是一个全局设置，默认为1GB。该内存容量在需要内部临时表的所有查询之间共享，因此会限制总的内存使用量。可动态设置 temptable_max_ram 选项。

如果内存不足，则需要将临时表存储在磁盘上。如何完成此操作，由 MySQL 8.0.16 中引入的 temptable_use_mmap 选项控制。该选项的默认值为 ON，这就意味着 TempTable 引擎为磁盘上的数据分配空间，作为内存映射的临时文件。这也是 MySQL 8.0.16 之前使用的方法。如果该选项被设置为 OFF，则会使用 InnoDB 的磁盘内部临时表。除非你遇到了内存映射文件的问题，否则建议使用默认设置。

可使用 performance 库中的 memory/temptable/physical_ram 以及 memory/temptable/physical_disk 等事件来监控 TempTable 的内存使用情况。物理 RAM 事件可显示 TempTable 引擎的内存部分的内存使用情况，物理磁盘事件则显示 temptable_use_mmmap=ON 时内存映射部分的情况。代码清单 23-5 显示了查询这两个内存事件的相关示例。

代码清单 23-5 查询 TempTable 的内存使用情况

```
mysql> SELECT *
         FROM sys.memory_global_by_current_bytes
        WHERE event_name
              IN ('memory/temptable/physical_ram',
                  'memory/temptable/physical_disk')\G
************************** 1. row ***************************
       event_name: memory/temptable/physical_ram
    current_count: 14
    current_alloc: 71.00 MiB
```

```
current_avg_alloc: 5.07 MiB
       high_count: 15
       high_alloc: 135.00 MiB
   high_avg_alloc: 9.00 MiB
*************************** 2. row ***************************
       event_name: memory/temptable/physical_disk
    current_count: 1
    current_alloc: 64.00 MiB
current_avg_alloc: 64.00 MiB
       high_count: 1
       high_alloc: 64.00 MiB
   high_avg_alloc: 64.00 MiB
2 rows in set (0.0012 sec)

mysql> SELECT *
         FROM performance_schema.memory_summary_global_by_event_name
        WHERE EVENT_NAME
               IN ('memory/temptable/physical_ram',
                   'memory/temptable/physical_disk')\G
*************************** 1. row ***************************
                  EVENT_NAME: memory/temptable/physical_disk
                 COUNT_ALLOC: 2
                  COUNT_FREE: 1
   SUM_NUMBER_OF_BYTES_ALLOC: 134217728
    SUM_NUMBER_OF_BYTES_FREE: 67108864
              LOW_COUNT_USED: 0
          CURRENT_COUNT_USED: 1
             HIGH_COUNT_USED: 1
    LOW_NUMBER_OF_BYTES_USED: 0
CURRENT_NUMBER_OF_BYTES_USED: 67108864
   HIGH_NUMBER_OF_BYTES_USED: 67108864
*************************** 2. row ***************************
                  EVENT_NAME: memory/temptable/physical_ram
                 COUNT_ALLOC: 27
                  COUNT_FREE: 13
   SUM_NUMBER_OF_BYTES_ALLOC: 273678336
    SUM_NUMBER_OF_BYTES_FREE: 199229440
              LOW_COUNT_USED: 0
          CURRENT_COUNT_USED: 14
             HIGH_COUNT_USED: 15
    LOW_NUMBER_OF_BYTES_USED: 0
CURRENT_NUMBER_OF_BYTES_USED: 74448896
   HIGH_NUMBER_OF_BYTES_USED: 141557760
2 rows in set (0.0004 sec)

mysql> SELECT *
         FROM performance_schema.memory_summary_by_thread_by_event_name
        WHERE EVENT_NAME
              IN ('memory/temptable/physical_ram',
                  'memory/temptable/physical_disk')
          AND COUNT_ALLOC > 0\G
*************************** 1. row ***************************
                   THREAD_ID: 29
                  EVENT_NAME: memory/temptable/physical_disk
                 COUNT_ALLOC: 2
                  COUNT_FREE: 1
   SUM_NUMBER_OF_BYTES_ALLOC: 134217728
```

```
      SUM_NUMBER_OF_BYTES_FREE: 67108864
               LOW_COUNT_USED: 0
           CURRENT_COUNT_USED: 1
              HIGH_COUNT_USED: 1
      LOW_NUMBER_OF_BYTES_USED: 0
  CURRENT_NUMBER_OF_BYTES_USED: 67108864
     HIGH_NUMBER_OF_BYTES_USED: 67108864
1 row in set (0.0098 sec)
```

在上述示例中，前两个查询请求查看全局使用情况，第三个查询则查看了每个线程的使用情况。第一个查询使用 sys.memory_global_by_current_bytes 视图，该视图返回当 current_alloc 大于 0 时的事件，这表明 TempTable 正在使用当中，并且其中一部分数据已经使用内存映射文件溢出到磁盘上了。第二个查询使用了 performance 库，即使当前没有分配内存，它也始终会返回两个事件的数据。第三个查询则显示了哪些线程已经分配了 TempTable 内存，由于 TempTable 溢出的实现方式，因此使用 performance 库无法查看到哪些线程在磁盘上具有内存映射文件。

23.8 本章小结

本章介绍了配置 MySQL 示例的一般注意事项以及最常需要调整的选项。当你考虑对配置进行更改时，最重要的事情是，你需要考虑为什么需要更改，应该解决什么问题，以及为何需要解决该问题；在更改完成后，还需要确认这种更改是否有效。因此，可以通过每次对单个选项进行较小幅度的增量更改来确认其效果。

最可能从非默认值中受益的三个选项，是用于设置 InnoDB 缓冲池大小的 innodb_buffer_pool_size 和用于设置重做日志的 innodb_log_file_size 以及 innodb_log_files_in_group 选项。我们也讨论了与 InnoDB 相关的其他选项，例如控制缓冲池实例的数量、转储时应该处理的缓冲池数量、旧块子列表、刷新页的方式以及重做日志缓冲区的大小等。

在 MySQL 8.0.14 及更高版本中，也支持一些查询的并行处理。可以使用 innodb_parallel_read_threads 选项来限制查询的并行性。该选项从 8.0.17 开始，指定 InnoDB 将在所有连接上可以创建的并行线程总数。并行执行线程被视作后台线程，且只在并行执行查询时存在。

当然，你的查询也可能从较大的查询缓冲区中受益，但是你需要务必小心，因为较大的值不一定比较小的值更好。建议对这些缓冲区使用默认值，并且仅在测试发现确实能带来显著好处的查询中才增加其默认值。

最后，我们还介绍了内部临时表。在 MySQL 8 中，它们使用 TempTable 引擎，该引擎支持在达到全局最大内存使用量时将数据溢出到磁盘。将内部临时表存储在磁盘上时，也可以将其转换为 InnoDB 存储引擎。

下一章中，我们将介绍如何改变查询，从而使其表现更好。

第24章

改变查询计划

表现不佳的查询无法按预期的方式工作，原因可能有多种，其范围可以覆盖从由于方案不佳到低级别的原因等多个方面，如次优的查询计划，或资源争用。本章将介绍一些常见情况及其解决方案。

我们首先介绍本章大部分示例都将使用的测试数据，然后探讨出现过多全表扫描的症状。接着介绍查询中出现错误是如何导致严重性能问题的，以及为何存在索引却无法使用。本章的中间部分将介绍如何通过改善索引的使用，或者重写复杂查询等多种方法，来改善查询。最后，将探讨如何使用 SKIP LOCKED 子句来实现队列系统，以及如何处理包含多个 OR 条件的查询，或具有很多值的 IN()子句查询。

24.1　测试数据

在本章的示例中，将使用专为本章创建的测试数据。如果你想自己运行本章中的示例，则可从本书 GitHub 库中的文件 Chapter_24.sql 获得相关内容。该脚本会先删除 Chpater_24 方案，然后重新创建它。

可使用 MySQL shell 中的\source 命令，或者是 mysql 命令行客户端中的 source 命令来执行该脚本。例如：

```
mysql shell> \source chapter_24.sql
...
mysql shell> SHOW TABLES FROM chapter_24;
+----------------------+
| Tables_in_chapter_24 |
+----------------------+
| address              |
| city                 |
| country              |
| jobqueue             |
| language             |
| mytable              |
| payment              |
| person               |
+----------------------+
8 rows in set (0.0033 sec)
```

运行该脚本前，需要先安装 world 示例数据库。

注意　由于索引的统计信息，是通过索引随机下潜来确定的，因此每次分析之后它们的值可能会有所不同。所以，在尝试本章中的示例时，不要期望每次都能得到相同的输出结果。

24.2　出现过多全表扫描的症状

导致查询出现最严重性能问题的原因之一是全表扫描。尤其是当涉及联接操作，且表扫描操作并非发生在查询块中的第一张表上时。这会给 MySQL 带来很大的工作量，也会影响其他联接。当 MySQL 由于没有过滤条件，或对于给定的条件没有相应的索引时，将进行全表扫描。全表扫描的副作用是许多数据可能被加载到缓冲池，而这些数据甚至可能从未返回给应用程序。这就使得磁盘的 I/O 数量急剧增加，从而导致进一步的性能问题。

查询执行了过多表扫描时，需要注意的症状是 CPU 使用率增加、访问的行数增加、索引使用率降低、磁盘 I/O 增加以及 InnoDB 缓冲池效率降低。

为检测是否出现了过多全表扫描，最佳方法是查看监控系统。直接方法是在 performance 库中查找那些已被标记为使用了全表扫描的查询，并将已检查行的比例与返回的行，或受影响的行数进行比较，如第 19 章所述。还可查看时间序列图形，以发现访问了太多行或 CPU 使用率过高的模式。图 24-1 显示了在 MySQL 实例上进行全表扫描时的监控图形(在模拟这样的情况时，employees 示例数据库会很有用，因为它包含了一些足够大的表，使得可以进行一些较大的扫描)。

在图 24-1 中，请注意图形的左侧，访问的行数、通过全表扫描读取的行的访问率，以及 CPU 使用率是如何增加的。另外，返回的行数与访问的行数相比，变化很小(以百分比为单位)。尤其是第二张图，显示了通过索引与全表扫描相比，读取行的比例，以及读取的行和返回的行之间的比例，表明这里是存在问题的。

提示　与联接有关的全表扫描，在 MySQL 8.0.18 或更高版本中可能并非大问题。因为对于等值连接，MySQL 可使用哈希联接。也就是说，哈希联接仍可将超出所需数量的数据加载到缓冲池。

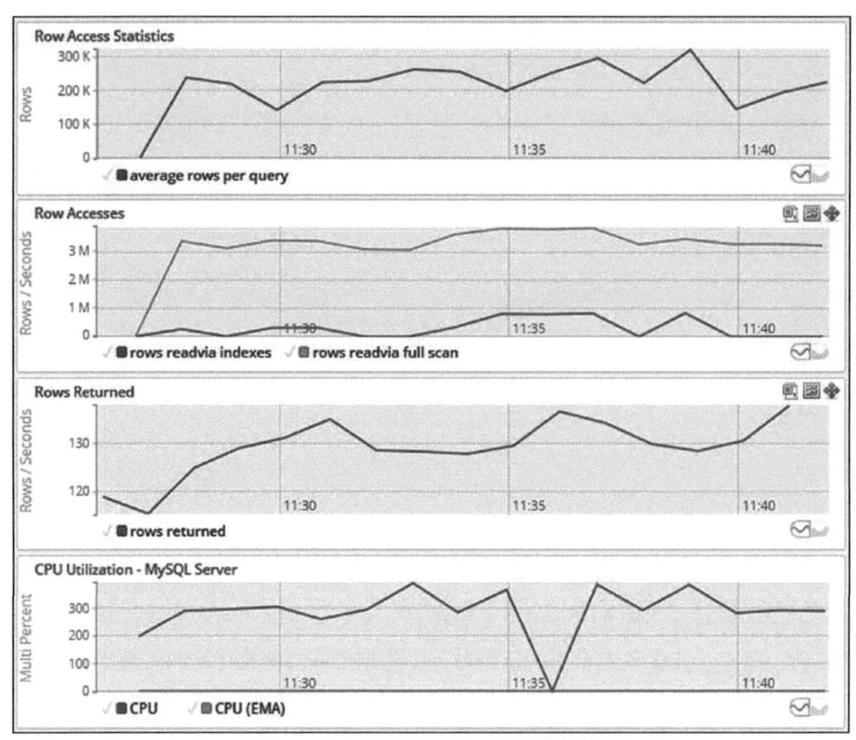

图 24-1 有查询执行全表扫描时的监控图形

最大的问题在于，什么时候会出现 CPU 使用率过高，或访问的行太多的情形。很不幸，对于该问题的答案，是“具体问题具体分析”。如果你考虑 CPU 的使用率，相应的指标只是表明工作正在被完成，而对于访问的行数及其比例，这些指标则只能表明应用正在请求数据罢了。所以问题的关键在于，什么时候算是完成太多的工作量，或者对于应用程序来说，何时算是访问了太多的行。某些情况下，优化查询可能会增加某些指标的值，而不是减少——这可能仅是因为优化后的查询能完成更多工作。

这就是基线为何如此重要的原因。与查看快照相比，通常可首先考虑如何改进指标，进而获得更多收益。同样，与查看单独的指标相比，也可从指标的组合(如比较返回的行与访问的行)中获得更多收益。

接下来将探讨那些访问了过多行的查询，以及如何改进它们。

24.3 错误查询

出现性能极差查询的常见原因之一是查询写错了。这似乎是不太可能的原因，但实际上，它发生的可能性比你预期的要高。通常，问题可以是缺少了联接或过滤条件，或者错误引用了表等。如果使用了一些框架，如 ORM(Object-Relational Mapping，对象关系映射)，那么框架中的 bug 就可能是罪魁祸首。

在一些极端的情况下，缺少过滤条件的查询，会使得应用程序查询超时(当然可能不会取消掉它)并重试，因此 MySQL 会继续执行越来越多性能同样差的查询。并且，这可能会让 MySQL 耗尽连接。

另一种可能是，第一个提交的查询开始将所需的数据加载到缓冲池，然后每个后续查询将越来越快，因为它们可从缓冲池中读取某些行，然后在访问那些尚未从磁盘读取的行时开始变慢。最后，所有查询副本都将在短时间内完成，并开始向应用返回大量数据，从而造成网络饱和。这种饱和可能由于握手错误(performance_schema.host_cache 中的 COUNT_HANDSHAKE_ ERRORS 列)而导致连接尝试失败，已建立连接的主机最终也可能会被阻塞。

这种情况似乎比较极端，大多数情况下并没有这么糟糕。但是，本书的作者确实也经历过这样的情况。其原因是生成查询的框架中存在 bug。鉴于当今的 MySQL 实例经常运行在云上的虚拟机中，而虚拟机可能只有有限的可用资源(如 CPU 和网络资源)，因此性能较差的查询最终可能耗尽系统资源。

对于缺少联接条件的查询和查询计划的示例，请参考代码清单 24-1，其中联接了 city 和 country 表。

代码清单 24-1　缺少联接条件的查询

```
mysql> EXPLAIN
        SELECT ci.CountryCode, ci.ID, ci.Name,
               ci.District, co.Name AS Country,
               ci.Population
          FROM world.city ci
               INNER JOIN world.country co\G
*************************** 1. row ***************************
           id: 1
  select_type: SIMPLE
        table: co
   partitions: NULL
         type: ALL
possible_keys: NULL
          key: NULL
      key_len: NULL
          ref: NULL
         rows: 239
     filtered: 100
        Extra: NULL
*************************** 2. row ***************************
           id: 1
  select_type: SIMPLE
        table: ci
   partitions: NULL
         type: ALL
possible_keys: NULL
          key: NULL
      key_len: NULL
          ref: NULL
         rows: 4188
     filtered: 100
        Extra: Using join buffer (Block Nested Loop)
2 rows in set, 1 warning (0.0008 sec)

mysql> EXPLAIN ANALYZE
        SELECT ci.CountryCode, ci.ID, ci.Name,
               ci.District, co.Name AS Country,
               ci.Population
          FROM world.city ci
               INNER JOIN world.country co\G ************ 1. row *********
```

```
EXPLAIN:
-> Inner hash join (cost=100125.15 rows=1000932) (actual time=0.194..80.427
                    rows=974881 loops=1)
    -> Table scan on ci (cost=1.78 rows=4188) (actual time=0.025..2.621
        rows=4079 loops=1)
    -> Hash
        -> Table scan on co (cost=25.40 rows=239) (actual time=0.041..0.089
            rows=239 loops=1)

1 row in set (0.4094 sec)
```

请注意，上述两张表的访问类型都是 ALL，并且联接在块嵌套循环中使用了联接缓冲区。通常产生这种类似症状的原因是：查询正确，但无法使用索引。EXPLAIN ANALYZE 输出显示了 MySQL 8.0.18 中使用了哈希联接。它还显示总共返回约 100 万行数据！对该查询的可视化解释如图 24-2 所示。

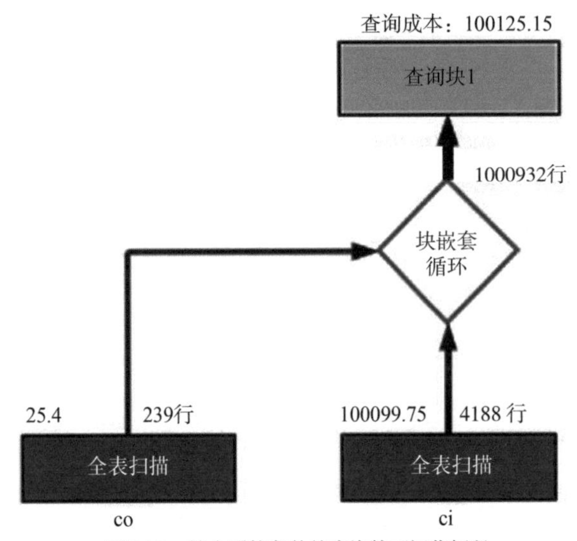

图 24-2 缺少联接条件的查询的可视化解释

请注意上例中是如何出现两个全表扫描操作的，并且估算的查询成本超过 10 万美元。

出现多个全表扫描，返回的行的估计值很高，估计的查询成本也很高；这样的组合，就是你需要查找的标志。

出现类似症状的查询，其性能不佳的一个原因是 MySQL 无法将索引用于过滤条件和联接条件。

24.4 未使用索引

当查询需要在表中查找行时，实质上可通过两种方式来做到这一点：在全表扫描中直接访问行，或者通过索引来访问。如果存在高选择性的过滤器，通过索引访问行通常比通过表扫描快得多。

显然，如果过滤器所适用的列上没有索引，MySQL 就别无选择，只能使用表扫描。你可能会发现，即使有索引，也不会使用它。造成这种情况的三种常见原因是，不在多列索引中的靠左位置，数据类型不匹配，或具有索引的列上使用了函数。本节将分别探讨这三种原因。

提示　与全表扫描相比，优化器也可能认为索引的选择性不足，因此不会使用该索引。这种情况我们将在 24.5 节“改善索引的使用情况”中探讨，并将列举带有错误索引的相关示例。

24.4.1　不在多列索引的靠左位置

在多列索引中，要使用的索引应在靠左位置。例如，如果索引包含三列(a,b,c)，则只有在列 a 上存在相等条件时，列 b 上的条件才能使用过滤器。

能使用索引(a,b,c)的条件示例如下：

```
WHERE a = 10 AND b = 20 AND c = 30
WHERE a = 10 AND b = 20 AND c > 10
WHERE a = 10 AND b = 20
WHERE a = 10 AND b > 20
WHERE a = 10
```

无法有效使用索引的示例是 WHERE b = 20。在 MySQL 8.0.13 或更高版本中，如果列 a 为 NOT NULL 列，则 MySQL 可使用跳跃扫描范围优化来使用索引。如果列 a 允许使用 NULL 值，就无法使用该索引了。并且，无论在任何情况下，条件 c = 20 都无法使用该索引。

类似地，对于条件 a > 10 AND b = 20，索引将只对 a 列进行过滤，当查询只使用索引中列的子集时，重要的是，索引中列的顺序应该与所应用的过滤器相对应。如果在其中一列上有范围条件，则请确保该列是索引中的最后一列。例如，考虑一下代码清单 24-2 中的表和查询。

代码清单 24-2　由于列的顺序而无法使用索引的查询示例

```
mysql> SHOW CREATE TABLE chapter_24.mytable\G
*************************** 1. row ***************************
       Table: mytable
Create Table: CREATE TABLE `mytable` (
  `id` int(10) unsigned NOT NULL AUTO_INCREMENT,
  `a` int(11) NOT NULL,
  `b` int(11) DEFAULT NULL,
  `c` int(11) DEFAULT NULL,
  PRIMARY KEY (`id`),
  KEY `abc` (`a`,`b`,`c`)
) ENGINE=InnoDB AUTO_INCREMENT=16385 DEFAULT CHARSET=utf8mb4
COLLATE=utf8mb4_0900_ai_ci
1 row in set (0.0004 sec)

mysql> EXPLAIN
        SELECT *
          FROM chapter_24.mytable
         WHERE a > 10 AND b = 20\G
*************************** 1. row ***************************
           id: 1
  select_type: SIMPLE
        table: mytable
   partitions: NULL
         type: range
possible_keys: abc
          key: abc
      key_len: 4
```

```
          ref: NULL
         rows: 8326
     filtered: 10
        Extra: Using where; Using index
1 row in set, 1 warning (0.0007 sec)
```

注意在 EXPLAIN 的输出中，key_len 只有 4 字节，而如果索引同时用于 a 和 b 列，则应该为 9 字节。输出还显示，估计将只查询 10%的行。图 24-3 显示了该示例的可视化解释。

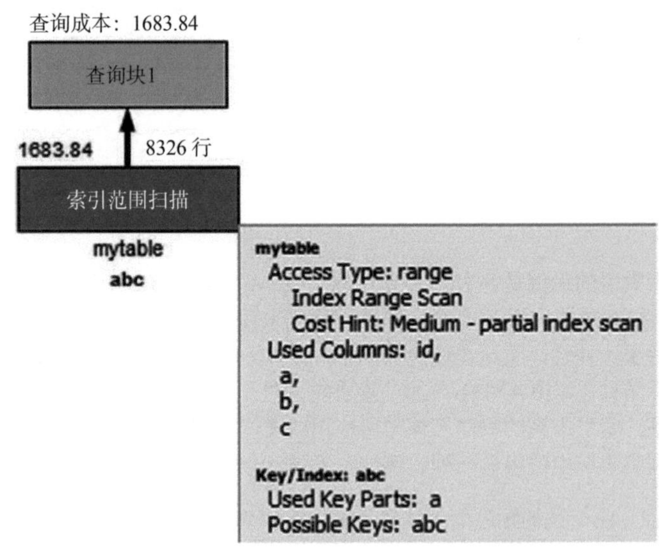

图 24-3 索引中列的顺序不理想时的可视化解释

请注意，在上图中，Used Key Parts 部分只列出 a。但是，如果更改一下索引中列的顺序，从而让 b 在 a 列之前，则该索引就可用于两个列的条件了。代码清单 24-3 显示了添加新索引(b,a,c)后，查询计划的变化情况。

代码清单 24-3 列顺序理想时的查询计划

```
mysql> ALTER TABLE chapter_24.mytable
           ADD INDEX bac (b, a, c);
Query OK, 0 rows affected (1.4098 sec)

Records: 0 Duplicates: 0 Warnings: 0

mysql> EXPLAIN
           SELECT *
             FROM chapter_24.mytable
            WHERE a > 10 AND b = 20\G
*************************** 1. row ***************************
           id: 1
  select_type: SIMPLE
        table: mytable
   partitions: NULL
         type: range
possible_keys: abc,bac
          key: bac
      key_len: 9
```

```
          ref: NULL
         rows: 160
     filtered: 100
        Extra: Using where; Using index
1 row in set, 1 warning (0.0006 sec)
```

请注意，现在 key_len 为 9 个字节，过滤后的列显示将检查其中 100%的行。这在可视化解释中也得到反映，如图 24-4 所示。

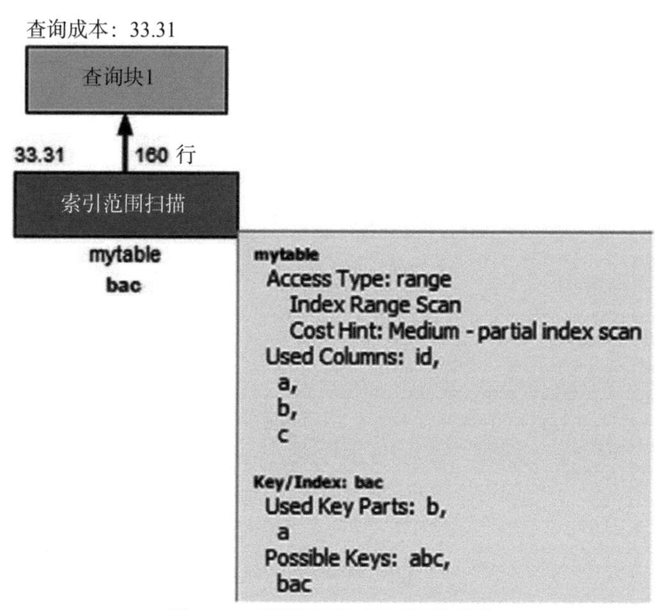

图 24-4　列顺序理想时的可视化解释

在图 24-4 中可以看到，要检查的行数从 8326 减少到 160 行，并且 Used Key Parts 现在包含 a 和 b 列。估算的查询成本也从 1683.84 降到 33.31。

24.4.2 数据类型不匹配

此外，你需要注意的一件事情是，条件的两端需要使用相同的数据类型，并且对于字符串而言，还应该是相同的比较规则。否则，MySQL 就可能无法使用索引。

当查询由于数据类型或比较规则不匹配而无法找到最佳的执行计划时，你可能很难快速找到其问题所在。此时的查询是正确的，但 MySQL 拒绝使用你期望的索引。除了查询计划不是你所期望的外，查询结果可能也是错误的。这可能是由于强制转换引起的，例如：

```
mysql> SELECT ('a130' = 0), ('130a131' = 130);
+--------------+-------------------+
| ('a130' = 0) | ('130a131' = 130) |
+--------------+-------------------+
|            1 |                 1 |
+--------------+-------------------+
1 row in set, 2 warnings (0.0004 sec)
```

注意，字符串 a130 被视为等于数字 0。字符串以非数字字符开头，因此 MySQL 将其强制转换为值 0。同样，字符串 130a131 被视为等于数字 130，因为 MySQL 将 130 作为字符串的前导数字部分进行了强制转换。当强制转换作用于 WHERE 子句成为联接条件时，可能会发生类似的意外匹配。这种情况下，检查查询的警告信息有时可帮助你解决问题。

如果为本章的示例使用了 test 方案，并使用 country 和 world 表，就可看到如下的示例。该联接没有使用索引，而使用 CountryId 将这两张表关联起来。代码清单 24-4 显示了该查询及其查询计划。

代码清单 24-4 由于数据类型不匹配而没有使用索引的查询示例

```
mysql> EXPLAIN
        SELECT ci.ID, ci.Name, ci.District,
               co.Name AS Country, ci.Population
          FROM chapter_24.city ci
               INNER JOIN chapter_24.country co
                     USING (CountryId)
         WHERE co.CountryCode = 'AUS'\G
*************************** 1. row ***************************
           id: 1
  select_type: SIMPLE
        table: co
   partitions: NULL
         type: const
possible_keys: PRIMARY,CountryCode
          key: CountryCode
      key_len: 12
          ref: const
         rows: 1
     filtered: 100
        Extra: NULL
*************************** 2. row ***************************
           id: 1
  select_type: SIMPLE
        table: ci
   partitions: NULL
         type: ALL
possible_keys: CountryId
          key: NULL
      key_len: NULL
          ref: NULL
         rows: 4079
     filtered: 10
        Extra: Using where
2 rows in set, 3 warnings (0.0009 sec)
Warning (code 1739): Cannot use ref access on index 'CountryId' due to type
or collation conversion on field 'CountryId'
Warning (code 1739): Cannot use range access on index 'CountryId' due to
type or collation conversion on field 'CountryId'
Note (code 1003): /* select#1 */ select `chapter_24`.`ci`.`ID` AS
`ID`,`chapter_24`.`ci`.`Name` AS `Name`,`chapter_24`.`ci`.`District` AS
`District`,'Australia' AS `Country`,`chapter_24`.`ci`.`Population` AS
`Population` from `chapter_24`.`city` `ci` join `chapter_24`.`country` `co`
where ((`chapter_24`.`ci`.`CountryId` = '15'))
```

请注意，ci(city)表的访问类型为 ALL。此查询既不使用块嵌套循环，也不使用哈希联接，因为 co(country)表是不变的。这里也显示了警告信息(如果你在使用 MySQL shell 时未启用警告，则需要执行 SHOW WARNING 语句来获取警告信息)，它为无法使用索引的原因提供了宝贵的提示。例如：Cannot use ref access on index 'CountryId' due to type or collation conversion on field 'CountryId'。因此，虽然存在候选索引，但由于数据类型或排序规则已改变，因此无法使用该索引。图 24-5 就是该查询计划的可视化解释。

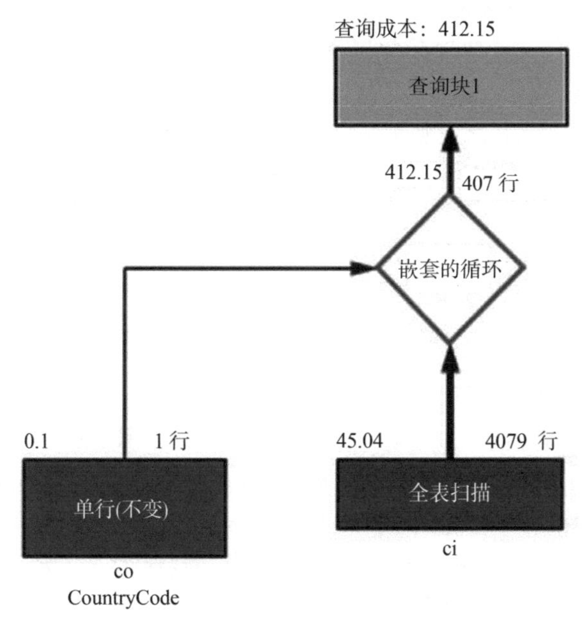

图 24-5　数据类型不匹配时的可视化解释

这也是你为何需要文本格式的输出信息，来获得更详尽内容的原因之一，因为可视化解释不包含警告信息。当你看到这样的警告后，请返回并检查表的定义。如代码清单 24-5 所示。

代码清单 24-5　city 和 country 表的定义信息

```
CREATE TABLE `chapter_24`.`city` (
  `ID` int unsigned NOT NULL AUTO_INCREMENT,
  `Name` varchar(35) NOT NULL DEFAULT '',
  `CountryCode` char(3) NOT NULL DEFAULT '',
  `CountryId` char(3) NOT NULL,
  `District` varchar(20) NOT NULL DEFAULT '',
  `Population` int unsigned NOT NULL DEFAULT '0',
  PRIMARY KEY (`ID`),
  KEY `CountryCode` (`CountryCode`),
  KEY `CountryId` (`CountryId`)
) ENGINE=InnoDB DEFAULT CHARSET=utf8mb4 COLLATE=utf8mb4_general_ci;
CREATE TABLE `chapter_24`.`country` (
  `CountryId` int unsigned NOT NULL AUTO_INCREMENT,
  `CountryCode` char(3) NOT NULL,
  `Name` varchar(52) NOT NULL,
  ` Continent` enum('Asia','Europe','North America','Africa','Oceania',
  'Antarctica','South America') NOT NULL DEFAULT 'Asia',
  `Region` varchar(26) DEFAULT NULL,
  PRIMARY KEY (`CountryId`),
  UNIQUE INDEX `CountryCode` (`CountryCode`)
```

```
) ENGINE=InnoDB DEFAULT CHARSET=utf8mb4 COLLATE=utf8mb4_0900_ai_ci;
```

很明显，city 表中的 CountryId 类型为 char(3)，country 表中则为 int。这就是为什么 city 表作为联接中的第二张表，其 CountryId 列上虽有索引却无法使用的原因。

注意 如果联接以另一种方式进行，即 city 表是第一张表，country 表为第二张表，则 city.CountryId 仍然会被强制转换为 int，而 country.CountryId 则不会更改，因此 country.CountryId 列上的索引将可供使用。

还要注意，这两张表的排序规则也是不同的。city 表使用的是 utf8_general_ci 排序规则(在 MySQL 5.7 和更低版本中，默认的排序规则为 utf8mb4)，而 country 表使用的是 utf8mb4_0900_ai_ci(在 MySQL 8 中默认为 utf8mb4 排序规则)。不同的字符集或排序规则有时甚至可能完全阻止查询的执行：

```
SELECT ci.ID, ci.Name, ci.District,
       co.Name AS Country, ci.Population
  FROM chapter_24.city ci
       INNER JOIN chapter_24.country co
             USING (CountryCode)
 WHERE co.CountryCode = 'AUS';
ERROR: 1267: Illegal mix of collations (utf8mb4_general_ci,IMPLICIT) and
(utf8mb4_0900_ai_ci,IMPLICIT) for operation '='
```

因此，如果你在 MySQL 8 中创建了表，并将其与在早期版本中创建的表一起用于查询，则需要注意这一点。这种情况下，需要确保所有的表都使用了相同的排序规则。

数据类型不匹配的问题，是在过滤器中使用函数的一种特殊情况，因为 MySQL 会进行隐式数据类型转换。通常，在过滤器中使用函数，也可能阻止对索引的使用。

24.4.3 函数依赖

不使用索引的最后一个常见原因，就是将函数用在列上，如 WHERE MONTH(birth_date) = 7。这种情况下，你需要重写条件以避免使用函数，或考虑添加函数索引。

在可能的情况下，为处理这种由于使用函数导致索引无法使用的情况，最好重写查询进而避免使用函数。虽然也可添加函数索引，但除非这样做有助于创建覆盖索引，否则创建索引会产生额外的开销。重写则可避免这些开销。考虑如下的查询，该查询希望使用 chapter_24.person 表来查找 1970 年出生的人的详细信息，如代码清单 24-6 所示。

代码清单 24-6 查找 1970 出生的人

```
mysql> SHOW CREATE TABLE chapter_24.person\G
*************************** 1. row ***************************
Table: person
Create Table: CREATE TABLE `person` (
  `PersonId` int(10) unsigned NOT NULL AUTO_INCREMENT,
  `FirstName` varchar(50) DEFAULT NULL,
  `Surname` varchar(50) DEFAULT NULL,
  `BirthDate` date NOT NULL,
  `AddressId` int(10) unsigned DEFAULT NULL,
  `LanguageId` int(10) unsigned DEFAULT NULL,
  PRIMARY KEY (`PersonId`),
  KEY `BirthDate` (`BirthDate`),
  KEY `AddressId` (`AddressId`),
  KEY `LanguageId` (`LanguageId`)
```

```
) ENGINE=InnoDB AUTO_INCREMENT=1001 DEFAULT CHARSET=utf8mb4
COLLATE=utf8mb4_0900_ai_ci
1 row in set (0.0012 sec)

mysql> EXPLAIN
        SELECT *
         FROM chapter_24.person
        WHERE YEAR(BirthDate) = 1970\G
*************************** 1. row ***************************
           id: 1
  select_type: SIMPLE
        table: person
   partitions: NULL
         type: ALL
possible_keys: NULL
          key: NULL
      key_len: NULL
          ref: NULL
         rows: 1000
     filtered: 100
        Extra: Using where
1 row in set, 1 warning (0.0006 sec)
```

上述查询使用了 YEAR()函数来确定人的出生年份。另外一种查找方法，就是查找 1970 年 1 月 1 日至 1970 年 12 月 31 日(包括首尾这两天)期间出生的人。代码清单 24-7 显示了这样的查询。

代码清单 24-7　将 YEAR()函数重写为日期范围条件

```
mysql> EXPLAIN
        SELECT *
          FROM chapter_24.person
         WHERE BirthDate BETWEEN '1970-01-01'
                             AND '1970-12-31'\G
*************************** 1. row ***************************
           id: 1
  select_type: SIMPLE
        table: person
   partitions: NULL
         type: range
possible_keys: BirthDate
          key: BirthDate
      key_len: 3
          ref: NULL
         rows: 6
     filtered: 100
        Extra: Using index condition
1 row in set, 1 warning (0.0009 sec)
```

该重写将简化查询，从使用检查 1000 行的表扫描，减少到只检查 6 行数据的索引范围扫描。一般来说，如果在日期上使用函数可有效地提取一定范围内的值，则通常可进行类似的查询重写。

注意　你可能很想使用 LIKE 运算符来重写日期或日期范围条件，如 WHERE birthdate LIKE '1970-%'。MySQL 不建议使用这种方式，建议你改用适当的范围条件来重写。

当然，并非总能以上述方式来重写函数。例如，可能是条件未映射到单个范围之内，或者查询是由框架或第三方应用生成的，因此你可能无法对其进行重写。这种情况下，可以考虑添加函数索引。

注意 MySQL 8.0.13 及更高版本支持函数索引。如果你使用了早期的 MySQL 版本，建议先进行升级。如果升级操作不太可能，或者还需要函数返回的值，则可以通过添加带有函数表达式的虚拟列，并在虚拟列上创建索引来模拟函数索引。

例如，考虑一个查询，该查询查找给定月份中出生的人——例如，你可能需要向他们发出生日问候等。原则上，也可以使用范围来完成，但是这样的话，每年都将需要一个范围，这样既不实用也不十分有效。因此，这里可考虑使用 MONTH()函数来提取月份的数值(1 月为 1，12 月为 12)。代码清单 24-8 显示了如何添加函数索引，该索引可与查询一起使用，用于在 Chapter_24.person 表中查找某月出生的所有人员。

代码清单 24-8 使用函数索引

```
mysql> ALTER TABLE chapter_24.person
          ADD INDEX ((MONTH(BirthDate)));
Query OK, 0 rows affected (0.4845 sec)

Records: 0 Duplicates: 0 Warnings: 0

mysql> EXPLAIN
          SELECT *
           FROM chapter_24.person
          WHERE MONTH(BirthDate) = MONTH(NOW())\G
*************************** 1. row ***************************
           id: 1
  select_type: SIMPLE
        table: person
   partitions: NULL
         type: ref
possible_keys: functional_index
          key: functional_index
      key_len: 5
          ref: const
         rows: 88
     filtered: 100
        Extra: NULL
1 row in set, 1 warning (0.0006 sec)
```

在 MONTH(BirthDate)上添加函数索引后，查询计划就会显示所使用的索引为 functional_index。

到这里为止，我们就结束了如何为当前未使用索引的查询添加索引的讨论。当然还有其他一些与使用索引有关的重写知识。我们将在下一节中进行介绍。

24.5 改善索引的使用情况

上一节我们探讨了在联接或 WHERE 子句中未使用任何索引的查询。某些情况下，可使用索引，也可改善索引，或使用另一个索引来提供更好的性能。当然，也可能由于过滤器的复杂性而无法有效地使用索引。本节将列举一些使用索引来改进查询的示例。

24.5.1　添加覆盖索引

某些情况下，在查询表时，过滤是由索引执行的，但是随后你又请求了其他几列，因此 MySQL 依然需要检查整行数据。此时，将其他列也添加到索引中可能更有效一些，因为索引会包含所有需要的列。

考虑一下 Chapter_24 示例数据库中的 city 表：

```
CREATE TABLE `city` (
  `ID` int unsigned NOT NULL AUTO_INCREMENT,
  `Name` varchar(35) NOT NULL DEFAULT '',
  `CountryCode` char(3) NOT NULL DEFAULT '',
  `CountryId` char(3) NOT NULL,
  `District` varchar(20) NOT NULL DEFAULT '',
  `Population` int unsigned NOT NULL DEFAULT '0',
  PRIMARY KEY (`ID`),
  KEY `CountryCode` (`CountryCode`),
  KEY `CountryId` (`CountryId`)
) ENGINE=InnoDB DEFAULT CHARSET=utf8mb4 COLLATE=utf8mb4_general_ci;
```

如果要使用 CountryCode='USA'来查找所有城市和地区的名称，则可使用 CountryCode 索引来查找行。如代码清单 24-9 所示，这样是很高效的。

代码清单 24-9　使用非覆盖索引来查询城市

```
mysql> EXPLAIN
        SELECT Name, District
          FROM chapter_24.city
         WHERE CountryCode = 'USA'\G
*************************** 1. row ***************************
           id: 1
  select_type: SIMPLE
        table: city
   partitions: NULL
         type: ref
possible_keys: CountryCode
          key: CountryCode
      key_len: 12
          ref: const
         rows: 274
     filtered: 100
        Extra: NULL
1 row in set, 1 warning (0.0376 sec)
```

注意，这里的索引使用了 12 个字节(3 个字符，每个字符最多占用 4 个字节的宽度)，并且 Extra 列中不包含 Using index。如果使用 CountryCode 作为索引中的第一列，然后将 District 和 Name 包含到同一个索引中，那么该索引将包含查询需要的全部列。当然，你也需要考虑一下 District 和 Name 列在索引中的顺序，因为它们很可能与 CountryCode 一起在过滤器或 ORDER BY 和 GROUP BY 子句中使用。如果可能在过滤器中使用这些列，则建议将 Name 放置在 District 列之前，因为 Name 列具有更好的选择性。代码清单 24-10 就列举了这样一个示例，给出新的查询计划。

代码清单 24-10　通过覆盖索引来查询城市

```
mysql> ALTER TABLE chapter_24.city
        ALTER INDEX CountryCode INVISIBLE,
          ADD INDEX Country_District_Name
                    (CountryCode, District, Name);
Query OK, 0 rows affected (1.6630 sec)

Records: 0 Duplicates: 0 Warnings: 0

mysql> EXPLAIN
        SELECT Name, District
          FROM chapter_24.city
         WHERE CountryCode = 'USA'\G
*************************** 1. row ***************************
           id: 1
  select_type: SIMPLE
        table: city
   partitions: NULL
         type: ref
possible_keys: Country_District_Name
          key: Country_District_Name
      key_len: 12
          ref: const
         rows: 274
     filtered: 100
        Extra: Using index
1 row in set, 1 warning (0.0006 sec)
```

在添加新的索引时，只覆盖 CountryCode 列的旧索引将处于不可见的状态。这样做是因为新索引可以覆盖旧索引的全部用途，因此通常没有理由来保留两个索引(鉴于 CountryCode 列上的索引小于新的索引，因此某些查询可能会从旧索引受益。通过将其置于不可见状态，就可以在删除它之前，确认其不再需要)。

key_len 的值依然为 12 字节，因为这是用于过滤的长度。但 Extra 列现在包含了 Using index，表明正在使用覆盖索引。

24.5.2　错误索引

当 MySQL 可在多个索引之间进行选择时，优化器将根据两个查询计划的估算成本来决定应该使用哪个索引。由于索引统计信息和成本估算的不准确性，MySQL 也可能选择错误的索引。在一些特殊的情况下，优化器也可能不选择索引(即使有可以使用的索引)，或优化器使用表扫描的速度更快，却选择了使用索引等。凡此种种，你都需要考虑使用索引提示。

提示　*也可以通过索引提示，来影响索引用于排序还是分组操作(如第 17 章所述)。使用索引提示的一个必要示例，就是查询选择使用索引进行排序而非过滤时——反之亦然。而可能发生相反情况的一个示例是，当你有一个 LIMIT 子句，并且使用索引进行排序可以使得查询尽早停止时。*

如果你怀疑可能使用了错误的索引，则需要查看 EXPLAIN 输出的 possible_key 列，以确定哪些索引是候选索引。代码清单 24-11 显示了这样一个示例，它用于查找到 2020 年就会年满 20 岁并且会说英语的日本人信息(假设你可能要向他们发送生日贺卡)。这里的 EXPLAIN 输出的格式为树状，并且省略了部分输出结果，以提高其可读性。

代码清单 24-11　查找会说英语的日本人的信息

```
mysql> SHOW CREATE TABLE chapter_24.person\G
*************************** 1. row ***************************
       Table: person
Create Table: CREATE TABLE `person` (
  `PersonId` int(10) unsigned NOT NULL AUTO_INCREMENT,
  `FirstName` varchar(50) DEFAULT NULL,
  `Surname` varchar(50) DEFAULT NULL,
  `BirthDate` date NOT NULL,
  `AddressId` int(10) unsigned DEFAULT NULL,
  `LanguageId` int(10) unsigned DEFAULT NULL,
  PRIMARY KEY (`PersonId`),
  KEY `BirthDate` (`BirthDate`),
  KEY `AddressId` (`AddressId`),
  KEY `LanguageId` (`LanguageId`),
  KEY `functional_index` ((month(`BirthDate`)))
) ENGINE=InnoDB AUTO_INCREMENT=1001 DEFAULT CHARSET=utf8mb4
COLLATE=utf8mb4_0900_ai_ci
1 row in set (0.0007 sec)

mysql> SHOW CREATE TABLE chapter_24.address\G
*************************** 1. row ***************************
       Table: address
Create Table: CREATE TABLE `address` (
  `AddressId` int(10) unsigned NOT NULL AUTO_INCREMENT,
  `City` varchar(35) NOT NULL,
  `District` varchar(20) NOT NULL,
  `CountryCode` char(3) NOT NULL,
  PRIMARY KEY (`AddressId`),
  KEY `CountryCode` (`CountryCode`,`District`,`City`)
) ENGINE=InnoDB AUTO_INCREMENT=4096 DEFAULT CHARSET=utf8mb4
COLLATE=utf8mb4_0900_ai_ci
1 row in set (0.0007 sec)

mysql> SHOW CREATE TABLE chapter_24.language\G
*************************** 1. row ***************************
       Table: language
  Create Table: CREATE TABLE `language` (
  `LanguageId` int(10) unsigned NOT NULL AUTO_INCREMENT,
  `Language` varchar(35) NOT NULL,
  PRIMARY KEY (`LanguageId`),
  KEY `Language` (`Language`)
) ENGINE=InnoDB AUTO_INCREMENT=512 DEFAULT CHARSET=utf8mb4
COLLATE=utf8mb4_0900_ai_ci
1 row in set (0.0005 sec)

mysql> UPDATE mysql.innodb_index_stats
          SET stat_value = 1000
        WHERE database_name = 'chapter_24'
              AND table_name = 'person'
              AND index_name = 'LanguageId'
              AND stat_name = 'n_diff_pfx01';
Query OK, 1 row affected (0.0920 sec)

Rows matched: 1 Changed: 1 Warnings: 0
```

```
mysql> FLUSH TABLE chapter_24.person;
Query OK, 0 rows affected (0.0686 sec)

mysql> EXPLAIN
         SELECT PersonId, FirstName,
                Surname, BirthDate
           FROM chapter_24.person
                INNER JOIN chapter_24.address
                      USING (AddressId)
                INNER JOIN chapter_24.language
                      USING (LanguageId)
           WHERE BirthDate BETWEEN '2000-01-01'
                               AND '2000-12-31'
                AND CountryCode = 'JPN'
                AND Language = 'English'\G
*************************** 1. row ***************************
           id: 1
  select_type: SIMPLE
        table: language
   partitions: NULL
         type: ref
possible_keys: PRIMARY,Language
          key: Language
      key_len: 142
          ref: const
         rows: 1
     filtered: 100
        Extra: Using index
*************************** 2. row ***************************
           id: 1
  select_type: SIMPLE
        table: person
   partitions: NULL
         type: ref
possible_keys: BirthDate,AddressId,LanguageId
          key: LanguageId
      key_len: 5
          ref: chapter_24.language.LanguageId
         rows: 1
     filtered: 5
        Extra: Using where
*************************** 3. row ***************************
           id: 1
  select_type: SIMPLE
        table: address
   partitions: NULL
         type: eq_ref
possible_keys: PRIMARY,CountryCode
          key: PRIMARY
      key_len: 4
          ref: chapter_24.person.AddressId
         rows: 1
     filtered: 6.079921722412109
        Extra: Using where
3 rows in set, 1 warning (0.0008 sec)
```

```
mysql> EXPLAIN FORMAT=TREE
         SELECT PersonId, FirstName,
                Surname, BirthDate
           FROM chapter_24.person
                INNER JOIN chapter_24.address
                      USING (AddressId)
                INNER JOIN chapter_24.language
                      USING (LanguageId)
           WHERE BirthDate BETWEEN '2000-01-01'
                                AND '2000-12-31'
                AND CountryCode = 'JPN'
                AND Language = 'English'\G
************************** 1. row **************************
EXPLAIN:
-> Nested loop inner join (cost=0.72 rows=0)
    -> Nested loop inner join (cost=0.70 rows=0)
        -> Index lookup on language using Language...
            -> Filter: ((person.BirthDate between '2000-01-01' and '2000-12-31')
                and (person.AddressId is not null))...
                 -> Index lookup on person using LanguageId...
    -> Filter: (address.CountryCode = 'JPN') (cost=0.37 rows=0)
        -> Single-row index lookup on address using PRIMARY...

1 row in set (0.0006 sec)
```

在上例中，关键表是 person 表，该表与 language 和 address 两张表都关联在一起。UPDATE 和 FLUSH 语句用于通过更新 mysql.innodb_index_stats 表，并刷新 person 表，从而使得新的索引统计信息生效，来模拟旧的索引统计信息已经过期。

该查询可使用 BirthDate、AddressId 或 LanguageId 列上的索引。由于优化器会向存储引擎了解每种条件要检查的行数，因此就非常准确地确定了三个 WHERE 子句(每张表一个)的有效性。优化器的困难在于，它需要根据联接条件的有效性以及每个联接使用的索引来确定最佳的联接顺序。根据 EXPLAIN 的输出结果可以看到，优化器选择从 language 表开始，然后使用 LanguageId 索引联接 person 表，最后联接 address 表。

如果你怀疑查询使用了错误的索引(在本示例中，将 LanguageId 用于 person 表上的联接条件其实并非最佳选择，而是因为索引统计信息“错误”，而导致优化器选择了该索引)，那么第一件事就是更新索引统计信息。代码清单 24-12 显示了对应的结果信息。

代码清单 24-12　更新索引统计信息以改善查询计划

```
mysql> ANALYZE TABLE
              chapter_24.person,
              chapter_24.address,
              chapter_24.language;
+---------------------+---------+----------+----------+
| Table               | Op      | Msg_type | Msg_text |
+---------------------+---------+----------+----------+
| chapter_24.person   | analyze | status   | OK       |
| chapter_24.address  | analyze | status   | OK       |
| chapter_24.language | analyze | status   | OK       |
+---------------------+---------+----------+----------+
3 rows in set (0.2634 sec)
```

```
mysql> EXPLAIN
       SELECT PersonId, FirstName,
              Surname, BirthDate
         FROM chapter_24.person
              INNER JOIN chapter_24.address
                    USING (AddressId)
              INNER JOIN chapter_24.language
                    USING (LanguageId)
        WHERE BirthDate BETWEEN '2000-01-01'
                            AND '2000-12-31'
              AND CountryCode = 'JPN'
              AND Language = 'English'\G
*************************** 1. row ***************************
           id: 1
  select_type: SIMPLE
        table: language
   partitions: NULL
         type: ref
possible_keys: PRIMARY,Language
          key: Language
      key_len: 142
          ref: const
         rows: 1
     filtered: 100
        Extra: Using index
*************************** 2. row ***************************
           id: 1
  select_type: SIMPLE
        table: person
   partitions: NULL
         type: range
possible_keys: BirthDate,AddressId,LanguageId
          key: BirthDate
      key_len: 3
          ref: NULL
         rows: 8
     filtered: 10
        Extra: Using index condition; Using where; Using join buffer (Block
        Nested Loop)
*************************** 3. row ***************************
           id: 1
  select_type: SIMPLE
        table: address
   partitions: NULL
         type: eq_ref
possible_keys: PRIMARY,CountryCode
          key: PRIMARY
      key_len: 4
          ref: chapter_24.person.AddressId
         rows: 1
     filtered: 6.079921722412109
        Extra: Using where
3 rows in set, 1 warning (0.0031 sec)

mysql> EXPLAIN FORMAT=TREE
        SELECT PersonId, FirstName,
```

```
                Surname, BirthDate
           FROM chapter_24.person
                INNER JOIN chapter_24.address
                      USING (AddressId)
                INNER JOIN chapter_24.language
                      USING (LanguageId)
          WHERE BirthDate BETWEEN '2000-01-01'
                              AND '2000-12-31'
                AND CountryCode = 'JPN'
                AND Language = 'English'\G
*************************** 1. row ***************************
EXPLAIN:
-> Nested loop inner join (cost=7.01 rows=0)
    -> Inner hash join...
        -> Filter: (person.AddressId is not null)...
            -> Index range scan on person using BirthDate...
        -> Hash
            -> Index lookup on language using Language...
    -> Filter: (address.CountryCode = 'JPN')...
        -> Single-row index lookup on address using PRIMARY...

1 row in set (0.0009 sec)
```

这就显著改善了查询计划(同样出于可读性方面的考虑，这里只包含树状查询计划的一部分)，这也是通过比较树状查询计划最容易看到的。这些表仍然以相同的顺序进行联接，但使用哈希联接来处理 language 表和 person 表。这是很有效的，因为只期望从 language 表中获取一行数据，所以对 person 表进行扫描并针对生日进行过滤是一个不错的选择。大多数情况下，如果优化器使用了错误索引，则及时更新索引统计信息往往可解决问题。这种情况可能发生在 InnoDB 修改了表的索引下潜次数之后。

警告　ANALYZE TABLE 语句能为要分析的表触发隐式 FLUSH 操作。如果你对已分析完的表运行了长时间的查询，则在该长时间的查询结束之前，其他要使用这些已分析的表的查询是无法开始运行的。

当然在某些情况下，更新索引统计信息也无法解决性能问题。此时，可以考虑使用索引提示(IGNORE INDEX、USE INDEX 或 FORCE INDEX)来影响 MySQL 将使用的索引。代码清单 24-13 就显示了将索引统计信息改回到过期之后，对相同查询执行操作的示例。

代码清单 24-13　使用索引提示来改善查询计划

```
mysql> UPDATE mysql.innodb_index_stats
SET stat_value = 1000
WHERE database_name = 'chapter_24'
AND table_name = 'person'
AND index_name = 'LanguageId'
AND stat_name = 'n_diff_pfx01';
Query OK, 1 row affected (0.0920 sec)
Rows matched: 1 Changed: 1 Warnings: 0
mysql> FLUSH TABLE chapter_24.person;
Query OK, 0 rows affected (0.0498 sec)
mysql> EXPLAIN
SELECT PersonId, FirstName,
Surname, BirthDate
FROM chapter_24.person USE INDEX (BirthDate)
```

```
INNER JOIN chapter_24.address
USING (AddressId)
INNER JOIN chapter_24.language
USING (LanguageId)
WHERE BirthDate BETWEEN '2000-01-01'
AND '2000-12-31'
AND CountryCode = 'JPN'
AND Language = 'English'\G
*************************** 1. row ***************************
id: 1
select_type: SIMPLE
table: language
partitions: NULL
type: ref
possible_keys: PRIMARY,Language
key: Language
key_len: 142
ref: const
rows: 1
filtered: 100
Extra: Using index
*************************** 2. row ***************************
id: 1
select_type: SIMPLE
table: person
partitions: NULL
type: range
possible_keys: BirthDate
key: BirthDate
key_len: 3
ref: NULL
rows: 8
filtered: 0.625
Extra: Using index condition; Using where; Using join buffer (Block
Nested Loop)
*************************** 3. row ***************************
id: 1
select_type: SIMPLE
table: address
partitions: NULL
type: eq_ref
possible_keys: PRIMARY,CountryCode
key: PRIMARY
key_len: 4
ref: chapter_24.person.AddressId
rows: 1
filtered: 6.079921722412109
Extra: Using where
3 rows in set, 1 warning (0.0016 sec)
```

这里，我们为person表添加了索引提示USE INDEX(BirthDate)，该提示导致了与更新索引统计信息时相同的查询计划。需要注意，person表的possible keys此时只包含BirthDate。这种方法的缺点是，如果数据发生更改，优化器就没有更改查询计划的灵活性了，因此BirthDate索引可能就不是最佳的了。

该示例在person表上有三个不同的条件(生日的日期范围，以及两个联接条件)。某些情况下，当一张表上有多个条件时，对查询进行一些更广泛的重写就是有意义的。

24.5.3　重写复杂索引条件

某些情况下，查询可能会变得极为复杂，以至于优化器很难生成一个良好的查询计划。因此就有必要重写查询。查询重写的有效场景之一是一张表上有多个过滤器，而索引合并算法又无法有效使用时。

请考虑如下查询：

```
mysql> EXPLAIN FORMAT=TREE
        SELECT *
          FROM chapter_24.person
         WHERE BirthDate < '1930-01-01'
          OR AddressId = 3417\G
************************** 1. row **************************
EXPLAIN:
-> Filter: ((chapter_24.person.BirthDate < DATE'1930-01-01') or
       (chapter_24.person.AddressId = 3417)) (cost=88.28 rows=111)
    -> Index range scan on person using sort_union(BirthDate,AddressId)
       (cost=88.28 rows=111)

1 row in set (0.0006 sec)
```

此时，BirthDate 和 AddressId 列上都有索引，却没有索引能同时覆盖这两个列。一种可能是使用索引合并；如果优化器认为这样做的收益足够大，就会默认选择索引合并。通常，这也是执行查询的首选方式，但是对于某些查询(尤其是那些比本例更复杂的查询)，可基于两个条件将原查询分为两个查询，然后使用并集来合并结果：

```
mysql> EXPLAIN FORMAT=TREE
       (SELECT *
          FROM chapter_24.person
         WHERE BirthDate < '1930-01-01'
       ) UNION DISTINCT (
         SELECT *
          FROM chapter_24.person
         WHERE AddressId = 3417
       )\G
************************** 1. row **************************
EXPLAIN:
-> Table scan on <union temporary> (cost=2.50 rows=0)
    -> Union materialize with deduplication
        -> Index range scan on person using BirthDate, with index
           condition: (chapter_24.person.BirthDate < DATE'1930-01-01')
          (cost=48.41 rows=107)
        -> Index lookup on person using AddressId
          (AddressId=3417) (cost=1.40 rows=4)

1 row in set (0.0006 sec)
```

UNION DISTINCT(这也是默认的并集操作)用于确保同时满足两个条件的行不会包含在结果中。图 24-6 并排显示了两个查询计划。

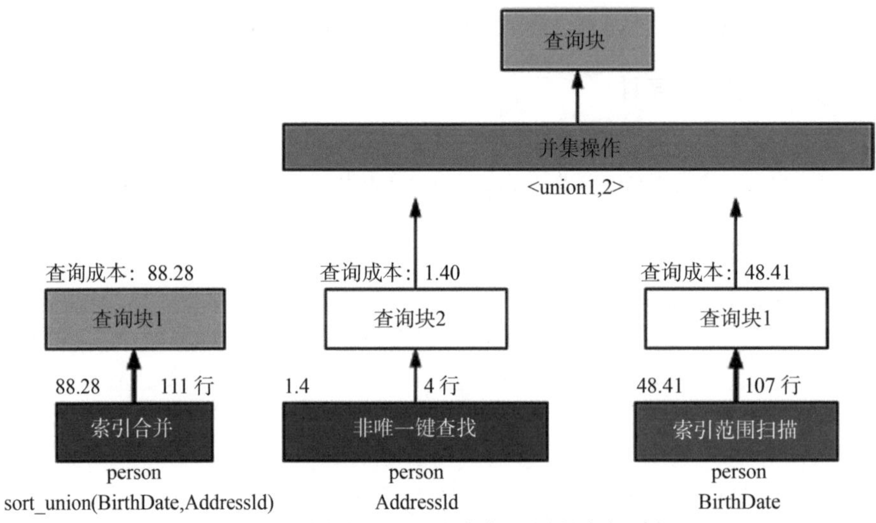

图 24-6　原始查询与重写后的查询所对应的查询计划

上图中的左侧，是使用了索引合并(算法为 sort_union)的原始查询，右侧则是手动重写的并集查询。

24.6　重写复杂查询

MySQL 8 在优化器中添加了多个转换规则，因此可将查询重写为性能更好的形式。这就意味着，随着优化器了解的转换越来越多，重写查询的需求将不断减少。例如在 8.0.17 发行版中，添加了将 NOT IN(子查询)、NOT EXISTS(子查询)、IN(子查询)IS NOT TRUE 以及 EXISTS(子查询)IS NOT TRUE 等转换为反联接的支持，这样就移除了子查询。

也就是说，考虑如何潜在地重写查询仍是好主意，因此在优化器未找到最佳方案，或不知道如何进行重写的时候，可帮助优化器。某些情况下，可使用 MySQL 对公共表表达式(CTE，也称为 with 语法)和窗口函数的支持，来重写查询，使得查询能更高效地执行，并更易于阅读。本节将首先介绍常见的公共表表达式和窗口函数，然后以将 IN(子查询)重写为联接并使用两个查询的示例作为结尾。

公共表表达式与窗口函数

本书并不涉及如何使用公共表表达式以及窗口函数的详细信息。但本章会列举一些示例，以便让你更好地了解如何使用这些特性。想对这些内容有一个大致了解的话，一个很好的开端是参考由 Daniel Bartholomew 揭示并由 Apress 发布的，关于 MariaDB 和 MySQL 的公共表表达式和窗口函数的相关内容(www.apress.com/gp/book/9781484231197)。

Guilhem Bichot(在 MySQL 中实现了公共表表达式的 MySQL 开发人员)还在该特性首次开发时，就将该特性划分为四个部分，并发表在博客上：https://mysqlserverteam.com/?s=common+table+expressions。其他 MySQL 开发人员也有关于窗口函数的相关博客：https://mysqlserverteam.com/?s=window+functions。

关于 CTE 和窗口函数的最新信息，最好的参考资料还是 MySQL 的官方参考手册。公共表表达式的内容在 https://dev.mysql.com/doc/refman/en/with.html 中进行了描述。而对于窗口函数，则根据其是常规函数还是聚合函数，将其分为两个部分：https://dev.mysql.com/doc/refman/en/window-functions。这也包括了对窗口函数的常规性探讨。另外对于聚合窗口函数，可以参考 https://dev.mysql.com/doc/refman/en/group-by-functions.html。

24.6.1 公共表表达式(CTE)

CTE 这一特性，使得可以在查询开始时，先定义一个子查询，并将其作为查询主体中的普通表加以使用。使用 CTE 而非内联子查询有许多优点，包括能提供更好的性能和可读性等。性能更好的部分原因在于，可在查询中多次引用 CTE，而内联子查询只能被引用一次。

例如，考虑一下对 sakila 示例数据库的查询，该查询用于计算每位处理租金的工作人员每月的销售额：

```
SELECT DATE_FORMAT(r.rental_date,
                  '%Y-%m-01'
       ) AS FirstOfMonth,
       r.staff_id,
       SUM(p.amount) as SalesAmount
   FROM sakila.payment p
       INNER JOIN sakila.rental r
              USING (rental_id)
GROUP BY FirstOfMonth, r.staff_id;
```

如果你还想知道每个月的销售额的变化情况，则需要将本月的销售额与上月进行比较。如果不使用 CTE，你要么需要将查询结果存储在临时表中，要么将其复制为两个查询。代码清单 24-14 就显示了后者对应的示例。

代码清单 24-14　不使用 CTE 来计算月度销售额变化情况

```
SELECT current.staff_id,
       YEAR(current.FirstOfMonth) AS Year,
       MONTH(current.FirstOfMonth) AS Month,
       current.SalesAmount,
        (current.SalesAmount
          - IFNULL(prev.SalesAmount, 0)
       ) AS DeltaAmount
  FROM (
         SELECT DATE_FORMAT(r.rental_date,
                           '%Y-%m-01'
                ) AS FirstOfMonth,
                r.staff_id,
                SUM(p.amount) as SalesAmount
         FROM sakila.payment p
                INNER JOIN sakila.rental r
                     USING (rental_id)
         GROUP BY FirstOfMonth, r.staff_id
       ) current
       LEFT OUTER JOIN (
         SELECT DATE_FORMAT(r.rental_date,
                           '%Y-%m-01'
                ) AS FirstOfMonth,
                r.staff_id,
                SUM(p.amount) as SalesAmount
         FROM sakila.payment p
```

```
                INNER JOIN sakila.rental r
                     USING (rental_id)
          GROUP BY FirstOfMonth, r.staff_id
        ) prev ON prev.FirstOfMonth
                     = current.FirstOfMonth
                       - INTERVAL 1 MONTH
                AND prev.staff_id = current.staff_id
 ORDER BY current.staff_id,
             current.FirstOfMonth;
```

显然，这样的查询既不容易阅读，也不容易理解。上例中的两个子查询是相同的，并且和查找每个员工每个月的销售额的查询一样。通过比较同一员工的当月和上个月的销售情况，将两个派生表合并到一起。结果再按员工和月份进行排序。如代码清单 24-15 所示。

代码清单 24-15 月度销售额查询的结果

```
+----------+------+-------+-------------+-------------+
| staff_id | Year | Month | SalesAmount | DeltaAmount |
+----------+------+-------+-------------+-------------+
|        1 | 2005 |     5 |     2340.42 |     2340.42 |
|        1 | 2005 |     6 |     4832.37 |     2491.95 |
|        1 | 2005 |     7 |     14061.58|     9229.21 |
|        1 | 2005 |     8 |     12072.08|    -1989.50 |
|        1 | 2006 |     2 |      218.17 |      218.17 |
|        2 | 2005 |     5 |     2483.02 |     2483.02 |
|        2 | 2005 |     6 |     4797.52 |     2314.50 |
|        2 | 2005 |     7 |    14307.33 |     9509.81 |
|        2 | 2005 |     8 |    11998.06 |    -2309.27 |
|        2 | 2006 |     2 |      296.01 |      296.01 |
+----------+------+-------+-------------+-------------+
10 rows in set (0.1406 sec)
```

可从上述结果中注意到，在 2005 年 9 月到 2006 年 1 月期间，没有销售数据。上述查询假定该期间内的销售量为 0。使用窗口函数来重写此查询时，将显示如何添加缺少的月份。

图 24-7 显示了该版本的查询对应的查询计划。

上述查询计划显示子查询被评估了两次；然后使用全表扫描对名为 current 的子查询进行联接，并使用索引(以及自动生成的索引)在嵌套循环中进行联接，以形成按照文件排序的结果。

如果使用了 CTE，则只需要定义一次子查询，然后引用两次即可。这就简化了查询并使其性能更好。代码清单 24-16 显示了使用 CTE 的查询版本。

代码清单 24-16 使用 CTE 查找月度销售额及其变化情况

```
WITH monthly_sales AS (
  SELECT DATE_FORMAT(r.rental_date,
                     '%Y-%m-01'
         ) AS FirstOfMonth,
         r.staff_id,
         SUM(p.amount) as SalesAmount
    FROM sakila.payment p
         INNER JOIN sakila.rental r
               USING (rental_id)
    GROUP BY FirstOfMonth, r.staff_id
)
SELECT current.staff_id,
```

```
        YEAR(current.FirstOfMonth) AS Year,
        MONTH(current.FirstOfMonth) AS Month,
        current.SalesAmount,
       (current.SalesAmount
          - IFNULL(prev.SalesAmount, 0)
        ) AS DeltaAmount
  FROM monthly_sales current
        LEFT OUTER JOIN monthly_sales prev
                ON prev.FirstOfMonth
                    = current.FirstOfMonth
                      - INTERVAL 1 MONTH
                 AND prev.staff_id = current.staff_id
ORDER BY current.staff_id,
         current.FirstOfMonth;
```

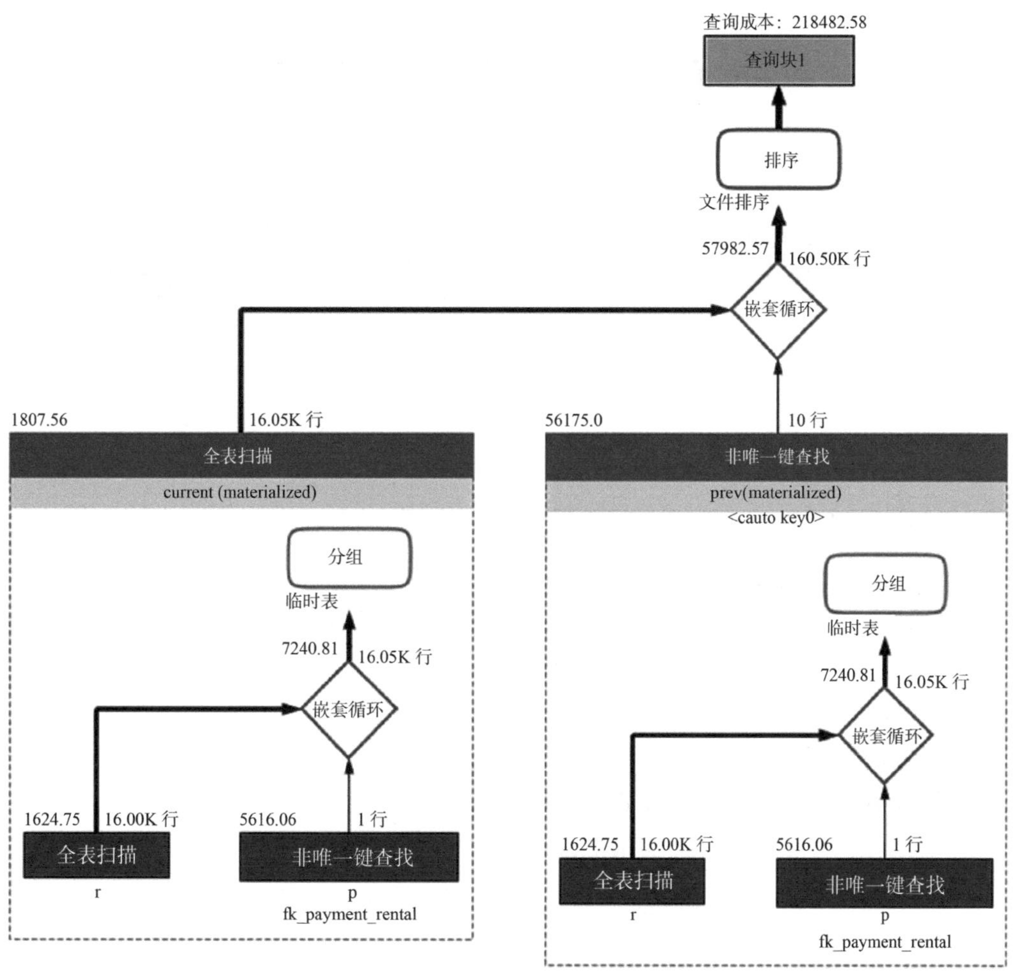

图 24-7　未使用 CTE 时查询的可视化解释

CTE 使用 WITH 关键字进行定义，并将其命名为 monthly_sales。然后，在查询中只引用 monthly_sales 即可。该查询的执行时间约是原来的一半。另一个好处是，如果业务逻辑发生了变化，则只需要更新一个地方即可，从而减少了因为查询中出现错误而结束的可能性。图 24-8 显示了使用 CTE 之后的查询计划。

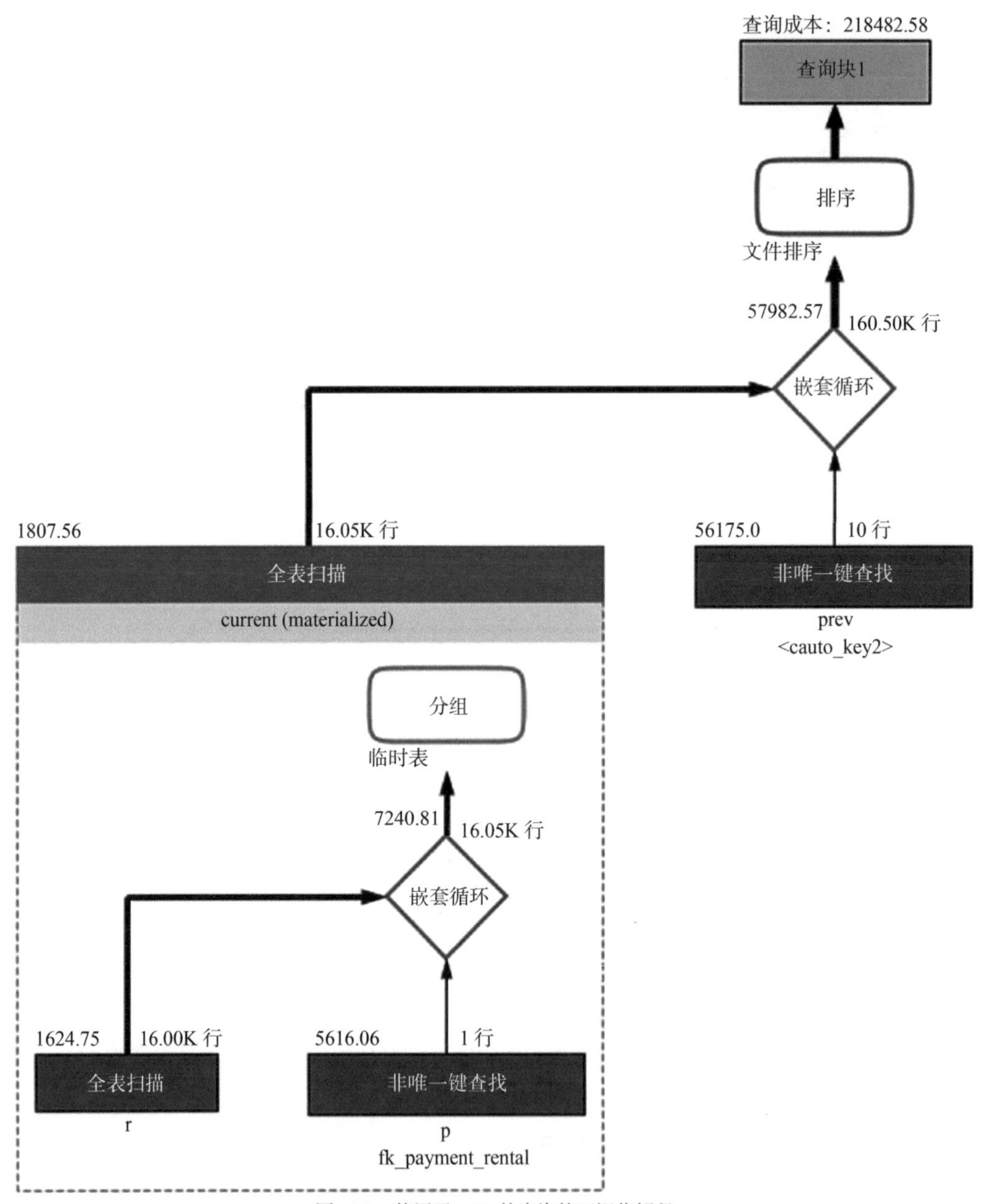

图 24-8 使用了 CTE 的查询的可视化解释

上述查询计划表明，子查询仅执行了一次，然后作为常规表进行重用。查询计划的其他部分则保持不变。

当然也可以用窗口函数来解决此问题。

24.6.2　窗口函数

窗口函数允许你定义一个框架，此后窗口函数就可返回依赖于该框架中其他行的值。可用它生成行号和总数的百分比，或将行与其上一行和下一行进行比较等。这里，我们将使用窗口函数来实现之前用于计算销售额以及月度之间变化的示例。

可使用 LAG()窗口函数来获取上一行中的列的值。代码清单 24-17 显示了如何使用窗口函数来重写查询，以及如何添加无销售额的月份。

代码清单 24-17　CTE 和 LAG()窗口函数组合使用

```
WITH RECURSIVE
  month AS
   (SELECT MIN(DATE_FORMAT(rental_date,
                           '%Y-%m-01'
           )) AS FirstOfMonth,
           MAX(DATE_FORMAT(rental_date,
                           '%Y-%m-01'
           )) AS LastMonth
      FROM sakila.rental
     UNION
    SELECT FirstOfMonth + INTERVAL 1 MONTH,
           LastMonth
      FROM month
     WHERE FirstOfMonth < LastMonth
),
  staff_member AS (
  SELECT staff_id
    FROM sakila.staff
),
  monthly_sales AS (
  SELECT month.FirstOfMonth,
         s.staff_id,
         IFNULL(SUM(p.amount), 0) as SalesAmount
      FROM month
           CROSS JOIN staff_member s
           LEFT OUTER JOIN sakila.rental r
                   ON r.rental_date >=
                        month.FirstOfMonth
                   AND r.rental_date < month.FirstOfMonth
                                     + INTERVAL 1 MONTH
                   AND r.staff_id = s.staff_id
           LEFT OUTER JOIN sakila.payment p
                 USING (rental_id)
      GROUP BY FirstOfMonth, s.staff_id
)
SELECT staff_id,
       YEAR(FirstOfMonth) AS Year,
       MONTH(FirstOfMonth) AS Month,
       SalesAmount,
      (SalesAmount
         - LAG(SalesAmount, 1, 0) OVER w_month
       ) AS DeltaAmount
  FROM monthly_sales
WINDOW w_month AS (ORDER BY staff_id, FirstOfMonth)
  ORDER BY staff_id, FirstOfMonth;
```

乍一看，这个查询似乎很复杂。不过，这样做的原因是，前两个 CTE 用于为每个月添加其前一个月和后一个月的销售额和租金数据。month 和 stafff_member 两张表之间的交叉联接(注意这里是如何使用 CROSS JOIN 来明确进行交叉联接的)被用作 monthly_sales 表的基础，然后在 rental 和 payment 表上使用了外联接。

现在，由于可在 monthly_sales 表中找到所需的全部内容，因此主查询就变得很简单。通过使用 staff_id 和 FirstOfMonth 对销售数据进行排序来定义一个窗口，然后在其上使用 LAG()窗口函数即可。代码清单 24-18 显示了对应的结果。

代码清单 24-18　使用 LAG()函数的销售查询结果

```
+----------+------+-------+-------------+-------------+
| staff_id | Year | Month | SalesAmount | DeltaAmount |
+----------+------+-------+-------------+-------------+
|        1 | 2005 |     5 |     2340.42 |     2340.42 |
|        1 | 2005 |     6 |     4832.37 |     2491.95 |
|        1 | 2005 |     7 |    14061.58 |     9229.21 |
|        1 | 2005 |     8 |    12072.08 |    -1989.50 |
|        1 | 2005 |     9 |        0.00 |   -12072.08 |
|        1 | 2005 |    10 |        0.00 |        0.00 |
|        1 | 2005 |    11 |        0.00 |        0.00 |
|        1 | 2005 |    12 |        0.00 |        0.00 |
|        1 | 2006 |     1 |        0.00 |        0.00 |
|        1 | 2006 |     2 |      218.17 |      218.17 |
|        2 | 2005 |     5 |     2483.02 |     2264.85 |
|        2 | 2005 |     6 |     4797.52 |     2314.50 |
|        2 | 2005 |     7 |    14307.33 |     9509.81 |
|        2 | 2005 |     8 |    11998.06 |    -2309.27 |
|        2 | 2005 |     9 |        0.00 |   -11998.06 |
|        2 | 2005 |    10 |        0.00 |        0.00 |
|        2 | 2005 |    11 |        0.00 |        0.00 |
|        2 | 2005 |    12 |        0.00 |        0.00 |
|        2 | 2006 |     1 |        0.00 |        0.00 |
|        2 | 2006 |     2 |      296.01 |      296.01 |
+----------+------+-------+-------------+-------------+
```

注意这里是如何将没有销售额的月份设置为 0 的。

注意　窗口不需要按顺序对数据进行排序。如果省略了 month 和 staff_member 表达式，则 2006 年 2 月的上一个月，将变成 2005 年 8 月。这可能是你想要的——但与代码清单 24-14 中的原始查询相比，结果就不同了。读者可自行练习并查看其不同之处。

24.6.3　使用联接来重写子查询

当你的查询中包含子查询时，一种选择是将其改写为联接。在可能的情况下，优化器通常会自动完成这种重写。但有时，帮助优化器进行查询重写也很有用。

例如，考虑以下查询：

```
SELECT *
  FROM chapter_24.person
 WHERE AddressId IN (
         SELECT AddressId
           FROM chapter_24.address
```

```
        WHERE CountryCode = 'AUS'
              AND District = 'Queensland');
```

该查询用于查找居住在澳大利亚昆士兰州的所有人员。也可将其改写为 person 和 address 表之间的联接：

```
SELECT person.*
  FROM chapter_24.person
       INNER JOIN chapter_24.address
             USING (AddressId)
 WHERE CountryCode = 'AUS'
       AND District = 'Queensland';
```

实际上，MySQL 能自动完成这种精确的重写(除非优化器将 address 表作为联接操作中的第一张表，因为这是过滤器所在的位置)。这是一个半联接优化的示例。如果遇到类似的查询，而优化器无法重写，就可考虑通过这样的方式来重写查询。通常，你的查询越是只包含联接，性能往往越好。但对查询进行优化实际上是很复杂的，有时相反的做法反倒可能提升查询的性能。因此，你需要进行一些测试。

另一种方法是将查询拆分为多个部分，然后逐步执行。

24.6.4　将查询拆分为多个部分

最后一种选择是将查询拆分为两个或多个部分。由于 MySQL 8 支持 CTE 和窗口函数，因此这种重写的需求远不像在旧版本中那样频繁。但是，记住这一点有时还是很有用的。

提示　千万不要低估将复杂查询拆分为两个或者多个简单查询并逐步生成查询结果所带来的性能提升效果。

例如，请考虑一下前面讨论过的查询，你想找到居住在澳大利亚昆士兰州的所有人员。可先执行子查询，然后将其结果放到 IN()运算符中。这种重写方式在能以编程方式来生成下一个查询时效果最好。为简单起见，这里将只显示所需的 SQL。代码清单 24-19 显示了这两个查询。

代码清单 24-19　将查询拆分为两步

```
mysql> SET SESSION transaction_isolation = 'REPEATABLE-READ';
Query OK, 0 rows affected (0.0002 sec)

mysql> START TRANSACTION;
Query OK, 0 rows affected (0.0400 sec)

mysql> SELECT AddressId
         FROM chapter_24.address
        WHERE CountryCode = 'AUS'
              AND District = 'Queensland';
+-----------+
| AddressId |
+-----------+
|       132 |
|       143 |
|       136 |
|       142 |
+-----------+
4 rows in set (0.0008 sec)
```

```
mysql> SELECT *
         FROM chapter_24.person
        WHERE AddressId IN (132, 136, 142, 143)\G
*************************** 1. row ***************************
  PersonId: 79
 FirstName: Dimitra
   Surname: Turner
 BirthDate: 1937-11-16
 AddressId: 132
LanguageId: 110
*************************** 2. row ***************************
  PersonId: 356
 FirstName: Julian
   Surname: Serrano
 BirthDate: 2017-07-30
 AddressId: 132
LanguageId: 110
2 rows in set (0.0005 sec)

mysql> COMMIT;
Query OK, 0 rows affected (0.0003 sec)
```

使用可重复读的事务隔离级别来执行查询，这意味着两个SELECT查询将使用相同的读视图，因此会以相同的方式来处理相同时间点的查询，就好像将问题作为一个查询来执行一样。对于这么简单的查询，使用多个查询没有任何好处。但对于那些非常复杂的查询，将查询的一部分(可能包含一些联接)拆开可能是一种好办法。将查询拆分为多个部分的另一个好处是，某些情况下，可使缓存更有效。对于此示例，如果你还有其他查询也使用了相同的子查询来查找昆士兰州的地址，则缓存可将结果用于多个查询。

24.7 队列系统：SKIP LOCKED

与数据库有关的常见任务之一，就是处理存储在队列中的任务列表。一个示例就是处理商店的订单。重点在于，所有任务都必须被处理，且只能处理一次。但是使用哪个应用程序线程来处理任务则并不重要。SKIP LOCKED子句就非常适合这种情况。

考虑代码清单24-20定义的jobqueue表。

代码清单24-20 jobqueue表和数据

```
mysql> SHOW CREATE TABLE chapter_24.jobqueue\G
*************************** 1. row ***************************
       Table: jobqueue
Create Table: CREATE TABLE `jobqueue` (
  `JobId` int(10) unsigned NOT NULL AUTO_INCREMENT,
  `SubmitDate` datetime NOT NULL DEFAULT CURRENT_TIMESTAMP,
  `HandledDate` datetime DEFAULT NULL,
  PRIMARY KEY (`JobId`),
  KEY `HandledDate` (`HandledDate`,`SubmitDate`)
) ENGINE=InnoDB AUTO_INCREMENT=7 DEFAULT CHARSET=utf8mb4
COLLATE=utf8mb4_0900_ai_ci
1 row in set (0.0004 sec)
```

```
mysql> SELECT *
FROM chapter_24.jobqueue;
+-------+---------------------+-------------+
| JobId | SubmitDate          | HandledDate |
+-------+---------------------+-------------+
| 1     | 2019-07-01 19:32:30 | NULL        |
| 2     | 2019-07-01 19:32:33 | NULL        |
| 3     | 2019-07-01 19:33:40 | NULL        |
| 4     | 2019-07-01 19:35:12 | NULL        |
| 5     | 2019-07-01 19:40:24 | NULL        |
| 6     | 2019-07-01 19:40:28 | NULL        |
+-------+---------------------+-------------+
6 rows in set (0.0005 sec)
```

当 HandleDate 为 NULL 时，则说明该任务尚未被处理，可进行抓取。如果你的应用程序被设置为用来获取最早的未被处理的任务，并且你希望依靠 InnoDB 的行锁来防止两个线程执行同一任务，就可使用 SELECT ... FOR UPDATE，下面是一个例子(在现实中，这一语句往往是一个较大事务的一部分)：

```
SELECT JobId
  FROM chapter_24.jobqueue
 WHERE HandledDate IS NULL
 ORDER BY SubmitDate
 LIMIT 1
  FOR UPDATE;
```

这对于第一个请求的效果很好，但下一个将被阻塞，直到锁超时或第一个任务被处理完毕，因此任务的处理就被串行化了。秘诀是，要确保在过滤和排序的列上有索引，然后使用 SKIP LOCKED 子句。这样，第二个连接将简单地跳过锁定的行，并找到下一个满足条件的非锁定行。代码清单 24-21 就显示了这样两个连接，每个连接均从队列中获取作业。

代码清单 24-21　使用 SKIP LOCKED 子句来获取作业

```
Connection 1> START TRANSACTION;
Query OK, 0 rows affected (0.0002 sec)

Connection 1> SELECT JobId
                FROM chapter_24.jobqueue
               WHERE HandledDate IS NULL
               ORDER BY SubmitDate
               LIMIT 1
                 FOR UPDATE
                SKIP LOCKED;
+-------+
| JobId |
+-------+
|     1 |
+-------+
1 row in set (0.0004 sec)

Connection 2> START TRANSACTION;
Query OK, 0 rows affected (0.0003 sec)
Connection 2> SELECT JobId
                FROM chapter_24.jobqueue
               WHERE HandledDate IS NULL
```

```
               ORDER BY SubmitDate
               LIMIT 1
                 FOR UPDATE
                SKIP LOCKED;
+-------+
| JobId |
+-------+
|     2 |
+-------+
1 row in set (0.0094 sec)
```

现在，两个连接都可提取任务并同时处理它们。任务完成后，可设置 HandleDate 并将任务标记为完成。与具有连接设置的锁相比，这种方法的优点在于，如果由于某种原因连接失败，将自动释放锁。

也可以使用 performance 库中的 data_locks 表来查看哪些连接持有锁(锁的顺序取决于线程ID)：

```
mysql> SELECT THREAD_ID, INDEX_NAME, LOCK_DATA
         FROM performance_schema.data_locks
        WHERE OBJECT_SCHEMA = 'chapter_24'
              AND OBJECT_NAME = 'jobqueue'
              AND LOCK_TYPE = 'RECORD'
        ORDER BY THREAD_ID, EVENT_ID;
+-----------+------------+-----------------------+
| THREAD_ID | INDEX_NAME | LOCK_DATA             |
+-----------+------------+-----------------------+
|     21705 | PRIMARY    | 1                     |
|     21705 | SubmitDate | NULL, 0x99A383381E, 1 |
|     25101 | PRIMARY    | 2                     |
|     25101 | SubmitDate | NULL, 0x99A3833821, 2 |
+-----------+------------+-----------------------+
4 rows in set (0.0008 sec)
```

这里的十六进制值是 SubmitDate 列的编码日期时间值。从输出中可看出，每个连接件都在二级索引中持有一个记录锁，在主键上也持有一个记录锁，正如 SELECT 查询返回的 JobId 所期望的那样。

24.8 多个 OR 或者 IN 条件

在性能方面可能引起混淆的查询类型，往往是包含多个范围条件的查询。当存在许多 OR 条件或 IN()运算符中包含很多值时，这通常可能是一个问题。某些情况下，一些微小的改变都可能导致查询计划的完全更改。

当优化器在索引列上遇到范围条件时，它往往有两个选择：它可假定索引中所有值的出现频率相同，或可要求存储引擎进行索引下潜，以确定不同范围的频率。前者成本最低，但后者则更准确。要决定使用哪种方法，可使用 eq_range_index_dive_limit 选项(默认值为 200)。如果存在 eq_range_index_dive_limit 或更多范围，优化器将只查看索引的基数，并假定所有的值以相同的频率出现。如果范围较少，则要求存储引擎提供每个范围的出现频率。

当“每个值的出现频率相同”假设不成立时，可能会出现性能问题。此时，如果超过了 eq_range_index_dive_limit 设置的阈值，与该条件匹配的估计行数可能突然发生显著变化，从而导致完全不同的查询计划。当你在 IN()运算符中包含多个值时，重要的是，与所包含的值相匹配的平均行数应该接近从索引统计信息中得到的估计值。因此，列表中包含的值越多，就越可能包含代表性样本。

代码清单 24-22 显示了一个 payment 表的示例，该表在 ContactId 列上有索引。大多数行的 ContactId 为 NULL，索引的基数为 21。

代码清单 24-22　包含多个范围条件的查询

```
mysql> SHOW CREATE TABLE chapter_24.payment\G
*************************** 1. row ***************************
       Table: payment
Create Table: CREATE TABLE `payment` (
  `PaymentId` int(10) unsigned NOT NULL AUTO_INCREMENT,
  `Amount` decimal(5,2) NOT NULL,
  `ContactId` int(10) unsigned DEFAULT NULL,
  PRIMARY KEY (`PaymentId`),
  KEY `ContactId` (`ContactId`)
) ENGINE=InnoDB AUTO_INCREMENT=32798 DEFAULT CHARSET=utf8mb4
COLLATE=utf8mb4_0900_ai_ci
1 row in set (0.0004 sec)

mysql> SELECT COUNT(ContactId), COUNT(*)
FROM chapter_24.payment;
+------------------+----------+
| COUNT(ContactId) | COUNT(*) |
+------------------+----------+
|               20 |    20000 |
+------------------+----------+
1 row in set (0.0060 sec)

mysql> SELECT CARDINALITY
         FROM information_schema.STATISTICS
        WHERE TABLE_SCHEMA = 'chapter_24'
              AND TABLE_NAME = 'payment'
              AND INDEX_NAME = 'ContactId';
+-------------+
| CARDINALITY |
+-------------+
|          21 |
+-------------+
1 row in set (0.0009 sec)

mysql> SET SESSION eq_range_index_dive_limit=5;
Query OK, 0 rows affected (0.0003 sec)

mysql> EXPLAIN
        SELECT *
          FROM chapter_24.payment
         WHERE ContactId IN (1, 2, 3, 4)\G
*************************** 1. row ***************************
           id: 1
  select_type: SIMPLE
        table: payment
   partitions: NULL
         type: range
possible_keys: ContactId
```

```
          key: ContactId
      key_len: 5
          ref: NULL
         rows: 4
     filtered: 100
        Extra: Using index condition
1 row in set, 1 warning (0.0006 sec)
```

在上例中，eq_range_index_dive_limit 被设置为 5，以避免需要设置一长串值。上述 IN()中包含了 4 个值，优化器会要求为这 4 个值中的每一个均进行统计，并且估计的行数为 4。但是，如果将值列表加长，情况就开始变化了：

```
mysql> EXPLAIN
       SELECT *
         FROM chapter_24.payment
        WHERE ContactId IN (1, 2, 3, 4, 5)\G
*************************** 1. row ***************************
...
       key: ContactId
   key_len: 5
       ref: NULL
      rows: 4785
...
```

你会发现，这里估计的匹配行数，突然变成 4785，而非实际匹配的 5 行。索引仍然被使用，但如果联接中涉及具有这种条件的 payment 表，那么优化器可能选择非最佳的联接顺序。如果你将值列表继续加长，则优化器会停止使用索引，并进行全表扫描，因为它觉得此时使用索引是很可怕的：

```
mysql> EXPLAIN
       SELECT *
         FROM chapter_24.payment
        WHERE ContactId IN (1, 2, 3, 4, 5, 6, 7)\G
*************************** 1. row ***************************
...
         type: ALL
possible_keys: ContactId
          key: NULL
...
         rows: 20107
...
```

该查询实际上只返回 7 行数据，因此索引具有高度的选择性。那么，可以采取何种措施来提高优化器对索引的理解呢？根据优化器估算的不准确性，我们可以采取各种措施。对于本问题，可采用如下选项：

- 增加 eq_range_index_dive_limit。
- 更改 innodb_stats_method 选项。
- 强制 MySQL 使用索引。

最简单的解决方法是增加 eq_range_index_dive_limit。其默认值为 200，这是一个很好的起点。如果有候选的查询，则可对该选项设置不同的值来进行测试，并确定进行索引下潜的额外成本能否通过获得更好的行估计值而节省下来。对该选项的不同值进行测试的一种好方法是在优化器提示 SET_VAR()中设置该选项的值：

```
SELECT /*+ SET_VAR(eq_range_index_dive_limit=8) */
       *
FROM chapter_24.payment
WHERE ContactId IN (1, 2, 3, 4, 5, 6, 7);
```

这种情况下，按照基数进行的估算会导致糟糕的行估计值，因为几乎所有行的 ContactId 都是 NULL。默认情况下，InnoDB 认为索引值为 NULL 的所有行都具有相同的值。这就是为什么本例中的基数只为 21 的原因。如果将 innodb_stats_method 切换为 nulls_ignored，则会基于非 NULL 值来计算基数。如代码清单 24-23 所示。

代码清单 24-23　使用 innodb_stats_method = nulls_ignored 选项

```
mysql> SET GLOBAL innodb_stats_method = nulls_ignored;
Query OK, 0 rows affected (0.0003 sec)

mysql> ANALYZE TABLE chapter_24.payment;
+--------------------+---------+----------+----------+
| Table              | Op      | Msg_type | Msg_text |
+--------------------+---------+----------+----------+
| chapter_24.payment | analyze | status   | OK       |
+--------------------+---------+----------+----------+
1 row in set (0.1411 sec)

mysql> SELECT CARDINALITY
         FROM information_schema.STATISTICS
        WHERE TABLE_SCHEMA = 'chapter_24'
              AND TABLE_NAME = 'payment'
              AND INDEX_NAME = 'ContactId';
+-------------+
| CARDINALITY |
+-------------+
|       20107 |
+-------------+
1 row in set (0.0009 sec)

mysql> EXPLAIN
         SELECT *
           FROM chapter_24.payment
          WHERE ContactId IN (1, 2, 3, 4, 5, 6, 7)\G
*************************** 1. row ***************************
           id: 1
  select_type: SIMPLE
        table: payment
   partitions: NULL
         type: range
possible_keys: ContactId
          key: ContactId
      key_len: 5
          ref: NULL
         rows: 7
     filtered: 100
        Extra: Using index condition
1 row in set, 1 warning (0.0011 sec)
```

这种方法的最大问题在于，innodb_stats_method 选项只能全局设置，因此会影响到所有的表，并可能对其他查询产生负面影响。对于此示例，再将 innodb_stats_method 设置为默认值，然后重新计算索引统计信息：

```
mysql> SET GLOBAL innodb_stats_method = DEFAULT;
Query OK, 0 rows affected (0.0004 sec)

mysql> SELECT @@global.innodb_stats_method\G
*************************** 1. row ***************************
@@global.innodb_stats_method: nulls_equal
1 row in set (0.0003 sec)

mysql> ANALYZE TABLE chapter_24.payment;
+--------------------+---------+----------+----------+
| Table              | Op      | Msg_type | Msg_text |
+--------------------+---------+----------+----------+
| chapter_24.payment | analyze | status   | OK       |
+--------------------+---------+----------+----------+
1 row in set (0.6683 sec)
```

最后一种方法是使用索引提示来强制 MySQL 使用索引。你需要使用 FORCE INDEX，如代码清单 24-24 所示。

代码清单 24-24　使用 FORCE INDEX 让 MySQL 强制使用索引

```
mysql> EXPLAIN
       SELECT *
         FROM chapter_24.payment FORCE INDEX (ContactId)
        WHERE ContactId IN (1, 2, 3, 4, 5, 6, 7)\G
*************************** 1. row ***************************
           id: 1
  select_type: SIMPLE
        table: payment
   partitions: NULL
         type: range
possible_keys: ContactId
          key: ContactId
      key_len: 5
          ref: NULL
         rows: 6699
     filtered: 100
        Extra: Using index condition
1 row in set, 1 warning (0.0007 sec)
```

这将使查询的执行速度就像具有更准确的统计信息一样快。而若 payment 表是具有相同 WHERE 子句的联接的一部分，则行估计值依然不可用(估计值为 6699 行，但实际为 7 行)，因此在这种情况下，查询计划仍然可能会出错。你需要告诉优化器最佳的联接顺序是什么。

24.9　本章小结

本章展示了一些改善查询性能的示例。第一个主题，是查看过多的全表扫描会有什么样的症状，然后查看出现全表扫描的两个主要原因：查询错误，以及无法使用索引。无法使用索引的典型原因，是所使用的列并非索引的左前缀、数据类型不匹配，或在列上使用了函数。

即便使用了索引，还是可能出现性能问题，不过你可以设法提升索引的使用率。例如，可将索引转换为覆盖查询所需的全部列等。此外，对于使用了复杂条件的查询，也可以通过查询重写来改善查询的性能。

重写复杂的查询也很有用。MySQL 8 支持常用的 CTE 和窗口函数，可用来简化查询，并使查询性能更佳。其他情况下，它还可帮助优化器完成查询重写，或将查询拆分为多个部分。

最后，还讨论了两种常见的情况。第一种情况是使用队列，然后使用 SKIP LOCKED 子句来有效地访问第一个未被锁定的行。第二种情况是对于那些包含多个 OR 条件，或 IN()运算符中包含很多值的查询，当范围数量达到 eq_range_index_dive_limit 选项设置的值时，可能导致查询计划的意外更改。

下一章，我们将着眼于如何提高 DDL 和批量数据加载的性能。

第 25 章

DDL 与批量数据加载

有时，我们需要执行方案更改，或将大量数据导入表中。这可能是因为要处理新的特性、对备份进行还原，导入由第三方进程生成的数据等。虽然此时裸磁盘的写入性能确实很重要，但是你还是可以在 MySQL 方面做一些事情，从而提高这些操作的性能。

提示 如果你遇到了恢复备份所需的时间太长这样的问题，可考虑使用直接复制数据文件的备份方法(物理备份)，如使用 MySQL Enterprise Backup。物理备份的好处是，与逻辑备份(包含 INSERT 语句或 CSV 文件)相比，它们的还原速度要快得多。

本章从探讨方案更改开始，然后介绍有关数据加载的一般注意事项。这些注意事项在你进行一次性单行插入时也适用。本章的其余部分，将介绍如何按主键的顺序执行插入操作以提升数据加载的性能，分析缓冲池和二级索引如何影响性能，还涵盖配置以及对语句本身进行调整等内容。最后，还将演示 MySQL shell 的并行导入特性。

25.1　方案更改

若要改变方案，就可能需要为存储引擎做大量的工作，这涉及生成表的全新副本等。本节将介绍如何加快这一过程。首先分析方案更改所支持的算法，然后考虑其他因素，如配置等。

注意　尽管 OPTIMIZE TABLE 语句不会对表的方案进行任何更改，但 InnoDB 会先将其实现为 ALTER TABLE，然后执行 ANALYZE TABLE。因此本节中的讨论也适用于 OPTIMIZE TABLE。

25.1.1　算法

MySQL 支持多种 ALTER TABLE 相关的算法。这些算法决定了方案更改是如何发生的。通过更改表的定义，可以“立即”执行某些方案更改操作，而另一方面，则可能需要先将整张表都复制到新表中。

按照所需的工作量进行排序，这些算法如下。

- **INSTANT(即时)**：只对表的定义进行更改。虽然这种更改不是立即完成，但更改速度非常快。MySQL 8.0.12 及更高版本中提供了这一算法。
- **INPLACE(原地)**：通常在现有表空间文件中进行更改(表空间的 id 保持不变)。但也有一些例外，例如 ALTER TABLE <表名> FORCE(由 OPTIMIZE TABLE 使用)，它更像 copy 算法，但允许并发更改。这可能是一个成本较低的操作，但有时也涉及复制所有的数据。
- **COPY(复制)**：将现有数据复制到新的表空间文件中。这是影响最大的算法，因为这通常需要更多的锁，从而导致更多 I/O 操作，花费更长时间。

通常，INSTANT 和 INPLACE 算法允许并发性的数据更改，以减少对其他连接的影响。COPY 算法则至少需要一个读取锁。MySQL 将根据请求的更改操作，来选择影响最小的算法。但也可显式请求特定的更改算法。例如，如果你想确保 MySQL 不再继续更改(如果不支持你所选择的算法)，这样做就会很有用。可使用 ALGORITHM 关键字来指定算法，例如：

```
mysql> ALTER TABLE world.city
         ADD COLUMN Council varchar(50),
             ALGORITHM=INSTANT;
```

如果该更改操作无法使用请求的算法完成，要执行的语句就会遇到 ER_ALTER_OPERATION_NOT_SUPPORTED(错误代码 1845)错误并失败，例如：

```
mysql> ALTER TABLE world.city
         DROP COLUMN Council,
              ALGORITHM=INSTANT;
ERROR: 1845: ALGORITHM=INSTANT is not supported for this operation. Try
ALGORITHM=COPY/INPLACE.
```

如果可使用 INSTANT 算法，显然你将获得最佳的 ALTER TABLE 操作性能。在撰写本书时，可使用 INSTANT 算法执行如下操作：

- 添加新列作为表的最后一列。
- 添加生成的虚拟列。
- 删除生成的虚拟列。
- 为现有列设置默认值。
- 删除现有列的默认值。

- 使用枚举类型，或更改数据类型，从而改变列允许使用的值列表。前提是该列占用的存储空间不能更改。
- 更改是否为现有索引显示设置索引类型(如 B-tree 索引)。

当然，还需要注意一些限制：

- 行格式不能为 COMPRESSED。
- 表不能包含全文索引。
- 不支持临时表。
- 数据字典中的表不能使用 INSTANT 算法。

提示 例如，如果你想为现有的表添加一列，则建议确保该列为最后一列，从而可以“立即”添加。

在性能方面，INPLACE 更改通常比 COPY 快一些(但并非总是如此)。此外，当在线(LOCK=NONE)进行方案更改时，InnoDB 必须跟踪方案更改执行期间所完成的操作。这就增加了开销，并且在方案更改完成时需要花费时间来应用这些更改。如果你能在表上使用共享锁(LOCK=SHARED)或独占锁(LOCK=EXCLUSIVE)，则与允许并发更改操作相比，这样做通常能获得更好的性能。

25.1.2 其他考量

由于 INPLACE 或 COPY 型的 ALTER TABLE 操作非常耗费磁盘空间。因此，对性能带来最大影响的地方是磁盘的速度，以及在方案更改过程中其他写操作的数量。这就意味着，最好在主机和实例上几乎没有其他写操作时，再执行需要复制或移动大量数据的方案更改操作。其中就包含备份操作，因为备份本身可能占用大量 I/O。

提示 可使用 performance 库来监控 InnoDB 表的 ALTER TABLE 和 OPTIMIZE TABLE 操作的进度。最简单的方法是使用 sys.session 视图并查看 progress 列，该列以总工作量的百分比来表示操作的大致进度。默认情况下该特性是启用的。

如果 ALTER TABLE 操作还包含创建或重建二级索引(包括 OPTIMIZE TABLE 和其他重建表的语句)，则可使用 innodb_sort_buffer_size 选项来设置每个排序缓冲区可以使用多少内存。注意，单个 ALTER TABLE 将创建多个缓冲区，因此不要将该选项设置得太大。该选项的默认值为 1MB，最大允许为 64MB。某些情况下，较大的缓冲区设置可能提高性能。

在创建全文索引时，可使用 innodb_ft_sort_pll_degree 选项来设置 InnoDB 将会使用多少个线程来构建搜索索引。默认值为 2，取值范围为 1~32。如果要在大型表上创建全文索引，那么增加 innodb_ft_sort_pll_degree 的设置可能会有一些好处。

需要考虑的一种特殊 DDL 操作是删除或截断表。

25.1.3 删除或者截断表

看起来似乎不需要考虑删除表的性能优化问题，因为 MySQL 需要做的事情不过是删除表空间文件并删除对该表的引用罢了。但实际上，情况并非如此简单。

删除或截断表时的主要问题在于缓冲池对该表数据的所有引用。尤其是，自适应哈希索引也可能引起问题。因此，在操作期间禁用自适应哈希索引，可以极大地提高删除或截断表时的性能。例如：

```
mysql> SET GLOBAL innodb_adaptive_hash_index = OFF;
Query OK, 0 rows affected (0.1008 sec)

mysql> DROP TABLE <name of large table>;

mysql> SET GLOBAL innodb_adaptive_hash_index = ON;
Query OK, 0 rows affected (0.0098 sec)
```

禁用自适应哈希索引，会让那些从哈希索引中受益的查询的运行受到影响，但是对于大小为数百 GB 或者更大的表，禁用自适应哈希索引对它们的影响则相对较小。毕竟，与删除那些正在被删除或截断的表的引用可能导致的潜在系统停顿相比，禁用自适应哈希索引对查询运行速度的影响显然太小了。

到目前为止，我们就结束了对方案更改的探讨。本章其余部分将介绍如何加载数据。

25.2 数据加载的一般性考量

在讨论如何提高批量数据插入性能前，值得先进行一个小的测试并讨论其结果。在该测试中，会将 200 000 行数据插入两张表中。其中一张表使用了自动递增计数器作为主键，另一张表则使用随机整数作为主键。两张表的行大小相同。

提示 本节和下一节探讨的相关内容，同样适用于非批量数据插入。

数据加载完毕后，代码清单 25-1 中的脚本可用来确定表空间文件中每个页的“年龄”，这里以日志序列号(LSN)进行衡量。日志序列号越高，则页被修改的时间就离现在越近。该脚本的灵感来自 Jeremy Cole 的 innodb_ruby(请参考 https://github.com/jeremycole/innodb_ruby)，它能生成一个类似于 innodb_ruby space-lsn-age-illustrate-svg 命令的地图信息。但是 innodb_ruby 尚不支持 MySQL 8，因此作者开发了一个单独的 Python 程序。该程序已经过 Python 2.7(Linux 平台)和 3.6(Linux 以及 Windows 平台)的测试。当然，也可在本书 GitHub 库的 listing_25_1.py 文件中找到它。

代码清单 25-1　用于显示 InnoDB 页的 LSN 信息地图的 Python 程序

```
'''Read a MySQL 8 file-per-table tablespace file and generate an
SVG formatted map of the LSN age of each page.

Invoke with the --help argument to see a list of arguments and
Usage instructions.'''

import sys
import argparse
import math
from struct import unpack

# Some constants from InnoDB
FIL_PAGE_OFFSET = 4          # Offset for the page number
FIL_PAGE_LSN = 16            # Offset for the LSN
FIL_PAGE_TYPE = 24           # Offset for the page type
FIL_PAGE_TYPE_ALLOCATED = 0  # Freshly allocated page

def mach_read_from_2(page, offset):
    '''Read 2 bytes in big endian. Based on the function of the same
    name in the InnoDB source code.'''
```

```
    return unpack('>H', page[offset:offset + 2])[0]

def mach_read_from_4(page, offset):
    '''Read 4 bytes in big endian. Based on the function of the same
    name in the InnoDB source code.'''
    return unpack('>L', page[offset:offset + 4])[0]

def mach_read_from_8(page, offset):
    '''Read 8 bytes in big endian. Based on the function of the same
    name in the InnoDB source code.'''
    return unpack('>Q', page[offset:offset + 8])[0]

def get_color(lsn, delta_lsn, greyscale):
    '''Get the RGB color of a relative lsn.'''
    color_fmt = '#{0:02x}{1:02x}{2:02x}'

    if greyscale:
        value = int(255 * lsn / delta_lsn)
        color = color_fmt.format(value, value, value)
    else:
        # 0000FF -> 00FF00 -> FF0000 -> FFFF00
        # 256 + 256 + 256 values
        value = int((3 * 256 - 1) * lsn / delta_lsn)
        if value < 256:
            color = color_fmt.format(0, value, 255 - value)
        elif value < 512:
            value = value % 256
            color = color_fmt.format(value, 255 - value, 0)
        else:
            value = value % 256
            color = color_fmt.format(255, value, 0)

    return color

def gen_svg(min_lsn, max_lsn, lsn_age, args):
    '''Generate an SVG output and print to stdout.'''
    pages_per_row = args.width
    page_width = args.size
    num_pages = len(lsn_age)
    num_rows = int(math.ceil(1.0 * num_pages / pages_per_row))
    x1_label = 5 * page_width + 1
    x2_label = (pages_per_row + 7) * page_width
    delta_lsn = max_lsn - min_lsn

    print('<?xml version="1.0"?>')
    print('<svg xmlns="http://www.w3.org/2000/svg" version="1.1">')
    print('<text x="{0}" y="{1}" font-family="monospace" font-size="{2}" '
        .format(x1_label, int(1.5 * page_width) + 1, page_width) +
        'font-weight="bold" text-anchor="end">Page</text>')

    page_number = 0
    page_fmt = ' <rect x="{0}" y="{1}" width="{2}" height="{2}" fill="{3}" />'
    label_fmt = ' <text x="{0}" y="{1}" font-family="monospace" '
    label_fmt += 'font-size="{2}" text-anchor="{3}">{4}</text>'
    for i in range(num_rows):
```

```
    y = (i + 2) * page_width
    for j in range(pages_per_row):
        x = 6 * page_width + j * page_width
        if page_number >= len(lsn_age) or lsn_age[page_number] is None:
            color = 'black'
        else:
            relative_lsn = lsn_age[page_number] - min_lsn
            color = get_color(relative_lsn, delta_lsn, args.greyscale)

        print(page_fmt.format(x, y, page_width, color))
        page_number += 1
    y_label = y + page_width
    label1 = i * pages_per_row
    label2 = (i + 1) * pages_per_row
    print(label_fmt.format(x1_label, y_label, page_width, 'end', label1))
    print(label_fmt.format(x2_label, y_label, page_width, 'start', label2))

    # Create a frame around the pages
    frame_fmt = ' <path stroke="black" stroke-width="1" fill="none" d="'
    frame_fmt += 'M{0},{1} L{2},{1} S{3},{1} {3},{4} L{3},{5} S{3},{6} {2},{6}'
    frame_fmt += ' L{0},{6} S{7},{6} {7},{5} L{7},{4} S{7},{1} {0},{1} Z" />'
    x1 = int(page_width * 6.5)
    y1 = int(page_width * 1.5)
    x2 = int(page_width * 5.5) + page_width * pages_per_row
    x2b = x2 + page_width
    y1b = y1 + page_width
    y2 = int(page_width * (1.5 + num_rows))
    y2b = y2 + page_width
    x1c = x1 - page_width
    print(frame_fmt.format(x1, y1, x2, x2b, y1b, y2, y2b, x1c))

    # Create legend
    x_left = 6 * page_width
    x_right = x_left + pages_per_row * page_width
    x_mid = x_left + int((x_right - x_left) * 0.5)
    y = y2b + 2 * page_width
    print('<text x="{0}" y="{1}" font-family="monospace" '.format(x_left, y) +
          'font-size="{0}" text-anchor="start">{1}</text>'.format(page_width,
                                                                   min_lsn))
    print('<text x="{0}" y="{1}" font-family="monospace" '.format(x_right, y) +
          'font-size="{0}" text-anchor="end">{1}</text>'.format(page_width,
                                                                 max_lsn))
    print('<text x="{0}" y="{1}" font-family="monospace" '.format(x_mid, y) +
          'font-size="{0}" font-weight="bold" text-anchor="middle">{1}</text>'
          .format(page_width, 'LSN Age'))

    color_width = 1
    color_steps = page_width * pages_per_row
    y = y + int(page_width * 0.5)
    for i in range(color_steps):
        x = 6 * page_width + i * color_width
        color = get_color(i, color_steps, args.greyscale)
        print('<rect x="{0}" y="{1}" width="{2}" height="{3}" fill="{4}" />'
              .format(x, y, color_width, page_width, color))

    print('</svg>')
```

```
def analyze_lsn_age(args):
    '''Read the tablespace file and find the LSN for each page.'''
    page_size_bytes = int(args.page_size[0:-1]) * 1024
    min_lsn = None
    max_lsn = None
    lsn_age = []
    with open(args.tablespace, 'rb') as fs:
        # Read at most 1000 pages at a time to avoid storing too much
        # in memory at a time.
        chunk = fs.read(1000 * page_size_bytes)
        while len(chunk) > 0:
            num_pages = int(math.floor(len(chunk) / page_size_bytes))
            for i in range(num_pages):
                # offset is the start of the page inside the
                # chunk of data
                offset = i * page_size_bytes
                # The page number, lsn for the page, and page
                # type can be found at the FIL_PAGE_OFFSET,
                # FIL_PAGE_LSN, and FIL_PAGE_TYPE offsets
                # relative to the start of the page.
                page_number = mach_read_from_4(chunk, offset + FIL_PAGE_OFFSET)
                page_lsn = mach_read_from_8(chunk, offset + FIL_PAGE_LSN)
                page_type = mach_read_from_2(chunk, offset + FIL_PAGE_TYPE)

                if page_type == FIL_PAGE_TYPE_ALLOCATED:
                    # The page has not been used yet
                    continue
                if min_lsn is None:
                    min_lsn = page_lsn
                    max_lsn = page_lsn
                else:
                    min_lsn = min(min_lsn, page_lsn)
                    max_lsn = max(max_lsn, page_lsn)

                if page_number == len(lsn_age):
                    lsn_age.append(page_lsn)
                elif page_number > len(lsn_age):
                    # The page number is out of order - expand the list first
                    lsn_age += [None] * (page_number - len(lsn_age))
                    lsn_age.append(page_lsn)
                else:
                    lsn_age[page_number] = page_lsn

            chunk = fs.read(1000 * page_size_bytes)

    sys.stderr.write("Total # Pages ...: {0}\n".format(len(lsn_age)))
    gen_svg(min_lsn, max_lsn, lsn_age, args)

def main():
    '''Parse the arguments and call the analyze_lsn_age()
    function to perform the analysis.'''
    parser = argparse.ArgumentParser(
        prog='listing_25_1.py',
        description='Generate an SVG map with the LSN age for each page in an' +
        ' InnoDB tablespace file. The SVG is printed to stdout.')
```

```
    parser.add_argument(
        '-g', '--grey', '--greyscale', default=False,
        dest='greyscale', action='store_true',
        help='Print the LSN age map in greyscale.')
    parser.add_argument(
        '-p', '--page_size', '--page-size', default='16k',
        dest='page_size',
        choices=['4k', '8k', '16k', '32k', '64k'],
        help='The InnoDB page size. Defaults to 16k.')

    parser.add_argument(
        '-s', '--size', default=16, dest='size',
        choices=[4, 8, 12, 16, 20, 24], type=int,
        help='The size of the square representing a page in the output. ' +
        'Defaults to 16.')

    parser.add_argument(
        '-w', '--width', default=64, dest='width',
        type=int,
        help='The number of pages to include per row in the output. ' +
        'The default is 64.')

    parser.add_argument(
        dest='tablespace',
        help='The tablespace file to analyze.')

    args = parser.parse_args()
    analyze_lsn_age(args)

if __name__ == '__main__':
    main()
```

在上述代码中，对于每个页，都使用 FIL_PAGE_OFFSET、FIL_PAGE_LSN 和 FIL_PAGE_TYPE 等常量定义的位置(以字节为单位)，来提取页码、日志序列号以及页的类型。如果页的类型为常量 FIL_PAGE_TYPE_ALLOCATED，则表明该页尚未被使用，因此可跳过该页——这些页在 LSN 图中为黑色。

提示　如果想浏览页标题中的可用信息，请访问源代码中的文件 storage/innobase/include/fil0types.h(可参考 https://github.com/mysql/mysql-server/blob/8.0/storage/innobase/include/fil0types.h)，或 MySQL 内部手册中的相关内容(可参考 https://dev.mysql.com/doc/internals/en/innodb-fil-header.html)。

可通过使用--help 参数来获得使用该程序的帮助。唯一需要的参数是要分析的表空间文件的路径。除非你将 innodb_page_size 选项设置为 16384 字节以外的其他值，否则所有可选参数的默认值都是你需要的。当然，如果你想修改生成的地图的尺寸，那么这些可选参数也是需要调整的。

警告　不要在生产系统上使用该程序！为简化起见，该程序中运行的错误检查很少，该程序实质上是实验性质的。

现在就可生成测试表了。代码清单 25-2 显示了 table_autoinc 表的创建方式，这是一张带有自动递增主键的表。

代码清单 25-2 使用自动递增的主键填充表

```
mysql-sql> CREATE SCHEMA chapter_25;
Query OK, 1 row affected (0.0020 sec)

mysql-sql> CREATE TABLE chapter_25.table_autoinc (
             id bigint unsigned NOT NULL auto_increment,
             val varchar(36),
             PRIMARY KEY (id)
           );
Query OK, 0 rows affected (0.3382 sec)

mysql-sql> \py
Switching to Python mode...

mysql-py> for i in range(40):
             session.start_transaction()
             for j in range(5000):
                 session.run_sql("INSERT INTO chapter_25.table_autoinc
                 (val) VALUES (UUID())")
             session.commit()
Query OK, 0 rows affected (0.1551 sec)
```

该表具有 bigint 类型的主键，以及一个 varch(36)的列，其中填充了 UUID 以创建一些随机数据。MySQL shell 中的 Python 模型用来插入数据。session.run_sql()方法在 MySQL 8.0.17 及更高版本中可用。最后，可执行 listing_25_1.py 脚本以 SVG 格式来生成表空间的“年龄”图：

```
shell> python listing_25_1.py <path to datadir>\chapter_25\table_autoinc.
ibd > table_autoinc.svg
Total # Pages ...: 880
```

上述输出中显示表空间中有 880 个页，当然文件的末尾可能还有一些未使用的页。

图 25-1 显示了 table_autoinc 表的日志序列号“年龄”图。

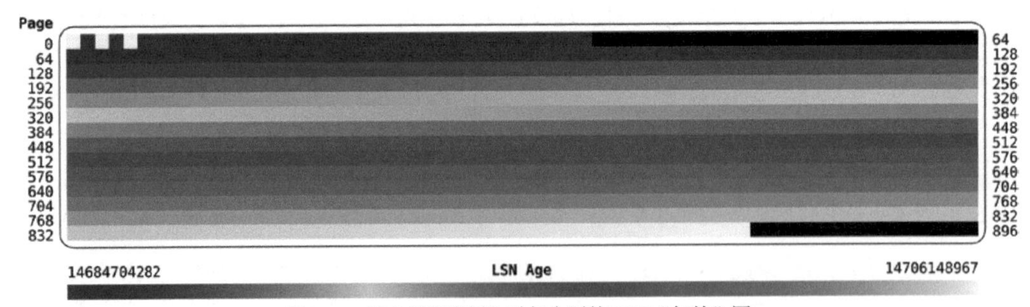

图 25-1 以主键顺序插入时每个页的 LSN“年龄”图

在上图中，左上角代表表空间中的第一页。当你从左到右、从上到下浏览该图时，后面的页就逐次进入表空间文件，右下角代表最后一页。上图显示，除了第一页外，这些页的年龄模式都与该图底部的 LSN 年龄比例相同。这意味着页的年龄随着表空间的使用而变得更年轻。当然，前几页是例外，因为它们包含表空间的 header 信息。

上图中表示了数据是按顺序插入表空间的，从而尽可能使其保持紧凑。也使得查询在读取页时，尽可能按逻辑上的顺序页来读取数据。在表空间中，这些逻辑上的顺序页也是物理上的顺序页。

如果你以随机顺序来执行操作，那看起来又会怎样？以随机方式插入的常见示例，就是将 UUID 作为主键；但为了确保两张表包含相同的行大小，建议使用随机整数。代码清单 25-3 显示了 table_random 表的填充方式。

代码清单 25-3　使用随机主键来填充表

```
mysql-py> \sql
Switching to SQL mode... Commands end with ;

mysql-sql> CREATE TABLE chapter_25.table_random (
             id bigint unsigned NOT NULL,
             val varchar(36),
             PRIMARY KEY (id)
           );
Query OK, 0 rows affected (0.0903 sec)

mysql-sql> \py
Switching to Python mode...

mysql-py> import random
mysql-py> import math
mysql-py> maxint = math.pow(2, 64) - 1
mysql-py> random.seed(42)

mysql-py> for i in range(40):
             session.start_transaction()
             for j in range(5000):
                 session.run_sql("INSERT INTO chapter_25.table_random
                 VALUE ({0}, UUID())".format(random.randint(0, maxint)))
             session.commit()

Query OK, 0 rows affected (0.0185 sec)
```

这里的 Python random 模块用于生成 64 位的随机无符号整数。这里明确设置了 seed，因为已知 seed 为 42 时，可连续生成 200 000 个不同数字，因而不会发生重复键的错误。表填充完毕后，执行 listing_25_1.py 脚本：

```
shell> python listing_25_1.py <path to datadir>\chapter_25\table_random.ibd
> table_random.svg
Total # Pages ...: 1345
```

该脚本的输出显示此表空间中有 1345 个页。对应的年龄图如图 25-2 所示。

这一次，LSN 页的年龄模式就完全不同了。除了未使用的页外，所有页的年龄颜色，都与最新的 LSN 颜色相对应。这意味着所有带有数据的页都在同一时间进行了最后一次更新操作。换句话说，对这些页执行了写入操作，直至批量加载结束。带有数据的页数为 1345，而表中具有自增主键的页数为 880，即超过 50%的页都被更新了。

随机插入相同数量的数据时，使用的页会更多，因为 InnoDB 在插入数据时会填满页。这意味着下一行始终会在上一行数据之后按顺序插入。因此按主键进行排序时，此时的行就能够很好地工作。如图 25-3 所示。

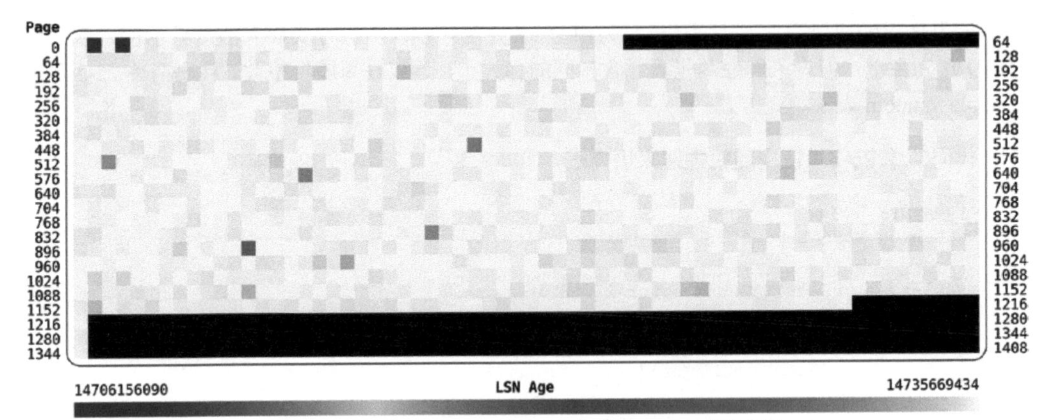

图 25-2 以随机顺序插入数据时各个页的 LSN 年龄分布图

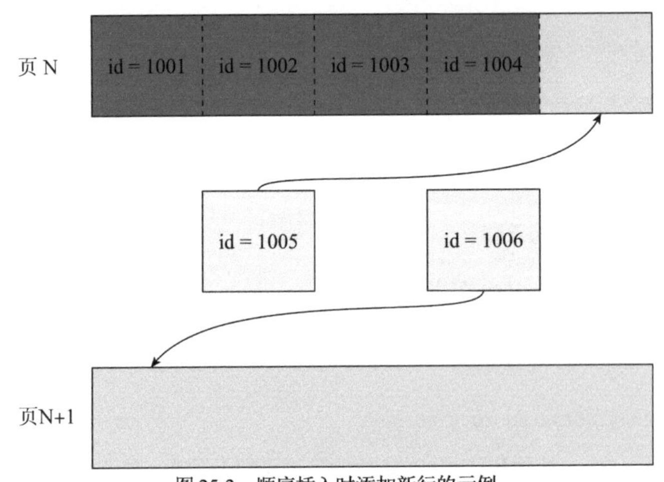

图 25-3 顺序插入时添加新行的示例

上图显示了要插入的两个新行。id=1005 的行只能放入第 N 个页，因此，当插入 id=1006 行时，它将插入下一页。这种情况下，一切都很好，数据也很紧凑。

但当行以随机顺序到达时，有时有必要将新行插入已满的页中，此时页中没有空间。这样，InnoDB 会将现有的页一分为二。由于页拆分，在原有的页中，每个页的数据量都将减半，因此新行就有了空间。如图 25-4 所示。

此时，正在插入 id=3500 的行，但逻辑上它所属的 N 页已经没空间了。因此，页 N 被拆分为 N 和 N+1，每页中大约包含一半的数据。

分页操作会造成两个直接后果。首先，以前使用了一个页的数据现在使用了两个页，这就是为什么以随机顺序插入最终会占据 50%以上的页。这也意味着相同的数据在缓冲池中需要更多空间。但这样做的副作用是，B-tree 索引最终会包含更多叶子页和更多层次结构。而且由于层次结构增加，这也意味着额外的寻道时间，因而会导致更多 I/O 操作。

其次，以前一起读入内存的行，现在则位于磁盘上不同位置的两个页中。当 InnoDB 增加表空间文件的大小时，在页大小为 16KB 或更小时，InnoDB 会分配一个 1MB 的区。这有助于使得磁盘的 I/O 更具顺序性(新区在磁盘上往往是连续的扇区)。页拆分操作发生的次数越多，页分布的范围就越广，它不仅会分布在一个区中，也可能会在多个区中扩展，从而导致更多的随机磁盘 I/O。

当由于页拆分而创建新页时，该页可能位于磁盘上完全不同的位置，因此在读取页时，随机 I/O 的数量会增加。如图 25-5 所示。

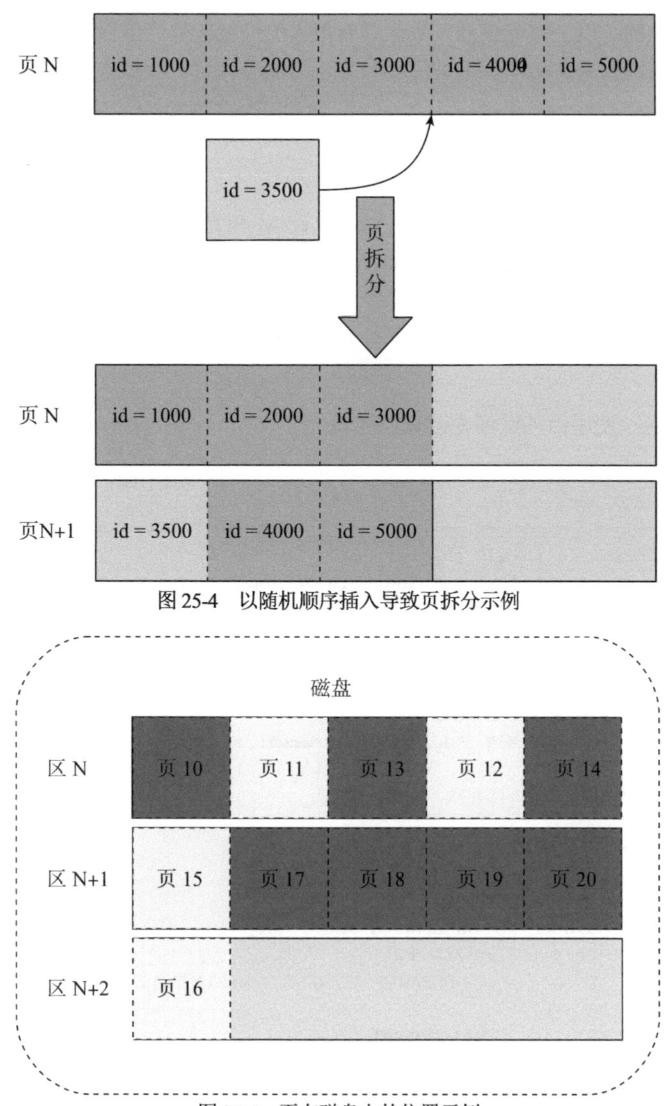

图 25-4　以随机顺序插入导致页拆分示例

图 25-5　页在磁盘上的位置示例

上图中用到了 3 个区。为简便起见，每个区只显示 5 个页(默认页大小为 16KB，每个区有 64 个页)。属于页拆分的页则突出显示。页 11 在后面只剩下 13 页时被拆分，因此页 11 和页 12 仍然处于较近的位置。但当创建了更多页后，页 15 被拆分，这意味着页 16 只能在下一个区中分配。

B-tree 树越深，页占用的缓冲池空间就越多，随机 I/O 也越多，这意味着以随机主键顺序插入行的表，其性能不如按主键顺序插入的表。并且，性能差异不仅适用于插入数据；对于数据的后续使用同样适用。因此，对于最佳性能而言，按主键顺序插入数据就显得格外重要。接下来，我们就探讨实现方式。

25.3 以主键顺序插入

如前面所讨论的，以主键顺序插入数据具有很大的性能优势。最简单的方法是使用无符号整数并声明自动递增的列来自动生成主键值。另外，需要确保自己能按主键顺序插入数据。本节将研究这两种情况。

25.3.1 自增长主键

确保按主键顺序来插入数据的最简单方法是允许 MySQL 通过使用自动递增的主键来自己分配值。可在创建表时为主键列设置 auto_increment 属性来完成此操作。也可将自增列与多列主键连接起来，此时，自增列必须是索引中的第一列。

代码清单 25-4 列举了一个示例，它创建了两张表，然后使用自动递增列来按照主键顺序插入数据。

代码清单 25-4 使用自动递增主键来创建表

```
mysql> \sql
Switching to SQL mode... Commands end with ;

mysql> DROP SCHEMA IF EXISTS chapter_25;
Query OK, 0 rows affected, 1 warning (0.0456 sec)

mysql> CREATE SCHEMA chapter_25;
Query OK, 1 row affected (0.1122 sec)

mysql> CREATE TABLE chapter_25.t1 (
         id int unsigned NOT NULL auto_increment,
         val varchar(10),
         PRIMARY KEY (id)
       );
Query OK, 0 rows affected (0.4018 sec)

mysql> CREATE TABLE chapter_25.t2 (
         id int unsigned NOT NULL auto_increment,
         CreatedDate datetime NOT NULL
                              DEFAULT CURRENT_TIMESTAMP(),
         val varchar(10),
         PRIMARY KEY (id, CreatedDate)
       );
Query OK, 0 rows affected (0.3422 sec)
```

t1 表只有一个主键列，该列的值为自动递增。这里使用无符号整数而非有符号整数的原因是，自动递增的值始终大于 0。因此，在耗尽可用的值之前，无符号整数允许使用两倍的数值。这些示例使用了 4 字节的整数；如果使用所有的值，则允许的行接近 43 亿。如果这还不够的话，还可将该列声明为 bigint unsigned，它使用 8 个字节，行数可达 1.8E19。

t2 表在主键上添加了一个 datetime 列。例如，如果要在建表时进行分区，这样做就很有用。自动递增的 id 列仍可确保使用唯一的主键来创建行；由于 id 列是主键中的第一列，因此即使主键中的后续列是随机的，行仍按主键顺序插入。

使用自动递增主键时，可使用 sys 库中的 schema_auto_increment_columns 视图来检查自动递增值的使用，并监控是否有任意表即将耗尽该值。代码清单 25-5 显示了 sakila.payment 表的相关输出信息。

代码清单 25-5　使用 sys.schema_auto_increment_columns 视图

```
mysql> SELECT *
         FROM sys.schema_auto_increment_columns
        WHERE table_schema = 'sakila'
              AND table_name = 'payment'\G
*************************** 1. row ***************************
        table_schema: sakila
          table_name: payment
         column_name: payment_id
           data_type: smallint
         column_type: smallint(5) unsigned
           is_signed: 0
         is_unsigned: 1
           max_value: 65535
      auto_increment: 16049
auto_increment_ratio: 0.2449
1 row in set (0.0024 sec)
```

从输出中可看到，该表使用了 smallint 无符号列作为自动递增值，最大值为 65536，该列名为 payment_id。下一个自动递增值为 16049，因此使用了 24.49%的可用值。

如果你从外部源插入数据，则可能已为主键列分配了值(即使使用了自动增量主键也是如此)。让我们分析一下在这种情况下，还可做些什么。

25.3.2　插入已有数据

无论你需要插入由某个进程生成的数据，还原备份，还是使用其他存储引擎转换表，最好在插入前就确保数据符合主键顺序。如果要生成数据，或数据已经存在，则可考虑在插入数据前对其进行排序。或在数据导入完成后，使用 OPTIMIZE TABLE 语句来重建表。重建 chapter_25.t1 表的示例如下：

```
mysql> OPTIMIZE TABLE chapter_25.t1\G
*************************** 1. row ***************************
   Table: chapter_25.t1
      Op: optimize
Msg_type: note
Msg_text: Table does not support optimize, doing recreate + analyze instead
*************************** 2. row ***************************
   Table: chapter_25.t1
      Op: optimize
Msg_type: status
Msg_text: OK
2 rows in set (0.6265 sec)
```

对于大型表而言，重建可能需要耗费大量时间。但该过程是可以在线完成的，在开始和结束时为确保锁的一致性所占用的较短时间除外。

如果使用 mysqldump 程序来创建备份，则可以添加--order-by-primary 选项，该选项使得 mysqldump 添加一个 order by 子句；该子句包含了主键中的列(mysqlpump 没有等效的选项)。如果使用存储引擎(例如使用 MyISAM 之类的堆组织数据)将表还原到 InnoDB 表，这样的备份将特别有用。

提示　尽管在使用不带order by子句的查询时，通常不应该依赖于返回行的顺序，但InnoDB的索引组织行意味着全表扫描通常以主键顺序返回行，即使你忽略了order by子句也是如此。一个明显例外是，当表包含了覆盖所有列的二级索引，并且优化器选择将该索引用于查询时。

为将数据从一张表复制到另一张表，也可使用相同的原理。代码清单25-6显示了将world.city表的行复制到world.city_new表的示例。

代码清单25-6　复制数据时使用主键来排列数据

```
mysql> CREATE TABLE world.city_new
        LIKE world.city;
Query OK, 0 rows affected (0.8607 sec)

mysql> INSERT INTO world.city_new
        SELECT *
          FROM world.city
         ORDER BY ID;
Query OK, 4079 rows affected (2.0879 sec)

Records: 4079 Duplicates: 0 Warnings: 0
```

最后可考虑一下将UUID作为主键时的情况。

25.3.3　UUID主键

例如，如果你受限于主键的UUID，无法更改应用来支持自动增量主键，则可交换UUID组件，并将UUID存储在二进制列中来提升性能。

一个UUID(MySQL使用UUID版本1)包含一个时间戳、一个序列号(如果时间戳向后移动，如夏令时更改期间，可确保其唯一性)以及一个MAC地址。

警告　某些情况下，显示MAC地址可能会被视为存在安全问题，因为它可用于识别计算机和潜在的用户。

时间戳是一个60位的数值，起点是1582年10月15日午夜以来，使用UTC (请参考www.ietf.org/rfc/rfc4122.txt)。100纳秒作为间隔。它可分为三个部分，最不重要的部分在最前面，最后为最重要的部分(时间戳的高位字段还包含4位的UUID版本信息，UUID的组成部分如图25-6所示)。

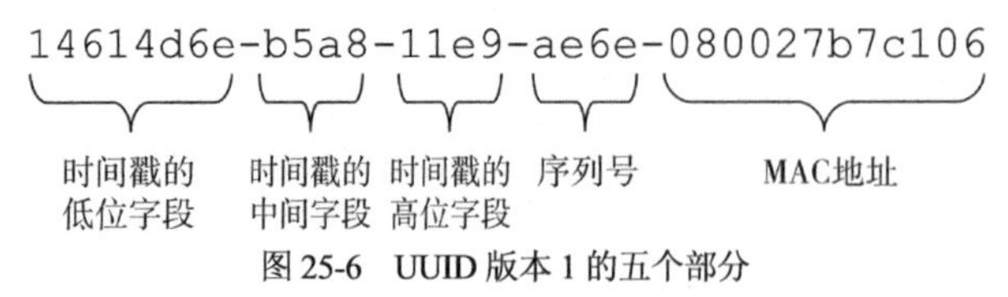

图25-6　UUID版本1的五个部分

时间戳的低位部分，代表了间隔为100纳秒的4 294 967 295(0xffffffff)个间隔，或者是不到430秒的时间。这就意味着，在不到7分钟10秒的时间内，时间戳的低位部分会翻转，使得UUID的排序重新开始。这也是为什么普通的UUID对于索引组织的数据无法很好工作的原因所在。因为这意味着插入的内容在很大程度上都位于主键树中的随机位置。

MySQL 8引入了两个新的函数来操作UUID，使其更适合用作InnoDB中的主键：UUID_TO_BIN()和BIN_TO_UUID()。这些函数实现了UUID从十六进制形式到二进制的转换，以及相反方向的转换。它们接收两个相同的参数：要转换的 UUID 值，以及是否交换时间戳的高位和低位。代码清单 25-7 显示了一个插入数据并使用函数检索数据的示例。

代码清单 25-7　使用 UUID_TO_BIN()和 BIN_TO_UUID()函数

```
mysql> CREATE TABLE chapter_25.t3 (
         id binary(16) NOT NULL,
         val varchar(10),
         PRIMARY KEY (id)
       );
Query OK, 0 rows affected (0.4413 sec)

mysql> INSERT INTO chapter_25.t3
         VALUES (UUID_TO_BIN(
                   '14614d6e-b5a8-11e9-ae6e-080027b7c106',
                   TRUE
                ), 'abc');
Query OK, 1 row affected (0.2166 sec)

mysql> SELECT BIN_TO_UUID(id, TRUE) AS id, val
         FROM chapter_25.t3\G
*************************** 1. row ***************************
 id: 14614d6e-b5a8-11e9-ae6e-080027b7c106
val: abc
1 row in set (0.0004 sec)
```

这种方法的优点是双重的。由于 UUID 交换了时间戳的高位和低位部分，因此变得单调递增，使其更适用于索引组织的行。二进制存储意味着 UUID 只需要 16 个字节的存储空间，而在十六进制版本中则需要 36 个字节(带破折号)来分隔 UUID 的各个部分。需要记住，因为数据是由主键组织的，所以主键会添加到二级索引，因此可从索引跳转到行。故而，存储主键需要的字节越少，二级索引就越小。

25.4 InnoDB 缓冲池与二级索引

影响批量数据加载性能的最重要因素是 InnoDB 缓冲池的大小。本节将探讨为什么缓冲池对于批量数据加载很重要。

当你将数据插入表中时，InnoDB 需要将数据存储在缓冲池中，直到将数据写入表空间为止。你能在缓冲池中缓存的数据越多，InnoDB 脏页刷新到表空间时的效率就越高。但这里还有第二个原因，就是要维护二级索引。

插入数据时需要维护二级索引，但二级索引的排列顺序可能与主键不同，因此在插入数据时，就需要对数据不断进行重新排列。只要索引可一直保留在内存中，插入速率就可保持在很高的水平上。但当索引不再适合缓冲池时，对索引的维护成本会变得突然昂贵起来，插入速率也会大大降低。图 25-7 就说明了在处理二级索引时，性能是如何取决于缓冲池的可用性的。

图中显示了在一段时间内，数据插入的速率是如何大致保持恒定的。在此期间，将有越来越多的缓冲池用于二级索引。如果无法在缓冲池中存储更多索引，则插入速率会出现突然下降的趋势。在极端情况下，将数据加载到具有单个二级索引的表时，该二级索引包含整个行，且没有其他任何操作，一旦二级索引使用了接近一半的缓冲池(其他的用于主键)，就会出现删除现象。

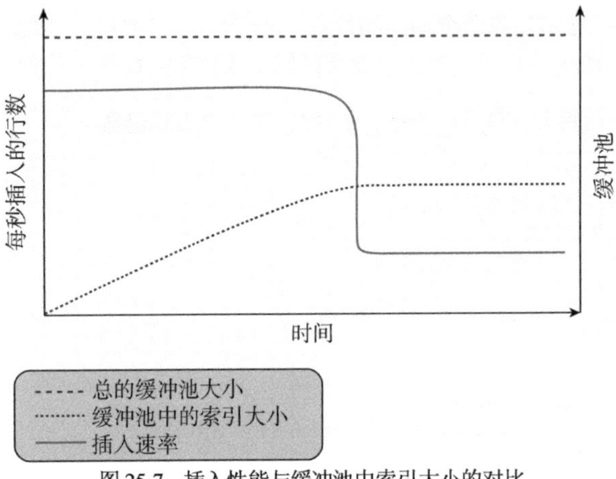

图 25-7 插入性能与缓冲池中索引大小的对比

可使用 information_schema.INNODB_BUFFER_PAGE 表来确定索引在缓冲池中使用的空间大小。例如，可使用以下代码来查找 world.city 表上的 CountryCode 索引在缓存池中使用的内存量。

```
mysql> SELECT COUNT(*) AS NumPages,
              IFNULL(SUM(DATA_SIZE), 0) AS DataSize,
              IFNULL(SUM(IF(COMPRESSED_SIZE = 0,
                            @@global.innodb_page_size,
                            COMPRESSED_SIZE
                           )
                         ),
                       0
                      ) AS CompressedSize
         FROM information_schema.INNODB_BUFFER_PAGE
        WHERE TABLE_NAME = '`world`.`city`'
              AND INDEX_NAME = 'CountryCode';
+----------+----------+----------------+
| NumPages | DataSize | CompressedSize |
+----------+----------+----------------+
|         3|    27148 |           49152|
+----------+----------+----------------+
1 row in set (0.1027 sec)
```

上述查询的结果取决于你使用了多少索引，因此通常你的查询结果会与此不同。该查询最适合在测试系统上使用，因为查询 INNODB_BUFFER_PAGE 表可能产生很大的开销。

警告 在生产系统上查询 INNODB_BUFFER_PAGE 表时要小心，因为开销可能会很大，特别是你有一个包含了许多表和索引的大型缓冲池时。

当二级索引无法存入缓冲池时，避免性能下降的三种策略如下：

- 增加缓冲池的大小。
- 插入数据时删除二级索引。
- 对表进行分区。

加载大批量数据时，增加缓冲池的大小是最易见效的策略，但也是最不可能有用的策略。将数据插入已包含大量数据的表中时，这样做就非常有用。并且你也知道在数据加载期间，可以占用其他进程所需的内存，并将其用于缓冲池。此时，支持动态调整缓冲池的大小就很有用了。例如，将缓冲池的大小设置为 256MB。

```
mysql> SET GLOBAL innodb_buffer_pool_size = 256 * 1024 * 1024;
Query OK, 0 rows affected (0.0003 sec)
```

数据加载完毕后，可将缓冲池大小重新设置为常规值(如果使用默认值，则为 134217728)。

如果要插入空表中，那么一个很有用的策略就是在加载数据之前删除所有的二级索引(当然，可能需要为数据校验保留唯一的索引)，数据加载完毕后再添加索引。大多数情况下，这比尝试在加载数据时维护索引更有效。如果你使用 mysqlpump 实用程序来创建备份，这也是 mysqlpump 所做的。

最后一种策略是对表进行分区。由于索引是分区的局部索引，因此这样做就很有用(这是分区键必须是所有唯一索引的一部分的原因)。所以，如果按分区顺序插入数据，InnoDB 将只需要维护当前分区数据的索引即可。这就使得每个索引变小，也就更容易放入缓冲池中。

25.5　配置

可通过修改执行工作负载的会话配置来影响性能。这包括考虑关闭约束检查，考虑如何生成自动递增的 ID 等。

表 25-1 总结了除缓冲池大小以外，与批量数据加载性能相关的最重要配置选项。这里的范围指的是该选项可在会话级别更改，还是仅全局可用。

表 25-1　影响数据加载性能的配置选项

配置名称	范围	描述
foreign_key_checks	会话	设置是否检查新行违反了外键约束。禁用此选项可提高具有外键表的性能
unique_checks	会话	设置是否检查新行违反了唯一约束。禁用此选项可提高具有唯一索引表的性能
innodb_autonic_lock_mode	全局	设置 InnoDB 如何确定下一个自动递增值。将此选项设置为 2(MySQL 8 中的默认值，要求 binlog_format=ROW)可提供最佳性能，但这以自动增量值可能不连续为代价。设置该选项需要重启 MySQL
innodb_flush_log_at_trx_commit	全局	用于设置 InnoDB 多长时间刷新一次对数据文件所做的更改。如果使用许多小的事务进行数据导入，则将该选项设置为 0 或 2 可提高性能
sql_log_bin	会话	将该选项设置为 0 或 OFF 时禁用二进制日志。这将大大减少写入的数据量
transaction_isolation	会话	设置事务的隔离级别。如果你不在 MySQL 中读取现有数据，则可考虑将隔离级别设置为未提交读

所有选项都有副作用，因此请仔细考虑更改设置是否符合你的情况。例如，如果你要将数据从现有实例导入新实例中，并且知道外键和唯一约束没有问题，则可为导入数据的会话禁用 foreign_key_checks 和 unique_checks 选项。另一方面，如果你不确定数据的完整性，则在从数据源进行导入时，最好启用约束检查以确保数据质量，即使这意味着加载性能可能会比较差。

对于 innodb_flush_log_at_trx_commit 选项，你需要考虑能否接受丢失最后一秒左右的已提交事务的风险。如果数据加载过程是当前 MySQL 实例上唯一的事务，并且这种加载很容易重新完成，则可将 innodb_flush_log_at_trx_commit 设置为 0 或者 2 以减少刷新的次数。对于小型事务而言，此更改最有效。如果导入的提交时间少于每秒一次，则更改带来的收益就会很小。如果更改了 innodb_flush_log_at_trx_commit，请记住在导入完成后将其重新设置为 1。

对于二进制日志，禁用写入数据就很有用。因为它大大减少了必须写入磁盘的数据更改量。如果二进制日志与重做日志和数据文件位于同一磁盘上，这样做就特别有用。如果你无法修改导入过程以禁用 sql_log_bin，则可以考虑使用 skip-log-bin 选项重启 MySQL 以完全禁用二进制日志。但请注意，这也会影响系统上的其他所有事务。如果确实在导入期间禁用了二进制日志记录，则在导入完成后立即创建完整备份就很有用。这样就可再次使用二进制日志进行时间点恢复。

提示 如果使用复制，请考虑在禁用了 sql_log_bin 的拓扑中的每个实例上分别进行数据导入。注意，这只在 MySQL 不生成自动递增主键时才起作用，并且只在需要导入大量数据的情况下，才值得考虑这种增加了复杂性的操作。对于 MySQL 8.0.17 中的初始加载操作，你只需要处理复制源，并通过克隆插件(请参阅 https://dev.mysql.com/doc/refman/en/clone-plugin.html)来创建副本即可。

当然，还可通过选择导入数据的语句以及如何使用事务来提高数据加载的性能。

25.6 事务与加载方式

事务表示了一组更改操作，在提交事务前，InnoDB 将不会完全应用更改。每个提交都涉及将数据写入重做日志等操作，也包含其他一些开销。如果你的事务非常小——例如一次插入一行——那么这种开销会严重影响性能。

对于最佳的事务大小，并没有什么黄金法则。对于较小的行，通常一次性提交几千行是比较合适的。但对于较大的行，则建议一次性提交较少的行。最终，你需要在系统和数据上进行测试，从而确定最佳的事务大小。

对于加载方法，有两个主要选择：INSERT 语句或 LOAD DATA [LOCAL] INFILE 语句。通常，由于解析操作较少，因此 LOAD DATA 的性能往往优于 INSERT 语句。对于 INSERT 语句，可使用扩展的插入语法，即使用单条语句而非多条单行语句来插入多行。

提示 使用 mysqlpump 进行备份时，可将--extended-insert 选项设置为每个 INSERT 语句要包含的行数，默认为 250。对于 mysqldump，--extended-insert 选项可用作开关。启用时(默认)，mysqldump 自动决定每条语句处理的行数。

使用 LOAD DATA 加载数据的优点还在于 MySQL shell 可自动地并行执行加载操作。

25.7 MySQL shell 并行数据加载

将数据加载到 MySQL 时，可能遇到的一个问题是单个线程无法将 InnoDB 推到它所能承受的极限。如果将数据拆分为多个批次，并使用多个线程同时加载，就可提高总体的加载速率。自动执行此操作的方法之一，就是使用 MySQL 8.0.17 或更高版本中的并行数据加载特性。

可通过 Python 模式下的 util.import_table()程序，或 JavaScript 模式下的 util.importTable()方法获得并行数据加载特性。本讨论假定你正在使用 Python 模式。这里用到的第一个参数是文件名，第二个参数(可选)是带有可选参数的字典。可使用 util.help()方法来获取 import_table()程序的帮助文本，例如：

```
mysql-py> util.help('import_table')
```

帮助文本包括可通过第二个参数中设置的字典给出的所有设置的详情。

MySQL shell 禁用重复键和外键检查，并为进行导入的连接将事务隔离级别设置为“未提交读”，从而尽可能减少导入期间的开销。

默认设置是将数据插入当前方案的表中。该表的名称与不带扩展名的文件名称相同。例如，如果文件名为 t_load.csv，则默认表名为 t_load。代码清单 25-8 显示了一个将文件 D:\MySQL\Files\t_load.csv 加载到 chapter_25.t_load 表中的简单示例。可从本书在 GitHub 上的资料库中以 t_load.csv.zip 形式获取到 t_load.csv 文件。

代码清单 25-8 使用带有默认设置的 util.import_table()工具

```
mysql> \sql
Switching to SQL mode... Commands end with ;

mysql-sql> CREATE SCHEMA IF NOT EXISTS chapter_25;
Query OK, 1 row affected, 1 warning (0.0490 sec)

mysql-sql> DROP TABLE IF EXISTS chapter_25.t_load;
Query OK, 0 rows affected (0.3075 sec)

mysql-sql> CREATE TABLE chapter_25.t_load (
             id int unsigned NOT NULL auto_increment,
             val varchar(40) NOT NULL,
             PRIMARY KEY (id),
             INDEX (val)
           );
Query OK, 0 rows affected (0.3576 sec)

mysql> SET GLOBAL local_infile = ON;
Query OK, 0 rows affected (0.0002 sec)

mysql> \py
Switching to Python mode...

mysql-py> \use chapter_25
Default schema set to `chapter_25`.

mysql-py> util.import_table('D:/MySQL/Files/t_load.csv')
Importing from file 'D:/MySQL/Files/t_load.csv' to table `chapter_25`.`t_load`
in MySQL Server at localhost:3306 using 2 threads
[Worker000] chapter_25.t_load: Records: 721916 Deleted: 0 Skipped: 0 Warnings: 0
[Worker001] chapter_25.t_load: Records: 1043084 Deleted: 0 Skipped: 0 Warnings: 0
100% (85.37 MB / 85.37 MB), 446.55 KB/s
File 'D:/MySQL/Files/t_load.csv' (85.37 MB) was imported in 1 min 52.1678 sec
at 761.13 KB/s
Total rows affected in chapter_25.t_load: Records: 1765000 Deleted: 0
Skipped: 0 Warnings: 0
```

创建 chapter_25 方案时是否收到警告信息，取决于你之前是否创建了该方案。请注意，只有启用 local_infile 选项，该工具才能正常工作。

该示例中最有趣的部分，就是执行导入操作。当你不设置任何内容时，MySQL shell 会将文件拆分为 50MB 的块，并最多使用 8 个线程。在本示例中，文件大小为 85.37MB，因此这里使用了两个块，第一个为 50MB，第二个为 35.37MB。这不算是一个太糟糕的分配。

提示 在调用 util.import_table()工具之前，你必须在服务器端启用 local_infile。

也可告诉 MySQL shell 块的拆分大小。最佳选择是每个线程最终处理相同数量的数据。例如，如果要对 85.37MB 的数据进行划分，则建议将块的大小设置为略大于大小的一半，如 43MB。如果为块大小指定了十进制的值，则将其四舍五入。也可设置其他几个选项，代码清单 25-9 显示了其中一些设置的相关示例。

代码清单 25-9 使用带有部分定制化设置的 util.import_table()工具

```
mysql-py> \sql TRUNCATE TABLE chapter_25.t_load
Query OK, 0 rows affected (1.1294 sec)

mysql-py> settings = {
            'schema': 'chapter_25',
            'table': 't_load',
            'columns': ['id', 'val'],
            'threads': 4,
            'bytesPerChunk': '21500k',
            'fieldsTerminatedBy': '\t',
            'fieldsOptionallyEnclosed': False,
            'linesTerminatedBy': '\n'
          }

mysql-py> util.import_table('D:/MySQL/Files/t_load.csv', settings)
Importing from file 'D:/MySQL/Files/t_load.csv' to table `chapter_25`.
`t_load` in MySQL Server at localhost:3306 using 4 threads
[Worker001] chapter_25.t_load: Records: 425996 Deleted: 0 Skipped: 0 Warnings: 0
[Worker002] chapter_25.t_load: Records: 440855 Deleted: 0 Skipped: 0 Warnings: 0
[Worker000] chapter_25.t_load: Records: 447917 Deleted: 0 Skipped: 0 Warnings: 0
[Worker003] chapter_25.t_load: Records: 450232 Deleted: 0 Skipped: 0 Warnings: 0
100% (85.37 MB / 85.37 MB), 279.87 KB/s
File 'D:/MySQL/Files/t_load.csv' (85.37 MB) was imported in 2 min 2.6656
sec at 695.99 KB/s
Total rows affected in chapter_25.t_load: Records: 1765000 Deleted:
0 Skipped: 0 Warnings: 0
```

在本示例中，目标方案、表和列都被明确指定了，并且文件被分为四个大致相等的块，线程数为四个。设置中还包括了 CSV 文件的格式(设置为默认值)。

最佳线程数根据硬件、数据和其他正在运行的查询的不同而有很大差异。你需要尝试找到适合你的系统的最佳设置。

25.8 本章小结

本章讨论了决定 DDL 语句和批量数据加载性能的相关因素。第一个主题是根据 ALTER TABLE 和 OPTIMIZE TABLE 进行的方案更改。在进行方案更改时，MySQL 支持三种不同的算法。表现最佳的是 INSTANT 算法；它可用于在行的末尾添加列，并进行一些元数据的更改。第二好的算法是 INPLACE，它在大多数情况下都会修改现有表空间文件中的数据。第三种算法(往往也是成本最高的)是 COPY。

在无法使用 INSTANT 算法的情况下，将产生大量的 I/O 操作，因此磁盘的性能就非常重要，并且其他需要磁盘 I/O 的工作越少越好。锁定表也可能有帮助，因此 MySQL 不需要跟踪数据更改并在方案更改结束时应用它们。

对于插入数据，以主键顺序插入很重要。如果插入顺序是随机的，则会导致表变得更大，簇聚索引的 B-tree 索引也会更深，磁盘寻道次数更多，由此带来的随机 I/O 数量也会增加。按照主键顺序插入数据的最简单方法是使用自动递增的主键，然后让 MySQL 确定下一个值。对于 UUID，MySQL 8 添加了 UUID_TO_BIN()和 BIN_TO_UUID()两个函数，这些函数使得可将 UUID 所需的存储空间减少到 16 个字节，并可交换时间戳的高位和低位，使 UUID 可单调递增。

当你插入数据时，导致插入速率突然变慢的典型原因之一是二级索引不再适合缓冲池了。如果你插入一张空表，则在数据导入期间删除索引会是一个好选择。分区也可能有所帮助，因为它将索引划分为分区，因此一次只需要维护索引的一部分。

某些情况下，还可禁用约束检查、减少重做日志的刷新频率、禁用二进制日志或将事务的隔离级别降低到“未提交读”。这些配置的更改将有助于减少开销。但所有这些更改也都有副作用，因此你必须提交仔细考虑这些更改对于你的系统来说能否接受。也可通过调整事务的大小，来平衡提交开销的减少和处理大型事务的开销，进而提升性能。

对于批量数据加载，你有两种加载数据的选项。可使用常规的 INSERT 语句，也可使用 LOAD DATA 语句。后者往往是首选，它还允许你使用 MySQL 8.0.17 或更高版本中的并行表导入特性。

在下一章中，将介绍提高复制操作性能的相关知识。

第 26 章

复　制

多年来，使得 MySQL 能够如此流行于世的特性之一，就是其对复制操作的支持，它可以让你拥有一个 MySQL 实例，该实例能自动从源接收数据更新并应用。对于快速事务和低延迟的网络，这种复制可以是准实时性的。但请注意，由于 MySQL 中除了 NDB Cluster 外没有同步复制之类的东西，因此仍然存在延迟现象，并且有时延迟时间可能很长。数据库管理员的一项经常性任务，就是致力于提高复制操作的性能。多年来，MySQL 复制技术进行了许多改进，其中有一些可帮助你提高复制操作的性能。

提示　本章的重点是介绍传统的异步复制。MySQL 8 也支持组复制及其派生的 InnoDB 集群。组复制的详细信息超出了本书的范围，但相关的讨论依然适用。有关组复制的详细内容，可以翻阅 Charles Bell(Apress)所著的 *Introducing InnoDB Cluster*(链接为：www.apress.com/gp/ book/9781484238844)，并将其与 MySQL 官方参考手册(请参考 https://dev.mysql.com/doc/refman/en/group-replication.html)一起使用，从而获取最新的相关信息。

本章将首先概述复制技术，包括相关的术语和测试设置，这些设置可用于复制监控部分。还将探讨如何提高连接和 applier 线程的性能，以及如何使用复制技术将工作卸载给副本。

26.1 复制概述

在着手提高复制的性能之前，重要的是先探讨一下复制技术的工作方式。这将有助于就各种术语达成一致，并为本章的其余内容的讨论提供参考。

提示 传统上，使用 master 和 slave 来描述 MySQL 复制中的源和目标。近来，这些术语已经转向使用 source 和 replica 了。同样，在副本服务器上，用于处理复制事件的两种线程类型，传统上称为 I/O 线程和 SQL 线程，现在则称为连接(connect)线程和 applier 线程了。本书将在最大程度上使用新术语；但是，一些旧术语在某些情况下仍然会被用到。

复制是通过记录在源上所做的更改来进行的，然后将更改发送给副本；在副本中，连接线程将存储数据，然后一个或者多个 applier 线程将应用这些已更改的数据。图 26-1 显示了复制流程的一个简化图形，其中省略了与存储引擎和实现细节相关的内容。

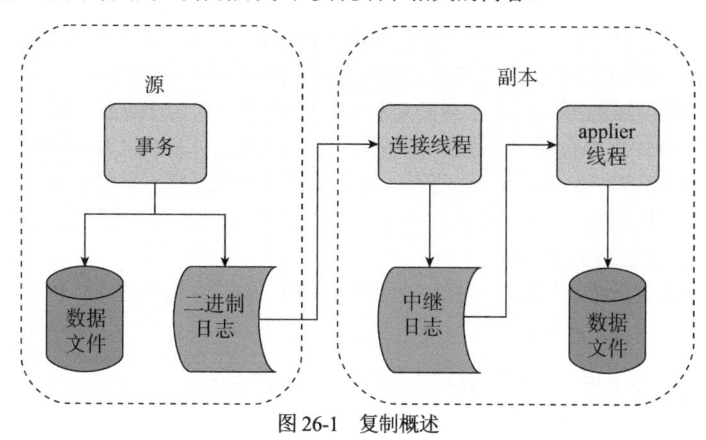

图 26-1 复制概述

当事务提交其更改时，更改既被写入 InnoDB 的特定文件(重做日志和数据文件)，也会被写入二进制日志。二进制日志包含一系列文件以及一个索引文件，其中索引文件列出二进制日志文件。将事件写入二进制日志后，就被发送给副本。当然，也可能有多个副本，此时，事件将发送给所有副本。

在副本服务器上，连接线程接收事件并将其写入中继日志。中继日志的工作方式与二进制日志相同，只是被用作临时存储，直到 applier 线程可应用事件为止。可能有一个或多个 applier 线程。副本也可能从多个源进行复制(称为多源复制)。 这种情况下，每个复制通道都包含一个连接线程，以及一个或多个 applier 线程(也就是说，最常见的情况是每个副本有一个源)。副本也可将更改写入自己的二进制日志(可选)，使其成为复制链下游的副本来源。这种情况下，该副本就被称为中继实例。图 26-2 显示了一个从两个源接收更新的复制拓扑示例，其中一个源是中继实例。

在这里，源 1 复制到中继实例，中继实例又复制到副本。源 2 也复制到副本实例。每个通道都有一个名称，从而可以对它们进行区分。在多源复制中，每个通道都必须具有唯一的名称。默认的通道名称为空字符串。在讨论监控相关的内容时，我们将使用上图描述的复制拓扑。

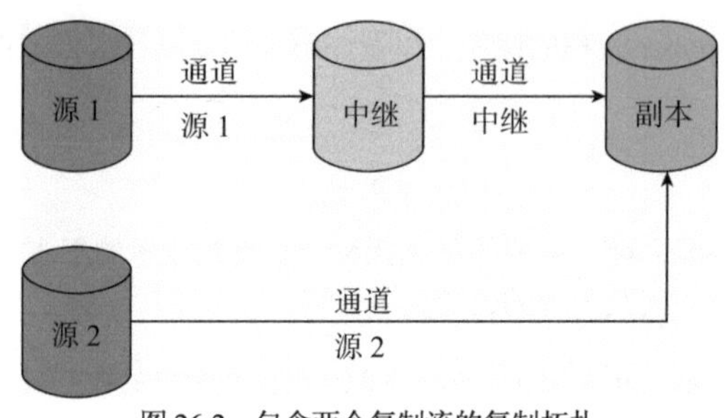

图 26-2 包含两个复制流的复制拓扑

26.2 监控

在遇到复制相关的性能问题时，第一步就是确定上一节介绍的步骤链中哪一步出现了延迟。如果你已在 MySQL 的早期版本中使用了复制，则可直接跳至 SHOW SLAVE STATUS 命令来检查复制的运行状态。但在 MySQL 8 中，这却是要检查的最后一个监控信息来源。

在 MySQL 8 中，复制监控信息的主要来源是 performance 库。它包含了多张表，分别描述了副本上每个复制步骤的复制配置及其状态。使用 performance 库中相关表的优点如下：

- 状态表以时间戳的形式提供了有关复制延迟的详细信息。时间戳的形式，使得复制过程中的每个步骤都具有微秒级别的精确度，并且包含来自原始来源和即时来源的时间戳。
- 可使用 SELECT 语句来查询这些表。这样就可查询你最感兴趣的信息，并处理数据。当你有多个复制通道时，这一优势尤为突出。如果你还是使用 SHOW SLAVE STATUS 语句，可能输出结果已滚动到屏幕外了。
- 数据被分为逻辑组，每组一张表。有用于配置和 applier 线程的表，也有用于配置和状态的表。这些表都是单独的。

注意 传统上，SHOW SLAVE STATUS 中的 Seconds_Behind_Master 列用于测量复制的延迟程度。它实质上显示了从原始源上事务开始以来经历了多长时间。这就意味着，仅当所有事务都非常快且没有中继实例时，这一列才真正发挥作用。即便如此，它也没有提供任何与出现延迟的原因相关的信息。如果你仍在使用 Seconds_Behind_Master 来监控复制是否出现延迟，建议你现在就开始使用 performance 库中的表。

在刚开始使用 performance 方案中与复制相关的表时，可能很难想象这些表之间的关系，以及它们与复制流程之间的关系。图 26-3 就显示了包含单个复制通道的复制结构，其中包含相关信息所对应的表。该图也可用于组复制设置中。此时，当节点处于联机状态时，会将 group_replication_applier 通道用于事务，而在恢复期间，则会使用 group_replication_recovery 通道。

在这里，事件从直接来源到达该图的顶部，并由对应两张表 replication_connection_configuration 和 replication_connection_status 的连接线程处理。连接线程将事件发送给中继日志，并且 applier 线程在应用复制过滤器时从中继日志中读取事件。复制过滤器的相关信息，可在 replication_applier_filters 和replication_applier_global_filters表中找到。全部applier线程配置和状态信息则可在replication_applier_configuration 和 replication_ applier_status 表中找到。

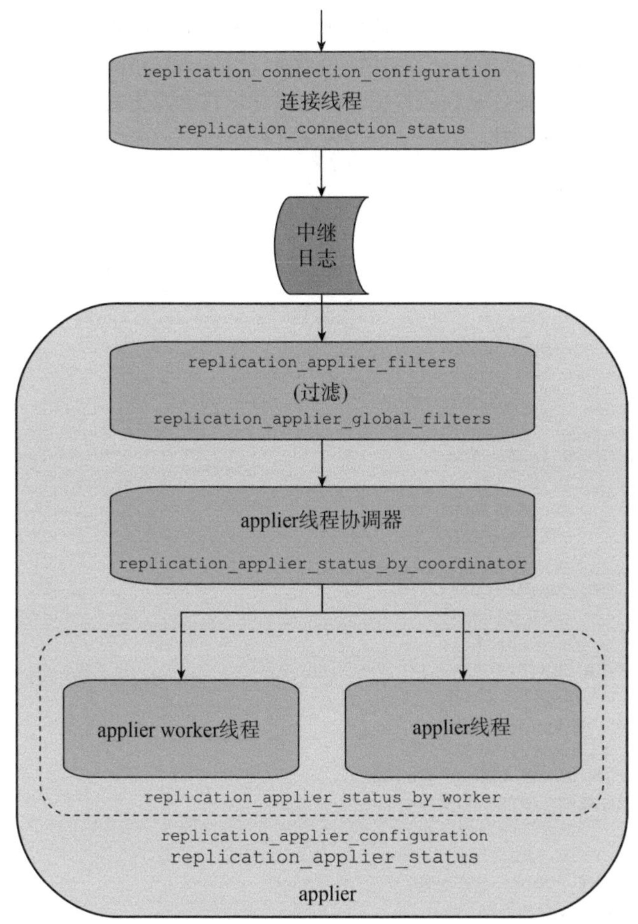

图 26-3　复制过程和相关的监控表

如果是并行复制(也称为从属多线程)，则协调器将处理事务，并将其分配给 applier worker 线程。可通过 replication_applier_status_by_coordinator 表来监控协调器。如果副本使用单线程复制，则跳过协调器步骤。

最后一步是 applier worker 线程。在并行复制的情况下，每个复制通道都有 slave_parallel_workers 线程，并且每个线程在 replication_applier_status_by_worker 表中都有一行记录其状态。

本节其余部分将介绍用于连接和 applier 线程的 performance 库表，以及日志状态表和组复制表。

26.2.1　连接表

复制事件到达副本时，第一步就是将其写入中继日志。完成这一操作的是连接线程。

有两张表提供了与连接有关的信息。

- **replication_connection_configuration**：每个复制通道的配置信息。
- **replication_connection_status**：复制通道的状态信息。这包含时间戳，该时间戳记录了最后一次和当前排队的事务最初是何时提交的，何时在即时源实例上提交，以及何时将其写入中继日志。每个通道各有一行数据。

复制连接表包含与直接上游源的连接相关的信息，以及在原始源上提交最新收到的事件时的时间戳。在简单的复制设置中，直接源和原始源是相同的，但在链式复制中，两者是不同的。代码清单 26-1 是一个示例，显示了上一节中讨论的复制设置，即与 relay 通道相关的两个连接表的内容。这里对输出进行格式化，从而获得更好的可读性。包含源 2 复制通道信息的原始格式输出则包含在文件 listing_26_1.txt 中。

代码清单 26-1 复制连接表

```
mysql> SELECT *
         FROM performance_schema.replication_connection_configuration
        WHERE CHANNEL_NAME = 'relay'\G
*************************** 1. row ***************************
                 CHANNEL_NAME: relay
                         HOST: 127.0.0.1
                         PORT: 3308
                         USER: root
            NETWORK_INTERFACE:
                AUTO_POSITION: 1
                  SSL_ALLOWED: YES
                  SSL_CA_FILE:
                  SSL_CA_PATH:
              SSL_CERTIFICATE:
                   SSL_CIPHER:
                      SSL_KEY:
SSL_VERIFY_SERVER_CERTIFICATE: NO
                 SSL_CRL_FILE:
                 SSL_CRL_PATH:
    CONNECTION_RETRY_INTERVAL: 60
       CONNECTION_RETRY_COUNT: 86400
           HEARTBEAT_INTERVAL: 30
                  TLS_VERSION:
              PUBLIC_KEY_PATH:
               GET_PUBLIC_KEY: NO
            NETWORK_NAMESPACE:
        COMPRESSION_ALGORITHM: uncompressed
       ZSTD_COMPRESSION_LEVEL: 3
1 row in set (0.0006 sec)

mysql> SELECT *
         FROM performance_schema.replication_connection_status
       WHERE CHANNEL_NAME = 'relay'\G
*************************** 1. row ***************************
                                      CHANNEL_NAME: relay
                                        GROUP_NAME:
                                       SOURCE_UUID: cfa645e7-b691-11e9-a051-
                                                    ace2d35785be
                                         THREAD_ID: 44
                                     SERVICE_STATE: ON
                         COUNT_RECEIVED_HEARTBEATS: 26
                          LAST_HEARTBEAT_TIMESTAMP: 2019-08-11 10:26:16.076997
                          RECEIVED_TRANSACTION_SET: 4d22b3e5-a54f-11e9-8bdbace2
                                                    d35785be:23-44
                                 LAST_ERROR_NUMBER: 0
                                LAST_ERROR_MESSAGE:
                              LAST_ERROR_TIMESTAMP: 0000-00-00 00:00:00
                           LAST_QUEUED_TRANSACTION: 4d22b3e5-a54f-11e9-8bdbace2d35
```

```
                                             785be:44
 LAST_QUEUED_TRANSACTION_ORIGINAL_COMMIT_TIMESTAMP: 2019-08-11 10:27:09.483703
LAST_QUEUED_TRANSACTION_IMMEDIATE_COMMIT_TIMESTAMP: 2019-08-11 10:27:10.158297
     LAST_QUEUED_TRANSACTION_START_QUEUE_TIMESTAMP: 2019-08-11 10:27:10.296164
       LAST_QUEUED_TRANSACTION_END_QUEUE_TIMESTAMP: 2019-08-11 10:27:10.299833
                              QUEUEING_TRANSACTION:
    QUEUEING_TRANSACTION_ORIGINAL_COMMIT_TIMESTAMP: 0000-00-00 00:00:00
   QUEUEING_TRANSACTION_IMMEDIATE_COMMIT_TIMESTAMP: 0000-00-00 00:00:00
        QUEUEING_TRANSACTION_START_QUEUE_TIMESTAMP: 0000-00-00 00:00:00
1 row in set (0.0006 sec)
```

配置表在很大程度上与使用 CHANGE MASTER TO 语句设置复制时可提供的选项相对应，而且这些数据是静态的，除非你明确更改了配置。状态表则主要包含易失性数据，这些数据会随着事件的处理而迅速变化。

状态表中的时间戳特别令人感兴趣。这里有两个组，第一个显示最后一个排队事件的时间戳，第二个显示当前正在排队的事件的时间戳。事件正在排队，意味着它已被写入中继日志。例如，考虑最后一个排队事件的时间戳：

- **LAST_QUEUED_TRANSACTION_ORIGINAL_COMMIT_TIMESTAMP**：事件在原始源(源 1)上的提交时间。
- **LAST_QUEUED_TRANSACTION_IMMEDIATE_COMMIT_TIMESTAMP**：事件在即时源(中继)上的提交时间。
- **LAST_QUEUED_TRANSACTION_START_QUEUE_TIMESTAMP**：此实例开始将事件放入队列的时间。即接收到事件，并且连接线程开始将事件写入中继日志的时间。
- **LAST_QUEUED_TRANSACTION_END_QUEUE_TIMESTAMP**：连接线程完成将事件写入中继日志的时间。

时间戳的分辨率为微秒级，因此可以详细了解事件从原始源到中继日志所花费的时间。时间戳为 0('0000-00-00 00:00:00')表示没有数据可以返回。例如，当连接线程是最新时，这种情况可能发生在当前排队的时间戳上。applier 表则提供了副本上事件的更多信息。

26.2.2 applier 表

applier 线程则更复杂，因为它们都要处理事件过滤及事件应用，并且支持并行 applier 线程。在作者撰写本书时，performance 库中存在以下有关 applier 线程的表。

- **replication_applier_configuration**：该表显示了每个复制通道的 applier 线程的配置信息。当前唯一设置的是复制延迟。每个通道对应一行数据。
- **replication_applier_filters**：每个复制通道的复制过滤器。该信息包含过滤器的配置位置和启用时间。
- **replication_applier_global_filters**：适用于所有复制通道的复制过滤器。该信息包含过滤器的配置位置和启用时间。
- **replication_applier_status**：applier 线程的总体状态，包括服务状态、延迟(当配置了所需的延迟时)以及已进行事务的重试次数。每个通道对应一行数据。
- **replication_applier_status_by_coordinator**：使用并行复制时，协调器线程看到的 applier 线程状态。这里有最后处理的事务和当前正在处理的事务的时间戳。每个通道对应一行数据。对于单线程复制而言，该表为空。
- **replication_applier_status_by_worker**：每个 worker 线程的 applier 状态。这里有上一次应

用的事务和当前正在应用的事务的时间戳。配置并行复制后，每个通道上的每个 worker 线程各有一条数据(使用 slave_parallel_workers 配置 worker 的数量)。对于单线程复制而言，每个通道各对应一行数据。

在较高层次上，applier 表遵循与连接表相同的模式，并且增加了过滤器配置和并行 applier 的支持。代码清单 26-2 显示了中继复制通道中 replication_applier_status_by_worker 表的内容示例。这里也重新格式化了输出结果，以提高可读性。输出内容也可在本书 GitHub 存储库的 listing_26_2.txt 文件中找到。

代码清单 26-2 replication_applier_status_by_worker 表

```
mysql> SELECT *
         FROM performance_schema.replication_applier_status_by_worker
        WHERE CHANNEL_NAME = 'relay'\G
*************************** 1. row ***************************
                                         CHANNEL_NAME: relay
                                            WORKER_ID: 1
                                            THREAD_ID: 54
                                        SERVICE_STATE: ON
                                    LAST_ERROR_NUMBER: 0
                                   LAST_ERROR_MESSAGE:
                                 LAST_ERROR_TIMESTAMP: 0000-00-00 00:00:00
                             LAST_APPLIED_TRANSACTION:
   LAST_APPLIED_TRANSACTION_ORIGINAL_COMMIT_TIMESTAMP: 0000-00-00 00:00:00
  LAST_APPLIED_TRANSACTION_IMMEDIATE_COMMIT_TIMESTAMP: 0000-00-00 00:00:00
      LAST_APPLIED_TRANSACTION_START_APPLY_TIMESTAMP: 0000-00-00 00:00:00
        LAST_APPLIED_TRANSACTION_END_APPLY_TIMESTAMP: 0000-00-00 00:00:00
                                 APPLYING_TRANSACTION:
       APPLYING_TRANSACTION_ORIGINAL_COMMIT_TIMESTAMP: 0000-00-00 00:00:00
      APPLYING_TRANSACTION_IMMEDIATE_COMMIT_TIMESTAMP: 0000-00-00 00:00:00
          APPLYING_TRANSACTION_START_APPLY_TIMESTAMP: 0000-00-00 00:00:00
              LAST_APPLIED_TRANSACTION_RETRIES_COUNT: 0
   LAST_APPLIED_TRANSACTION_LAST_TRANSIENT_ERROR_NUMBER: 0
  LAST_APPLIED_TRANSACTION_LAST_TRANSIENT_ERROR_MESSAGE:
LAST_APPLIED_TRANSACTION_LAST_TRANSIENT_ERROR_TIMESTAMP: 0000-00-00 00:00:00
                  APPLYING_TRANSACTION_RETRIES_COUNT: 0
     APPLYING_TRANSACTION_LAST_TRANSIENT_ERROR_NUMBER: 0
    APPLYING_TRANSACTION_LAST_TRANSIENT_ERROR_MESSAGE:
  APPLYING_TRANSACTION_LAST_TRANSIENT_ERROR_TIMESTAMP: 0000-00-00 00:00:00
*************************** 2. row ***************************
                                         CHANNEL_NAME: relay
                                            WORKER_ID: 2
                                            THREAD_ID: 55
                                        SERVICE_STATE: ON
                                    LAST_ERROR_NUMBER: 0
                                   LAST_ERROR_MESSAGE:
                                 LAST_ERROR_TIMESTAMP: 0000-00-00 00:00:00
                             LAST_APPLIED_TRANSACTION: 4d22b3e5-a54f-11e9-8bdbace2d3
                                                       5785be:213
   LAST_APPLIED_TRANSACTION_ORIGINAL_COMMIT_TIMESTAMP: 2019-08-11 11:29:36.1076
  LAST_APPLIED_TRANSACTION_IMMEDIATE_COMMIT_TIMESTAMP: 2019-08-11 11:29:44.822024
      LAST_APPLIED_TRANSACTION_START_APPLY_TIMESTAMP: 2019-08-11 11:29:51.910259
        LAST_APPLIED_TRANSACTION_END_APPLY_TIMESTAMP: 2019-08-11 11:29:52.403051
                                 APPLYING_TRANSACTION: 4d22b3e5-a54f-11e9-8bdbace
                                                       2d35785be:214
```

```
        APPLYING_TRANSACTION_ORIGINAL_COMMIT_TIMESTAMP: 2019-08-11 11:29:43.092063
       APPLYING_TRANSACTION_IMMEDIATE_COMMIT_TIMESTAMP: 2019-08-11 11:29:52.685928
           APPLYING_TRANSACTION_START_APPLY_TIMESTAMP: 2019-08-11 11:29:53.141687
               LAST_APPLIED_TRANSACTION_RETRIES_COUNT: 0
    LAST_APPLIED_TRANSACTION_LAST_TRANSIENT_ERROR_NUMBER: 0
   LAST_APPLIED_TRANSACTION_LAST_TRANSIENT_ERROR_MESSAGE:
 LAST_APPLIED_TRANSACTION_LAST_TRANSIENT_ERROR_TIMESTAMP: 0000-00-00 00:00:00
                   APPLYING_TRANSACTION_RETRIES_COUNT: 0
       APPLYING_TRANSACTION_LAST_TRANSIENT_ERROR_NUMBER: 0
      APPLYING_TRANSACTION_LAST_TRANSIENT_ERROR_MESSAGE:
    APPLYING_TRANSACTION_LAST_TRANSIENT_ERROR_TIMESTAMP: 0000-00-00 00:00:00
```

时间戳遵循与你之前看到的模式，其中包含有关最近处理的事务和当前的事务信息。请注意，对于第一行数据，所有时间戳均为 0，这表明 applier 线程无法发挥并行复制的优势。

对于第二行中具有全局事务标识符 4d22b3e5-a54f-11e9-8bdbace2d35785be:213 的最后一次应用的事务，可以看出该事务在原始源上是在 11:29:36.1076 时提交的，并在即时源上 11:29:44.822024 处开始执行，然后在 11:29:51.910259 处在此实例上开始执行，在 11:29:52.403051 时完成。这表明每个实例都增加了大约 8s 的延迟，但是事务本身只花了半秒的时间来执行。可以得出结论，复制延迟往往不是由应用单个大事务引起的，更多的是延迟和复制实例无法像原始源一样快速处理事务而带来的累积效应，这样的延迟可能是较早长时间运行的事件引起的，而复制又没赶上进度，或者是复制链的其他部分引入了延迟等。

26.2.3　日志状态

与复制相关的是 log_status 表，该表提供了有关二进制日志、中继日志以及 InnoDB 重做日志的相关信息。重做日志使用日志锁返回对应于同一时间点的数据。该表是在考虑备份操作的基础上引入的，因此查询该表需要 BACKUP_ADMIN 权限。代码清单 26-3 显示了该表的一个示例输出，它使用了 JSON_PRETTY()函数使得读取 JSON 文档返回的信息更加容易。

代码清单 26-3　log_status 表

```
mysql> SELECT SERVER_UUID,
              JSON_PRETTY(LOCAL) AS LOCAL,
              JSON_PRETTY(REPLICATION) AS REPLICATION,
              JSON_PRETTY(STORAGE_ENGINES) AS STORAGE_ENGINES
         FROM performance_schema.log_status\G
*************************** 1. row ***************************
    SERVER_UUID: 4d46199b-bbc9-11e9-8780-ace2d35785be
          LOCAL: {
  "gtid_executed": " 4d22b3e5-a54f-11e9-8bdb-ace2d35785be:1-380,\ncbffdc28-bbc8-11e9-
                   9aac-ace2d35785be:1-190",
  "binary_log_file": "binlog.000003",
  "binary_log_position": 199154947
}
    REPLICATION: {
  "channels": [
    {
      "channel_name": "relay",
      "relay_log_file": "relay-bin-relay.000006",
      "relay_log_position": 66383736
    },
    {
```

```
        "channel_name": "source2",
        "relay_log_file": "relay-bin-source2.000009",
        "relay_log_position": 447
      }
    ]
  }
  STORAGE_ENGINES: {
    "InnoDB": {
      "LSN": 15688833970,
      "LSN_checkpoint": 15688833970
    }
  }
  1 row in set (0.0005 sec)
```

LOCAL 列包含有关已执行的全局事务标识符、二进制日志文件以及实例上的位置信息。REPLICAITON 列显示与复制过程相关的中继日志数据，每个通道对应一个对象。STORAGE_ENGINES 列包含有关 InnoDB 日志序列号的信息。

26.2.4 组复制表

如果你使用了组复制技术，则可使用两张额外的表来监控复制。其中一张表包含有关组成员的高级信息，另一张表则包含有关成员的各种统计信息。

- **replication_group_members**：组复制成员的概述信息。每个成员对应一行数据，该行数据包含成员的当前状态，还指出是主要成员还是次要成员。
- **replication_group_member_stats**：低级别的统计信息。例子有：队列中的事务数量，在所有成员上已提交的事务，在本地或远程发起的事务数量。

replication_group_members 表对于验证成员的状态最有用。replication_group_member_stats 表可用于查看每个节点已完成的工作，以及冲突和回滚的发生率是否很高等信息。这两张表均包含来自集群中所有节点的信息。

现在，既然你已经知道了如何监控复制，就可以开始考虑如何优化连接和 applier 线程了。

26.3 连接

连接线程负责即时复制源的出站连接、复制事件的接收，还负责将事件保存到中继日志等。这意味着优化连接线程将主要围绕以下事项展开：复制事件、网络，维护有关已接收到事件的信息，写入中继日志。

26.3.1 复制事件

使用基于行的复制(默认设置，也是推荐设置)时，事件包含有关已更改行和新值(镜像之前和之后)的信息。默认情况下，更新和删除事件包含完整的镜像。这样，即使源和副本中列的顺序不同，或具有不同的主键定义，副本依然可以应用事件。但这样确实会使二进制日志(以及中继日志)变得更大。当然这也意味着更多网络流量、内存使用量和磁盘 I/O。

如果不要求完整的镜像，则可将 binlog_row_image 选项设置为 minimal 或 noblob。设置为 minimal 时，表示前镜像中仅包含表示行所需的列，而后镜像中则只包含因事件而发生更改的列。使用 noblob 时，除了 blob 和 text 列外的所有列，均包含在前镜像中。blob 和 text 列也仅在其值发生更改时，才包含在后镜像之后。使用 minimal 是提高性能的最佳选择，但请确保在对生产系统进行更改之前，进行彻底的测试。

警告 在生产环境中更改配置之前，请确保你已经验证应用程序可使用 binlog_row_image=minimal。如果应用无法使用该设置，复制操作将会失败。

也可在会话级别设置 binlog_row_image 选项，因此可根据需要来更改该选项。

26.3.2 网络

在 MySQL 内部，可以进行调整的主要网络选项是设置使用的接口，以及是否启用压缩。如果网络过载，很快就会导致复制延迟。避免出现这种情况的选择之一是使用专用的网络接口，并为复制流量设置路由。另一个选择是启用压缩。该压缩技术能以较高的 CPU 负载为代价，来减少传输的数据流。这两种选择都可使用 CHANGE MASTER TO 命令来配置。

在定义如何连接到复制源时，可使用 MASTER_BIND 选项来指定用于连接的端口。例如，如果你要使用的副本 IP 为 192.0.2.102，从源 192.0.2.101 上进行复制，则可使用 MASTER_BIND='192.0.2.102':

```
CHANGE MASTER TO MASTER_BIND='192.0.2.102',
                 MASTER_HOST='192.0.2.101',
                 MASTER_PORT=3306,
                 MASTER_AUTO_POSITION=1,
                 MASTER_SSL=1;
```

当然，可根据需要来更改上述命令中的 IP 地址及其他信息。

警告 可通过禁用 SSL 来提高网络性能，这样做的效果也会很诱人。但是，如果这样做的话，身份验证数据以及你要传输的数据都将以非加密方式进行传递。而此时，任何可访问网络的人都能读取到这些数据。对于任何处理生产数据的设置而言，所有的通信都应当是安全的，这一点极为重要——当然，前提是启用了 SSL 复制。

在 MySQL 8.0.18 及更高版本中，可使用 MASTER_COMPRESSION_ALGORITHMS 选项来启用压缩。该选项可以采用一组允许的压缩算法，支持的算法如下。

- **uncompressed**：不使用压缩，为默认设置。
- **zlib**：使用 zlib 压缩算法。
- **zstd**：使用 ztd 1.3 的压缩算法。

如果将其设置为 zstd，则还可使用 MASTER_ZSTD_COMPRESSION_LEVEL 选项来指定压缩级别。支持的级别为 1~22(包括 1 和 22)，默认值为 3。配置复制连接，并使用压缩级别为 5 的 zlib 或 zstd 算法的示例如下：

```
CHANGE MASTER TO MASTER_COMPRESSION_ALGORITHMS='zlib,zstd',
                 MASTER_ZSTD_COMPRESSION_LEVEL=5;
```

在 MySQL 8.0.18 之前，可通过 slave_compressed_protocol 选项来指定是否启用压缩。如果源和副本都支持压缩算法，将该选项设置为 1 或 ON，就会使复制连接使用 zlib 压缩。

提示 如果你在 MySQL 8.0.18 或更高版本中使用了 slave_compressed_protocol 选项，则需要注意，因为该选项的优先级高于 MASTER_COMPRESS_ALGORITHMS，因此建议你禁用该选项。可使用 CHANGE MASETR TO 命令来配置压缩，这样就可使用 zstd 算法，也可在 performance 库的 replication_connnection_configuration 表中使用压缩配置。

26.3.3 维护源信息

副本需要跟踪从源接收到的信息。这是通过 mysql.slave_master_ino 表完成的。当然也可将信息存储在文件中，但从 MySQL 8.0.18 开始就不推荐这样做了。使用文件配置会使副本的弹性降低，从而无法从崩溃中恢复。

关于对该信息的维护，一个重要的选项是 sync_master_info。它用于设置信息的更新频率，默认为每 10000 个事件更新一次。你可能认为，它与复制源端的 sync_binlog 类似，应该在每个事件后同步信息；但事实上并非如此。

警告 设置 sync_master_info = 1 是出现复制滞后的常见原因之一，因此不要使用该设置。

不需要非常频繁地更新源端信息的原因是，可通过丢弃中继日志，并从 applier 线程已经到达的点开始获取所有内容，从而恢复丢失的信息。因此，默认值为 10000 就已经很好了，你几乎没有什么理由对其进行更改。

提示 复制操作能否从崩溃中进行恢复的规则十分复杂，并会随着新特性的加入而不断改变。可参考 https://dev.mysql.com/doc/refman/en/replication-solutions-unexpected-slave-halt.html 来了解最新信息。

26.3.4 写入中继日志

中继日志是接收复制事件的连接线程和应用事件的 applier 线程之间，用于复制事件的中间存储。影响中继日志写入速度的因素主要有两个：磁盘性能，以及中继日志同步到磁盘的频率。

你需要确保中继日志写入的磁盘具有足够的 I/O 容量来支持写入和读取操作。选择之一是将中继日志存放在单独的存储中，这样其他活动就不会干扰中继日志的写入和读取。

使用 sync_relay_log 选项(与 sync_binlog 等效的中继日志)来控制中继日志同步到磁盘的频率。默认值为每 1000 个事件同步一次。除非你对并行 applier 线程使用了基于位置的复制(禁用了 GTID，或者 MASTER_AUTO_POSITION=0)，否则你没有任何理由来更改 sync_relay_log 设置。因为默认设置可恢复中继日志。对于基于位置的并行复制，除非可在操作系统崩溃的情况下重建副本，否则需要设置 sync_relay_log = 1。

这意味着从性能的角度看，建议在执行 CHANGE MASTER TO 时启用全局事务标识，并设置 MASTER_AUTO_POSITION = 1。否则，将把与主节点信息和中继日志相关的其他设置保留为默认值。

26.4 applier 线程

applier 线程通常是复制出现滞后的最常见原因。主要问题在于，源上所做的更改通常是高度并行的工作负载造成的结果。默认情况下，applier 往往是单线程的，因此不得不尽力跟上源端潜在的数十个乃至数百个并发查询。这意味着，消除由 applier 线程导致的复制滞后的主要方法是启用并行复制。此外，这里还将探讨主键的重要性、放宽数据安全设置的可能性以及复制过滤器的使用。

注意 当你使用表来存储中继日志，并将 InnoDB 用于 mysql.slave_relay_log_info(这两个均为默认设置)时，更改 sync_relay_log_info 的设置将没有任何效果。这种情况下，该设置会被忽略，且在每次事务提交后都会更新信息。

26.4.1 并行 applier

配置 applier 线程从而使用多个线程来并行应用事件，是提高复制性能的最有效方法。但这并不像将 slave_parallel_workers 选项设置为大于 1 的值那样简单。在源和副本两侧，都需要考虑其他选项。

表 26-1 总结了影响并行复制的配置选项，也包含是否应该在源或副本上设置该选项的相关内容。

表 26-1 与并行复制相关的配置选项

选项名称以及在哪里进行配置	描述
在源端设置 binlog_transaction_dependency_tracking	存放事务之间依赖关系的二进制日志中包含了那些信息
在源端设置 binlog_transaction_dependency_history_size	最后一次更新的行信息将保留多长时间
在源端设置 transaction_write_set_extraction	如何提取写入集合的信息
在源端设置 binlog_group_commit_sync_delay	等待更多事务，从而将其在组提交特性中组合在一起时，所带来的延迟
在副本端设置 slave_parallel_workers	每个通道需要创建多少个 applier 线程
在副本端设置 slave_parallel_type	是通过数据库还是逻辑时钟来执行并行操作
在副本端设置 slave_pending_jobs_size_max	可使用多少内存来保存尚未应用的事件
在副本端设置 slave_preserve_commit_order	是否确保副本以与源相同的顺序将事务写入二进制日志。为启用此功能，需要将 slave_parallel_type 设置为 LOGICAL_CLOCK
在副本端设置 slave_checkpoint_group	检查点操作之间可以处理的最大事务数量
在副本端设置 slave_checkpoint_period	检查点操作之间的最大间隔时长(以毫秒为单位)

在上表中，最常用的选项是源端的 binlog_transaction_dependency_tracking 和 transaction_write_set_extraction，以及副本端的 slave_parallel_workers 和 slave_parallel_type。

源端的二进制事务依赖选项与写入集合提取选项相关。transaction_write_set_extraction 选项用于指定如何提取写入集合的信息(即事务影响了哪些行的信息)。组复制进行冲突检测时，也要用到写入集合。可将其设置为 XXHASH64，这也是组复制所需的值。

binlog_transaction_dependency_tracking 选项用于指定二进制日志中可用事务之间的依赖信息。这对于并行复制知道哪些事务可以安全地并行应用至关重要。默认设置是使用提交顺序，并依赖于提交的时间戳。为在根据逻辑时钟进行并行应用时提高性能，建议将 binlog_transaction_dependency_tracking 设置为 WRITESET。

binlog_transaction_dependency_history_size 选项用于设置保留行的哈希值，从而提供有关哪个

事务最后修改了指定行的相关信息。默认值为 25 000，这通常也足够大了。但是，如果对不同行的修改频率很高，则需要增加依赖关系历史记录的大小。

在副本端，可使用 slave_parallel_workers 选项来启用并行复制。该选项可以设置每个复制通道所创建的 applier 线程数量。应该将该值设置得足够高，使复制工作得以保持。但是又不要设置得太高，以至于出现空闲线程，或出现并行工作负载的争用现象。

通常需要在副本端设置的另一个选项是 slave_parallel_type。该选项指定了应该如何在 applier 线程之间分配事件。其默认值为 DATABASE，顾名思义，就是根据更新所属的方案进行拆分。另一种选择是 LOCAL_CLOCK，它会使用二进制日志中的组提交信息或写入集合信息来确定哪些事务可安全地一起应用。除非你有多层副本，并且在二进制日志中不包含写入集合信息，否则 LOCAL_CLOCK 通常都是最佳选择。

如果你在未启用写入集合的情况下使用了 LOCAL_CLOCK 选项，则可在源端将 binlog_group_commit_sync_delay 设置为更高的值，从而在组提交特性中将更多事务组合在一起。但这是以更长的提交等待时间为代价的。这使得并行复制具有更多事务在 applier 线程之间进行分配，从而提高了效率。

出现复制滞后的另一个主要原因是缺少主键。

26.4.2 主键

当你使用了基于行的复制时，处理事件的 applier worker 线程将必须找到那些需要更改的行。如果有主键，这将非常简单且高效——只需要进行主键查找即可。但如果没有主键，就需要检查所有的行，直到找到一行数据，其所有的列值都与复制事件的前镜像中的值相同为止。

如果表很大，那么这种搜索的代价会很高。如果该事务还修改了一张较大的表中的很多行，那么在最坏的情况下，这会使得复制看起来几乎停滞不前。MySQL 8 使用了一种优化方法，即使用哈希将一组行与表进行匹配。但这种方法的有效性取决于一次事件中所修改的行数，它始终无法像主键查找那样高效。

因此，强烈建议你为每一张表都显式添加主键(或 not null 唯一键)。如果你自己没有添加，则 InnoDB 会添加一个隐藏的主键(它不能用于复制)，因此这也不会节约磁盘或内存空间。隐藏主键是一个 6 字节的整数，并使用全局计数器。因此，如果你使用了很多带有隐藏主键的表，则计数器可能成为性能瓶颈。此外，如果你要使用组复制，则严格要求所有的表必须包含显式主键，或 not null 唯一索引。

提示 可启用 sql_require_primary_key 选项来要求所有的表都包含主键。该选项在 MySQL 8.0.13 或更高版本中可用。

如果无法向某些表添加主键，则哈希搜索算法的工作效果可能更好，因为每个复制事件中包含的行可能更多。可通过增加复制源实例上的 binlog_row_event_max_size 的大小，来增加为修改同一张表中的大量行而进行事务处理的分组行数。

26.4.3 放宽数据安全

提交事务后，修改的数据必须保留在磁盘上。在 InnoDB 中，通过重做日志来实现数据的持久性，然后使用二进制日志进行复制。某些情况下，副本上放宽对这种持久性的要求也是可以接受的。但这种做法的代价是，如果操作系统崩溃，就需要重建副本。

InnoDB 使用 innodb_flush_log_at_trx_commit 选项来确定每次提交事务时是否需要刷新重做

日志。默认值(当然也是最安全的设置)是在每次事务提交之后都进行刷新(innodb_flush_log_at_trx_commit = 1)。刷新是一种代价昂贵的操作，有时就连一些 SSD 驱动器也可能无法满足繁忙系统中的刷新要求。如果可承受丢失一秒钟已提交事务的损失，则可以将 innodb_flush_log_at_trx_commit 设置为 0 或 2。如果你愿意进一步推迟刷新，则还可增加 innodb_flush_log_at_timeout 来设置刷新重做日志间隔的最长时间(单位为秒)。该选项的默认值和最小值为 1s。这意味着，如果发生了灾难性故障，那么你可能需要重建副本。但好处在于，applier 线程应用更改的代价比源端低，因而更容易跟上源端的事务进度。

二进制日志也以类似方式来使用 sync_binlog 选项，其默认值也为 1，这意味着在每次提交之后都刷新二进制日志。如果不需要副本上的二进制日志(注意，对于组复制而言，需要在所有节点上启用二进制日志)，则可以考虑完全禁用刷新，或降低日志同步的频率。通常，在这种情况下，最好将 sync_binlog 设置为 100 或 1000 之类的值，而不是将其设置为 0。因为 0 常会导致整个二进制日志在进行轮转时被立即刷新。而刷新上千兆字节的数据可能需要几秒钟的时间。同时需要一个互斥量来防止事务提交。

注意 如果你放宽了副本上的数据安全设置，那么请确保在将该副本提升为复制源时(如需要进行维护时)，将其重新设置为更严格的配置。

26.4.4 复制过滤器

如果不需要副本上的所有数据，则可以使用复制过滤器来减少 applier 线程所做的工作，同时可减少对磁盘和内存的需求。这样也可帮助副本保持最新状态。MySQL 提供 6 个设置复制过滤器的选项，它们可分为 3 组，其中包含 do 和 ignore 选项，如表 26-2 所示。

表 26-2 复制过滤器选项

选项名称	描述
replicate-do-db replicate-ignore-db	是否包含对指定方案(数据库)的更改
replicate-do-table replicate-ignore-table	是否包含对指定表的更改
replicate-wild-do-table replicate-wild-ignore-table	与上面两个选项类似，但支持_和%通配符，方式与编写 LIKE 子句时相同

指定上述选项之一时，可选择在方案/表前添加该规则应用到的通道名及冒号。例如，要忽略对 source2 通道的 world 方案的更新，可使用以下语句：

```
[mysqld]
replicate-do-db = source2:world
```

这些选项只能在 MySQL 配置文件中设置，并且只有重新启动 MySQL 实例才能生效。可以进行多次设置，从而添加规则。如果需要动态更改配置，则可使用 CHANGE REPLICATION FILTER 语句，例如：

```
mysql> CHANGE REPLICATION FILTER
              REPLICATE_IGNORE_DB = (world)
              FOR CHANNEL 'source2';
Query OK, 0 rows affected (0.0003 sec)
```

如果需要一次性设置多个方案，则可在上述命令的 world 处添加括号，这样就能设置一个方案列表。如果多次指定了同一规则，则后设置的将生效，之前的则被忽略。

提示 要了解 CHANGE REPLICATION FILTER 的全部规则，可参考 https://dev.mysql.com/doc/refman/en/change-replication-filter.html。

复制过滤器最适合与基于行的复制一起使用，因为可很清楚地了解到哪张表会受到事件的影响。当你要执行一条语句时，该语句可能涉及多张表，因此对于基于语句的复制，你并不总是很清楚过滤器是否允许该语句。应该特别注意 replicate-do-db 和 replicate-ignore-db，因为基于语句的复制使用默认方案来决定是否允许该语句的执行。更糟糕是将复制过滤器与行和语句事件混合使用(binlog_format = MIXED)，因为过滤器的效果可能取决于所使用的更改复制的格式。

提示 当你使用复制过滤器时，最好使用 binlog_format = row(默认值)。要了解关于评估复制过滤器的全部规则，请参阅 https://dev.mysql.com/doc/refman/en/replication-rules.html。

到此为止，我们已经完成了关于如何提高复制性能的探讨。剩下的最后一个话题与我们到目前为止所讨论的话题截然相反——如何通过使用副本来提高源端的性能。

26.5 将工作负载卸载到副本

如果你遇到实例上读查询负载过重的情况，那么提高性能的常用策略之一是将一部分工作分流到一个或多个副本上。常见的方案是使用副本进行读查询扩展，并使用副本来处理报表查询或备份需求。本节将对此进行研究。

注意 使用复制技术(如组复制的多主模式)无法实现写操作的扩展，因为所有更改仍然需要应用于所有节点上。对于写操作的横向扩展，你需要对数据进行分片(如在 MySQL NDB 集群中完成)。当然分片解决方案超出了本书的范围，因此这里不再进行探讨。

26.5.1 读操作的横向扩展

复制最常见的用途之一是允许在副本上执行读查询，从而减轻复制源的负载。当然这是可以的，因为副本与源具有相同的数据。但你需要知道的是，即使在最好的情况下，从源上提交事务，到副本应用更改之前，也可能有一个小小的延迟。

如果应用对读取过时的数据比较敏感，那么可选择组复制或 InnoDB 集群，它们在 8.0.14 或者更高版本中支持一致性级别，因此可确保应用程序使用所需的一致性级别。

提示 为更好地了解如何使用组复制的一致性级别，我们强烈建议你阅读 Lefred 的博客，链接为 https://lefred.be/content/mysql-innodb-cluster-consistency-levels/。

使用副本来处理读查询还有助于使应用和 MySQL 更接近最终用户，从而减少往返延迟，使用户获得更好的使用体验。

26.5.2 任务分离

副本的另一种常见用法是在副本上执行一些影响力较高的任务，从而减轻复制源上的负载压力。典型的就是报表查询和备份。

当你使用副本来处理报表查询时，可配置与源不同的副本，从而针对特定的工作负载来优化副本。同时，可使用复制过滤器来避免包含源中的所有数据和更新。更少的数据意味着副本可使用更少的事务以及写入更少的数据，从而将更大百分比的数据读入缓冲池。

使用副本执行备份操作也很常见。如果该副本专门用于备份，你就不必担心由于磁盘 I/O 或缓冲池污染导致锁争用及性能下降；只要副本在下一次备份之前能够赶上源端的进度即可。你甚至也可考虑在备份过程中关闭副本，从而执行冷备份。

26.6 本章小结

本章介绍复制的工作原理，讨论如何监控和改进复制过程的性能，分析如何使用复制在多个实例之间分配工作负载。

本章开头对复制进行了概述，介绍相关的术语，显示在何处可找到复制的监控信息等。在 MySQL 8 中，监控复制的最佳方法就是使用 performance 库提供的一系列表。这些表根据线程的类型对信息进行分类。还有一些专门用于日志状态和组复制的表。

通过只在复制事件中包含有关更新行的前镜像的最少量信息，可减小复制事件的大小来优化连接线程；但这不适用于所有应用。还可更改网络配置并使用中继日志。建议使用启用了自动定位的、基于 GTID 的复制方法，这样就可轻松使用中继日志的同步。

对于 applier 线程的性能，最重要的两件事是启用并行复制，以及确保所有的表都包含主键。并行复制可通过更改所影响的方案进行，也可通过逻辑时钟进行。当然后者通常性能更好。但也有例外，因此你需要对工作量进行验证。

最后探讨了如何使用副本来减轻原本应该在复制源上执行的工作。可将复制用于读操作的横向扩展，因为可将副本用于数据读取，从而将源专用于需要写入数据的工作。还可将副本用于高密度的工作，如报表查询和备份。

本书最后一章将介绍如何使用缓存来减少要完成的工作量。

第 27 章

缓　　存

成本最低的查询，就是你不必执行的查询。本章将研究如何使用缓存技术来避免执行查询，或降低查询的复杂性。首先将讲述缓存是无处不在的且有各种不同类型的缓存。然后介绍如何使用缓存表和近似值在 MySQL 内使用缓存。此后再介绍两个提供缓存技术的流行产品：Memcached 和 ProxySQL。最后探讨一些缓存的相关技巧。

27.1　缓存，无处不在

即便你认为没有使用缓存技术，可实际上它依然存在着。这些缓存往往是透明的，并且可在硬件、操作系统或 MySQL 级别进行维护。这些缓存中，最明显的就是 InnoDB 缓冲池了。

图 27-1 显示了缓存如何用于整个系统的示例，以及如何添加自定义缓存。该图(包括不同部分之间的交互关系)显然不是完整的，但足以说明常见的缓存以及在什么地方会进行缓存。

在图中，左下角的 CPU 处往往具有多级缓存，用于缓存指令及 CPU 指令的数据。操作系统则实现一个 I/O 缓存；InnoDB 有自己的缓冲池。所有这些缓存都是用于返回最新数据的缓存示例。

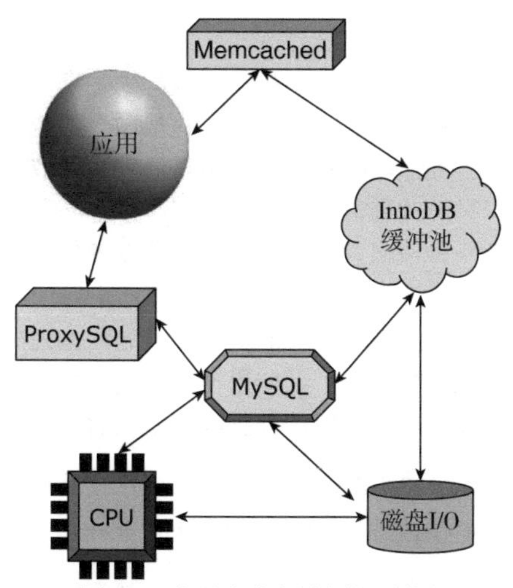

图 27-1 何处会发生缓存的示例图

当然，缓存也有可能提供稍旧的数据缓存；例如在 MySQL 中实现缓存表，在 ProxySQL 中缓存查询结果，或者直接在应用中缓存数据等。这些情况下，通常需要定义一个时间段来考虑数据是否足够新，并且当数据缓存达到给定的期限(生存时间，TTL)时，缓存条目将被置于无效状态。Memcached 的解决方案则比较特别，有两个版本。常规版本的 Memcached 守护进程会使用生存时间，或者当数据太旧时，使用某些依赖于应用的逻辑将过期数据丢弃。但还有一个特殊版本的 Memcached，可作为插件使用，可从 InnoDB 缓冲池中获取数据，并将数据写回缓冲池中，因此数据永远不会过期。

在应用程序中使用可能过期的数据，这似乎是错误的。但很多情况下，这是完全可行的，因为并不是每次都需要足够精确的数据。如果你有一个显示销售数据仪表盘的应用，那么该数据是否为最新，或者是几分钟之后才更新，会有什么不同吗？当用户看到这些数字时，数字可能总会有过期的情况。重要的是，这些销售数据必须保持一致并且能够定期更新才行。

提示 请仔细考虑你的应用需求。并记住，从宽松的需求入手，然后考虑数据更新，并在更新时强化要求，这比说服用户不再考虑一直拥有最新数据要容易得多。如果你使用的缓存数据没有自动更新为最新状态，则可考虑存储数据最近更新的时间，并显示给客户，以便用户知道上一次刷新数据的时间。

接下来将介绍更具体的缓存示例。首先，我们在 MySQL 中实现自己的缓存。

27.2 MySQL 中的缓存

MySQL 内部是实现缓存的逻辑位置之一。如果将缓存的数据与其他表一起使用，这将特别有用。其缺点是，仍然需要在应用和数据库之间往返来查询数据，而且需要执行查询。本节将介绍在 MySQL 中缓存数据的两种方法：缓存表，以及直方图信息。

27.2.1 缓存表

可使用缓存表来预先计算数据；如用于报表或仪表板的数据。这对于那些经常需要使用的复杂聚合尤其有用。

这里有数种使用缓存表的方法。可以选择创建一张表，然后用来存储与其一起使用的特性的结果。这样使用起来成本较低，但是灵活性又稍显不足，因为它只能与相关特性一起使用。也可以创建需要进行联接的查询块，将其用于多个用途。这样做会使查询的开销增加一些，但可重用缓存的数据，并避免数据重复。当然，哪种方式好用，最终还是取决于你的应用。也可以混合使用，即一些表是单独使用的，另一些则需要联接在一起。

对缓存表进行填充主要有两种策略。可以定期重建，或者使用触发器进行连续不断的更新。重建表的最佳方式是创建一个新的缓存表副本，并在重建结束时使用 RENAME TABLE 语句，这样做可避免删除事务中潜在的大量行数据，并能避免随着时间流逝而产生碎片。或者，也可以使用触发器来更新缓存的数据。大多数情况下，如果不完全使用最新的数据是可接受的，那么重建缓存表就是首选方法。因为这样不容易出错，并且刷新是在后台完成的。

提示 如果通过删除事务中的现有数据来重建表，则建议禁用索引统计信息的自动计算，并在重建结束时使用 ANALYZE TABLE 或启用 innodb_stats_include_delete_marked 选项。

一种特殊情况是表中包含缓存列。缓存列的示例之一是存储属于某个组的最新事件的时间、状态或 ID。想象一下，你的应用支持发送文本消息，并且对于每条消息，你都存储了历史记录；例如何时在应用中创建历史记录，何时发送，以及收件人何时确认消息等。大多数情况下，往往只需要消息的最新状态以及达到该状态的时间。因此你可能希望将其与消息记录本身一起存储，而不是对其进行显式查询。这种情况下，可以使用如下两张表来存储状态：

```
CREATE TABLE message (
  message_id bigint unsigned NOT NULL auto_increment,
  message_text varchar(1024) NOT NULL,
  cached_status_time datetime(3) NOT NULL,
  cached_status_id tinyint unsigned NOT NULL,
  PRIMARY KEY (message_id)
);
CREATE TABLE message_status_history (
  message_status_id bigint unsigned NOT NULL auto_increment,
  message_id bigint unsigned NOT NULL,
  status_time datetime(3) NOT NULL,
  status_id tinyint unsigned NOT NULL,
  PRIMARY KEY (message_status_id)
);
```

当然在现实世界中，可能有更多列和外键，但对于本例而言，这些信息就足够了。当消息的状态发生改变时，会将一行记录插入 message_status_history 表中。可在 message 表的最新记录中查找最新的状态。但此处已经建立了业务规则，从而可使用最新状态和更改时间来更新 message 表中的 cached_status_time 和 cached_status_id 列。这样，要返回消息的应用程序详细信息(需要历史记录时除外)，只需要查询 message 表即可。可通过应用或者触发器来更新缓存的列，或者如果不要求缓存的状态是最新的，还可使用后台作业。

提示 可以使用一种命名方案，从而可以清楚地了解哪些数据被缓存了，以及哪些数据未被缓存。例如，可以为缓存表和列添加 cached_前缀。

可以考虑缓存的另一种情况是直方图统计信息。

27.2.2 直方图统计信息

第 16 章介绍过直方图统计信息是如何统计列中每个值的出现频率的。可以利用此优势，并将直方图统计信息用作缓存。如果该列最多包含 1024 个唯一值，那么这种方法就极为有用。因为这是支持的最大 bucket 数量，因此 1024 是可以与单值直方图一起使用的最大值数量。

代码清单 27-1 显示了这样一个示例，它使用直方图在 world 库中返回印度的城市个数(CountryCode = IND)。

代码清单 27-1 使用直方图作为缓存

```
-- 在 world.city 表的 CountryCode 列上创建直方图
-- world.city 表的列
mysql> ANALYZE TABLE world.city
        UPDATE HISTOGRAM on CountryCode
         WITH 1024 BUCKETS\G
*************************** 1. row ***************************
   Table: world.city
      Op: histogram
Msg_type: status
Msg_text: Histogram statistics created for column 'CountryCode'.
1 row in set (0.5909 sec)

mysql> SELECT Bucket_Value, Frequency
        FROM (
            SELECT (Row_ID - 1) AS Bucket_Number,
                   SUBSTRING_INDEX(Bucket_Value, ':', -1)
                     AS Bucket_Value,
                   (Cumulative_Frequency
                  - LAG(Cumulative_Frequency, 1, 0)
                       OVER (ORDER BY Row_ID))
                     AS Frequency
            FROM information_schema.COLUMN_STATISTICS
                   INNER JOIN JSON_TABLE(
                     histogram->'$.buckets',
                        '$[*]' COLUMNS(
                             Row_ID FOR ORDINALITY,
                             Bucket_Value varchar(42) PATH '$[0]',
                             Cumulative_Frequency double PATH '$[1]'
                        )
                     ) buckets
                 WHERE SCHEMA_NAME = 'world'
                        AND TABLE_NAME = 'city'
                        AND COLUMN_NAME = 'CountryCode'
              ) stats
            WHERE Bucket_Value = 'IND';
+--------------+---------------------+
| Bucket_Value | Frequency           |
+--------------+---------------------+
| IND          | 0.08359892130424124 |
+--------------+---------------------+
1 row in set (0.0102 sec)

mysql> SELECT TABLE_ROWS
        FROM information_schema.TABLES
```

```
        WHERE TABLE_SCHEMA = 'world'
              AND TABLE_NAME = 'city';
+------------+
| TABLE_ROWS |
+------------+
|       4188 |
+------------+
1 row in set (0.0075 sec)
mysql> SELECT 0.08359892130424124*4188;
+--------------------------+
| 0.08359892130424124*4188 |
+--------------------------+
|    350.11228242216231312 |
+--------------------------+
1 row in set (0.0023 sec)
mysql> SELECT COUNT(*)
         FROM world.city
        WHERE CountryCode = 'IND';
+----------+
| COUNT(*) |
+----------+
|      341 |
+----------+
1 row in set (0.0360 sec)
```

如果你认为针对 COLUMN_STATISTICS 的查询看起来很眼熟，那是因为该查询来自第 16 章中列出单值直方图的 bucket 信息时所使用的查询。你需要在子查询中收集直方图信息，否则将不会计算频率。

你也需要了解总行数。可使用 information_schema.TABLES 视图中的近似值，也可缓存表的 SELECT COUNT(*)的结果。在此示例中，估计 city 表中有 4188 行(当然你的估计可能会有所不同)，再根据印度出现的频率，可知该表中大约有 350 座印度城市。准确的计数为 341，说明偏差来自对总行数的估计(city 表有 4019 行记录)。

如果大型表中列的唯一值不超过 1024 个，那么使用直方图来缓存特别有用，尤其是在该列上没有索引的情况下。这意味着这种方法与其他用户案例都不怎么匹配，但确实跳出了常规思路——当你试图查找缓存解决方案时，这将非常有用。

对于更高级的缓存解决方案，你可能需要查看第三方解决方案，或在应用中实现自己的方案。

27.3 Memcached

Memcached 是一个简单却具有高度可扩展性的内存中键值对存储工具，已被广泛用作缓存处理工具。传统上，它一般与 Web 服务器一起使用，但可由任意类型的应用使用。Memcached 的优点之一是，它可以分布在多个主机上，这样就可创建大型缓存了。

注意 Memcached 只在 Linux 和 UNIX 上得到正式支持。

在 MySQL 中使用 Memcached 有两种方法。可以使用常规的独立服务器模式的 Memcached，也可以使用插件模式。本节将展示一个完整示例，来同时使用这两种方式。关于 Memcached 的完整文档，可参考官方主页 https://memcached.org/，也可参考官方的维基百科页面 https://github.com/memcached/memcached/wiki。

27.3.1 独立服务器模式下的 Memcached

对于独立服务器模式下的 Memcached，可将其作为分布式缓存工具，或将缓存与应用部署在一起(可能在同一主机上)，从而降低查询缓存的成本。

有多种安装 Memcached 的选项，包括使用操作系统的程序包管理器，以及从源码进行编译等。在 Oracle Linux、RedHat Enterprise Linux 或 CentOS 7 上，最简单的方法是使用软件包管理器：

```
shell$ sudo yum install memcached libevent
```

这里用到 libevent 包，因为 Memcached 需要它。在 Ubuntu Linux，该包被称为 libevent-dev。当然，你可能已经安装了 libevent 和/或 memcached；这种情况下，程序包管理器会发现无事可做了。可使用 memcached 命令来启动守护进程。例如，使用默认选项来启动：

```
shell$ memcached
```

如果你在生产环境使用 Memcached，则应该配置 systemd，或使用在操作系统引导和关闭时启动及停止该守护进程的服务管理器。如果用于测试，则可只从命令行启动。

警告 Memcached 不支持与安全相关的配置。因此你需要将缓存的数据限制为非敏感数据，确保你的 Memcached 实例只在内网可用，并使用防火墙来限制对它的访问等。一种选择是将 Memcached 与应用部署在同一主机上，并禁止远程连接。

现在，可通过将 MySQL 检索到的数据缓存在 Memcached 中来使用它。Memcached 支持多种编程语言，在这里的讨论中，Python 将与 pymemcache 模块和 MySQL Connnector/Python 一起使用。代码清单 27-2 显示了如何使用 pip 来安装模块。当然输出结果可能看起来会有所不同。因为它取决于所使用的 Python 版本以及已安装的版本，并且 Python 命令的名称也取决于你的系统。在作者撰写本书时，pymemcache 支持 Python2.7、3.5、3.6 以及 3.7。该示例也使用了在 Oracle Linux 7 上作为额外包安装的 Python 3.6。

代码清单 27-2 安装 Python pymemcache 模块

```
shell$ python3 -m pip install --user pymemcache
Collecting pymemcache
  Downloading https://files.pythonhosted.org/packages/20/08/3dfe193f9a1dc6
  0186fc40d41b7dc59f6bf2990722c3cbaf19cee36bbd93/pymemcache-2.2.2-py2.py3-
  none-any.whl (44kB)
     | ████████████████████████████████
       ████████████████| 51kB 3.3MB/s
Requirement already satisfied: six in /usr/local/lib/python3.6/site-packages
(from pymemcache) (1.11.0)
Installing collected packages: pymemcache
Successfully installed pymemcache-2.2.2

shell$ python36 -m pip install --user mysql-connector-python
Collecting mysql-connector-python
  Downloading https://files.pythonhosted.org/packages/58/ac/
  a3e86e5df84b818f69ebb8c89f282efe6a15d3ad63a769314cdd00bccbbb/mysql_
  connector_python-8.0.17-
  cp36-cp36m-manylinux1_x86_64.whl (13.1MB)
    | ████████████████████████████████
      ████████████████| 13.1MB 5.6MB/s
```

```
Requirement already satisfied: protobuf>=3.0.0 in /usr/local/lib64/
python3.6/site-packages (from mysql-connector-python) (3.6.1)
Requirement already satisfied: setuptools in /usr/local/lib/python3.6/site-packages
(from protobuf>=3.0.0->mysql-connector-python) (39.0.1)
Requirement already satisfied: six>=1.9 in /usr/local/lib/python3.6/site-packages
(from protobuf>=3.0.0->mysql-connector-python) (1.11.0)
Installing collected packages: mysql-connector-python
Successfully installed mysql-connector-python-8.0.17
```

在应用中，可通过 key 值来查询 Memcached。如果找到对应的 key，则 Memcached 将返回与 key 一并存储的值。如果找不到，则需要查询 MySQL 并将结果存储在缓存中。代码清单 27-3 给出一个查询 world.city 表的简单示例。该程序也可在本书 GitHub 上的 listing_27_3.py 文件中找到。如果要执行该程序，则需要更新 connect_args 中的连接参数，以反映用于连接到 MySQL 实例的设置。

代码清单 27-3 使用 Memcached 和 MySQL 的简单 Python 程序

```
from pymemcache.client.base import Client
import mysql.connector

connect_args = {
    "user": "root",
    "password": "password",
    "host": "localhost",
    "port": 3306,
}
db = mysql.connector.connect(**connect_args)
cursor = db.cursor()
memcache = Client(("localhost", 11211))

sql = "SELECT CountryCode, Name FROM world.city WHERE ID = %s"
city_id = 130
city = memcache.get(str(city_id))
if city is not None:
    country_code, name = city.decode("utf-8").split("|")
    print("memcached: country: {0} - city: {1}".format(country_code, name))
else:
    cursor.execute(sql, (city_id,))
    country_code, name = cursor.fetchone()
    memcache.set(str(city_id), "|".join([country_code, name]), expire=60)
    print("MySQL: country: {0} - city: {1}".format(country_code, name))
memcache.close()
cursor.close()
db.close()
```

上述程序会首先创建到 MySQL 和 Memcached 守护进程的连接。在本示例中，将对连接参数和要查询的 ID 进行硬编码。而在实际程序中，你应该从配置文件或类似的文件中读取连接参数。

警告 千万不要将连接的详细信息存储在应用程序中，尤其不能对密码进行硬编码。将连接信息存储在应用中既不灵活也不安全。

然后，上述程序尝试从 Memcached 中获取数据。请注意，由于 Memcached 使用字符串作为键，因此需要注意这里是如何将整数转换为字符串的。如果找到 key，则通过“|”来分隔字符串，然后从缓存的值中提取国家代码和名称。如果在缓存中找不到，则从 MySQL 获取城市数据并将

其存储在缓存中，同时将缓存中的值保留 60s。这里也为每种数据获取情况添加了打印语句，这样就能更清晰地显示数据是从何处获取的。

当然，在每次重新启动 Memcached 后第一次执行上述程序时，都会先从 MySQL 处进行查询：

```
shell$ python3 listing_27_3.py
MySQL: country: AUS - city: Sydney
```

然后，在一分钟之内，就可以从缓存中查询数据了：

```
shell$ python3 listing_27_3.py
memcached: country: AUS - city: Sydney
```

测试完 Memcached 后，可在运行 Memcached 的会话中使用 Ctrl+C 组合键来终止，或者发送 SIGTEM(15)信号，例如：

```
shell$ kill -s SIGTERM $(pidof memcached)
```

如本例所示，直接使用 Memcached 的优点是可以拥有一个守护进程池，并可在应用附近运行该守护进程，甚至可在与应用相同的主机上运行。但缺点就是你需要自行维护该缓存设置。替代方法之一是使用 MySQL 提供的 Memcached 插件。该插件将为你管理缓存，甚至可将写入缓存的数据自动持久保持。

27.3.2 MySQL InnoDB Memcached 插件

InnoDB Memcached 插件是在 MySQL 5.6 中引入的，是一种访问 InnoDB 数据的方法，且不必解析 SQL 语句。该插件的主要用途是让 InnoDB 通过其缓冲池处理缓存，只将 Memcached 用于查询。以此种方式使用该插件的一些不错特性是：对该插件的写入，也将写入底层的 InnoDB 表，数据始终是最新的，并可同时使用 SQL 和 Memcached 来访问数据。

注意　请确保在安装 MySQL InnoDB Memcached 插件之前，就已经停止了独立服务器模式下的 Memcached 进程，因为默认情况下，它们使用的是相同的端口。否则，你会继续连接到独立服务器模式下的 Memcached 守护进程。

同样，在安装 MySQL Memcached 守护进程之前，也需要确保像独立服务器模式一样先安装 libevent 包。一旦安装 libevent，你将需要安装 innodb_memcache 方案，该方案包含了用于配置的表。可使用 MySQL 安装介质中的 share/innodb_memcached_config.sql 文件来安装此方案。对于该文件所在的目录，可通过 basedir 这一系统变量找到它，例如：

```
mysql> SELECT @@global.basedir AS basedir;
+---------+
| basedir |
+---------+
| /usr/   |
+---------+
1 row in set (0.00 sec)
```

如果你已经使用 https://dev.mysql.com/downloads/中的 RPM 安装了 MySQL，则安装该方案的命令如下：

```
mysql> SOURCE /usr/share/mysql-8.0/innodb_memcached_config.sql
```

注意　该命令在 MySQL shell 中不起作用，因为该脚本包含了没有使用分号的 USE 命令，而这是 MySQL shell 脚本所不支持的。

该脚本还创建了 test.demo_test 表，该表将在本讨论的剩余部分中用到。

innodb_memcache 方案包含以下三张表。

- **cache_policies**：用于缓存策略的配置，可定义缓存的工作方式。默认是将其留给 InnoDB。通常我们也建议这样做，能确保你永远不会读取到过期的数据。
- **config_options**：插件的配置选项。包括返回值的多个列或表映射所使用的分隔符等。
- **containers**：定义到 InnoDB 表的映射。你需要为所有与 InnoDB Memcached 插件一起使用的表添加映射关系。

containers 是最常用的表。默认情况下，该表包含到 test.demo_test 表的映射：

```
mysql> SELECT * FROM innodb_memcache.containers\G
*************************** 1. row ***************************
                 name: aaa
            db_schema: test
             db_table: demo_test
          key_columns: c1
        value_columns: c2
                flags: c3
           cas_column: c4
    expire_time_column: c5
unique_idx_name_on_key: PRIMARY
1 row in set (0.0007 sec)
```

在查询表时，可使用该名称来引用 db_schema 和 db_table 中定义的表。key_columns 列定义了 InnoDB 表中用于键值查找的列。可在 value_columns 列中指定要包含在查询结果中的列。如果包含多列，则可使用在 config_options 表中配置的分隔符，默认为“|”。

cas_column 和 expire_time_column 列很少用到，故这里不再赘述。最后一列 unique_idx_name_on_key 是表中唯一索引的名称，当然最好是主键。

提示 关于这些表的详细描述及用法，可以参考 https://dev.mysql.com/doc/refman/en/innodb-memcached-internals.html。

现在，就可安装插件了。可使用 INSTALL PLUGIN 命令来执行此操作(请注意，该命令在 Windows 上无效)：

```
mysql> INSTALL PLUGIN daemon_memcached soname "libmemcached.so";
Query OK, 0 rows affected (0.09 sec)
```

该语句需要使用旧版的 MySQL(默认端口 3306)协议执行，因为 X 协议(默认端口 33060)不允许你安装插件。现在，可测试 InnoDB Memcached 插件了。测试它的最简单方法是使用 telnet 客户端。代码清单 27-4 显示了一个简单示例，显式指定了容器，并且使用了默认容器。

代码清单 27-4 使用 telnet 测试 InnoDB Memcached

```
shell$ telnet localhost 11211
Trying ::1...
Connected to localhost.
Escape character is '^]'.

get @@aaa.AA
```

```
VALUE @@aaa.AA 8 12
HELLO, HELLO
END

get AA
VALUE AA 8 12
HELLO, HELLO
END
```

为便于查看这两条命令，我们在每条命令之间插入一个空行。第一条命令使用@@在 key 值之前指定容器名称。第二条命令使用 Memcached 的默认容器(当容器名称按照字母进行升序排列时，排在第一的容器)。可使用 Ctrl +]来退出 telnet，然后使用 quit 命令：

```
^]
telnet> quit
Connection closed.
```

对于独立服务器模式下的 Memcached 实例，该守护进程默认使用端口 11211。如果要更改端口或其他任意的 Memcached 配置选项，则可以使用 deamon_memcached_option。该选项将字符串与 memcached 选项一起使用。例如，要将端口设置为 22222，可使用以下语句：

```
[mysqld]
daemon_memcached_option = "-p22222"
```

只能在 MySQL 配置文件或命令行中设置该选项，因此只有重启 MySQL 实例才能使更改生效。

如果将新条目添加到 containers 表是更改现有条目，则需要重启 memcached 插件从而使其再次读取定义。可通过重启 MySQL 或卸载并重新安装该插件来实现：

```
mysql> UNINSTALL PLUGIN daemon_memcached;
Query OK, 0 rows affected (4.05 sec)

mysql> INSTALL PLUGIN daemon_memcached soname "libmemcached.so";
Query OK, 0 rows affected (0.02 sec)
```

实际上，主要使用应用程序中的插件。如果你惯于使用 Memcached，则其用法就非常简单。例如，代码清单 27-5 显示一些使用 pymemcache 模块的 Python 命令。请注意，该示例假定你的端口设置为 11211。

代码清单 27-5 将 Python 和 InnoDB Memcached 插件一起使用

```
shell$ python3
Python 3.6.8 (default, May 16 2019, 05:58:38)
[GCC 4.8.5 20150623 (Red Hat 4.8.5-36.0.1)] on linux
Type "help", "copyright", "credits" or "license" for more information.
>>> from pymemcache.client.base import Client
>>> client = Client(('localhost', 11211))
>>> client.get('@@aaa.AA')
b'HELLO, HELLO'
>>> client.set('@@aaa.BB', 'Hello World')
True
>>> client.get('@@aaa.BB')
b'Hello World'
```

该交互式 Python 环境用于通过 memcached 插件来查询 test.demo_test 表。创建连接后，使用 get()方法来查询现有的行，然后使用 set()方法插入新行。在本示例中，不必设置超时，因为 set()方法最终会直接写入 InnoDB。最后，再次检索新行。请注意，该示例与需要自己维护缓存的 Memcached 相比，显然要简单很多。

可通过在 MySQL 中查询新行，来确认新行是否已经插入表中：

```
mysql> SELECT * FROM test.demo_test;
+----+--------------+----+----+----+
| c1 | c2           | c3 | c4 | c5 |
+----+--------------+----+----+----+
| AA | HELLO, HELLO |  8 |  0 |  0 |
| BB | Hello World  |  0 |  1 |  0 |
+----+--------------+----+----+----+
2 rows in set (0.0032 sec)
```

当然还有更多使用 MySQL InnoDB Memcached 插件的相关信息。如果你打算使用这一插件，建议你阅读参考手册中的“InnoDB Memcached Plugin”部分。链接为 https://dev.mysql.com/doc/refman/en/innodb-memcached.html。

另一个支持缓存的流行程序是 ProxySQL。

27.4 ProxySQL

ProxySQL 项目(请参考 https://proxysql.com/)由 René Cannaò 创立，它其实是一个高级代理工具，能支持负载均衡、基于查询规则的路由设置，还支持缓存等。可基于查询规则进行缓存。例如，可设置缓存那些具有指定 digest 的查询。缓存将根据你为查询规则设置的生存时间值自动进行过期处理。

可从 https://github.com/sysown/proxysql/releases/下载 ProxySQL。在撰写本书时，最新的发行版就是下例中使用的 2.0.8。

注意 ProxySQL 官方只支持 Linux。有关发行版安装说明的完整文档，请参阅 https://github.com/sysown/proxysql/wiki。

代码清单 27-6 显示了使用 GitHub 上的 ProxySQL RPM 在 Oracle Linux 上安装 ProxySQL 2.0.8 的示例。对于其他 Linux 发行版，使用 package 命令进行安装的过程与之类似(当然，根据所使用的 package 命令，输出将有所不同)。安装完成后，将启动 ProxySQL。

代码清单 27-6 安装并启动 ProxySQL

```
shell$ wget https://github.com/sysown/proxysql/releases/download/v2.0.8/
proxysql-2.0.8-1-centos7.x86_64.rpm
...
Length: 9340744 (8.9M) [application/octet-stream]
Saving to: 'proxysql-2.0.8-1-centos7.x86_64.rpm'

100%[===========================>] 9,340,744 2.22MB/s in 4.0s


2019-11-24 18:41:34 (2.22 MB/s) - 'proxysql-2.0.8-1-centos7.x86_64.rpm'
saved [9340744/9340744]
shell$ sudo yum install proxysql-2.0.8-1-centos7.x86_64.rpm
```

```
Loaded plugins: langpacks, ulninfo
Examining proxysql-2.0.8-1-centos7.x86_64.rpm: proxysql-2.0.8-1.x86_64
Marking proxysql-2.0.8-1-centos7.x86_64.rpm to be installed
Resolving Dependencies
--> Running transaction check
---> Package proxysql.x86_64 0:2.0.8-1 will be installed
--> Finished Dependency Resolution

Dependencies Resolved

==============================================================
Package Arch Version Repository                           Size
==============================================================
Installing:
 proxysql x86_64 2.0.8-1 /proxysql-2.0.8-1-centos7.x86_64 35 M
Transaction Summary
==============================================================
Install 1 Package

Total size: 35 M
Installed size: 35 M
Is this ok [y/d/N]: y
Downloading packages:
Running transaction check
Running transaction test
  Transaction test succeeded
Running transaction
Installing : proxysql-2.0.8-1.x86_64                         1/1
warning: group proxysql does not exist - using root
warning: group proxysql does not exist - using root
Created symlink from /etc/systemd/system/multi-user.target.wants/proxysql.
service to /etc/systemd/system/proxysql.service.
  Verifying : proxysql-2.0.8-1.x86_64                         1/1
Installed:
  proxysql.x86_64 0:2.0.8-1
Complete!

shell$ sudo systemctl start proxysql
```

你只能通过ProxySQL的管理界面对其进行配置。它会使用mysql命令行客户端，并且MySQL管理员看起来会比较熟悉。默认情况下，ProxySQL为管理界面使用的端口为6032，管理员用户为admin，密码为admin。代码清单27-7是一个示例，显示了如何连接到管理界面，并显示出可用的方案和表。

代码清单27-7 管理界面

```
shell$ mysql --host=127.0.0.1 --port=6032 \
             --user=admin --password \
             --default-character-set=utf8mb4 \
             --prompt='ProxySQL> '
Enter password:
Welcome to the MySQL monitor. Commands end with ; or \g.
Your MySQL connection id is 1
Server version: 5.5.30 (ProxySQL Admin Module)

Copyright (c) 2000, 2019, Oracle and/or its affiliates. All rights reserved.
```

```
Oracle is a registered trademark of Oracle Corporation and/or its
affiliates. Other names may be trademarks of their respective
owners.

Type 'help;' or '\h' for help. Type '\c' to clear the current input statement.

ProxySQL> SHOW SCHEMAS;
+-----+---------------+-------------------------------------+
| seq | name          | file                                |
+-----+---------------+-------------------------------------+
| 0   | main          |                                     |
| 2   | disk          | /var/lib/proxysql/proxysql.db       |
| 3   | stats         |                                     |
| 4   | monitor       |                                     |
| 5   | stats_history | /var/lib/proxysql/proxysql_stats.db |
+-----+---------------+-------------------------------------+
5 rows in set (0.00 sec)
ProxySQL> SHOW TABLES;
+--------------------------------------------+
| tables                                     |
+--------------------------------------------+
| global_variables                           |
| mysql_aws_aurora_hostgroups                |
| mysql_collations                           |
| mysql_galera_hostgroups                    |
| mysql_group_replication_hostgroups         |
| mysql_query_rules                          |
| mysql_query_rules_fast_routing             |
| mysql_replication_hostgroups               |
| mysql_servers                              |
| mysql_users                                |
| proxysql_servers                           |
| runtime_checksums_values                   |
| runtime_global_variables                   |
| runtime_mysql_aws_aurora_hostgroups        |
| runtime_mysql_galera_hostgroups            |
| runtime_mysql_group_replication_hostgroups |
| runtime_mysql_query_rules                  |
| runtime_mysql_query_rules_fast_routing     |
| runtime_mysql_replication_hostgroups       |
| runtime_mysql_servers                      |
| runtime_mysql_users                        |
| runtime_proxysql_servers                   |
| runtime_scheduler                          |
| scheduler                                  |
+--------------------------------------------+
24 rows in set (0.00 sec)
```

表在方案中进行分组，你不必引用方案即可直接访问表。SHOW TABLES 输出显示的是主方案中的表，这些表与 ProxySQL 的配置相关。

配置过程分为两个阶段。在该过程中，你首先需要准备新的配置，然后应用之。应用更改意味着，如果需要保留它们并加载到运行时线程中，则需要先将它们保存到磁盘上。

名称中带有 runtime_前缀的表，用于将配置推送给运行时线程。配置 ProxySQL 的方法之一是使用 SET 语句，这类似于在 MySQL 中设置系统变量，不过也可使用 UPDATE 语句。第一步，应该更改管理员密码(以及可选的管理员用户名)，可通过设置 admin-admin_credentials 变量来执行此操作，如代码清单 27-8 所示。

代码清单 27-8　为管理员账户设置密码

```
ProxySQL> SET admin-admin_credentials = 'admin:password';
Query OK, 1 row affected (0.01 sec)

ProxySQL> SAVE ADMIN VARIABLES TO DISK;
Query OK, 32 rows affected (0.02 sec)

ProxySQL> LOAD ADMIN VARIABLES TO RUNTIME;
Query OK, 0 rows affected (0.00 sec)

ProxySQL> SELECT @@admin-admin_credentials;
+---------------------------+
| @@admin-admin_credentials |
+---------------------------+
| admin:password            |
+---------------------------+
1 row in set (0.00 sec)
```

admin-admin_credentials 选项的值是用冒号分隔的用户名和密码。SAVE ADMIN VARIABLES TO DISK 语句用于保留更改，而 LOAD ADMIN VARIABLES TO RUNTIME 命令将更改应用于运行时线程。由于性能方面的原因，ProxySQL 会在每个线程中保留变量的副本，因此必须将变量加载到运行时线程中。可查询变量的当前值(已应用还是待处理)，就像在 MySQL 中查询系统变量一样。

可配置 MySQL 后台实例，这样 ProxySQL 可用来在 mysql_servers 表中进行定向查询。在本讨论中，我们将使用与 ProxySQL 位于同一主机上的单个实例。代码清单 27-9 显示如何将其添加到 ProxySQL 可路由到的服务器列表中。

代码清单 27-9　将 MySQL 实例添加到服务器列表

```
ProxySQL> SHOW CREATE TABLE mysql_servers\G
*************************** 1. row ***************************
       table: mysql_servers
Create Table: CREATE TABLE mysql_servers (
   hostgroup_id INT CHECK (hostgroup_id>=0) NOT NULL DEFAULT 0,
   hostname VARCHAR NOT NULL,
   port INT CHECK (port >= 0 AND port <= 65535) NOT NULL DEFAULT 3306,
   gtid_port INT CHECK (gtid_port <> port AND gtid_port >= 0 AND gtid_port
   <= 65535) NOT NULL DEFAULT 0,
   status VARCHAR CHECK (UPPER(status) IN ('ONLINE','SHUNNED','OFFLINE_SOFT',
   'OFFLINE_HARD')) NOT NULL DEFAULT 'ONLINE',
   weight INT CHECK (weight >= 0 AND weight <=10000000) NOT NULL DEFAULT 1,
   compression INT CHECK (compression IN(0,1)) NOT NULL DEFAULT 0,
   max_connections INT CHECK (max_connections >=0) NOT NULL DEFAULT 1000,
   max_replication_lag INT CHECK (max_replication_lag >= 0 AND
   max_replication_lag <= 126144000) NOT NULL DEFAULT 0,
   use_ssl INT CHECK (use_ssl IN(0,1)) NOT NULL DEFAULT 0,
   max_latency_ms INT UNSIGNED CHECK (max_latency_ms>=0) NOT NULL DEFAULT 0,
   comment VARCHAR NOT NULL DEFAULT '',
   PRIMARY KEY (hostgroup_id, hostname, port) )
1 row in set (0.01 sec)
```

```
ProxySQL> INSERT INTO mysql_servers
                      (hostname, port, use_ssl)
          VALUES ('127.0.0.1', 3306, 1);
Query OK, 1 row affected (0.01 sec)

ProxySQL> SAVE MYSQL SERVERS TO DISK;
Query OK, 0 rows affected (0.36 sec)

ProxySQL> LOAD MYSQL SERVERS TO RUNTIME;
Query OK, 0 rows affected (0.01 sec)
```

该示例说明了如何使用SHOW CREATE TABLE来获取有关mysql_servers表的信息。该表的定义中包含可进行的设置及允许的值的信息。除了主机名外，其他所有设置都有默认值。代码清单的其余部分显示了在localhost主机端口为3306的实例上插入一条记录，并要求使用SSL。然后，将更改保存到磁盘，并加载至运行时线程。

注意　SSL只能在ProxySQL和MySQL实例之间使用，不能在客户端和ProxySQL之间使用。

此外，需要指定哪些用户可使用该连接。首先，在MySQL中创建一个用户：

```
mysql> CREATE USER myuser@'127.0.0.1'
              IDENTIFIED WITH mysql_native_password
              BY 'password';
Query OK, 0 rows affected (0.0550 sec)

mysql> GRANT ALL ON world.* TO myuser@'127.0.0.1';
Query OK, 0 rows affected (0.0422 sec)
```

ProxySQL目前不支持caching_sha2_password身份验证插件，这是使用MySQL shell连接时，MySQL 8中默认的身份验证插件(但使用mysql命令行客户端时则支持)，因此你需要使用mysql_native_password插件来创建用户，然后在ProxySQL中添加用户：

```
ProxySQL> INSERT INTO mysql_users
                      (username,password)
          VALUES ('myuser', 'password');
Query OK, 1 row affected (0.00 sec)

ProxySQL> SAVE MYSQL USERS TO DISK;
Query OK, 0 rows affected (0.06 sec)

ProxySQL> LOAD MYSQL USERS TO RUNTIME;
Query OK, 0 rows affected (0.00 sec)
```

现在，就可通过ProxySQL连接到MySQL了。默认情况下，SQL接口使用的端口为6033。除了端口号和可能的主机名以外，可通过与此前相同的方式，利用ProxySQL进行连接：

```
shell$ mysqlsh --user=myuser --password \
               --host=127.0.0.1 --port=6033 \
               --sql --table \
               -e "SELECT * FROM world.city WHERE ID = 130;"
+-----+--------+-------------+-----------------+------------+
| ID  | Name   | CountryCode | District        | Population |
+-----+--------+-------------+-----------------+------------+
| 130 | Sydney | AUS         | New South Wales | 3276207    |
```

```
+-----+--------+------------+----------------+------------+
```

ProxySQL 采用与 performance 库相同的方式收集统计信息。可在 stats_mysql_query_digest 和 stats_mysql_query_digest_reset 表中查询统计信息。这两张表之间的差异在于，自上次查询该表以来，后者仅包含 digest 信息。例如，要按照查询的总执行时间对查询进行排序，可使用如下代码：

```
ProxySQL> SELECT count_star, sum_time,
                 digest, digest_text
              FROM stats_mysql_query_digest_reset
             ORDER BY sum_time DESC\G
*************************** 1. row ***************************
 count_star: 1
   sum_time: 577149
     digest: 0x170E9EDDB525D570
digest_text: select @@sql_mode;
*************************** 2. row ***************************
 count_star: 1
   sum_time: 5795
     digest: 0x94656E0AA2C6D499
digest_text: SELECT * FROM world.city WHERE ID = ?
2 rows in set (0.01 sec)
```

如果看到要缓存结果的查询，则可基于查询的 digest 来添加查询规则。假设要缓存按照 ID(digest 为 0x94656E0AA2C6D499)查询 world.city 表的结果，则可添加如下规则：

```
ProxySQL> INSERT INTO mysql_query_rules
                     (active, digest, cache_ttl, apply)
          VALUES (1, '0x94656E0AA2C6D499', 60000, 1);
Query OK, 1 row affected (0.01 sec)

ProxySQL> SAVE MYSQL QUERY RULES TO DISK;
Query OK, 0 rows affected (0.09 sec)

ProxySQL> LOAD MYSQL QUERY RULES TO RUNTIME;
Query OK, 0 rows affected (0.01 sec)
```

active 列指定在评估可使用的规则时，是否应该将 ProxySQL 考虑在内。digest 列就是要缓存的查询的 digest。cache_ttl 指定在结果过期前，可使用的毫秒数，然后刷新结果。生存时间被设置为 60 000 毫秒(1 分钟)，以便你有时间在缓存失效之前执行几次查询。将 apply 列设置为 1，表示当查询与该规则相匹配时，就不会再评估以后的规则了。

如果你在一分钟内执行了几次查询，则可在 stats_mysql_global 表中查询缓存的统计信息，以了解缓存是如何使用的。输出示例如下。

```
ProxySQL> SELECT *
            FROM stats_mysql_global
           WHERE Variable_Name LIKE 'Query_Cache%';
+--------------------------+----------------+
| Variable_Name            | Variable_Value |
+--------------------------+----------------+
| Query_Cache_Memory_bytes | 3659           |
| Query_Cache_count_GET    | 6              |
| Query_Cache_count_GET_OK | 5              |
| Query_Cache_count_SET    | 1              |
| Query_Cache_bytes_IN     | 331            |
```

```
| Query_Cache_bytes_OUT     | 1655           |
| Query_Cache_Purged        | 0              |
| Query_Cache_Entries       | 1              |
+---------------------------+----------------+
8 rows in set (0.01 sec)
```

当然，你的输出结果可能会有所不同。这里显示高速缓存使用了 3659 字节，并且针对高速缓存进行了 6 次查询，其中 5 次查询的结果是从缓存中返回的。最后 1 个查询需要对 MySQL 进行查询。

可使用如下两个选项来配置缓存。

- **mysql-query_cache_size_MB**：缓存的最大大小，以 MB 为单位。这是“清除”线程所用的软性限制，用于确定要从缓存中清除的查询数量。因此，内存使用量可能暂时大于配置的值。默认值为 256。
- **mysql-query_cache_stores_empty_result**：是否缓存没有行的结果集。默认值为 true。也可在查询规则表中针对每个查询进行配置。

更改配置的方式，类似于此前更改管理员密码的方式。例如，要将查询缓存限制为 128MB，可使用以下代码：

```
ProxySQL> SET mysql-query_cache_size_MB = 128;
Query OK, 1 row affected (0.00 sec)

ProxySQL> SAVE MYSQL VARIABLES TO DISK;
Query OK, 121 rows affected (0.04 sec)

ProxySQL> LOAD MYSQL VARIABLES TO RUNTIME;
Query OK, 0 rows affected (0.00 sec)
```

在这里，首先准备配置更改，然后将其保存到磁盘，最后将 MySQL 变量加载到运行时线程。

如果要使用 ProxySQL，建议你查阅 ProxySQL 在 GitHub 上的 wiki，链接为 https://github.com/sysown/proxysql/wiki。

27.5 缓存技巧

如果你打算为 MySQL 实例使用缓存，则需要考虑一些注意事项。本节将会研究一些常见的缓存技巧。

最重要是考虑缓存哪些内容。本章前面的缓存单行主键查找结果的示例，其实并非一个受益于缓存的查询类型的好例子。通常，查询越复杂，成本越昂贵，执行频率越高，则该查询越适合作为缓存的候选。此外，为提高缓存效率，可将复杂查询分成较小的部分。这样，可分别缓存复杂查询各部分的结果，使其更可能被重用。

你还应该考虑查询会返回多少数据。如果查询返回一个较大的结果集，你可能最终会使用可用于单个查询的所有缓存的内存。

另一个需要考虑的因素是在哪里实施缓存。一般来说，缓存离应用程序越近，就越有效，因为它减少了花费在网络通信上的时间。其缺点是，如果你有多个应用程序实例，则需要在复制缓存和拥有远程共享缓存之间进行选择。例外情况是需要将缓存的数据与其他 MySQL 表一起使用；这种情况下，最好以缓存表或类似形式，将缓存保留在 MySQL 中。